4판

환경공학 개론 4판

정명규 • 이찬기 • 오광중 • 장서일 • 공인철 • 권재혁 • 권영호
유홍진 • 김동욱 • 이남훈 • 이철규 • 조용진 • 서용찬 공저

도서출판 동화기술

머리말

21세기를 맞이하면서 환경오염에 관한 인간의 관심이 날로 증가하고 있다. 특히 환경오염 문제는 이전의 해결방식인 총량적 오염물질 규제로서는 이미 한계에 이르렀다고 볼 수 있다. 왜냐하면 최근에는 양적인 측면에서는 극히 미량의 독성물질, 예를 들면 환경호르몬, 발암원성물질, 중금속 등이 인간과 생태계에 미치는 영향이 무엇보다도 중요하게 인식되고 있기 때문이다. 즉, 종래의 생활 폐기물 혹은 단순 오염물질에 대한 분석 및 처리 기술로서는 더 이상 지구 생태계의 건전성과 인간에 대한 안전성을 거의 확보할 수 없다는 의미가 된다.

최근에 이러한 문제를 해결하기 위하여 환경오염문제에 대한 학제간 연구는 물론 오염 방지기술에 대한 국제적인 협조가 어느 때보다 활발하게 진행되고 있는 실정이다.

이에 저자들은 학계에 종사하는 환경전문인의 한 사람으로서 이러한 최신 흐름에 부합되는 지식을 어떻게 학생들에게 지도할 것인가를 고민하여 본 교재를 집필하게 되었다. 집필에 앞서 환경에 관한 내용을 어느 정도의 깊이와 범위로 지도할 것인지를 설정하기 위하여 나름대로 환경분야를 다음과 같이 크게 두 분야로 대별하였다. 첫째는 환경매체 내에 존재하는 환경오염 물질에 대한 정성·정량분석과 유해성평가에 관한 분야로서 환경오염현상에 대한 정의, 환경매체 내로 유입되는 오염물질의 종류와 양에 대한 분석, 환경매체 내 거동 그리고 오염물질이 인간과 생태계에 미치는 독성 등을 연구하는 학문분야이다. 관련 학문은 환경화학, 환경미생물, 환경생태학, 환경독성 및 위해성 평가 등이 여기에 속한다고 볼 수 있다. 둘째는 전자에서 분석·평가한 오염자료를 기초로 환경매체 내에 존재하는 오염물질을 저감하거나 방지기술의 적용과 개발에 관한 분야로서 수처리, 대기오염제어, 폐기물처리, 소음진동제어, 지하수 오염처리, 유해물질 처리 등이 여기에 속한다고 볼 수 있다. 이외에도 환경오염에 관한 국가적 정책의 수립과 집행에 관한 환경법규 및 영향평가를 별도로 분류하기도 한다. 물론 이러한 분류에 대해서 공감하지 않을 수도 있으나 중요한 것은 이상에서 알 수 있듯이 환경공학은 다른 공학과는 달리 수많은 학문간의 연계성을 바탕으로 다양한 학문적 기초를 필요로 하는 종합학문이라는 점을 염두에 두어야 한다는 점이다. 이 점은 현재 우리나라의 많은 대학에서 환경관련 학과(환경공학, 환경과학, 환경학 등)가 개설되어 있지만 실제적인 교과 과정은 비슷하다는 사실에서도 알 수가 있다.

다시 말하면 본 교재는 환경관련 분야를 전공하고자 하는 학생에게 필요한 가장 대표적 분야의 기초적 내용을 정리하여 교육함으로써 향후 보다 심도 있는 환경문제 연구에 도움을 주고자 하였다.

본 교재의 내용은 환경분야의 교수가 각자 전공에 대한 다년간의 강의 및 연구 경험을 바탕으로 나름대로 집필하였으나 난이도 측면에서는 여전히 미흡한 부분도 있을 것으로 생각된다.

이 점은 향후 본 책을 교재로 활용하시는 교수님과 전문가들의 고견을 들어 수정 보완하고자 한다. 마지막으로 이 책을 출판할 수 있도록 힘써주신 도서출판 동화기술 관계자 분들께 진심으로 감사의 뜻을 표하고자 한다.

저자 일동

목차

1 환경오염

2 환경기초계산

5 환경생태학

6 유해물질과 환경위해성평가

8

수처리

9

대기오염 및 제어

12

환경영향평가 및 환경법규

제 1 장

환경오염

1.1 | 환경오염의 정의

환경(environment)은 생물체가 살아가는 자연적인 공간이나 조건을 의미하는 것으로, 생물체의 생존과 발전에 영향을 미치는 모든 외부적인 요소들과 요인들을 포괄한다. 국내의 환경관련 법규에는 환경을 자연환경(natural environment)과 생활환경(living environment)으로 분류하고 있으며, 자연환경은 생물환경(biosphere)과 무생물환경(non biosphere)을 포함하고, 생활환경은 대기, 물, 폐기물, 소음, 진동 및 악취로 분류한다. 법규에는 환경을 자연환경과 생활환경으로 분류하고 있지만 실질적으로는 자연환경과 생활환경은 공존하므로 전문가들도 환경을 분류하기란 쉽지 않다.

유엔환경계획기구(UNEP, united nation environment program)에서는 환경을 자연환경과 인간환경으로 분류하고 있으며, UNEP에서 분류하는 자연환경에는 대기, 해양, 물, 암석권 및 육상생태계가 포함되고, 인간환경은 인구, 주거, 건강, 생물계, 산업, 에너지, 운송, 관광, 환경교육 및 홍보, 평화와 안전이 포함된다. 국내 및 UNEP에서 환경을 분류하고 있지만, 사람에 따라 또는 목적에 따라 환경에 관한 개념은 달리할 수 있으며, 인간을 중심으로 주변을 감싸고 있는 생태계(ecosystem)개념을 도입한다면 인간이 생활하는 모든 권역(system)이 환경이라고 해도 무방하다.

환경오염(environmental pollution)은 자연계의 한 권역 또는 여러 권역에서 환경에 관련된 문제가 야기될 때 발생한다. 자연계는 오염물질이 유입되었을 때 스스로 정화할 수 있는 자정능력(self purification)을 가지고 있지만, 자정능력의 한계를 넘는 오염물질이 유입되면 자연계는 스스로의 정화능력을 상실하게 된다. 자정능력을 상실해 버리는 시점을 환경오염의 시작으로 보아야 할 것이다. 따라서 환경오염이란 과다한 오염물질의 유입으로 인하여 자연계가 자정능력을 상실해 버린 후 여러 가지 환경문제를 발생시키는 것이라고 정의할 수 있으며, 생태계를 오염시켜서 생명을 유지해주는 자연계의 능력을 없앰으로써 자연계의 균형을 서서히 파괴하는 과정이 환경오염이다.

우리가 환경오염에 관심을 가지게 되는 기본적인 이유는 인간건강과 복지 그리고 계승된 자연의 보호라고 할 수 있다. 자연의 보호에 대한 관심이 필요한 이유는 자연으로부터 우리가 얻을 수 있는 이익 때문이 아니라 자연도 존재할 권리를 가지고 있기 때문이다. 인간건강과 복지는 환경오염에 의해 두 가지 방법으로 영향을 받을 수 있다. 첫째 오염된 물, 공기, 음식에 기인한 건강에 나쁜 영향을 미치는 개인적인 차원과 둘째 서서히 진행되는 환경의 악화에 의해 궁극적으로 인류의 멸망과 모든 생물의 파괴를 초래하는 세계적인 차원으로 구분할 수 있다.

1.2 환경오염의 요인

환경오염문제를 바로 이해하고 해결하기 위해서는 오염문제의 원인이 정확하게 규명되어야 한다. 이것은 인간이 아프게 되면 치료방법을 결정하기 위하여 진단을 받는 것과 동일하다. 환경오염의 주원인으로서 여러 가지가 있겠지만 주로 논의되어야 할 것은 인구의 증가와 도시집중, 공업의 발달, 에너지소비량의 증가 및 근시안적 사고방식이다.

1.2.1 인구의 증가

환경오염의 원인인 인구문제는 인구증가와 더불어 인구의 도시집중으로 요약된다. 인간이 생활을 하게 되면 부수적으로 오염물질이 배출되기 때문에 인구의 증가는 오염배출량의 증가와 직접 관련을 갖게 된다. 산업혁명 이후 농업기술의 발달로 인한 식량 생산의 증대, 의학의 발달로 인한 인간 평균수명의 연장, 유아 사망률의 감소 등으로 인하여 세계 인구 증가는 그림 1.1에서와 같이 급격하게 이루어졌다. 세계인구의 대부분은 후진국이 밀집해 있는 아프리카, 남미 및 아시아가 차지하고 있고 점유율은 85%를 상회하는 것으로 나타나고 있다. 환경기초시설을 설치하여 운영하기 어려운 후진국의 인구증가는 환경오염문제를 발생시키는 주요 원인이 될 수 있다.

B.C 1년에 2억 5천만 명이던 인구가 두 배인 5억으로 증가하는데 1천 6백년이 소요되었으며, 다시 두 배로 증가하는데 200년이 소요되었고, 이후 20억으로 증가하는 데는 80년 밖에 걸리지 않았다. 표 1.1에는 연평균 세계 인구증가율과 배가기간을 제시하였는데, 현 인구증가 추세가 지속되면 2025년에는 85억을 초과하고

2070년에 세계인구가 1백억 명을 돌파할 것이라고 유엔인구기금이 세계인구현황 보고서에서 전망했다.

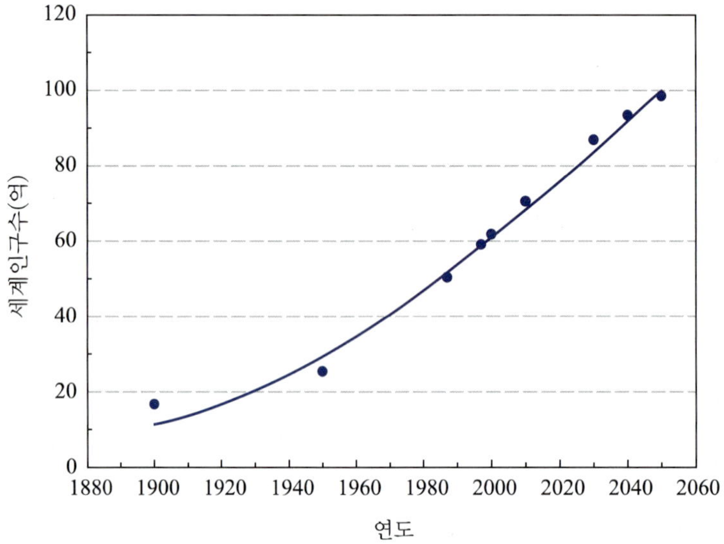

그림 1.1 세계 인구의 증가 추이

표 1.1 연평균 인구증가율

연증가율(%)	0.01	0.1	0.5	1	2	4	5	7	10
배가기간(년)	7,000	700	140	70	35	18	14	10	7

우리나라는 1960년대 이후 지속적인 산업화로 급속한 인구증가 및 도시화가 진전되어 환경오염 요인이 증대되었으며, 1949～2020년 인구밀도는 약 210명/km^2에서 520명/km^2로 급증하여 거의 세계 최고 수준을 보였다. 2022년 기준 우리나라 인구는 약 5,175만 명, 이 중 도시 지역 거주비율이 91.94%이다(도시지역 면적비율은 15.99%). 또한 전체인구의 50%가 수도권에 거주하고 있어 도시 과밀화 현상이 심각하다. 그림 1.2는 한국의 인구 및 밀집도를 나타낸 것이다. 이와 같이 인구증가와 인구의 도시집중 현상으로 인해 환경오염이 국부적으로 집중되는 결과를 초래하고 있다. 인구가 한 곳에 집중하지 않고 흩어져서 살 때에는 같은 양의 오염물질이라 하더라도 넓은 지역에 낮은 농도로 유입되므로 오염물은 자연의 자정능력에 의해서 충분히 처리될 수 있다. 그러나 인구가 도시로 집중하면서 좁은 지역에서 다

량의 오염물질이 배출되어 자정능력만으로는 오염물질을 처리하지 못하기 때문에 환경오염의 원인이 된다. 이러한 오염물질이 자연에 축적되지 않게 하기 위하여 하수처리장 같은 인공적인 오염방지시설을 설치하여 자연으로 배출되는 오염물질의 양을 감소시키는 것이다.

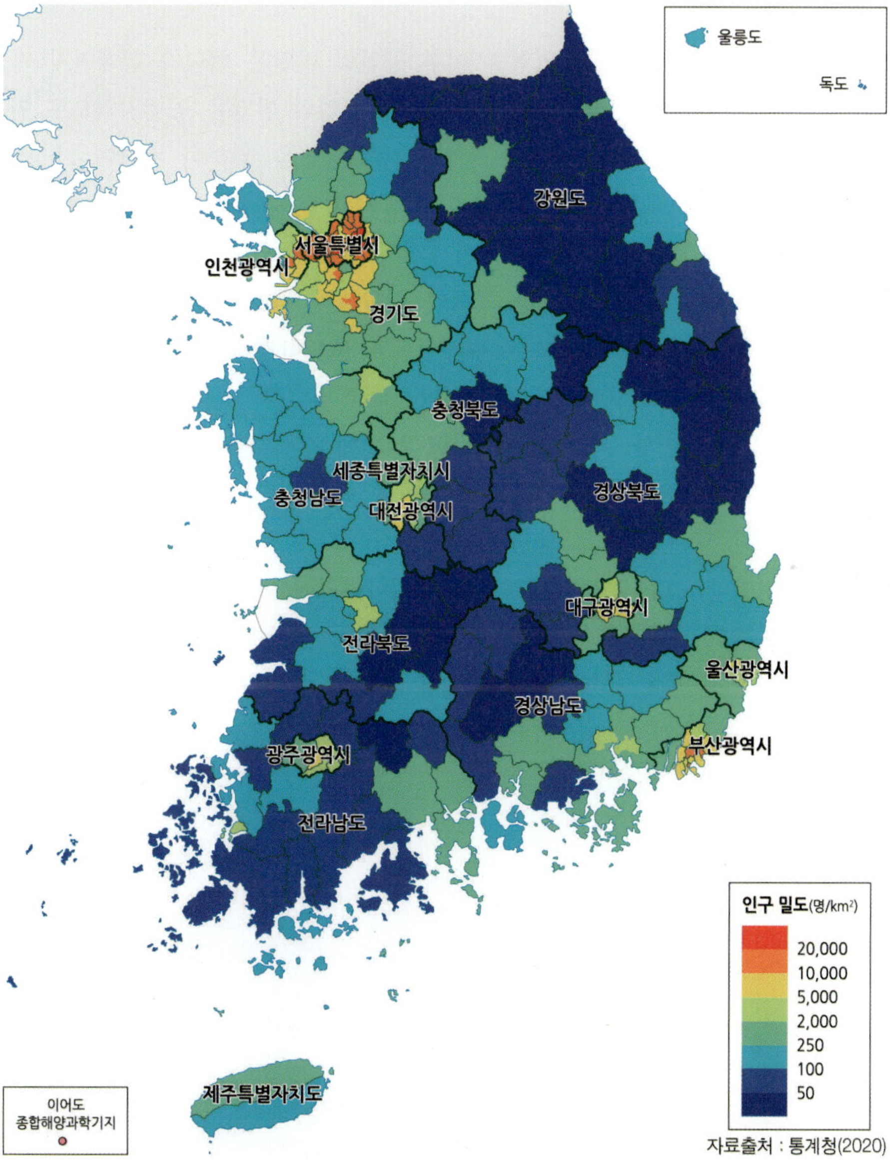

그림 1.2 한국의 인구 및 밀집도

최근 우리나라의 인구증가율은 감소세이나 도시 집중화는 오히려 증가하여 환경오염의 심각성이 커지고 있다.

1.2.2 공업의 발달

전 세계적으로 산업혁명 이후 공업의 발달은 어디가 한계인지 가늠하기 힘들 정도로 급속도로 발달해 왔다. 이러한 공업의 발달은 공업지역으로 인구의 집중을 유도했고, 효율적인 수급과 원활한 원료공급을 위하여 공단이 조성되었으며, 신속한 수송과 판매를 위하여 도로가 신설되고 운행 교통량과 교통매체를 증가시켰다. 이러한 공업단지의 증가와 교통매체의 발달은 모든 경제성장에는 도움을 주었으나 다른 측면으로 보면 환경 악화의 시발점이 되었다. 산업시설의 다양화는 여러 가지 오염물질을 대기권 또는 수계권으로 배출하게 되었고, 공업지역으로의 인구집중은 오염배출량을 증대시키게 되었다. 결국 자연정화능력을 초과하는 오염물질이 배출되게 된 것이다. 국내의 경우 1960년대에 경제개발계획이 수립되어 중화학공업정책을 추진한 1970~1980년대를 거치면서 산업 발달이 급속도로 이루어졌고, 인구의 급속한 도시집중으로 공단지역을 중심으로 환경오염 문제가 심각하게 발생하기 시작하였다. 그림 1.3은 1970년대 우리나라의 공단지역에서 배출되는 매연의 실태를 보여주고 있다. 그러나 그 후 환경오염의 심각성을 인식, 정부와 기업, 국민 모두의 노력에 의해 지금은 이런 모습은 찾아볼 수 없게 되었다.

그림 1.3 공단지역에서 발생하는 매연

1.2.3 에너지 소비의 증가

인간이 에너지원으로 가장 많이 사용하고 있는 석탄이나 석유 같은 화석연료는 주성분이 탄소와 수소로 구성된 탄화수소계로 모두 연소과정을 통해 에너지로 이용되고 있으며, 연소과정에서 생성되는 물질은 모두 대기오염을 유발시키는 물질이다. 화석연료의 연소로 인하여 배출되는 1차 오염물질은 전체 대기오염물질의 90% 이상을 차지하고 있으며, 이들 물질의 종류로는 이산화탄소(CO_2), 일산화탄소(CO), 탄화수소(HC), 질소화합물(NO_x), 황산화물(SO_x) 및 분진 등이다. 최근에는 이들 화석연료의 고갈문제와 더불어 환경오염문제를 해결하기 위하여 대체에너지원의 개발이 요구되어지고 있다. 화석연료 이외에 사용되는 에너지로는 원자력이 대표적인데, 원자력 에너지는 화석연료처럼 연소반응을 수반하지 않으므로 연소로 인한 대기오염물질은 없지만 핵연료의 운반이나 취급과정, 발전소에서의 운전 시 문제 발생 및 핵폐기물의 처분과정 등에서의 방사능 누출로 인한 문제가 환경오염보다 더욱 심각하게 인간에게 직접적인 영향을 줄 수가 있어 유럽 등 해외 에서는 원자력 에너지 사용을 점차 줄이고 있다.

2000년대를 거치면서 기후변화의 원인인 탄소 배출 에너지 사용 감축 대한 전지구적 합의가 도출되면서, 신재생 에너지로의 전환이 중요하게 되었다. 신재생 에너지란 신에너지와 재생에너지를 합쳐 부르는 말로, 재생 에너지는 햇빛, 물, 바람 등 계속 사용해도 다시 자연적으로 재생되는 천연자원으로부터 얻는 에너지를 의미한다. 우리나라에서는 태양광, 태양열, 풍력, 지열, 수력, 해야, 바이오, 폐기물까지 총 8가지의 에너지를 재생에너지로 정의하고 있다. 신에너지란 기존의 화석연료를 가스 등으로 변화시켜 탄소 배출을 줄이거나 수소·산소 등의 화학반응으로 전기 또는 열을 발생시키는 에너지를 가리키며, 대표적으로는 수소에너지, 연료전지, 그리고 석탄을 가스화·액화한 에너지가 있다(신에너지 및 재생에너지 개발·이용·보급 촉진법 기준).

한편, 우리나라의 경우 중화학공업정책을 추진한 1970~1980년대를 거치면서 이후 에너지 다소비형 산업 구조로 인해 산업부분의 에너지 소비가 비약적으로 증가하였고, 2015년 이후 다소 완만한 증가율을 보이고 있다. 그림 1.4는 2022년까지의 국내 에너지 소비량을 나타낸 것으로서 2019~2021년 코로나펜데믹으로 인한 산업 위축으로 일시적인 에너지 총 소비가 다소 감소하였으나 최근 다시 증가 추세를 보이고 있다.

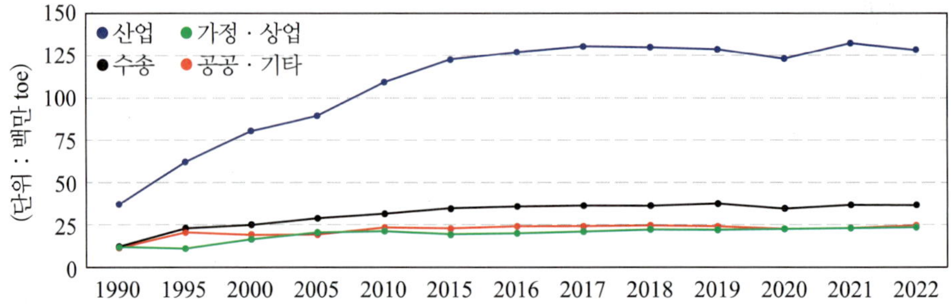

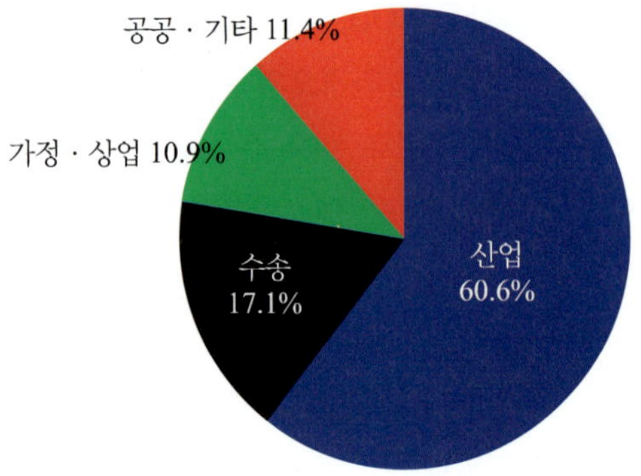

출처 : 에너지경제연구원 에너지통계 월보(2023.2)

그림 1.4 한국의 에너지 소비량

1.3 대표적인 환경오염

인간이 생활하고 존속하는 한 환경을 오염시키는 부산물은 무한히 배출되며 배출된 오염물은 반드시 처리되어야 한다. 환경공학(environmental engineering)은 자연과학의 기초이론을 토대로 환경문제를 이해하고 해결하는 인간중심의 학문인 위생공학(sanitary engineering)에서 발전하였다. 따라서 환경공학은 환경에 존재하는 오염물질의 양을 측정하여 인간과 생태계에 미치는 다양한 영향의 평가하는 것은 물론 환경오염에 대한 분석 · 평가 자료를 바탕으로 오염물질을 인간과 생태계에 안전한 수준까지 저감 · 처리하는 기술을 다루는 학문이라 할 수 있다. 여기서 환경공학의 입장에서 보면 폐수는 결코 무용지물이 아니며, 적절한 방법으로 폐수를 처리한다면 유용한 부산물을 얻을 수도 있고 처리된 물을 중수도로 사용할 수도 있다. 또한 폐수를 과학적인 방법으로 처리한다면 비타민이나 유효단백질을 얻어 유용한 영양원으로 사용할 수 있고, 폐기물을 적합하게 처리함으로써 새로운 에너지를 얻을 수도 있다. 이러한 점은 환경공학이 제한된 지구상의 자원을 적절하게 절약하는데 큰 공헌을 하는 학문이라고도 할 수 있다. 우리는 매일 생활에서 공기 없이 살 수 없으면서도 공기의 중요성을 인식하지 못하고 있다. 공단주변이나 대도시에서 매연에 시달리는 사람들은 오염되지 않은 신선한 공기의 고마움을 절실히 느끼게 된다. 결국 우리가 맑은 공기 속에서 살 수 있도록 대기오염방지를 위해 환경공학자의 노력이 필요하고 이러한 노력은 환경을 전공으로 하는 사람들의 의무라 할 수 있다. 계속하여 실제적인 측면에서 대표적인 오염문제를 예를 들고, 그 특성을 살펴보고자 한다.

1.3.1 수질오염

수질환경은 물 환경의 질과 관련된 모든 요소를 포함하는 개념이다. 주로 물의 화학적, 물리적, 생물학적 특성을 의미하며, 이는 물의 투명도, pH, 수온, 용존 산소량, 양적 및 질적인 오염물질의 존재 등을 포함한다. 물은 생물의 생존에 필수요소로서 생물체의 70~80%가 물로 구성되어 있으며, 사람은 물을 마시지 않고 1주일 이상 생존할 수 없다. 물은 생물체의 생존뿐 아니라 경제활동에도 필수적인 요소이다. 농사를 짓기 위해서는 농업용수가 필요하고 공장을 가동하기 위해서는 공업용수가 필요하다. 지구상에는 총 13억 8천 6백만 km^3의 물이 존재하는데, 이중에서 96.5%는 바닷물이고 담수는 3.5%에 불과하며, 존재형태로 보면 빙하가 69.56%, 지하수 30.10%, 기타 하천 및 호소 0.34%로 구성되어 있다.

수질환경은 물이 사용되는 목적에 따라 다양한 측면에서 평가될 수 있다. 예를 들어, 음용수로 사용되는 물의 수질환경은 인간 건강에 대한 위험을 평가하고, 수생생물이 서식하는 자연환경에서의 수질환경은 생태계의 건강과 안정성을 평가하는데 중요하다. 따라서 수질환경은 인간의 생활과 자연환경에 모두 영향을 미치며, 그 질을 평가하고 유지하는 것은 중요한 사회적 과제이다.

국내의 경우 좁은 국토에 많은 인구 때문에 물은 부족하고 환경용량도 작아 수질오염에 취약하다. 우리나라 연평균 강수량은 1,277 mm로 세계평균 807 mm의 1.7

배이나 연간 1인당 강수량은 약 2,629톤으로서 세계평균의 1/6에 불과하고 강수량의 2/3가 여름 장마철 때 일시에 바다로 쓸려 내려가 이용할 수 있는 물은 매우 제한되어 있다. 폭발적인 인구의 증가와 산업발전이 있기 전에는 자연의 자정작용에 의해 충분히 깨끗한 물을 이용할 수 있었기 때문에 옛날 사람들은 물의 중요성을 양적인 관점에서만 판단하였다. 그러나 가정에서 쓰고 버리는 생활하수, 산업활동에 의한 산업폐수, 농촌의 농축산 폐수 등에 수질 오염에 대한 중요성이 서서히 인신되어 왔으며, 이로 인한 환경오염의 위험이 커지고 있는 실정이다. 인간 생존을 위해서는 물의 양과 더불어 물의 질이 보장된 물의 공급은 인간생존에 필수적인 요소이다. 어떤 공동사회에서나 액체와 고체 폐기물이 발생한다. 이 중에서 액상폐기물, 즉 폐수는 근본적으로 그 공동사회에 공급된 상수가 여러 용도로 쓰이는 과정에서 오염된 것이다. 발생원 과정에서 볼 때 폐수란 주택, 공공기관, 상업 및 산업시설에서 버리는 액체 또는 물에 의하여 운반되는 폐기물과 지하수, 지표수, 우수 등의 혼합물이라 정의할 수 있다.

국내 수질 및 수생태계 보전에 관한 법률 제1장 1조의 목적을 살펴보면, "수질오염으로 인한 국민건강 및 환경상의 위해를 예방하고 하천·호소 등 공공수역의 수질 및 수생태계를 적정하게 관리·보전함으로써 모든 국민으로 하여금 그 혜택을 널리 향유할 수 있도록 함과 동시에 미래의 세대에게 승계될 수 있도록 함을 목적으로 한다"라고 되어 있고, 폐수라 함은 물에 액체성 또는 고체성의 수질오염물질이 혼입되어 그대로 사용할 수 없는 물이라고 정의하고 있다. 또한 수질오염물질이라 함은 수질오염의 요인이 되는 물질로서 환경부령으로 정하는 것을 말한다. 이와 같이 수질오염을 방지하고 깨끗한 물을 보존하기 위해 국내에서는 많은 환경정책에 변화가 있었다. 우리나라 물관리 업무는 1980년대 이전에는 산업 발전과 위생 관리에 중점을 두었고, 1990년대부터는 수질환경보전법을 제정하여 친환경, 수질 및 수생태 관리 체계가 강화되었다. 2000년대 이후, 환경부와 국토부 등 여러 부처에 물관리 업무가 분산되어 정책의 비효율 문제가 지적됨에 따라 정부와 국회 등 우리 사회 구성원들의 논의 끝에 2018년 6월, 수량 및 수자원 관리 업무가, 그리고 2022년에는 하천관리 업무까지 환경부로 이관되어 진정한 통합 물관리 시대가 시작되었다. 수질환경기준은 하천·호소에 공통적으로 적용되는 건강항목(9개 항목)과 하천(5개 항목)·호소(7개 항목)에 달리 적용되는 생활환경항목으로 구분되며, 생활환경항목은 수질상태에 따라 5등급으로 구분된다(제12장 참조).

그림 1.5 수질오염에 기인한 물고기의 폐사

그림 1.5는 수질오염에 기인한 물고기의 폐사 현상을 나타낸 것이다. 일반적으로 어류의 성장에 적합한 용존산소 농도는 대략 4 ppm 이상이며, 용존산소가 2 ppm 이하에서는 어류 성장에 현저한 제한을 준다. 물속에 유기물이 많아지면 유기물을 이용하여 살아가는 박테리아가 번식하는데 이때 용존산소가 소비된다. 물속의 용존산소는 공기 중의 산소가 녹아 들어가거나 물속 식물의 광합성에 의한 것인데 물속에 산소가 많거나 온도가 높을 때는 공기 중으로 쉽게 날아가 버리고 부족할 때는 빨리 공급되지 않기 때문에 물속에 유기물이 많으면 물고기가 죽는 현상이 일어난다. 여름철 가뭄 때 기온이 갑자기 높아지면 가정하수나 축산폐수가 유입되는 하천이나 저수지에서는 물고기의 떼죽음을 볼 수 있다. 특히 강우 후 2~3일이 지나면 생활하수, 축산폐수 등이 유입된 정체하천에서는 수온이 상승하며 왕성한 박테리아에 의한 유기물 분해로 물속의 산소가 고갈되어 물고기를 죽게 한다. 예로 1992년 한강 물고기(상치, 누치) 죽음 사건, 영산강 물고기(누치, 잉어 등) 떼죽음 사건 등을 들 수 있다. 물속에 산소가 부족하게 되면 물고기가 죽는 것 이외에도 여러 가지 수질오염문제가 발생되는데, 산소가 부족하여 물고기가 없어질 정도가 되면 하천이나 호수의 바닥 퇴적물은 검은 색으로 되고, 공기방울이 떠오르고, 스컴(scum)이 발생되며, 가스가 발생되면서 악취가 발생하고, 물고기가 폐사하는 원인이 되고 있다.

1.3.2 대기오염

산업화와 자동차 보급의 확대로 세계적으로 대기오염은 날로 심각해지고 있다. 대기오염에 대하여 세계보건기구(WHO)의 정의는 "대기 중에 인위적으로 배출된 오염물질이 한 가지 또는 그 이상 존재하여 오염물질의 양, 농도 및 지속시간이 어떤 지역의 불특정 다수인에게 불쾌감을 일으키거나 해당 지역에 공중보건상 위해를 끼치고, 인간이나 동·식물의 활동에 해를 주어 생활과 재산을 향유할 정당한 권리를 방해받는 상태"로 규정하고 있다.

이러한 대기오염을 유발하는 물질은 매연, 먼지, 가스 및 악취 등으로 사람의 건강상 또는 재산상에 해를 미치거나 동·식물의 생육환경 등 자연환경에 악영향을 미치는 물질을 말하는데, 이는 다시 가스상물질과 입자상물질로 크게 나눌 수 있다. 가스상물질은 연소·합성·분해시 발생하거나 물리적 성질에 의해서 발생되는 기체상의 물질로서 황산화물, 질소산화물, 일산화탄소 및 오존 등을 말하며, 입자상물질은 물질의 파쇄, 선별 등 기계적 처리 또는 연소·합성·분해 시에 발생하는 고체상 또는 액체상의 미세한 물질을 말한다. 대기오염물질의 종류는 산업화가 진전될수록 더욱 증가하게 되는데, 어떠한 물질을 정부의 관리대상으로 지정할 것인가는 정책적인 판단의 문제로 한 나라의 오염저감기술, 측정기술 수준 그리고 오염물질의 위해성평가 결과 등 다양한 요소에 의해 결정된다.

우리나라의 경우 대기환경보전법에서 대기오염물질을 "대기오염의 원인이 되는 가스상물질, 입자상물질 또는 악취물질로서 환경부령이 정하는 것"으로 규정하고 있으며, 일반대기오염물질 29종, 특정대기유해물질 35종, 총 64종을 지정하여 관리하고 있다. 대기오염물질을 발생시키는 원천은 너무나 다양하여, 황사와 같이 바람에 의해 토양의 흙먼지가 날려 대기오염을 유발할 수도 있고, 산불이나 화산에 의해 먼지나 매연이 발생할 수도 있다. 이렇게 인간의 활동과 관계없이 대기오염물질을 발생시키는 배출원을 자연적 발생원(natural source)이라 한다. 그러나 오늘날 크게 문제가 되고 있는 것은 자연적 발생원으로 인한 대기오염보다는 대부분 인간의 활동에서 비롯되는 인위적 배출원(anthropogenic source)이라고 할 수 있다. 인위적 발생원은 다시 점오염원(point source), 면오염원(area source), 선오염원(line source)으로 구분된다. 점오염원은 발전소나 대규모공장과 같이 하나의 시설이 대량의 오염물질을 배출하는 것을 말하며, 면오염원은 주택이나 빌딩과 같이 일정면적 내에 소규모 발생원이 다수가 모여 오염물질을 발생함으로써 해당지역 내에 오염문제를 발생시키는 것을 말하고, 선오염원은 자동차, 기차, 비행기, 선박 등과 같이 이동하면서 오염물질을 연속적으로 배출하는 것을 말한다. 또한 대기오염물질은 크게 1차 오염물질과 2차 오염물질로 분류하며 1차 오염물질은 발생원에서 직접 대기로 방출되는 SO_x, NO_x 등의 오염물질을 말하며, 2차 오염물질은 1차 오염물질들이 대기 중에서 물리·화학적인 변환에 의해 생성되는 광학스모그, 오존과 같은 위해한 물질을 말한다.

우리나라의 연도별 아황산가스 배출량을 보면 표 1.2에서와 같이 매년 유류 등 총 연료사용량의 증가에도 불구하고 저공해 연료(청정연료, 저황유) 공급확대 및 저공해 자동차 보급 등으로 총 오염물질 배출량은 점진적으로 감소하고 있다.

표 1.2 우리나라의 대기오염도 현황(단위 : 톤)

구분	2017	208	2019	2020	2021
일산화탄소(CO)	817,240	808,801	757,848	711,399	694,817
질산화물(NO_x)	1,189,800	1,153,265	1,086,862	929,227	884,453
황산화물(SO_x)	884,453	300,979	272,859	180,157	160,993
총부유먼지(TSP)	595,582	617,481	484,527	392,351	396,088
미세먼지(PM-10)	218,476	232,993	207,866	146,733	146,382
초민세먼지(PM-2.5)	91,731	98,388	87,628	58,558	57,316
휘발성유기화랍물(VOCs)	1,047,585	1,035,636	1,020,216	990,207	1,002,810
암모니아(NH_3)	308,298	315,975	316,299	262,207	262,008
블랙카본(BC)	15,555	15,562	14,211	11,945	10,974

자료 : 환경부 국가미세먼지정보센터

그림 1.6은 우리나라 대도시의 매연에 의한 뿌옇게 변한 하늘을 나타낸 것으로서, 대기오염물질 배출량 증가에 기인한 것으로 대부분 자동차의 증가에 크게 영향을 받고 있다.

우리나라의 대기환경기준은 1979년 2월 아황산가스에 대한 기준을 최초로 설정하였으며, 1983년 8월에는 일산화탄소, 이산화질소, 먼지, 오존 및 탄화수소에 대한 환경기준을, 1991년 2월에는 납에 대한 환경기준을 각각 추가로 설정하였다. 1993년에는 아황산가스, 일산화탄소 등 일부 오염물질이 환경기준을 달성함에 따라 이들 항목에 대한 환경기준을 강화하였다. 한편, 인체에의 유해성이 큰 미세먼지의 관리 필요성이 증가함에 따라 미세먼지(PM-10 및 PM-2.5)의 환경기준을 추가로 설정하였으며 탄화수소는 오염도가 높지 않고 오존오염도를 측정하고 있어 이를 별도 측정할 필요성이 크지 않아 환경기준에서 삭제하는 대신에 유기휘발성화합물질에 대한 배출허용기준치를 별도로 제정하였다. 블랙 카본은 2014년도부터, 비산먼지 및 생물성 연소배출량은 2015년부터 산정되었다. 2020년부터는 배출량 산정방법을 대폭 개선하여 전년대비 차이가 크게 나타났다. 2018년 5월 개정된 환경기준은 일산화탄소, 질산화물, 황산화물, 총 부유먼지, 미세먼지, 초미세먼지, 블랙카본, 휘발성 유기화합물, 암모니아의 9개 항목을 정하여 관리하고 있다.

그림 1.6 대기오염에 의한 대도시 하늘의 매연현상

1.3.3 토양오염

토양은 크게 유기물질과 무기물질로 이루어져 있으며, 이중 무기물질인 암석은 햇빛, 비, 바람, 하천수에 의해 풍화·침식되어 커다란 돌덩이와 모래가 되고, 나아가 입자직경 0.002 mm 이하의 미립자로 구성되는 점토까지 그 형태가 변한다. 유기물질은 비교적 변질되지 않은 식물조직에서부터 토양 중에서 아주 오랜 기간 동안 안정되어 있었던 부식물질에 이르기까지 매우 다양하다. 이러한 토양은 홍수방지, 수원함양, 수질정화, 토사붕괴 방지, 토양표면 침식방지, 지반침하 방지, 오염물 정화, 지표 온도·습도 변화의 완화, 토양생물상 보호, 식생보호 등의 환경성 기능을 수행한다.

또한 토양은 물, 공기와 함께 가장 기본적인 환경의 구성 요소이고, 이러한 토양은 생물존재의 기반으로서 그리고 물질순환의 매체로서 매우 중요하고 다양한 역할을 수행하고 있으며, 토양이 물이나 공기와 크게 다른 점은 유동성이 거의 없다는 것이다. 토양 속으로 유입된 오염물질은 스스로 유동성을 가지지 않는 한 토양 공극 내에 존재하는 토양수나 토양 공기에 의하지 않고는 거의 움직일 수 없다. 그 결과 폐기물 등과 같은 오염물질이 토양 내에 묻히게 되면 쉽게 드러나지 않고 마치 청정한 환경인 것 같이 보이게 된다. 토양오염은 간접적·만성적이며 시간적·경제적으로 개선이 어렵다는 특성으로 요약할 수 있다. 즉, 토양이 오염되면 그 속에 깃들어 살고 있는 토양생물들과 지하수의 오염을 야기하고, 이는 인간에게 피해를 주어 간접적인 영향을 끼친다. 또한 급성적인 피해보다는 오랜 기간 누적되어 피해를 야기하는 만성적인 영향을 주게 된다. 또한 토양오염은 대부분의 환경오염처럼 한번 오염되면 대기나 수질에 비해 훨씬 더 긴 시간과 많은 경제적 투자를 필요로 한다는 특징을 가지고 있다.

우리나라 토양환경정책은 종전 수질환경보전법에 근거를 두고 1987년부터 실시해 온 전국토의 토양측정망 운영을 그 시발점으로 하고 있으며, 토양환경보전법이 1995년 1월 5일 개별법으로 제정·공포되어 1996년 1월 6일부터 시행됨에 따라 명실상부한 토양환경보전시책을 수행하게 되었다. 토양환경보전법은 환경여건에 맞도록 개정을 거쳐 2022년 12월 13일 일부개정 법령을 2023년 1월 14일부터 적용하여 시행하고 있다. 관련 법규는 토양측정망 운영, 토양환경보전에 관한 기본(지역)계획의 수립, 토양오염유발시설의 지정·관리 등 토양오염의 규제, 토양오염대책지역 지정 및 오염토양개선사업 추진 등을 주요골자로 하고 있다. 토양오염물질이란 토양 중에서 분해되지 않고 오랫동안 잔류하는 물질로 농작물의 생육을 저해하고 사람의 건강에 악영향을 미치는 중금속, 석유류, 농약, 발암물질(PCB), 기타 독성물질(CN, phenol) 등의 토양오염물질로 지정하여 관리한다. 토양오염 측정망은, 중금속 8종[카드뮴(Cd), 구리(Cu), 비소(Ag), 수은(Hg), 납(Pb), 6가크롬(Cr^{6+}), 아연(Zn), 니켈(Ni)], 일반항목 13종 PCB, CN, 페놀류, 유류(벤젠, 톨루엔, 에틸벤젠, 크실렌, TPH), 불소, TCE, PCE, 벤조(a)피렌 그리고 토양산도(pH)로 구분된다. 오염의 정도가 사람의 건강과 동·식물의 생육에 지장을 초래할 우려가 있어 토지의 이용중지, 시설의 설치금지 등 규제조치가 필요한 정도의 오염상태를 토양오염대책기준으로 설정하고, 대책기준의 약 40% 정도로 더 이상의 오염이 심화되는 것을 예방하기 위한 오염수준을 토양오염우려기준으로 구분하여 설정하였다. 표 1.3은 우리나라의 토양오염도 현황을 나타낸 것이다.

표 1.3 우리나라의 토양오염도 현황(단위 : mg/Kg)

구분	2017	208	2019	2020	2021
카드뮴(Cd)	0.454	0.542	0.591	0.765	0.620
구리(Cu)	29.589	32.935	34.457	48.547	32.233
비소(Ag)	4.885	4.700	8.643	5.470	5.362
수은(Hg)	0.050	0.053	0.061	0.039	0.053
납(Pb)	34.385	33.180	31.640	32.372	30.094
6가 크롬(Cr^{6+})	0.137	0.219	0.121	0.103	0.056
아연(Zn)	125.625	131.922	132.882	144.046	132.034
니켈(Ni)	18.507	18.146	18.161	18.311	17.702
PCB	0.000	0.000	0.000	0.000	0.000
시안(CN)	0.010	0.007	0.260	0.022	0.020
페놀	0.005	0.005	0.007	0.011	0.004
유류	89.857	102.630	100.593	91.362	75.825
불소	208.531	228.659	244.265	235.617	267.421
TCE	0.002	0.001	0.005	0.009	0.019
벤조피렌	0.028	0.006	0.007	0.007	0.012
토양산도(pH)	7.252	7.389	7.293	7.549	7.460

자료 : 환경부

1.3.4 폐기물

폐기물관리법에서는 폐기물을 "쓰레기 · 연소재 · 오니 · 폐유 · 폐산 · 폐알칼리 · 동물의 사체 등으로서 사람의 생활이나 사업활동에 필요하지 아니하게 된 물질"로 정의하고 있는데, 폐기물은 자연으로부터 원료를 채취하여 제품을 생산 · 유통 · 소비하는 경제활동 등 생활의 영위과정에서 불가피하게 발생되고 있다. 폐기물이란 인간과 동물의 활동에 수반되는 모든 폐기물로서 일반적으로 고형물이며 더 이상 쓸모가 없어져서 버려진 것이다. 폐기물이라는 용어는 도시에서 발생되는 다양한 종류의 생활쓰레기와 상대적으로 균질인 농업, 산업 및 광산 폐기물들을 모두 포함한다.

인구가 적은 농경중심의 사회에서는 폐기물이 발생되어도 자연의 자정작용으로 자연적으로 소화 · 흡수되어 문제가 없었으나, 사회구조와 생활방식이 대량생산, 대량소비 형태로 변화하면서 그 과정에서 발생되는 폐기물도 다량화 · 난분해화하여 자연의 자정작용만으로는 해결될 수 없는 사회문제로 대두됨에 따라 국가의 정책적 개입이 불가피하게 되었다. 즉, 자연계가 소화할 수 없는 폐기물은 매립장 · 소각시설 등 인위적인 폐기물처리시설을 설치하여 처리할 수밖에 없으며, 이러한 과정에서 NIMBY (not in my back yard)문제, 엄청난 시설투자 등 사회경제적 문제가 수반되기 때문에 보다 효과적이고 적극적인 정책적 관리가 필요하다. 이렇듯 폐기물 문제가 현대사회의 대량생산 · 대량소비 사회경제 체제에서 비롯되었기 때문에 이를 효과적으로 극복하기 위해서는 대량생산, 대량소비 체제를 지속가능한 자원순환형 사회경제 체계로 전환시켜 나가고 기술개발을 통하여 저렴한 비용으로 폐기물을 안전하게 처리하는 등의 종합적이고 근본적인 접근이 이루어져야 한다.

표 1.4는 우리나라 폐기물 발생 실태를 나타낸 것이다. 폐기물 관리법상 폐기물은 생활폐기물과 사업장 폐기물로 크게 구분되며, 사업장 폐기물은 사업장 배출시설계 폐기물, 건설폐기물 그리고 저정폐기물을 포함한다. 사업장 배출시설계 폐기물은 사업장 배출시설의 설치, 운영과 관련하여 배출되는 폐기물이며, 건설폐기물은 건설공사(건설산업기본법 제2조 제4호 의거)로 인해 발생되는 5톤 이상의 폐기물 지칭한다. 지정폐기물이란 사업장 폐기물 중 폐유, 폐산 등 주변 환경을 오염시킬 수 있거나 의료폐기물 등 인체에 위해를 줄 수 있는 해로운 물질을 말한다. 2021년 기준 폐기물 종류별 구성비는 사업장 배출시설계 폐기물 43.0%, 건설폐기물 42.5%, 생활폐기물 8.5%, 사업장 지정폐기물 3.0% 순으로 나타난다.

표 1.4 우리나라의 폐기물 발생량 추이(단위 : 톤/일, %)

구분		2017	2018	2019	2020	2021
합계	발생량	15,678	16,283	18,150	20,266	19,739
	전년대비증감률	0.1	3.9	11.5	7.7	1
생활폐기물	발생량	1,952	2,045	2,116	2,254	2,270
	전년대비증감률	−0.5	4.8	3.4	6.6	0.7
사업장배출시설 폐기물	발생량	6,018	6,122	7,396	8,807	8,490
	전년대비증감률	1.7	1.7	20.8	9.3	5
건설폐기물	발생량	7,164	7,554	8,070	8,644	8,381
	전년대비증감률	−1.6	5.4	6.8	7.1	−3
지정폐기물	발생량	544	562	568	561	598
	전년대비증감률	8.1	3.2	1.1	−1.2	6.6

자료 : 환경부

우리나라의 전체적인 폐기물 처리 구조를 살펴보면 매립처리비율이 크게 낮아지고 재활용이 크게 확대되는 한편, 소각처리율도 점진적으로 증가하는 추세에 있다. 2021년도 폐기물 처리 방법 중 재활용은 86.9%이고 가장 높은 비율로 점차 바람직한 처리구조로 자리 잡았다. 한편, 2021년도 매립률은 5.3%로 전년(5.1%) 대비 0.2% 증가하였으며, 소각률은 5.0%로 전년(5.2%) 대비 0.2%로 나타났다.

1.3.5 악취오염

우리나라의 개정된 대기환경 보전법에 따르면 악취를 대기오염물질로 규정함과 동시에 기기를 이용한 악취물질의 분석방법 도입, 규제기준의 제정 등 악취에 대한 제도적 장치를 강화하고 있으므로 악취물질의 측정 및 제거는 당면한 환경문제로 대두되고 있는 실정이다.

대기환경보전법의 정의에 의하면 악취라 함은 “황화수소, 메르캅탄류, 아민류 등 자극성 있는 기체상물질이 사람의 후각을 자극하여 불쾌감과 혐오감을 주는 냄새”를 말한다. 악취물질(offensive odor substance)은 주위에 불쾌한 냄새를 풍겨서 생활환경에 악영향을 깨뜨릴 우려가 있는 물질을 말하므로, 육체에 미치는 해 보다는 이로 인한 정신적 스트레스가 더 중요하다. 악취는 발생물질의 종류와 배출원이 다양하고, 여러 물질이 복합적으로 작용하며, 생활환경과 사람의 심리상태에 따라서 오염도에 대한 인식이 달라지는 특성도 있어 다른 대기오염물질과는 달리 효과적으로 발생원을 관리하고 저감대책을 수립하는 데에 어려움이 있다.

악취물질은 정유공장, 화학공장, 하수처리장, 분뇨 및 축산폐수처리장, 매립장 등 발생원별로 여러 가지 복합된 화합물이 원인이 되어 악취를 유발하며 단위 화합물질로서 황화수소(H_2S)는 계란 썩는 냄새, 메르캅탄류는 야채 썩는 냄새, 아민류는 생선냄새 등의 특이한 냄새를 유발하고 그에 따른 최저 감지값은 물질별로 상당한 차이를 나타내고 있다. 또한 취기는 단일물질로서도 감지 정도에 영향을 미치지만, 여러 종류의 취기물질이 혼합되어 있는 경우 각 물질들 간에는 취기강도를 상승시키거나 상쇄 및 중화되는 현상이 나타날 수 있다.

악취를 측정하는 방법에는 직접관능법, 공기희석관능법, 기기분석법의 3가지 방법이 있으며, 직접관능법은 사람이 쉽게 판별할 수 있도록 6단계로 구분하여, 배출원의 부지경계선 또는 피해지점에서 건강한 후각을 지닌 5인 이상의 판정원 중 다수가 감지한 악취도를 기준으로, 3도 이상일 경우를 배출허용기준 초과로 규제하고 있다. 악취도를 구분하여 판정하는 기준은 표 1.5에 나타나 있다. 대부분의 악취물질은 수십 종 이상이 복합적으로 혼합된 상태로 배출되기 때문에 단일 성분일 때 기기분석법을 이용하여 정량분석이 가능하며, 냄새 감각에 의한 관능측정법도 많이 사용되고 있다. 따라서, 환경부에서는 악취방지법 제2조, 동 시행규칙 제2조 별표, 제8조 별표 3에 의거 아민류 2종, 황류 4종, 알데히드류 5종, 휘발성유기화합물류

표 1.5 우리나라의 악취판정표

악취도	악취판정 구분
0	무취(평상시 후각으로 아무것도 감지하지 못하는 상태)
1	감지 취기(무슨 냄새인지는 알 수 없으나 냄새를 느낄 수 있는 정도의 상태)
2	보통 취기(무슨 냄새인지 알 수 있는 정도의 상태)
3	강한 취기(쉽게 감지할 수 있는 정도의 강한 냄새)
4	극심한 취기(아주 강한 냄새)
5	참기 어려운 취기(견디기 어려운 강렬한 냄새로 호흡이 정지 될 것같이 느끼는 정도의 상태)

7종, 지방산류 4종의 총 22개 항목을 악취물질로 지정하였다. 해당 악취물질은 국립환경과학원에서 2022년 개정하여 고시한 악취공정시험 기준에 의해 정밀 기기분석을 통해 정확한 정량값으로 평가하고 있다. 표 1.6에 우리나라의 생활악취 배출허용기준을 나타내고 있다.

표 1.6 우리나라의 생활악취 배출허용기준

측정방법	배출허용기준		
직접관능법	악취도 2도 이하		
공기희석 관능법	가. 배출구 (1) 공업지역 내의 사업장 : 희석배율 1,000 이하 (2) 기타지역 내의 사업장 : 희석배율 500 이하		
	나. 부지경계선 (1) 공업지역 내의 사업장 : 희석배율 20 이하 (2) 기타지역 내의 사업장 : 희석배율 15 이하		
기기분석법	악취물질	공업지역 안의 사업장	기타지역 안의 사업장
	암모니아	1~2	암모니아 ~1
	메틸메르캅탄	0.002~0.004	메틸메르캅탄 ~0.002
	황화수소	0.02~0.06	황화수소 ~0.02
	다이메틸설파이드	0.01~0.05	아이메틸설파이드 ~0.01
	다이메틸나이설파이드	0.009~0.03	다이메틸다이설파이드 ~0.009
	트라이메틸아민	0.005~0.02	트라이메틸아민 ~0.005
	아세트알데하이드	0.05~0.1	아세트알데하이드 ~0.005
	스타이렌	0.05~0.1	스타이렌 ~0.05
	프로피온알데하이드	0.04~0.8	프로피온알데하이드 ~0.04
	뷰틸알데하이드	0.05~0.1	뷰틸알데하이드 ~0.05
	n-발레르알데하이드	0.009~0.02	n-발레르알데하이드 ~0.009
	i-발레르알데하이드	0.003~0.006	i-발레르알데하이드 ~0.003
	톨루엔	10~30	톨루엔 ~10
	자일렌	1~2	자일렌 ~1
	메틸에틸케톤	13~35	메틸에틸케톤 ~13
	메틸아이소뷰틸케톤	1~3	메틸아이소뷰틸케톤 ~1
	뷰틸아세테이트	1~4	뷰틸아세테이트 ~1
	프로피온산	0.03~0.07	프로피온산 ~0.03
	n-뷰틸산	0.001~0.002	n-뷰틸산 ~0.001
	n-발레르산	0.0009~0.002	n-발레르산 ~0.0009
	i-발레르산	0.001~0.004	i- 발레르산 ~0.001
	i-뷰틸알콜	0.9~4.0	I-뷰틸알콜 ~0.9

지금까지는 사람의 후각에 의해 악취를 현장에서 바로 측정하는 직접관능법 위주로 악취배출원을 관리하여 왔다. 이는 악취오염이 사람의 후각을 자극하여 생활을 불편하게 하는 감각공해라는 특성에 부합하고, 측정이 신속하게 이루어질 수 있다는 데 기인한 것이다. 그러나 1997년 6월 '인천·시화지역 악취오염사건' 이후, 사람의 후각으로 현장에서 바로 악취를 측정하는 직접 관능법만으로는 악취오염원을 효율적으로 관리하는 것이 어렵다는 것을 인식하게 되었다. 따라서 배출구 악취와 같이 부지경계선상에서는 쉽게 감지되지 않으나 확산되어 주택지에 악취를 유발하는 경우에는 배출구에 대한 공기희석 관능법을 병행하여 활용하고 있으며, 간이악취측정기·악취가스검지관 등도 보완적으로 활용하여 악취관리의 과학화를 도모하고 있다. 또한 경제적으로 풍요해짐에 따라 생활환경에 대한 관심이 늘어남에 따라 우리나라에서도 악취배출과 관련된 민원이 증가하고 있다.

1.4 자연재해와 당면한 환경문제

우리나라 자연재해대책법 1장 2조 1항에는 재해란 국민의 생명, 신체, 재산과 국가에 피해를 주거나 줄 수 있는 재난으로 인해 발생하는 피해라고 정의한다. 여기서 재난이란 태풍, 홍수, 호우(豪雨), 강풍, 풍랑, 해일(海溢), 대설, 한파, 낙뢰, 가뭄, 폭염, 지진, 황사(黃砂), 조류(藻類) 대발생, 조수(潮水), 화산활동, 소행성·유성체 등 자연우주물체의 추락·충돌, 그 밖에 이에 준하는 자연현상으로 인하여 발생하는 재해를 포함하는 자연재난과, 화재·붕괴·폭발·교통사고(항공사고 및 해상사고를 포함한다)·화생방사고·환경오염사고 등으로 인하여 발생하는 사회재난으로 구분된다(재난 및 안전관리 기본법 제3종 1항). 다시 말해 인간의 생존과 재산의 보존이 불가능할 정도로 생활 질서를 위협하는 상태를 초래시키는 사고 또는 현상을 재난이라고 하며, 이로 인한 피해를 재해라고 한다. 재난의 결과인 재해는 불의의 돌발적인 외부의 힘에 의해서 인명피해, 가축의 폐사, 그리고 토지 및 건물 등 물품, 시설의 손괴 등의 피해가 발생한 경우로서 재난과 재해는 원인과 결과의 관계라고 볼 수 있다.

이러한 재해는 크게 자연재해와 인위재해로 구분할 수 있으며, 자연재해는 불가항력적인 자연의 힘에 의하여 발생하는데 이러한 자연재해는 인위적으로 완전히 근절시킬 수 없다. 따라서 피해를 최소한으로 줄이기 위해서는 자연재해 발생 원인을 이해하고 이를 예측하여 필요한 시설물을 설치할 필요가 있다. 이러한 자연재해는 주로 기상과 지구의 지질 작용에 의해 발생하게 되며 따라서 자연재해는 기상재해와 지질재해로 구분 할 수 있다.

우리나라는 해방이후 근대화 과정에서 하천재방의 설치를 포함하는 하천의 개·보수 사업, 산사태 및 토사 유출방지를 위한 산림녹화 사업, 홍수 시 물을 저장하여 피해를 줄이고 가뭄 시 이를 이용하기 위한 다목적댐의 건설 등을 통하여 과학적인 방법으로 자연재해의 피해를 경감시키고자 꾸준히 노력하여 많은 성과를 얻었다. 하지만 근래의 산업발달로 발생하는 이산화탄소의 증가로 인한 지구온난화와 최근에 많은 관심을 갖게 된 엘니뇨와 같은 기상이변으로 인하여 재해가 더욱 증가하고 그 피해 규모도 더욱 대규모 및 다양화하여 대자연 앞에 인간의 나약함을 절실히 느끼고 있다.

20세기 중반 이후 인간의 활동이 활발해 지면서 지구상의 모든 화석연료가 채굴되어 에너지원으로 활용되었다. 화석연료는 에너지원으로 활용되면서 인간문명발전, 생활수준의 향상에 많은 기여를 하였지만, 다양한 폐기물과 대기 오염원을 배출하면서 지구의 기후변화의 주요 원인이 되었으며, 그에 따른 자연재해 피해도 전 세계적으로 속출하고 있다. UN의 재난위험경감사무국(United Nations Office for Disaster Risk Reduction, UNDRR)은 2023년도 보고서에서, 극심이상기후의 약 75%가 탄소배출과 관련이 있으며, 2030년도까지 전 세계는 연간 약 560건(하루 평균 1.5건)의 심각한 재해가 예상되고, 이 영향으로 약 3,760만 명이 추가로 극심한 빈공상태에 직면할 것이라고 경고했다. 기후변화로 인한 해수 온도 상승으로 허리케인과 태풍의 강도와 빈도가 증가하고 있으며, 2005년의 허리케인 카트리나와 2017년의 허리케인 하비는 기후변화와 관련된 강력한 폭풍으로 큰 피해를 초래했다. 또한, 수천 명의 사상사를 낳은 2003년 유럽 폭염과 2010년 러시아 폭염에서 보이듯, 폭염과 가뭄도 더욱 빈번해져 건강 문제와 농작물 피해를 일으키고 있다. 2010년 파키스탄 홍수와 2020년 중국 양쯔강 홍수는 강수 패턴의 변화로 발생하였으며, 극지방의 빙하와 그린란드 빙상이 녹아 해수면이 상승하면서 방글라데시와 몰디브 같은 저지대와 해안 지역이 침수 위험에 처해 있다. 고온과 가뭄으로 인한 산불은 생태계를 파괴하고 대기 오염을 가중시키는데, 2019~2020년 호주 산불과 2020년 캘리포니아 산불이 그 사례이다. 해양 산성화는 산호 백화 현상도 점차 심각해져가고 있다. 이러한 자연재해들은 기후변화로 인해 더욱 악화되고 있으며, 전 세계적으로 환경적, 경제적, 사회적 문제를 야기하고 있다.

1.4.1 온실효과

지구온난화(global warming)란 지구표면을 덮고 있는 이산화탄소(CO_2), 메탄(CH_4), 아산화질소(N_2O), CFC 대체물질(HFC, PFC, SF_6) 등이 대기 중으로 방출되는 복사에너지를 흡수함으로써 대기온도를 상승시키는 현상을 말한다.

이산화탄소와 같은 이른바 온실가스의 증가는 인류의 산업화 과정에서 급격히 증가된 석유나 석탄 등 화석에너지의 소비에 주로 기인된다. 특히 온실가스 중 지구온난화에 가장 큰 영향을 미치는 이산화탄소의 농도는 산업혁명(280 ppm) 이후 꾸준히 증가하여 2022년에는 418 ppm에 이르고 있다.

지구온난화는 자연생태계의 변화는 물론 인간의 보건, 주거환경과 농업, 축산 및 산업활동 전반 등 사회·경제적인 차원에서 광범위한 영향을 미치게 된다. 지구온난화의 기후변화가 초래하는 물리적 환경변화로 혹서, 강우량의 증가, 사막화 현상, 국지적 강수량 분포의 변화, 지역식생의 변화, 해수온도와 해수면의 상승 생물종의 변화, 수자원의 변화로 인한 농업관개 및 생활용수의 악영향 등이 예측되고 있으며, 이로 인해 지역에 따라 다양한 손실과 이익이 발생할 수 있다. 2000~2019년까지 2년간 기후변화로 인한 자연재해의 연간 평균 피해액은 1,400억 달러(약 188조)에 이르는 금액이다. 2003년 유럽의 기록적 폭염과 2008년 초강력 사이클론 나르기스의 미얀마 상륙, 그리고 2010년의 러시아 이상고온현상에 의한 피해는 가장 큰 피해를 입힌 재해로 꼽힌다. 전체 재산 피해의 원인은 태풍이 66%, 폭염이 16%, 홍수와 가뭄이 10%를 차지하는 것으로 파악되었다. 그러나 이러한 통계에는 개발도상국에서 발생하는 피해는 정확히 집계되지 않아, 실제로 자연재해에 의한 피해는 더 클 것으로 예상할 수 있다.

지구온난화가 한반도에 미치는 영향으로는 과거 75년간 한반도 연평균 기온의 증가는 1.1°C로서 이중 지구온난화 효과는 0.7°C, 도시화 효과는 0.4°C로 추정되고 있다. 이산화탄소가 2배 증가할 경우 한반도 기온은 2.0~2.5°C 정도 상승할 것으로 예상되며, 여름철 강우량은 −25%∼+30%까지 변화 폭이 커져 극심한 가뭄과 홍수가 빈번하게 발생할 가능성이 높다. 지구온난화의 결과 기후는, 남서 해안지대와 남부 해안지대 및 동해안 남부지대는 겨울이 거의 없는 아열대성 기후권에 속하게 되며 중부지방은 현재의 남해안 도서지역과 유사한 기후가 될 것으로 예상된다. 기온의 상승으로 자연생태계에 커다란 교란이 일어나게 되며 현재의 생태형으로서는 작물생산력은 감퇴하게 될 것이다. 그러나 변화된 기후조건에 적응한 종(species)이 우점할 경우에는 연중 작물생산력은 여름기간의 증가로 높아진다고 볼 수 있다.

2016년에 전 세계는 기후위기에 대응하기 위해 전 지구적 합의안인 파리협정을 체결하였다. 지구온난화를 방지하기 위해 온실가스를 줄이자는 국제 공동사회 최초의 기후 합의로, 7개국(이란, 터키, 에리트레아, 이라크, 남수단, 리비아, 예멘)을 제외한 전 세계 거의 모든 국가가 가입한 이 협정에 의거, 지구의 평균온도상승을 2도 아래로 억제하고, 1.5도를 넘지 않도록 노력하는 것을 목표로 한다. 우리나라가 가입하며 제시한 온실가스 감축 목표는 2030년까지 2017년 대비 24.4% 감소이다.

우리나라의 온실가스 배출현황과 특성을 살펴보면(표 1.7), 정부의 온실가스 감축 노력에 의하여 점차 감소하고 있다. 우리나라는 2023년 국가탄소중립녹생석장 기본계획안을 발표하여 2030년까지 국가 온실가스 배출량을 2018년의 국가 온실가스 배출량 대비 40% 감축하는 것을 목표로 제시하고 정책시행에 들어갔다.

표 1.7 우리나라의 온실가스 배출현황(단위 : 백만 t CO_2) 및 배출량 주요지표

구분	2017	2018	2019	2020	2021
총배출량	709.422	725.027	699.214	654.445	676.648
1인당 배출량(t CO_2/명)	13.8	14.1	13.5	12.6	13.1
1인당배출량 증감률(%)	2.2	1.8	−3.9	−6.5	3.6
GDP당 배출량(t CO_2/10억원)	402.9	400.1	377.4	355.8	352.7
GDP당 국가 배출량 증감률(%)	−0.7	−0.7	−5.7	−5.7	−0.9

자료 : 환경통계연감, 2021

1.4.2 사막화(desertification)

유엔사막화방지협약 자료에 따르면, 전 세계적으로 지난 100년간 대규모 가뭄으로 인한 사망자는 1000만 명 이상이며, 경제적 손실은 수천억 달러에 달하는 것으로 보고되었다. 또한 매년 약 1,200만 ha의 토지가 지난 40년간의 가뭄과 사막화로 인해 손실되었다. 사막화는 기상이변과 인간의 활동이 다양해진 요인에 의해서 건조 또는 반건조지대에서 일어나는 토양 황폐화 현상의 하나로서 세계 전체 인구의 1/6과 전체 육지면적의 1/4 이상이 영향을 받고 있다. 이런 사막화의 원인은 기후변동과 같은 자연환경의 요인과 인간의 자연생태계를 무시한 그릇된 토지이용으로 인한 인위적 요인이 있지만, 사막화는 과다한 방목과 경작활동, 무분별한 벌채 및 무리한 지하수 개발 등의 인위적 요인에 많은 영향을 받는 것으로 나타나고 있다.

지구의 사막화 현상의 방지를 위하여 1992년 브라질의 리우데자네이루에서 열린 지구환경 정상회의에서

① 사막화와 한발발생 가능지역에 대한 지식기반(knowledge base)의 강화와 관련 정보의 수집 및 감시체제 구축
② 토지보전 및 조림활동을 강화한 토양황폐화 현상퇴치
③ 사막화 영향권의 빈곤을 퇴치하고 대체 생활양식을 촉진시키기 위한 종합대책 수립
④ 종합한발대책 수립
⑤ 주민참여와 한발에 대한 환경교육 강화

와 같은 계획을 수립하였다.

1.4.3 엘니뇨

엘니뇨(El Nino)란 국립해양대기국(NOAA, national oceanic and atmospheric association)에 의하면, 세계의 기상변화에 심각한 영향을 미치는 해양－대기 시스템의 변화를 말하는 것으로서 적도태평양에서의 해수온도가 비정상적으로 따뜻한 것으로 정의된다.

16세기 이후 주로 열대 태평양에서 몇 년의 주기로 발생하는데, 지표수의 방향을

바꾸는 기상 현상으로, 동태평양 해수면 온도가 평년보다 약 0.5°C 더 높인다고 알려져 있다. 이들 대부분이 남아메리카해안뿐만 아니라 갈라파고스 섬과 적도태평양을 통해 8,000 km나 펼쳐진 곳까지 바닷물의 온도를 증가시켜, 결과적으로 지구 전체의 기온을 약 0.2°C 올린다. 약한 엘니뇨현상은 해수의 온도를 1~2°F 정도만 높여 남아메리카의 어업에 큰 영향을 주지는 않는다. 하지만 1997~1998년 사이에 나타난 금세기 최대의 엘니뇨는 지역적인 기상이나 해양생활뿐만 아니라 지구전체의 기후에 강한 영향을 미쳐 전 세계적으로 5조 달러(약 6,481조원) 달러 이상의 재산피해를 초래하였으며 폭풍과 홍수로 약 2만 3000명이 사망했다.

엘니뇨의 발생에 의해 상식적으로 이해할 수 없는 홍수, 가뭄, 이상한파 또는 이상고온 현상과 같은 기상이변이 전 세계적으로 발생한다. 기상재해가 특히 심각하게 나타나는 지역은 아프리카, 남미, 인도, 호주, 인도네시아 등으로 열대 또는 아열대 지역에 속하고 있다. 이로 인한 기상재해의 특징은 몬순현상과 관련되어 나타나는 가뭄과 홍수로 대변되며, 식량 생산의 감소, 인명 및 재산피해가 막대하다. 이러한 기후변화는 미국의 남부지역과 페루근처에 강수량을 증가시켜 파괴적인 홍수를 야기하고 서태평양지역에서는 반대로 가뭄을 유발시키며 때로는 호주지역에 화재를 발생시키기도 한다.

1.4.4 환경호르몬

1902년 Bayless와 Starling는 췌장에서의 분비기전이란 연구에서 신경전달과는 다른 분비·전달시스템이 있다는 것을 증명하였으며, 이를 계기로 호르몬에 대한 본격적인 연구가 시작되었으며, 호르몬이란 용어가 문헌에 쓰이기 시작한 것은 1910년 이후부터이다.

오늘날 우리 인간이 살아가고 있는 환경 중에는 많은 화학물질이 존재하고 있다. 최근 내분비계 교란물질, 일명 환경호르몬이라고 불리는 물질이 생식과 생육이라고 하는 생물생존의 기본적 조건에 영향을 미친다는 사실이 밝혀지면서 새로운 환경문제로 세계적 관심이 모아지고 있다. 이러한 내분비계 교란물질은 생물의 자기보존 및 종의 존속을 위협하기 때문에 이들에 의한 환경오염은 심각한 영향을 미칠 가능성이 있으며 다이옥신, PCB, DDT 등 일부 오염물질들에 대하여는 그 독성이나 영향이 알려져 있으나 현재 내분비계교란물질의 환경 중 분포나 다양한 생물에의 영향에 관한 연구는 세계적으로 보아도 아직 부족하고 내분비계 교란에 관한 메커니즘 및 그것이 가지는 의미에 대하여 명확하게 규명되어 있지 않다. 내분비계 교란이 우려되는 물질 및 주변 생활용기를 표 1.8에 제시하였다.

표 1.8 내분비계교란이 우려되는 물질 및 주변 생활용기

세계생태보전기금(WWF) 분류 (67종)	일본 후생성의 분류 (142종)	내분비계교란물질 용출 우려가 있는 생활용품
1. 다이옥신류 등 유기염소물질 6종 2. DDT 등 농약류 44종 3. 펜타-노닐 페놀 4. 비스페놀 A 5. 다이에틸헥실프탈레이트 등 프탈레이트 8종 6. 스타이렌 다이머, 트라이머 7. 벤조파이렌 8. 수은 등 중금속 3종	1. 프탈레이트류 등 가소제 9종 2. 플라스틱에 존재하는 물질 17종 3. 다이옥신 등 산업장 및 환경 오염물질 21종 4. 농약류 75종 5. 수은 등 중금속 3종 6. DES 등 합성에스트로젠 8종 7. 식품 및 식품첨가물 3종 8. 식물에 존재하는 에스트로겐 유사호르몬 6종	1. 플라스틱 용기, 음료캔, 병마개, 수도관의 내장코팅제, 치과치료 시 이용되는 코팅제 : 비스페놀 A 2. 합성세제 : 알킬페놀 3. 컵라면 용기 : 스타이렌 다이머, 트라이머 4. 폐건전지 : 수은

내분비계 교란물질에는 광범위한 합성화학물질, 의약품 및 일부 천연물질들을 포함하는 것으로 거론되고 있으며 이러한 물질들은 생체내의 섬세한 호르몬계에 영향을 주기 때문에 극미량으로도 생식기능에 이상을 가져올 수 있고 급·만성 독성과는 달리 차세대에 영향이 미칠 수 있다는 특성이 있다. 또한 유기염소계 살충제 및 PCB와 같이 잔류성이 큰 물질일 경우 자연의 먹이사슬을 통해 동물이나 사람의 체내에 축적되어 야생동물이나 인간에게 생식 기능 저하와 기형 등을 유발하는 것으로 알려져 있고 이들 물질은 공기와 물, 토양 등 여러 매체로 이전하고 다양한 여러 반응과정을 거쳐 2차 오염물질로 전환되기도 한다(그림 1.7). 이들 내분비계교란물질은 생태계 및 인간의 호르몬계에 영향을 미쳐 전 세계적으로 생물종에 위협이 될 수 있다는 경각심을 일으켜 오존층 파괴, 지구온난화 문제와 함께 세계 3대 환경문제로 등장하였다.

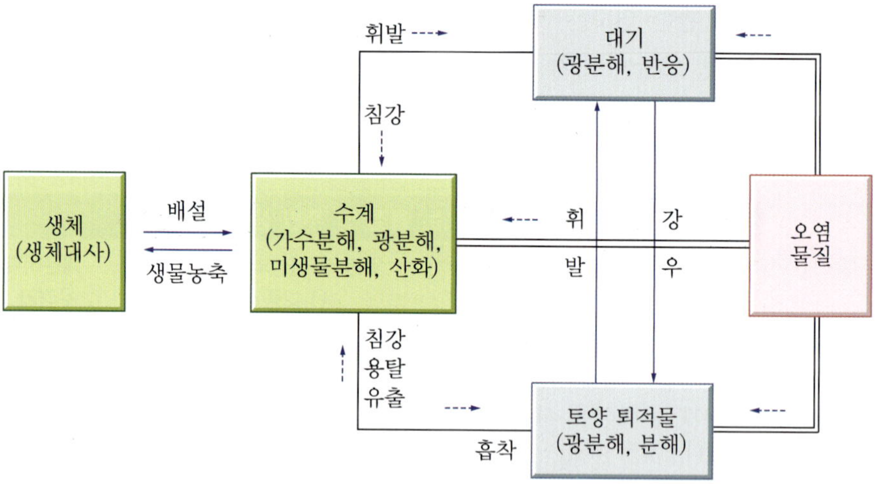

그림 1.7 내분기계 교란물질의 환경 중 이동과 변환의 주요 경로

1.4.5 오존층 파괴

보통 대기의 구조는 대기의 수직 온도 분포에 따라 대류권(troposphere), 성층권(stratosphere), 중간권(mesosphere) 그리고 열권(thermosphere) 등으로 구분한다. 대류권 상층부로부터 약 50 km 고도까지는 기온이 상승하여 약 50 km 고도에서 0°C (273 K)의 기온을 나타내는 안정한 대기층으로 주로 분자 확산에 의해 기체의 이동이 이루어지는데 이 층을 성층권이라 한다. 대기 중에 포함되어 있는 오존전량(total ozone)을 지상 기압으로 압축시켜 깊이로 환산하면 약 0.3 cm에 불과한 양이나, 이 양의 약 90%는 성층권에 포함되어 있고 나머지 10%는 대류권에 포함되어 있다. 특히 성층권 내에서도 25 km 부근에 오존이 밀집되어 있는데 이 층을 오존층이라 한다. 성층권 오존은 산소분자가 태양으로부터 방출되는 강력한 자외선을 받아 두 개의 산소원자로 분해되면서 발생된 산소원자가 다시 산소분자와 결합하여 생성된다. 성층권 내에 존재하는 오존은 태양으로부터 방출되는 자외선을 흡수하므로 지구의 생명체를 자외선의 피해로부터 보호해 준다.

오존층의 파괴로 태양으로부터 지구에 도달하는 UV-B (280~320 nm)는 인체의 피부와 눈에 해로우며 또한 면역체와 비타민 D의 합성에 악영향을 끼치는 것으로 밝혀졌다. 특히 290 nm의 파장에서는 돌연변이와 피부종양을 일으키는 원인 물질의 생성율이 330 nm의 파장에서보다 천 배나 더 많다. 일반적으로 성층권의 오존농도가 1% 감소하면 UV-B의 양은 2% 증가하고 피부암의 발생률은 약 4% 증가하며, 백내장은 0.6% 증가하여 시력을 잃는 사람이 매년 10만 명 이상 증가될 것으로 예상되고 있다. 또한 과도한 자외선 노출은 인체의 면역 기능을 저하시켜 폐결핵 등 전염병의 예방이 어렵게 된다. 이 밖에도 UV-B가 증가할 경우 해양계에서 먹이 사슬의 중요한 역할을 맡고 있는 플랑크톤의 체질을 변화시켜 생산량 감소에 따른 해양의 먹이 사슬이 파괴되며, 육상 생물에 대한 개화 감소, 잎 크기 감소, 엽공의 운동조직에 영향 등으로 결국 돌연변이 발생과 농산물 수확 감소를 초래하게 된다.

오존층은 태양으로부터 방출되는 자외선을 흡수하므로 지상에 도달하는 강한 자외선을 막아 주고 또 성층권 온도를 상승시키는 열적 효과를 갖고 있다. 그런 까닭에 오존층 파괴는 생물학적 영향과 기후학적인 영향, 두 측면에서 매우 중요하다. 성층권의 온도 분포는 성층권 오존에 의한 태양 복사의 흡수량과 대류권의 오존, 이산화탄소 그리고 수증기 등에 의한 대기 복사의 배출량 사이에 복사 평형으로 유지되고 있다. 성층권의 온도 분포는 대기 대순환과 밀접한 관계를 갖고 있기 때문에 성층권 오존 감소에 따른 온도 변화는 기존 대기 대순환을 바꾸게 하여 지구 기후도 달라진다. 또한 성층권 오존층 파괴로 인한 지상의 자외선 증가는 대류권의 오존량을 증가시켜 도시 지역에 광화학 스모그 발행을 촉진시킨다.

1.4.6 산성비(acid precipitation 혹은 acid rain)

산성비는 대기오염물질 중 가스상 물질들이 구름에 유입되고 물방울을 형성하는 과정에서 화학반응에 의해 황산, 질산, 염산 등의 물질이 생성되어 빗물이 산성화되어 발생된다. 순수한 물은 pH가 7로 중성이지만 빗물은 대기 중에 녹아있는 이산화탄소로 인해 탄산용액이 되어 pH가 5.6 정도인 약산이다. 그러나 실제로 선진국에서는 자연적으로 발생하는 물질들로 인한 효과를 고려하여 대략 pH가 5.0 이하일 때를 산성비라고 간주하는 경우도 있다. 영국의 화학자이자 기후학자인 Rober Angus Smith가 1872년 산업혁명 초기에 영국 맨체스터 지역에 내린 산성의 빗물을 표현하기 위해 이 용어를 처음 사용하였다. 20세기에 대기화학과 분석화학의 발달로 인하여 빗물의 산성도를 pH로 표현하기 시작하였으며 1948년 스웨덴의 Egner가 최초로 산성비 측정망을 설치・운영하였다. 1961년 스웨덴의 Svan Oden 등이 지표수 측정망을 운영하여 산성비의 원인이 대기오염 물질의 장거리 이동임을 알아내고 빗물의 주요 이온과 산성도에 계절적 변화가 있음을 발표하였다. 그의 주장에 근거하여 스웨덴은 1차 유엔환경회의에서 산성비에 대한 피해 영향을 제기하였고 그 이후로 산성비는 범지구적인 관심의 대상이 되는 용어로 부각되었다.

산업이 발달하고 인구가 증가함에 따라 이산화황(SO_2), 질소산화물(NO_x) 등의 대기오염물질 이 대기 중으로 다량 배출되었고, 이러한 오염물질이 산성비의 원인이 된다. 발생형태와 피해의 정도는 발생원과 원인물질, 기상조건 등에 따라 각기 다르게 나타나며, 이 중에서도 특히 발생원과 원인물질에 따라 달리 나타난다. 산성비의 형성은 SO_2와 NO_x가 대기 중에서 기체상의 산화반응과 액체상의 산화반응을 거쳐 황산(H_2SO_4), 질산(HNO_3) 등으로 전환된다. 기체상 산화반응은 주로 OH에 의해서 일어나므로 광화학반응이 활발한 여름이 겨울보다 많이 일어나며 밤보다는 낮에 활발하게 일어난다(그림 1.8).

산성도가 강한 비가 장기간에 걸쳐 내릴 경우 건물·교량 및 구조물 등을 부식시키고, 식물의 수분흡수를 억제하거나 토양의 유기물 분해를 방해하는 등 토양과 수질을 오염시키고 생태계에 손상을 입힌다. 산성비 문제는 유럽에서 1960년대에 광범위하게 제기되기 시작하였고, 미국과 캐나다 사이에서는 1970년대에 산성비 원인물질의 국가 간 이동을 둘러싼 이른바 산성비 논쟁이 시작되어 산성비에 대한 연구가 집중적으로 이루어지기 시작했다. 특히 미국의 경우에는 자국 내 발전시설에서 발생하는 산성비 원인물질을 줄이기 위하여 1990년에 대기정화법을 수정하여 산성비프로그램이라는 새로운 제도를 도입하기도 하였다.

표 1.9는 우리나라 주요 도시의 연도별 빗물의 산도의 변화를 보여주고 있다. 우리나라 강수량 가중 2022년 연평균 pH는 5.9로 전년도보다 0.2 상승하였고, 각 측정지점에 대한 지역별 연평균 pH는 전 지역이 5.1～7.0 범위로 지역에 따라 다소 차이를 보였다. 매년 빗물의 산도는 증감을 반복하며 약산성을 나타내고 있으며, 산도에 영향을 미치는 황산화물, 질소산화물의 국내 배출량은 줄고 있으나, 중국으로부터 장거리 이동에 영향을 받기도 하는 것으로 나타났다. 저유황유 등 청정연료 사용확대, 사업장에 대한 관리 강화 등 환산화물/질소산화물 저감정책 및 한중일 국제 협력 등을 통한 장거리 이동 오염물질을 줄이기 위한 공동노력을 지속 추진하여 빗물 산도 개선을 도모하고 있다.

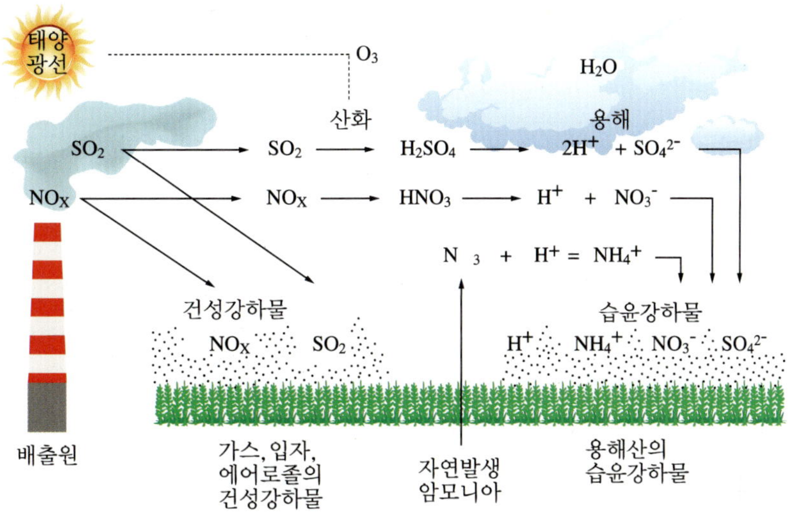

그림 1.8 산성비의 생성메커니즘

표 1.9 우리나라 주요도시의 연도별 빗물의 산도(pH)

도시 \ 연도	2018	2019	2020	2021	2022
서울	5.1	4.9	4.9	5.5	5.5
부산	5.4	5.4	5.3	5.8	5.5
대구	4.5	5.6	5.3	5.8	5.6
인천	5.0	4.9	4.9	5.4	5.6
광주	6.0	5.8	6.0	6.3	6.8
대전	5.2	5.3	5.4	5.4	6.1
울산	5.0	4.9	5.3	5.7	5.4

자료 : 환경부 대기환경연보

1.5 | 환경문제의 국제협력

폭발적인 인구증가와 도시화, 그리고 산업화에 따라 '하나뿐인 지구'는 자원이 고갈되고 자정능력이 상실되어 심각한 위기에 직면함에 따라 지구환경문제의 해결이 국제사회의 최대 현안과제의 하나로 대두되었다. 산업화의 진행과정을 살펴보면 과거 20년간 제조업은 3배로 성장하였고, 자연이 5억년 동안이라는 오랜 세월에 걸쳐 만들어낸 석유를 인간이 불과 200년 만에 거의 다 소비하였다. 세계 환경의 날 50주년을 맞아 발표된 '2022년의 가장 큰 환경문제 12가지'라는 지구 위기 보고서에서는 화석연료로 인한 지구온난화(Global warming from fossil fuels), 음식물 쓰레기(Biodiversity Loss), 플라스틱 오염(Plastic pollution), 대기오염(Air pollution), 해양 산성화(Ocean acidification)의 환경오염이 중요한 이슈가 포함되어 있다.

지구상에는 약 1억 종의 생물이 서식하는 것으로 추정되고 있는데 그 중에서 약 3,000만종이 알려져 있다 그러나 환경파괴로 50년 이내에 지구상 생물종의 약 1/4이 소멸될 것으로 예측되고 있다. 이에 지구환경보전을 위한 국제적 노력의 일환으로 지구환경의 위기를 인식한 국제사회는 1972년 스웨덴의 스톡홀름에서 유엔인간환경선언을 채택하였고, 1992년 브라질 리우에서 개최된 지구정상회, 즉 환경과 개발에 관한 유엔회의(UNCED)에서 향후 지구환경보전의 기본원칙을 규정하는 리우선언과 21세기 환경보전의 구체적 실천강령인 의제 21을 채택하였다.

지구환경문제가 국제사회의 새로운 쟁점으로 부각되면서 각국의 환경정책 및 경제활동 전반에 직접적으로 영향을 미치는 각종 환경협약이 증가하고 있고 환경보호를 위한 무역규제도 강화되고 있는 실정이다. 이에 우리나라도 기후변화협약, 생물다양성협약 등 각종 국제 환경협약에 대처하고, UNEP, OECD 등 환경관련 국제기구 및 주요 국가와의 환경협력을 추진하고 있으며, 중국, 일본 등 인접 국가와의 대기오염, 해양오염 등 당면문제 해결을 위한 협력 등을 강화하고 있다. 현재 국제적으로 약 216개의 환경협약이 체결되어 있으며, 44개 주요 국제환경협약 중 현재 우리나라는 기후변화협약, 생물다양성협약 등 40개 환경협약에 가입하고 있다. 우리나라가 가입한 주요 국제환경협약 현황 대기 · 기후 9개, 해양 · 어업 23개, 유기물/폐기물 4개, 자연 · 생물보호 8개 그리고 기타 65개로서 표 1.10과 같다. 이들 협약의 이행 실효성을 확보하기 위한 무역규제 조치가 점차 증가되고 있는 추세이며 각종 협약의 규제대상에 따라 국내 산업에 미치는 영향도 다양하다.

환경문제는 인류가 직면한 가장 심각한 문제 중의 하나로 이러한 문제들은 국경을 초월하여 발생하며, 한 나라의 노력만으로는 해결하기 어려운 규모와 복잡성을 가지고 있다. 지구 환경보전을 위한 국제적 노력은 각종 국제협약의 채택으로 나타나고 있으며, 이러한 국제적 노력은 기후 변화 문제에 대한 인식을 높이고, 모든 국가가 함께 협력하여 이를 해결하기 위한 기반을 마련했다. 또한 유엔 환경계획(UNEP)과 같은 국제기구들이 환경 문제에 대한 국제적 협력을 촉진하고 있다. 그러나 아직도 많은 과제와 도전이 남아 있다. 일부 국가들은 환경문제에 대한 중요성을 인식하지 못하고 있거나 이익을 위해 무시하고 있는 경우도 있다. 또한 협력의 수준과 효과를 높이기 위해서는 국제적인 규제와 제도의 강화가 필요하다.

표 1.10 우리나라가 가입한 주요국제환경협약 현황

일련번호	협약명	국문명	협약		우리나라	
			채택일	발효일	가입일(비준)	발효일
대기 기후						
1	United Nations Framework Convention on Climate Change	기후변화에 관한 국제연합 기본협약(기후변화협약)	'92. 5. 9	'94. 3.21	'93.12.14	'94. 3.21
2	Kyoto Protocol to United Nations Framework Convention on Climate Change	기후변화에 관한 국제연합 기본협약에 대한 교토의정서	'97.12.11	'05. 2.16	'02.11. 8	'05. 2.16
3	Paris Agreement	파리협약	'15.12.12	'16.11. 4	'16.11. 3	'16.12. 3
4	Vienna Convention for the Protection of the Ozone Layer	오존층 보호를 위한 비엔나 협약	'85. 3.22	'88. 9.22	'92. 2.27	'92. 5.27
5	Montreal Protocol on Substances that Deplete the Ozone Layer	오존층파괴물질에 관한 몬트리올의정서(몬트리올 의정서)	'87. 9.16	'89. 1. 1	'92. 2.27	'92. 5.27
6	Amendment to the Montreal Protocol on Substances that Deplete the Ozone Layer (London Amendment)	오존층 파괴물질에 관한 몬트리올 개정의정서(약칭: 런던개정)	'90. 6.29	'92. 8.10	'92.12.10	'93. 3.10
7	Amendment to the Montreal Protocol on Substances that Deplete the Ozone Layer (Copenhagen Amendment)	오존층 파괴물질에 관한 몬트리올 의정서 개정(약칭 : 코펜하겐 개정)	'92.11.25	'92.11.25	'94.12. 2	'95. 3. 2

8	Amendment to the Montreal Protocol on Substances that Deplete the Ozone Layer (Montreal Amendment)	오존층 파괴물질에 관한 몬트리올 의정서 개정(약칭 : 몬트리올개정)	'97. 9.17	'99.11.10	'98. 8.19	'99.11.10
9	Amendment to the Montreal Protocol on Substances that Deplete the Ozone Layer (Beijing Amendment)	오존층 파괴물질에 관한 몬트리올 의정서 개정(약칭 : 베이징개정)	'99.12. 3	'02. 2.25	'04. 1. 9	'04. 4. 8
어업 환경						
10	nternational Convention for the Regulation of Whaling(ICRW)	국제포경규제협약	'46.12. 2	'48.11.10	'78.12.29	'78.12.29
11	International for the Conservation of Atlantic Tunas(ICCAT)	대서양 참치의 보존에 관한 국제협약	'66. 5.14	'69. 3.21	'70. 8.28	'70. 8.28
12	Convention on the Conservation of the Living Resources of the Southeast Atlantic	동남대서양 생물자원보존 협약	'69.10.23	'71.10.24	'81. 1.19	'81. 2.18
13	Convention on the Conservation of Antarctic Marine Living Resources (CCAMLR)	남극해양생물자원보존에 관한 협약	'80. 5.20	'81. 4. 7	'85. 3.29	'85. 4.28
14	International Convention for the prevention of Pollution of the Sea by Oil, 1954 (as amended in 1962 and in 1969)	1954년 유류에 의한 해양의 오염방지를 위한 국제협약 (1962년 및 1969년 개정 포함)	'54. 5.12 '62. 4.11 '69.10.21	'58. 7.26 '67. 6.28 '78. 1.20	'78. 7.31	'78.10.31
15	Convention on the Prevention of Marine Pollution by Dumping of Wastes and Other Matter (London Convention)	폐기물및그밖의물질의 투기에 의한 해양오염방지에 관한 협약(런던덤핑협약)	'72.12.29	'75. 8.30	'93.12.21	'94. 1.20
16	International Convention on Civil Liability for Oil Pollution Damage(CLC)	유류오염 손해에 대한 민사책임에 관한 국제협약	'69.11.29	'75. 6.19	'78.12.18	'79. 3.18
17	Protocol to the International Convention on Civil Liability for Oil Pollution Damage, 1969	유류오염 손해에 대한 민사책임에 관한 1969년 국제협약의 의정서	'76.11.19	'81. 4. 8	'92.12. 8	'93. 3. 8

18	International Convention on the Establishment of an International Fund for Compensation for Oil Pollution Damage, 1971 (Fund Convention)	유류오염손해배상을 위한 국제기금 설치에 관한 국제협약	'71.12.18	'78.10.16	'92.12. 8	'93. 3. 8
19	Ptotocal of 1978 relating to the International Convention for the Prevention of Pollution from Ships, 1973 (MARPOL PROT, 1978)	1973년 선박으로부터의 오염방지를 위한 국제협약 및 1978년 의정서	'78. 2.17	'83.10. 2	'84. 7.23	'84.10.23
20	Convention on Future Multilateral Cooperation in the Northwest Atlantic Fisheries	북서대서양 다자간 장래 어업협력에 관한 협약	'78.10.24	'79. 1. 1	'93.12.21	'93.12.21
21	United Nations Convention on the Law of the Sea	해양법에 관한 국제연합 협약 및 1982년 12월 10일자 해양법에 관한 국제연합협약의 제11부 이행에 관한 협정	'82.12.10	'94.11.16	'96. 1.29	'96. 2.28
22	Agreement Relating to the Implementation of the Part XI of the United Nations Convention on the Law of the Sea of 10 December 1982	1982년 12월 10일 해양법에 관한 국제연합협약 제11부 이행에 관한 협정	'94. 7.28	'96. 7.28	'96. 1.29	'96. 7.28
23	Protocol of 1992 to Amend the International Convention on Civil Liability for Oil Pollution Damage, 1969(CLC PROT, 1992)	1969년 유류오염손해에 대한 민사책임에 관한 국제협약을 개정하는 1992년 의정서(CLC PROT, 1992)	'92.11.27	'96. 5.30	'97. 3. 7	'98. 5.15
24	Protocol of 1992 to Amend the International Convention on the Establishment of an International Fund for Compensation for Oil Pollution Damage, 1971 (FUND PROT, 1992)	1971년 유류오염손해배상을 위한 국제기금의 설치에 관한 국제협약을 개정하는 1992년 의정서(FUND PROT, 1992)	'92.11.27	'96. 5.30	'97. 3. 7	'98. 5.15
25	nternational Convention on Oil Pollution Preparedness, Response and Cooperation, 1990(OPRC, 1990)	1990년 유류오염의 대비, 대응 및 협력에 관한 국제협약(OPRC, 1990)	'90.11.30	'95. 5.13	'99.11. 9	'00. 2. 9

26	Agreement for the Establishment of the Indian Ocean Tuna Commission	인도양 참치위원회 설립협정	'93.11.25	'96. 3.27	'96. 3.27	'96. 3.27
27	Convention on the Conservation and Management of Pollock Resources in the Central Bering Sea	중부베링해 명태자원의 보존과 관리에 관한 협약	'94. 6.16	'95.12. 8	'95.12. 5	'96. 1. 4
28	Convention for the Conservation of Southern Bluefin Tuna	남방참다랑어 보존협약	'93. 5.10	'94. 5.20	'01.10.17	'01.10.17
29	Convention for the Conservation of Anadromous Stocks in the North Pacific Ocean	북태평양소하성자원보전협약	'92. 2.11	'93. 2.16	'03. 5.27	'03. 5.27
30	Agreement to Promote Compliance with International Conservation and Management Measures by Fishing Vessels on the High Seas	공해상 어선의 국제적 보존관리조치 이행증진을 위한 협정	'93.11.24	'03. 4.24	'03. 4.24	'03. 4.24
31	Convention on the Conservation and Management of Highly Migratory Fish Stocks in the Western and Central Pacific Ocean	중서부 태평양 고도회유성 어족의 보존과 관리에 관한 협약	'00. 9. 5	'04. 6.19	'04.10.26	'04.11.25
32	1996 Protocol to the Convention on the Prevention of Marine Pollution by Dumping of Wastes and Other Matter, 1972	폐기물및그밖의물질의 투기에 의한 해양오염방지에 관한 1972년 협약에 대한 1996년 의정서	'96.11. 7	'06. 3.24	'09. 1.22	'09. 2.21
유해물질/폐기물						
33	Basel Convention on the Control of Transboundary Movements of Hazardous Wastes and their Disposal (Basel Convention)	유해폐기물의 국가간 이동 및 그처리의통제에관한 바젤협약(바젤협약)	'89. 3.22	'92. 5. 5	'94. 2.28	'94. 5.29
34	Rotterdam Convention on the Prior Informed Consent Procedure for Certain Hazardous Chemicals and Pesticides in International Trade	특정 유해화학물질 및 농약의 국제교역시 사전통보승인에 관한 로테르담 협약(PIC)	'98. 9.10	'04. 2.24	'03. 8.11	'04. 2.24
35	Stockholm Convention on Persistent Organic Pollutants	잔류성 유기오염물질에 관한 스톡홀름협약	'01. 5.22	'04. 5.17	'07. 1.25	'07. 4.25

36	Minamata Convention on Mercury	수은에 관한 미나마타협약	'13. 10.10	'17. 8.16	'19. 11.22	'20. 2.20
자연.생물보호						
37	Convention on International Trade in Endangered Species of Wild Fauna and Flora(CITES)	멸종위기에 처한 야생동·식물 종의 국제거래에 관한 협약(CITES)	'73. 3. 3	'75. 7. 1	'93. 7. 9	'93.10. 7
38	Convention on Biological Diversity	생물다양성에 관한 협약	'92. 6.5	'93.12.29	'94.10. 3	'95. 1. 1
39	Convention on Wetlands of International Importance Especially as Waterfowl Habitat(RAMSAR)	물새 서식처로서 국제적으로 주요한 습지에 관한 협약	'71. 2. 2	'75.12.21	'97. 3.28	'97. 7.28
40	International Plant Protection Convention	국제식물보호협약	'51.12. 6	'52. 4. 3	'53.12. 8	'53.12. 8
41	Plant Protection Agreement for the Asia and Pacific Region	아시아태평양지역 식물보호협정	'56. 2.27	'56. 7. 2	'81.11. 4	'81.11. 4
42	International Tropical Timber Agreement 1994 (ITTA, 1994)	1994년 국제열대목재협정(ITTA, 1994)	'94. 1.26	'97. 1. 1	'95.9.12	'97. 1. 1
43	Cartagena Protocol on Biosafety to the Convention on Biological Diversity	바이오안전성에 관한 생물다양성협약 카르타헤나의정서	'00. 1.29	'03. 9.11	'07.10. 3	'08. 1. 1
44	Nagoya Protocol on Access to Genetic Resources and the Fair and Equitable Sharing of Benefits Arising from Their Utilization to the Convention on Biological Diversity	유전자원에 대한 접근 및 그 이용으로부터 발생하는 이익의 공정하고 공평한 공유에 대한 생물다양성에 관한 협약 나고야의정서	'10. 10.29	'14. 10.12	'17. 5. 19.	'17. 8. 17.
기 타						
45	The Antractic Treaty	남극조약	'59.12. 1	'61. 6.23	'86.11.28	'86.11.28
46	Protocol on Environmental Protection to the Antarctic Treaty	환경보호에 관한 남극조약 의정서	'91.10. 4	'98. 1.14	'96. 1.2	'98. 1.14
47	United Nations Convention to Combat Desertification in those Countries Experiencing Serious Drought and/or Desertification, Particularly in Africa	심각한 한발 또는 사막화를 겪고 있는 아프리카지역 국가 등 일부 국가들의 사막화방지를 위한 국제연합 협약(사막화방지협약)	'94.10.14	'96.12.26	'99.8.17	'99.11.15

48	Convention for the Protection of the World Cultural and Natural Heritage (World Heritage Convention)	세계문화유산 및 자연유산의 보호에 관한 협약	'72.11.23	'75.12.17	'88. 9.14	'88.12.14
49	Convention on the Prohibition of Military or Any Other Hostile Use of Environmental Modification Techniques	환경변경기술의 군사적 또는 기타 적대적 사용의 금지에 관한 협약	'76.12.10	'78.10. 5	'86.12. 2	'86.12. 2
50	Convention on the Prohibition of the Development, Production and Stockpiling of the Bacteriological(Biological) and toxin Weapons, and on Their Destruction	세균무기(생물무기) 및 독소무기의 개발, 생산, 비축의 금지와 그 폐기에 관한 협약(BWC)	'72. 4.10	'75. 3.26	'87. 6.25	'87. 6.25

자료 : 환경백서, 2022

참고문헌

1. 이영순, 1998, 내분비교란성 물질에 대한 최근의 연구동향과 우리의 대응방안
2. 조태제, 이호용, 2018, 환경호르몬 물질 관리의 현황과 과제
3. 환경부(1995), 지구환경감시 및 기후 변화 예측 기술(오존층 감시 기반 기술)
4. 문진영, 이성희 2021 2021년 유엔기후변화협약 당사국 총회(COP 26) 논의 및 시사점
5. Japan International Cooperation Agency (1995), Textbook for Seminar on Promotion of Ozone Layer Protection in Asian Countries
6. 환경부, 2022, 환경백서
7. Earth.org 2022, 12 Biggest environmental proglems of 2022
8. R Newman, I Noy Nature, Communications volume 14, Article number: 6103 (2023) The global costs of extreme weather that are attributable to climate change

연습문제

1. 환경오염이란 무엇인가?

2. 환경오염의 요인을 크게 3가지로 분류하여 설명하라.

3. 대기오염을 정의하고, 1차 오염물질과 2차 오염물질에 대해 설명하라.

4. 이산화탄소 농도가 증가했을 때 기후에 미치는 영향을 논하라.

5. 산성비 문제의 범세계적인 해결책을 논하라.

6. 현재의 에너지 체계를 대체할 수 있는 대체 에너지로는 어떠한 것이 가능한지 검토하라.

7. 악취가 인체에 미치는 영향과 심리적 영향을 논하라.

8. 우리나라 악취방지법상 악취란 무엇을 말하는가.

9. 환경기준법상 기기분석을 해야 하는 악취성 물질 8종류의 특성을 설명하라.

10. 산성비의 pH기준 설정은 무엇을 이용하여 정한 것인가?

11. 산성비가 토양과 삼림 그리고 수중생태계에 미치는 영향을 설명하라.

12. 토양오염이 수질오염이나 대기오염과 다른 특성에 관해 설명하라.

13. 자연재해 중 오존층 파괴와 엘니뇨에 대해 아는 바를 논하라.

14. 온실효과를 일으키는 가스들 중에서 이산화탄소의 영향에 대해 논하라.

15. 국제환경협약과 국제무역이 가지는 상관관계를 논하라.

제 2 장

환경기초계산

2.1 | 서론

이 장에서는 환경공학에서 실제로 많이 사용되고 있는 측정의 단위와 환경계 내에서 분산되는 오염물질을 정량적으로 추적하는데 사용되는 물질수지, 그리고 특별한 환경관련 문제에 대한 기본 해석의 도구로 사용되는 에너지수지에 대하여 기술하였다. 측정의 단위는 여러 물리량을 표현하여 그들의 상관관계를 나타내고 물질수지는 질량보존의 법칙을 근거로 하여 계와 외계 사이에서의 물질의 교환관계를 다루는 것이다. 에너지수지의 기본은 에너지 보존 법칙으로 에너지수지는 계의 경계를 통한 물질의 유입과 유출여부에 따라 결정된다.

환경공학의 관점에서 여러 물리량을 표현하고 그들의 상관관계를 나타내는 단위뿐만 아니라 물질수지와 에너지수지를 포함하는 환경기초에 대한 지식의 습득은 환경공학을 공부하는 학생들에게는 필수적이다.

2.2 | 측정의 단위

2.2.1 단위와 차원

1) 차원(dimension)

길이(length), 시간(time), 질량(mass), 온도(temperature), 열량(calorie) 등 물리량 척도의 기본 개념을 차원이라 한다.

2) 단위(unit)

단위는 차원의 구체적 표현 수단(길이의 m, cm 질량의 kg, g 등)이며 어느 양을 비교하거나 계산하는데 기초가 되는 일정한 기준을 말한다. 단위를 이용해서 계산을 할 때는 몇 가지 규칙이 있다.

단위 기호는 복수로 나타내지 않으며 마침표를 찍지 않는다. 수치의 단위가 같아야 서로 더하거나 뺄 수 있다.

예 1) 10 g + 5 m

예 2) 10 g + 5 lb

예 1)의 경우 두 항의 차원과 단위가 다르므로 서로 더할 수 없지만 예 2)의 경우 단위는 다르지만 차원을 한 가지 단위(g이나 lb)로 통일하면 서로 더할 수 있다. 단위가 달라도 서로 곱하거나 나눌 수 있다.

$20\ \text{kg}\cdot\text{m/s}$

$10\ \text{m}^3/5\ \text{cm} = 10\ \text{m}^3/0.05\ \text{m} = 200\ \text{m}^2$

곱셈과 나눗셈의 경우 곱하거나 나눌 수 있지만 다른 단위를 서로 소거하거나 통합할 수는 없다.

3) 기본단위(fundamental unit)

길이, 시간, 질량, 온도, 열량, 등 하나의 단위로 표시되는 기본적인 물리량이다. 1960년 국제회의에서 과학이나 공학 분야에서 공식적으로 MKS 단위계(meter kilogram second)를 사용하도록 하였으며, 이것이 SI 단위계(international system of unit)이다. 그러나 미국에서는 여전히 FPS 단위계(feet pound second)를 사용하고 있다. 기본단위를 표 2.1에 나타내었다.

표 2.1 기본량과 단위

물리량	SI (MKS) 단위계		CGS 단위계		FPS 단위계	
	단위	기호	단위	기호	단위	기호
길이(length)	meter	m	centimeter	cm	feet	ft
질량(mass)	kilogram	kg	gram	g	pound	lb
시간(time)	second	s	second	s	second	s
온도 (temperature)	kelvin	K	degree Celsius	°C	degree Fahrenheit	°F
몰(mol)	kilogram mol	kg mol	gram mol	g mol	pound mol	lb mol

4) 질량(mass)

질량은(mass)은 한 물체 안에 있는 물질(matter)의 양이라고 정의한다. 질량의 기본 단위는 킬로그램(kg)이지만 보통 그램(g, 1 g = 0.001 kg)이 많이 쓰인다. 측정물질이 미량일 경우에는 그램(g)에 접두사 m (10^{-3}), μ (10^{-6})을 붙여서 mg, μg 등으로 사용한다.

1 kg = 1,000 g = 1,000,000 mg = 1,000,000,000 μg

표준질량 1 kg은 프랑스 교외의 한 지하저장실에 보관되어 있는 백금-이리듐의 합금으로 만들어진 한 원주기둥의 질량으로 정의하고 있다. 질량(mass)과 무게(weight)는 종종 혼용되는데 실제는 매우 다른 의미를 지니고 있다. 질량은 한 물체 안에 있는 물질의 양을 의미하는 반면에 무게는 그 물체가 지구 또는 다른 천체에 의하여 잡아 당겨지는 중력의 크기를 뜻한다. 즉, 질량은 그것이 놓인 위치에 무관하지만 무게는 그것이 놓여 있는 위치에 좌우된다.

5) 길이(length)

SI 단위계에서 길이의 표준단위는 미터(m)이며 1초의 1/299,792,458배 동안에 진공 중에서 빛이 지나간 거리로 정의되고 있다. 미터(m) 이외에 센티미터(cm, 1 cm = 0.01 m), 밀리미터(mm, 1 mm = 0.001 m), 마이크로미터(μm, 1 μm = 10^{-6} m) 등이 사용된다.

1 m = 100 cm = 1,000 mm = 1,000,000 μm

6) 시간(time)

시간의 기본단위는 second이며 s로 표시한다.

86,400 s = 24 hr = 1 day

2.2.2 단위환산

일정한 차원의 물리량은 어떤 단위로도 표시할 수 있으며, 두 가지 서로 다른 단위간의 통일은 비례식으로 나타내고 이를 환산인자(conversion factor)라 한다. 보통 SI 단위계를 사용하지만 때때로 FPS 단위계로 주어질 경우 환산인자를 이용하면 SI 단위로도 계산이 가능하다. 환산인자는 값이 1이므로 곱하거나 나누어도 상관없다. 표 2.2에 환경공학에서 자주 쓰이는 단위에 대한 환산인자를 나타내었다.

$$\text{새로운 단위} = \text{본래의단위} \times \text{환산인자}\left(\frac{\text{새로운 단위}}{\text{본래의 단위}}\right)$$

표 2.2 기본단위와 환산인자

SI 단위	× 환산인자 =	FPS 단위	SI 단위	× 환산인자 =	FPS 단위
m	3.2808	ft	kJ	0.9478	Btu
kg	2.2046	lb	W	3.4121	Btu/hr
°C	1.8(°C) + 32	°F	m/s	2.2369	mi/hr
m^2	10.7639	ft^2	m^3/s	35.3147	ft^3/s
m^3	35.3147	ft^3	kg/m^3	0.06243	lb/ft^3

문제 풀이에서 환산인자를 사용하면 단위를 숫자처럼 다룰 수 있는 장점이 있다. 즉, 숫자처럼 곱하거나 나눌 수 있다. 원하지 않는 단위들은 모두 제거하고 원하는 단위들만 남도록 식을 구성할 수 있다. 예를 들어, 만약 SI 단위로 부피를 알고 있고, 이를 FPS 단위로 환산한다면 해당 식을 FPS 단위로 표시된 부피 및 환산인자를 곱해 줌으로써 원하는 답을 얻을 수 있다.

$$25\ m^3 \times \frac{35.3147\ ft^3}{m^3} = 882.8675\ ft^3$$

위의 식에서 m^3 단위는 소거되며 원하는 단위인 ft^3만이 남게 된다. 또한 10.764 ft^3과 m^3은 동등한 양이며 산술적으로 1과 같은 값이다.

예제 2.1 비행기가 2200 ft/s의 속도로 날아가고 있다. 이 비행기의 비행속도를 km/hr 단위로 나타내어라.

풀이와 답

$$\frac{2200\ \text{ft}}{\text{sec}} \times \left(\frac{3.2808\ \text{m}}{\text{ft}}\right) \times \left(\frac{\text{km}}{10^3\ \text{m}}\right) \times \left(\frac{3600\ \text{sec}}{\text{hr}}\right) = \frac{25{,}984\ \text{km}}{\text{hr}}$$

2.2.3 유도량과 단위

표 2.3 도량과 단위

유도량	기호	SI 단위
힘(force)	f	kg · m/s^2 (Newton)
에너지(energy), 일(work), 열(heat)	E, W, Q	N · m (Joule)
압력(pressure)	P	N/m^2 (pascal)
동력(power)	W	J/s (watt)
속도(velocity)	v	m/s
가속도(acceleration)	a, g	m/s^2
부피유속(volumetric flow rate)	Q	m^3s
질량유속(mass flow rate)	m	kg/s
넓이(area)	A	m^2
부피(volume)	V	m^3
밀도(density)	ρ	kg/m^3
비용적(specific volume)	$1/\rho$	m^3/kg
점도(viscosity)	μ	kg/m · s
동점성계수(kinematic viscosity)	ν	m^2/s
엔트로피(entropy)	S	
열용량(heat capacity)	C	
열전도도(heat conductivity)	k	
전열계수(heat transfer coefficient)	U	

기본단위에서 유도된 단위를 말하며, 기본단위를 곱하거나 나누어서 표시한다. 표 2.3에 유도량과 단위를 나타내었다.

1) 부피(volume)

부피(volume)는 어떤 물체에 의하여 점유되는 공간의 양으로 정의되며 SI 단위에서는 세제곱미터(m^3)로 측정한다. 즉, (길이)^{3}이며, L (liter)도 함께 사용한다.

$$1\ m^3 = 1\ kL = 10^3\ L = 10^6\ cm^3 = 106\ mL$$

기체의 부피는 온도와 압력의 상태에 따라 크게 변화한다. 따라서 기체의 부피를 표시할 때는 표준상태(0°C, 1 atm), normal 혹은 표준상태에서의 값을 나타내기 위해서 부피 앞에 N이나 S를 첨가하여 Nm^3, Sm^3 등으로 표시한다.

1 m^3을 1 톤(용적 톤)이라 한다. 이는 폐수의 밀도가 1 g/cm^3 = 1 톤/m^3일 때 성립하며, 엄격히 말하면 이런 관계는 4°C의 순수한 물일 때만 성립한다.

2) 힘(force)

힘은 물체의 운동상태를 변화시키는 작용으로 정의하며 질량(m)과 가속도(a)의 곱으로 나타낸다.

$$F = ma$$

SI 단위에서는 질량 1 kg의 물체에 작용하여 1 m/s^2 만큼의 가속도를 갖게 하는 힘을 1 N (newton)이라 한다.

$$1\ N = 1\ kg \cdot m/s^2$$

CGS (centimeter gram second) 단위에서는 질량 1 g의 물체를 1 cm/s^2 만큼의 가속도를 갖게 하는 힘을 1 dyne이라 한다.

$$1\ dyne = 1\ g \cdot cm/s^2$$

3) 무게(weight)

무게란 중량이라고도 하며 물체에 작용하는 중력의 크기를 말한다. 물체의 질량과 중력가속도(g)의 곱과 같으며

$$F = mg$$

표준중력가속도(g_0) 9.8 m/s^2이 질량 1 kg의 물체에 작용할 때의 무게를 1 kg 혹은 1 kgf라 한다. 중력가속도는 지구의 위치에 따라 달라진다. 따라서 물체의 무게는 위치에 따라서 달라지며, 위도 45°의 해수면에서의 중력가속도를 표준중력가속도라 한다.

$$1\ \text{kgf} = 9.8\ \text{kg} \cdot \text{m/s}^2 = 9.8\ \text{N}$$

$$1\ \text{gf} = 980\ \text{g} \cdot \text{cm/s}^2 = 980\ \text{dyne}$$

4) 부피 유속(volumetric flow rate)

단위 시간당 단면을 통과하는 유체의 부피를 나타낸다. 기호는 Q로 표시하고 SI 단위는 m^3/s이다. 부피유속을 특히 유량이라 하고 보통 m^3/day를 많이 사용한다.

$$Q = v \cdot A$$

여기서, v : 유속(m/s)

A : 유수 단면적(m^2)

5) 질량 유속(mass flow rate)

단위 시간당 통과하는 유체의 질량을 나타낸다. 기호는 $\dot{m}$으로 표시하고 SI 단위는 kg/s이다. 질량유속은 그 유체의 밀도를 곱하여 얻을 수 있다. 이때 밀도가 환산인자이다.

$$\dot{m} = \rho \cdot Q = \rho \cdot v \cdot A$$

예제 2.2 비중이 1.04인 폐수가 직경이 5 cm인 관을 2 m/s의 속도로 흐르고 있다. 부피유속(m^3/day)과 질량유속(kg/s)은 얼마인가?

풀이와 답

부피유속 $Q = vA$

단면적 $A = \frac{\pi D^2}{4} = \frac{3.14 \times (0.05\,\mathrm{m})^2}{4} = 0.00196\,\mathrm{m}^2$

밀도 $\rho = 1.04\,\mathrm{g/cm^3} = 1040\,\mathrm{kg/m^3}$

부피유속 $Q = vA = \frac{2\,\mathrm{m}}{s} \times (0.00196\,\mathrm{m}^2) \times \left(\frac{86{,}400\,\mathrm{s}}{\mathrm{day}}\right) = \frac{338.69\,\mathrm{m}^3}{\mathrm{day}}$

질량유속 $\dot{m} = \rho Q = \frac{1040\,\mathrm{kg}}{\mathrm{m}^3} \times \frac{338.69\mathrm{m}^3}{\mathrm{day}} \times \frac{\mathrm{day}}{86{,}400\,\mathrm{s}} = 4.08\,\mathrm{kg/s}$

2.2.4 유량측정

1) 공장폐수 및 하수유량측정방법

공장폐수 및 하수의 유량측정방법 중 관(pipe) 내의 유량측정 방법에는 벤튜리미터(venturi meter), 유량측정용 노즐(nozzle), 오리피스(orifice), 피토우(pitot)관에 의한 측정법이 있고, 측정용 수로에 의한 유량측정 방법에는 위어(weir), 파아샬플루움(parshall flume)에 의한 측정법 등이 있다. 그 중 벤튜리미터를 이용한 유량측정방법을 간략히 소개하겠다. 그림 2.1에 벤튜리미터의 구조를 나타내었다.

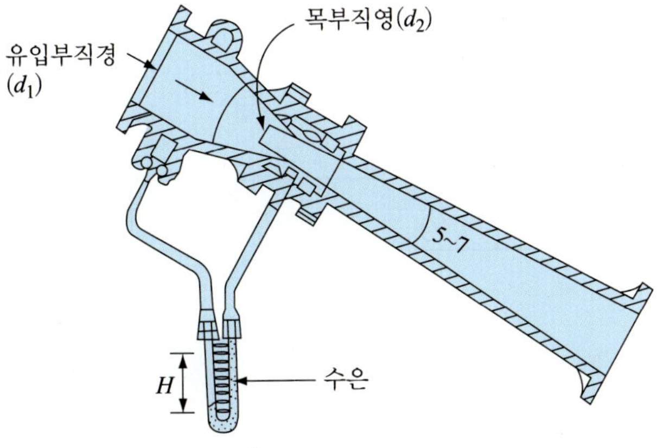

그림 2.1 벤튜리미터

$$Q = \frac{C \cdot A}{\sqrt{1 - \left[\frac{d_2}{d_1}\right]^4}} \sqrt{2gH} \tag{2.1}$$

여기서, Q : 유량(cm^3/sec)

C : 유량계수

A : 목 부분의 단면적(cm^2) $[= \pi d_2^2 / 4]$

H : $H_1 - H_2$ (수두차 : cm)

H_1 : 유입부관 중심부에서의 수두(cm)

H_2 : 목 부의 수두(cm)

g : 중력가속도(980 cm/sec^2)

d_1 : 유입부의 직경(cm)

d_2 : 목 부의 직경(cm)

2) 하천유량 측정방법

(1) 유속 – 면적법(velocity – area method)

흐르는 상황이 일정하고 하상의 상태가 고른 지점을 선정하여 물이 흐르는 방향과 직각이 되도록 하천의 양끝을 로프로 고정하고 등간격으로 측정점을 정한다.

그림 2.2와 같이 통수단면을 여러 개의 소구간 단면으로 나누어 각 소구간마다 수심 및 유속계로 1~2개의 점 유속을 측정하고 소구간 단면의 평균유속 및 단면적을 구한다. 이 평균 유속에 소구간 단면적을 곱하여 소구간 유량(q_m)으로 한다.

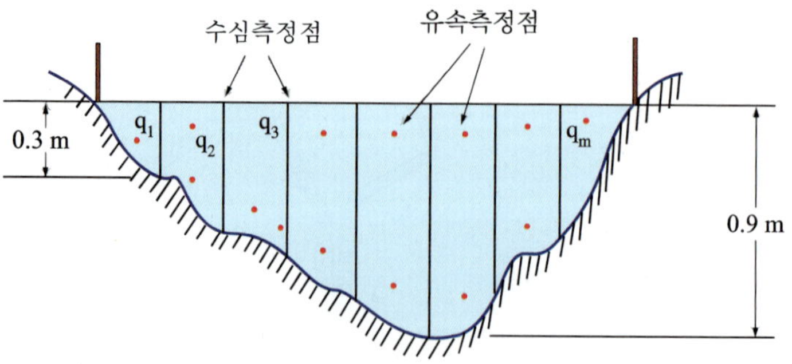

그림 2.2

소구간 단면에 있어서 평균유속 v_m 은

① 수심이 0.4 m 미만일 때 $v_m = v_{0.6}$
② 수심이 0.4 m 이상일 때 $v_m = (v_{0.2} + v_{0.8}) \times 1/2$

$v_{0.2}$, $v_{0.6}$, $v_{0.8}$ 은 각각 수면으로부터 전 수심의 20%, 60% 및 80%인 지점의 유속이다.

$$Q = q_1 + q_2 + \cdots + q_m$$

여기서, Q : 총 유량
q_m : 소구간 유량
v_m : 소구간 평균 유속

3) 배출가스 유량 측정방법

굴뚝에서 배출되는 건조 배출가스의 유량은 단위시간당 배출되는 표준상태의 건조 배출가스량(m^3/s)으로 나타낸다. 측정방법에는 피토우관 및 경사마노미터법이 있고 선정된 각 측정점마다 배출가스의 온도, 정압 및 동압을 측정하고, 굴뚝 중심에 가까운 한 측정점을 택하여 배출가스 중의 수분량 및 배출가스 밀도를 구한 후, 계산에 의해 배출가스 유속 및 유량을 산출한다. 식(2.2)와 식(2.3)에 각각 배출가스 평균유속 및 건조배출가스 유량을 구하는 공식을 나타내었다.

- 배출가스 평균유속

$$v = C\sqrt{\frac{2g}{\gamma}} \cdot (\sqrt{h})_{avg} \tag{2.2}$$

여기서, v : 배출가스 평균유속(m/s)
C : 피토우관 계수
h : 배출가스 동압측정치(mmH_2O)
g : 중력가속도(9.8 m/s^2)
γ : 굴뚝 내의 습한 배출가스 밀도(kg/m^3)

- 건조배출가스 유량(원형, 직사각형 또는 정사각형 단면일 때)

$$Q_N = v \times A \times \frac{273}{273 + \overline{\theta_s}} \times \frac{P_a + P_s}{760} \times \left(1 - \frac{X_w}{100}\right) \times 3,600 \tag{2.3}$$

여기서, Q_N : 건조 배출가스 유량(m^3/시간)

v : 배출가스 평균유속(m/s)

A : 굴뚝 단면적(m^2)

$\overline{\theta_s}$: 배출가스 평균온도(°C)

P_a : 대기압(mmHg)

P_s : 배출가스 평균정압(mmHg)

X_w : 배출가스 중의 수분량(%)

예제 2.3 하천의 수심이 0.4 m 이상일 때 유속을 측정하기 위해 수심의 각 부분에서 유속을 측정한 결과 다음 표와 같다. 평균유속은?

수심	표면	20% 지점	40% 지점	60% 지점	80% 지점
m/sec	0.8	1.3	1.2	0.9	0.7

풀이와 답

수심이 0.4 m 이상이므로

$$v_m = (v_{0.2} + v_{0.8}) \times \frac{1}{2}$$

$$\therefore \text{ 평균유속}(v_m) = (1.3 + 0.7) \times \frac{1}{2} = 1.0\,\text{m/sec}$$

2.2.5 농도

1) 액체

물속에 용해되어 있는 물질의 농도는 일반적으로 혼합체의 부피 당 물질의 무게로써 표시된다. 혼합 물질의 리터(L)당 밀리그램(mg)또는 마이크로그램(μg)의 단위가 자주 사용되며 세제곱미터 당 그램(g/m^3)으로 표시되기도 한다. 다른 표현으로 액상의 농도는 가장 일반적인 단위로 백만분의 일(parts per million, ppm) 단위와 또는 십억 분의 일(parts per billion, ppb) 같이 혼합물의 무게 당 물질의 무게로써 표현된다. 대부분의 오염 물질 농도는 매우 적은 양이므로 1 L의 혼합물은 1,000 g을 갖게 되며 실제로 다음과 같이 쓸 수 있다.

$$1\ \text{mg/L} = 1\ \text{g/m}^3 = 1\ \text{ppm}\ (\text{무게 단위로}) \tag{2.4}$$

$$1\ \mu\text{g/L} = 1\ \text{mg/m}^3 = 1\ \text{ppb}\ (\text{무게 단위로}) \tag{2.5}$$

액상 폐기물의 농도가 높을 경우 혼합물의 비중이 영향을 미치게 되며, 이런 경우에는 식(2.4)과 식(2.5)에 수정이 요구된다.

$$\text{mg/L} = \text{ppm}\ (\text{무게단위}) \times \text{비중} \tag{2.6}$$

2) 기체

대부분의 대기 오염 문제에 대해 오염물질의 농도는 부피로 표현된다. 예를 들면, 백만 분의 일(ppm)의 기체 오염 물질의 농도는 공기혼합물 백만 부피 당 오염물질의 부피를 나타낸다.

$$\frac{1\text{부피의 기체상 오염물질}}{10^6\text{부피의 공기}} = 1\ \text{ppm}\ (\text{부피기준}) \tag{2.7}$$

때때로, 기체농도는 μg/m^{3}과 같이 단위부피 당 질량으로 표현되기도 한다. 즉, ppm (부피기준)과 mg/m^{3}의 관계는 오염물질의 밀도에 달려있으며 분자량은 물론이고 그때의 압력과 온도에 의해서 결정된다. 0°C, 1기압 하에서 1몰의 이상기체(기체의 무게 총합이 분자량과 같은 기체)가 차지하는 부피는 22.4 L (또는 22.4 × 10^{-3} m^3)이다. 따라서 다음과 같이 쓸 수 있다.

$$\text{mg/m}^3 = \text{ppm} \times \frac{\text{오염물질}\ 1\ \text{m}^3/\text{공기}\ 10^6\ \text{m}^3}{\text{ppm}} \times \frac{\text{분자량 (g/mol)}}{22.4 \times 10^{-3}\ \text{m}^3/\text{mol}} \times 10^3\ (\text{mg/g}) \tag{2.8}$$

$$\text{mg/m}^3 = \frac{\text{ppm} \times \text{분자량}}{22.4}\ (0°\text{C},\ 1\text{기압 하에서}) \tag{2.9}$$

다른 온도 및 압력에 대해서는 다음의 식이 적용된다.

$$\mathrm{mg/m^3} = \frac{\mathrm{ppm} \times \text{분자량}}{22.4} \times \frac{273}{T(\mathrm{K})} \times \frac{P(\text{기압})}{1\text{기압}} \tag{2.10}$$

여기서, 온도(T) : 절대온도(K = °C + 273)

압력(P) : 기압(atm)

예제 2.4 이산화질소의 대기질 기준(24시간 측정 기준)은 0.08 ppm이다. 이 기준을 1기압 25°C에서의 부피비(%)와 mg/m^{3}으로 나타내어라.

풀이와 답

NO_2가 0.08 ppm이므로 부피비(%)로 나타내면

$$NO_2(\%) = \frac{0.08}{1 \times 10^6} \times 100 = 0.000008\ \%$$

mg/m^3 단위로 표현하기 위해서는 NO_2의 분자량을 알아야 한다(질소 14, 산소 16). 또한 온도에 대한 보정이 필요하다. 25°C는 298 K이므로 식(2.10)에 대입하면

$$NO_2 = \frac{0.08 \times (14+32)}{22.4} \times \frac{273}{298} = 0.150\ \mathrm{mg/m^3}$$

2.3 물질수지

물질수지란 "질량은 파괴되지도 창조되지도 않는다"는 질량보존의 법칙을 응용한 것이다. 즉, 질량보존의 법칙을 근거로 하여 "전체 유입질량 = 전체 유출질량"으로 표현하는 것을 질량수지 또는 물질수지라 한다. 이 개념을 이용하면 물질을 추적할 수 있으며 오염물질의 이동에 관한 물질수지식을 세울 수 있다. 물질수지를 취하려면 분석하고자 하는 영역을 설정해야 하는데 이를 계(system)라 한다. 환경공학에서는 혼합탱크, 호수, 하천, 일정 지역의 대기 등이 이에 속한다. 물질수지는 물질의 회계와 같다. 먼저 총괄 질량, 총괄 물질량, 특정화합물의 질량 등 어떤 양에 관한 수지를 취할 것인지를 정해야 한다. 물질수지의 작성 방법은 다음과 같다.

① 목적으로 하는 계(프로세스)의 간단한 플로우 시트를 그린다. 될 수 있는 한 생략하지 않는다.

② 아는 데이터를 플로우 시트에 기입한다. 물질명, 유량, 온도, 농도 등

③ 화학반응식을 기입한다(화학반응이 일어나는 경우).

④ 계산의 기준을 설정하고, 기입한다. 물질량(있는 물질), 일정한 시간 등

⑤ 각 성분의 수지식을 세우고 푼다.

2.3.1 계(system)

계란 대상으로 선택한 프로세스의 일부나 전부를 말한다. 물질수지의 계산에서 우리의 목적에 따라 어떤 부분이라도 계로 택할 수 있다. 문제를 다룰 때는 계를 신중하게 규정하는 것이 중요하다. 그림 2.3에 개방계를 나타내었고 점선으로 표시된 부분은 계의 경계(system boundary)이며 선택한 계 이외의 부분을 외계(surrounding)라 한다.

① 개방계(open system) 또는 흐름계(flow system)
경계를 통하여 물질이 이동하는 계

② 폐쇄계(closed system) 또는 회분계(batch system)
경계를 통하여 물질 이동이 없는 계이며 미생물을 접종한 플라스크 등이 이에 속한다.

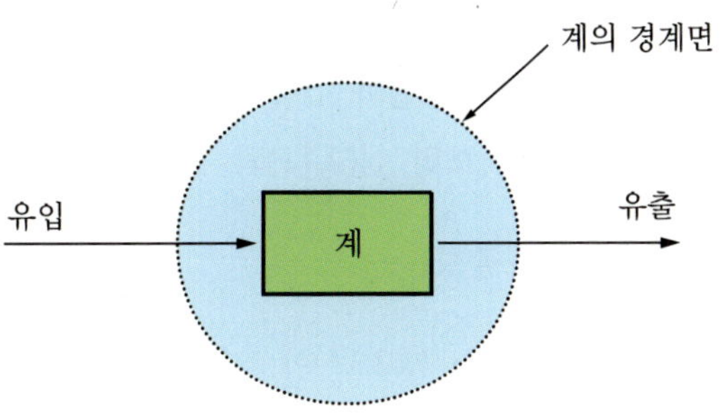

그림 2.3 개방계

2.3.2 공정의 분류

어떤 공정에 대한 물질수지를 세우기 전에 먼저 그 공정이 어느 범주에 속하는지를 알아야한다. 아래에 여러 가지 공정을 분류해 놓았다.

(1) 회분공정(batch process)

반응하고자 하는 양이 적을 때 일정한 반응기에 넣어 일정시간 동안 반응시킨 후 내려보내는 반응 공정으로 폐쇄계의 대표적 공정이다.

(2) 반회분공정(semibatch process)

원료를 초기에 공정계에 순간적으로 투입하고 연속적으로 유출시키거나 순서를 바꾸어 원료를 공정계에 연속적으로 유입시키고 일시에 유출시키는 공정을 말한다.

(3) 연속공정(continuous process)

이 공정은 개방계를 말한다. 공정의 수행 중에 유입과 유출의 흐름이 계속되는 것을 말한다. 대부분의 환경공정은 연속공정으로 진행되며 공정 내 모든 조건(온도, 부피, 유속 등)이 시간에 따라 변화하지 않을 때를 정상상태(steady state)라 하며 공정 중 한 가지 조건이라도 변화할 때를 비정상상태(unsteady state)라 한다.

2.3.3 정상상태 물질수지

가장 간단한 계로서 유입과 유출의 흐름이 계속되고 물질이 보존적이라고 가정할 때 물질수지식을 세워보면 식(2.11)과 같다.

$$[\text{유입량}] = [\text{유출량}] \tag{2.11}$$

그림 2.4 같은 경우 식(2.11)에 기초한 물질수지식을 세워보면 식(2.12)와 같이 표현할 수 있다.

$$Q_i C_i + Q_w C_w = Q_m C_m \tag{2.12}$$

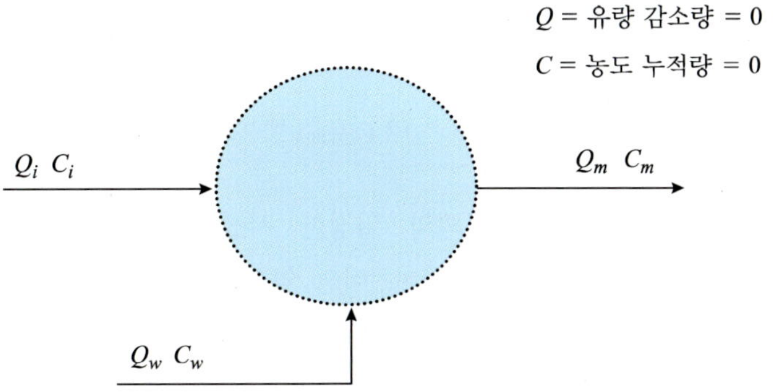

그림 2.4 정상상태 보존계

2.3.4 비정상상태 물질수지

정상상태의 물질수지식에는 축적율이 0이기 때문에 고려하지 않지만 비정상상태 물질수지식에는 축적량이 포함되며 정상상태보다 복잡하다. 비정상상태는 공정 내에서 시간의 변화에 따라 질량이나 물리량이 변화하는 것을 말한다. 그림 2.5에 비정상상태 계의 물질수지를 계산하기 위한 공정을 나타내었다.

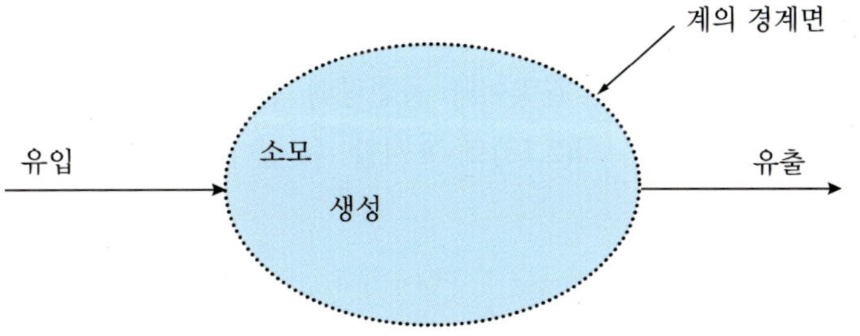

그림 2.5 비정상상태의 공정

1) 흐름과 화학반응이 동시에 일어나는 계

흐름과 화학반응이 동시에 일어나는 계의 물질수지식은 식(2.13)과 같으며 계 내의 축적량은 시간의 변화에 따른 질량이나 물질량의 변화를 나타내고 변수를 시간의 함수로 나타내어 미분방정식으로 표시하면 식(2.14)와 같다.

$$[\text{축적량}] = [\text{유입량}] - [\text{유출량}] - [\text{감소량}] \tag{2.13}$$

$$\frac{dm_A}{dt} = m_{A\ \text{input}} - m_{A\ \text{output}} + r_{\geq \text{n}} - r_{\text{cons}} \tag{2.14}$$

식(2.14)와 같이 임의의 일정한 시점에서 수지를 나타낸 것을 미분물질수지(differential balance)라 하며, 어느 일정시간에서의 속도를 나타낸다. 위의 미분수지식은 적분수지식으로 나타낼 수가 있는데 다음과 같다.

$$dm_A = m_{A\ \text{input}}\, dt - m_{A\ \text{output}}\, dt + r_{\text{gen}}\, dt - r_{\text{cons}}\, dt \tag{2.15}$$

$$\int_{t_0}^{t} dm_A = m_A(t) - m_A(t_0) \tag{2.16}$$

이 식은 일정시간 간격($t - t_o$) 동안의 물질수지를 나타낸 것으로 적분물질수지(integral balance)라 하며, 일정시간 동안의 양을 나타낸다.

2) 화학반응이 없는 경우

$$[\text{축적량}] = [\text{유입량}] - [\text{유출량}] \tag{2.17}$$

화학반응이 없는 비정상상태에서는 계 내의 축적량(accumulation)은 계 안에서 시간의 변화에 따른 질량이나 물질량의 변화를 나타내고 변수를 시간의 함수로 나타내어 식(2.17)은 식(2.18)로 표시할 수 있다.

$$\frac{dm_A}{dt} = m_{A\ \text{input}} - m_{A\ \text{output}} \tag{2.18}$$

3) 화학반응만 일어나는 경우(batch process)

$$[\text{축적량}] = [\text{생성량}] - [\text{소비량}]$$

화학반응만이 일어나는 계에서는 계 내외로의 물질출입은 없으며, 축적량은 계 내부에서의 화학반응에 의하여 시간의 변화에 따른 질량이나 물질량의 변화를 나타내고 변수를 시간의 함수로 나타내어 식(2.19)로 표시한다.

$$\frac{dm_A}{dt} = r_{gen} - r_{cons} \tag{2.19}$$

식(2.19)의 모든 항은 시간의 함수이며 각 항의 차원은 동일해야 한다. 위의 식은 반응의 결과에 따라 반응속도가 점점 감소한다. 따라서 식(2.19)은 식(2.20)과 같이 나타낼 수 있다.

$$\frac{dm_A}{dt} = -r_{cons} \tag{2.20}$$

여기서 m은 반응물의 질량(kg)이며, 질량 대신 농도(mg/L)가 자주 사용된다.

예제 2.5 유량 20.0 m^3/s 의 하천에 유량 10.0 m^3/s인 지천이 연결되어 있다. 연결점 상류의 염소농도는 25.0 mg/L 이고 지천의 염소농도는 50.0 mg/L이다. 염소를 보존성 물질이라 보고, 두 하천이 완전히 혼합된다고 가정할 때 연결점 하류에서의 염소 농도를 구하여라.

풀이와 답

분석하고자 하는 문제를 도식화하여 공간을 지정하면 다음 그림과 같다. 하류에서의 염소 농도를 구하기 위해 식($x-1$)을 변형하면 다음과 같다.

$$C_m = \frac{C_i\,Q_i + C_w\,Q_w}{Q_i + Q_w}$$

$$C_m = \frac{(25.0\times 20.0 + 50.0\times 10.0)\ \mathrm{mg/L\cdot m^3/s}}{(20.0+10.0)\ \mathrm{m^3/s}} = 33.3\,\mathrm{mg/L}$$

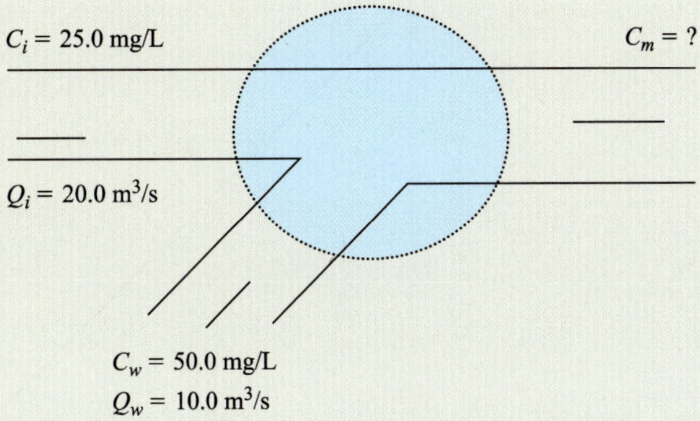

2.3.5 반응속도 방정식

모든 환경공학 공정은 특정의 경계로 정의된 체적 내에서 발생한다. 이러한 일정의 체적을 일반적으로 반응조(reactor)라 부른다. 반응조 내에 물질이 머무는 동안 일어나는 물질의 조성이나 농도변화는 오염물질처리에 있어서 중요한 인자이다. 반응계를 정의하고 설계하기 위해서는 변화가 일어나는 속도와 변화의 정도를 알아야 하는 것이 필수적이다.

1) 0차 반응(zero−oder reaction)

어느 시간이 지나면 반응이 끝나버리는 반응으로 반응물의 농도에 독립적인 속도로 진행되는 반응은

$$-\frac{dC}{dt} = kC$$

$t = 0$일 때 $C = C_0$의 조건으로 적분하면

$$\int_{C_0}^{C} dC = -k\int_{0}^{t} dt$$

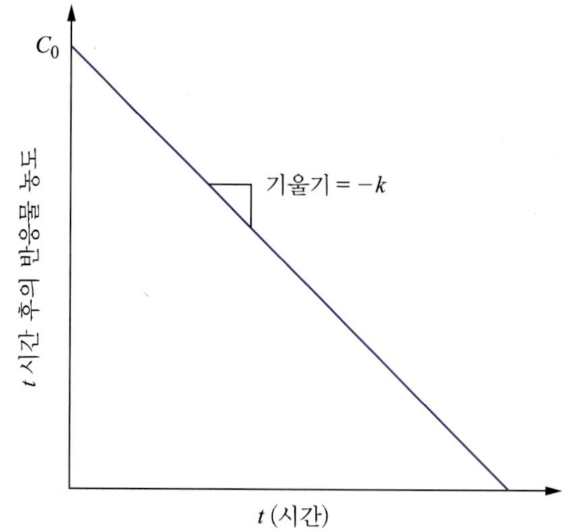

그림 2.6 0차 반응 경로의 플롯

$$C - C_0 = -kt \rightarrow C = C_0 - kt$$

0차 반응의 경우 t 시간 후의 A 의 농도는

$$C = C_0 - kt \tag{2.21}$$

2) 1차 반응

$A \rightarrow B + C$가 되는 반응으로서, 반응속도가 한 가지 반응물질 A 의 농도에만 비례하는 경우, 반응속도 $v = k\,C_A$ 로 표시된다. 반응이 반응물질 등의 하나의 농도에 관계될 때에는 순간적인 시간 dt 에는 농도 C가 dC만큼 변할 때의 순간적인 반응속도는 $-dC/dt$ 로 나타낸다. 그러므로 $v = kC$에서 v 대신에 $-dC/dt$ 를 대입하면

$$-dC/dt = kC \rightarrow dC/dt = -kC$$

$$\frac{dC}{C} = -k\,dt$$

$t = 0$ 일 때, $C = C_0$ 의 조건을 주어 적분하면

$$\int_{C_0}^{C} \frac{1}{C} dC = -k \int_0^t dt$$

$$\ln [C]_{C_0}^{C} = -k[t]_0^t$$

$$\ln C - \ln C_0 = -k(t-0)$$

$$\ln \frac{C}{C_0} = -kt$$

$$C = C_0\, e^{-kt} \tag{2.22}$$

여기서, C_0 : 초기($t = 0$) 농도

C : 나중(t 시간 후) 농도

k : 반응속도상수

t : 반응시간(time)

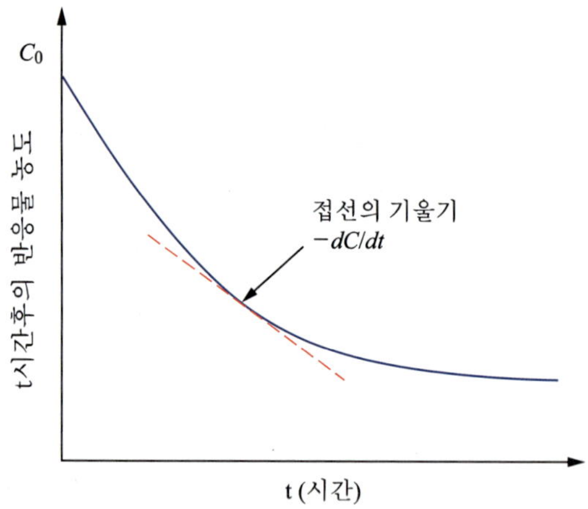

그림 2.7 1차 반응 경로의 플롯

3) 2차 반응

$A+B \rightarrow C+D$가 되는 반응으로서, 반응속도가 반응물질 A와 B의 농도에 비례하는 경우 반응속도 $v=kC_A C_B$로 표시된다. 이 때 2차 반응속도식, $\frac{dC_A}{dt}=kC_A C_B$이며 $A+A \rightarrow$ 생성물 반응에서의 경우 반응속도식은

$$-\frac{dC}{dt}=kC_A^2$$

$$\frac{dC}{C^2}=-kdt$$

$t=0$일 때 $C=C_0$의 조건을 주어 적분하면

$$\int_{C_0}^{C}\frac{1}{C^2}dC=-k\int_0^t dt$$

$$\frac{1}{C}-\frac{1}{C_0}=kt \qquad (2.23)$$

여기서, C_0 : 초기($t=0$) 농도

C : t시간 후 농도

k : 반응속도 상수(time^{-1})

t : 반응시간(time)

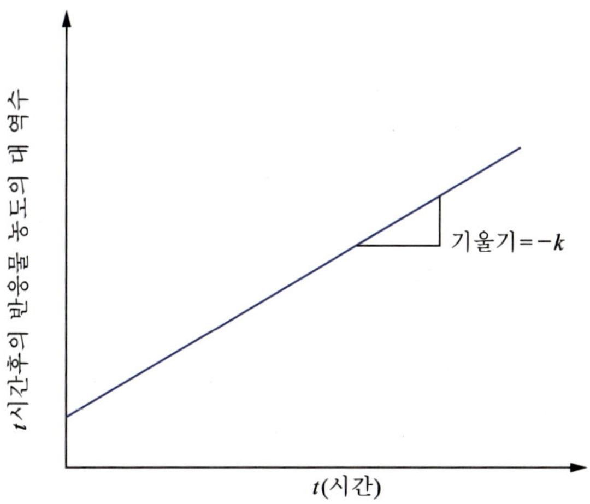

그림 2.8 2차 반응 경로의 플롯

예제 2.6 어느 1차 반응에 있어서 반응개시 때의 반응물질 농도가 200 mg/L이고 2시간 후의 농도가 35 mg/L로 되었다. 반응개시 후 1시간에서의 반응물질 농도는 몇 mg/L인가?

풀이와 답

1차 반응이므로 $\ln\dfrac{C}{C_0} = -kt$

주어진 조건으로 k를 구하면

$$\ln\frac{35}{200} = -k \times 2\,\text{hr}$$

$$k = 0.872\,\text{hr}^{-1}$$

$$\ln\frac{C}{200} = -0.872 \times 1$$

$$\therefore\ C = 200 \times e^{-0.872 \times 1} = 83.623\,\text{mg/L}$$

2.4 | 에너지 수지

물질의 흐름을 이해하고 분석하기 위한 기초로서 물질수지식을 세우기 위해 질량 보존의 법칙이 사용되듯이 자원을 효율적이고 경제적인 방법으로 에너지로 변환하고 이때 발생하는 에너지를 적절히 활용하려면, 형태가 다른 에너지의 발생, 활용, 변환에 관한 기본 원리를 잘 알아야 한다.

2.4.1 기본 개념

에너지 수지를 활용하려면 수식으로 나타내야 한다. 에너지 수지의 각 항을 수학 기호로 표현하여 간단한 식으로 나타내고 계산할 줄 알아야 한다. 물질수지에서와 마찬가지로 에너지 수지식의 각 항은 단위가 일관적이어야 한다. 에너지 수지는 주로 J (joule)과 Btu (british thermal unit)를 사용한다. 오래된 자료 중에는 열화학 칼로리(1 cal = 4.184 J)를 사용한 것이 있다. 한편 식품의 영양가는 보통 kcal로 나타내는데, 가령 햄버거의 열량이 "500 칼로리"라 하면 이는 500 kcal를 의미한다.

에너지 수지의 각 항을 분석할 때는 정확성을 기해야 하므로, 여기에서 중요한 관련 용어를 다시 한 번 정리하기로 한다.

1) 성질(property)

압력, 부피, 온도처럼 측정할 수 있거나 어떤 형태의 에너지처럼 측정할 수는 없지만 계산할 수 있는 물질의 특성을 말한다. 계의 성질은 임의 시점에서의 상태에 따라 달라지며, 과거의 이력과는 무관하다.

2) 크기 성질(extensive property, variable, parameter)

전체계를 구성하는 부분계 각각의 값을 합산하면 전체계의 값이 되는 성질이다. 예컨대, 기상계를 두 부분계로 나누면 이 부분계의 부피나 질량은 처음의 계의 값과는 다르다. 따라서 질량이나 부피는 크기 성질이다.

3) 세기 성질(intensive property, variable, parameter)

세기 성질의 값은 크기 성질의 값과는 달리 계의 크기나 양에 따라 달라지지 않는다. 예컨대, 온도, 압력, 밀도(질량/부피) 등은 계를 반으로 쪼개서나 이 반을 다시 합치더라도 변하지 않는다.

가령, 어떤 계의 한 성질을 고정하고 다른 성질을 변화시켰을 때 상태가 달라진다면 이 두 성질은 서로 독립적이다.

4) 상태(state)

임의 시점에서 물질의 성질을 말한다. 계의 상태는 계의 모양이나 구조와는 무관하며, 온도, 압력, 조성 등의 세기 성질에 따라서 정해진다.

2.4.2 에너지 형태

1) 일(W, work)

일이란 한 물체에 작용한 힘이 한 일은 힘과 힘이 작용한 점의 변위의 곱으로 정의한다. 일은 일상생활에서 여러 의미로 쓰인다(가령 "나는 일하러 간다" 등). 그러나 에너지 수지에서는 특수한 의미를 가진다. 일은 계와 외계 사이에서 전달되는 에너지를 나타내는 형태로서, 일은 저장할 수 없다. 여기에서 계에 한 일을 플러스 일로 정한다. 기계적 힘에 의하여 일을 할 경우에는 계의 경계가 이동해야 한다.

$$W = \int_{\text{state 1}}^{\text{state 2}} F \cdot ds \tag{2.24}$$

이 식에서 F는 s의 방향으로 계에 작용하는 외력이다(또는 계가 외계에 작용하는 힘이다). W는 일정 기간 중에 한 전체 일을 나타내며, 일의 속도(일률)가 아니다.

식(2.24)를 적분하여 일의 양을 계산하려면, 계의 처음 상태에서 나중 상태로 일이 수행되는 과정(또는 경로)을 규정해야 한다. 다시 말해서 수행된 일의 양은 일의 경로에 따라서 달라질 수 있다. 따라서 일은 경로함수(path function)이며, 계의 처음 상태, 경로, 나중 상태에 따라서 W의 값이 달라진다.

계가 하는 일이나 계에 하는 일에는 기계적 일(mechanical work) 외에도 여러 가지가 있다. 가령 계 안의 저항에 전압을 가하여 전류가 흐르게 하면 계의 내부 에너지가 증가하는데, 이처럼 전위차에 의하여 계에 전달되는 에너지를 전기적 일이라 한다. 또 계가 모터나 압축기의 축을 회전시킨다면 이때에 한 일은 축일(shaft work)이라 한다.

2) 열(heat)

일상생활에서는 열이란 말을 여러 가지 뜻으로 사용하고 있지만, 에너지 변화를 지배하는 법칙에 적용할 때는 열을 아주 한정적인 의미로 사용하므로, 혼동하지 말아야 한다. 일반적으로 계와 외계 사이의 온도차에 의하여 계 경계를 통하여 흐르는 전체 에너지 흐름의 일부를 열(Q)로 정의한다. 공학자가 열이라 하면 이는 열흐름(heat flow)을 의미한다. 열은 저장할 수도 없고 창조할 수도 없다. 여기에서 계에 전달되는 열을 플러스 열로 정한다. 열은 전도, 대류, 복사에 의하여 전달될 수 있다. 열도 일과 마찬가지로 경로 함수이다. 열전달을 정량화 하려면, 에너지 수지를 취하거나 실험식을 사용하여 열전달을 추산해야 한다. 정상 상태 프로세스에 관한 열전달의 예는 다음과 같다.

$$Q = UA\Delta T \tag{2.25}$$

여기서, Q : 열전달 속도
A : 열전달 면적
ΔT : 계와 외계 사이의 유효 온도차
U : 실험 상수(대상 장치에 관한 실험 자료에서 구한다.)

3) 운동 에너지(kinetic energy)

정지 상태의 외계에 상대적인 계의 속도 때문에 계가 가지는 에너지를 운동 에너지(K)라 한다. 즉, 입자의 질량과 속력에 의존한다. 이것을 식으로 나타내 보면,

$$K = \frac{1}{2}mv^2 \tag{2.26}$$

$$\frac{K}{m} = \frac{1}{2}v^2 \tag{2.27}$$

여기에서 식(2.27)은 단위 질량 당의 에너지, 즉 비에너지(specific energy)를 의미한다.

4) 포텐셜 에너지(potential energy)

중력장이나 전자장에 의하여 계의 질량에 작용하는 체적력 때문에 기준면에 상대적으로 계가 가지는 에너지를 포텐셜 에너지라 한다. 중력장에서의 포텐셜 에너지(이를 위치 에너지라 한다)는 다음 식으로 계산할 수 있다.

$$P = mgh \tag{2.28}$$

$$\frac{P}{m} = gh \tag{2.29}$$

여기서, h : 기준면으로부터의 높이

식(2.29)는 단위 질량 당의 에너지(비에너지)를 의미한다. h를 측정할 때는 계의 질량 중심을 원점으로 한다. 따라서 가령 용기 안에 떠 있는 볼이 꼭대기에서 용기 바닥으로 떨어지고, 에너지가 약간 감소하였다고 말한다.

5) 내부 에너지(internal energy)

내부 에너지란 동적(動的) 계에 대한 거시적 보존의 법칙에 따르는 분자, 원자, 미립자의 에너지의 거시적 척도이다. 거시적 척도에서 내부 에너지를 직접 측정할 수 있는 기기는 없으므로, 압력, 부피, 온도, 조성처럼 거시적으로 측정할 수 있는 다른 변수로부터 계산해야 한다. 이러한 변수로부터 단위 질량 당의 내부 에너지(U)를 계산하기 위하여 그 특수 성질을 활용한다.

관습상 온도(T)와 비용(V)을 사용하는데, 비내부 에너지(U)가 이 두 세기 성질의 함수라고 하면 다음과 같다.

$$U = U(T,\ V)$$

이를 전미분하면,

$$dU = \left(\frac{\partial U}{\partial T}\right)_V dT + \left(\frac{\partial U}{\partial V}\right)_T dV \tag{2.30}$$

정의에 의하여, $(\partial U / \partial T)_V$ 를 정용 열용량(heat capacity at constant volume)이라 하며 기호 C_V 로 나타낸다. 한편 $(\partial U / \partial V)_T$ 는 사실상 아주 적은 값이므로 무시한다. 따라서 내부 에너지의 변화는 식(2.30)을 적분하여 계산할 수 있다.

$$U_2 - U_1 = \int_{T_1}^{T_2} C_V dT \tag{2.31}$$

내부 에너지는 차이만을 계산할 수 있다. 즉, 내부에너지의 절대 값은 알 수 없으며 어떤 기준 상태에 상대적인 값만을 구할 수 있다.

6) 엔탈피(enthalpy)

에너지 수지에서는 기호 H로 주어진 엔탈피라는 변수와 만나게 된다. 이 변수는 에너지 수지에서 자주 등장하는 두 변수의 조합으로 정의한다.

$$H = U + PV \tag{2.32}$$

여기서, P : 압력
V : 부피

단위 질량 당의 엔탈피를 구하기 위하여 엔탈피 역시 완전 미분이라는 성질을 이용한다. 단일상의 순물질의 엔탈피는 온도와 압력(비용보다 편리한 변수이다)만의 함수로 나타낼 수 있다.

$$H = H(T,\ P)$$

H를 전미분하면 식(2.30)에 대응하는 표현을 얻을 수 있다.

$$dH = \left(\frac{\partial H}{\partial T}\right)_P dT + \left(\frac{\partial H}{\partial P}\right)_T dP \tag{2.33}$$

정의에 의하여 $(\partial H / \partial T)_P$를 정압 열용량(heat capacity constant pressure)이라

하며 기호 C_P로 나타낸다. 한편 $(\partial H/\partial T)_T$는 사실상 아주 적은 값이므로, 우변의 제2항을 무시한다. 따라서 엔탈피 변화는 식(2.33)을 다음과 같이 적분하여 구할 수 있다.

$$H_2 - H_2 = \int_{T_1}^{T_2} C_P\, dT \tag{2.34}$$

이상 기체의 경우 엔탈피와 내부 에너지는 온도만의 함수이며, 압력이나 비용의 각각의 변화에 의해서는 영향을 받지 않는다.

내부 에너지의 경우와 마찬가지로 엔탈피의 절대 값은 알지 못하며, 엔탈피 차이만을 구할 수 있다. 한편 엔탈피 변화를 계산할 때는 묵시적일 수도 있지만 기준 조건을 정해야 한다. 예컨대, 수증기 표의 기준 조건은 0°C (32°F)와 그 증기압에 있는 물이다. 이러한 조건에서의 엔탈피를 0이라고 간주하였지만, 실제로 이때의 엔탈피가 0이라는 뜻은 아니다. 엔탈피 변화의 계산에서는 기준 조건의 값이 소거된다.

7) 상태함수(state/point function)

온도, 압력, 밀도 등과 마찬가지로, 비엔탈피나 비내부 에너지는 상태 함수로서, 그 값은 물질의 상태(온도, 압력, 상, 조성)에 따라서만 달라지고, 그 상태에 도달한 경로와는 무관하다.

예제 2.7 내경 4.00 cm인 튜브를 통하여 물을 0.001 m^3/s의 유량으로 저장탱크로 수송한다. 이 물의 비운동 에너지를 구하여라.

풀이와 답

$$r = \frac{1}{2}(4.00) = 2.00\,\text{cm}$$

$$v = \frac{0.001\,\text{m}^3}{\text{s}} \times \frac{1}{\pi(2.00)^2\text{cm}^2} \times \left(\frac{100\,\text{cm}}{1\,\text{m}}\right)^2 = 0.796\,\text{m/s}$$

$$\frac{K}{m} = \frac{1}{2} \times (0.796\text{m/s})^2 \times \frac{1\,\text{N}\cdot\text{s}^2}{\text{kg}\cdot\text{m}} \times \frac{1\,\text{J}}{\text{N}\cdot\text{m}} = 0.398\,\text{J/kg}$$

2.4.3 에너지 전달에 관한 기본 원리

물질의 흐름을 이해하고 분석하기 위한 기초로서 물질수지식을 세우기 위해 질량 보존의 법칙이 사용되듯이, 에너지의 흐름을 분석하기 위한 에너지 수지식에는 열역학 제1법칙이 사용된다. 에너지의 정의 중의 하나가 일을 수행할 수 있는 능력이다. 이것은 힘과 그 힘에 의해 물질이 이동한 거리의 곱으로 표현된다.

열역학 제2법칙은 '일이 수행될 때 항상 그 일의 비효율적인 부분이 존재한다'라는 말로 간단히 설명될 수 있다. 즉, 일을 수행하는 에너지의 일부분이 열로 소비된다. 환경공학 연구에서는 이 소모되는 열이 상당히 중요시되고 있다.

또 하나의 중요한 항은 동력이다. 동력(power)은 일을 수행하는 속도이며 단위 시간당 에너지의 단위를 가진다. SI단위에서의 동력의 단위는 J/s 또는 watts이다.

$$1 \text{ J/s} = 1 \text{ W} = 3.412 \text{ Btu/hr}$$

1) 열역학 제1법칙

열역학 제1법칙은 간단히 '어떠한 에너지도 생성되거나 소멸되지 않는다'라는 말로 표현된다. 에너지는 여러 가지 형태로 바뀔 수는 있다. 예를 들어, 화력발전소에서는 연료의 화학에너지가 열 및 전기로 전환되며, 수력발전소에서는 댐에 가두어진 물의 위치에너지가 터빈을 회전시키는 기계적 에너지로 전환된다. 어쨌든, 열역학 제1법칙에 의하면 우리는 에너지의 총량을 구할 수 있고 처음에 시작했던 것과 똑같은 양의 에너지를 결국 우리가 현재에 가지고 있다는 것이다. 즉, 어떠한 과정에서도 에너지는 처음과 동일한 양이 유지됨을 의미한다.

물질의 흐름분석에서와 마찬가지로 제1법칙을 적용하기 위해서는 연구되어질 계를 설정하는 것이 필요하다. 계의 가상의 경계를 설정하는 데에는 어떠한 제약도 없음이 중요하다. 그것은 자동차의 엔진이 될 수도 있고 원자력 발전소일 수도 있으며 굴뚝에서 배출되는 일정 부피의 가스일 수도 있다.

지구 전체의 온도 평형에 관해 연구할 때에는 지구자체가 계가 된다. 일단 경계가 설정되면 그 경계 밖의 모든 우주는 주위환경이 된다. 그러나 경계가 설정되었다고 하여 에너지 또는 물질의 흐름이 외부와 차단되었다는 것은 아니다. 에너지 및 물질의 흐름이 존재하는 계를 열린계라 하고, 에너지의 흐름은 허용되나 물질의 흐름이 차단된 계를 닫힌계라 한다.

에너지는 보존되므로 임의의 계에 대해 다음과 같이 쓸 수 있다.

에너지 유입 = 에너지 유출 + 내부에너지 변화

여기서 내부에너지란 계 내에 저장된 에너지를 말한다. 일반적으로 내부에너지의 변화는 환경계 내의 온도의 변화에 의해 나타난다. ΔT의 온도 변화를 일으켰을 때의 내부에너지 변화는 다음과 같이 쓸 수 있다.

내부에너지 변화 $= mc\Delta T$

여기서 c는 그 물질의 비열이다. 비열은 어떤 물질 단위 질량에 대해 1°C의 온도를 높이는데 요구되는 에너지의 양으로 정의된다.

예제 2.8 5 kW의 전기가 공급되는 물 가열기에 담긴 50 gallon의 물을 60 °F에서 140 °F로 가열하는 데 소요되는 시간은 얼마인가? (물속에서 전기에너지가 모두 열로 전환된다고 가정하고, 물탱크 자체의 온도를 올리는 데 필요한 에너지는 무시하며, 물탱크에서 외부로 소모되는 열은 없다고 가정한다)

풀이와 답

에너지 유입 $= 5\,\text{kW} \times \Delta t\ \text{hr} = 5\Delta t\ \text{kWh}$

가열장치의 열손실을 무시하고 가열기간 동안 물의 손실이 없다고 가정하면 에너지의 유출은 없게 된다.

에너지 유출 = 0

물이 60 °F 에서 140 °F로 올라가는데서 생긴 내부에너지 변화를 위의 식을 이용하여 나타내면,

$$\begin{aligned}\text{내부에너지 변화} &= mc\Delta T\\ &= 50\,\text{gal} \times 8.34\,\text{lb/gal} \times 1\,\text{Btu/lb°F} \times (140-60)\text{°F}\\ &= 33{,}360\,\text{Btu}\end{aligned}$$

에너지 유입과 내부에너지 변화를 같다고 하고 단위를 환산하면,

$5\Delta t\ \text{kWh} \times 3412\ \text{Btu/kWh} = 33{,}360\ \text{Btu}$

$\Delta t = 1.96\,\text{hr}$

2) 열역학 제2법칙

석탄이 함유하고 있는 에너지의 작은 부분이 목표하는 에너지, 즉 전기에너지로 전환되었고, 많은 양의 에너지가 폐열이 존재한다. 즉, 열을 일로 100% 전환시킬

수 있는 장치를 만드는 것은 불가능하다는 사실이다. 거기에 반드시 손실이 있게 된다. 열역학 제1법칙에 의해서는 에너지가 사라지지는 않지만 유용성이 없는 저온 열로 전환되는 것이다.

증기를 이용한 발전소는 열역학적으로 상당기간 연구되어진 열기관 중의 하나이다. 증기발전소(steam plant)는 고온의 열원(연료 연소)으로부터 열을 얻어 그 중의 일부를 일(전기적 출력, electrical output)로 전환하고 나머지의 열을 낮은 온도의 저장소(하천 또는 대기 중)로 폐기하게 된다. 증기발전소가 낼 수 있는 최대효율은 열원의 온도가 얼마나 높은가와 방출된 열을 수용하는 저장소의 온도가 얼마나 낮은가에 따라 달라진다. 그것은 높은 곳에서 낮은 곳으로 흐르는 물을 이용하여 터빈을 돌리려는 것과 유사하다. 위도의 차이가 크면 클수록 더 많은 동력을 끌어 낼 수 있다.

그림 2.9에서는 온도가 T_h, T_c 인 두 개의 저장소가 있는 이론적 열기관을 보여준다. 온도가 높은 열 저장소에서 열기관으로 Q_1 인 열에너지가 전달되고 있다. 열기관은 W 의 일을 하고 폐열 Q_2 를 온도가 낮은 저장소로 폐기한다.

이 기관의 효율(η)은 기관이 한 일과 높은 온도의 열 저장소에서 받은 열에너지와의 비가 된다.

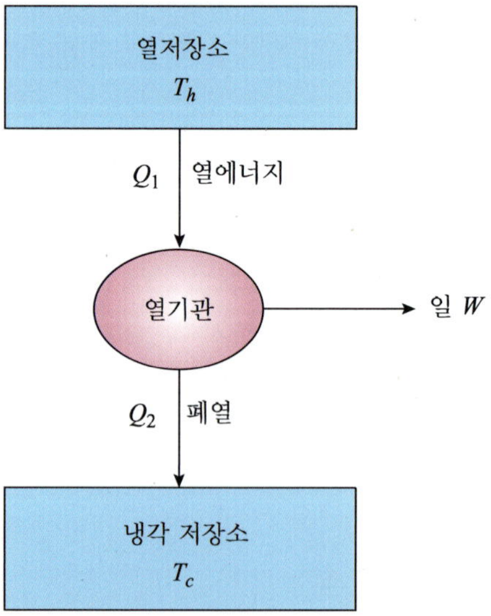

그림 2.9 카르노 기관의 정의

$$\eta = W / Q_1$$

두 개의 열 저장소를 이용한 최대효율의 열기관에 대해서는 1820년대에 프랑스 공학자 사디 카르노(Sadi Carnot)가 처음으로 설명하였는데, 이후부터 이러한 열기관을 카르노 기관(Carnot engine) 이라고 부르고 있다. 두 개의 온도 저장소 온도 T_1과 T_2사이에 카르노 기관이 발휘할 수 있는 최대 효율은

$$\eta_{\max} = 1 - T_c / T_h \tag{2.35}$$

여기서 T는 절대온도로서 켈빈(Kelvin)또는 랭킨(Rankine)방식으로 표시된다.

섭씨온도에서 켈빈으로 바꾸거나 화씨온도에서 랭킨으로 바꾸는 방법은 다음과 같다.

$$K = {}^{\circ}\mathrm{C} + 273.15$$

$$R = {}^{\circ}\mathrm{F} + 459.67$$

식(2.35)를 보면 고온의 열저장소의 온도가 높아질수록, 그리고 저온의 열저장소 온도가 낮아질수록 열기관의 효율이 증가함을 알 수 있다. 그러나 무한정의 고온이나 절대온도 0은 실제적으로 불가능하므로 실제 열기관은 100%의 효율을 가질 수 없으며, 이것은 열역학 제2법칙을 설명하는 말이다.

3) 전도 및 대류에 의한 열전달

두 개의 물질이 온도 차이를 가진다면 열은 온도가 높은 물질에서 온도가 낮은 물질로 이동하게 된다. 두 물체가 물리적으로 직접 연결되어 있는 경우에는 전도에 의해서 열이 전달된다. 두 물체 사이에 액체 및 기체가 있는 경우에는 대류에 의해서 전달되며, 두 물체 사이에 물리적으로 아무런 물질도 없을 때에는 복사에 의해 열이 전달된다. 고체의 경우 전도에 의한 열전달은 격자구조의 한 분자의 진동이 다음 분자를 진동시킴으로써 이루어진다. 고체에서의 열전달율은 그 물질의 열 전도성에 비례한다.

대류성 열전달은 유체의 온도가 다른 어떤 물질과 접촉할 때 발생한다. 예를 들어, 겨울철 방안의 따뜻한 공기는 차가운 벽 표면과 접촉하여 벽으로 열을 전달한다. 열을 빼앗긴 공기는 냉각되고 밀도가 커지게 되어 밑으로 가라앉게 된다. 이때

빈자리를 방안의 다른 따뜻한 공기가 차지하게 된다. 그러므로 방안에는 지속적인 공기의 움직임이 생기고 차가운 벽면과의 계속적인 열전달이 이루어진다. 차가운 벽면은 외부벽면으로 전도에 의해 열을 전달하며 외부 벽면의 열은 바깥공기의 대류에 의해 제거된다.

4) 복사열전달

어떤 물질이 다른 물질을 뜨겁게 하는 세 번째의 방법이 복사에 의한 열전달이다. 복사에너지는 전도 및 대류와는 다르게 전자기파에 의해 에너지가 전달되며 에너지 전달을 위한 중간 매질이 필요 없다. 열복사는 다른 형태의 전자기파인 라디오파, X선, 감마선 등과 같이 파장, 전자기 복사의 입자적 측면 및 광자 에너지적 측면에서 모두 설명될 수 있다.

모든 물체는 복사열을 방출한다. 실제 물체의 복사에너지 방출량과 물체가 내는 파장의 특성을 나타내는 유용한 방법은 흑체(black body)라 불리는 가상적인 추상체와 비교하는 것이다. 흑체는 완전한 방출체 또는 완전한 흡수체로 정의된다. 완전한 방출제로서의 흑체는 같은 온도의 어떤 실제물체 보다도 단위표면적당 더 많은 에너지를 복사한다. 완전한 흡수체로서의 흑체는 흑체를 향한 모든 복사에너지를 흡수한다. 즉, 반사되는 에너지도 없고 흑체를 통과해 전달되는 에너지도 없다.

흑체의 표면적을 A, 절대온도를 T라 할 때 복사되는 에너지의 총 방출율은 스테판-볼츠만 법칙에 의해 식(2.36)과 같이 주어진다.

$$E = \alpha A T^4 \tag{2.36}$$

여기서, E : 흑체의 총 방출율

α : 스테판-볼츠만 상수(5.67×10^{-8} W/m^2 · K^4)

T : 절대온도(K)

A : 물체의 표면적(m^2)

실제 물체는 가상적 흑체가 복사하는 것만큼을 방출하지는 않는다. 같은 온도에서 실제 물체가 복사하는 양과 흑체에서 방출되는 양과의 비율을 방출계수 ϵ라고 한다. 대부분의 자연물질들은 방출계수가 매우 크며, 그 물질의 색과는 특별한 연관이 없다. 사막의 모래, 마른 땅 및 대부분의 숲은 방출계수가 0.90의 값을 가지는 반면 물, 젖은 모래, 얼음 등은 0.95의 방출계수값을 가진다.

스테판-볼츠만 법칙에서는 흑체에서 방출되는 총방출율을 알 수 있을 뿐 방출되는 에너지의 파장에 대해 시사하는 바는 없다. 흑체는 불포영역을 가지는 파장을 방출하며 그것은 스펙트럼 분석에 의해 그 분포를 알 수 있다. 가장 강한 강도를 가지는 파장은 '빈'의 변환법칙에 의해 다음과 같이 표현된다. 여기서, 파장은 마이크로미터이며 온도는 절대온도(K)이다.

$$\lambda_{max}(\mu m) = \frac{2898}{T(K)}$$

스펙트럼 분석도에서 두 파장 사이에 곡선으로 이루어진 면적은 그 파장대에서의 물체의 에너지 방출율과 같다. 그러므로 스테판-볼츠만 법칙에서 얻어지는 에너지 총방출율은 곡선아래의 면적의 총합과 같다.

지구에서 방출되는 이 엄청난 에너지는 태양으로부터 지구가 흡수하는 에너지와 균형을 이루고 있다. 그런데, 태양은 온도가 매우 높기 때문에 지구에서 방출하는 파장보다 더 짧은 파장의 에너지를 보낸다. 이러한 파장의 차이는 지구의 온실효과에 중대한 역할을 하게 된다. 이산화탄소 및 온실효과 유발기체들은 태양에서 방출되는 짧은 파장에 대해서는 투과성이 높은 반면 지구에서 방출되는 긴 파장의 에너지는 흡수하는 성질을 가지고 있다. 이러한 온실효과 기체가 대기 중에 증가할수록 지구를 덮은 차단막 역할이 증대될 것이고, 이것은 에너지 복사균형을 깨트려 지구의 온도를 상승시키게 된다.

참고문헌

1. 화학교재연구회 역, Raymond Chang의 기본일반화학, 2020, 사이플러스
2. Gilbert M. Masters, Wendell P. Ela, Introduction to Environmental Engineering and Science 3rd edition, 2007, Pearson
3. P. Aarne Vesilind, Susan M. Morgan , Lauren G. Heine Introduction to Environmental Engineering, 2010, Cengage Learning
4. 정민철, 화학공학개론, 2022, 동화기술
5. 박기영 외 7인, 환경공학개론, 2023, 동화기술
6. David Himmelblau, James Riggs, Basic Principles and Calculations in Chemical Engineering (International Series in the Physical and Chemical Engineering Sciences) 9th edition, 2022, Pearson
7. 동화기술편집부, 수질오염공정시험기준, 2020, 동화기술
8. 조용준, 공정시험기준에 따른 대기오염물질분석, 2018, 동화기술
9. 신항식 외 23인, 폐수처리공학 I, II, 2020, 동화기술

연습문제

1. 50 ft^3/day를 cm^3/min으로 환산하라.

2. 비중이 1.03인 폐수가 직경이 3 cm인 관을 1 m/s의 속도로 흐르고 있다. 부피유속(ft^3/day)과 질량유속(lb/s)은 얼마인가?

3. 발전시설의 배기가스 중 SO_2의 농도가 10 ppm이었다. 1기압 30°C에서의 mg/m^3로 나타내어라.

4. 유량이 100 m^3/sec, BOD 5 mg/L인 하천에 유량이 10 m^3/sec, BOD 200 mg/L인 공폐수가 유입되고 있다. 완전히 혼합된 후 합류지점의 BOD는 얼마인가?

5. 유량이 20000 m^3/day, BOD 2 mg/L인 하천에 유량이 500 m^3/day, BOD 500 mg/L인 공장폐수가 유입되고 있다. 완전히 혼합된 후 합류지점의 BOD를 3 mg/L로 하고자 한다. 이 공장폐수의 BOD 제거율은 최저 몇 %의 능력을 가져야 하는가? (단, 다른 오염물질의 유입은 없다)

6. 높이 5 m인 사다리 꼭대기에 있는 100 kg의 볼이 땅에 떨어졌다. 지면을 기준으로 다음 물음에 답하라.
   (1) 이 볼의 처음 운동에너지와 위치 에너지를 구하라.
   (2) 이 볼의 나중 운동 에너지와 위치 에너지를 구하라.
   (3) 이 과정에서의 운동에너지와 위치 에너지의 변화량을 구하라.
   (4) 처음 위치 에너지가 열로 변했다고 할 경우 이 열량을 cal, Btu, J 단위로 각각 구하라.

7. 지구를 평균온도 15.0°C이고 표면적이 5.1×10^{14} m^2인 흑체라 가정하자. 지구에서 방출되는 에너지율과 최대강도에서 방출되는 파장을 구하라.

8. 지구대기권 밖에서의 측정치에 의하면 태양 스펙트럼의 최고치는 파장 0.48 μm에서 발생한다. 태양을 흑체라 가정할 때 태양의 온도를 구하라.

9. 15°C의 물 1파운드를 증발시키는데 필요한 에너지와 1파운드를 지상 10000 feet로 상승시키는데 드는 에너지를 비교하라(1.0 Btu = 778 ft · lb).

제 3 장

환경화학

3.1 서론

환경화학은 지구를 구성하고 있는 물, 토양, 대기에 있는 화학물질의 근원지, 반응, 이동, 소멸 등과 이러한 현상들에 대한 인간 활동이 어떠한 영향을 미치는가를 연구하는 학문분야로 포괄적으로 정의할 수 있다. 다시 말하면 환경화학이란 환경매체 내에서 일어나는 화학적 현상을 종합적으로 연구하는 학문으로 분류할 수 있다. 따라서 환경화학은 이러한 특수성 때문에 고전적인 화학과는 근본적으로 구별된다. 즉, 환경화학의 대상이 자연계라는 점에서 고전적 의미의 화학과는 다르다고 볼 수 있다.

환경화학의 중요한 과제는 환경에 존재하는 특정 오염물질을 규명하여 이것을 대처하는 데 있다. 대표적인 예로서는 1995년 노벨상을 수상한 바 있는 Paul Crutzen과 Mario Molina 그리고 Sherwood Rowland 등이 당시에는 화학적으로 매우 안정하고 무해하여 산업적으로 다량으로 생산되어 소비되고 있는 염화불화탄소(CFC, chlorofluorocarbon)의 대기 중 거동에 관심을 갖고 연구하기 시작한 경우를 들 수가 있다. 연구결과에 따르면 낮은 대기에서는 안정하여 화학적으로 별다른 영향을 받지 않는 CFC가 성층권으로 유입되면 자외선에 의해 분해되어 오존을 파괴하는 작용을 하는 것을 밝혔다. 이들 과학자의 연구는 1987년 유엔환경프로그램의 지원 아래 전 세계 43개국이 CFC 생산량을 20세기 말까지 절반으로 감축하기로 하는 몬트리올 의정서를 채택하는 계기가 되었으며, 2016년 2016년 키갈리 개정안이 채택된 이래 전 세계 200여 개국이 가입되어 있다. 우리나라는 1992년 가입하였다. 오염물질의 환경매체 내 거동을 이해하기 위해서는 우선적으로 화학에 관한 기본 개념의 정립이 필요로 하는 만큼 우선적으로 다루고자 한다.

3.2 화학의 기본 개념

3.2.1 원자, 분자, 화합물

1) 원자(atom)

우주는 질량을 가지고 공간을 점유하는 물질과 에너지로 구성되어있다. 물질에 대한 화학적 개념의 가장 밑바닥에는 원자가 있다. 원자는 화학적인 방법으로 깰 수 없는 가장 기본적인 원소이며 화학반응을 일으킬 수 있는 가장 작은 단위이다. 현대에 사용되는 원자의 개념은 Dalton에 의해서 제안되었다. Dalton 원자 가설의 요점은 다음과 같다.

① 원소는 원자라고 부르는 눈에 보이지도 않는 작은 입자로 구성되어 있다.
② 같은 원소의 원자는 질량과 크기가 같다.
③ 다른 원소의 원자는 질량과 크기가 다르다.
④ 두 개 이상의 서로 다른 원자들이 결합하여 화합물을 만든다.
⑤ 원자가 화합물을 형성할 때는 1 : 1, 1 : 2, 2 : 3 등과 같이 간단한 정수비로 결합한다.
⑥ 두 원소의 원자는 한 가지 이상의 화합물을 형성하기 위하여 여러 가지 다른 비율로 결합할 수도 있다.

Dalton 원자론은 화학의 기본 법칙인 질량보존의 법칙[1], 일정성분비의 법칙[2]과 배수비례의 법칙[3]을 설명하는 근간이 된다. 하지만, 현재의 원자는 Dalton의 원자 모델과는 달리 원자는 더 이상 가장 작은 원소는 아니다. 현재 원자는 보다 더 작은 입자들로 구성되어 있음을 알고 있다. 원자는 원자핵과 전자로 나뉘며, 핵은 양성자와 중성자로 구성되어 있다. 원자 구성 입자의 특징을 간단히 정리하면 표 3.1과 같다.

---

1) 질량보존의 법칙 : 화학반응의 전후에 질량의 변화는 없다.

2) 일정성분비의 법칙 : 동일한 화합물은 언제나 같은 원소가 같은 질량비로 구성된다.

3) 배수비례의 법칙 : 두 원소가 일련의 화합물을 만들 때 한 원소에 결합하는 다른 원소의 질량사이에는 간단한 정수비가 성립된다.

표 3.1 원자구성입자의 성질			
입자	위치	상대전하	상대질량(amu)
양성자	핵	+1	1.00728
중성자	핵	0	1.00867
전자	핵외부	−1	0.00055

2) 원자번호

어떤 특정 원소의 모든 원자는 같은 수의 양성자를 갖고 있다. 이 수를 원자번호(atomic number)라고 하며 원소의 기본 성질이 된다. 원자번호는 원자핵 속에 들어있는 양성자의 수를 뜻하며 기호 Z로 나타낸다. 중성인 원자는 핵 내의 양성자 수와 동일한 수의 전자를 갖는다. 예를 들면, 원자 번호 8인 산소, O는 8개의 양성자와 8개의 전자를 갖는다.

3) 분자

분자는 둘 이상의 원자가 결합하여 형성되는 가장 작은 입자로서 물질의 특성을 유지하는 가장 작은 단위이기도 하다. 물은 전형적인 분자성 화합물이다. 하나의 산소와 두 개의 수소로만 이루어진 가장 작은 물 입자가 물분자이다. 이 물 분자를 더 나눈다면 물로서의 특성은 없어진다. 많은 원소 중에 7종류만이 동종 이원자 분자들이다. 즉 H_2, N_2, O_2, F_2, Cl_2, Br_2 및 I_2이다. 그러나 영족 기체들은 예외로 하나의 원자로써 분자를 이루는 원소들이다. S8과 P4는 다원자 분자이다.

4) 이온

이온은 양 또는 음으로 하전된 원자나 원자의 집단을 말한다. 양 또는 음으로 하전된 이온들 사이에 존재하는 인력으로 이온성 화합물이 형성된다. 양으로 하전된 이온을 양이온, 음으로 하전된 이온을 음이온이라고 부른다. 염화나트륨은 전형적인 이온성 화합물이다. 염화나트륨은 양전하를 띤 나트륨이온과 음전하를 띤 염화이온으로 구성되어 있다. 서로 반대로 하전된 이온들 사이에 존재하는 인력으로 염화나트륨의 결정구조가 형성된다.

하전된 원자 또는 분자들인 이온은 중성인 원자나 분자에 하나 이상의 전자를 더하거나 제거하여 만들 수 있다. 나트륨을 예를 들면 11개의 전자를 갖는 나트륨에서 전자 하나를 떼어내면 양이온인 Na^+이 된다. 17개의 전자를 갖는 염소의 경우에는 전자가 하나를 첨가함으로써 음이온인 Cl^-이 된다.

5) 화합물

화합물이 혼합물과 구별되는 이유는 서로 다른 원소들이 다양한 비율로 섞여있는 혼합물과는 달리 화합물은 구성원소 사이에 일정한 성분비를 갖고 있다. 화합물은 두 가지 이상의 원소가 일정한 질량비로 화학결합한 특정한 물질이라고 할 수 있다. 따라서 화합물은 순수한 물질이라고 할 수 있다. 화합물은 분자성 화합물과 이온성 화합물로 나눌 수 있다.

6) 몰의 개념

분자와 몰(mol)의 개념을 처음 도입한 사람은 이탈리아 사람인 Avogadro이다. 매우 작은 입자들인 원자, 분자, 이온들을 일일이 센다는 것은 곤란한 일이다. 우리가 마치 쌀이나 보리 같은 곡식을 다룰 때 개개의 알곡을 세는 것이 아니라 미리 정해진 되나 말 또는 가마니로 세는 것처럼, 원자나 분자들도 일정한 수의 집단을 단위로 사용하면 편리할 것이다. 화학에서 원자나 분자 등을 다룰 때 사용하는 수의 집단이 몰이다. 여기서 1몰은 6.022×10^{23}개의 입자로 이루어져 있다. 6.022×10^{23}라는 수를 Avogadro수라고 한다. 화학의 기본 단위인 몰은 화학의 변화관계에서 양적관계를 나타내는데 매우 유용하게 사용된다. Avogadro수를 가장 먼저 측정한 사람은 오스트리아의 학자 로슈미트이다. 그는 기체의 열전도도로부터 1 cm^3 중에 포함된 기체분자 수를 계산하였다. 현재 알려진 가장 정밀한 Avogadro수의 측정 방법 중에는 X선을 사용하는 방법이 있다. X선을 사용하여 다이아몬드를 구성하는 탄소원자 간의 거리를 측정한 다음 원자 한 개의 부피를 계산하여 이 값과 다이아몬드의 밀도로부터 12.01112 g의 다이아몬드에 들어있는 탄소원자 수를 구하는 방법이다. 탄소를 사용하여 Avogadro수를 정하는 이유는 현재 원자량은 ^{12}C = 12를 기준으로 하기 때문이다.

3.2.2 화학식과 간단한 명명법

1) 화학식

화합물을 기호로 나타낸 것이 화학식이다. 화학식에는 원자의 기호와 원자의 결합비를 나타낸다. 예를 들면, 염화나트륨의 경우는 나트륨원자 하나와 염소원자 하나로 이루어져있다. 황산의 경우는 수소원자 2개와 산소원자 4개 황원자 하나를 포함한다. 아래첨자로 쓰인 숫자들은 원자의 개수를 나타낸다.

그림 3.1

이 화학식들로부터 구성원자와 그들의 구성비 등 여러 가지 정보를 얻을 수가 있다. 화학식으로 이온화합물들을 표기할 때에는 다음과 같은 몇 가지 규칙들이 있다.

첫째, 화학식에 양이온을 먼저 쓴다.

둘째, 음이온에 대한 양이온의 비율은 전체적으로 같아야 한다. 화합물은 전기적으로 중성이어야 한다.

셋째, 전기적으로 중성이 되도록 아래첨자를 구성한다. 이온결합 화합물에서는 언제나 실험식을 쓴다(이온 화합물은 분자가 없다. 왜냐하면, 개별 양이온은 몇 개에 음이온에 둘려 쌓여있고 같은 크기의 인력을 받는다. 따라서 특정 양이온이 특정 음이온에 속한다고 할 수 없으며 화합물에서 이온이 나타나는 비율만을 표기한다). 예를 들면, 나트륨 이온(+1)과 염화 이온(−1)을 합하여 그 전하는 0이 되고 그 결과 식은 NaCl이 된다. 염화칼슘의 경우 칼슘 이온(Ca^{2+})과 염소 이온(Cl^-)으로 이루어져 있다. 이 경우 전하의 합이 0이 되기 위해서는 이들의 최소 공배수를 구하면 식(3.1)과 같다.

$$(Ca^{2+}) + 2(Cl^-) = 0 \tag{3.1}$$

따라서 화학식은 $CaCl_2$이다.

2) 화합물의 간단한 명명법

(1) 한 종류의 양이온 금속을 포함하는 다른 성분 이온성 화합물인 경우

한 종류의 양이온 금속을 포함하는 다른 성분 이온성 화합물의 경우 화학명은 어간에 －화(－ide)를 더한 음이온의 이름을 쓰고 이어서 양이온의 이름을 덧붙인다(영어명의 경우는 양이온을 먼저 쓰고 뒤에 음이온을 덧붙인다).

예를 들면, $CaBr_2$의 경우 브롬화칼슘(calcium bromide), CaS 황화칼슘(calcium sulfide) 등이다.

(2) 두 종류 이상의 양이온 금속을 포함하는 다른 성분 이온성 화합물인 경우

전이금속의 경우 흔히 하나 이상의 양이온을 형성한다. 예를 들면, 철은 Fe^{2+}와 Fe^{3+}의 두 종류의 이온을 형성한다. 구리의 경우도 Cu^{+}와 Cu^{2+}의 두 종류를 갖는다. 이 경우 IUPAC에서는 Stock법을 따른다. Stock법에서는 하나 이상의 양이온을 형성하는 금속이온을 포함하는 경우 금속 양이온의 전하를 금속이름 바로 다음의 괄호 안에 로마자로 표시한다. 예를 들면 다음과 같다.

$FeCl_2$	염화철(II)	iron (II) chloride	Fe^{2+}
$FeCl_3$	염화철(III)	iron (III) chloride	Fe^{3+}
CuCl	염화구리(I)	copper (I) chloride	Cu^{+}
$CuCl_2$	염화구리(II)	copper (II) chloride	Cu^{2+}

(3) 두 가지 비금속을 포함하는 다른 성분의 화합물인 경우

두 비금속 사이에서 형성되는 화합물의 경우에는 먼저 나타나는 족에 속한 원소를 먼저 쓴다. 뒤의 원소는 음이온처럼 －화(－ide)를 붙인다. 다원자일 경우에는 숫자를 접두사로 사용하여 숫자를 표시한다(영어의 경우는 그리스 숫자를 사용한다). 예를 들면 다음과 같다.

CO	일산화탄소	carbon monoxide
CO_2	이산화탄소	carbon dioxide
N_2O	일산화이질소	dinitrogen monoxide
N_2O_4	사산화이질소	dinitrogen tetraoxide

참고로 그리스 숫자는 다음과 같다.

mono = 1	di = 2	tri = 3	tetra = 4
penta = 5	hexa = 6	hepta = 7	octa = 8
nona = 9	deca = 10		

표 3.2는 흔히 사용되는 몇 가지 이온의 이름, 화학식 그리고 전하를 나타낸 것이다.

표 3.2 몇 가지 이온의 이름, 화학식, 전하표기

이름	화학식	전하	이름	화학식	전하
아세트산이온	$C_2H_3O_2^{-}$	−1	중크롬산이온	$Cr_2O_7^{2-}$	−2
암모늄이온	NH_4^{+}	+1	시안화이온	CN^{-}	−1
비소산이온	AsO_4^{3-}	−3	수산화이온	OH^{-}	−1
탄산수소산이온	HCO_3^{-}	−1	질산이온	NO_3^{-}	−1
황산수소산이온	HSO_4^{-}	−1	아질산이온	NO_2^{-}	−1
브롬산이온	BrO_3^{-}	−1	과망간산이온	MnO_4^{-}	−1
탄산이온	CO_{32}^{-}	−2	인산이온	PO_4^{3-}	−3
염소산이온	ClO_3^{-}	−1	황산이온	SO_4^{2-}	−2
크롬산이온	CrO_{42}^{-}	−2	아황산이온	SO_3^{2-}	−2

3.3 전자배치와 주기율표

3.3.1 주기율표

주기율표는 원소들을 논리적으로 배열하려는 시도이다. 러시아의 Dmitri Mendeleev, 독일의 Julius Lothar Myere에 의해 각기 독자적으로 원자질량증가에 기초를 둔 원소의 주기적 배열이 발표되었다. 원자구조에 대하여 밝혀지지 않았던 당시에 멘델레예프는 주기율 법칙으로부터 원자가의 개념을 유도하였고 원자가가 원소의 가장 중요한 성질임을 주장하였다. 원자가는 화학결합과 화학반응을 이해하는데 중요한 역할을 하고 있다. 원소의 원자가는 원자의 전자구조와 관계있다. 궁극적으로 원소의 화학적 성질은 그 원자의 전자배열 상태에 의해서 결정된다. 현대 주기율표는 1914년 영국의 Moseley에 의해서 완성되었다. Moseley는 X-선을 이용한 스펙트럼으로 원자번호가 되는 원자핵의 양성자수를 결정할 수 있었다. Moseley는 원자량이 아니라 원자번호순으로 주기율표를 만듦으로써 원소의 성질 변화가 주기율표의 원소 순서와 완전하게 일치한다는 사실을 발견하였다.

3.3.2 전자배치

원자구조의 현대적 개념에 따르면 원자 내 전자들은 에너지가 양자화 되어있다. 그리고 이 양자화된 에너지 준위에 전자들이 배열되어 있다. 이들 에너지 준위들은 4가지의 양자수(quantum number)로 나타낼 수 있다. 이들 양자수들은 Schrödinger의 파동방정식의 해(Ψ)로부터 유도되어진 주양자수(principal quantum number) n, 부양자수(angular momentum quantum number) l, 자기양성자수(magnetic quantum number) m_l과 Pauli의 배타원리(exclusion principle)에 따른 스핀양자수(spin quantum number) m_s로 이루어진다. 파동방정식의 해(Ψ)는 궤도함수(orbital)로 표현된다. 1개 전자의 위치에 대한 Schrödinger의 파동방정식의 해(Ψ)는 특정 양자상태에 있는 전자의 정상파의 진폭만을 나타내지만(Ψ^2)는 공간상 한 점에서 전자가 발견될 확률, 즉 확률밀도(probability density)를 뜻한다. 따라서 궤도함수는 개개 전자의 정확한 궤적을 뜻하는 것이 아니라 발견될 확률밀도를 뜻한다. 개개의 양자수를 살펴보면 다음과 같다.

주양자수는 Bohr 모델로부터 얻어지며 에너지는 n의 값에 따른다($E_n = -R_H/n^2$). n은 정수의 값을 갖는다.

$$n = 1,\ 2,\ 3,\ 4\ \cdots$$

부양자수 l은 0에서 최대$(n-1)$까지의 정수값을 갖는다.

$$l = 0,\ 1,\ 2,\ 3\ \cdots\ (n-1)$$

따라서 주양자수 $n=3$이라면 $n=0$, 1 또는 2의 값을 갖는다. 다시 말하면 주양자수 $n=3$이라면 3개의 부양자수를 갖는다. 이들 부양자수는 각기 다음의 문자로 된 이름을 갖고 있다.

$l=0$: s (sharp)
$l=1$: p (principal)
$l=2$: d (diffuse)
$l=3$: f (fundamental)

이들 이름은 양자역학 이전의 초기분광학에서 사용하던 스펙트럼선의 이름에 기원을 두고 있다. 이들의 부양자수의 에너지는 다음의 순서로 증가한다.

$$ns < np < nd < nf$$

자기양자수는 원자가 외부자기장에 걸릴 때 원자의 성질을 지배하기 때문에 부쳐진 이름이다. 이 값 m_l은 주어진 l 값에 대하여 0을 포함하는 l과 $-l$ 사이의 정수값을 갖는다.

$$m_l = l\ \cdots\ +1,\ 0,\ -1\ \cdots\ -l$$

p준위($l=1$)에 대해서 m_l은 $+1$, 0과 -1의 값을 갖는다. 이들은 일반적으로 p_x, p_y, p_z로 표시한다.

스핀양자수는 위 세 종류의 양자수와는 달리 Schrödinger의 파동방정식으로부터 유도된 것이 아니라 전자의 스핀(spin)과 연관이 있다. 자전축을 중심으로 회전하는 전하의 경우 시계방향과 반대방향 두 가지 방향이 가능하다. 따라서 스핀양자수 m_s는 +1/2와 −1/2 두 값만을 갖는다.

$$m_s = +\frac{1}{2} \text{ 또는 } -\frac{1}{2}$$

각 원자궤도 함수에는 2개의 원자만이 들어 갈 수 있다. Pauli의 배타원리는 어떤 2개의 전자도 같은 조합의 양자수를 갖지 않는다는 것을 말한다.

원자의 전자배열은 먼저 에너지가 증가하는 순서대로 궤도함수를 배열하고, 최저 에너지 궤도함수부터 전자를 하나씩 채워넣는 방법으로 한다. 이와 같은 방법으로 전자를 채워 넣는 것을 축조원리(Aufbau principle)이라 한다. 같은 에너지준위를 갖는 일단의 궤도함수들을 부껍질(subshell)이라하고. 비슷한 에너지준위를 갖는 궤도함수들은 껍질(shell)을 형성한다. 6개의 전자를 갖는 탄소의 예를 들면, 다음과 같이 전자가 배치된다.

C의 전자배치 : $1s^2\ 2s^2\ 2p^2$

이것은 또한 단축형으로 전자배치를 나타낼 수도 있다. 단축형의 경우 대상원자 바로 전의 영족기체로 표현한다. 탄소의 단축형 전자배치는 아래와 같다.

C의 단축형전자배치 : [He] $2s^2 2p^2$

몇 가지 원자들의 전자배치의 예를 들면 다음 표와 같다.

표 3.3 원자들의 전자배치 예

	전자배치	단축형 전자배치
N	$1s^2\ 2s^2\ 2p^3$	[He] $2s^2\ 2p^3$
O	$1s^2\ 2s^2\ 2p^4$	[He] $2s^2\ 2p^4$
S	$1s^2\ 2s^2\ 2p^6\ 3s^2\ 3p^4$	[Ne] $3s^2\ 3p^4$
Ca	$1s^2\ 2s^2\ 2p^6\ 3s^2\ 3p^6\ 4s^2$	[Ar] $4s^2$

또한, 전자들의 궤도함수 안에서의 분포를 나타내면 다음과 같이 나타낼 수 있다. 이 경우 궤도함수는 밑줄(__)로 표현되며 전자들은 스핀 상태에 따라서 화살표(↑

또는 ↓)로 표현된다. 탄소를 예를 들면 다음과 같다.

탄소의 궤도함수 도표				
1*s*	2*s*	2*px*	2*py*	2*pz*
↑↓	↑↓	↑	↑	

탄소원자의 전자들을 배치할 때 2*p* 궤도함수에 전자가 배치될 때는 한 전자가 이미 들어있는 궤도가 아닌 비어있는 다른 궤도에 평형 스핀을 가지고 전자가 배치된다. 이와 같은 전자배치의 방식을 Hund의 법칙이라고 한다. 궤도함수내의 전자분포를 통하여 물질의 상자성(paramagnetic)과 반자성(diamagnetic)을 알 수 있다.

3.3.3 원소의 주기적 성질

주기율표로 알 수 있는 주기적 성질에는 원자반지름, 이온반지름, 이온화 에너지(ionization energy)와 전자친화도(electron affinity) 등이 있다.

1) 원자반지름

원자 반지름의 경우 같은 족에서 원자 번호가 증가할수록 전자껍질수가 증가하므로 원자 반지름은 커진다. 반면에 같은 주기에서는 원자번호가 증가할수록 원자핵의 전하가 증가하므로 전기적 인력에 의해서 오른 쪽으로 갈수록 원자반지름은 작아진다. 또한, 양이온의 경우에는 전자껍질 수가 작아지고 핵의 전하에 전기적 인력으로 전자껍질을 보다 강하게 끌어당기므로 동일한 중성인 원자반지름보다 작아진다. 음이온의 경우에는 전자간 반발력 때문에 중성인 원자반지름보다 커진다.

2) 이온화에너지(ionization energy)

이온화에너지란 기체 상태의 중성원자 1몰에서 가장바깥에 있는 전자 1몰을 떼어내는 데 필요한 최소 에너지를 말한다. 몇 가지의 이온화에너지를 다음 표 3.3에 나타내었다. 1차 이온화에너지는 원자로부터 첫 번째 전자를 제거하는데 필요한 에너지의 양이고, 2차 이온화에너지는 두 번째 전자를 제거하는데 필요한 양이다. 두 번째, 세 번째로 갈수록 더 많은 이온화 에너지가 필요하게 된다. 이는 핵의 양전하는 감소하지 않고 고정되어 있기 때문에 더 강하게 남아 있는 전자를 끌어당기기 때문이다. 같은 족의 경우 이온화 에너지는 원자번호가 증가함에 따라서 핵과 전자 사이의 인력이 상대적으로 점차 감소함으로 이온화 에너지는 감소한다. 동일 주기에서는 원자번호가 증가함에 따라서 핵의 전하량이 증가한다. 따라서 핵과 전자 사이의 인력이 상대적으로 증가함으로 이온화 에너지는 증가한다.

표 3.4 몇 가지 원소들의 이온화 에너지

원소	필요한 에너지량(kJ/mol)				
	첫 번째 e^-	두 번째 e^-	세 번째 e^-	네 번째 e^-	다섯 번째 e^-
H	1.314				
He	2.372	5,247			
Li	520	7,297	11,810		
Be	900	1,757	14,845	21,000	
B	800	2,430	3,659	25,020	32,810
C	1,088	2,352	4,619	6,222	37,800
Ne	2,080	3,962	6,276	9,376	12,190
Na	496	4,565	6,912	9,540	13,355

3) 전자친화도(electron affinity)

전자친화도는 기체상태의 중성원자 1몰이 전자 1몰을 받아들여 음이온으로 될 때 방출되는 에너지를 말한다. 단위는 kJ/mol이다. 핵의 양전하량이 증가할수록 상대적으로 전자를 쉽게 끌어당길 수가 있다. 따라서 전자친화도는 같은 족에서는 원자번호가 증가할수록 감소하며, 같은 주기의 경우는 원자번호가 증가할수록 전자친화도는 증가한다. 전자친화도는 대체적으로 이온화 에너지와 비례한다. 다만 할로겐족의 경우 F원자의 크기가 작아서 예외적으로 F보다 Cl의 전기음성도가 더 크다.

4) 전기음성도(electronegativity)

주기율표 왼쪽 아래편은 원소들의 이온화 에너지와 전자친화도가 낮은 경향이 있다. 이런 경향은 이들 원자들이 상대적으로 쉽게 전자를 잃을 수 있지만, 전자들이 채워지는 것은 억제되는 것을 의미한다. 따라서 이들 원자들은 다른 원자들과의 반응에서 전자공여자(electron donor)로 작용하기 쉽다. 반면에 주기율표 오른 쪽 위편은 원소들의 이온화 에너지와 전자친화도가 상대적으로 큰 값을 갖는다. 이 결과 이들 원소들은 전자를 쉽게 받아들이지만 내보내지는 않는다. 따라서 이들 원소들은 반응에서 전자수용자(electron acceptor)로 작용하는 경향이 있다. 이런 경향들을 전기음성도로서 설명한다. 전기음성도는 Mulliken의 정의에 의하면 이온화 에너지와 전자친화도의 평균에 비례하는 것으로 정의된다[식(3.2)].

$$\text{전기음성도(Mulliken)} \propto \frac{1}{2}(\mathrm{IE}+\mathrm{EA}) \tag{3.2}$$

3.4 화학양론

화학양론(stoichemistry)은 화합물에서 원소의 원자에 의한 비율이나 화학반응에서 물질의 원자, 분자 또는 화학식단위의 비율을 다루는 화학의 한 부분이다. 화학식에 있는 원자의 비율은 조각난 원자는 존재할 수 없기 때문에 분수가 아닌 정수로 표시한다. 예를 들면, 물의 화학식 H_2O는 H 두 원자와 O 한 원자의 비율로 결합되어 있다. 이의 화학반응식은 식(3.3)과 같다.

$$\text{2원자 H} + \text{1원자 O} \rightarrow \text{1분자 } H_2O \tag{3.3}$$

H_2O에서 H와 O의 비율은 2 : 1이다. 이 비율은 물에 대한 화학양론적인 값이다. 모든 순수한 물질은 화학식으로 주어지는 화학양론적인 값을 갖는다. 반응물과 생성물 사이의 화학반응식은 질량보존의 법칙에 따라 반응물과 생성물과의 관계를 정량적으로 나타낼 수 있다. 화학물질의 양을 위한 기본단위는 몰이다. 1몰에 들어있는 화학식단위의 수는 6.022×10^{23}이고, Avogadro수라 한다. 화학양론적 관계에서 모든 단위의 비율은 몰 비율로 나타낼 수 있다.

3.4.1 농도단위

화학의 양론을 통하여 화학반응의 계수들이 계산되고, 이 화학의 계산과정에서는 다양한 농도단위가 사용된다. 이 농도 단위들을 살펴보자.

1) 퍼센트농도(%)

용액의 질량에 대한 용질의 질량을 백분율로 나타낸 농도로서 식(3.4)와 같다.

$$\% \text{ 농도} = \frac{\text{용질의 질량 g}}{\text{용액의 질량 g}} \times 100$$
$$= \frac{\text{용질의 질량 g}}{(\text{용매} + \text{용질})\text{의 질량 g}} \times 100(\%) \tag{3.4}$$

2) 몰농도(molarity, M, mol/L)

몰농도는 용액 1 L 속에 녹아있는 용질의 몰수로 표현되는 농도이다. 단위는 mol/L이다. 온도에 따라 용액의 부피가 변화는 관계로 같은 용액이라도 몰농도도 온도에 따라 약간씩 변한다[식(3.5)].

$$M\,(\text{mol/L}) = \frac{n}{V}\,(\text{mol/L}) \tag{3.5}$$

여기서, n : 용질의 몰수

또한, 용액 V L에 녹아 있는 용질의 양이 w g이고 용질의 분자량이 M_o 이라고 하면 용질의 몰수 n은 w/M_o 으로 나타내진다. 따라서 용액의 몰농도는 다음과 같이 식(3.6)으로 나타낼 수도 있다.

$$M\,(\text{mol/L}) = \frac{n}{V} = \frac{w}{M_o V}\,(\text{mol/L}) \tag{3.6}$$

여기서, n : 용질의 몰수
M_o : 용질의 분자량
w : 용질의 질량

예제 3.1 0.01 mol의 NaOH가 10 mL의 용액에 들어 있다. 이의 몰농도는 얼마인가?

풀이와 답

부피 환산자를 사용하여 간단히 다음의 식을 전개할 수 있다.

$$\text{NaOH 몰농도} = \frac{0.01\,\text{mol}}{10\,\text{mL}} \times \frac{1000\,\text{mL}}{1\,\text{L}} = 1\,\text{M}$$

3) 몰랄농도(molality, m, mol/kg)

몰랄농도는 용매 1 kg (1000g)에 녹아있는 용질의 몰수로 나타나는 농도이다. 단위는 mol/kg이고, 용매의 질량과 용질의 몰수를 사용하므로 온도의 변화와는 관계없이 일정하다. 용매 W kg에 용질이 n 몰만큼 녹아 있다면 몰랄농도는 다음과 같이 표기된다.

$$m\,(\text{mol/kg}) = \frac{n}{W}\,(\text{mol/kg}) \tag{3.7}$$

여기서, n : 용질의 몰수
W : 용매의 질량

또한, 용질의 몰수는 w/M_o로 나타낼 수 있으므로 다음처럼 쓸 수도 있다.

$$m\,(\text{mol/kg}) = \frac{n}{W} = \frac{w}{M_o}\,W\,(\text{mol/kg})$$

여기서, n : 용질의 몰수
M_o : 용질의 분자량
W : 용매의 질량

예제 3.2 물 100 g에 20.0 g의 KOH를 녹였다. 이 용액의 몰랄농도(m)는 얼마인가?

풀이와 답

KOH의 분자량은 56.0이다. 먼저 KOH의 몰수를 환산한 다음, 용매를 kg으로 환산하여 연산한다.

$$m\,(\text{mol/kg}) = \frac{20.0\,\text{g KOH}}{100\,\text{g H}_2\text{O}} \times \frac{1\,\text{mol KOH}}{56.0\,\text{g KOH}} \times \frac{1000\,\text{g H}_2\text{O}}{1\,\text{kg H}_2\text{O}}$$

$$= 3.57\,\text{mol}\,\frac{\text{KOH}}{1\,\text{kg H}_2\text{O}} = 3.57\,\text{m}\,(\text{mol/kg})$$

4) 당량(equivalent)

질량의 대체 단위로서 사용되는 당량은 원자량을 원자가로 나눈 값이다. 원자량과 같은 단위로 표시된다[식(3.8)].

$$\text{당량(equivalent)} = \frac{\text{원자량}}{\text{원자가}} \tag{3.8}$$

예를 들면 다음과 같다.

$$\text{수소의 당량} = \frac{1.0}{1} = 1\text{ , 산소의 당량} = \frac{16.0}{2} = 8$$

5) 노르말농도(normality, *N*, equivalent/L)

노르말농도는 용액의 리터 당 용질의 당량수(equivalent)로 표시되는 농도이다. 1 노르말(1 N) 용액은 용액 1리터에 1당량의 용질을 포함하고 있다[식(3.9)].

$$N\ (\text{equivalent/L}) = \frac{\text{용질의 당량수}}{\text{용액 L}}\ (\text{equivalent/L}) \tag{3.9}$$

또한, 노르말농도는 두 용액의 부피단위가 같을 때 다음과 같은 관계식을 갖는다.

6) 농도환산

(1) % 농도를 몰농도로 환산

농도가 a %이고 밀도가 d g/cm^3, 용질의 분자량이 M_o인 용액의 몰농도(M)을 구하면 다음과 같다. 먼저 용액의 부피가 1 L이면 용액의 질량으로부터 용질의 질량이 다음과 같이 얻어진다.

$$\text{용액의 질량(g)} = V \times d = 1000\,(\text{mL}) \times d\,(\text{g/cm}^3) = 1000\,d\,(\text{g})$$

$$용질의\ 질량(g)\ w = 용액의\ 질량 \times \frac{\%농도}{100} = 1000\,d \times \frac{a}{100} = 10\,ad\,(g)$$

따라서 용액의 몰농도는 다음과 같다.

$$용액의\ 몰농도 : M(mol/L) = \frac{n}{V}\,(mol/L) = \frac{w}{M_o V}\,(mol/L) = \frac{10ad}{M_o}\,(mol/L)$$

(2) 몰농도를 몰랄농도로 환산

농도가 M (몰/L)이고 밀도가 d g/cm³, 용질의 분자량이 M_o인 용액의 몰랄농도(m)를 구하면 다음과 같다. 먼저 용액의 부피가 1 L이면 용액과 용질의 질량이 다음과 같이 얻어진다.

$$용액의\ 질량(g) = V \times d = 1000(mL) \times d\,(g/cm^3) = 1000d\,(g)$$

$$용질의\ 질량(g)\ w = M \times V \times M_o = M \times M_o\ (\because V = 1)$$

$$용매의\ 질량(kg)\ W = 1000d - M \times M_o\ (g)$$

따라서 용액의 몰랄농도(m)은 다음과 같다.

$$몰랄농도(m) = \frac{n}{W} = \frac{w}{M_o W} = \frac{MM_o}{M_o \times \dfrac{(1000d - MM_o)}{1000}}$$

$$= \frac{1000M}{1000d - MM_o}\ (mol/kg)$$

(3) 몰농도와 노르말농도의 변환

몰농도와 노르말농도는 다음과 같이 상호 변환된다.

$$N = M \times \frac{equi.}{mol}\ (equi.는\ equivalent의\ 약자이다)$$

$$M = N \times \frac{mol}{equi.}$$

3.4.2 화학식 계산

1) 실험식과 분자식

화학식(chemical formula)은 원소기호를 이용하여 나타낸다. 화학식에는 이온식(ionic formula), 분자식(molecular formula), 실험식(empirical formula), 시성식과 구조식(structure formula)이 있다. 이온식은 Na^+, Cl^-, NH_4^+, PO_4^{3-} 등과 같이 이온을 구성하는 원자의 종류와 수를 원소기호를 써서 표시하고 이온의 전하수도 함께 표현한 식이다. 분자식은 O_2, H_2O_2, H_2O, HCl 등처럼 원소기호를 이용하여 분자를 나타낸 식을 말하며 분자를 구성하는 원자의 종류와 수를 표시한다. 실험식(또는 조성식)은 어떤 물질을 구성하는 원자나 이온의 종류와 수를 간단한 비로 표시한 것을 말한다. 미지의 물질에 대한 정확한 분자식을 구하기 위해서는 실험식을 먼저 알아야한다. 실험식은 말 그대로 여러 가지 분석실험을 통하여 얻어진다. 실험자료로부터 실험식을 구해보자.

주석과 염소의 화합물인 미지의 시료 2.571 g이 1.171 g의 주석을 포함한다고 한다. 이 물질의 실험식은 무엇인가.

이 경우 당연히 실험식은 Sn과 Cl의 원자의 비로 표시된다. 화합물에서 원자 사이의 몰비는 원자비와 같다. 따라서 Sn과 Cl의 몰비를 알 수 있다면 실험식을 얻을 수 있다. 계속하여 Sn과 Cl의 g수를 몰수로 변환시킨 다음, 간단한 정수비로 바꾸면 된다. 염소질량은 전체의 질량 2.571g과 Sn의 질량(1.171g)과의 차이로 얻을 수 있다.

$$\text{염소의 질량} = 2.571\text{ g} - 1.717\text{ g} = 1.400\text{ g Cl}$$

Sn과 Cl의 질량을 몰로 바꾸면 다음과 같다.

$$1.771\text{ g Sn} \times \left(\frac{1\text{몰 Sn}}{118.710\text{ g Sn}}\right) = 0.009864\text{ 몰 Sn}$$

$$1.400\text{ g Cl} \times \left(\frac{1\text{몰 Cl}}{35.453\text{ g Cl}}\right) = 0.03949\text{ 몰 Cl}$$

얻어진 화학식은 $Sn_{0.009864}Cl_{0.03949}$이다. 하지만, 원자론에 의하면 원자는 더 이상 쪼개질 수 없는 하나의 단위이다. 따라서 아래첨자는 정수가 되어야 한다. $Sn_{0.009864}$

$Cl_{0.03949}$의 아래첨자를 같은 비율의 정수로 나타내기 위해서 둘 중 작은 수로 나누어주면, 원자 중 하나에서는 정수 1을 얻어진다. 이 경우는 0.009864로 나눈다.

$$Sn_{\left(\frac{0.009864}{o.009864}\right)}Cl_{\left(\frac{0.03949}{0.009864}\right)} = Sn_{1.000}\,Cl_{4.003}$$

예제 3.3 C와 H 그리고 O로 구성된 액체시료 0.5438 g을 순수한 산소에서 연소시킨 뒤 1.039 g의 CO_2와 0.6369 g의 H_2O를 얻었다. 화합물의 실험식은 무엇인가?

풀이와 답

1.039 g의 CO_2에 들어있는 C의 g수는

$$1.039\ CO_2\ g \times \frac{1\ mol\ C}{44.01\,g\,CO_2} \times \frac{1\ mol\ C}{1\ mol\ C} \times \frac{12.01\,g\ C}{1\ mol\ C} = 0.2838\ g\,C$$

0.6369g의 H_2O에 들어있는 H의 g수는

$$0.6369\,g\ H_2O \times \frac{1\ mol\ H_2O}{18.02\,g\ H_2O} \times \frac{2\ mol\ H}{1\ mol\ H_2O} \times \frac{1.008\,g\ H}{1\ mol\ H} = 0.17125\ g\,H$$

이 경우 실험식을 계산하기 위해 퍼센트 조성식을 이용하여 산소의 질량을 구한다. 먼저 C와 H의 질량 퍼센트를 계산하기 위해서 계산된 C와 H의 질량과 시료의 질량을 이용하면 다음과 같다.

$$C,\ \frac{0.2835\ g}{0.5438\ g} \times 100\,\% = 52.13\,\%\ C$$

$$H,\ \frac{0.07125\ g}{0.5438\ g} \times 100\,\% = 13.10\,\%\ H$$

따라서, 산소의 질량 퍼센트는 전체(100%)와 C와 H의 합(65.23%) 차로부터 얻을 수 있다.
산소의 질량 퍼센트 = 전체(100%) − C와 H의 합(65.23%) = 34.77%
질량 퍼센트에서는 전체질량을 항상 100g으로 가정한다. 따라서 퍼센트를 g수로 바꿀 수 있다. 이 후 분자량을 사용하여 그램을 몰로 바꾸면 다음과 같다.

$$C\ :\ 52.13\ g\ C \times \frac{1\ mol\ C}{12.01\,g\ C} = 4.341\ mol\ C$$

$$H\ :\ 13.10\ g\ H \times \frac{1\ mol\ H}{1.008\ g\ H} = 13.00\ mol\ H$$

$$O\ :\ 34.77\ g\ O \times \frac{1\ mol\ O}{16.00\ g\ O} = 2.173\ mol\ O$$

실험식은 $C_{4.341}H_{13.00}O_{2.173}$이다. 정수의 원소 비를 얻기 위해 최소수인 2.173으로 아래첨자들을 나누면 다음과 같다.

$$C_{\left(\frac{4.341}{2.175}\right)}H_{\left(\frac{13.01}{2.175}\right)}O_{\left(\frac{2.173}{2.175}\right)} = C_{1.998}H_{5.985}O_1$$

이 경우 근사 값을 취하여 실험식 C_2H_6O을 얻었다.

일반적으로, 적절한 수의 유효숫자로 아래첨자를 계산했을 때 마지막 유효숫자만 이 정수로부터 차이가 난다면 가장 가까운 정수로 근사값을 취하면 된다. 따라서 4.003을 4로 하면 이 경우 실험식은 $SnCl_4$이다.

실험식은 연소반응을 통한 간접방식으로 얻을 수도 있다. 다음 예제는 연소반응을 통하여 실험식을 구한 경우이다.

분자식은 화합물의 실제 원소비를 표시한 것으로 분자의 정확한 조성에 대해 더 많은 정보를 갖고 있다. 이 분자식은 실험식과 분자량으로부터 얻어진다. 분자량은 질량분석기를 사용하여 결정한다. 실험식과 분자식 사이에는 다음의 관계식이 적용된다.

실험식 $\times n =$ 분자식(단, n은 정수)
(실험식량) $\times n =$ 분자량(단, n은 정수)

소독제로 흔히 쓰는 과산화수소수는 화학식이 H_2O_2이다. 화학식 H_2O_2에서 H와 O의 아래첨자 2는 2로 나눌 수 있다. 따라서 H와 O를 나타내는 가장 작은 수는 1이다. 실험식은 가장 간단한 형태의 화학식으로 표현되며, 따라서 화학식이 H_2O_2인 과산화수소수의 실험식은 HO이고, 분자식은 H_2O_2이다.

예제 3.4 공업적으로 중요한 물질인 에틸렌의 실험식은 CH_2이다. 그리고 이의 분자량은 28.06이다. 분자식은 무엇인가?

풀이와 답

실험식과 분자식의 관계식(실험식량) $\times n =$ 분자량(단, n은 정수)으로부터 쉽게 구할 수 있다.
실험식 CH_2의 화학식량은 $12.01 + (2 \times 1.01) = 14.03$이다.
(실험식량, 14.03) $\times n =$ (분자량, 28.06)
$n = 2$
따라서 에틸렌 분자식은 에틸렌 실험식 CH_2보다 2배 큰 아래첨자를 갖는다.
분자식은 C_2H_4이다.

시성식은 −CHO, −OH, −COOH 등의 분자의 특성이 나타나는 작용기들을 나타낸 식이고, 구조식은 원자들의 결합구조를 결합선을 사용하여 평면적으로 나타낸 식이다.

에탄올을 예로 들면 분자식과 시성식, 구조식은 다음처럼 표시된다.

분자식	시성식	구조식
C_2H_6O	C_2H_5OH	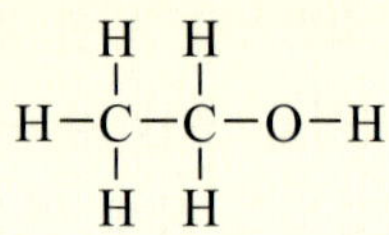

3.4.3 화학반응식

1) 화학반응식

화학변화을 화학식으로 나타내는 것을 화학반응식 또는 단순히 반응식이라고 한다. 화학반응에서 반응하는 물질을 반응물(reactant), 화학반응 과정을 거쳐서 생성된 물질을 생성물(product)라고 한다. 일반적으로 반응물은 화살표를 중심으로 화학식의 왼편에 생성물은 오른편에 표기한다. 이 화살표는 화학반응의 방향을 나타낸다. 다음은 프로판 기체의 연소반응의 화학반응식이다.

$$C_3H_8 + 5O_2 \rightarrow 3CO_2 + 4H_2O \tag{3.10}$$

화학반응식을 완결하고자 할 때에는 반응물과 생성물의 계수를 적절하게 맞추어 한다. 단순한 경우에는 눈으로 계수를 맞출 수 있지만(목산법), 복잡한 경우에는 미정계수법을 사용한다.

$$x\,C_2H_2 + y\,O_2 \rightarrow a\,CO_2 + b\,H_2O \tag{3.11}$$

반응 전후 원자의 종류와 수는 같으므로 간단히 다음과 같은 계수의 정수비를 구할 수 있다.

탄소 C의 원자수 : $2x = a$

수소 H의 원자수 : $2x = 2b$

산소 O의 원자수 : $2y = 2a + b$

여기에서 $x = 1$이라고 하면 $a = 2$, $b = 1$, $y = \frac{5}{2}$가 얻어진다. 분수를 정수로 하

기 위해서 모두 2를 곱하면 화학식이 완성된다. 완성된 화학식은 다음과 같다.

$$2C_2H_2 + 5O_2 \rightarrow 4CO_2 + 2H_2O$$

2) 알짜이온 반응식

이온이 관여하는 이온 화학반응에서 실제로 반응에 참여하지 않는 이온을 제외한 반응에 참여하는 순수 이온으로 나타낸 화학반응식을 "알짜이온 반응식(net ion equation)"이라고 한다. 염산과 수산화나트륨의 반응식을 예로 들어보자

① $HCl\,(aq) + NaOH\,(aq) \rightarrow NaCl\,(aq) + H_2O\,(l)$

② $(H^+ + Cl^-) + (Na^+ + OH^-) \rightarrow Na^+ + Cl^- + H_2O\,(l)$

③ $H^+ + Cl^- \rightarrow H_2O$

반응식(1)은 화합물의 이온형태가 아닌 일반적인 화학식으로 표현된 것이다. 반면, 반응식(2)의 경우에는 전체 이온반응식으로 화합물이 주로 존재하는 형태로 표기된 것이다. 반응식(2)를 살펴보면 반응전과 후에 Na^+과 Cl^-은 전혀 변화가 없는 구경꾼 이온임을 알 수 있다. 반응식(3)은 반응 전후에 구경꾼을 뺀 의미 있는 변화를 나타내는 원소들만을 표기한 반응식인 알짜이온반응식이다.

3.4.4 화학반응에서의 화학량론

화학반응식에 있는 화학식으로부터 반응물질과 생성물질, 물질사이의 질량비와 부피비, 몰수비 등을 알 수 있고, 이를 이용하여 한 물질의 양으로부터 다른 물질의 질량, 부피, 입자수, 몰수 등을 알 수 있다. 화학량론적 문제들이 어떻게 다루어지는지 살펴보자.

1) 화학반응식에서의 질량 계산

건조제 등으로 사용되는 탄산칼슘을 강하게 가열하면 다음과 같이 분해된다.

$$CaCO_3\,(s) \rightarrow CaO\,(s) + CO_2\,(g) \tag{3.12}$$

예제 3.5 실험에 사용하기 위해서 CaO 150 g를 얻고자 할 때, 반응물이 모두 소비된다고 가정하면 $CaCO_3$ 몇 g이 사용되었을까?

풀이와 답

반응의 계수로부터 CaO와 $CaCO_3$ 사이의 다음과 같은 화학량론적으로 당량을 알 수 있다.

1몰 $CaCO_3$ ⇔ 1몰 CaO

따라서, CaO의 화학식 질량 56.08로부터 다음과 같이 CaO의 g단위를 몰로 바꾼다.

$$150\,\text{g CaO} \times \frac{1\text{ 몰 CaO}}{56.08\,\text{g CaO}} = 2.67\text{ 몰 CaO}$$

반응계수로부터 2.67몰의 CaO는 2.67몰의 $CaCO_3$에 상응함을 알 수 있다. CO_3의 질량을 알기 위해서는 $CaCO_3$의 몰수를 g으로 바꾸어 주면 된다. $CaCO_3$의 화학식 질량은 100.09이므로 그 질량은 다음과 같다.

$$2.67\text{ 몰 } CaCO_3 \times \frac{100.09\,\text{g } CaCO_3}{1\text{ 몰 } CaCO_3} = 267\text{ 몰 } CaCO_3$$

따라서 이 화학반응식은 150 g의 CaO를 준비하기 위해서는 267 g의 $CaCO_3$이 사용되어야 함을 알려준다.

2) 용액에서의 이온들의 농도 계산

전해질의 용액을 포함하는 문제를 다루는 데 있어서는 용액상태에서의 이온들의 농도를 알 필요가 있다. 이온농도들은 용질의 몰농도로부터 쉽게 계산할 수 있다. 예를 들어, $CaCl_2$ 0.10 M 용액을 살펴보자. 이 용액 1.0 L에는 $CaCl_2$ 0.10몰이 녹아서 $Ca2^{+}$와 Cl^{-} 이온으로 완전히 해리되어 있다.

$$CaCl_2 \rightarrow Ca^{2+} + 2Cl^{-} \tag{3.13}$$

방정식에 따라 1몰의 $CaCl_2$로부터 1몰의 Ca^{2+}이온과 2몰의 Cl^{-}이온이 생성되는 것을 알 수 있다. 따라서 0.10몰의 $CaCl_2$에서는 0.10몰 Ca^{2+}이온과 0.20몰 Cl^{-}이온이 얻어진다. 0.10 M $CaCl_2$에서 Ca^{2+}이온의 농도는 0.10 M이고, Cl^{-}이온의 농도는 0.20 M이다.

3.5 화학평형

3.5.1 화학계의 동적평형

동적평형이란 반대 방향의 두 개의 과정이 같은 속도로 일어남을 의미한다. 액체와 증기의 평형에서는 증발과 응축이 같은 속도로 일어난 것이며, 화학평형에서는 정반응과 역반응이 같은 속도로 진행됨을 뜻한다. 예를 들면, 수용액 상태에서 초산의 산해리 평형의 경우 초산 $HC_2H_3O_2$와 물 H_2O의 정반응속도와 하이드록시산 H_3O^+와 초산음이온 $C_2H_3O_2^-$가 반응하는 역반응속도와 같다.

$$HC_2H_3O_2\,(aq) + H_2O\,(aq) \rightleftarrows H_3O\,(aq)^+ + C_2H_3O_2^-\,(aq) \tag{3.14}$$

물에 초산을 더하면 처음에는 빠르게 초산이 이온화하지만, 초산의 수가 줄어들면서 이온화 속도가 감소하며 점점 정반응의 속도도 느려진다. 역반응에서는 이와 반대현상이 일어난다. 이온의 농도가 증가함에 따라 역반응은 정반응의 속도와 같아질 때까지 진행되고, 결국 이온농도의 변화는 더 이상 일어나지 않게 된다. 이와 같은 상태를 동적평형이라 한다. 동적평형이란 평형이 이루어진 후에도 정반응과 역반응은 끊임없이 일어나지만, 이들 상호간에 반응속도가 균형을 이루어 이온농도에는 변화가 없게 된다. 이것이 동적평형의 개념이다. 평형을 이중 화살표($\rightleftarrows$)로 나타내는 이유가 여기에 있다.

3.5.2 평형상태 방정식

평형상태에 있는 모든 화학반응계에서는 반응물과 생성물 사이의 몰농도에는 일정한 관계가 존재한다. 따라서 화학반응식으로부터 평형법칙과 농도 사이의 관계식을 알 수 있다. D, E, F와 G는 화학식이고, d, e, f 와 g는 계수(coefficient)인 다음과 같은 일반적인 화학반응식이 있다고 하자.

$$dD + eE \rightleftarrows fF + gG \tag{3.15}$$

이 반응에서 평형 상태방정식을 쓰면 다음과 같다. 균형반응식에서의 계수는 평형 상태방정식에서의 지수(exponent)와 같다. 이 관계식에서 생성물의 몰농도는 분자에 쓰고 반응물의 농도는 분모에 쓰고, 각 농도들은 곱한다. 이 식을 만족시키는 농도를 평형농도라 한다.

$$\frac{[\mathrm{F}]^{\mathrm{f}}\ [\mathrm{G}]^{\mathrm{g}}}{[\mathrm{D}]^{\mathrm{d}}\ [\mathrm{E}]^{\mathrm{e}}} = K \tag{3.16}$$

여기에서 K를 특별히 평형상수라고 한다. 평형상수 K는 화학평형이 이루어진 반응조건에 따라 그 값이 결정된다. 평형상수 K 값은 온도에 따라 다르며, 측정 온도에 따라서 다른 평형상수 값 K를 갖는다.

흔히 약국에서 처방되는 아스피린은 분자식이 $HC_9H_7O_4$인 약한 유기산이다. 다음은 아스피린의 해리 방정식이다. 공업적으로 암모니아의 합성에 이용되는 반응식이다.

$$HC_9H_7O_4\,(aq) \rightleftarrows H^+(aq) + C_9H_7O_4^-\,(aq) \tag{3.17}$$

이 반응에 대한 평형 상태 방정식을 쓰면 다음과 같다. 평형법칙에서 생성물의 농도는 분모에, 반응물의 농도는 분자에 쓰고 반응식의 계수는 농도의 지수가 된다. 따라서 다음의 방정식으로 표기된다.

$$K = \frac{[\mathrm{H}^+][\mathrm{C_9H_7O_4^-}]}{[\mathrm{HC_9H_7O_4}]} \tag{3.18}$$

3.5.3 기체반응의 평형상태 방정식

반응물과 생성물 모두가 기체인 경우에 평형상태 방정식은 기체의 몰농도가 부분압력에 비례하기 때문에 몰농도 대신 기체의 부분압력으로 표현할 수 있다. $PV = nRT$, 이상기체의 상태방정식으로부터 압력 P에 대해 풀면 다음과 같다.

$$P = \left(\frac{n}{V}\right)RT \tag{3.19}$$

여기서 (n/V)는 몰 L^{-1}의 단위, 즉 몰농도를 뜻한다. 따라서 위 식은 다음처럼 쓸 수 있다.

$$P = (\text{몰농도}) \times RT$$

위 식은 기체의 모든 경우, 혼합물의 일부이거나 단독으로 용기 내에 존재하거나 모든 경우에 적용된다. 모든 기체 상태의 화학반응계에서 평형상수는 평형상태에서 얻어지는 조건을 기술함으로 표현할 수 있다. 단지 기체만을 포함하는 일반적인 화학반응계가 다음과 같다고 하자. 여기에서도 D, E, F와 G는 각각의 물질을 d, e, f 와 g는 계수를 나타낸다.

$$\mathrm{dD\,(g) + eE\,(g) \rightleftarrows fF\,(g) + gG\,(g)} \tag{3.20}$$

이 기체만의 반응식에 대하여 부분압력을 사용한 다음의 평형상태방정식을 얻을 수 있다.

$$K = \frac{(P_F)^f \times (P_G)^g}{(P_D)^d \times (P_E)^e} \tag{3.21}$$

질소와 수소가 반응하여 암모니아가 형성되는 아래 반응은 공업적으로 암모니아를 생산하는 공정이다. 다음 기체 상태의 화학반응계에서 평형 상수를 구하자.

$$\mathrm{N_2\,(g) + 3H_2\,(g) \rightleftarrows 2NH_3\,(g)} \tag{3.22}$$

이 화학반응계의 평형상태방정식은 다음과 같이 표현하며, 계수는 지수로 표기한다.

$$K = \frac{P^2_{\mathrm{NH_3}}}{P_{\mathrm{N_2}}\, P^3_{\mathrm{H_2}}} \tag{3.23}$$

3.5.4 평형상수 K

평형상태 방정식에서 생성물의 농도를 분자에 나타내면 평형상수의 크기만으로도 반응이 평형에 도달하였을 때 그 반응의 진행 결과를 알 수 있다. 대체적으로 살펴보면 다음과 같이 요약할 수 있다.

① 매우 클 때 : 반응은 거의 완결되는 방향으로 진행한다. 평형의 위치는 생성물 쪽으로 매우 치우쳐 있다.
② 1일 때 : 반응물과 생성물의 농도는 평형에서 거의 같다. 평형의 위치는 반응물과 생성물의 중간에 있다.
③ 매우 작을 때 : 매우 적은 양의 생성물만이 만들어진다. 평형의 위치는 반응물 쪽으로 매우 치우쳐 있다.

3.5.5 불균일 평형

균일반응이나 균일평형에서는 모든 생성물과 반응물은 같은 상이다. 기체사이의 평형은 모든 기체들이 자유롭게 섞이고 한 가지 상만 존재하므로 균일하다. 반응물과 생성물이 같은 액체상에 녹아 있는 평형도 많이 있다. 한 가지 이상의 상이 반응 혼합물에 존재할 때는 불균일반응이라 부른다. 나무의 연소가 대표적인 예라고 할 수 있으며, 중탄산나트륨(베이킹 소다)의 열분해도 이것에 해당한다.

$$2NaHCO_3(s) \rightarrow Na_2CO_3(s) + H_2O(g) + CO_2(g) \qquad (3.24)$$

균일반응과 마찬가지로 불균일반응 또한 평형에 이른다. 만약 $NaHCO_3$을 밀폐된 용기에 넣고 분해시키면 기체와 고체사이에는 불균일평형이 이루어진다.

$$2NaHCO_3(s) \rightleftarrows Na_2CO_3(s) + H_2O(g) + CO_2(g) \qquad (3.25)$$

이 반응에 대한 평형관계식을 쓰면 다음과 같다.

$$K = \frac{[Na_2CO_3(s)][H_2O(g)][CO_{2(g)}]}{[NaHCO_3(s)]^2} \qquad (3.26)$$

그러나 순수한 액체나 고체의 농도는 변함이 없기 때문에 순수한 액체와 고체가 포함되는 평형관계식에서는 보다 간편하게 쓸 수 있다. 어떤 순수한 액체나 고체에 대해서도 물질의 부피에 대한 양의 비율은 일정하다. 예를 들면, 1몰의 $NaHCO_3$ 결정은 38.9 cm^3의 부피를 갖는다. 따라서 2몰이라면 77.8 cm^3이다. 하지만, 몰농도, 즉 리터당 몰수는 늘 같다. 이 경우 $NaHCO_3$ 고체 농도는 다음과 같다.

$$\frac{1\text{ 몰}}{0.0389\text{ L}} = \frac{2\text{ 몰}}{0.0778\text{ L}} = 25.7\text{몰/L}$$

이는 $NaHCO_3$가 순수한 고체로 존재할 때는 양에 관계없이 항상 일정한 농도임을 나타낸다. 또한 Na_2CO_3도 고체일 때는 일정한 농도임을 뜻한다. 따라서 불균일 반응의 평형상태 관계식에서는 순수한 액체와 고체의 농도는 쓰지 않는다.

$$[H_2O(g)][(CO_2(g)] = \frac{K[NaHCO_3(s)]^2}{[Na_2CO_3(s)]} = K_c$$

위 반응식은 다음과 같이 쓸 수도 있다.

$$K = [H_2O(g)][CO_2(g)]$$

공기 오염 물질인 다음과 같은 화학반응식으로 이산화황은 산화칼슘에 통과시켜 기체혼합물로부터 제거될 수 있다.

$$CaO(s) + SO_2(g) \rightleftarrows CaSO_3(s) \qquad (3.27)$$

이 반응에 대한 평형상태 방정식을 쓰면, CaO와 $CaSO_3$는 고체이므로 평형상태 방정식은 다음과 같다.

$$K = \frac{1}{[SO_2(g)]}$$

3.5.6 Le Chatelier의 원리와 화학평형

Le Châtelier의 원리는 화학평형에서의 변화에 대한 정성적인 예측방법을 제공한다. Le Châtelier의 원리란 “외부의 영향으로 평형이 깨지면 계는 평형으로 다시 돌아가기 위하여 외부의 영향을 상쇄하는 방향으로 거동한다”라는 것이다. 이것은 평형에 영향을 주는 외부의 효과가 어떻게 나타나는지를 예측할 수 있게 한다.

1) 반응물이나 생성물의 양의 변화

만약 반응물이나 생성물을 가해주거나 제거하는 것은 계의 농도를 변화시키는 것이다. 따라서 계가 평형으로 돌아가려면 변화된 농도 계산 값이 K와 같아지도록 농도가 변해야 하고. 화학반응을 어느 한쪽으로 진행시킨다. Le Châtelier의 원리는 이 때 반응이 어느 방향으로 진행될지 예측할 수 있게 한다. 다음의 구리의 두 착이온 사이의 평형을 예로 들면,

$$Cu(H_2O)_4^{2+}\ (aq) + 4Cl^-\ (aq) \rightleftarrows CuCl_4^{2-}\ (aq) + 4H_2O \quad (3.28)$$

착이온 $Cu(H_2O)_4^{2+}$은 푸른색이고 $CuCl_4^{2-}$는 노란색이다. 이들의 이온 혼합물은 중간색인 청록색을 나타낸다. 만약, 위의 착이온 혼합물의 평형에 염소 이온을 더하면 계는 더해진 염소이온이 제거되는 방향으로 반응이 진행된다. 따라서 더 많은 $CuCl_4^{2-}$가 만들어지는 방향으로, 즉 평형이 오른쪽으로 이동한다. 새로운 평형에서는 적어진 $Cu(H_2O)_4^{2+}$와 더 많아진 $CuCl_4^{2-}$가 존재한다. 더 해진 염소이온 모두가 반응에 참여하지는 않기 때문에 염소이온도 더 많이 존재하게 된다. 만약 평형 혼합물에 물을 가하면 평형의 위치는 왼쪽으로 이동하여 가해준 물을 제거하게 될 것이다. 즉, 새로운 평형에서는 변환된 농도 계산값이 K와 같아지도록 모든 농도가 변한다. 만약 반응물이나 생성물의 일부를 제거해도 마찬가지이다.

2) 기체 반응에서의 부피 변화

기체 반응물과 생성물로 구성된 계의 부피를 변화시키는 것은 몰농도를 변화시키는 것이고, 반응계의 압력을 변화시키는 것이다. 아래의 반응으로부터 부피 변화의 효과를 분석해보자.

$$3H_2\ (g) + N_2\ (g) \rightleftarrows 2NH_3\ (g) \quad (3.29)$$

만약 반응 혼합물의 부피를 줄이면 압력이 증가할 것이다. 분자수가 작을수록 압력이 낮아진다. 따라서, 계는 기체 분자 수를 줄임으로써 압력을 상쇄시키는 방향으로 반응을 진행시킬 것이다. 만약, 반응이 오른쪽으로 진행된다면 4개의 기체분자(N_2 한 분자와 H_2 세 분자)가 사라지면서 암모니아 2분자가 생성된다. 따라서 반응 혼합물의 부피를 줄이면 평형은 압력이 감소되는 오른쪽으로 이동한다. 반면에

$$H_2(g) + I_2(g) \rightleftarrows 2HI(g) \quad (3.30)$$

위의 반응은 어느 쪽으로 진행되어도 기체 분자 수는 변함이 없다. 따라서, 이 반응은 압력변화에는 무관하므로 반응용기의 부피가 평형에 미치는 영향은 실질적으로는 없다. 평형에서 부피 변화의 효과를 분석하는 가장 간단한 방법은 반응식의 양쪽에 있는 기체 분자 수를 세는 것이다. 다만 액체와 고체만을 포함하는 반응일 경우에는 어느 정도의 부피 변화는 반응에 아무런 영향을 주지 않는다.

3) 온도의 변화

화학평형이 온도 변화에 어떻게 대응하는가를 결정하려면, 반응 초기의 계의 에너지의 변환과정을 알아야 한다. 예를 들면, 수소와 질소의 암모니아 합성 반응은 발열 반응이다. 암모니아 분자가 생성될 때 발생하는 열량은 $\Delta H_f = -46.19$ kJ 몰$^{-1}$이다. 평형식에서 열량을 생성물로 포함시키면 온도 변화의 효과는 간단히 분석된다.

$$3H_2(g) + N_2(g) \rightleftarrows 2NH_3(g) + 열 \quad (3.31)$$

온도를 올리면, 열량을 흡수하여 평형을 유지하는 방향으로 반응이 진행된다. 이 경우 오른쪽에서 왼쪽으로 반응을 진행시키면, 더해진 열량의 일부가 소모되어 암모니아 일부가 질소와 수소로 분해되는 흡열반응이다. 따라서 온도를 올리면 평형은 왼쪽으로 이동한다.

4) 촉매의 효과

촉매란 반응에 실제로 사용되지 않으면서 반응 속도를 증가시키는 물질이다. 그러나 촉매는 계의 평형의 위치를 변화시키지는 않는다. 이는 촉매가 정반응과 역반응 모두에 영향을 주기 때문이다. 두 과정 모두를 같은 속도로 증가시키므로 촉매를 가하여도 평형 조성에는 영향이 없다. 촉매의 유일한 효과는 계가 평형에 빨리 도달하는 것이다.

5) 일정 부피에서 불활성 기체의 첨가

압력은 부피를 일정하게 유지하면서 다른 기체를 가하면 변한다. 만약 가해진 기체가 이미 존재하는 기체와 반응하지 않는 평형에서 불활성기체라면 가해준 기체 때문에 반응물과 생성물의 농도는 변하지 않는다. 따라서 평형의 위치는 변함이 없다.

3.5.7 평형에 관련된 계산

평형상수의 크기로부터 평형에 도달했을 때 반응이 어느 정도 진행하는지 알 수 있다. 하지만 보다 구체적인 값이 요구될 때도 있고, 이러한 보다 구체적인 평형농도는 평형식으로부터 구할 수 있다. 대략적으로 다음 두 범주로 평형계산은 구분될 수 있다.

첫째, 알고 있는 평형농도나 부분압력으로부터 평형상수의 계산
둘째, 알고 있는 평형상수로부터 평형농도나 부분압력의 계산

1) 평형농도로부터 평형상수 K의 계산

반응이 진행하여 평형에 도달하였을 때 반응물과 생성물의 농도를 측정하여 이것으로부터 평형상수를 계산한다. N_2O_4 분해반응식은 다음과 같다.

$$N_2O_4\,(g) \rightleftarrows 2NO_2\,(g) \tag{3.32}$$

N_2O_4 0.0350몰을 25°C에서 1 L의 용기에 넣으면 평형에 도달한 후 N_2O_4와 NO_2의 농도는 다음과 같다.

$$[N_2O_4] = 0.0292\text{몰/L}$$
$$[NO_2] = 0.0116\text{몰/L}$$

따라서 이 반응의 평형상수 K는 평형농도를 평형상수식에 대입하여 얻는다.

$$K = \frac{[NO_2]^2}{[N_2O_4]} = \frac{[0.0116]^2}{[0.0292]} = 4.6082 = 10^{-3}\text{몰/L}$$

2) 평형상수 K를 이용한 평형농도 계산

다음의 화학식은 상업적으로 수소를 만드는 반응이다.

$$CH_4(g) + H_2O(g) \rightleftarrows CO(g) + 3H_2(g) \tag{3.33}$$

1500°C에서 이들 기체의 평형 혼합물의 농도는 다음과 같다. [CO] = 0.300 M, $[H_2]$ = 0.800 M, $[CH_4]$ = 0.400 M, 1500°C에서 평형상수 $K_c = 5.67$이라면 H_2O의 평형농도는 얼마인가?

평형에 대한 균형화학방정식으로부터 평형상태 방정식을 쓰면 다음과 같다.

$$K = \frac{[CO][H_2]^3}{[CH_4][H_2O]}$$

물을 제외한 모든 물질의 평형농도와 평형상수를 알고 있으므로 알고 있는 수치를 대입한다.

$$5.67 = \frac{(0.300)(0.800)^3}{(0.400)\ [H_2O]}$$

여기서 H_2O의 농도에 대하여 정리하면 다음과 같다.

$$[H_2O] = \frac{(0.300)(0.800)^3}{(0.400)(5.67)} = 0.0678\ M$$

예제 3.6 다음 반응은 500°C에서 $K = 4.06$이다.

$CO(g) + H_2O(g) \rightleftarrows CO_2(g) + H_2(g)$ (3.34)

CO 0.100몰과 H_2 (g) 0.100몰을 1 L의 반응용기에 넣고 500°C로 평형에 도달하였을 때 반응물과 생성물의 농도를 구하라.

풀이와 답

이 문제는 상태에 따른 표를 만들어 푸는 것이 효과적이다.

- 초기농도 : CO와 H_2의 초기농도는 각각 0.100몰/1.00 L = 0.100 M이다. 초기에는 CO_2와 H_2는 없기 때문에 그들의 초기농도는 0이다.
- 농도변화 : 평형에 도달하려면 어느 정도의 CO_2와 H_2가 반드시 만들어져야 한다. 이것은 CO와 H_2O가 반응해야 함을 의미한다. CO의 L당 반응하는 몰수를 x라 하자. 그러면 CO의 농도 변화는 CO의 농도가 감소하기 때문에 음이 된다. 따라서 $-x$가 된다. 또한

CO와 H_2O는 1 : 1 몰 비로 반응하므로 H_2O의 농도변화 역시 $-x$가 된다. CO_2와 H_2의 각각 1몰이 CO로부터 형성되므로 CO_2와 H_2의 농도는 x만큼 증가한다.

- 평형농도 : 평형농도 = 초기농도 + 농도의 변화

	$CO(g) + H_2O(g) \rightleftarrows CO_2(g) + H_2(g)$			
초기농도(M)	0.100	0.100	0.0	0.0
농도의 변화(M)	$-x$	$-x$	$+x$	$+x$
평형 농도(M)	$0.100-x$	$0.100-x$	x	x

마지막 줄을 살펴보면 CO와 H_2O의 평형농도는 초기에 존재하던 L당 몰수에서 반응한 L당 몰수를 뺀 값임을 알 수 있다. 초기에 CO_2와 H_2는 없었기 때문에 평형농도는 형성된 L당 몰수가 이에 해당한다. 이제 평형농도를 질량작용 표현식에 대입하여 x를 풀어보자.

$$\frac{(x)(x)}{(0.100-x)(0.100-x)}=4.06$$

$$\frac{(x)^2}{(0.100-x)^2}=4.06$$

$$\frac{(x)}{(0.100-x)}=\sqrt{4.06}=2.01$$

$$x=2.01(0.100-x)$$

$$x=0.201-2.01x$$

$$x+2.01x=0.201$$

$$3.01x=0.201$$

$$x=0.668$$

이제 x를 대입하여 평형농도를 구하면 다음과 같다.

$[CO] = 0.100-x = 0.100 - 0.0668 = 0.033\ M$

$[H_2O] = 0.100-x = 0.100 - 0.0668 = 0.033\ M$

$[CO_2] = x = 0.0668\ M$

$[H_2] = x = 0.0668\ M$

3.5.8 침천평형

1) 침전형성 ; 용해도곱상수(K_{sp}, solubility product constant)

한 용액의 양이온과 다른 용액의 음이온이 결합하여 불용성 고체를 생성할 때 침전이 형성된다. 모든 반응에서처럼 침전반응도 평형점에 도달한다. 예를 들면, $Ag(NO_3)$용액과 HCl용액을 섞으면 AgCl이 생성되어 침전한다. 이 반응이 포화용액 상태에서 고체의 염과 이온들 사이에 평형이 이루어지면, 다음과 같은 관계식이 가능하다.

$$AgCl\,(s) \rightleftarrows Ag^+\,(aq) + Cl^-\,(aq) \tag{3.35}$$

따라서, 이때의 평형상수는 다음과 같이 쓸 수 있다.

$$K = \frac{[Ag^+][Cl^-]}{[AgCl(s)]} \tag{3.36}$$

이 방정식은 다음과 같이 다시 쓸 수 있다

$$K[AgCl(s)] = [Ag^+][Cl^-] = K_{sp} \tag{3.37}$$

평형상수 K에 고체 AgCl의 농도를 곱한 것을 용해도곱 상수 K_{sp}라고 한다. K_{sp}도 일정 온도에서 주어진 계에 대해서 일정한 값을 갖는다. 25°C에서 AgCl의 K_{sp}는 1.7×10^{-10}이다. 따라서 다음의 관계식처럼 쓸 수도 있다.

$$[Ag^+][Cl^-] = 1.7 \times 10^{-10}$$

이 반응식은 이 평형이 이루어진 조건에는 관계없이 평형에서의 두 이온농도의 곱은 1.7×10^{-10}이라는 의미이다. 이 관계식을 이용하면 한 이온의 농도를 알 때 다른 이온의 평형농도를 구할 수 있다. 위 반응에서 Cl^- (aq)의 농도가 2.5×10^{-4} M이라고 가정하면 Ag^+의 농도는 다음과 같이 쉽게 구할 수 있다.

$$K_{sp}\,AgCl\,(s) = [Ag^+][Cl^-] = 1.7 \times 10^{-10}\,M$$

따라서 $[Ag^+]$의 농도는 다음과 같이 구할 수 있다.

$$[Ag^+] = \frac{K_{sp\,AgCl}}{[Cl^-]} = \frac{1.7\times10^{-10}}{2.5\times10^{-4}} = 6.8\times10^{-7}\,M$$

또한, K_{sp}와 이온곱 P라는 개념을 사용하면 반응의 침전여부를 예상할 수 있다. 이온곱 P의 표기는 용해도곱상수 K_{sp}와 같다. 다만, P를 계산하는데 사용하는 농도는 특정 순간의 실제 값이다. 이 둘로부터 다음과 같은 것이 유도된다.

- 만일 $P > K_{sp}$라면 침전이 형성되고 P가 K_{sp}와 같아져서 평형을 이룰 때까지 농도는 감소한다.
- 만일 $P < K_{sp}$라면 이 용액은 불포화 상태이고 따라서 침전은 이루어지지 않는다.
- 만일 $P = K_{sp}$라면 용액은 포화상태에 있고 침전이 시작되는 점이다.

3.6 반응열

3.6.1 표준 반응열

표준 기준 온도는 25°C이고, 기준 압력은 근사적으로 해수면의 대기압이다. 표준 압력은 표준 대기압이라 하며, 기호는 atm이다. 표준 반응열은 표준 조건하에서 일어나는 반응에 대한 ΔH값이고, 방정식의 계수에 의해서 규정된 실제 몰수를 포함하고 있다. ΔH가 표준 조건임을 나타내기 위해 위 첨자 °를 사용하여 $\Delta H°$과 같이 쓴다. $\Delta H°$의 단위는 보통 kJ이다. $\Delta H°$의 의미를 질소와 수소가 암모니아 기체를 생성하는 반응을 통하여 살펴보자.

$$N_2(g) + 3H_2(g) \rightarrow 2NH_3(g) \qquad (3.38)$$

25°C, 1 atm 하에서 N_2 1.00몰과 H_2 3.00몰이 반응하여 2.00몰의 NH_3를 생성할 때 반응은 92.38 kJ을 방출한다. 따라서 위 방정식에 따른 엔탈피 변화량은 $\Delta H° = -92.38$ kJ이다. 보통 엔탈피 변화는 화학식과 같이 표기된다.

$$N_2\,(g) + 3H_2\,(g) \rightarrow 2NH_3\,(g) \qquad \Delta H^\circ = -92.38\ \text{kJ}$$

위의 방정식처럼 ΔH°값을 포함한 방정식을 열 화학반응식이라 한다. 열 화학반응식은 항상 반응물과 생성물의 물리적인 상태를 포함하고, 그 ΔH°값은 주어진 계수가 실제 몰수를 의미할 때만 참 값이다. 예를 들면, 위 반응은 NH_3 2몰이 형성된다면 92.38 kJ이 방출됨을 나타낸다. 만일, 두 배인 NH_3 4.00몰이라면 N_2 2.00몰과 H_2 6.00몰이 반응에 참여하고 열도 두 배(184.8 kJ)로 방출된다. 마찬가지로 N_2 0.50몰과 H_2 1.50몰이 반응하여 NH_3 1.00몰만 생성한다면 절반인 열(46.19 kJ)이 방출된다. 위에서 말한 여러 가지 반응에 대해 열 화학반응식을 쓴다면 다음과 같이 쓸 수 있다.

$$N_2\,(g) + 3H_2\,(g) \rightarrow 2NH_3\,(g) \qquad \Delta H^\circ = -92.38\ \text{kJ} \tag{3.39}$$

$$2N_2\,(g) + 6H_2\,(g) \rightarrow 4NH_3\,(g) \qquad \Delta H^\circ = -184.8\ \text{kJ} \tag{3.40}$$

$$\frac{1}{2}N_2 + \frac{3}{2}H_2\,(g) \rightarrow NH_3\,(g) \qquad \Delta H^\circ = -46.19\ \text{kJ} \tag{3.41}$$

열 화학반응식의 계수는 항상 몰수를 의미하기 때문에 분수 계수를 사용할 수 있다. 분자에는 분수계수를 쓸 수 없지만 몰수는 분수를 가질 수 있다.

주어진 반응에 대한 열 화학방정식이 있으면, 실제적인 그 반응과는 상관없이 역반응에 대한 열 화학방정식을 쓸 수 있다. 예를 들면, 탄소의 연소로부터 이산화탄소를 얻는 반응에 대한 열화학방정식은 다음과 같다.

$$C\,(s) + O_2\,(g) \rightarrow CO_2\,(g) \qquad \Delta H^\circ = -393.5\ \text{kJ} \tag{3.42}$$

역반응인 이산화탄소 분해반응으로 탄소와 산소가 얻어지는 것은 극히 어렵다. 하지만, ΔH°값이 어떤 값을 갖는가는 알 수 있다. 그 값은 +393.5 kJ이다. 역반응의 ΔH°값은 정반응의 ΔH°값에서 부호만 반대인 수치 값을 갖는다. 따라서 CO_2의 분해반응이 실제적으로는 어렵지만 열 화학방정식은 다음과 같이 쓸 수 있다.

$$CO_2\,(g) \rightarrow C\,(s) + O_2\,(g) \qquad \Delta H^\circ = +393.5\ \text{kJ} \tag{3.43}$$

3.6.2 Hess의 법칙

1) 열 합계의 Hess의 법칙

"단계적으로 일어날 수 있는 반응에 대한 $\Delta H°$는 개개의 단계에 대한 $\Delta H°$의 총합과 같다." 이 Hess의 법칙은 실험적으로나 다른 어떤 방법으로도 결정할 수 없는 반응의 엔탈피 변화를 계산하는 데 주로 사용한다. Hess 방정식을 다룰 때 필요한 다음과 같은 몇 가지 규칙이 있다.

첫째, 방정식이 반대로 될 때, 즉 반대방향으로 쓰여 있을 때 $\Delta H°$의 부호는 반대로 해야 한다.

둘째, 반응식의 양쪽에서 소거되는 화학식은 동일한 물리적인 상태에 있는 물질이어야 한다.

셋째, 반응식의 모든 계수가 동일한 인자에 의해 곱해지거나 나눠지면, $\Delta H°$값도 똑같이 변화되어야 한다.

최종 결과로서, $\Delta H°$는 적당한 계수를 각각 곱하여 생성물의 생성열의 합에서 반응물의 생성열의 총합을 뺀 것과 같다. 다음은 Hess 법칙의 일반적인 형태이다.

$$\Delta H° = (\text{모든 생성물의 } \Delta H_f°\text{의 합}) - (\text{모든 반응물의 } \Delta H_f°\text{의 합}) \tag{3.44}$$

다음의 예에서 Hess 법칙을 적용시켜 보자. 일산화탄소는 야금에서 금속 산화물로부터 산소를 제거하여 금속을 얻기 위해 사용된다. 산화철(III), Fe_2O_3와 CO의 반응에 대한 열화학방정식은 다음과 같다.

$$Fe_2O_3\,(s) + 3CO\,(g) \rightarrow 2Fe\,(s) + 3CO_2\,(g) \quad \Delta H° = -26.7\text{ kJ} \tag{3.45}$$

이 반응식과 CO의 연소반응식인 다음의 반응식을 이용하여,

$$CO\,(g) + \frac{1}{2}O_2\,(g) \rightarrow CO_2\,(g)$$

$$\Delta H° = -283.0\text{ kJ} \tag{3.46}$$

다음 반응에 대한 $\Delta H°$의 값을 계산한다.

$$2Fe\,(s) + \frac{3}{2}O_2\,(g) \rightarrow Fe_2O_5\,(s) \qquad (3.47)$$

이 경우 다음과 같이 주어진 두 방정식을 문제의 화학식과 유사하게 변형시킨다. 첫 번째 방정식에서 오른쪽에 있는 철원자가 왼쪽에 나오도록 한다. 이것을 왼쪽으로 옮기기 위해서 전체방정식을 거꾸로 하면 된다. 이 때 $\Delta H°$의 부호도 바꿔야 한다. 이 같은 방법으로 하면 2Fe은 왼편에 있고 $Fe_2O_3\,(s)$은 오른편에 있는 다음 방정식이 얻어진다.

$$2Fe + 3CO_2\,(g) \rightarrow Fe_2O_3\,(s) + 3CO\,(g)$$

$$\Delta H° = +26.7\ kJ \qquad (3.48)$$

마찬가지로 방정식 왼쪽에 3/2 O_2가 있도록 하기 위해서는 위의 두 번째 방정식을 사용한다. 위 두 번째 열화학방정식에 3을 곱하면 필요한 계수 3/2 O_2를 얻을 수 있다. 3배에 해당하는 화학종이 방정식에 포함되어 있기 때문에 방정식의 $\Delta H°$의 값에도 3을 곱해야 한다. 결과적으로 다음 방정식으로 나타난다.

$$3CO\,(g) + \frac{3}{2}O_2\,(g) \rightarrow 3CO_2\,(g)$$

$$\Delta H° = 3 \times (-283.0\ kJ) = -849.0\ kJ$$

두 방정식을 함께 묶는다. 이 때 방정식의 화살표 반대편에 있는 3CO와 $3CO_2$가 생략된다. 따라서 다음과 같은 답이 얻어진다.

$$2Fe\,(s) + 3CO_2\,(g) \rightarrow Fe_2O_3\,(s) + 3CO\,(g) \qquad \Delta H° = +26.7\ kJ$$

$$3CO\,(g) + \frac{3}{2}O_2\,(g) \rightarrow 3CO_2\,(g) \qquad \Delta H° = -849.0\ kJ$$

$$\text{Total} \quad 2Fe\,(s) + \frac{3}{2}O_2\,(g) \rightarrow Fe_2O_3\,(s) \qquad \Delta H° = -822.3\ kJ$$

2) 표준 생성열과 Hess의 법칙

물질의 표준생성엔탈피($\Delta H_f°$)는 물질의 표준생성열이라고도 하는데, 1몰의 물질이 표준상태에 있는 성분원소로부터 25°C, 1 atm 하에서 생성될 때 흡수되거나 방출되는 열량이다. 어떤 원소의 표준상태라는 것은 25°C, 1 atm에서 그 원소의 가장 안정한 형태와 가장 안정한 물리적 상태(고체, 액체, 기체)이다. 예를 들면, 산소는 25°C, 1 atm에서 기체로서만 표준상태에 있고, 산소원자(O)나 오존분자(O_3)들이 아닌 산소분자(O_2)형태로 존재한다. 탄소는 표준상태일 때는 다이아몬드가 아닌 흑연 형태로 있다. 왜냐하면 탄소는 흑연형태일 때가 표준 조건에서 가장 안정하기 때문이다. 표 3.5처럼 표준 생성엔탈피에 대한 광범위한 자료들이 많이 발표되어 있다. 표준상태에서 모든 원소들의 $\Delta H_f°$값은 영이다. $\Delta H_f°$에서 아래첨자 f의 의미는 물질 1몰이 표준상태에 있는 원소로부터 비롯됨을 의미한다. 아래는 열화학방정식과 그것에 대응하는 $\Delta H°$값이다.

$$H_2(g) + \frac{1}{2}O_2(g) \rightarrow H_2O(l) \qquad \Delta H_f° = -285.9 \text{ kJ/몰}$$

$$2H_2(g) + O_2(g) \rightarrow 2H_2O(l) \qquad \Delta H_f° = -571.8 \text{ kJ}$$

$$CO(g) + \frac{1}{2}O_2(g) \rightarrow CO_2(g) \qquad \Delta H_f° = -283.0 \text{ kJ}$$

$$2H(g) + O(g) \rightarrow H_2O(l) \qquad \Delta H_f° = -971.1 \text{kJ}$$

첫 번째 반응식에만 $\Delta H°$에 아래 첨자 f가 있다. 이는 위에서 밝힌 조건을 만족시키는 반응이기 때문이다. 두 번째 반응식은 물이 1몰이 아니라 2몰이 형성되는 것을 나타낸다. 세 번째는 반응물에 화합물을 포함하고 있다. 네 번째에서는 그들 원소에 대한 표준상태가 아닌, 원자로서의 원소를 포함하고 있다. 또한 $\Delta H_f°$의 단위가 단순히 kJ이 아니라 몰당 kJ이다.

2몰의 물의 형성 엔탈피 ΔH는 1몰의 H_2O에 대한 $\Delta H_f°$에 2를 곱하면 다음과 같이 쉽게 2몰의 물의 형성 엔탈피 ΔH를 간단히 얻을 수 있다.

$$\left(\frac{-285.9\,\text{kJ}}{\text{몰 } H_2O(l)}\right) \times 2\text{몰 } H_2O(l) = -571.8\,\text{kJ}$$

소화제로 사용되는 $NaHCO_3$는 부분적으로 불꽃을 소멸시키고, 열에 의해서 분해되면서 CO_2가스를 낸다. 이 CO_2 가스도 또한 불꽃을 소멸시킨다. $NaHCO_3$의 분해 방정식은 다음과 같다.

$$2NaHCO_3 (s) \rightarrow Na_2CO_3 (s) + H_2O (l) + CO_2 (g) \tag{3.49}$$

표 3.5의 자료를 이용하여 이 반응에 대한 $\Delta H°$를 kJ로 계산하자. Hess의 법칙에 따른 식(3.44)를 사용하여 $\Delta H°$값을 계산한다. 따라서, 먼저 생성물과 반응물의 $\Delta H°$를 각기 한 묶음으로 계산한다. 그리고서, $\Delta H°$를 계산하기 위하여 생성물

표 3.5 대표적인 물질의 표준생성엔탈피

물질	$\Delta H_f°$ (kJ몰$^{-1}$)	물질	$\Delta H_f°$ (kJ몰$^{-1}$)
Ag (s)	0.00	H_2O_2 (l)	−187.6
AgCl (s)	−127.0	HCl (g)	−92.30
Al (s)	0.00	HI (g)	26.6
Al_2O_3 (s)	−1669.8	HNO_3 (l)	−173.2
C (s, graphite)	0.00	H_2SO_4 (l)	−811.32
CO (g)	−110.5	$HC_2H_3O_2$ (l)	−487.0
CO_2 (g)	−393.5	Hg (l)	0.00
CH_4 (g)	−74.848	Hg (g)	60.84
CH_3 (g)	−82.0	I_2 (s)	0.00
CH_3I (g)	14.2	K (s)	0.00
CH_3OH (l)	−238.6	KCl (s)	−435.89
$CO(NH_2)_2$ (s, urea)	−333.19	K_2SO_4 (s)	−1433.7
$CO(NH_2)_2$ (aq)	−391.2	N_2 (g)	0.00
C_2H_2 (g)	226.75	NH_3 (g)	−46.19
C_2H_4 (g)	52.284	NH_4Cl (s)	−315.4
C_2H_6 (g)	−84.667	NO (g)	90.37
C_2H_5OH (l)	−277.63	NO_2 (g)	33.8
Ca (s)	0.00	N_2O (g)	81.57
$CaCO_3$ (s)	−1207	N_2O_4 (g)	9.67
$CaCl_2$ (s)	−795.0	Na (s)	0.00
CaO (s)	−635.5	$NaHCO_3$ (s)	−947.7
$Ca(OH)_2$ (s)	−986.59	Na_2CO_3 (s)	−1131
$CaSO_4$ (s)	−1432.7	NaCl (s)	−411.0
$CaSO_4 \cdot 1/2H_2O$ (s)	−1575.2	NaOH (s)	−426.8
$CaSO_4 \cdot 2H_2O$ (s)	−2021.1	Na_2SO_4 (s)	−1384.5
Cl_2 (g)	0.00	O_2 (g)	0.00
Fe (s)	0.00	Pb (s)	0.00
Fe_2O_3 (s)	−822.2	PbO (s)	−219.2
H_2 (g)	0.00	S (g)	0.00
H_2O (g)	−241.8	SO_2 (g)	−296.9
H_2O (l)	−285.9	SO_3 (g)	−395.2

엔탈피의 총합계에서 반응물 엔탈피의 총합계를 뺀다. 이것은 다음의 식으로 나타난다.

$$\Delta H^\circ = [1\text{몰 } Na_2CO_3(s) \times \Delta H_f^\circ\ Na_2CO_3(s)$$
$$+ 1\text{몰 } H_2O(l) \times \Delta H_f^\circ H_2O(l)$$
$$+ 1\text{몰 } CO_2(g) \times \Delta H_f^\circ\ CO_2(g)]$$
$$- [2\text{몰 } NaHCO_3(s) \times \Delta H_f^\circ\ NaHCO_3(s)]$$

표 3.5에서 적당한 물리적 상태에 있는 물질에 대한 ΔH_f°값을 찾고 화학방정식의 계수를 이용해서 ΔH°값을 계산한다. 이 계산은 다음과 같다.

$$\Delta H^\circ = \{1\text{몰 } Na_2CO_3(s) \times [-1131\ \text{kJ/몰}Na_2CO_3(s)]$$
$$+ 1\text{몰 } H_2O(l) \times [-285.9\ \text{kJ/몰}H_2O(l)]$$
$$+ 1\text{몰 } CO_2(g) \times [-393.5\ \text{kJ/몰}CO_2(g)\ \}$$
$$- \{2\text{몰 } NaHCO_3(s) \times \Delta[-947.7\ \text{kJ/몰 } NaHCO_3(s)]\ \}$$

$$\Delta H^\circ = (-1810\ \text{kJ}) - (-1895\ \text{kJ}) = +85\ \text{kJ}$$

이 열화학방정식은 반응이 표준상태 하에서 85 kJ만큼 흡열반응임을 보여준다.

3.7 산과 염기

3.7.1 산과 염기의 정의

산이란 일반적으로 그 수용액의 맛이 시고, 금속과 반응하여 수소 기체를 발생시키며, 리트머스 종이를 붉게 변화시킨다. 반면에 염기의 경우에는 그 수용액은 미끈거리고, 쓴맛을 내며 리트머스종이를 푸르게 변화시킨다.

1) Arrhenius 정의

산과 염기에 대한 최초의 과학적인 정의와 해답은 스웨덴의 Svante Arrhenius의해서 제안되었다. 그는 다음과 같이 정의하였다. “산은 수소를 함유하며 물에 녹아 수소이온을 내놓는 물질이며, 염기는 수산이온을 함유하고 수용액에서 수산이온을 내놓는 물질이다” 일반식으로 표기하면 다음과 같다.

HA (산) $\rightarrow$ $H^+ + A^-$

MOH (염기) $\rightarrow$ $M^+ + OH^-$

2) Brönsted – Lowry의 정의

Arrhenius의 정의는 수용액에서만 적용되고 NH_3 같은 경우는 OH^-를 포함하지 않지만 수용액에서 염기성 나타낸다. 이러한 한계와 문제점을 해결하기 위한 시도가 Brönsted – Lowry의 산, 염기 정의이다. 이들은 각기 독자적 연구를 통하여 약간의 시차를 두고서 Brönsted에 의해서 먼저 발표되었다. 이 이론에 따르면 “산은 양성자(H^+) 주개이고, 염기는 양성자(H^+) 받개”이다. 다음의 반응의 예로서 아레니우스의 정의와의 차이를 이해할 수 있다.

$$NH_3(aq) + H_2O(l) \rightleftarrows NH_4^+(aq) + OH^-(aq)$$

염기 산 산 염기

(NH_3 : Brönsted – Lowry 염기)

위 반응에서 정반응의 경우 H_2O는 양성자 H^+를 NH_3에 주므로 산으로 작용하고, NH는 양성자 H^+를 받으므로 염기로 작용한다. 역반응에서는 NH_4^+가 양성자 H^+를 주므로 산으로 작용하고, OH^-는 양성자 H^+를 받으므로 염기로 작용한다. 여기에서 보이는 것처럼 Brönsted와 Lowry의 산, 염기 개념은 Arrhenius의 산, 염기 개념을 모두 포함하는 보다 넓은 개념이고, 또한 평형상태와 가역과정을 고려해야 하는 상대적 관점을 갖는 정의이다. 여기에서 짝산 짝염기 개념이 도출된다. 위의 반응에서 $NH_3 - NH_4^+$이나 $H_2O - OH^-$처럼 H^+의 이동으로 산과 염기가 되는 한 쌍의 것을 짝산 짝염기라고 한다.

3) Lewis의 정의

다음과 같은 양성자 H^+의 이동이 없는 산 염기반응은 Brönsted와 Lowry의 산, 염기 정의로는 설명할 수가 없다.

$$BF_3\,(g) + :NH_3\,(g) \rightarrow F_3B:NH_3\,(s) \tag{3.50}$$

이러한 문제점을 해결한 것이 Lewis의 산과 염기의 정의이다. Lewis 정의는 "산은 전자쌍 받개이며, 염기는 전자쌍 주개이다."로 요약된다. 위의 반응에서 $:NH_3$는 비공유전자쌍을 BF_3에게 주므로 염기로 작용하며, BF_3는 전자쌍을 받으므로 산으로 작용한다. 양성자를 받기 위해서는 반드시 비공유전자쌍이 있어야 하므로 Lewis 정의에 의한 염기와 Brönsted와 Lowry 정의의 염기는 동일하다.

3.7.2 물의 해리상수

다음은 물의 이온화 반응식이다. 순수한 물은 스스로 이온화하여 이온화 평형을 이룬다. 이것을 자동이온화라고 한다. 또한 여기에서 물은 산으로도 염기로도 모두 작용하는 양쪽성 이온임을 보여준다.

$$\underset{\text{산}}{H_2O} + \underset{\text{염기}}{H_2O} \rightleftarrows \underset{\text{산}}{H_3O^+} + \underset{\text{염기}}{OH^-}$$

이 물의 평형상수식을 쓰면 다음과 같다.

$$K = \frac{[H_3O^+][HO^-]}{[H_2O]^2} \Rightarrow K_w = [H^+] \times [OH^-]$$

여기서, K_w : 물의 해리상수

물의 해리상수는 25°C에서

$$K_w = 1.0 \times 10^{-14}$$

이다. 이 분해반응에서 H^+와 OH^-는 같은 양이 생성된다. 따라서 이 이온들의 농도는 다음의 과정으로 쉽게 구할 수 있다.

$$[H^+] = [OH^-]$$
$$K_w = [H^+] \times [OH^-] = [H^+]_2 = 1.0 \times 10^{-14}$$
$$[H^+] = 1.0 \times 10^{-7} M = [OH^-]$$

$[H^+]$와 $[OH^-]$가 같은 수용액을 중성용액이라 하고, 25°C에서 $[H^+] = 1.0 \times 10^{-7}$ M이다.

1) pH와 pOH

수용액 속에 있는 수소이온농도를 간단하게 표현하기 위한 척도가 pH (수소이온지수)이다. 이것은 덴마크의 생화학자인 SΦrensen이 1909년에 제안한 방법이다. 다음의 식으로 정의된다.

$$pH = -\log[H^+] = \log\frac{1}{[H^+]}$$

pH는 산성과 염기성, 중성을 구별하는 지표로서 사용된다. 25°C에서

만약 pH < 7.0이면, 용액은 산성이다.
만약 pH = 7.0이면, 용액은 중성이다.
만약 pH > 7.0이면, 용액은 염기성이다.

H^+농도를 pH로 나타내는 것과 마찬가지 방법으로 OH^- 농도도 pOH로 나타낼 수 있다.

$$pOH = -\log[OH^-] = \log\frac{1}{[OH^-]}$$

25°C에서 $[H^+] \times [OH^-] = 1.0 \times 10^{-14}$이므로 이 온도에서

$$pH + pOH = 14.00$$

이다. 위의 방정식을 이용하면 다음과 같은 것, 예를 들면 H^+가 5.0×10^{-3} M인 레몬주스의 pH와 pOH를 구하는 것을 다음처럼 계산할 수 있다.

$$\log(5.0 \times 10^{-3}) = -2.30$$

$$pH = -(-2.30) = 2.30,\ pOH = 14.00 - pH = 11.70$$

2) pK_a와 pK_b

강산이나 강염기의 경우에는 거의 100%가 물에서 이온화된다. 이들의 경우에는 자신의 몰농도만큼 H^+ 또는 OH^-로 해리된다. 즉, 다음과 같다.

$$HA\ (C몰/L) \rightarrow H^+ + A^-\ (100\%\ 이온화)$$
$$\therefore\ [H^+] = C몰/L \rightarrow pH = -\log C$$

반면에 약산이나 약염기의 경우에는 그 일부만이 물에 해리된다. 이 약산을 브뢴스테드와 로우리의 정의에 따라서 나타내면 산의 해리의 일반식은 다음과 같다.

$$HB\ (aq) \rightleftarrows H^+\ (aq) + B^-\ (aq)$$

이 경우의 평형상수식은 다음과 같이 쓴다.

$$K_a = \frac{[H^+] \times [B^-]}{[HB]}$$

평형상수 K_a를 산해리상수 또는 HB의 이온화 상수라고도 한다. 이 평형상수 K_a에 로그를 사용하면 산도가 된다.

$$pK_a = -\log K_a$$

마찬가지로 약염기의 평형상수에서도 같은 방식으로 염기도를 얻을 수 있다.

$$B^-(aq) + H_2O \rightleftarrows HB(aq) + OH^-(aq)$$
$$K_b = \frac{[HB] \times [OH^-]}{[B^-]}$$
$$pK_b = -\log K_b$$

위 정의에서 K_a가 클수록 강산이며, pK_a가 작을수록 강산이다. 마찬가지로 K_b가 클수록 강염기이며 pK_a가 작을수록 강염기이다. 아래 표 3.5에 산도와 관련하여 몇 가지 화합물의 평형상수 K_a값과 산도 값을 나타냈다.

표 3.6 몇 가지 화합물의 K_a 값과 pK_a

분자식	K_a	pK_b
HCl	$\sim 10^7$	~ -7
H_2SO_4	$\sim 10^5$	~ -5
HF	35.3×10^{-5}	3.45
HCO_2H	17.5×10^{-5}	3.75
CH_3CO_2H	1.75×10^{-5}	4.75
HCN	4.93×10^{-10}	9.31

3) 약산에서의 $[H^+]$의 계산

0.100 M의 아질산 HNO_2 용액의 $[H^+]$를 평형상수 K_a를 사용하여 구해보자. 아질산의 $K_a = 6.0 \times 10^{-4}$이다. 이런 경우의 연산에서는 표를 만드는 것이 효율적이다.

	$HNO_2(aq)$ $\rightleftarrows$	$H^+(aq)$ +	$NO_2^-(aq)$
초기농도	0.100 M	0.00 M	0.00 M
변 화 량	$-x$	$+x$	$+x$
평형상태	$0.100-x$	$+x$	$+x$

$$K_a = \frac{[H^+][NO_2^-]}{[HNO_2]} = \frac{x^2}{0.100-x} = 6.0 \times 10^{-4}$$

$$0.100 - x \simeq 0.100$$

$$x^2 = 0.100 \times 6.0 \times 10^{-4} = 6.0 \times 10^{-5}$$

$$\therefore\ x = 7.7 \times 10^{-3} \simeq [H^+]$$

3.8 산화와 환원

3.8.1 산화수(oxidation number)

공유결합 물질처럼 전자의 이동으로 산화 환원을 설명하기 곤란한 화학반응을 설명하기 위한 개념이다. 산화수란 어떤 물질의 성분 원소가 그 물질 속에서 잃거나 또는 얻은 전자의 수를 나타낸다. 따라서 산화수는 양수, 음수와 0이 될 수 있다. 전자를 잃은 상태는 그 원자가 중성일 때 보다 적은 수의 전자를 가지며 따라서 양(+)의 산화수를 갖는다. 마찬가지로 전자를 얻은 상태는 음(−)의 산화수를 갖으며, 0인 경우는 중성인 자유원자의 전자수와 같다. 이 산화수를 구할 때에는 구할 때에는 다음과 같은 몇 가지 규칙이 있다.

① 홑원소 물질을 구성하는 원자의 산화수는 모두 0이다 ; Na, Cu, H_2, O_2, Cl_2
② H의 산화수는 +1이고, NaH나 CaH_2, MgH_2와 같은 금속 수소화물 중에서는 예외로 −1이 된다.
③ O의 산화수는 −2이고, OF_2에서는 +2, H_2O_2, Na_2O_2에서는 −1, KO_2에서는 −1/2이 된다.
④ 할로겐족 원자의 산화수는 산화물이외의 대부분 화합물에서는 −1이다.
⑤ 이온결합성 화합물에서 금속원소의 산화수는 항상 양이다.
⑥ 공유결합성 화합물에서 전기음성도가 가장 큰 원소의 산화수는 음이다.
⑦ 화합물에서 각 원소의 산화수를 모두 더 하면 0이 된다.
⑧ 다원자이온에서 각 성분원소의 산화수를 합한 산화수는 그 이온의 산화수와 같다.

이 규칙에 의해 산화수를 구하는 몇 가지 예를 다음에서 살펴보자

H_2SO_4에서 S의 산화수를 구하면 $+2 + S + 4(-2) = 0$ $\quad\therefore S = +6$

$C_2O_4^{2-}$ 에서 C의 산화수를 구하면 $2C + 4(-2) = -2$ $\quad\therefore C = +3$

3.8.2 산화 – 환원

산화의 고전적인 정의는 어떤 물질이 산소와 결합하는 변화가 산화이고, 산소를 잃고 본래대로 돌아가는 변화가 환원이다. 또는 어떤 물질이 수소와 결합하는 변화가 환원이고, 수소를 잃는 화학변화는 산화이다. 이런 산소와 수소의 결합과 이탈에 따른 산화, 환원은 좁은 의미의 정의이다. 현대적 의미에서의 산화와 환원은 전자의 결합과 이탈로 정의된다. 어떤 물질이 전자를 얻는 변화를 환원이라고 하고, 전자를 잃는 변화를 산화라고 한다. 산화 환원 반응은 redox반응 이라고도 한다. 이 산화 환원 반응은 단독으로는 일어나지 않고, 항상 동시에 일어난다. 산화 환원 반응에서는 전자를 받아들이거나 또는 수소를 받아들이거나, 산소를 제공하는 분자나 이온을 산화제(oxidizing agent)라고 하고, 그 반대의 작용을 하는 분자나 이온은 환원제(reducing agent)라고 한다. 이 산화 환원 반응 과정에서 상대 물질을 산화시켜서 산화제로 작용하는 물질은 그 자신은 환원이 되고, 마찬가지로 환원제는 상대를 환원시키고 그 자신은 산화된다.

$$2H_2 + O_2 \rightarrow 2H_2O$$

0　　0　　+1 −2　　산화수

위 수소와 산소가 결합하여 물을 생성하는 반응식으로 산화 환원반응의 관계를 살펴보면, 자유상태의 원소인 수소의 경우 산소와 결합하여 산화되었고, 반면에 산소는 수소와 결합하여 환원되었다. 이 반응에서 산소는 산화제로 작용하였고, 수소는 환원제로 작용하였다. 그리고 위 반응식의 아래 숫자는 산화수이다. 따라서 산화란 산화수를 증가시키는 것이며, 환원이란 산화수를 감소시키는 것이다. 이 모두를 요약하면 다음과 같다.

표 3.7

산 화	환 원
산소를 얻는 화학변화	산소를 잃는 화학변화
수소를 잃는 화학변화	수소를 얻는 화학변화
전자를 잃는 화학변화	전자를 얻는 화학변화
산화수가 증가하는 화학변화	산화수가 감소하는 화학변화

1) 산화환원반응식의 완성

산화환원반응식의 계수를 맞추어 반응식을 완성시키는 방법은 산화수법과 이온 전자법이 있다. 산화수법은 산화 환원 반응식에서는 총 전자수가 변하지 않으므로 총 산화수도 변화지 않는다는 것을 이용한다. 즉, 증가하는 산화수와 감소하는 산화수가 같다는 점을 이용한다.

이온 전자법은 산화 환원 반응에서는 총 전자수가 변하지 않는다는 점을 이용한다. 즉, 반응에 참여하는 각 원소의 잃는 전자수와 얻는 전자수가 같다는 점을 이용한다. 그리고 이 이온 전자법은 산화 화원의 반반응을 이용한다.

과망간산의 산성 용액에서 옥살산($H_2C_2O_4$)이 산화하면 망간이온(Mn^{2+})과 이산화탄소(CO_2)가 생긴다. 이 반응을 예로 계수를 맞추어보자. 다음은 이 반응의 불균형 반응식이다.

$$MnO_4^- (aq) + H_2C_2O_4 (aq) \rightarrow Mn^{2+} (aq) + CO_2 (g) \tag{3.51}$$

이런 이온의 산화 화원 반응의 계수를 맞추기 위해서는 몇 단계로 나누어 진행된다.

1단계

반응이 산화 환원 과정인지를 확인하고 나서 무엇이 산화 또는 환원되었는지 확인한다. 이 반응에서는 Mn의 산화수가 MnO_4^-의 +7에서 Mn^{2+}의 +2로 변하였다. 따라서 이 반응은 산화 환원반응이고 MnO_4^-는 환원되었다. 또 C의 산화수는 $H_2C_2O_4$의 +3에서 CO_2의 +4로 변화되었으므로 H2C2O4는 산화되었다.

2단계

총괄불균형 반응식을 반반응식으로 나눈다.

$H_2C_2O_4 (aq) \rightarrow CO_2 (g)$: 산화 반반응

$MnO_4^- (aq) \rightarrow Mn^{2+} (aq)$: 환원 반반응

3단계

각 반반응의 원자들의 균형을 맞춘다. 이 때 먼저 수소와 산소를 제외한 원자들의 균형을 맞추고, 이어서 물을 사용하여 산소의 균형을 맞추고, H^+를 첨가하여 수소의 균형을 맞춘다.

- 산화 반반응 : 먼저 탄소의 균형을 맞춘다.

  $H_2C_2O_4 (aq) \rightarrow 2CO_2 (g)$

산소는 균형이 맞추어져 있으므로 H의 균형을 H^+를 첨가하여 맞춘다. 생성물 쪽에 2개의 H가 모자라므로 생성물 쪽에 $2H^+$를 더한다.

$$H_2C_2O_4\,(aq) \rightarrow 2CO_2\,(g) + 2H^+\,(aq) \tag{3.52}$$

- 환원 반반응 : Mn은 이미 균형이 잡혀있다. O의 균형은 물을 첨가하여 맞춘다.

$$MnO_4^-\,(aq) \rightarrow Mn^{2+}\,(aq) + 4H_2O\,(l) \tag{3.53}$$

하지만 반응물 쪽에 H의 균형을 8H+를 사용하여 새롭게 잡아 주어야 한다.

$$8H^+\,(aq) + MnO_4^-\,(aq) \rightarrow Mn^{2+}\,(aq) + 4H_2O\,(l) \tag{3.54}$$

4단계

반반응들의 전하의 균형을 맞춘다. 전하의 불균형은 e^-를 사용하여 맞춘다.

- 산화 반반응 : 반응물 쪽은 0의 알짜전하를 갖는데 비하여 생성물 쪽이 +2의 알짜전하를 갖는다. 따라서 생성물 쪽에 $2e^-$ 더하여 균형을 맞춘다.

$$H_2C_2O_4\,(aq) \rightarrow 2CO_2\,(g) + 2H^+\,(aq) + 2e^- \tag{3.55}$$

- 환원 반반응 : 반응물 쪽은 +7의 알짜전하를 나타내고, 생성물 쪽은 +2의 알짜전하를 나타낸다. 따라서 반응물 쪽에 $5e^-$ 더하여 균형을 맞춘다.

$$5e^- + 8H^+\,(aq) + MnO_4^-\,(aq) \rightarrow Mn^{2+}\,(aq) + 4H_2O\,(l) \tag{3.56}$$

5단계

산화제 수용할 수 있을 만큼의 전자를 환원제가 내어놓기 위하여 적당한 숫자를 반쪽반응에 곱한다. 이 경우 쉽게는 각기 상대방의 전자를 곱하면 된다. 이 반응에서는 산화 반쪽반응에 5를 환원 반쪽반응에 2를 곱한다. 이 반응이 균형을 이루기 위해서는 10개의 e^-가 필요하다.

$$5\,[H_2C_2O_4\,(aq) \rightarrow 2CO_2\,(g) + 2H^+\,(aq) + 2e^-\,]$$

$$2\,[5e^- + 8H^+\,(aq) + MnO_4^-\,(aq) \rightarrow Mn^{2+}\,(aq) + 4H_2O\,(l)]$$

6단계

반쪽반응을 더하여 총괄반응식을 얻는다. 이 때 화살표 반대편에 나타나는 반응물과 생성물들을 소거한다.

$$5H_2C_2O_4\,(aq) \rightarrow 10CO_2\,(g) + 10H^+\,(aq) + 10e^-$$

$$10e^- + 16H^+\,(aq) + 2MnO_4^-\,(aq) \rightarrow 2Mn^{2+}\,(aq) + 8H_2O\,(l)$$

$$5H_2C_2O_4\,(aq) + 6H^+\,(aq) + 2MnO_4^-\,(aq) \rightarrow 10CO_2\,(g) + 2Mn^{2+}\,(aq) + 8H_2O\,(l)$$

7단계

원자와 전하 모두 균형이 맞추어졌는지 확인하고, 모든 H^+를 H_3O^+로 바꾸기에 충분한 물분자를 방정식의 양쪽에 더한다. 이 경우에는 6개의 H_2O가 필요하다.

$$\therefore\ 5H_2C_2O_4\,(aq) + 6H_3O^+\,(aq) + 2MnO_4^-\,(aq)$$
$$\rightarrow 10CO_2\,(g) + 2Mn^{2+}\,(aq) + 16H_2O\,(l)$$

참고문헌

1. 김덕찬 외 2인, 환경화학, 2022, 동화기술
2. 김동식 · 박영식, 환경화학, 2022, 동화기술
3. 김동식 · 박영식, 화경화학해설, 2024, 동화기술
4. 대학화학교재연구회, 유기화학, 2018, 동화기술
5. 대학화학교재연구회, 최신일반화학, 2024, 동화기술
6. 화학교재편찬위원회 역, 일반화학, 2018, 탐구당
7. 과학교재연구회 역, Hein, 대학화학의 기초, 2017, 자유아카데미

연습문제

1. 다음 중 밑줄 친 원소의 산화수를 쓰라.
가. NO_3^-
나. HClO
다. MgO
라. LiH
마. H_2SO_4

2. 10 g의 나트륨이 염화수소기체와 충분히 반응하여 수소기체를 발생시켰다. 이 반응의 화학반응식을 완성하고 몇 그램의 수소기체가 발생하였는지 예측하라.

3. 다음 화학반응식에서 각 원소들의 산화수를 살펴보고 산화제와 환원제로 작용한 원소를 구별하라.
가. $N_2\,(g) + O_2\,(g) \rightleftarrows 2NO\,(g)$
나. $Mg\,(s) + 2HCl\,(aq) \rightleftarrows MgCl_2 + H_2\,(g)$

4. 다음 반응들은 산성용액에서의 반응이다. 불균형화학식들을 균형화학식으로 완결하라.
가. $CuS\,(s) + NO_3^-\,(aq) \rightarrow Cu^{2+} + SO_4^{2-}\,(aq) + NO\,(g)$
나. $H_2O_2\,(aq) + MnO_4^-\,(aq) \rightarrow O_2\,(g) + Mn^{2+}\,(aq)$

5. 12 M의 염산이 50.0 mL있다. 이를 0.500 M의 염산으로 만들고자 한다. 얼마의 물이 필요한가?

6. 35.0%의 질량비를 갖는 HNO_3의 수용액에서의 밀도가 1.21 g/mL이다. 이 질산용액의 몰농도는 얼마인가?

7. 자료를 이용하여 다음 반응들의 표준생성엔탈피는 ΔH°를 구하라.
가. $2NO\,(g) + O_2\,(g) \rightarrow 2NO_2\,(g)$
나. $C\,(s) + CO_2\,(g) \rightarrow 2CO\,(g)$
다. $2NH_3\,(g) + 7/2O_2\,(g) \rightarrow 2NO_2\,(g) + 3H_2O\,(g)$
라. $N_2H_4\,(l) + 3O_2\,(g) \rightarrow 2NO_2\,(g) + 2H_2O\,(l)$

8. 다음 용액들의 $[H^+]$와 pH를 구하라.

가. 0.125 M의 염산용액 10 mL을 1000배 희석한 경우의 $[H^+]$와 pH를 구하라.

나. 0.5 M의 염산 200 mL에 pH가 1.0인 $HClO_4$용액 800 mL을 첨가하였다. 이때의 [H+]와 pH를 구하라.

9. 0.358 g의 브롬산은($AgBrO_3$)은 25°C에서 200 mL의 물에 용해된다. 브롬산은의 용해도곱을 계산하라.

10. CaF_2의 용해도곱은 3.9×10^{-11}이다. CaF_2의 포화용액에서 칼슘과 플루오르화이온의 농도를 계산하라.

제 4 장

환경미생물학

4.1 서론

환경미생물학(environmental microbiology)은 미생물을 대상으로 자연환경으로 유입되는 오염물질을 정화하는데 목적을 두며, 이들의 생물학적 다양성과 기능성을 이용하여 환경오염을 제어하고 처리하는데 의미를 갖는 학문이라 할 수 있다. 환경미생물학적 관점에서의 환경과학 및 환경공학을 살펴보면 미생물이 주된 물질로 작용하여 생물지구화학적 물질순환을 관장하며 환경오염의 유발 및 제어를 담당하는 것이다. 오늘날의 환경문제 해결에 미생물을 이용한 생물학적 접근 및 응용이 강조되는 이유는 우선 미생물이 다양한 생리적 기능을 갖고 지구상에 광범위하게 생존하며 환경에 대해 적응력이 뛰어나기 때문이다. 또 다른 이유를 본다면 이들을 이용한 환경오염물질 처리는 경제적인 측면에서 가능성과 실용성이 뛰어날 뿐만 아니라 환경 친화적인 자연정화를 통해 환경문제를 해결하고 오염물 재생산의 방지를 효율적으로 수행할 수 있다.

인류역사와 함께 했던 미생물은 과거에는 전염병과 세균성 질환으로 인류에게 큰 피해를 주었지만 이를 계기로 환경위생학적인 학문 발전이 더해왔다. 한편 동식물의 사체를 분해하고 청소하는 등 환경을 위생적으로 정화하는데 기여하는 이들 환경미생물은 인류에게 양면성을 지니고 있다고 할 수 있다. 최근 산업화와 도시화로 인해 오염물질은 다양해지고 대량으로 배출되는 실정으로 특히 난분해성 인공물질에 대한 처리는 새롭게 해결해야 하는 인류의 과제이다. 이들 고형물질과 액상폐기물에 대해 환경미생물을 이용하여 이화학적으로 안정된 물질을 개발하는 생물학적 환경회복기술 연구가 활발하게 이루어지고 있으며, 수자원 및 수질악화 방지나 회복을 위하여 미생물을 포함한 생태학적 관리 방안이 강구되고 있는 등 여러 범위에서 환경미생물의 적용과 응용이 확대되는 실정이다.

따라서 이 장에서는 우리가 직면한 환경오염문제의 해결을 생물학적으로 수행하기 위해 필요한 미생물의 이론적인 특징과 원리를 먼저 공부해 보고, 미생물이 작용한 생물지구화학적 물질순환을 통해 환경미생물의 다양성과 기능성을 이해하기로 한다. 이후 수질, 대기 및 토양의 환경미생물 살펴봄으로써 이들의 기본 개념과 특성을 정립하고 생물학적 측면에 초점을 맞춘 환경오염의 생물학적 제어와 해결방안을 이해하도록 한다.

4.2 환경미생물의 분류

지구상에는 약 8만 종 이상의 미생물이 분포하는 것으로 추정되며 대표적인 환경 미생물 군(group)으로는 박테리아, 균류, 조류, 원생동물, 바이러스 등이 있다. 세포 구조와 기능에 따른 미생물의 분류는 진핵생물(eucaryote)에 속하는 균류, 조류, 원생동물과 원핵생물(procaryote)에 속하는 박테리아와 바이러스로 나누어지며 이들 미생물은 각각 독립적으로 생존하고 있는 것이 아니라 서로 관련된 생태계의 일부로서 생육하고 있다.

이들 환경미생물은 지구환경생태계에서 살아있는 생물권으로 지구물질순환에 깊이 관여하여 물과 대기 및 토양에서 발생되는 환경오염물질에 관한 분해자로서, 환경화학반응에 대한 촉매자로서, 때로는 환경오염물질의 발생원으로서 그들의 역할이 다양하게 수행되고 있다. 따라서, 본 절에서는 환경미생물의 분류를 통해 각 미생물의 역할이 어떤 것인지를 알아보고, 탄소원 및 에너지원의 사용에 따른 미생물 구분과 함께 효율적인 생물학적 처리의 기본조건인 박테리아 성장에 대해 이해해 보도록 한다.

4.2.1 박테리아(bacteria)

박테리아는 분류학상 단세포 원핵성 진정세균(procaryotic eubacteria)으로 구분된다. 형상에 따라 막대형(rod), 구형(spheroid), 나선형(spiral) 및 사상형(filamentous) 등의 모양을 하고 있으며, 그들은 개별적으로 각각 존재하기도 하고 2개에서 수백만 개 이상의 군체로서 존재하기도 한다. 이들 박테리아는 크기가 매우 작아서 광학 또는 전자 현미경을 통해서 볼 수 있으며, 그 크기의 범위는 0.3～50 μm인데 보통은 0.5～3.0 μm 정도이기 때문에 0.45 μm 정도의 공극을 가진 필터를 사용하면 물속에 있는 대부분의 박테리아는 모두 제거될 수 있다. 특히 박테리아 형태와 크기에 따라 구분해 보면 구형의 구균(coccus, cocci)은 직경이 약 1～3 μm이고, 막대형 간균(bacillus, bacilli)은 직경 0.3～0.5 μm 길이 1.0～10.0 μm 범위이다. 또한 인간의 배설물에서 흔히 발견되는 Escherichia coli는 0.5 μm 정도의 직경과 2 μm의 길이를 갖고 있으며, 막대형 비브리오(vibrio)는 0.6～1.0 μm 크기와 2～6 μm

정도의 길이를 보인다. 이와 같이 작은 크기의 박테리아는 부피에 대한 표면적 비가 매우 크기 때문에 물 속 또는 토양 내에 있는 먹이개념의 화학물질들을 체내로 쉽게 포획하여 그들의 대사활동을 수행하는 특징을 갖고 있으며, 이는 큰 미생물보다 환경오염물질의 화학반응에 더 빠르고 효율적으로 작용할 수 있다.

박테리아 세포구조는 주로 핵질(nucleoplasm)과 원형질(cytoplasm)로 이루어져 있다. 미세 세포구조를 살펴보면 비교적 단단한 세포벽을 형성하고 있는데 이는 다른 미생물로부터 침입을 막아 주며 세포벽 안에는 세포질 막이 있어서 세포의 안과 밖 사이를 통과하는 물질의 종류와 양을 통제하는 기능을 한다. 원형질은 세포의 대사작용을 하는 곳으로 콜로이드 상태의 단백질, 탄수화물 및 기타 유기 화합물을 포함하고 있다. 원형질 내부의 리보핵산(RNA, ribonucleic acid)은 단백질을 합성하는 중요한 동화작용을 수행하며 핵(nucleus) 내의 데옥시리보핵산(DNA, deoxyribonucleic acid)을 통해 생식작용을 관장하다. 봉입체에서는 지방, 탄수화물 등 음식물을 저장한다. 박테리아 종류에 따라서는 자신을 이동시킬 수 있는 편모와 필리 또는 세포외 중합체 등과 같은 부속기관을 세포표면에 가지고 있으며, 불리한 조건에서 견딜 수 있도록 홀씨 형태로 자신을 변형시키는 박테리아도 있다.

박테리아 세포 구성은 약 80%의 수분과 20%의 고형물로 이루어져 있는데 이들 고형물 중 약 90% 이상이 유기물로 되어있다. 박테리아를 화학식으로 나타내면 $C_5H_7O_2N$ 또는 $C_{60}H_{87}O_{23}N_{12}P$로 표현되고 조성비로 보면 약 53%가 탄소로 이루어져 있다.

박테리아 증식에 가장 큰 영향을 미치는 조건은 온도이다. 박테리아의 종류에 따라 적정 증식 온도가 다르기 때문에 온도에 따라 존재하는 박테리아의 종류도 달라진다. 적정 증식온도는 20°C 이하의 저온성 박테리아(psychrophilic bacteria), 20~45°C 범위의 중온성 박테리아(mesophilic bacteria), 45°C 이상의 고온성 또는 호열성 박테리아(thermophilic bacteria)로 구분할 수 있다. 물 환경에 존재하는 박테리아는 중온박테리아이며 저온의 수역에서 존재하는 저온성 박테리아도 있다. 때로는 80°C 이상의 고온에서 생존하는 박테리아가 존재하기도 한다. 박테리아 증식과 온도의 관계를 보면, 적정 증식 온도가 36°C인 박테리아의 증식율은 온도에 따라 증식 곡선이 증가하다가 적정 증식 온도가 지나면서 곧바로 증식율이 크게 감소한다. 그 이유는 박테리아의 효소가 적정 온도를 조금만 지나면 쉽게 파괴되기 때문인 것으로 생각되고 있다.

박테리아는 육안을 통하여 하나하나 볼 수 없지만, 이들이 군락을 이루게 되면 쉽게 육안으로 볼 수 있다. 물속이나 토양 내에 있는 박테리아의 분류 및 조사하는 일반적인 방법은 평판(plate)에 박테리아의 영양물질이 포함되어 있는 한천(agar)배지를 형성시킨 후 채취한 시료의 일정량을 이곳에 넣은 다음, 적당한 온도에서 일정한 시간이 경과한 후에 한천층 표면과 안쪽에 배양되어 생성된 박테리아 군락을 세는 것이다. 이 실험방법을 일반 자연수에 적용할 때에는 군락이 너무 많이 형성되지 않도록 멸균한 완충액으로 희석하여 시료를 사용해야 한다.

4.2.2 균류(fungi)

균류는 다세포, 호기성, 비광합성, 유기종속영양형 진핵원생생물이다. 균류는 번식방법에 따라 유성(sexually), 무성(asexually), 분열(fission), 발아(budding), 포자형성(sporeformation)으로 분류된다. 이들은 광합성을 하지 않는 유기체로서 여러 가지 형태의 사상체 구조를 하고 있다. 이들 종류 중 곰팡이(mold)는 진균류(true fungi)라 하며 미세한 균사체(mycelium)이라는 사상형 덩어리(filamentous mass)를 형성한다. 하지만 예외로써 균사를 형성하지 않는 단세포인 균류로 효모(yeast)를 들 수 있으며, 어떤 균류는 단일세포 발효균인데 반하여 어떤 것은 크고 복잡한 버섯모양을 하고 있다. 균류는 박테리아와 같이 중요한 미생물인데 환경미생물로서의 연구는 아직 적은 편이다.

곰팡이류는 균류의 일종으로 사체 유기물로부터 먹이를 얻는 기생생물이며 박테리아와 함께 생물권 내 탄소를 분해하는 대표적인 미생물이기도 하다. 박테리아에 비해 폭넓은 성장조건을 갖는 곰팡이류는 탄소순환에 중요한 역할을 담당한다고 하겠다. 사상체 구조를 하고 있는 균류는 박테리아보다 크기가 더 큰 호기성이며, 낮은 수분 조건과 강한 산성 조건에서도 잘 견딘다. 또한 적은 질소요구량과 높은 농도의 중금속 용액에서도 박테리아보다 생존력이 더 강하다. 환경 속에서 균류의 중요한 기능은 나무와 식물체에 있는 셀룰로오스를 분해하는 능력이 있다. 셀룰라아제(cellulase)라는 효소를 균류는 분비하는데, 이 효소는 세포 외 효소로서 셀룰로오스를 가용성 탄화수소로 분해하여 진균 세포로 하여금 흡수할 수 있게 한다.

위에서 열거한 이들 균류의 장점 때문에 여러 분야에서 환경적 친화력에 훌륭한 영향을 기여하는데, 특히 유기 고형물의 퇴비화와 공장폐수의 생물학적 처리에서 그들의 역할이 크다고 하겠다.

4.2.3 조류(algae)

조류는 단세포 또는 다세포의 무기영양형 광합성 원생동물이다. 조류 중소형인 것을 미세조류라 하며 세포크기는 5~100 μm인 것이 많다. 조류는 대부분 수생이기 때문에 담수와 해수에서 생육하고, 토양 속이나 젖은 돌에서도 발견된다.

조류는 원칙적으로 클로로필 a를 가지고 산소를 이용하여 광합성을 하는 생물군이다. 조류 성장의 관점에서 쉽게 설명해 보면 조류는 보통 햇빛과 이산화탄소를 이용하여 동화작용을 한다. 다시 말해 광합성 작용에 의해 에너지원을 공급받아 유기물질을 생성하고, 무기영양분인 탄소(CO_2 혹은 HCO_3^-)를 활용하여 생존한다. 조류의 일종인 클로렐라(chlorella)의 화학식을 $C_{5.7}H_{9.8}O_{2.3}N$으로 나타내어 광합성 작용에 의한 조류의 동화작용을 화학반응식으로 표현하면 다음과 같이 나타낼 수 있다.

$$5.7\,CO_2 + 3.4\,H_2O + NH_3 \xrightarrow{h\nu\,(\text{태양에너지})} C_{5.7}H_{9.8}O_{2.3}N + 6.25O_2 \tag{4.1}$$

조류는 빛이 없을 때에 광합성을 하지 않으므로 유기체와 동일한 방법으로 유기질을 동화시킨다. 이때에는 자신의 원형질이나 녹말, 지방 등을 분해하여 화학에너지를 사용하고 이 과정에서 물속에 있는 산소를 소모하기 때문에 조류가 많은 물속에서는 밤에 산소가 고갈되는 현상이 나타나게 된다.

앞서 말한 대로 조류는 빛에너지를 이용하여 화학에너지를 생성하여 축적할 수 있기 때문에 이들을 생산자라고 하며, 모든 수생동물의 생활에 필요한 먹이사슬의 기초를 이루는 1차 생산자로서 중요한 역할을 하고 있다. 따라서 어떤 의미에서는 박테리아와 균류는 환경 촉매자라고 할 수 있는 반면, 조류는 수중에 있는 생물들에게 태양 에너지를 공급해주는 태양연료세포(solar fuel cell)이라고 할 수 있다. 지구상에서 이루어지는 광합성의 약 90%가 조류에 의존한다고 볼 수 있다.

4.2.4 기타 미생물

1) 바이러스(virus)

환경미생물 중 주요 미생물에 대한 역할을 살펴보았지만 특별히 관심을 가져야 할 것은 바이러스에 관한 것이다. 바이러스는 크기가 박테리아의 1/30~1/20 정도로 작을 뿐만 아니라 박테리아와는 전혀 다른 구조를 가지고 있다. 다른 미생물세포는 DNA와 RNA의 양자로 되어 있는데 비해 바이러스는 그 중 하나의 핵산과 그것을 보호하는 단백질로 되어있다. 따라서 바이러스는 혼자서 살 수 없고 숙주가 있어야만 하는데 보통 동·식물 혹은 미생물의 세포 내에 기생하여 증식한다.

지구 역사상 바이러스에 의한 대규모 팬데믹은 몇 차례 있었는데, 전 세계적으로 약 5천만 명 이상의 사망자를 낸 1918~1919년의 스페인 독감(H1N1 인플루엔자 바이러스), 100만 명의 사망자가 발생한 1968~1969년의 홍콩 독감(H2N2 인플루엔자 A 바이러스), 그리고 2009년의 신종플루 등이 있다. 2019년 전 세계적으로 대유행을 일으킨 코로나 바이러스는 4년여간 전 세계에서 7억 7154만여 명이 확진됐고, 각국 정부 공식 통계 집계를 더한 사망자는 697만여 명이라고 확인했다. 세계보건기구는 정부 통계가 아닌 실제 사망자 수를 2천만 명 정도로 보고 있다. 바이러스의 주로 비말(기침, 재채기 등)이나, 감염된 사람이 만진 물건을 통하거나, 공기 중의 에어로졸에 의하여 감염이 전파되는 것으로 알려져 있다. 바이러스는 크기가 매우 작고(0.025~0.100 μm) 생물학적으로 불안정한 상태이기 때문에 분리 배양하기 어려울 뿐만 아니라 처리한 물속에서도 생존할 수 있기 때문에 수질관리에 있어서 매우 중요한 관리 대상이기도 하다.

2) 원생동물(protozoa)

원생동물은 세포벽이 없는 단세포 진핵미생물이다. 원생동물의 대부분은 호기성이나 임의성을 띤 혐기성 화학합성 종속영양형 생물이다. 하수처리에 있어서 중요한 원생동물은 아메바, 편모류, free-swimming ciliates 및 stalked ciliates 등이 있다. 원생동물은 박테리아와 다른 미세한 미생물을 먹으며 생물학적 하수처리공정의 운전과 하천의 정화에 필수적이다. 윤충류(rotifers)와 연충류(worm) 및 갑각류(crustaceans) 등을 이용하면 하천과 호수의 상태를 평가할 수 있고, 처리된 방류수의 독성여부를 판단할 수 있으며 2차 처리 과정의 처리효율을 파악하는 지표 생물이기도 하다.

3) 병원성 미생물(pathogenic organisms)

하수에서 발견되는 주된 병원성 미생물은 박테리아, 바이러스, 원생동물 등이다. 박테리아성 병원 미생물은 장티푸스, 파라티푸스, 이질, 설사 및 콜레라 같은 위장계통의 병이 있는 사람에게서 배설된다. 식수를 오염시켜 질병을 유발시키는 대표적인 박테리아 집단으로는 살모렐라(Salmonella), 이질균(Shigella), 콜레라균(Vibrio comma) 등이 있다. 살모렐라균은 사람이나 동물의 배설물에 의해 오염되며 특히 우리가 잘 아는 장티푸스는 오직 인간의 배설물에만 존재하면서 Salmonella typhosa에 의해 발생되는 인체 유행성 병원균이다. 살모렐라는 대부분 15°C 이상 자연수에서 짧은 시간 생존하고 자연으로 방출된 후 7일 이내에 사멸된다. 이질균은 비포자, 비운동성, 그람음성 간균으로서 유행성 설사증의 특징을 지니며 사람의 배설물에 의한 식수나 음식물에 통해 전염된다. 콜레라균의 특성은 비포자성, 호기성, 그람음성 간균으로, 비브리오를 포함한 배설물이 감염된 식수나 음식물을 통해 전염되며 급속한 전파와 높은 사망률을 나타낸다. 이들 전염성 병원균은 아시아 개발도상국들에서 주로 발생하며 식수원의 소독, 하수처리장의 살균, 위생수준의 향상을 통해 지속적으로 오염을 방지해야 한다.

4.3 미생물의 에너지원과 성장

4.3.1 탄소원과 에너지원

미생물의 번식과 기능활동을 위해서는 탄소원 및 에너지원 그리고 질소, 인, 황, 칼륨, 칼슘, 마그네슘과 같은 무기질 영양소들이 필요하다. 특히 미생물의 세포합성에 요구되는 탄소원과 에너지원은 환경오염물질들이 포함되어 있으며 이는 미생물에 의해 소비됨으로 자정작용이 가능해진다.

미생물을 영양학적이거나 섭식(feeding)특성으로 구분해 보면, 먼저 탄소원에 따라 크게 둘로 나눈다. 이때 탄소원은 유기물과 탄산가스이며 어떤 탄소원을 사용하느냐에 따라 독립영양 미생물과 종속영양 미생물로서 구별된다.

독립 또는 자가영양(autotrophs) 미생물이 성장하는데 필요로 하는 탄소원은 유기탄소물질이 아니라 이산화탄소 또는 탄산염 형태의 무기물질이다. 독립영양 미생물은 가장 간단한 무기물질을 이용하여 이들이 생존과정에서 필요로 하는 단백질, 효소, 기타 물질들을 합성한다. 이들이 사용하는 무기물질인 탄산가스로부터 유기성 세포조직으로의 변환은 하나의 환원과정으로서 에너지가 필요하다. 미생물의 종류에 따라 이용하는 에너지원은 다르지만 보통 생물학적 화학반응이 에너지원의 공급원이 된다. 이들 독립영양 박테리아는 종속영양 박테리아에 비해 세포합성에 많은 에너지가 필요하며 일반적으로 성장률이 낮다. 따라서 이들에게서 일어나는 생화학반응은 매우 복잡하고, 또한 여러 종류의 무기물질을 소비하고 생산하기 때문에 지구 생화학적의 변화에 중요한 역할을 한다.

종속영양(heterotrophs) 미생물은 동화작용에 필요한 탄소원을 이미 합성되어 있는 유기물질을 통해서 얻는다. 이들은 대개 독립영양 박테리아보다 많이 존재하며 환경적 측면에서 보면 토양 내의 유기물질(생물학적 분해 가능한 유기물 또는 유기폐기물)과 물 속의 유기물질(생물학적 처리공정의 오염처리 대상물질)을 분해시키는 미생물로서 생물학적 처리에 가장 중요한 역할을 수행하고 있다. 또한 세포합성에 필요한 에너지는 빛이나 화학적 산화환원반응에 의해 공급된다. 빛을 에너지원으로 사용할 수 있는 미생물을 광합성(phototrophs) 미생물이라 한다. 광합성 미생물에는 유황박테리아와 같은 종속영양형과 조류나 광합성 박테리아와 같은 독립영양형으로 구분된다.

표 4.1 에너지원과 탄소원에 의한 미생물의 일반적 분류

분류	에너지원	탄소원
독립영양(autotrophic) 미생물		
• 광합성독립영양(photoautotrophic)	빛	CO_2
• 화학합성독립영양(chemoautotrophic)	무기물의 산화환원반응	CO_2
종속영양(heterotrophic) 미생물		
• 화학합성종속영양(chemoheterotrophic)	유기물의 산화환원반응	유기탄소
• 광합성종속영양(photoheterotrophic)	빛	유기탄소

화학합성영양(chemotrophs) 미생물은 에너지를 산화환원의 화학반응에 의해 얻는다. 탄소원과 연관하여 화학합성영양 미생물을 구분해 보면 질산화 미생물과 같은 화학합성독립영양(chemoautotrophic)미생물과 대부분의 박테리아와 균류 및 원생동물에 해당하는 화학합성종속영양(chemoheterotrophic) 미생물로 나눌 수 있다. 탄소원과 에너지원 따른 미생물 구분의 이해를 돕기 위해 이들 종류별로 표 4.1에 나타내었다.

4.3.2 미생물의 성장

미생물 가운데 박테리아처럼 이분열법으로 증식하는 것은 배양을 시작하여 일정한 시간이 경과하면서 세포수가 대수적으로 증가하게 되는데, 이때 수량적 증가와 함께 생리적인 기능도 높아진다. 분열에서 분열까지의 간격을 한 세대(one generation)라 칭하며, 이에 해당하는 시간을 세대시간(generation time)이라 한다. 이때의 세대시간은 미생물의 종류, 배양조건과 환경조건에 따라 달라진다.

시간에 따른 박테리아와 단세포 조류의 수가 증가하는 형태는 그림 4.1과 같은데 이것은 박테리아를 배양하는 경우에 볼 수 있는 집단곡선(population curve)이다. 영양분이 충분한 배지에 소량의 박테리아를 접종하여 배양하면 4개의 단계로 구분할 수 있는 집단곡선을 형성하며 증식한다.

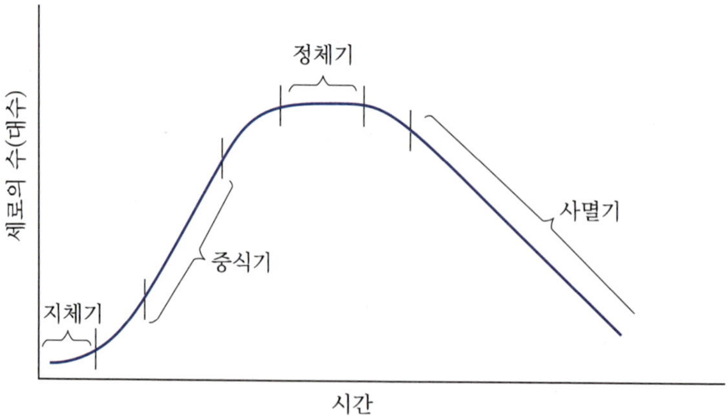

그림 4.1 박테리아 성장곡선

첫 번째 단계는 박테리아의 증식이 거의 발생하지 않는 때로서 지체기 또는 유도기(lag phase)라고 부르는데, 박테리아가 새로운 환경에 적응하며 그 환경 중에서 증식하기 위한 준비기간이다. 병원세균인 경우 감염에 앞선 잠복기로도 볼 수 있다.

두 번째 단계는 지체기가 지나 박테리아가 기하급수적으로 증가하는 단계로 접어드는데 이것을 증식기(logarithmic growth phase, log phase)라고 한다. 이 단계에서는 성장과 분열을 정상적으로 되풀이하며 일어난다. 또한 보통 증식할 때보다 2배 이상으로 증식하는데 존재하는 개체수에 비례하여 증식한다고 볼 수 있으며 이에 대한 전제조건은 식량부족, 사멸 등과 같은 제한 조건은 없다는 점이다. 박테리아 수의 대수치가 시간에 대해 일정하게 비례하여 증가하는 증식기는 박테리아가 급속히 증가하여 생물학적 변화가 급속히 일어나는 단계이기 때문에 합리적인 관리가 요구된다. 특히 이시기의 병원세균은 전염병의 폭발적인 발생과 관련이 깊다.

세 번째 단계인 정지기(stationary phase)는 증식기가 지나면서 제한요소가 도래할 때 발생하는데, 이때 증식을 제한하는 요소로는 필수 영양물질의 감소, 대사물질의 축적, 독성물질의 생성, 산소고갈, 환경조건의 변화 등이 있다. 정지기 동안에 실제적으로 박테리아 수는 거의 일정하게 되는데, 박테리아의 종류와 환경조건에 의해서 정체기의 기간은 길어질 수도 있고, 짧아질 수도 있다.

네 번째 단계인 사멸기(death phase)는 정지기가 지나면서 박테리아의 사멸수가 증식되는 수보다 많게 되는 단계이다. 보통 살아있는 균체수가 대수적으로 감소하므로 대수사멸기(logarithmic death phase)라고도 한다.

4.4 미생물 대사와 생물지구화학적 순환

지구 내에 존재하는 각 원소의 생물지구화학적 순환은 미생물의 생물량에 따라 원소의 화학적 조성이 변하며, 특히 미생물의 대사과정에서 요구되는 원소의 소비나 생산이 물질순환에 직접적인 영향을 미친다고 하겠다. 따라서 본 절에서는 생물지구화학적 순환 과정에서 미생물이 어떻게 물질 순환에 참여하는지를 박테리아 대사를 통해 알아보고, 주요 원소별 물질순환을 미생물 역할을 통해 살펴보기로 한다.

4.4.1 박테리아의 대사(bacterial metabolism)

박테리아 대사는 크게 이화작용(catabolism)과 동화작용(anabolism)으로 나눌 수 있다. 전자인 이화작용은 고분자를 작은 단위체 성분으로 분해하면서 에너지를 얻는 분해성 대사이며, 후자인 동화작용은 작은 분자를 더 큰 것으로 만드는 합성적 대사이다. 박테리아의 대사 반응은 박테리아 효소(enzyme)의 작용에 의해 이루어지는데, 이는 효소에 의한 전자공여체(electron donor)로부터 전자수용체(electron acceptor)로 전자가 전달되는 과정에서 미생물은 에너지를 얻어 호흡성 대사를 수행한다. 다시 말하자면, 박테리아는 대사반응인 산화- 환원반응을 통하여 동화작용과 증식에 필요한 에너지를 얻게 되고, 자연은 이러한 반응들을 수없이 제공하고 박테리아는 이러한 반응을 이용하여 생존한다.

4.4.2 미생물에 의한 산화－환원

물과 토양에서 미생물에 의한 산화－환원 과정은 대사과정에서 발생하는 화학적 반응으로 생물지구화학적 순환에 중요한 역할을 수행한다. 우선 산소 원자와 관련하여 미생물에 의한 산화－환원 과정을 살펴보자. 박테리아가 영양물질을 산화하는 과정에서 전자 이동 사슬로부터 마지막 전자를 받는데, 이때 산소 분자가 마지막 전자를 받으면 호기성 호흡(aerobic respiration)이라 하며, 산소 대신에 전자수용기(전자 받음) 역할을 할 수 있는 질산염 이온, 황산염 이온, 탄산염 이온 등이 마지막 전자를 받으면 혐기성 호흡(anaerobic respiration) 이라 한다. 이 기본 개념은 미생물의 산화－환원 과정으로 호기성 또는 혐기성 생물학적 처리공정을 이해하는데 꼭 필요하다.

미생물을 통하여 물과 토양에서 일어나는 중요한 산화－환원 반응들을 표 4.2에 열거하였다. 정리된 표 4.2를 참고로 앞으로 소개될 각 원소의 순환 과정을 이해하자.

표 4.2 미생물이 매개하는 산화반응과 환원반응

산 화 반 응
① $\frac{1}{4}\{CH_2O\}+\frac{1}{4}H_2O \rightleftarrows \frac{1}{4}CO_2(g)+H^+(w)+e^-$
(1a) $\frac{1}{2}HCOO^- \rightleftarrows \frac{1}{2}CO_2(g)+\frac{1}{2}H^+(w)+e^-$
(1b) $\frac{1}{2}CH_3OH \rightleftarrows \frac{1}{2}\{CH_2O\}+H^+(w)+e^-$
(1c) $\frac{1}{2}\{CH_2O\}+\frac{1}{2}H_2O \rightleftarrows \frac{1}{4}HCOO^-+\frac{3}{2}H^+(w)+e^-$
(1d) $\frac{1}{2}CH_4(g)+\frac{1}{2}H_2O \rightleftarrows \frac{1}{2}CH_3OH+H^+(w)+e^-$
② $\frac{1}{8}HS^-+\frac{1}{2}H_2O \rightleftarrows \frac{1}{8}SO_4^{2-}+\frac{9}{8}H^+(w)+e^-$
③ $\frac{1}{8}NH_4^++\frac{3}{8}H_2O \rightleftarrows \frac{1}{8}NO_3^-+\frac{5}{4}H^+(w)+e^-$
④ $\frac{1}{2}MnCO_3(s)+H_2O \rightleftarrows \frac{1}{2}MnO_2(s)+\frac{1}{2}HCO_3^-(10^{-3})+\frac{3}{2}H^+(w)+e^-$
⑤ $FeCO_3(s)+2H_2O \rightleftarrows FeOOH(s)+HCO_3^-(10^{-3})+2H^+(w)+e^-$
환 원 반 응
① $\frac{1}{4}O_2(g)+H^+(w)+e^- \rightleftarrows \frac{1}{2}H_2O$
② $\frac{1}{5}NO_3^-+\frac{6}{5}H^+(w)+e^- \rightleftarrows \frac{1}{10}N_2(g)+\frac{3}{5}H_2O$
③ $\frac{1}{8}NO_3^-+\frac{5}{4}H^+(w)+e^- \rightleftarrows \frac{1}{8}NH_4^++\frac{3}{8}H_2O$
④ $\frac{1}{2}\{CH_2O\}+H^+(w)+e^- \rightleftarrows \frac{1}{2}CH_3OH$
⑤ $\frac{1}{8}SO_4^{2-}+\frac{9}{8}H^+(w)+e^- \rightleftarrows \frac{1}{8}HS^-+\frac{1}{2}H_2O$
⑥ $\frac{1}{8}CO_2(g)+H^+(w)+e^- \rightleftarrows \frac{1}{8}CH_4(g)+\frac{1}{4}H_2O$
⑦ $\frac{1}{6}N_2+\frac{4}{3}H^+(w)+e^- \rightleftarrows \frac{1}{3}NH_4^+$

1) 미생물 매개 반응의 결과

(1) 모델 1 : 과량의 유기 물질

물은 초기에 O_2, NO_3^-, SO_4^{2-}, HCO_3^-를 함유한다.

예) 부영양화 호수의 바닥층, 침적물, 하수처리공장 소화조

	전체반응		전체반응
호기성 호흡	(1)+(A)	황산염환원	(1)+(E)
탈질화	(1)+(B)	메탄발효	(1)+(F)
질산염환원	(1)+(C)	질소고정	(1)+(G)
발효	(1b)+(D)		

(2) 모델 2 : 과량의 산소

물은 초기에 유기물질, SH^-, NH_4^+를 함유하며, Fe(II), Mn(II)이 있을 가능성도 있다.

예) 호기성 폐기물처리, 시냇물의 자연정화, 호수의 표면층

	전체반응		전체반응
호기성 호흡	(A)+(1)	철산화	(A)+(4)
황화물산화	(A)+(2)	망간산화	(A)+(5)
질소화	(A)+(3)		

4.4.3 미생물에 의한 탄소변형(탄소와 산소의 순환)

탄소는 대기 중에 탄산가스(CO_2) 형태로 대기가스의 약 0.03%로 존재하며 수중에서는 용해성 탄산과 탄산염 상태로 함유되어 있다. 일반적으로 탄소는 광합성에 의해 녹색식물에 흡수되어 유기탄소화합물을 합성하게 되며 일부는 미생물이나 동식물의 호기성 호흡(respiration)에 의해 CO_2로 환경에 환원된다. 따라서 자연계에서는 탄소와 산소의 순환적 변환을 통해 탄소순환이 균형을 이루고 있으나 최근 화석연료 사용의 증가로 인해 CO_2 함량이 증가하고 있다.

탄소는 생물이 생존하는데 필수적인 원소로서 미생물에도 높은 비율로 내부에 구성되어 있다. 대부분의 미생물들이 동화작용을 하면서 소모시키는 에너지는 거의 탄소를 산화시키는데 소요되는 것으로서 탄소가 화학적 변화를 한다는 것은 환경에 있어서 중요한 의미를 나타낸다. 예를 들면, 조류와 식물이 대기 중의 CO_2를 유기화합물인 $\{CH_2O\}$ 형태로 고정하기 위해서는 탄소를 +4에서 0으로 환원시켜야 된다. 태양에너지는 유기화합물속에 화학에너지 형태로 저장된다.

$$CO_2 + H_2O \xrightarrow{h\nu\,(\text{태양에너지})} \{CH_2O\} + O_2 \qquad (4.2)$$

반면, 조류가 사멸되면 박테리아가 사멸된 조류들을 분해하면서 식(4.2)의 역반응이 일어나게 된다. 즉, 균류와 아울러 호기성 박테리아인 Pseudomonas, Bacillus 및 Actinomycetes 속은 죽은 세포의 유기물을 완전히 산화시켜 자신의 영양분으로 이용한다. 이때 화학에너지가 방출되고 산소를 소모하게 된다. 이는 박테리아에 의해 산소를 소모함으로 유기탄소화합물이 이산화탄소로 무기화 되는 과정이다. 이와같이 유기탄소가 CO_2로의 생물학적 변환은 많은 종류의 미생물의 협동적인 대사(동화작용, 세포질 합성, 증식, 에너지 획득)에 의한 것이다.

산소가 없는 혐기성 환경에서 혐기성 미생물에 의해 유기화합물은 최초 발효에 의해 분해되고, 유기형태의 발효산물은 적당한 무기수소의 수용체로 질산염, 황산염 등에 의해 산화된다. 이탄, 갈탄, 석탄, 석유등이 형성되는 과정은 미생물에 의한 미분해 유기물질의 퇴적물이라 할 수 있다.

1) 메탄 박테리아

물 밑 또는 토양 깊은 곳과 같이 산소가 매우 적거나 산소가 없는 혐기성 상태에서는 $\{CH_2O\}$를 분해하는데 이산화탄소가 전자수용기의 역할을 하게 되며 이때 메탄 박테리아에 의해 메탄이 생성된다. 그 과정은 다음과 같다.

$$\frac{1}{8}CO_2 + H^+ + e^- \rightarrow \frac{1}{8}CH_4\uparrow + \frac{1}{4}H_2O \qquad (4.3)$$

반면, 유기 물질이 생물학적 분해가 일어날 때 $\{CH_2O\}$에 대한 1몰 전자 반-반응은 다음과 같다.

$$\frac{1}{4}CH_2O + \frac{1}{4}H_2O \rightarrow \frac{1}{4}CO_2 + H^+ + e^- \tag{4.4}$$

식(4.3)과 식(4.4)을 합하면 메탄 생성 박테리아에 의한 유기물질의 혐기성 분해 반응식이 구해진다.

$$\frac{1}{4}CH_2O \rightarrow \frac{1}{8}CH_4 + \frac{1}{8}CO_2$$

이것은 매우 복잡한 발효 반응이며, 산화제와 환원제가 모두 유기물질인 산화-환원 반응이다. 이때 참여하는 메탄생성 박테리아는 크게 4개의 그룹으로 나눌 수 있으며 형태의 차이에 의하여 Methanobacterium, Methanobacillus, Methanococcus, Methanosarcina 등으로 구분된다. 특히 이들은 혐기성이기 때문에 용존산소가 있으면 생존할 수 없으며 메탄생성 박테리아는 생물학적 폐수처리와 자연에서 대량의 유기성 폐기물을 분해하는데 중요한 역할을 한다. 활성슬러지 공정에서 배출된 슬러지와 하상에 퇴적되어 있는 유기물질 분해 과정에 꼭 필요한 메탄화 과정은 메탄생성 박테리아가 그 분해 과정에 산화-환원 과정의 촉매자로 역할을 수행한다. 이 과정에서 생성된 메탄은 혹시 존재한 산소들과 결합하여 혐기성 상태를 유지시켜 줌으로써 이들 메탄생성 박테리아의 활동에 도움을 준다. 메탄이 산소와 결합하는 반응식은 다음과 같다.

$$CH_4 + 2O_2 \rightarrow CO_2 + 2H_2O \tag{4.5}$$

이 반응을 보면 1몰의 메탄이 CO_2로 산화되기 위해서는 2몰의 산소가 필요하므로 물속에 있는 64 g의 산소(2몰)를 제거하기 위해서는 16 g의 메탄(1몰)이 요구된다.

유기성 폐기물을 혐기성으로 소화(digestion)하는 과정에서 생성되는 메탄을 연료로 사용하여 자원의 재활용화 하기도 한다. 이들 유기성 폐기물은 동물사육장에서 나온 축산 분뇨를 이용하기도 하고, 하수 처리장에서 발생된 슬러지(sludge)를 활용하기도 한다. 이 때 생산된 메탄은 쓰레기가 땅 속에 묻힌 지 오래되면 메탄이 지상으로 나오는 경우가 있으며 때때로 건물의 지하실에 메탄가스가 스며들어서 폭발과 화재의 원인이 되기도 한다.

메탄은 호기성 상태에서 여러 종류의 박테리아에 의하여 산화되어 에너지원으로 이용되는데 Methanomonas와 같은 박테리아는 메탄만을 에너지원으로 사용하고 있다. 메탄이 이산화탄소로 산화될 때 중간대사물로 생성되는 것은 메탄올, 포름산, 포름알데하이드 등이 있다. Micrococcus, Pseudomonas, Mycobacterium, Nocardia 등과 같은 박테리아들은 메탄보다 고분자 탄화수소를 분해하여 에너지원과 탄소원으로 사용하는데, 특히 석유 폐기물을 토양과 물에서 제거할 수 있는 효과적인 방법이 이들 미생물을 이용한 분해이기 때문에 환경에서의 미생물 분해반응은 매우 중요하다.

4.4.4 박테리아에 의한 질소변형(질소순환)

자연계의 질소순환은 그리 간단하지 않으며, 질소가 대기, 유기물질, 무기화합물 등과의 상호 관계에서 끊임없이 변화하고 있다. 이는 자연에 존재하는 질소의 중요한 동적 과정이라 할 수 있는데, 특히 물 속과 토양에서는 미생물에 의한 질소 화합물의 화학적 변형이 중요하다. 현실적으로 문제가 심각한 부영양화 현상은 질산염의 과량유입으로 인해 수자원이 오염되는 것으로 여기에 소개되는 질소 순환 과정을 통해 부영양화 현상의 발생 및 제어 개념을 이해해 볼 수 있다.

일반적인 생태계의 질소순환은 다음과 같다. 식물은 미생물이 생산한 무기질소, 질산염(NO_3^-) 및 암모늄염(NH_3)을 토양으로부터 뿌리로 흡수한다. 질산염(NO_3^-)의 경우는 식물체 내에서 다시 암모늄염(NH_3)으로 환원되며, 이는 광합성 산물에서 만들어지는 유기산으로 이동되어 아미노산(유기질소)이 된다. 이 아미노산으로부터 다시 단백질, 핵산 등의 주요한 질소함유 생체고분자가 합성된다. 암모늄염(NH_3)은 질산세균에 의해 아질산(NO_2^-)을 거쳐 질산(NO_3^-)으로 산화되어 식물에 흡수된다. 그러나 암모늄염(NH_3)의 일부는 아질산(NO_2^-)을 거쳐 질소가스(N_2)가 되어 대기로 방출된다.

이와 같은 반응들을 통한 질소순환은 그림 4.2에 자세히 나타나있다.

1) 질소고정(nitrogen fixation)

대기에 있는 질소분자가 미생물에 의하여 유기질소로 고정되는 이론적 화학식은 다음과 같이 소개할 수 있지만 이 과정은 매우 복잡하여 아직 완전히 파악되지 못하고 있다.

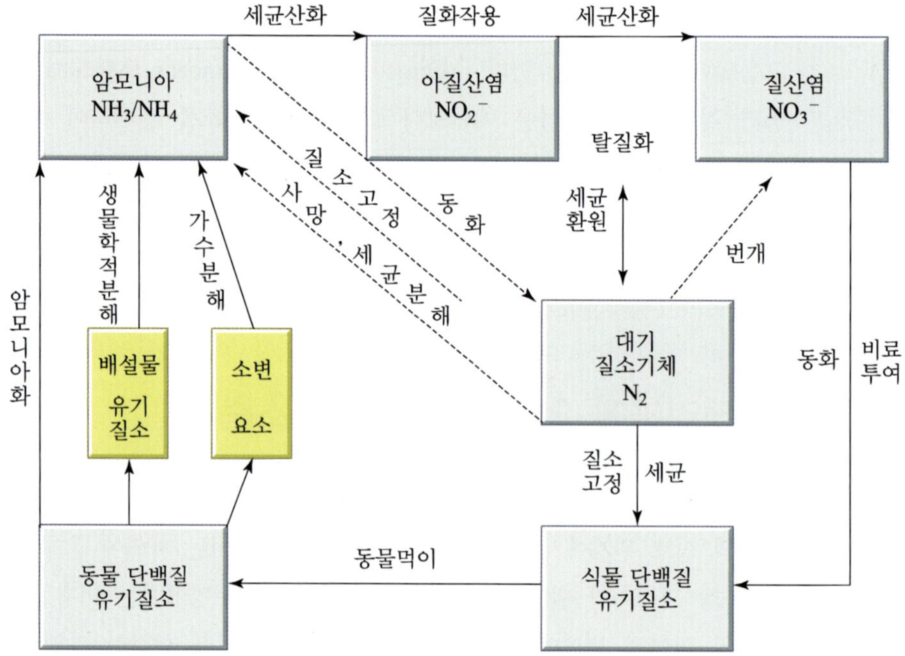

그림 4.2 질소순환

$$3\{CH_2O\} + 2N_2 + 3H_2O + 4H^+ \rightarrow 3CO_2 + 4NH_4^+ \qquad (4.6)$$

생물학적 질소고정은 자연계에서 매우 중요한 생화학반응이며, 합성 질소비료를 제공하지 않는 경우에 식물이 질소를 취하는 필수적인 공정이다. 어떤 종류의 식물과 공생관계를 가지는 박테리아에 의해 이루어지는 공생적 질소고정의 미생물은 Rhizobium속의 박테리아가 있다. 이들 박테리아는 콩과식물의 뿌리에 붙어서 작은 덩어리를 형성하고 있고 콩과식물이 이용할 수 있도록 대기 중의 질소를 고정시키면서 생존하고 있다. 만약 콩과식물이 죽어서 썩게 되면 NH_4^+가 발생하게 되는데 미생물은 이것을 질산염이온으로 변화시켜 다른 식물로 하여금 흡수될 수 있도록 한다. 물론 이 때 생성되는 암모늄 이온과 질산염이온의 일부는 물과 대기 중으로 이동하기도 한다. 질소고정을 위한 효소계는 박테리아에 의해 합성되지만, 숙주식물은 이 성질의 발현에 적당한 환경을 박테리아에 공급한다.

물속에 있는 미생물들은 대기에 있는 질소를 고정할 수 있는 능력이 거의 없으나, 광합성을 할 수 있는 Azotobacter와 Clostridium에 속하는 박테리아는 질소를 고정할 수 있으며 조류 중에서는 Anabaena 및 Nostoc속의 남조류가 이러한 능력을 가지고 있다. 그러나 물속에서 이러한 미생물과 같은 유기체들에 의하여 고정되는 질소의 양은 유기물질, 비료 유출물, 기타 물질 등에 의하여 제공되는 양에 비해 매우 적다.

2) 질산화(nitrification)

질산화(nitrification)는 암모니아가 질산염으로 산화되는 과정으로 −3가의 질소이온에서 +5가의 질소이온으로 변하는 것을 말한다. 이는 토양과 물속에서 일반적으로 일어나는 매우 중요한 반응이다. 물속에서 평형상태의 질소는 NO_3^- 이온의 형태(+5가로 존재)이지만 생물학적 화합물로 된 질소는 $-NH_2$의 형태, 즉 −3가로 존재한다. 질산화 반응을 1몰 전자로 나타내면 다음과 같은데, 식물에 흡수되는 질소화합물은 질산염 형태이므로 질산화는 자연계에서 매우 중요하다. 만약 비료를 암모늄염 또는 무수 암모니아의 형태로 뿌리게 되면 미생물들이 질산염으로 변화시킴으로써 식물이 질소를 흡수할 수 있다.

$$\frac{1}{4}O_2 + \frac{1}{8}NH_4^+ \rightarrow \frac{1}{8}NO_3^- + \frac{1}{4}H^+ + \frac{1}{8}H_2O \quad (4.7)$$

자연계에서 질산화를 촉매로 하는 박테리아는 암모니아 산화세균인 Nitrosomonas와 아질산 산화세균인 Nitrobacter이다. Nitrosomonas는 암모니아를 아질산염으로 변형시키고

$$2NH_4^+ + 3O_2 \rightarrow 4H^+ + 2NO_2^- + 2H_2O \quad (4.8)$$

Nitrobacter는 아질산염을 질산염으로 산화시키는데 관여한다.

$$NO_2^- + \frac{1}{2}O_2 \rightarrow NO_3^- \quad (4.9)$$

이들 질산화 박테리아는 호기성이기 때문에 산소 존재 시에만 제 기능을 발휘할 수 있으며, 또한 화학합성영양 또는 화학적무기영양 박테리아이기 때문에 동화작용에 필요한 에너지를 얻기 위하여 산화성 무기물질을 이용한다. 대부분의 이러한 박테리아는 자신의 생체 합성에 필요한 탄소를 대기 중의 CO_2에서 얻기 때문에 독립영양 또는 화학합성 자가영양체라고도 한다.

3) 질산염 환원(nitrate reduction)

질산염 환원은 질산염 이온의 질소가 미생물에 의하여 낮은 산화상태의 질소화합물로 환원되는 것이다(가령 NO_3^-가 NO_2^-나 NH_4^+로의 변환). 산소가 없는 경우에 질산염은 미생물에 의하여 다른 물질 대신에 전자 수용기로 사용될 수 있다. 질산염의 질소가 완전히 환원될 경우에 질소 원자가 받을 수 있는 전자의 수는 8개로서 암모니아가 질산염으로 (−3가에서 +5가로) 산화될 때에 떨어져 나갔던 전자수와 동일하다. 질소는 단백질을 합성하는데 필수원소로서 암모니아성 질소가 환원되어 공급되며 이 때에 일어나는 반응을 질산염 동화작용이라고 한다. 그러나 일반적으로 단백질 합성에 사용되는 질산염은 매우 적다.

질산염이 전자 수용기로 작용하면서 NO_2^-가 되는 반응은 아래와 같다. 그러나 질산염 이온이 이와 같은 작용기로서 사용되지 못하는 점은 물속에 NO_3^-농도가 매우 낮기 때문이고, 아질산염이온(NO_2^-)은 독성이 있어서 이것이 어느 수준 이상으로 존재하면 박테리아의 성장을 저해하기 때문이다.

$$\frac{1}{2}NO_3^- + \frac{1}{4}CH_2O \rightarrow \frac{1}{2}NO_2^- + \frac{1}{4}CO_2 + \frac{1}{4}H_2O \tag{4.10}$$

4) 탈질화(denitrification)

탈질화는 질산염과 아질산염이 N_2로 환원되는 것으로서 이 반응 결과로 대기에 질소가스를 방출하게 된다. 이때 관여하는 미생물로는 Pseudomonas aeruginosa이며 질산염을 N_2가스로 환원할 수 있다. 탈질화작용은 생태학적으로 매우 중요한 과정으로써 탈질화과정을 통해 토양에서는 질소영양분을 빼앗기며, 대기에서는 질소보급원이 된다. 탈질화과정의 화학반응은 질산화 과정과 함께 부영양화 해결에 매우 중요한 과정이다. pH 7에서의 1몰 전자반응식은 다음과 같다.

$$\frac{1}{5}NO_3^- + \frac{1}{4}CH_2O + \frac{1}{5}H^+ \rightarrow \frac{1}{10}N_2(g)\frac{1}{4}CO_2 + \frac{7}{20}H_2O \tag{4.11}$$

4.4.5 미생물에 의한 황의 변형(황순환)

생체물질의 불가결한 성분인 황은 지각 중에 풍부하게 존재한다. 황화합물이 자연에 일반적으로 존재하는 것은 용해성의 황산염 또는 환원형의 유기황화합물로서 생물에 이용된다. 특히 황산염(SO_4^{2-})은 자연수에서 다양한 농도로 존재하고 있으나 유기황화합물은 오염물 또는 자연물로 존재하다가 미생물에 의하여 분해되어 악취와 독성이 있는 화합물들을 생성함으로써 수질을 악화시킨다.

자연환경 속에서 황과 질소는 여러 측면에서 유사한 점이 많다. 생체 내에서 황은 환원된 상태의 $-SH$로 존재하고, 질소도 -3가인 $-NH_2$로 존재하며, 미생물에 의하여 유기화합물이 분해될 때 황은 환원된 화합물인 H_2S를, 질소는 환원된 화합물인 NH_4^+을 형성한다. 또한 미생물에 의해서 황원소가 황화합물에서 생성되듯이 질소원소가 질소화합물에서 생성되며, 산소가 존재하는 상태에서 박테리아에 의하여 황은 SO_4^{2-}의 산화상태, 질소는 질산염이온(NO_3^-) 상태로 산화시킨다.

1) 미생물에 의한 황산염 환원

물속에서 H_2S가 형성되는 과정은 유기황화합물의 분해에 의해서 발생되었기보다는 Desulfovibrio 박테리아가 유기황화합물이 산화될 때에 전자수용기로 황산염이 사용되면서 황산염을 H_2S로 환원시켰기 때문이다.

$$SO_4^{2-} + 2\{CH_2O\} + 2H^+ \rightarrow H_2S + 2CO_2 + 2H_2O$$

실제로 Desulfovibrio 이외의 박테리아는 유기물을 산화시킬 때 CO_2를 발생하는데 반해 Desulfovibrio은 아세트산을 생성하는 특징을 나타낸다. 이들은 보통 물밑에서 활동하고 있는데 그런 곳에 황산염 이온이 많이 존재하기 때문이며 이들에 의해 다량 발생되는 H_2S는 중요한 대기 오염원으로 대두되고 있다.

2) 미생물에 의한 H2S의 산화

어떤 박테리아는 황산염 이온을 H_2S로 환원시키는 반면, 어떤 것은 H_2S를 산화시킨다. 자주색과 녹색의 황박테리아가 혐기성 상태에서 H_2S를 산화시켜 동화작용에 필요한 에너지를 얻고, 탄소원으로 CO_2를 사용한다. 호기성 무색황 박테리아가

H_2S를 산화시키기 위하여 산소 분자[식(4.12)], 황 원소[식(4.13)], 티오황산염[식(4.14)] 등을 사용할 수도 있다.

$$2H_2S + O_2 \rightarrow 2S + 2H_2O \tag{4.12}$$

$$2S + 2H_2O + 3O_2 \rightarrow 4H^+ + 2SO_4^{2-} \tag{4.13}$$

$$S_2O_3^{2-} + H_2O + 2O_2 \rightarrow 2H^+ + 2SO_4^{2-} \tag{4.14}$$

황이 황산염으로 산화되면 강산인 황산이 형성된다. 그런데 무색황 박테리아 중의 하나인 Thiobacillus thiooxidans은 산에 저항력이 강해서 1노르말(N)의 산성용액에서도 생존할 수 있다.

4.4.6 금속과 박테리아

철화합물을 이용하여 동화작용에 필요한 에너지를 얻는 박테리아는 Thioobacillus ferrooxidans, Gallionella, Sphaerotillus 등이 있다. 이때의 반응은 제일철인 Fe(II)가 제이철인 Fe(III)로 산화되는 것이다.

$$4Fe(II) + 4H^+ + O_2 \rightarrow 4Fe(III) + 2H_2O \tag{4.15}$$

이들 박테리아는 탄소를 얻는데 있어서도 유기물질 대신에 CO_2를 이용하기 때문에 유기물질이 없는 환경에서도 생존할 수 있는 특징이 있다. Gallionella 같은 철 박테리아는 매우 복잡하게 가지가 뻗어 있는 구조를 하고 있으며 다량의 수산화제이철을 분비한 다음에 이들 산화철 가지의 맨 끝 부위에서 박테리아 세포를 자라게 한다.

박테리아는 바닷물 속에 있는 망간의 순환에도 기여한다. 망간, 구리, 니켈, 코발트 등의 중요한 공급원인 망간 덩어리가 망간을 산화-환원시키는 박테리아에 의하여 만들어진다. 이것은 효소 반응에 의한 것이며, 이들은 바닷물 속에 있는 Ca^{2+}, Mg^{2+} 등과 같은 양이온에 의하여 영향을 받는다.

실제 심각한 환경문제인 산성 광산수 발생에 대해 알아보자. 산성광산수의 배출은 수계에 악영향을 끼치게 된다. 왜냐하면 석탄 광산과 채석굴에서 사용하였던 물과 여기에서 흘러나온 물들은 중금속 독성과 유해 성분의 산성인 황산을 포함하기 때문이다. 산성 광산수는 미생물에 의하여 황석철광(FeS_2)이 산화됨으로써 황산과 제일철을 생성하고 제일철은 다시 산화과정을 통해 제이철로 형성된다.

첫 번째 반응인 황석철광의 산화반응은 다음과 같다.,

$$2FeS_2 + 2H_2O + 7O_2 \rightarrow 4H^+ + 4SO_4^{2-} + 2Fe^{2+} \tag{4.16}$$

제일철이 제이철로 되는 반응은 다음과 같다.

$$4Fe^{2+} + O_2 + 4H^+ \rightarrow 4Fe^{3+} + 2H_2O \tag{4.17}$$

이들 반응은 pH가 낮은 경우에 반응은 천천히 진행되며, 보통 산성 광산수에서 쉽게 발견된다. 3.5이하의 pH에서는 Thiobacillus ferrooxidans에 의해서 그리고 pH 범위 3.5～4.5에서는 Metallogenium 등에 의해 철이 산화된다.

Fe(III)도 다음과 같이 황석철광을 용해시킨다.

$$FeS_2 + 14Fe^{3+} + 8H_2O \rightarrow 15Fe^{2+} + 2SO_4^{2-} + 16H^+ \tag{4.18}$$

이 식을 식(4.16), 식(4.17)과 함께 황석철광을 용해하는데 하나의 사이클을 형성한다.

또한 Fe^{3+}은 산성이온으로서 pH 3 이상에서는 수산화철로 형성되어 침전한다.

$$Fe^{3+} + 3H_2O \leftrightarrows Fe(OH)_3 + 3H^+ \tag{4.19}$$

산성 광산수가 흘러 들어온 강바닥은 황색 물질들이 덮여 있는데 이는 비결정성 $Fe(OH)_3$이다.

4.5 수중미생물

자연계의 담수는 우수, 지표수, 지하수 등으로 구분되어 생태계의 수자원으로 이용되고 있다. 각 담수와 미생물과의 관계를 살펴보면, 우수의 경우에는 대기미생물에 의한 미생물 존재 여부가 좌우되고 우물물 등의 지하수는 외부의 오염에 주의한다면 자연여과작용에 의해 일반적으로 미생물을 거의 함유하지 않은 상태이다. 하지만 지표수는 지형, 토양성질 등의 외부환경조건과 자연 또는 인공 오염원에 의해 크게 영향을 받는다. 특히 담수에 함유되어 있는 영양염류나 유기물의 농도에 따라 담수내 박테리아 세포수의 변화가 생긴다. 이들의 농도가 높은 담수인 부영양호(eutrophic lake)에는 박테리아 세포수가 급격히 증가하며 여름철에는 훨씬 많다. 비교적 오염의 영향을 받지 않는 상태이며 낮은 영양염류나 유기물의 농도의 담수인 빈영양호(oligorophic lake)에는 영양물질이 적기 때문에 낮은 박테리아 세포수를 보인다. 수중미생물은 여러 환경조건에 따라 그 수와 종류가 달라지며 일반적으로 수중의 박테리아는 Pseudomonas, Alcaligenes 및 Achromobacter속이 가장 많다.

수계에 유기물이 유입되면 고유하게 서식하는 많은 동물들은 모습을 감추고 박테리아만이 증식한다. 또한 오염도가 더 심한 하류에는 하수균(Sphaerotilus natans)과 박테리아를 먹이로 하는 원생동물, 줄지렁이가 증가한다. 오수의 주요 미생물에는 Sphaerotilus 및 Beggiazos속의 박테리아와 Geotrichum candidum 등이 있다. 수질이 완전히 회복하여 이전의 상태에 가까워지면 출현했던 박테리아와 함께 조류도 함께 격감하여 완전청정수역에 서식하는 동물이 생존하게 된다.

물이 정화될 때 나타나는 미생물의 각종 천이를 통해 환경오염현상의 생물학적 변화를 볼 수 있으며 이때 미생물의 작용을 통한 자연정화력의 영향을 알 수 있다. 물의 자정작용이란 하천에 방류된 유기폐수로 악화되었던 유입지점의 수질이 하류로 감에 따라 서서히 좋아지고 일정한 거리를 흐르는 뒤에는 거의 폐수 유입 전의 수질로 되돌아가는 현상을 말한다. 여기에서 말하는 자정작용이란 유기물이 산화분해를 통해 무기화 되는 현상으로 절대적으로 미생물 존재 하에 이들이 직접적으로 관여하는 과정이 포함되어 있다. 앞서 자세한 설명이 제공되었지만 다시 살펴보면, 물 속이나 하천에 서식하는 미생물이나 생물은 증식이나 성장을 위해서 호흡이나 섭식 등의 활동을 하며, 그 결과 물 속의 유기물이 산화－환원을 하여 안정한 물질이 되고 그들의 일부는 생물체에 흡수되어 제거된다. 이때 각종 주요 생물의 활동은 다음과 같다.

① 박테리아는 물속의 오염물질을 산화 또는 환원하여 단순한 화합물로 변화시킨다.
② 조류는 광합성에 의하여 산소를 방출하고 또 단순한 화합물을 흡수한다.
③ 미소동물은 유기물, 박테리아, 조류 등을 섭취하여 단순한 화합물로 변화시킨다.
④ 대형동물은 고형유기물, 동식물체를 섭취하며 이 단계에 도달하면 폐수는 상당히 정화되고 안정되었다고 본다.

하천의 자정작용 과정에서 미생물학상의 변화를 알아보면, 유기폐수 유입 직후에는 먼저 일반 박테리아, 하수 박테리아 및 균류가 증식하고, 이어서 원생동물, 마지막으로 조류가 번식하게 된다. 이에 따른 미생물의 변화는 수질상태(BOD, 부유물질, 용존산소) 및 영양염류에 밀접하게 관련이 있다. 오염초기의 현상인 높은 농도의 BOD, 부유물질 및 영양염류는 시간이 경과함에 따라 감소하는 반면 용존산소는 초기에 오염과 번식한 미생물의 소비에 따라 감소되었다가 후반 조류번식기에는 다시 증가하게 된다. 이렇게 유기오염의 처리와 자정작용 단계를 미생물 집단의 출현에서 알 수 있으며 특히 원생동물의 존재는 산소소비량 증가와 박테리아의 감소를 가져오는 자정작용의 단순한 단계로 간주할 수 있다.

호수에서의 생물학적 변화는 하천과 다른 현상을 보인다. 하수를 방치할 경우 미생물의 변화는 부식성이 강한 섬모충류인 Paramecium 및 Colpodium속과 편모충류인 Bodo, Oikomonas 및 Bicosoeca 속이 우점종으로 나타난다. 이후 이들이 감소하는 시기에 조류가 증가하고 이들이 우점종으로 되는 시기에 다시 섬모충류가 증가한다. 이는 조류의 생산물을 이용하는 박테리아가 증가해서 이것을 포식하는 섬모충류와 조류를 섭식하는 섬모충류의 증식 때문이다. 이후 미생물에 의한 수질정화의 원리 및 기법은 제8장 수처리 부분에서 자세히 다루게 된다.

4.5.1 지표 미생물과 분변오염

식수오염은 인류의 역사를 통해 가장 오래된 환경오염 형태로서 인간에게 직접적 영향을 주었으며 식수오염 방지를 통해 환경위생공학은 발전을 더해 왔다고 해도

과언이 아니다. 식수오염 방지를 위해 분변오염(fecal pollution)의 지표생물(indicator organisms)의 개념이 일찍이 도입되었는데 이는 빠른 시간 내 식수의 분변오염의 여부를 밝히고 오염의 정도를 확인하기 위해 만들어졌다. 이미 1914년에 미국의 보건부 (public health service)에서는 식수의 분변오염의 지표생물로 대장균군(coliform group)을 채택하였다. 이에 대한 이유는 병원성 세균과 바이러스, 원생동물 기생체 소낭의 직접 검출은 비싸고 시간이 많이 걸릴 뿐 아니라 숙달된 기술이 요구되기 때문에 분원성 오염지표로 대장균군이 채택되었다. 그 후에 분변오염의 발생, 상수와 하수처리장의 처리 효율, 공급체제 내 물의 질 저하와 사후오염(postcontamination) 등을 알기 위해 다양한 미생물들이 이용되어 왔는데 이상적인 지표생물의 기준은 다음과 같다.

① 온혈동물의 장내 균에 속해야 한다.
② 병원체가 존재할 때 같이 존재하고 오염되지 않은 시료에는 없어야 한다.
③ 병원체보다 많은 수로 존재해야 한다.
④ 환경변화와 상수 및 폐수처리장의 소독에 적어도 병원체와 동등하게 저항성을 가져야 한다.
⑤ 환경에서는 증식하지 않아야 한다.
⑥ 쉽고 빠르고 경제적인 방법에 의해 검출되어야 한다.
⑦ 비병원성이어야 한다.

대장균은 Escherichia와 Aerobacter속으로서 대장균의 존재가 반드시 사람의 배설물에 의해 오염되었다는 의미는 아니다. 그러나 확실히 Escherichia coli (E. coli)는 그 근원이 전부 배설물에 의한 것이다. 왜냐하면 토양에 서식하는 대장균을 배제하고 E. coli 만을 측정하기는 어려우므로 전체 대장균을 대소변의 유입여부를 판단하기 위한 지표(indicator of fecal pollution)로서 사용된다. 우리가 쉽게 이해될 수 있도록 하기 위해 물의 사용 목적에 따른 지표미생물의 선정을 표 4.3에 나타냈다.

총 대장균군(total coliforms)은 호기성 및 통성혐기성, 그람음성, 비포자 생성, 막대모양 세균으로 유당(lactose)을 발효시켜 35°C에서 48 시간 내에 기체를 생성하는 모든 세균들을 포함한다. 이 종류에는 E. coli, Enterobacter, Klebsiella, Citrobacter 등이 있다. 대장균군은 사람과 동물 배설물을 통해 많은 수(마리당 하루에 2×10^9 개체)로 방출되지만 모든 대장균군이 분변기원은 아니다. 이 지표세균은 식수, 조개

채취장 물, 오락 및 휴양용수의 수질 결정에 유용하다. 폐수 처리장에서 총대장균군은 처리장의 처리 효율이 나타내는 좋은 지표중의 하나가 되기도 한다.

분변성 대장균군(fecal coliforms)은 44.5°C에서 유당을 발효할 수 있는 모든 대장균군을 포함하는데 E. coli와 Klebisella pneumoniae같은 박테리아들로 구성된다. 분변성 대장균군의 존재는 온혈동물의 배설물의 존재를 가리킨다. 그러나 사람과 동물에 의한 오염은 구분되지 못한다. 분변성 대장균군은 세균 병원체들과 유사한 생존형태를 나타내지만 원생동물 또는 바이러스 오염의 지표생물로서의 효용성에는 제한이 있는데 그 이유는 이들이 바이러스나 원생동물 소낭보다 소독에 대해 훨씬 저항성이 낮기 때문이다. 따라서 조개류와 그 서식하는 물의 바이러스 오염 측면에서 대장균군 기준은 믿을 만하지 못하다. 대장균군은 또한 적당한 조건하에 물과 폐수에서 다시 자라날 수도 있기 때문이다.

분변성 연쇄상구균(fecal streptococci)에는 Streptococcus faecalis, S. bovis, S. equinus, S. avium 등이 있는데 이들이 사람과 온혈동물의 장에 흔히 서식하므로 물에서의 분변오염을 검출하는데 이용된다. 여기에 속하는 종들은 환경에서의 잔류성이 높으나 증식하지는 않는다.

분변성 대장균군 대 분변성 연쇄상구균의 비(FC/FS ratio)는 지표수 오염의 기원의 지표로 이용되는데, 24시간 내의 최근 분변오염에만 유용하다. 이 비가 4 또는 그 이상이 되면 인간기원의 오염을 나타내며 0.7 이하이면 동물오염인 것으로 간주한다.

표 4.3 물의 사용 목적에 따른 지표 미생물의 선정

물사용	지표미생물
상수	총 대장균(total coliform)
담수위락	분변성 대장균(fecal coliform), E. coli, 소화성 구균(enterococci)
염수위락	분변성 대장균, 총 대장균, 소화성 구균(enterococci)
갑각류과 성장지역	총 대장균, 분변성 대장균
농업관개	총 대장균(재사용되는 물에 대해)

4.6 토양미생물

토양표면에서 약 15 cm 깊이까지의 비옥한 토양은 1 km^2당 약 0.5톤 이상의 박테리아와 균류를 포함하고 있는 것으로 추정된다. 토양에 동식물 조직을 가했을 때 그 조직의 유기화합물은 그것들을 소화하고 산화할 수 있는 미생물에 의하여 급격한 작용을 받는다. 산소가 소비됨에 따라 죽은 조직에 근접한 부분은 혐기적인 조건이 되고 발효미생물이 증식한다. 최종적으로는 유기화합물이 이산화탄소로 완전히 산화되거나 또는 동화되며 암모니아, 황화수소 및 수소와 같은 환원된 무기산물을 이용해서 독립영양생물이 증식한다.

토양미생물은 토착성(autochthonous)과 발효성(zymogenous)로 대별된다. 토착성미생물은 토양 중에 원래 존재하는 토양유기물을 이용하는 미생물로서 토양에 따라 특유한 미생물이 생존하고 있다. 이들 미생물의 변동은 그다지 크지 않으며 대표적으로 질산화 박테리아와 탈질 박테리아가 이에 속한다. 발효성미생물은 토양에 유기물질을 가했을 경우에만 다수 출몰하는 특징을 지니며 평소에는 그 수가 아주 적다가 유기물이 유입될 경우 급속히 증식하게 되고 또 유기물이 소멸되면 급격히 수가 감소한다. 생물학적 토양오염 처리에서는 이들 발효성미생물의 특성을 살려 특정오염물질 생분해에 이용하기도 한다.

따라서 본 절에서는 토양층에 따라 존재하는 토양미생물군에 대한 분포와 특징을 알아보고 미생물을 이용한 토양오염물질의 생분해 과정을 이해해보자.

4.6.1 토양미생물의 종류

토양에 존재하는 일반적인 미생물 종류에는 박테리아, 방선균, 사상균, 효모, 조류, 원생동물, 등이 있으며 미생물 개체수로는 1 g의 토양에 $10^6 \sim 10^9$ 정도가 존재한다. 토양의 깊이에 따라 상층토양에는 주로 균류, 박테리아, 조류, 원생동물 등이 모두 활발하게 활동하나 암석권에는 주로 무기영양성 박테리아가 존재한다. 하지만 그 각각의 수와 상대적인 값은 토양의 물리적, 화학적 조건 및 생물학적 요인에 따라 다르다.

박테리아가 일반적인 토양에 존재하는 미생물 중 가장 많이 분리되며 주요 박테리아 구성 비율은 토양에 따라 큰 차이를 보인다. 특히 Actinomycetes는 토양박테리아 개체수의 약 10~33%를 차지하며 비교적 건조에 강하여 사막에서도 생존이 가능하다. 또한 Streptomyces와 Nocardia도 흔히 발견되는 미생물이다. 광합성 박테리아로 중요한 것은 Cyanobacteria 종류로 Anabaena, Nostoc, Oscillatoria, Calothrix 등이 있는데 식물이 없는 곳에서 표면지각을 형성하여 토양 안정화에 기여한다. 이들 중 몇 종류는 질소고정능력이 있다.

균류는 토양미생물 생체량의 상당량을 차지하며 통기가 잘 되는 토양, 주로 10 cm의 표층토에 주로 존재하고 30 cm 이하의 토양에서는 거의 존재하지 않는다. 방선균은 박테리아 다음으로 많은 균류로서 토양냄새의 원인이 되며 단백질 및 섬유소 등의 분해에 관여한다. 사상균은 섬유소, 단백질 등 유기물 분해를 관장하며 대표적인 사상균 종류에는 Mucor, Alternaria, Cladosporium, Trichoderma, Penicillium, Aspergillus 등이 있다. 효모도 흔하게 발견되는 균주이며 토양에 서식하는 조류로는 녹조류, 홍조류, 규조류 등이 있다.

토양 원생생물들은 수중원생물들에 비해 크기가 작고 다양하지 못하다. 토양 원생동물 표층토에 주로 존재하며 세균과 조류의 중요한 포식자이다. 토양 내의 여러 종의 미생물들은 함께 존재하며 상호간에 새로운 관계가 생기게 된다. 이 결과는 한 종 또는 모든 종에 유익·유해 또는 무관할 수 있기 때문에 토양미생물의 활동에 큰 영향을 미치게 된다.

4.6.2 생장에 영향을 주는 요소

토양미생물은 각각의 생존에 필요한 최저·최고 및 최적 조건을 갖기 위해 자연에서 다른 환경요인들과의 관계를 맺고 있다. 토양미생물의 반응에 변화를 줄 수도 있는 제한 요소는 다음과 같은 외부조건이 적용된다.

① 온도는 토양미생물의 구성과 그 활동성을 결정하는 요소로써 위도와 고도 및 토양 깊이에 따라 변화하며 24시간과 계절적인 순환이 존재한다.

② 토양미생물의 조성과 대사 활동은 토양 내 pH에 의해 크게 영향을 받는다. 토양 내 pH 범위는 일반적으로 4.0에서 8.5 정도인데 5.5 정도 이하의 산성 토양에서는 균류가 우세하고 중성 또는 약염기성 토양에서는 박테리아와

Actinomycetes가 우세하다.

③ 토양 내의 산화환원력 차이에 의해 호흡 때의 전자 수용체가 O_2, NO_3^-, SO_4^{2-}, CO_2 등으로 달라짐에 따라 미생물 종류 및 대사가 변화한다.

④ 토양 중의 무기물 성분이 많음에도 불구하고 질소와 이와 같은 무기 영양염류의 부족으로 토양미생물의 성장이 제한을 받기도 하며, 빛은 광합성에 필수적인 광합성 박테리아들에게 가장 큰 제한요인이 된다.

4.6.3 토양미생물에 의한 생분해

생분해(biodegradation)는 생명체, 특히 미생물에 의한 화학물질의 분해를 뜻하는데 미생물은 다양한 유·무기 화합물을 이용할 수 있다. 이 특성은 아주 특별해서 한 종류의 미생물이 구조적으로 상이한 많은 화합물을 존재시킬 수 있다. 미생물들이 유기물을 무기물로 변환시키면서 유기물내의 일부 탄소를 이용하여 세포구성물질로 만들게 된다. 결과적으로 미생물은 이 과정을 통해 그 수와 양이 증가된다.

생분해에서 한 가지 중요한 것이 난분해성 물질 또는 독성 물질에 대한 미생물의 적응이다. 이러한 적응은 어떤 물질과의 사전접촉으로 인해 미생물의 분해능이 증가되는 것으로 생분해에서 중요한 역할을 차지한다. 많은 난분해성 유기물의 분해에 중요한 것은 상호대사작용(cometabolism)이다. 상호산화(cooxidation)라고도 불리는 이 분해과정은 미생물이 어떤 기질(growth substrate)을 이용하여 살아가는데 또 다른 물질 (co-substrate)을 산화시키며, 이 산화과정으로부터는 생장에 필요한 에너지나 물질을 공급받지 못하는 현상을 말한다. 산화된 또 다른 물질은 본래의 것을 이용하지 못하는 다른 미생물 종류에 의해 분해가 계속 진행될 수 있다. 이 상호대사작용은 쉽게 탄소와 에너지원으로 이용되지 못하는 난분해성 물질과 유해물질의 분해에 매우 중요하다. 많은 물질들이 상호대사작용에 의해 분해되지만 그 생리적 메커니즘은 아직 분명하지 않으며 효소 특별성과 관련이 있지 않나 하고 추정될 뿐이다.

유해화학물질의 사용은 산업이 발전함에 따라 점차 증가하고 있으며 이런 물질의 부적절한 토양 매립이나 하천 또는 해양으로의 방출은 생태계를 파괴시키며 인간의 건강에도 큰 위험요인이 되고 있다. 유해물질 중 어떤 것들은 소각, 염분해 또는 토양매립 등의 물리화학적 처리를 요구하는 것도 있으나 어떤 것들은 다양한 미생물학적 처리방법에 의해 보다 저렴한 비용으로 고정화(immobilization) 및 무독화 시킬 수 있다. 더욱이 폐수 처리장으로부터의 방류수에 의해 야기되는 토양 및 지하수의 위험한 폐기물에 의한 오염에 대한 관심이 점점 고조되고 있다. 지하수의 유해화학물질에 의한 오염은 항상 존재하고 있다.

유해화학물질의 생분해 과정에서 흔히 일어나는 제한요소로는 높은 폐기물 농도, 산소부족, 부적당한 pH, 무기영양류의 부족, 수분 부족 및 부적당한 온도 등을 들 수 있다. 토양 미생물의 분해능을 이용하는 토양처리 방법으로는 최적 수분함수율 및 pH를 맞춰주고 질소, 인과 같은 영양염류를 적당히 보충해주면서, 산소공급 및 오염물질의 고른 분포를 주기적으로 행하면 토양자체의 미생물 분해능을 최대한으로 증가시켜 유해물질 또는 난분해성물질을 제거시킬 수 있다. 만일 오염물질이 미생물 생장에 필요한 기질이 되지 못할 때에는 적당한 생장물질을 첨가해 주어서 이화작용을 유도해야 한다.

이들을 응용한 미생물학적 토양정화기술에는 세 부류가 있는데

① 현장 접근식 기술(in-situ)
② 미생물 또는 효소의 첨가
③ 채굴된 토양의 처리를 위한 생물반응조

가 있다. 첫째, 현장 접근식 정화 기술은 오염된 토양을 무기 영양소(N, P) 투입하고 산소를 공급하여 오염지역을 현장에서 복원하는 기술이다. 예를 들면, 토양에 존재하는 디젤유의 생분해는 석회화, 질소와 인의 첨가 및 경작 등으로 이루어지는 복원 조치에 의해 촉진된다. 이 접근법은 총 탄화수소를 95% 감소시키고 다환 방향족 탄화수소를 제거하며 수주 또는 수십 주안에 완전한 정화를 할 수 있다. 둘째, 토양에 미생물이나 효소를 첨가하여 토양 내 외부물질의 생분해를 촉진한다. 진균의 laccases는 페놀성 화합물의 토양 부식물질에의 산화적 교차 결합에 의한 결합과 결과적으로 그들의 고정화(immobilization) 및 무독화를 촉매하는 역할을 한다. 셋째, 생물반응조는 토양 슬러리 반응조, 퇴비화 및 토양 처리장치를 포함한다. 토양 처리 장치와 토양 슬러리에 의한 PCP 생분해는 PCP 미생물 집단의 첨가로 향상되었다.

토양오염을 통해 오염된 대수층의 처리 방법에는 물리적 봉쇄, 지표면 위 처리 그리고 현장 접근식 생물복원(in-situ bioremediation)의 3가지 기본적 접근법이 있

다. 첫째, 물리적 봉쇄는 오염원의 이동을 느리게 하거나 중지시키기 위해 잠정적으로 물리적 장벽을 이용하는 것이다. 이 접근법은 위험 폐기물 지역에서 성공적으로 채택되어 왔다. 둘째, 지표면 위 처리(pump-and-treat)는 오염된 물을 추출 우물에 의해 대수층으로부터 퍼내어져서 지표면 위에서 처리한다. 그러나 대수층 조직에 흡착된 화학적 오염원을 추출하는 것은 힘들다. 이 기술에 의한 유기 오염물의 제거가 상대적으로 느리기 때문에 이 접근법은 대수층 내에서의 오염원의 더 이상의 이동을 방지하기 위한 수단으로 간주될 수 있다. 셋째, 현장에서의 생물복원은 무기 영양염과 산소(공기, 순수 산소 또는 과산화수소)를 첨가함으로써 토착 미생물에 대한 이화작용의 활성을 향상시키는 것이다. 이러한 처리는 대수층의 특성(수리학적 전도성으로 측정된 침투력), 오염원 특성, 산소 수준, pH, 영양소의 유용성, 산화환원 조건 및 오염물 분해 가능한 미생물의 존재 등에 의존한다. 이 접근법은 대개 휘발유 누출 시에 이용되어 왔다. 토착 지표면 아래의 세균은 유일한 탄소와 에너지원으로 나프탈렌, 톨루엔, 벤젠, 에틸벤젠, 크실렌, 페놀 및 크레졸 같은 방향족 화합물을 이용할 수 있다.

4.7 | 대기미생물

대기 중에는 각종 미생물들이 독립적이거나 작은 물방울 또는 먼지 등의 입자에 부착된 상태로 부유하고 있다. 대기미생물은 대기 중에서 증식되는 일은 없으며 대개가 물이나 토양에서 증식된 채 대기로 이동하게 된다. 따라서 대기미생물의 균수는 물이나 토양표면의 성상과 동식물의 존재와 함께 기후, 바람의 방향과 강도에 따른 공기의 움직임에 크게 좌우된다.

대기미생물은 대기오염물질들과 함께 공존하기도 하며 공기 중에 존재하는 미생물 그 자체가 오염물질로서 알러지반응을 유도하거나 호흡기 계통에 병을 일으키기도 한다. 특히 우리가 관심을 가져야 하는 부분은 폐수처리 과정으로부터 발생하는 생물학적 에어로졸(aerosol)이며 이는 분진에 흡착되어 호흡기 계통으로 침입하여 인간과 동물 건강에 상당한 위험이 될 수도 있다.

미생물의 대사작용에 의해 대기오염물질 중 일부가 생성되는가 하면, 인공합성 대기오염물질들에 의해 미생물이 영향을 받기도 하는데 특히 질소, 인 등의 물질 순환을 수행하는 중요한 미생물들이 죽을 수도 있다. 따라서 본 절에서는 미생물과 대기오염물질과의 관계를 생물학적 제어 측면에서 공부해 보자.

4.7.1 대기 중의 미생물상과 에어로졸

대기미생물은 토속적인 미생물군은 없으나 일반적으로 Micrococcus속이나 Sarcina속의 구균, Bacillus속 간균 등의 박테리아가 많고 방선균이나 사상균 및 효모도 일부 있다. 공기 중에 존재하는 미생물 일부는 그 자체가 오염물질로써 공중위생에 지대한 영향을 주는데, 대부분 공중전파를 통해 전염병이나 호흡기질환 및 알레르기 반응을 일으킨다. 이 미생물들의 종류 중에 대기 중의 진균류와 방선균류 포자들은 알레르기 반응을 일으키는 미생물이고 대부분의 오염미생물들에 의해 독감, 감기, 홍역, 폐렴, 디프테리아 등 호흡기 질환을 발생시킨다.

폐수에 존재하던 미생물들은 폐수처리 과정 중 생물학적 에어로졸(biological aerosols) 상태로 공기 중에 부유하는 미립자 속에 포함되어 호흡기 계통으로 침입할 수 있다. 이들은 바이러스로부터 부유성 조류나 원생동물까지 다양한 크기로 구성되어 있으며 실내환경이나 미생물에 오염된 폐수의 환기작용을 통해 발생하여 인간에 감염되어 질병을 유발시킨다. 생물학적 에어로졸의 근원은 자연적인 요인과 인위적인 요인 두 가지로 분류할 수 있다. 전자는 기침 또는 인간의 피부나 동물의 표피로부터 떨어져 나온 미립자, 바람에 의해 토양이나 수서환경으로부터 발생된 부유성 물질 등이고 후자는 농경지의 활용이나 섬유공장의 작동(Bacillus anthracis의 흡입 등), 병에 감염된 가축을 도살하거나 가공할 때, 각종 의료기구들과 실험실 내부의 분진들, 또는 폐수처리 공정의 작동 시 등이다.

생물학적 에어로졸의 잔존여부를 좌우하는 요소들은 상대습도, 건조상태, 온도, 태양광선 등이 있으며 부유성 미생물의 저항성과 영향인자의 특성을 이용하여 작업장의 생물학적 에어로졸 제어를 꾀하고 있다.

4.7.2 미생물에 의한 대기오염물질 생성

미생물의 대사작용에 의해 대기오염물질의 일부가 생성되기도 한다. 이중 대표적인 것으로는 Desulfovibrio desulfuricans와 같은 황산염 환원세균에 의해 황산염이 환원됨으로써 황화수소(H_2S)가 생성되거나, 황함유 아미노산의 혐기성 분해에 의해 황화수소가 생성되기도 한다. 이때 발생된 황화수소는 무색의 유독가스로 농도가 500 mg/L을 초과하면 인간의 생명이 위독하게 되고 부식성이 강해 콘크리트, 구리, 납, 철 등의 처리장 구조물들을 부식시킨다. 미생물 활동과 연계하여 다른 종류의 황화합물 생성을 살펴보면, 미생물의 아미노산 대사에 의해 아황산가스(SO_2)가 방출될 수 있으며 악취물질인 유기황 화합물들도 미생물들에 의해 생성된다.

질소화합물 역시 미생물 대사 결과에 의해 형성된다. 주된 산물인 암모니아는 높은 질소농도의 유기성 가축 배설물을 미생물에 의해 분해하는 과정에서 생성된다. 혐기성 조건에서 질산염이 환원되는 과정에서는 NO와 N_2O 같은 기체가 생성되어 오존층 파괴에서도 관여하는데, 이들은 대기 중에서 NO_2로 산화되어 농도가 높을 경우 고등생물에 독성을 나타내며 아황산가스와 더불어 대기 중의 수증기와 결합하여 산성비의 원인이 되기도 한다.

미생물과 연관된 일산화탄소(CO) 생성은 광합성 미생물이나 종속영양 미생물에 의한 것이지만 여러 미생물들이 일산화탄소를 탄소원으로 이용할 수 있기 때문에 실제로 대기 중의 농도는 매우 낮은 편이다. 이 외에도 미생물에 의해 생성되는 대기오염물질로는 메탄, 에틸렌 등이 있으며 메틸수은과 같이 중금속의 메틸화(methylation)에 의한 휘발성 중금속 화합물들도 있다. 미생물에 의한 악취는 황과 질소를 포함하는 유기물질이 혐기성 분해를 할 때 주로 발생한다.

4.7.3 대기오염물질이 미생물에 미치는 영향

미생물들은 오존, 아황산가스, 암모니아, 황화수소 등 대기오염물질에 의해 영향을 받을 수 있는데 미생물의 대사와 생장에도 물론 영향을 미쳐서 독성이 심할 경우 미생물을 죽일 수도 있다. 이에 대한 예로 대기 중의 비소는 질소 순환의 질화세균에 영향을 미치며 0.01%의 일산화탄소와 오존은 Rhizobium에 의한 질소고정과 뿌리혹형성을 저해한다.

지의류(lichen)는 아황산가스 오염의 지표생물로 이용되고 있다. 대기오염물질 중 아황산가스에 매우 민감한 성질을 지닌 지의류는 조류와 균류의 공생체로 건조한 곳에서 잘 성장하는데 아황산가스에 노출되면 일차적으로 엽록소가 파괴하여 조류 공생자에 영향을 미치고 이에 따른 균류공생자도 저해효과를 받게 된다. 실제로 대기오염이 심한 도시 중심부에서는 지의류가 존재하지 않으며 중심에서 외곽으로 나갈수록 지의류가 점차 많아지는 경향을 관찰할 수 있다.

한편 대기오염물질들의 독성 효과를 이용한 미생물의 제어는 많은 산업체에서 실제로 이용하고 있는데 오존은 정수처리와 식품산업에서, 아황산가스는 포도주제조와 식품산업에서 이용하고 있고 포름알데하이드는 밀폐장소, 병원용품 등의 살균에 사용하고 있다.

참고문헌

1. 코로나 19 역학 최신보고서, 2023, 세계보건기구(WHO)
2. 김동석 · 정성윤, 환경미생물학, 2019, 동화기술
3. 이상준 외 3인, 미생물생태학, 2014, 동화기술
4. Leslie Grady Jr. 외 3인, Biological Wastewater Treatment 3rd Edition, 2011, CRC Press
5. Gabriel Bitton, Wastewater Microbiology 4th Edition, 2011, Wiley-Blackwell

연습문제

1. 환경미생물을 대표하는 다섯 가지 종류는 무엇인가? 세포구조와 기능에 따른 미생물의 분류를 계통도로 그려 나타내고, 각각에 대해 분류학상의 특징을 서술하라.

2. 탄소원과 에너지원에 따른 박테리아를 구분하고 이에 해당하는 대표적인 박테리아 종류를 나열하라.

3. 박테리아의 성장곡선을 네 가지로 구분하여 특징을 소개하고 온도에 따른 박테리아 구분을 박테리아 증식과 관련지어 설명해 보라.

4. 미생물에 의한 탄소변형 과정을 화학적 산화－환원작용의 예를 들어 소개하라.

5. 미생물 대사과정은 무엇이며 오염물질 분해와 관련된 종속영양미생물 대사의 중요성에 대해 설명하라.

6. 부영양화에 따른 질소변형의 이화학적 변화를 해당 박테리아와 함께 서술하라.

7. 일반 수중미생물의 자연정화 능력을 생물학적 변화와 함께 설명하고 오수에 존재하는 주요미생물의 역할은 무엇인가?

8. 분변오염과 관련된 지표미생물의 의미는 무엇이며 용수별로 지표미생물을 선정해 보라.

9. 토양오염에 대한 해결방안으로 최근 관심이 되는 생물학적 토양오염처리기술의 원리는 무엇이며 생분해 시 미생물의 영향요소를 설명하라.

10. 대기오염을 일으키는 미생물의 역할은 무엇이며 대기오염 물질이 미생물에 미치는 영향은 무엇인가?

제 5 장

환경생태학

5.1 | 서론

지구생태계는 우리의 후손들에게 물려주어야 할 귀중한 자산이다. 그러나 인구의 증가 및 산업의 발달로 자원 소비 증가, 폐기물 발생 등으로 인한 환경오염은 자연적 정화능력의 한계를 넘어서고 있다. 따라서 환경 개발은 항상 보전과 상호보조를 맞추어 가야하는 관계이므로, 인간의 생활향상에 맞추어 개발이 필요함과 동시에 또한 이러한 개발은 생태계 흐름을 파괴하지 않고 보전하는 범위 내에서 이루어져야 한다. 이러한 문제를 해결하기 위하여 지속가능한 개발(ESSD, environmentary sound and sustainable development)에 대한 방향이 제시되고 있다. 이러한 방향은 생태계의 지속성을 의미하므로, 이러한 목적을 이루기 위해서는 생태계의 근본원리와 운영체계를 이해하는 것이 무엇보다도 필요하다.

본 장에서는 생태계 정의, 생태계 내의 에너지 흐름, 시간에 따라 생태계 예측을 위한 모델, 생태계 내 물질순환 및 생태계를 지배하는 환경요인에 관하여 다루고 있다. 따라서 우리는 생태계를 이해함으로써 현재 거주하고 있는 환경이 우리의 것이 아니며 다만 잠시 우리들에게 잠시 맡겨진 것이라는 인식을 조금이나마 하고자 하는데 있다.

5.2 | 생태학 및 생태계의 정의

5.2.1 생태학 정의

생태학(ecology)은 생물학의 한 분야에서 발전하였으며 1869년에 독일의 생물학자인 Ernst Haekel이 처음으로 용어를 제안함으로써 이에 대한 개념이 도입되었다. 1970년대 이전까지는 생태학이 생물학의 한 분과로 간주되어 오다가 자연환경에 대한 관심증대와 함께 생물학의 범주에서 벗어나 고유한 영역의 학문으로 현재까지 발전되었다.

생태학은 '생물들과 그들의 주변 환경에 관한 생물학'으로 정의되며, 어원은 그리

스어의 oikos (집)와 logos (학문)에서 비롯되었으므로 "생명체가 살고 있는 곳, 즉 자연환경에 대하여 연구하는 학문"으로 이해할 수 있다. 특히 생태학의 학문적 발전은 "현대 생태학의 거장"이라 할 수 있는 Odum의 학문적인 업적으로 인하여, 자연과학과 사회과학을 연결할 수 있었으며, 더 나아가 우리가 살고 있는 사회까지도 생태학적인 시각으로 이해할 수 있도록 발전되고 있다.

5.2.2 생태계의 구조

생태계(ecosystem)란 자연환경 공간의 물리화학적 환경인 무생물적(abiotic) 요인과 모든 유기체, 즉 생물적(biotic)요인이 서로 상호관계를 가지며 총체적인 공동사회(total community)를 이루고 있는 계라고 할 수 있다. 생태계를 구성하고 있는 생물요인들은 무생물적 요인과의 상호작용을 통해서 자연환경의 변화에 반응하기도 하며, 또한 스스로 변화시켜 나가기도 하는 하나의 거대유기체(super organism)로 볼 수 있으며, 가장 큰 생태계는 우리가 살고 있는 지구라고 할 수 있다. 생태계는 크게 무생물적, 생물적 요소로 구성되어 있으며, 각 구성요소는 다음과 같다.

- 무생물적 구성요소
  ① 무기물 : 순환하는 물질인 C, N, CO_2, H_2O 등
  ② 유기물 : 생물을 구성하는 단백질, 탄수화물, 지방 부식질 등
  ③ 대기, 물, 습도, 기후 등의 물리적 요소

- 생물적 구성요소
  ① 생산자(producer) : 일차생산자(primary producer)를 일반적으로 가리키며, 간단한 무기물(CO_2, H_2O)로부터 유기물을 만들어 내는 식물 및 미생물을 말한다.
  ② 소비자(consumer) : 고등동물 등과 같이 다른 생물이나 유기물을 섭취하는 종속 영양 생물(heterotrophs)로서 부생영양자(saprotrophs)라고도 한다.
  ③ 분해자(decomposer) : 미세소비자로서 다른 생물의 유기물(낙엽, 사체 등)을 분해하여 에너지를 얻는 세균, 곰팡이 등의 종속영양 미생물을 말한다. 이들을 생태계의 물질순환에 중요한 역할을 한다.

5.2.3 생태계 내의 생산과 분해

생태계를 구성하는 생물이 먹이를 이용하는 형태에 근거하여 분류하면 크게 독립영양생물(autotrophs)과 종속영양생물(heterotrophs)로 구분할 수 있다. 독립영양생물은 탄소원으로 CO_2와 에너지원으로 빛(light) 혹은 무기물(NH_3, H_2S, H_2 등)을 동화하여 고분자 유기물을 합성하며, 종속영양생물은 유기물을 이용하여 생장 및 증식하는 생물을 일컫는다. 생태계 내에서 이러한 생물들의 모든 생물반응은 생산(생합성, 환원, reduction)과 분해(산화, oxidation) 과정을 통하여 유지된다고 하겠다.

1) 생산유형

유기물 생산에 관여하는 독립영양생물은 생산량 측면에서 식물이 주종을 이루며, 이외에도 생산량 측면에서는 미약하나 물질순환 등의 역할에 중요한 역할을 담당하고 있는 광합성 미생물 및 화학독립영양생물(chemo− 혹은 litho-autotrophs)이 있다. 특히 이들 그룹은 고등식물이 존재할 수 없는 환경, 예를 들면 고온, 토양심층부, 산성(acid)환경 등에서 생장할 수 있으므로 생태계 유지에 중요하다.

(1) 광합성(photosynthesis)

광합성의 방정식은 다음과 같다.

$$nCO_2 + 2nH_2\boxed{A} \xrightarrow{h\nu} (CH_2O)_n + nH_2O + 2n\boxed{A}$$

녹색식물, 조류 및 남조류(blue green algae, cyanobacteria)에서 이용하는 Ⓐ는 산소이므로, H_2O가 산화되어 산소를 방출하며 CO_2는 유기물 $(CH_2O)_n$으로 환원되고 H_2O이 생성된다. 한편 무산소성 광합성작용을 하는 박테리아의 경우에는 Ⓐ가 산소가 아니고 황이나 유기산이며 물속 저니 층에서 약한 빛으로 광합성을 수행한다. Ⓐ가 유황인 경우에는 녹색유황세균(green sulfur bacteria)과 자색유황세균(purple sulfur bacteria)이 있으며, Ⓐ가 유기산인 경우에는 녹색비유황세균(green nonsulfur bacteria)과 자색비유황세균(purple nonsulfur bacteria)이 있으며, 모두 산소를 방출하지 않는 혐기성 상태(anaerobic)에서 발생한다.

(2) 화학독립영양 세균

화학독립영양 세균은 탄소원으로 CO_2를 이용하며, 세포생장 및 증식에 필요한 고분자 물질을 전구물질로부터 생합성하는 과정에 첨가되어야 할 에너지를 광합성에 의해 얻지 않고 단순한 무기물을 산화시킴으로써 얻는다. 이러한 무기물을 에너지원이라 하며 암모니아, 아질산염, 황화수소, Fe(II)와 같이 환원된 무기물을 아질산염, 질산염, 유황과 Fe(III)로 각각 산화시키는 과정에서 에너지를 얻는다.

2) 분해유형

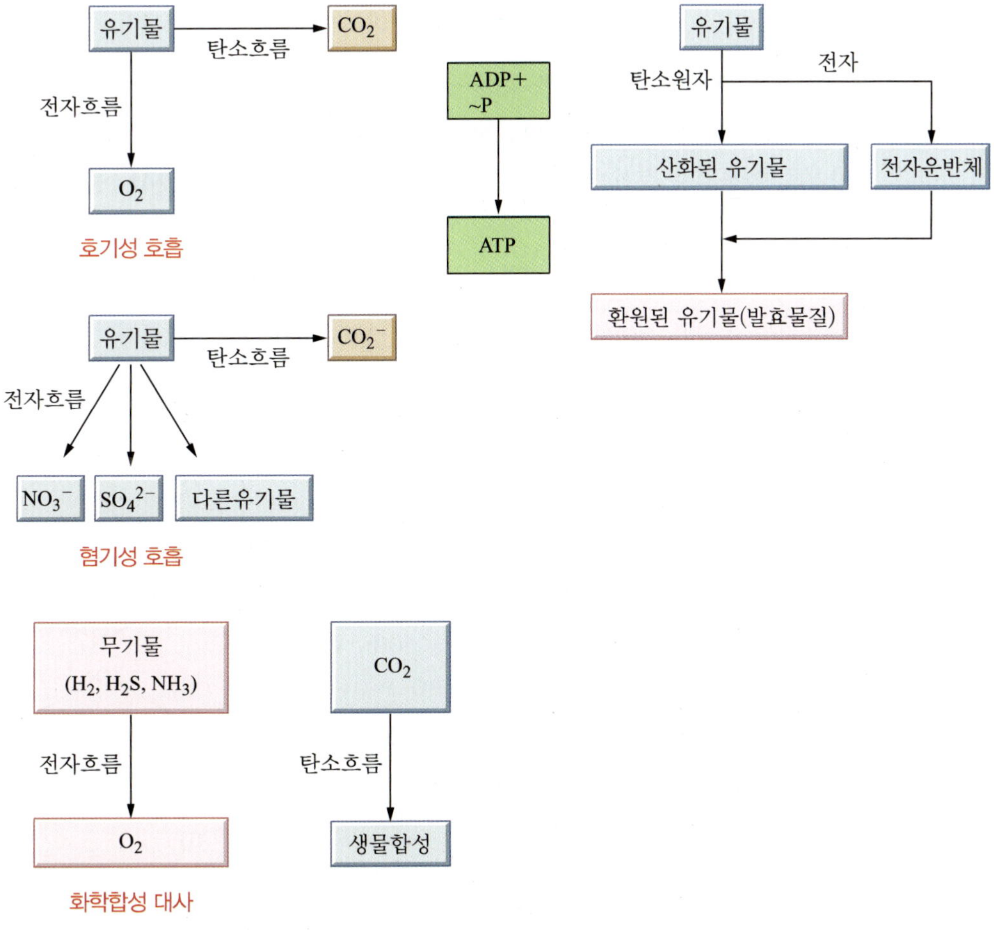

그림 5.1 호흡 및 발효 분해과정에서 전자 및 탄소의 흐름

생태계 내에서 생산과 분해의 대사량은 대체로 균형을 이루고 있다. 분해를 정의하면 "물질대사에 필요한 에너지를 생산하는 생물적 산화(oxidation)"라고 할 수 있으며, 이 산화과정에서 생성되는 전자(electron)를 받아들이는 수용체(acceptor)의 종류에 따라 분해의 유형을 다음과 같이 구분할 수 있다(그림 5.1).

(1) 호기적 호흡(aerobic respiration)

유・무기물을 분해하는 과정에서 발생하는 전자를 수용할 마지막 전자수용체(final electron acceptor)로 산소를 사용하는 분해 반응이며 최종 분해산물은 CO_2이다.

(2) 혐기적 호흡(anaerobic respiration)

산소대신에 무기화합물(CO_2, SO_4^{2-}, NO_3^- 등)이나 유기화합물이 마지막 전자수용체로 사용되는 분해반응이며, 최종분해 산물은 CH_4, H_2S, NH_3 등이다.

(3) 발효(fermentation)

유기물 분해로 발생되는 전자가 발효산물로 생성되는 유기물을 마지막 전자수용체로 사용하는 분해 반응이며, 최종 분해 산물은 사용 가능한 유기물(에탄올, 젖산 등)이다.

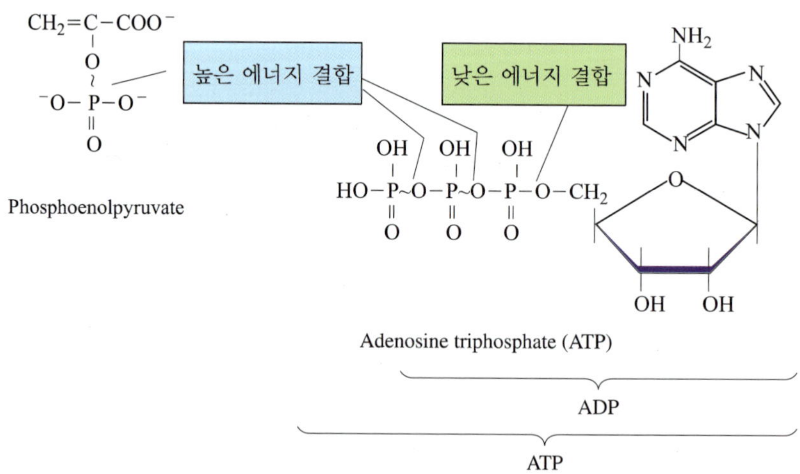

그림 5.2 ATP의 분자 구조

생물이 생장 및 증식하기 위해서는 분해과정에서 발생되는 에너지를 생산과정의 물질대사(metabolism)에 사용해야 한다. ATP (adenosine triphosphate)는 생물반응 중에 생성된 에너지를 일시적으로 저장하여 에너지가 필요한 생합성 반응에 적절히 전달하는 대표적인 화합물이다. ATP는 산화·환원반응 과정을 통해 생산되며, 광합성, 호기, 혐기, 발효과정에서 각기 독특한 경로의 전자 흐름을 통해 ATP가 생산된다(그림 5.2).

5.2.4 개체군 생태학

생태계에서는 동종의 개체(species)인 생물체가 모여 개체군(population)을 형성하고, 여러 개체군이 모여 군집(community)을 구성하며, 최종적으로는 군집과 무생물적인 환경이 한 체계로서 상호작용하며 생태학적 체계(ecological system) 또는 생태계를 형성하게 된다. 생태계의 구성은 하부보다 상부조직 체계가 더욱 복잡한 상호작용 현상이 일어난다. 이 복잡한 상호작용의 결과로 인해 생태계 내에서는 시간 경과에 따라 군집 내 개체군의 종류 및 종류 간의 양적인 비율이 시간에 따라 변화하는 천이(succession) 현상이 나타난다.

1) 개체군 생태학

개체군은 일정한 생태계 내의 특정공간을 점유하고, 군집의 일부분으로 역할하고 있는 단일 특정종인 개체들의 집단이다. 개체군은 밀도(density), 분포(distribution), 출생률(natality), 사망률(mortality), 연령구조(age structure), 생장형(growth form) 등의 속성에 의해 평가할 수 있다.

(1) 개체군 밀도

밀도란 특정 시각에 단위 면적(area)이나 단위 공간(space)내에 존재하는 개체수 혹은 생체량(biomass)을 말하는데 개체들의 출생, 사망, 이동에 의해 시간에 따라 변화한다. 밀도는 총 단위 공간을 기준으로 한 조밀도(crude density)와 개체에 의해 점유된 단위 공간을 기준으로 한 고유밀도(specific density) 또는 생태적 밀도(ecological density)로 나눌 수 있다. 예를 들면, 연못의 수면이 높을 때와 가뭄 후 낮은 수면의 공간을 기준으로 하여 각각 조밀도와 고유밀도를 달리 계산할 수 있다. 개체군 밀도는 표 5.1과 같이 다양한 방법으로 측정할 수 있다.

표 5.1 개체군 밀도 측정방법

측정법	측정방법 설명
총개체수 측정법 (total counts method)	눈에 띄는 (대형) 생물 및 무리를 지어 사는 생물 수를 측정
방형구획법 (quadrate sampling method)	측정지역을 바둑판처럼 나누어 단위면적당의 특정 생물의 개체수를 산출하는 방법
표기-재포획법 (marking-recapture method)	이동성이 강한 생물의 경우 포획한 다음 고유표기를 하여 방류한 뒤 다시 포획함으로써 개체수를 산정하는 방법
제거법 (removal sampling method)	측정대상을 연속적으로 제거함과 동시에 x－y 함수의 그래프를 작성하는 벙법. x축(매번 제거한 누적 개체수), y축(제거한 개체수), 직선이 x축과 만나는 점은 조사지역에서의 측정대상 개체의 100%포획수로서 간주할 수 있다.
임의채취법 (plotless method)	나무와 같은 착생식물에 적용할 수 있는 방법으로, 정해진 기점을 중심으로 기점에 가장 가까운 개체의 거리를 측정하여 평균거리로 밀도를 표시한다.

(2) 출생률(natality)과 사망률(mortality)

출생률은 특정 개체군이 새로운 개체를 늘려가는 능력이며, 인구통계학에서 출산율(birth rate)과 동일한 의미이다. 최대출생률(maximum natality)은 어떤 개체군이 생태적인 제한요인의 지배를 전혀 받지 않고 다만 그 개체 고유의 생리적인 요인에만 영향을 받는 이상적인 조건하에서의 출생률을 뜻하며, 생태적 출생률(ecological natality) 또는 실제 출생률(realized natality)은 다양한 환경적인 제한 요인의 조건하에서 이루어지는 개체군수의 증가를 뜻한다. 출생률은 일반적으로 새로운 개체의 증가분을 시간으로 나눈($N/\Delta t$) 절대출생률과 단위 개체군과 단위시간당 새로운 개체 증가수인($\Delta N/\Delta t$) 고유출생률(intrinsic natality)로 표현된다.

사망률이란 단위시간당 사망한 개체수로 표시하며 출생률과 마찬가지로 생리적 수명에만 따르는 최소사망률(minimum mortality)과 생태적인 제한요인의 지배를 받는 생태적 사망률 또는 실제사망률의 두 가지로 표현할 수 있다.

(3) 연령곡선 및 연령분포(population distribution)

생태계 내 개체군의 연령분포는 출생률 및 사망률에 영향을 받는다. 개체군 속의 여러 연령집단의 비율은 개체군의 번식상태를 결정하며 아울러 개체군의 미래의 동태를 보여준다. 연령곡선은 3가지 기본형이 존재한다.

첫째, 볼록형(convex type)은 사망률이 일정한 수명에 이를 때까지 낮으며, 주로 대형동물, 인간 등은 이러한 생존 곡선을 나타낸다.

둘째, 볼록형과 반대인 오목형(concave type)은 사망률이 유아기에 높게 나타난다.

셋째, 중간형은 연령별 생존율이 일정한 경우에 해당된다. 중간형의 생존곡선이 계단형을 나타내는 경우는 나비류와 같이 유충기, 번데기, 성충기와 같은 연속된 발육단계를 거치는 생물에 해당된다.

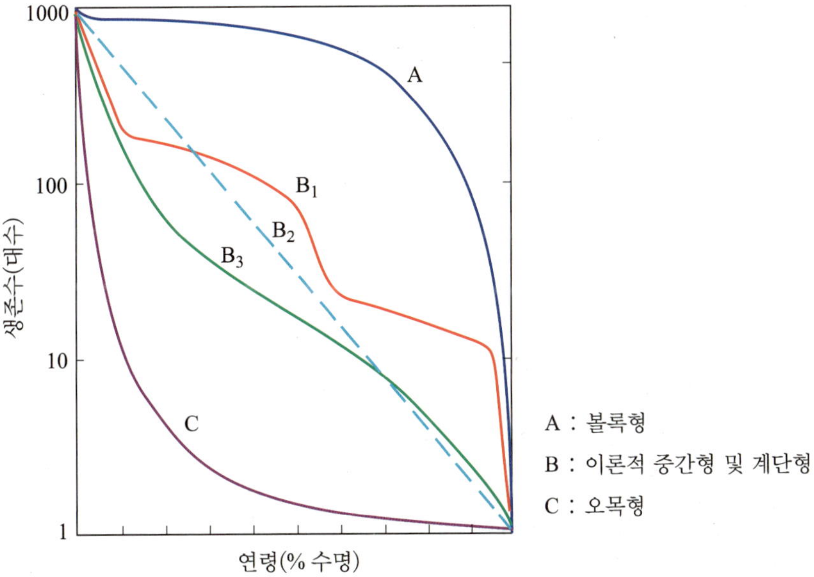

그림 5.3 수명에 대한 %로 표현된 연령과 1000개체 당 생존수를 대수눈금으로 표시한 몇 개의 생존곡선형

(4) 개체군 생장형(growth forms)

생태계 내에서는 생물체들간에 종간경쟁(interspecific competition)과 종내경쟁(intraspecific competition)이 일어나므로 시간의 경과에 따라 개체군은 나름대로의 생장곡선(growth curve)을 갖게 되는데, J-형과 S-형의 기본형이 존재한다. 이 이론적 모형은 유입과 유출등이 없는 폐쇄계(closed system)에서만 적용할 수 있기 때문에 실제는 환경의 특수성에 따라 변형된 기본형이나 복잡한 생장형을 나타낼 것이다(그림 5.4).

J-형에서는 개체군의 증가가 지수함수적으로 급속히 증가하게 되며, 어느 한계에서 제한요인이 작용할 경우 급격히 개체수의 감소가 발생하며 이완진동형의 형태를 유지할 수 있다. J-형 생장곡선은 다음 식으로 표시된다.

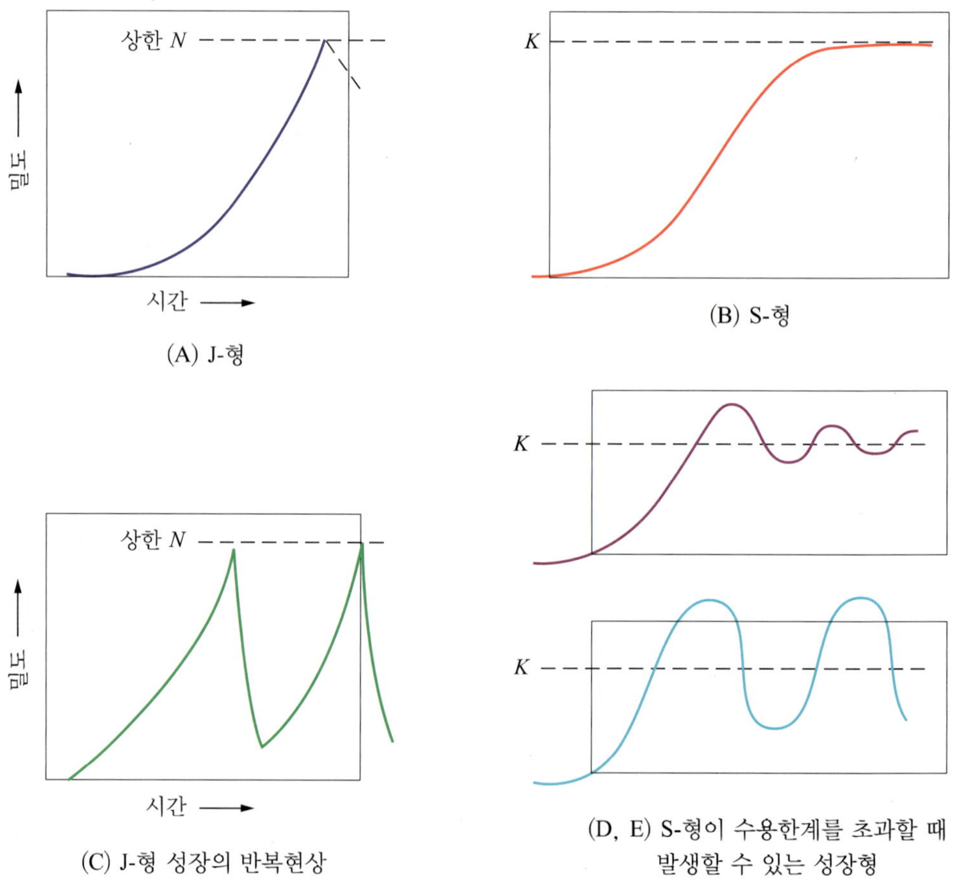

(A) J-형

(B) S-형

(C) J-형 성장의 반복현상

(D, E) S-형이 수용한계를 초과할 때 발생할 수 있는 성장형

그림 5.4 개체군 성장형

$$\frac{dN}{dt} = rN$$

여기서, r : 개체 번식능력

N : 개체수

개체군의 무한정한 생장이 돌연정지 될 수도 있는 경우를 예를 들면, 개체군이 자원을 다 소모했거나 환경적 요인인 기후 등의 변화로 생장이 돌연 정지하는 경우를 들 수 있다.

S-형 또는 sigmoid 생장에서는 개체군의 증가가 초기에 완만히 일어나는 시기를 거친 후 급속한 생장을 나타내는 대수기(logarithmic phase)가 나타나며, 이후 곧 환경 제한 요인에 부딪히게 되면서 증가가 서서히 감속하다가 대체로 평형에 도달하게 된다. 일반적으로 박테리아 등의 미생물 생장곡선이 여기에 포함되며, 생장형태는 다음과 같은 logistic model로 표시된다.

$$\frac{dN}{dt} = rN\frac{K-N}{K}$$

여기서, K : 유지가능한 최대 개체군(수용능력)

아주 적절한 조건에서도 개체수는 상한 개체수인 K를 넘을 수 없으며, 포용력(carrying capacity)으로 표현된다. 이러한 개체군 증식에 관한 모델들은 유입과 유출이 없는 폐쇄계에만 적용된다는 단점을 갖고 있다.

(5) 생물체간의 상호작용

대부분의 생태계에서 생물체는 단일 개체로 거의 존재하지 않고 개체군으로 존재하며, 개체군들이 모여 군집을 형성하고 있다. 군집을 형성하고 있는 개체군은 단일 개체군이나 여러 개체군 간에서 서로 상호작용을 한다. 개체군의 상호작용 형태는 복잡하게 나타나며 서로가 이익을 주고받는 형태, 서로가 불이익을 주고받는 형태, 한편은 이익을 받는 반면 다른 한편은 불이익을 받는 등의 형태를 관찰할 수 있다. 여러 다른 개체나 개체군들 사이에 발생할 수 있는 상호관계의 종류는 표 5.2에 요약되어 있다.

표 5.2 생태계 내에서 개체나 개체군 간의 상호관계

상호관계	정 의	영향(A/B)	
		A생물종	B생물종
중립 (neutralism)	상호작용이 없음	무영향	무영향
편리공생 (commensalism)	한 종의 생장이 다른 종의 생장에 의해 촉진됨	무영향	이익
상조공생 (synergism)	서로 다른 종의 생장을 촉진	이익	이익
상리공생 (mutualism)	특정한 두 종이 반드시 서로를 필요로 함	이익	이익
경쟁 (competition)	일반적인 생장 제한요소를 공통적으로 요구	불이익	불이익
편해 (amensalism)	한 종이 다른 종의 생장을 방해하는 억제성 화학물질을 생산	무영향 또는 불이익	불이익
포식 (predation)	한 종이 다른 종을 잡아먹음	이익	불이익
기생 (parasitism)	기생체가 숙주의 세포물질을 이용해서 생장	이익	불이익

5.2.5 군집생태학

여러 개체군들이 특정한 지역 또는 물리적 서식지에서 자원을 공유할 때 이들 사이에서는 서로 상관관계를 형성하는데 이를 군집(community)이라고 부른다. 군집은 하나의 조직화된 단위이며, 구성요소인 개체나 개체군에는 없는 새로운 특성을 갖게 된다. 군집의 명명 및 분류는 주로 우점종 생활형, 지표종 등 중요한 구조상의 특징, 군집의 물리적 서식지, 군집대사형과 같은 기능적 특성에 의해 명명 및 분류된다.

군집은 밀도와 같은 양적특성, 다양성(diversity), 우점도(dominance), 종조성(composition) 및 층화(stratification) 등과 같은 특정 특성을 가지고 있다. 군집내의 많은 종들 중 어떤 종도 이들의 밀도, 생체량 또는 활동으로 군집에 영향 또는 결정적인 영향을 미치지 못한다.

1) 군집의 양적 특성

군집내의 양적 특성은 빈도, 밀도, 수도 및 피도로 나타낼 수 있다.

(1) 빈도(frequency)

빈도는 백분율로 표시하며 관계식은 다음과 같다

$$F = A\text{종의 빈도}(\%) = \frac{A\text{종의 출현방형구의 수}}{\text{총방형구수}} \times 100$$

군집의 변화하는 환경조건에 따라 빈도값은 상이할 것이다.

(2) 밀도(density)

군집에서 개체군의 수적 우세는 단위면적당 수(number)로 표기하며, 단위면적당 밀도의 산출은 시료 채취에 따른다. 빈도 및 밀도조사에서 채집면적 크기(방형구 ; quadret)가 너무 적거나 크면 조사하는 군집을 대표할 수 없기 때문에 크기 선정에 주의를 기울여야 한다.

$$D = A\text{종의 밀도} = \frac{A\text{종 총 개체수}}{\text{총 방형구 수}}$$

(3) 수도(abundance)

수도는 종이 출현한 지역의 풍부한 정도를 나타낸다.

$$A = A\text{종의 수도} = \frac{\text{방형구 내에 있는 } A\text{종의 총개체수}}{A\text{종이 출현하는 방형구의 수}}$$

(4) 피도(cover)

지표의 일정 면적이 식물체에 의하여 덮여있는 식물의 양적 특성을 나타낼 때 사용하며, 피도는 계급별로 측정한다. 예를 들면, 식물이 1/10 이하, 1/10～1/4, 1/4～1/2, 1/2～3/4, 및 3/4～1을 덮고 있는 것을 5계급으로 나누어 식물의 밀도를 나타낼 수 있다.

2) 종 다양성

군집내의 생물체는 양 및 수적으로 생태계의 기능에 영향을 미치며, 이들의 활동을 통해서 환경을 조절 및 변화하게 한다. 따라서 생태계의 발전 및 안정성 유지에서 생물체들의 역할을 이해하기 위해서는 공간 및 시간적 차원에서 이들 군집의 다양성을 연구하는 것이 매우 중요하다.

생태계의 구조와 기능의 변화가 매년 크지 않으면 그 생태계는 안정한 것으로 간주할 수 있으며, 성숙되고 안정한 군집(극상군집)에서는 유입되는 태양에너지가 생체량 유지에 충분히 다 활용되므로 생산 및 호흡률이 1 또는 1에 매우 가깝게 유지된다.

생태계 내에서의 종의 다양성, 안정도, 우점도 및 생산력은 그림 5.5와 같은 관계를 가진다.

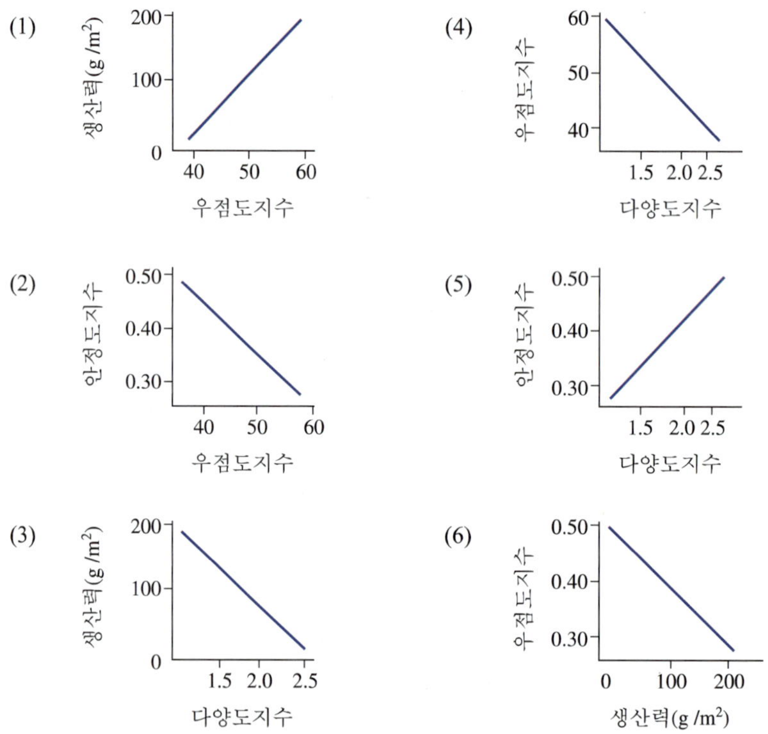

그림 5.5 초지 생태계에서 종 다양성, 우점도 및 안정도와의 상관관계

다양도를 정량화하고 다른 환경조건 하의 생태계 사이에서의 다양성을 비교하는 데는 다양도와 우점도 등을 지수로 표기하여 매우 유용하고 편리하게 사용할 수 있다. 이러한 지수는 전체에 대한 부분(n_i/N)에 기준하여 환산하며, n_i는 각(種) 및 각 부위의 수, 생체량 또는 생산력을 의미하며, N은 군집 내 모든 종 또는 부위의 총 값을 의미한다. 이러한 지수로는 Shannon의 다양성 지수(Shannon index of diversity)와 Simpson의 우점도 지수가 사용되고 있다.

(1) 종풍부도 지수(richness index)

$$d = \frac{S-1}{\log N} \left(\text{또는 } \frac{S}{N},\ \frac{N}{1000}\right)$$

여기서, S : 종의 수

N : 개체수

(2) Simpson 우점도 지수(dominance index)

$$D = \sum_{i=0} (n_i/N)^2$$

여기서, n_i : 개개종의 중요값(수, 생체량 등)

N : 총 중요값

(3) Shannon 다양도 지수 (diversity index)

$$H = -\sum_{i=0} \left(\frac{n_i}{N}\right) \log \left(\frac{n_i}{N}\right)$$

(4) Peelou 균등도 지수(evenness index)

$$e = \frac{H}{\ln S}$$

환경오염원에 노출된 자연생태계는 노출지점의 다양도를 저하시키기 때문에 오염원 영향에 대해 다양도 지수는 좋은 척도가 될 수 있을 것이다. 다양도 산출은 복합적으로 오염된 곳의 오염원들을 직접 측정하는 것보다 오염원이 생태계에 미치는 영향을 더욱 잘 나타낼 수 있다. 상이한 2생태계에서의 종의 다양성을 비교하여 유사도(similarity) 지수를 계산할 수 있는데, 유사도 지수는 오염이 되지 않은 곳과 오염이 된 곳의 종의 다양성을 비교하는데 사용되며, 다음과 같이 나타낸다.

$$\text{유사도 지수}(S) = 100x\,\frac{2c}{(a+b)}$$

여기서, a : 어느 한 곳의 종의 수

b : 비교하고자 하는 곳 종의 수

c : 두 곳 모두에 공통적으로 있는 종의 수

5.3 생태계의 에너지 흐름

5.3.1 에너지의 기본적 개념

에너지란 일을 할 수 있는 능력으로 정의할 수 있으며, 자연 생태계 내에서 직접적으로 일차생산에 많은 영향을 미치는 에너지는 태양에너지일 것이다. 생산은 광합성생물에 의해 태양에너지가 화학에너지로 변화됨으로 이루어진다. 태양광선은 가시광선과 보이지 않는 자외선 및 적외선으로 구성되어 있으며, 대개 파장영역은 약 100~1,000 nm 사이에 위치하고 있으며 맑은 날 지표에 도달하는 광선은 약 45% 정도가 가시광선이며 약 10%는 자외선, 나머지 약 45%는 적외선이다. 주로 가시광선이 광합성에 이용되며 생태계의 기본 생산력이 된다. 그러나 하루에 생물권에 유입되는 태양광선 양은 전체의 약 0.8%이며, 그 중에서 약 30%가 지표면에서 반사소실되고, 약 46%는 열로 전환되며, 나머지 약 23.2% 정도는 기후변화 등에 관여한다.

에너지의 변화와 이용은 다음 열역학 법칙으로 설명할 수 있다. 첫째로 열역학 1법칙은 에너지 보존법칙으로서, 하나의 계가 갖는 에너지 총량은 외부 환경과의 출입이 없는 경우에는 일정하다는 것이다. 즉, 에너지는 여러 단계에 의해 모양을 바꿀 수 있지만 결코 스스로 발생되거나 소멸되지 않는다는 법칙이다. 둘째로 열역학 제2법칙인 엔트로피(entropy)법칙은 에너지의 변화 단계가 엔트로피(무질서도)를 증가하는 방향으로 진행된다는 것이다. 따라서 엔트로피의 법칙으로 볼 때, 생태계가 그들 영역을 질서 있게 유지해 나갈 수 있는 이유는 에너지를 사용하고 그로부터 열을 방출함으로써 내부의 엔트로피를 감소시켜 나가면서 외부환경의 엔트로피를 증대시킴으로 이루어진다는 것을 알 수 있다. 다시 말하면 엔트로피의 증가는 사용 가능한 에너지, 즉 자원의 감소를 뜻하며, 환경에서 사건이 발생할 때마다 일부분의 에너지는 사용 불가능한 에너지, 즉 환경오염을 유발한다고 할 수 있다.

5.3.2 생태계의 에너지 흐름

1) 생산성

최초의 생태계 에너지 흐름은 광합성을 하는 식물 및 미생물과 화학합성세균과 같은 독립영양생물에 의해 고정되어 먹이로 사용할 수 있는 유기물의 형태로 전환된다. 계속하여 화학에너지인 유기물은 여러 단계의 소비자의 영양단계를 거친 후 최종적으로 에너지는 분해자에 의해서 이용된다. 자연 생태계에서 각 영양단계로 에너지가 이동할 때 전환 효율은 약 10%인 것으로 알려져 있다. 즉, 전단계의 10%만이 다음 단계로 전달되고 나머지 90%는 사용할 수 없는 열로 소모된다는 것이다.

생태계 내에서 생물에 의해 유기물의 형태로 전환하는 능력을 생산성(productivity)으로 나타낼 수 있으며, 생산성은 총일차생산성, 순일차생산성, 순군집생산성, 이차 생산성으로 구분할 수 있다(표 5.3).

생태계 내의 에너지 흐름과정에서 총생산량(P)과 호흡량(R)과의 비(ratio)를 이용하여 생태계의 안정성을 판단할 수 있다. $(P/R) > 1$인 경우는 총생산성이 호흡량보다 크므로 비록 생태계의 생산성은 높으나 불안정한 정도를 나타내며, 반대로 $(P/R) < 1$인 경우는 호흡량이 큰 소비적 형태이므로 역시 불안정한 상태를 나타낸다. $(P/R) = 1$인 경우는 생산과 호흡 활동이 균등한 안정한 생태계의 상태이다.

표 5.3 자연 생태계에서 생산성의 개념	
생산력	개 념
총 일차 생산성 (gross primary productivity)	광합성에 의한 유기물의 총 생산성을 의미하며 호흡으로 사용된 유기물도 포함한다. 총광합성(total photosynthesis) 혹은 총동화(total assimilation)로 표기
순 일차 생산성 (net primary productivity)	(총 일차 생산성) − (호흡에 소비된 양) 순광합성 혹은 순동화로 표기
순 군집생산성 (net community productivity)	생태계 내 군집 생물체에 종속영양자에게 이용되지 않고 축적된 유기물의 양이다(순일차 생산성 − 종속영양자 소비량).
이차 생산성 (secondary productivity)	생산자 수준이 아닌 소비자 단계에서의 에너지 축적량이다

2) 일차생산력 측정방법

자연 생태계 내의 일차생산력은 다음과 같은 방법으로 측정할 수 있다.

(1) 수확법

아주 오래된 측정 방법으로 논이나 밭의 경작지에서 생산량을 측정하는 방법이다.

(2) 산소 측정방법

광합성의 결과인 일차생산물은 산소발생량과 상관관계가 있으므로 산소생성량으로 일차생산량을 측정할 수 있다.

(3) 이산화탄소 측정법

광합성 과정에서 이산화탄소는 탄소원으로 사용되므로 밀폐된 시험용기에서 소비된 이산화탄소의 농도 변화를 조사하는 방법이다.

(4) 방사선동위원소 방법

빙사선 동위원소를 사용하여 배양 기간 후 생체량을 채취하여 방사능 정도를 측정하는 방법이다. 방사성 동위원소로는 ^{32}P, ^{14}C 등이 사용된다.

(5) 엽록체 측정법

식물의 엽록체 농도가 일차생산력과 상관관계를 가지므로, 시간에 따라 잎의 엽록체 함량을 측정하여 일차생산을 예측하는 방법이다.

5.3.3 먹이망(food web) 및 영양단계(tropical level)

생태계의 에너지는 1차 생산자를 시작으로 하여 포식과 피식의 관계가 일련의 생물군을 통하여 이루어지는데 이러한 연쇄관계를 먹이연쇄(food chain) 혹은 먹이망 관계라 한다. 대략 한 단계를 거칠 때마다 약 90%의 에너지가 열로 소모되고 약 10% 정도의 에너지만 다음 단계로 이동한다(10% 법칙). 먹이 연쇄는 생태계의 모든 생물이 독립적으로 존재하는 것이 아니라 연결, 즉 얽혀있다는 것을 보여주고 있으며, 이러한 특징은 미량 유기물에 의하여 오염된 환경에서 오염원(특히 지용성)의 생물확대(biological magnification) 현상을 초래한다. 예를 들면, 특정 수계생태계에 0.00005 ppm의 DDT 잔류량이 동일 생태계 내 플랑크톤의 경우에는 0.04 ppm, 피라미류 0.23 ppm으로 무려 4,600배나 농축되어 생태계 및 인체 위해성을 일으키는 현상을 관찰할 수 있다.

먹이망의 각 영양단계들간의 영양 구조는 먹이사슬 현상 및 생물의 크기와 대사 간의 관계 등에 의해 군집은 뚜렷한 형태를 갖게 되는데, 이러한 관계를 파악하기 위해 피라미드 형태의 모형을 이용한다. 생태적 피라미드는 일반적으로 크게 개체수 피라미드, 생물량 피라미드, 에너지 피라미드 세 가지가 있다.

첫째, 개체수 피라미드(pyramid of numbers)는 단위 면적당 생물 개체수를 피라미드형으로 도식화 한 것이다. 개체의 크기에 따라 역피라미드 형태가 형성되는 등의 단점이 있다. 예를 들면, 적은 수의 생산자인 나무와 많은 개체수로 존재하는 나무의 기생성 생물들이 이러한 관계가 될 것이다.

둘째, 생체량 피라미드(pyramid of biomass)는 단위 면적당 존재하는 생체량을 도식화 한 것이며, 일반적으로 생산자의 생체량이 소비자의 생체량보다 많은 정피라미드 형태를 이룬다.

셋째, 에너지 피라미드(pyramid of energy)는 각 영양단계의 에너지 흐름 혹은 생산력을 도식화 한 것이며, 각 영양단계에서의 에너지 손실을 보여주며 항상 정피라미드 형태를 이룬다(그림 5.6).

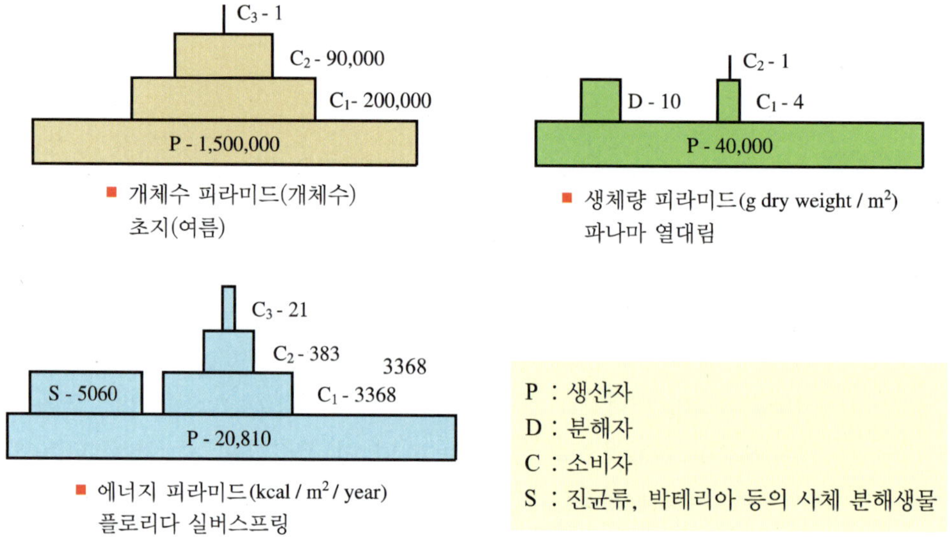

그림 5.6 다양한 생태계의 생태적 피라미드의 모형

5.3.4 에너지(energy)와 에머지(emergy)

1) 에너지 질의 개념

생태계에서 영양단계를 거쳐 에너지의 형태가 변화함에 따라 에너지의 양은 저하하지만 질(quality)은 향상되며, 각 단계들의 에너지 양(cal, joule 등의 단위)이 같아도 에너지의 형태가 상이하면 일을 할 수 있는 잠재력, 즉 질 혹은 가치는 차이가 있다. 농축된 형태의 에너지인 원유와 같은 석유탄화수소는 태양을 처음 기본 에너지로 시작하여 대량의 태양에너지 소비와 함께 수많은 영양단계를 거쳐 형성되었으므로, 같은 양의 에너지라 할지라도 일을 할 수 있는 능력은 큰 차이가 있다. 따라서 에너지의 질은 한 단계의 에너지를 생성하기에 소비된 에너지의 양에 기준하여 측정할 수 있을 것이다(그림 5.7).

생태계에 유입된 태양에너지 106 kcal/m^{2}이 먹이연쇄 단계를 거치면서 다른 에너지의 형태로 전환되면서 에너지의 양이 2×10^4, 200, 40 kcal/m^{2}으로 감소된다. 따라서 에너지는 감소하나 에너지의 질은 증가함을 알 수 있다. 따라서 육식동물의 경우에 육식동물이 가진 적은 에너지는 에너지의 질의 측면에서 태양에너지 보다 약 25,000배에 해당한다고 할 수 있다.

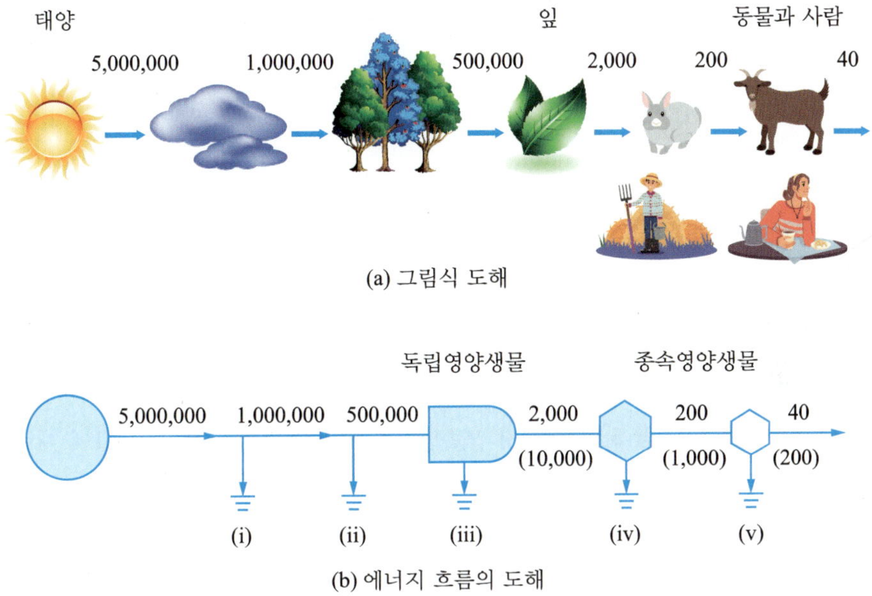

그림 5.7 생물학적 먹이사슬을 통한 태양에너지의 흐름(단위 : kcal/m^2/μr)

2) 에머지의 개념 및 적용

에너지의 척도는 여러 형태의 에너지가 열로 변환될 때 생성된 열량으로 정의되므로 1 cal에 해당되는 태양열, 녹색식물, 전기 등의 모든 에너지가 모두 같다는 논리이다.

그러나 에너지에 근거하여 생태계의 흐름을 파악하기 위해서는 한 형태의 에너지가 생성되기까지 사용된 모든 에너지를 고려하여야 연결고리의 특성으로 운영되는 생태계의 서로 다른 에너지에 대한 비교가 가능할 것이다. 이러한 개념에서 새로운 척도의 에너지 단위인 에머지가 창안되었다. 한 단계의 에머지는 그것이 생성되기 위하여 직접 또는 간접적으로 사용된 모든 에너지를 한 가지 형태의 에너지로 표현한 것으로 지구생태계의 가장 기본 원동력인 태양 에너지를 기준으로 하여 계산되며 단위는 solar emjoule (sej)이다. 이러한 에머지 단위는 효율적 생태계 관리에 사용할 수 있을 것이다(그림 5.8).

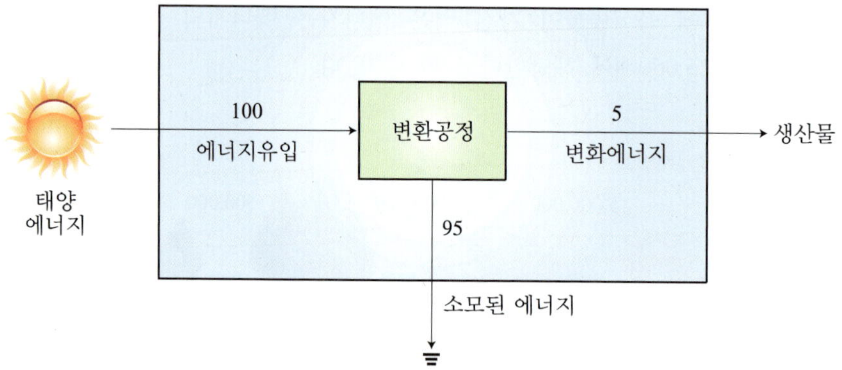

생산자의 태양에너지 흐름 = 100 Solar Emjoules / Day

$$\text{생산자의 태양전환율} = \frac{\text{100 Solar Emjoules / Day}}{\text{5 Joules / Day}} = \text{20 Solar Emjoules / Joule}$$

그림 5.8 에너지 보존법칙과 에머지 그리고 태양전환율에 대한 개념설명

생태계 내의 각 단계의 에너지의 변환 과정을 조사하면, 한 형태의 에너지를 생산하기 위해 소비된 에너지량을 계산하여 특정 단계의 전환율(transformity)을 알 수 있다. 연구자들에 의해 계산된 대표적인 전환율을 표 5.4에 나타내었다.

표 5.4 대표적인 태양 전환율

에너지원	단위(sej/J)
태양	1
바람	623
파도와 조석	17,000 ~ 29,000
화석연료	18,000 ~ 40,000
곡물	24,000 ~ 200,000
단백질	1,000,000 ~ 4,000,000
인간의 용역	80,000 ~ 5,000,000,000
정보	10,000 ~ 10,000,000,000,000 +

5.4 생태계 모델링

5.4.1 개념

생태계는 복잡한 영양단계와 여러 단계의 상호작용을 통해서 운영되는 거대운영 체계이다. 이러한 생태계의 거대 체계를 다양한 가정 하에 단순화한 형태로 연구함으로써 쉽게 이해하며 변화를 예측할 수 있으며, 이렇게 단순화시킨 것을 모델이라 한다. 생태계 모델을 위해서는 생체량과 같은 상태변수(state variables), 힘(force), 에너지 유동경로, 상호작용(interaction)등과 같은 요소들을 이용할 수 있다.

5.4.2 에너지 시스템 언어

생태계 내의 생물과 무생물의 상호작용 및 영양단계에 의한 모든 변화는 에너지 흐름으로 표시할 수 있다. 이러한 에너지의 흐름을 기능의 차이에 따라 다른 모양의 도식을 사용하여, 생태계 내에 발생하는 현상들을 용이하게 파악할 수 있을 것이다. Odum에 의해 개발된 에너지 상징 언어들을 그림 5.9에 표시하였다.

5.4.3 성장모델

생태계에서 시간의 흐름에 따른 개체(혹은 생체량)의 변화를 관찰하면 다양한 이론적 모델 형태를 발견할 수 있다. 대표적 모델을 다음에 소개하고자 한다. 도식에서 Q는 quantity의 약자로 개체군 수, 생체량, 저장된 에너지 혹은 모든 것을 의미한다.

1) 지수함수적 성장모델(exponential growth model)

그림 5.10과 같이 외부계로부터 내부생태계에 무한정의 사용가능한 에너지가 유입되며, 내부 생태계에서 필요가 증가하는 만큼 계속적으로 유입된다(계속유입에너

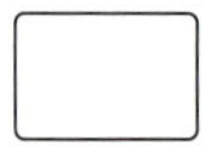	**경계 및 내부 시스템** 시스템의 경계를 나타내는 직사각형의 상자로 때때로 부분적인 시스템을 나타내기도 한다.
	**에너지 회로** 에너지의 흐름으로 종종 물질의 흐름을 동반한다.
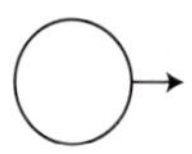	**에너지원** 태양에너지, 물질, 정보, 재화와 용역 등을 포함한 에너지로 시스템의 외부에서 경계를 가로질러 내부로 유입된다.
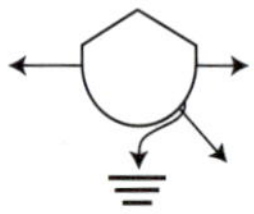	**저장** 에너지가 저장되는 장소로 예를 들면, 토양, 숲의 생체량, 유기물, 지하수 그리고 해변 가의 모래 등이 있다.
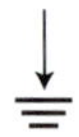	**열 분산** 햇빛이 광합성이나 동물의 시진대사 유지에 사용된 후에 더 이상 사용될 수 없어 처분되는 에너지로 저장탱크, 상호작용, 생산자, 소비자, 스위치 기호 아래에 붙여질 수 있다.
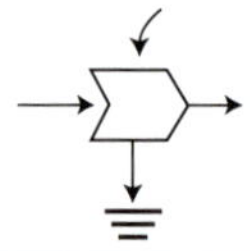	**상호 작용** 에너지의 흐름이나 물질의 흐름과 같이 서로 다른 에너지의 형태가 결합된 것을 말한다.
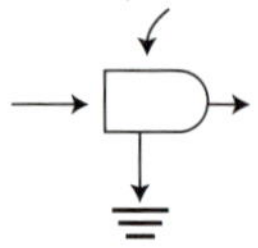	**생산자** 에너지와 원료로부터 생산물을 만드는 단위인데 예를 들면, 숲, 식물, 공장 등이 있다.
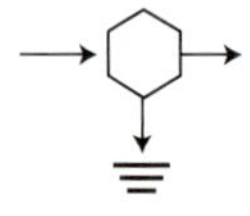	**소비자** 생산자로부터 생산된 물질을 사용하는 단위로 벌레, 소, 미생물, 인간 그리고 도시 등이 있다.
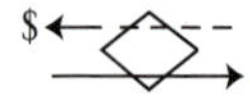	**거래** 에너지, 원료, 서비스에 대해 대가로 돈이 교환되는 과정이다.
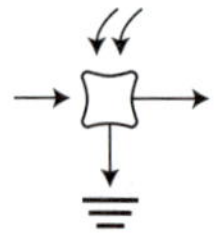	**점멸작용** 불이 시작하는 것과 불이 정지하는 것, 꽃의 수분작용과 같은 작동되고 작동되지 않는 것과 같은 선택의 과정이다.

그림 5.9 에너지 시스템 언어

지원). 예를 들면, 사육장의 토끼가 필요한 만큼 무한정 먹이가 공급되는 조건에서 토끼 개체군이 급속히 증가하는 경우를 들 수 있다. 이러한 계에서 초기에 암수 두 마리의 토끼는 시간이 지남에 따라 4, 8, 16 등의 속도로 계속 불어날 것이다. 따라서 토끼의 숫자가 불어남에 따라 토끼들은 더 많은 에너지를 사용할 것이고, 숫자는 더욱 급격히 증가할 것이다. 그러나 실제상황에서는 계속적 에너지 유입의 상황은 불가능하므로 지수함수적 성장은 불가능하다. 그러나 계의 초기상태, 즉 요구 에너지량이 적은 경우에는 증식이 지수함수적으로 증가할 것이나, 결국에는 에너지의 부족현상이 나타나므로 다른 모델로 대치되어야 할 것이다. 그림 5.10은 지수함수적 성장의 모델 현상을 도식과 결과 그래프이다.

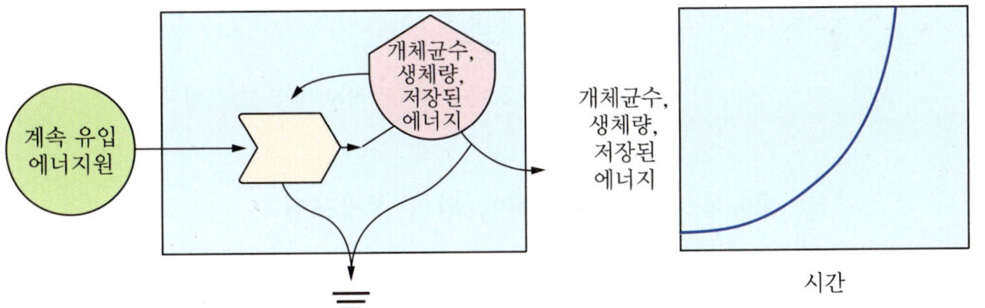

그림 5.10 지수함수적 성장모델의 도식 및 결과

2) Logistic 성장모델

초기에 일정유입 에너지원으로 인해 개체군이 급속히 증가할 것이나, 제한된 공간에 많은 개체수로 인해 서로간의 공간확보 등을 위한 개체간 마찰의 결과와 더불어 증가율이 감소할 것이므로, 일정시간 후 정상상태(steady state)에 도달할 것이다. 이러한 성장모델을 대수성장이라고 한다. 대수성장은 개체군이 개체간의 상호작용으로 증가와 감소율이 일정하게 유지되는 상태에서 발생한다. 예를 들면, 발효조에서 배양되는 효모는 초기에는 증식이 거의 지수함수적 모델에 가깝게 증가할 것이다. 에너지는 계속적으로 일정한 율로 공급되지만, 효모의 증식과 함께 서로간의 마찰과 생산하는 부산물(byproducts)에 의해 세포의 생산과 손실간의 관계가 안정한 상태에 도달할 것이다. 다른 예를 들면, 도시생태계에서 인구와 서비스의 성장을 들 수 있을 것이다. 인구성장이 주택, 도로, 상점, 차량 등의 증가에 따라 발생하는 소음, 범죄, 오염 등이 역영향을 끼칠 때까지 지수함수적으로 성장할 것이다. 그러나 이러한 영향을 줄이기 위해 비용증가와 함께 인구증가율이 점차 이주율과 평형을 이루는 상태로 될 것이다. 그림 5.11에서와 같이 지수함수적 모델과 비교해 볼 때 에너지원은 같으나, 개체간의 마찰에 의한 손실과 증식이 평형을 이룬다.

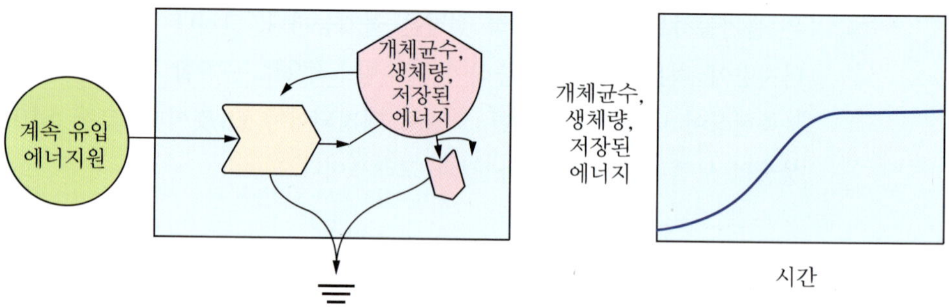

그림 5.11 대수성장모델의 도식 및 결과.

3) 계속적 유입 에너지원에 의한 성장모델

생태계 내에서 이용하는 요인 중 많은 것은 외부계에 의해 조정된다. 예를 들면 계속적 유입 에너지원으로는 태양, 비, 바람 등을 들 수 있다. 생태계 내의 개체군 증가가 외부로부터 유입되는 에너지원을 증가시킬 수 없으므로, 내부 성장은 외부 유입 에너지원의 지속여부에 따라 결정될 것이다. 예를 들면, 태양광선을 이용하는 나무처럼 나무가 유입에너지인 태양의 증가와 감소에 전혀 어떠한 역할도 할 수 없는 경우를 들 수 있다. 이렇게 일정한 흐름으로 계속적으로 유입되는 에너지원을 재생가능한 에너지원(renewable source)이라고 한다. 그림 5.12에서와 같이 외부로부터 유입되는 에너지의 일부는 사용되고 나머지는 다시 외부계로 유출되는 현상을 관찰할 수 있다. 외부에 유출되는 양은 내부계의 개체군이 유입된 에너지를 사용하는 정도에 따라 다를 것이다. 개체군의 증가로 거의 대부분의 유입 에너지원이 사용되면, 에너지원의 부족으로 인해 더 이상의 개체군 증가는 관찰되지 않고 안정한 상태에 도달할 것이다. 이러한 모델은 생태계의 천이(succession)의 특성이다. 삼림 생태계의 예를 들면, 초기에는 어린 나무들이 충분히 유입되는 광에너지를 이용하여 빠른 성장이 관찰되지만(일부 사용되지 않은 에너지는 유출), 시간 경과에 따라 나무들이 더 많은 에너지를 사용하여 유출되는 에너지는 더욱 작아지고, 성장율은 감소하다 일정 수준을 유지할 것이다. 이 형태의 곡선은 logistic model과 같이 "S" 형태이나 서로 상이한 점은 개체증가로 인해 내부 종간의 마찰(interaction)이 없다는 점이다.

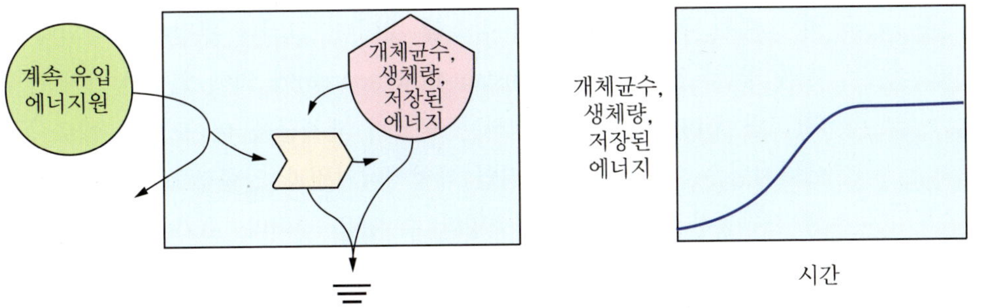

그림 5.12 계속흐름에너지원 성장모델의 도식 및 결과

4) 재생불가능(nonrenewable)자원 이용 성장모델

일부 계는 한 번 사용하고 나면 다시 사용가능하지 않는 자원(nonrenewable)에 의존한다. 예를 들면, 썩어가는 나무로부터의 에너지를 이용하여 생장하는 풍뎅이 개체군의 경우에 풍뎅이의 수가 적을 경우에는 나무로부터 충분한 에너지를 공급받아 지수함수적으로 성장하지만, 개체가 증가하면서 에너지원의 감소와 함께 증식이 감소할 것이며 마지막으로 에너지원의 완전 소멸과 함께 개체군도 소멸될 것이다. 결과 도표에서 Q는 개체군의 수를 나타내며, N은 주어진 시간에 남아있는 에너지를 나타낸다(그림 5.13).

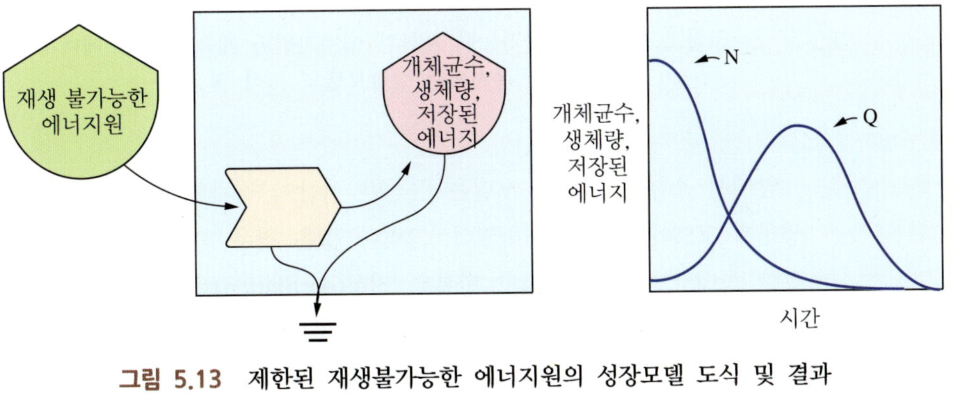

그림 5.13 제한된 재생불가능한 에너지원의 성장모델 도식 및 결과

5) 두 종류의 에너지원(two sources)에 의존한 성장모델

생태계 내의 개체군 증식이 두 종류의 에너지원(계속 유입 에너지와 재생 불가능한 에너지)으로 운영되는 경우이다. 그림 5.14에서 나타낸 것과 같이 초기에는 두 에너지원을 이용하여 급속한 개체군 증식이 관찰되고, 재생 불가능한 자원이 완전히 소비된 후에는 개체군이 감소할 것이다. 그러나 완전히 소멸되지 않고 일정하게 유지 공급되는 에너지원(constant-flow source)에 의해 일정한 개체군 밀도가 유지된다(그림 5.14). 연못에 서식하는 물고기 개체군을 이 모델의 예로 들 수 있다. 두 에너지원은 계속 유입에너지인 태양에너지원과 일회적으로 공급된 물고기 밥인 재생 불가능한 에너지원으로 설명할 수 있을 것이다. 초기에는 물고기 개체군이 물고기 밥이 부족한 시점까지 지수 함수적으로 증가하다가, 개체군의 감소가 태양에너지를 이용한 생산자에 근거한 먹이연쇄로부터 공급되는 에너지원에 의해 유지되는 수준에서 일정하게 유지될 것이다.

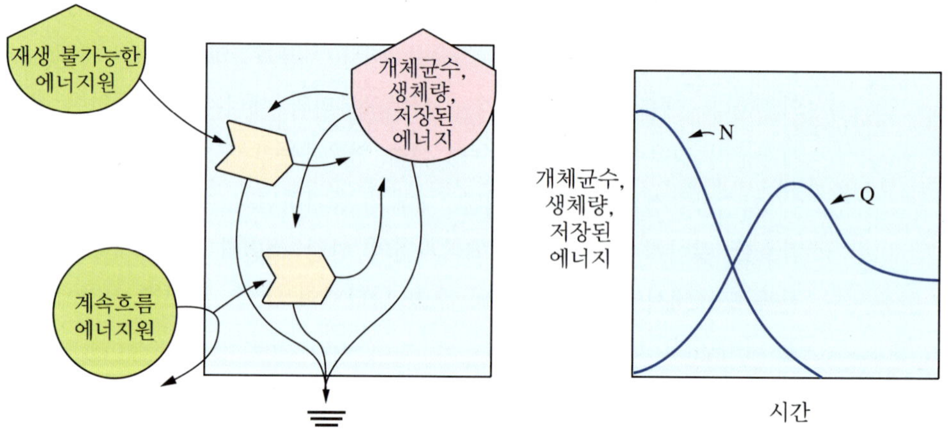

그림 5.14 재생 불가능한 제한된 에너지원과 계속적 유입 에너지원에 의해 유지되는 성장모델의 도식 및 결과

앞에서 소개된 이론적 모델은 일정한 시간이 경과한 후 안정한 상태에 도달하는 생태계 모델에 대해 소개하였다. 그러나 많은 경우, 자연 생태계의 천이 단계는 안정한 상태로 발전하지 않고 반복된 진동(oscillation)을 하여 개체군의 양이 증감하는 현상을 보이기도 한다. 이러한 이론적 진동모델들을 다음에 소개하였다.

6) 단순진동모델(a simple oscillating model)

이 모델은 생태계 내의 피식자－포식자 관계를 대표한다. 도식에서와 같이 피식자(prey)에게 계속적인 유입에너지가 공급되며, 피식자 개체군은 지수함수적으로 증가한다. 동시에 포식자(predator) 개체군도 빠르게 피식자를 먹이로 하여 증가하며, 빠른 포식자의 증가로 인해 피식자 개체군이 다시 감소할 것이다. 계속하여 피식자의 감소로 포식자도 먹이 부족현상으로 감소할 것이다. 이러한 관계 반복을 통해 그림 5.15에서와 같이 주기성의 모델을 예측할 수 있다.

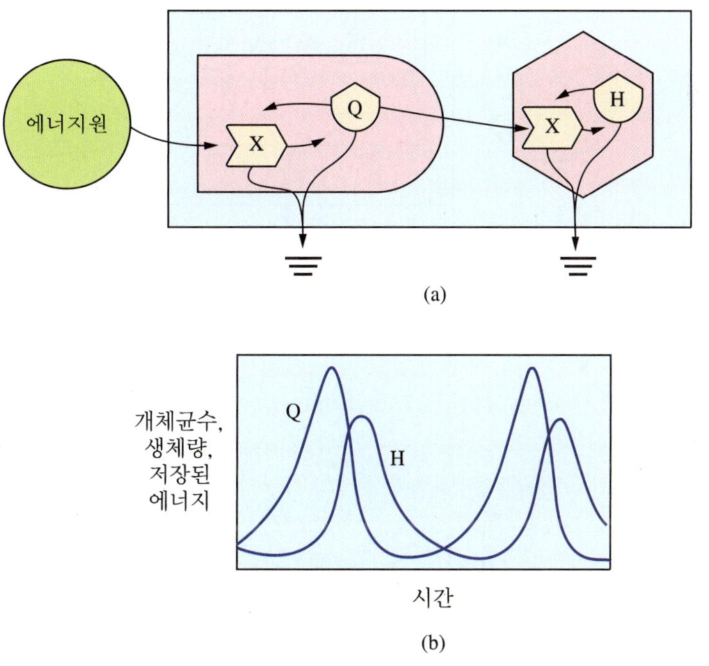

그림 5.15 단순진동모델 도식 및 예측 결과

7) 스위치모델(switching model)

주기성 모델의 다른 예로는 스위치 형태의 모델을 생각할 수 있다. 양이나 생산물이 역치(threshold)에 도달했을 때 전등의 스위치를 ON하는 것과 같이 소비활동이 시작되는 형태의 모델이다. 예를 들면, 삼림생태계에서 생체량이 충분히 존재할 때 자연적 화재가 번개 등에 의해 발생하여 소비활동이 화재에 의해 발생한다. 그 결과 유기물이 완전히 소비되고 많은 영양원이 토양에 축적되어 새로운 식물성장에 기여한다. 그림 x는 시간에 따라 풀(Q)과 영양원(N)의 관계를 나타내고 있다. 생산은 오랜 기간을 거쳐 생산되나, 소비는 짧은 기간에 발생하는 현상을 관찰할 수 있다(그림 5.16).

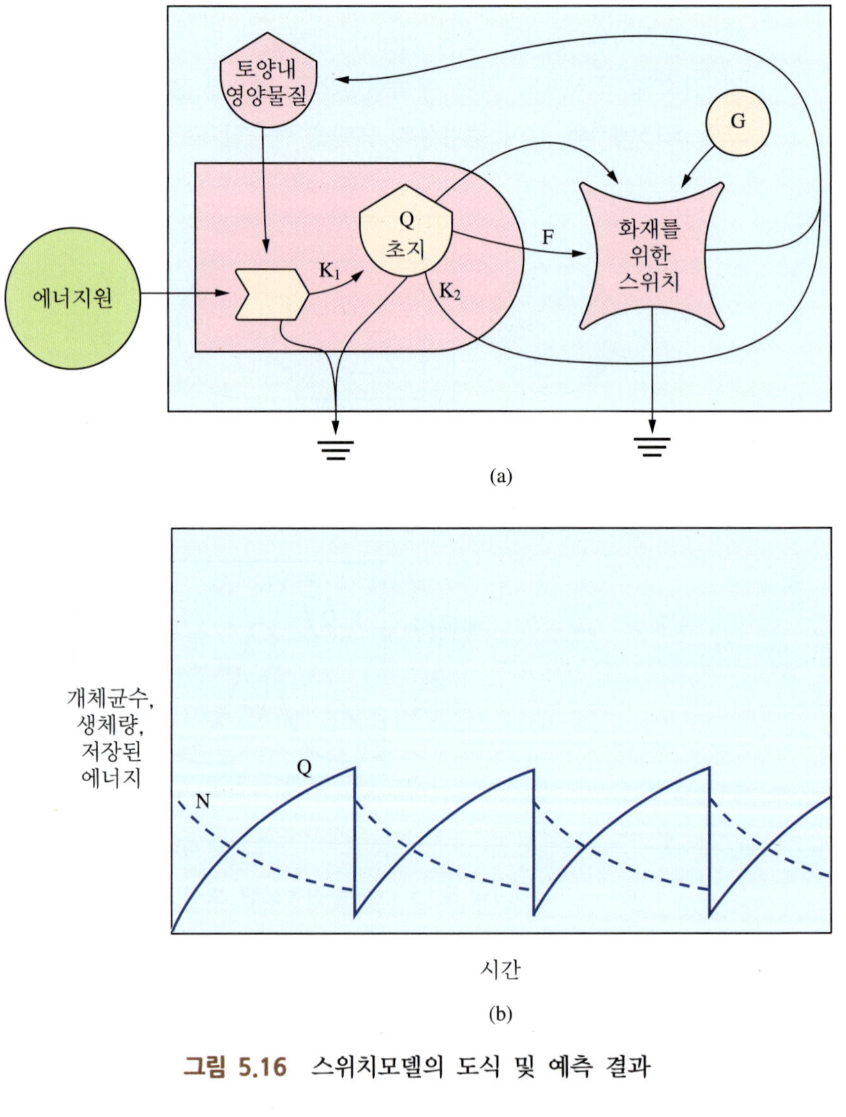

그림 5.16 스위치모델의 도식 및 예측 결과

8) 펄스모델(pulse model)

이 모델 역시 생태계에서 피식자-포식자관계의 많은 부분에 적용할 수 있다. 에너지 경로에서 하나 이상의 소비경로의 특성을 갖고 있으며, 하나는 낮은 에너지에서 작동하고 하나는 높은 에너지에서 작동하여 스위치 모델과 같이 급격한 소비를 유발한다. 예를 들면, 식물성장과 메뚜기에 의한 소비 혹은 삼림의 모든 잎을 순식간에 먹어치우는 벌레에 의한 소비 등을 예로서 들 수가 있다(그림 5.17)

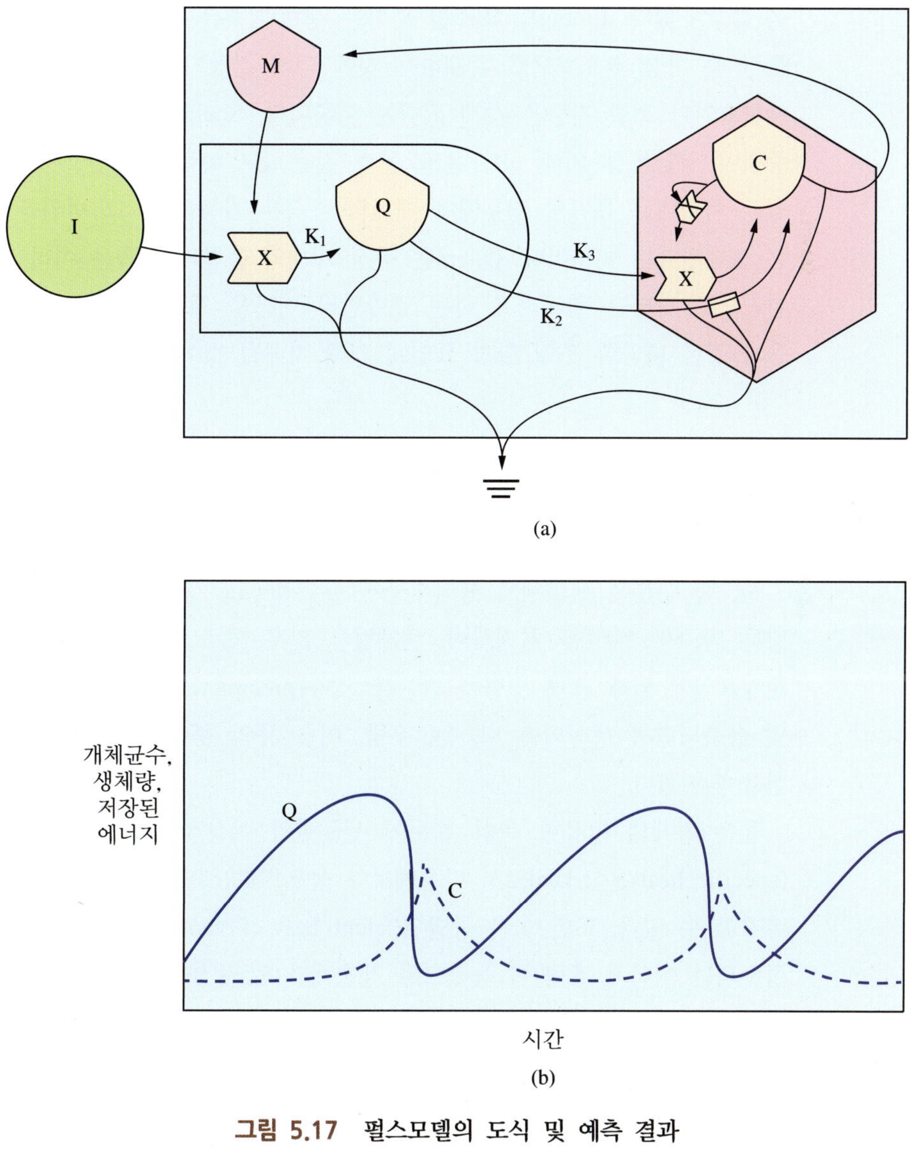

그림 5.17 펄스모델의 도식 및 예측 결과

5.5 생태계 조절 환경요인

생태계에서 특정 개체군의 출현여부를 결정짓는 지배요인에 대한 설명은 Liebig 최소량 법칙, Shelford 내성의 법칙, 그리고 이 두 법칙을 종합한 Odum의 결합법칙을 들 수 있다. Liebig의 최소량 법칙은 생체량(혹은 생산량)은 생장에 필요한 영양물질 중 가장 최소량으로 존재하는 것에 의해 결정되며, 자연 생태계에서는 이러한 제한요인이 조절 기능을 갖게 된다는 이론이다. Shelford의 내성의 법칙에서 개체의 증식이 영양물질 외에 pH, 온도 등과 같은 물리화학적 요인들이 개체가 견딜 수 있는 범위내로 유지될 경우에만 개체의 증식은 가능하며, 그 범위를 벗어날 경우에는 도태된다는 이론이다. Odum은 특정 개체의 출현과 존속은 여러 환경 조건이 복합적으로 나타난 결과라고 하는 결합법칙 이론을 제안하였다. 이러한 법칙들은 다음과 같은 다양한 조절 환경 요인에 의해 지배될 것이다.

5.5.1 물

물, 즉 수분은 생물체의 생리대사에 필수적이고, 생물체의 구성 성분 중 수분 함량은 약 50~90%를 차지하며, 존재량은 강우, 습도, 증발력, 지하수, 지표수 등의 환경요인에 의해 크게 영향을 받는다. 강수(precipitation)는 대기에서 수증기가 냉각 및 응축되면서 생성되며 비, 눈, 우박, 이슬 등의 형태로 지표면에 내리는 모든 수분을 의미한다.

물은 자체의 고유한 특성 때문에 생물체의 이상적 매질로 사용된다. 물의 비열(specific heat)은 1 kcal로서 타용매보다 높으므로 생태계는 온도를 비교적 안정되게 유지할 수 있다. 또한 물은 증발열(latent heat of vaporization, 물 1 g이 증발하는데 흡수되는 에너지 총량)이 높으므로 생물체가 많은 양의 열을 물의 증발을 통해 발산할 수 있는 특징이 있다. 녹는열(latent heat of fusion, 고상에서 액상의 형태로 전환하는데 필요한 열량) 역시 높으므로 생물체가 겨울철에 쉽게 얼지 않게 하는 중요한 역할을 한다. 물의 밀도는 4°C에서 최대가 되므로, 물이 고형상태로 되면서 팽창은 하나 밀도는 저하된다. 따라서 얼음의 밀도가 물의 밀도보다 가볍기 때문에 표층에 뜨고 물밑에 가라앉지 않는다.

5.5.2 온도

온도는 생물체의 생리적 기능에 아주 뚜렷한 영향을 미친다. Van't Hoff 법칙에서는 일정한 온도 범위 내에서 온도가 10°C 상승에 따라 생화학반응은 두 배가 된다고 제안하였다. 생명체가 살 수 있는 온도 범위는 약 −200°C에서 100°C라고 알려져 있으나 대부분의 생태계 내 동물체들은 약 4~45°C의 온도 범위에서 활동한다. 미생물은 내성의 한계가 다양하며 극환경조건에서도 서식하는데, 저온성(psychrophile, 5~15°C), 중온성(mesophile, 25~40°C), 고온성(thermophile, 40~60°C)으로 분류할 수 있다. 생물체들은 최적온도(optimum temperature)에서는 생리작용이 최대이며 최저온도(minimum temperature) 에서는 생리기능이 최저로 되며, 최고온도는 생물체가 견딜 수 있는 가장 높은 온도를 말한다.

생물체의 물질대사의 반응은 효소에 의해 조절되며, 효소 작용 조절은 온도에도 의존한다. 일반적으로 대부분의 효소들은 35~45°C 이상의 온도에서는 불활성인 반면에 10°C 이하에서는 그 작용이 최소로 된다. 온도는 산소와 이산화탄소 및 다양한 영양염류의 용해도에도 영향을 미치므로 결국 생물체의 생장에 영향을 준다.

5.5.3 빛

태양광선은 지구 생태계의 가장 기본적인 에너지원이며, 지구생태계의 기초생산에 중요한 제한요인으로 작용한다. 광은 파장에 따라 방사선, 자외선, 가시광선, 적외선, 방송파 등으로 나뉘며, 1~320 nm의 파장을 갖는 자외선은 DNA를 손상할 수 있는 에너지를 가지고 있으므로 생물체에 치명적이다. 특히 260 nm에서 강한 작용을 한다. 광합성은 가시광선인 320~800 nm 영역의 광자에너지를 흡수하여 화학에너지로 전환시킨다. 약 800~1000 nm의 파장인 적외선은 생물체에는 별 영향을 미치지 못하고 주변 생태계의 온도를 증가시키는 역할을 한다.

5.5.4 산소

생태계 내에 존재하는 거의 대부분의 생물체는 산소가 필수적 요인이다. 산소는 대기 중에 이산화탄소와 함께 일정농도(21%) 존재하고 있으며, 수중에는 4~10 mL의 산소가 1 L에 용해되어 있다. 생물체는 산소 이용 여부에 따라 호기성(aerobic)과 혐기성(anaerobic) 생물로 구분하고, 다시 절대호기성(obligate- 혹은 strict aerobes), 통성혐기성(facultative anaerobic ; 산소 유무상태의 조건에서 모두 생장), 절대혐기성(obligate 혹은 strict anaerobes)으로 구분할 수 있다. 산소는 효소활동에 직접 관여하기도 하나, 에너지 생산을 위한 마지막 전자 수용체(final electron acceptor)나 효소인 oxygenase의 활동에 필요하며, 생물 물질대사에 중요한 역할을 한다.

5.5.5 영양염류

생물에 필요한 원소는 주기율표상의 54개 원소 중 약 절반가량이며, 영양염 원소 중에서 일반적으로 생태학적으로 중요한 제한요인으로 고려되고 있는 것은 질소(N)와 인(P)이다. 생체량 내에서 질소와 인의 비는 약 10~18 : 1이다. 질소와 인 다음으로는 K, Ca, S, Mg 등이 비교적 많이 요구되는 다량영양염(macronutrients)으로 알려져 있다. 또한 미량 요구되나 꼭 필요한 미량원소(trace element 혹은 micronutrients)들도 중요한 제한요인으로 작용한다. 미량과 다량원소들의 구분은 생물에 따라 상이하지만 일반적으로 Mn, Co, B, Mo, Ni 등이 미량원소에 포함된다.

5.5.6 토양

토양은 바위가 온도변화, 결빙 및 해빙 등의 물리적인 풍화작용과 화학적인 작용, 그리고 식생 및 미생물들의 활동에 의한 생물작용이 복합적으로 작용하여 형성되어 있다. 토양의 절개 단면을 보면 뚜렷한 토양층으로 이루어져 있다. 일반적으로 토양은 깊이에 따라 3~4층(A, B, C 및 D층)으로 구분한다. 상층(A층, 표토)은 유기물질이 풍부하며 토양이 짙은 색깔을 띠며, 생물체들의 활동이 왕성한 층이며, 주로 부식화(humification)과정을 거친 유기체와 점토, 모래 등의 무기입자들이 혼합되어 있다. B층은 유기화합물이 분해자 활동으로 광물질화(무기화)되고 미세한 점토, 유기성 교질물질, 수분이 많이 함유되어 있으며 토양입자들은 밝은 갈색을 나타낸다. 그리고 생물체들의 활동은 표층(A층)에 비해 활발하지 못하다. C 및 D층은 $CaCO_3$와 $CaSO_4$가 축적되어 있거나, 다소 덜 변화를 받은 모암으로 구성되어 있고, 큰 나무의 뿌리가 뻗어있다.

토양은 중요한 물리적 특성인 토성(texture)에 따라 다른 입자의 크기로 구성되어 있으며, 이러한 물리적 성질은 토양생물에 필수적인 공기의 공급과 보수능(water holding capacity)에 중요한 역할을 한다. 입자들은 크기에 따라 모래(sand ; 2～0.05 mm), 미사(silt ; 0.05～0.002 mm), 점토(clay ; $<$ 0.002 mm)로 나뉜다. 모세관수대(capillary fringe)는 지하수면 윗부분까지 물이 올라올 수 있는 토양의 부위를 지칭하며, 이는 토성 및 토양의 구조에 영향을 받는다.

토양 및 토양수분에는 토양생태계에 필요한 다양한 유기 및 무기물질들이 존재한다. 특히 토양이 양이온을 보유할 수 있는 능력은 양이온 치환능력(cation exchange capacity)이라 하며 토양 100 g 당 밀리그램당량(milliequivalent)으로 표시한다. 이러한 능력은 토양의 비옥도를 가늠할 수 있는 좋은 지표이다.

참고문헌

1. 박철희 외 4인, 환경생태학, 2016, 동화기술
2. 박석환 외 5인, 환경생태학, 2014, 신광문화사
3. Gabriel Bitton, Wastewater Microbiology 4th Edition, 2011, Wiley-Blackwell
4. Madhab Chandra Dash, Satya Prakash Dash, Fundamentals of Ecology 3rd Edition, 2012, McGraw-Hill Education India
5. Michael T. Madigan 외 4인, Brock Biology of Microorganisms 16th Edition, 2022, Generic
6. F. Stuart Chapin III 외 3인, Principles of Terrestrial Ecosystem Ecology 2nd Edition, 2012, Springer
7. Herman E. Daly and Joshua Farley , Ecological Economics: Principles and Application 2nd edition, 2011, Island Press
10. Robert E. Ricklefs and Rick Relyea, Ecology: The Economy of Nature 8th Edition, 2021, W. H. Freeman
11. Eugene Odum, Gary W. Barrett, Fundamentals of Ecology 5th edition, 2004, Cengage Learning

연습문제

1. 생태계 보존을 위해 특정한 지역에 서식하는 개체군의 특성을 파악하는 것은 중요한 일이다. 개체군에 대한 밀도의 개념을 서술하라.

2. 이론적 개체군 생장형은 J와 S형으로 나눌 수 있다. 두 생장형에 대해 설명하라.

3. 생태계가 항상 정상상태의 개체수를 유지하는 것은 아니며, 일부 생태계에서는 시간의 흐름에 따라 주기적 진동형식을 유지하는 생태계가 있다. 이론적 진동모델을 설명하라.

4. A강 상류와 하류지역의 수시료를 채취하여 조류 5종(a, b, c, d, e)에 대해서 조사하였다. 상류에서는 a에서 e종이 각 20, 30, 10, 20, 20% 중요도로 조사되었고, 하류에서는 5, 0, 5, 10, 80% 조사되었다. 상류와 하류에 대해 다양도지수, 우점도 지수, 균등도 지수를 구하여 비교하고, 유사도 지수를 구하여 오염정도를 예측하라.

5. Exponential, Logistic, Constant-flow source growth model에 대해 공통점과 상이한 점들에 대해 설명하라.

6. 군집 내에서 개체군의 양적특성을 나타내는 관계식들은?

7. 생태계를 움직이는 구성요인에 대해 설명하라.

8. 생물반응은 생산과 분해에 의해 이루어진다. 생산과 분해현상에 대해 설명하라.

9. 에너지의 새로운 개념단위인 에머지에 대해 설명하라.

10. 생태계의 중요 생물구성 요인인 미생물 그룹중 박테리아에 대해 산소는 어떤 역할을 하는가?

11. 생태계 내에서 개체나 개체군간의 상호작용 관계를 통하여 어떠한 영향을 서로 교환하는지에 대해 설명하라.

12. 생물의 주요 영양원인 질소의 순환에 대해 설명하라.

13. ATP는 생물반응에 어떠한 역할을 하는가?

제 6 장

유해물질과 환경위해성평가

6.1 서론

오늘날에는 환경오염물질이 인간을 비롯한 전 지구 생태계에 영향을 줄 수 있다는 인식이 보편화되었지만 불과 수십 년 전에는 화학산업의 발달을 통하여 풍요로운 삶을 구호로 내걸었던 시절이 있었다. 당시의 관심은 투입된 에너지에 대한 생산 효율의 극대화가 지상의 과제였다. 따라서 새로운 화학물질의 개발은 바로 인류의 번영을 약속하는 또 다른 수단이 되었다. 대표적인 예로 "인류가 만든 꿈의 물질"로서 발명자는 노벨상까지 수상하는 영광을 안겨준 살충제인 DDT의 경우(그림 6.1 참조) 사용 후 불과 20년 만에 인간과 생태계에 치명적인 독성작용을 일으키는 것으로 밝혀져 현재는 일부 후진국을 제외하고는 사용이 전면 금지되고 있다.

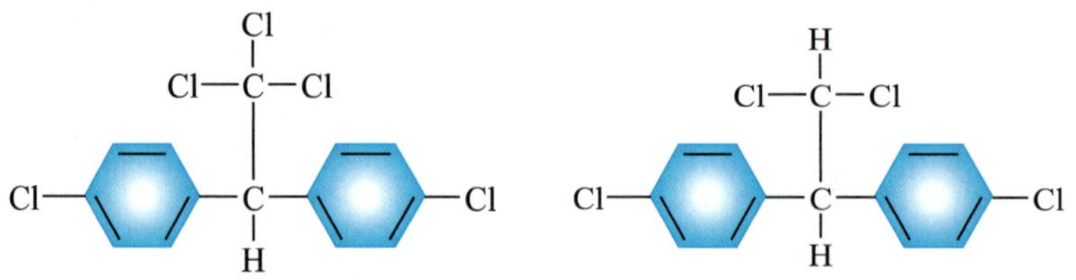

그림 6.1 DDT 및 분해산물인 DDE의 구조

1970년도 이전의 환경문제는 오염물질의 특성에 상관없이 양적인 측면에서의 오염문제가 주요한 관심이 되었다. 즉, 환경매체 내에 들어있는 오염물질의 총량－예를 들면, 공기 중에 들어있는 분진의 양, 물속에 들어있는 고형물질의 총량, 음용수 중 병원성 미생물의 수 등이 주된 환경문제로 부각되었다. 따라서 환경오염이 인간에게 미치는 영향역시 콜레라, 장티푸스, 이질 등과 같이 곤충의 매개 혹은 미생물에 의해 발생되는 질병과 전염병의 예방·관리가 주요한 과제가 되었다. 그러나 최근에 산업화가 급속히 진행됨에 따라 환경매체 내로 유입되는 오염물질의 종류가 다양해지고 있다. 특히 화학 산업의 발달로 자연에는 존재하지 않은 새로운 물질의 합성과 사용이 증가함에 따라 생태계의 자정작용만으로는 분해되지 않는 유해물질들이 환경매체 내로 많이 유입되고 있는 실정이다. 따라서 환경문제 역시 유해물질로 인하여 발생하는 인간과 생태계에 미치는 치명적인 악영향－발암성, 돌연변이성, 최기형성, 생물종변이 등이 새로운 주요 과제로 제기되고 있다.

일반적으로 환경매체 내에 존재하는 대부분의 유해물질들은 인간의 필요에 의하여 합성 또는 추출한 화학물질로서 다양한 독성작용을 갖고 있으며 환경매체를 통하여 노출되면 인간을 비롯한 생태계에 서식하는 각종 생물체의 생존은 물론 지구 생태계의 전반적 기능에도 악영향을 미치게 된다. 따라서 유해물질들에 대한 인간과 생태계에 대한 위해성을 과학적이고 객관적으로 평가하여 체계적으로 관리할 필요성이 대두된다.

즉, 환경오염으로 인한 안전성 문제, 예를 들면 낙동강 상수원에 발암물질인 페놀이 흘러들었을 경우, 그 물을 마신 사람은 모두 암에 걸릴 것인가? 소각장 근처에 사는 주민의 경우, 소각장 굴뚝에서 나오는 다이옥신에 노출될 경우, 하루 안전허용치는 얼마가 될 것인가? 폐기물에 함유된 중금속은 토양에 서식하는 미생물 생태계에 어떠한 위해성을 초래할 것인가? 같은 문제가 제기될 경우 이에 해답을 얻기 위해서는 과학적인 분석과 평가가 필요하게 된다. 여기서 환경오염으로 인하여 발생할 수 있는 인간과 생태계에 대한 위해성을 평가하는 일련의 과정을 환경위해성평가 라고 한다. 다시 말하면 환경위해성평가는 다양한 환경문제를 객관적으로 해결하는데 필요한 자료를 제공해 주는 것은 물론 향후 오염제어에 필요한 기술의 개발과 오염물질관리를 위한 제도적 장치를 마련하는데 필요한 정보를 제공하기 위한 과정이라 할 수 있다.

유해물질로 인한 환경문제는 한 나라에만 국한되는 것이 아니라 전 인류에 영향을 미친다는 인식하에 유엔환경개발계획(UNCED, united nations conference on environment and development)주관으로 1992년 브라질 리우회담에서 “유해물질의 국가간 이동을 감시하고 범세계적으로 유해물질 관리체계를 구축하기 위한 각국의 유해물질 관리 강화 방안”을 Agenda 21로 채택하였다.

이후, 모든 폐플라스틱을 수출입 통제 대상 폐기물로 추가하는 2019년 개정된 바젤협약에 의거, 통제대상폐기물은 수입국의 사전 서면동의를 받은 경우에만 국가간의 이동이 가능하고, 폐기물을 수입 또는 처리한 자는 해당 폐기물의 수령 또는 처리결과를 수출자와 수출국에 통보하여야 하게 되었다. 이에 따라 OECD에서는 폐기물을

- 녹색폐기물(Green Lists of Wastes)/바젤협약 폐기물목 : 유해특성을 갖고 있지 않으며, 국가 간 이동 중 위험정도가 무시될 정도인 폐기물로 재생기술이 상당히 축적된 것으로서 통상적으로 국가 간 이동 통제대상에서 제외

예) 귀금속 및 금속합금스크랩 및 그 폐기물, 철 및 강 스크랩 및 그 폐기물, 금속함유 폐기물, 종이・판지, 고형플라스틱, 섬유폐기물, 농상・식품산업 폐기물 등

- 황색폐기물(Amber Lists of Wastes)/바젤협약 폐기물목록 : 한 가지 이상의 유해특성을 가지는 폐기물로 충분한 주의가 요망되며, 적색폐기물보다는 위험성이 낮고 재활용이 용이한 폐기물로서 국가 간 이동 통제대상
  예) 철・구리・아연・납 등 금속의 재・잔재물・찌꺼기 등의 폐기물, 의약품 제조・생산과정에서 발생한 폐기물, 폐수슬러지 등
- 적색폐기물(Red Lists of Wastes)/바젤협약 폐기물목록 : 한 가지 이상의 유해특성을 가지는 폐기물로 황색폐기물보다 엄격한 통제가 요구되는 폐기물
  예) PCB, PBB함유폐기물, 석면, 세라믹 섬유 등

※ 다만, 폐기물의 분류는 자국의 특성에 따라 구분을 달리 할 수 있으며, 이 경우 회원국에게 통보하여야 함.

참고로 유해물질에 대한 환경위해성평가를 수행하는데 필요한 전문분야를 표 6.1에 나타내었다.

표 6.1 환경위해성평가에 필요한 전문 분야

건강위해성평가		생태위해성평가	
단계	전문분야	단계	전문분야
위험성확인	독성학, 예방의학	문제의 공식화	독성학, 생물학, 화학, 사회학
용량-반응평가	독성학, 통계학, 수학	분석	독성학, 물리학, 화학, 수학
노출평가	물리, 화학, 공학, 통계학	위해도결정	독성학, 통계학, 사회학, 경제학
위해도결정	상기 각 분야		

6.2 | 유해물질 배출원 및 환경매체로의 이동경로

유해물질이란 "대기환경, 수질환경, 토양환경 및 식품 등에 오염되어 질병을 발생시키거나 심한 경우 죽음을 일으키는 등 인간의 건강에 직접적으로 악영향을 미치는 모든 물질"로 정의하고 있다. 참고로 유해물질에 관한 정의로서 미국의 자원보존 및 재활용에 관한 법령(RCRA, resource conservation and recovery act)에는 "반응성, 부식성, 인화성, 독성 중 어느 하나의 특성이라도 지닌 물질"로 정의하고 있다. 그러나 환경위해성평가 분야에서는 유해물질이 갖는 물리화학적 특성을 전제하고 있는 RCRA 정의보다는 생체(인간을 포함한 생물체)에 노출 될 경우, 생체의 입장에서 바람직하지 않은 작용의 발생 여부를 기준으로 정의하고 있다. 따라서 RCRA에 따르면 유해물질이 아닌 경우에도 생체에 노출되었을 경우 나타나는 생체 반응을 기준으로 유해물질을 분류할 수도 있다.

일반적으로 유해물질의 경우 생체에 대하여 즉각적으로 독성을 유발하기도 하지만 때로는 10년 혹은 그 이상의 장기간이 경과한 다음 독성을 나타내는 경우도 많다. 대표적인 유해물질의 종류와 독성의 상대적 크기 그리고 배출원에 대한 예를 표 6.2에 표시하였다.

표 6.2 대표적 환경유해물질의 독성과 배출원

유해물질	LD_{50}용량(mg/kg)	분류	배출원 또는 용도
Ethyl alcohol	10,000	저독성	술
Morphine sulfate	900	중독성	식물(꽃)
DDT	100	고독성	살충제
Picrotoxin	5	초 맹독성	식물(종자)
Strychnine sulfate	2		식물(종자)
Nicotine	1		담배
Tetrodotoxin	0.1		복어(난소)
Dioxin	0.001		소각장
Botylinus toxin	0.00001		미생물(통조림)

유해물질의 배출원은 크게 두 가지로 나눌 수 있다. 첫 번째는 자연적인 배출원으로서 LD_{50} 용량(mg/kg)은 다음과 같은 특성을 갖고 있다

① 독성의 크기를 상대적으로 표시하는 대표적인 독성지표
② 실험동물에 투여하였을 때 50%가 치사하는 용량
③ 수치가 작을수록 독성이 크다.

각종 광산에서 나오는 광물질과 금속류 등이 대표적인 예가 될 수 있다. 또한 특정지역에서 발견되는 방사선 라돈 및 곡식이나 마른 과자류에 서식하는 곰팡이가 생산하는 아플라톡신 등도 이에 해당된다. 두 번째는 인간의 활동에 의하여 배출되는 인위적인 배출원으로서 상업적 목적으로 생산, 처리, 저장, 사용 및 폐기 과정에서 발생하는 유해물질 및 하수처리, 상수처리 등의 오염처리시설에서 발생하는 유해물질 그리고 가정용 소비물품에서 발생되는 휘발유, 가정용 세척액, 농약, 살충제, 페인트, 용매 등이 여기에 해당된다.

유해물질이 환경매체 내로 유입되는 방식은 정기적으로 유입되는 경우와 부정기적으로 유입되는 경우가 있다. 정기적 유입은 다시 지표면 근처에서 방사성의 광물질로부터 자연적으로 방출되어 환경에 유입되는 라돈과 같은 자연적 경로와 차량의 배기가스, 하수 처리용 약품의 투입, 흡연 등과 같은 인위적 경로가 있다.

부정기적 유입은 대부분 사고로 인해 환경매체 내로 유입되는 경우로서 유해물질을 생산하는 공장에서 혹은 수송과정 중에 발생하는 유출사고 등이 대표적인 예가 될 수 있다. 특히 부정기적 유입의 경우에는 주로 짧은 시간 내에 발생하기 때문에 예측이 불가능할 뿐만 아니라 만약 장시간 유출사고를 인지하지 못할 경우에는 심각한 결과를 초래할 수도 있다. 대표적인 유출사고로서는 국내의 경우는 낙동강 페놀 유출사고와 최근에 자주 발생하는 원유의 해양 유출사고 등을 들 수가 있다. 국외의 경우는 메틸-아이소시아네이트의 대기 중 유출사건과 미국 캘리포니아에서 유해물질 수송기차 사고로 강물에 다량의 포름알데하이드가 유입된 사건 등을 예를 들 수가 있다.

6.3 유해물질 관련 주요 환경사건

유해물질의 유출로 인하여 인간의 건강을 해치고 생태계를 파괴한 사건은 무수히 많다. 대부분의 경우는 사고가 원인이지만 일정 장소에 장기간 지속적으로 유해물질을 폐기함으로 발생하는 경우도 있다. 유해물질 관련 대표적인 국내외 사건의 예를 들면 다음과 같다.

6.3.1 국외사건

1) 가네미(PCBs, polychlorinated biphenyls) 사건

1986년 3월 일본의 구주 일대에 거주하는 주민에게서 원인을 알 수 없는 피부병이 발생하였다. 또한 같은 해 2월에는 일본과 중국에서 닭 수십만 마리가 폐사하는 사건이 발생하였다. 원인을 조사한 결과 일본의 가네미회사가 판매한 사료 중에 유해물질인 PCBs (구조, 그림 6.2 참조)가 혼입되어 일어난 오염사건이었다. 사건의 경위는 파이프의 내면에 열을 차단할 목적으로 도포한 PCBs가 사료를 생산하는 과정에서 가열공정으로 인하여 사료로 유출된 것으로 밝혀졌다. 이 사고로 인하여 발생한 환자 수는 3,000~5,000명으로 추산되었으며 환자 중 무려 17명이 사망하였다.

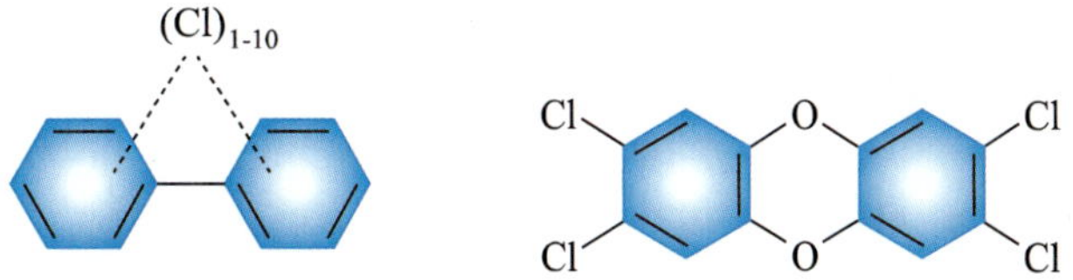

Polychlorinated biphenyls (PCBs) Dioxin (TCDD)

그림 6.2 PCB와 dioxin의 구조

2) Dioxin 사건

1983년 2월 미국의 St. Louis 근교인 Times Beach 지역에 서식하는 참새와 방목하던 수십 마리의 말이 폐사하는 사건이 발생하였다. 원인 유해물질은 토양에 버려진 폐유 중에 들어있는 dioxin (구조, 그림 6.2 참조)으로 밝혀졌다. 폐유가 토양으로 유입된 경로는 폐유 처리업자가 비용을 줄이기 위하여 토양에 무단으로 투기한 결과로 밝혀졌다. Dioxin은 두 개의 벤젠핵이 산소 원자에 의하여 결합된 모양으로서 벤젠 고리에는 1개에서 8개까지 염소 원자가 결합할 수 있다. 이성질체는 75개가 존재하며 그 중에서 가장 독성이 큰 물질은 2,3,7,8-TCDD (tetrachlorodibenzo-*p*-dioxin)이다.

3) Dicofol 사건

1980년 미국의 Florida 한 호수에 서식하는 암컷 악어가 낳은 알의 부화율이 다른 지역에 비하여 1/4 이하로 낮아진 것으로 나타났다. 원인 유해물질은 살충제인 dicofol로서 수컷 악어의 생식기를 비정상적으로 만들어 정자의 생산량을 저해한 것으로 밝혀졌다. 호수로의 유입경로는 호수에서 불과 0.25마일 떨어진 화학회사에서 dicofol이 사고로 유출된 것으로 밝혀졌다. 사고 이후 호수의 수질을 나타내는 다른 지표는 정상적으로 회복되었음에도 불구하고 여전히 수컷 악어의 60% 이상이 정상보다 작은 생식기를 가지고 있는 것으로 나타났다. 이 사건은 최근 국내에서도 관심이 증가하고 있는 환경호르몬 사건이기도 하다. 환경호르몬 문제는 한국의 경우, 진해만에서 양식되는 굴의 수정률 감소 역시 선박 바닥에 사용되는 유기주석화합물에 의한 성적 교란현상일 가능성이 많다는 연구 결과가 보고되고 있다.

6.3.2 국내사건

1) 페놀 사건

1991년 3월 낙동강 하류지역인 대구시의 수돗물에서 원인을 알 수 없는 심한 악취가 발생하였다. 원인 유해물질은 페놀로 밝혀졌다. 유입 경로는 구미공단에 위치한 전자회사에서 회로판 제조공정에 필요한 페놀 원료 30톤이 강으로 유출된 결과였다. 수돗물에서 악취가 발생하게 되는 메커니즘은 사고로 유입된 페놀과 상수에 들어있는 소독제 염소가 상호 반응하여 염화페놀이 형성되었기 때문이다. 페놀이 염화페놀로 변하면 악취가 100배 이상 증가하는 특성이 있다.

2) 폐유리섬유 사건

1995년 2월 인천시 남동구 고잔동 일대 주민 1백47명은 원인을 알 수 없는 종양을 앓고 있다며 수십억 원의 피해보상을 요구하는 재정신청을 환경부 중앙환경분쟁조정위원회에 제출하였다. 역학조사 결과 원인 유해물질은 폐유리섬유로 밝혀졌다. 노출경로는 보온단열재 생산업체가 배출한 폐유리 섬유가 고잔동 일대 지하수공으로 흘러 들어가 이를 음용수로 마신 사람들의 경우 괴종양과 위장장애 등의 고통을 호소하고 있었다. 이 사건은 주민들의 요구로 정부에서 역학조사를 실시하여 매립돼 있는 2천 3백 m^3 규모의 폐유리 섬유 폐기물을 모두 김포매립지로 옮기는 방향으로 해결하였다.

6.4 유해물질에 의한 환경오염관리의 필요성

일반적으로 환경오염이란 "대기, 수계, 토양 등의 환경매체에 일반적으로 발견되지 않는 어떤 물질이 유입되거나 혹은 정상적인 범위를 초과하여 유입되는 것"으로 정의할 수 있다. 여기서 환경오염에는 유해물질에 의한 오염이 포함되나 일반적인 오염과 유해물질에 의한 오염은 그 특성상 구분이 필요하다. 왜냐하면 유해물질에 의한 환경오염의 경우 대부분이 장기간에 걸쳐 서서히 나타나며 회복이 거의 불가능한 치명적인 독성(예 : 발암, 돌연변이 등)으로 발전할 가능성이 크기 때문에 초기부터 지속적인 관리가 필요하기 때문이다. 일반오염물질의 경우에는 대체적으로 분해가 용이하며 일정기간이 지나면 무독성화 되는 관계로 환경매체 내 농도가 자연의 자정능력을 초과할 경우에만 인간 및 생물체에 피해가 나타낸다. 이에 반하여 유해물질들의 경우는 일반적으로 난 분해성, 높은 잔류성, 높은 독성을 갖는 특성으로 인하여 미량의 오염으로도 인간의 건강과 생태계 기능에 심각한 결과를 초래할 수 있기 때문에 일반적인 환경오염과는 구분하여 보다 세심한 관리가 요구된다.

예를 들어, 자동차 운행으로 인한 대기오염의 경우, 주행 시 배출되는 대기오염물질의 종류는 수천 가지 이상이다. 그러나 한국의 경우, 관리대상 오염물질은 일산화탄소, 이산화탄소, 황산화물, 질소산화물, 오존 등 수종에 불과하다. 여기서 이들 대부분의 오염물질은 불쾌한 냄새를 갖거나 혹은 눈이나 호흡기를 자극하여 질환을 일으키는 특성으로 인하여 누구나 감지할 수 있는 오염물질, 즉 체감오염물질인 관계로 당국은 일차적으로 해결하기 위한 노력을 집중하게 된다. 그러나 자동차 배출가스에 들어있는 벤젠, 톨루엔, 크실렌, 에틸렌, 석면, 1,3-부타다이엔, 포름알데하이드, 다이옥신 및 미세 입자상물질 등은 인간이 바로 오염현상을 감지할 수 없으며 장기간에 걸쳐 서서히 유전독성이나 발암성 등을 유발할 수 있는 관계로 사실은 체감오염물질보다 더욱 중점적인 관리가 필요한 실정이다.

마찬가지로 수질오염의 경우, 산업의 다양화 및 대규모화 등으로 인하여 각종 중금속을 비롯하여 높은 독성을 나타내는 유기물질, 고도의 처리를 필요로 하는 난분해성 물질 등이 산업폐수로부터 유입된다. 이들은 대부분 기존의 하천이나 호수에 의하여 정화되기까지는 상당한 오랜 시간이 소요되거나 자정 작용으로 제거되지 않을 수도 있다. 특히 중금속과 생체에 축적이 쉽게 되는 유해물질의 경우, 먹이사슬 내 생물농축과 생물확대를 통하여 결국 인간에게 유입됨으로써 다양한 환경질환을 일으키게 된다. 이러한 중금속과 유해물질을 다량 함유하고 있는 폐수를 방출하는 주요 산업체는 피혁, 도금, 섬유, 화학공장 등을 들 수가 있다.

또한 농약의 경우, 대부분이 유해물질로서 수계에 대한 직접적인 영향보다 토양에 살포된 다음 서서히 수계로 유입되는 경우가 많다. 특히 잔류성이 큰 농약은 중금속과 마찬가지로 생체 내에 축적이 일어나 만성적인 독성을 나타내는 관계로 위해성이 크다고 볼 수 있다. 참고로 잔류성과 독성이 매우 심각한 물질로는 DDT나 BHC 등의 유기염소계 농약을 들 수 있으며, 이들은 1970년대 이후부터 이미 사용이 금지되었으나 아직까지도 토양이나 하천에 발견되고 있는 실정이다.

6.5 유해물질 관련 국내외 법령

전 세계적으로 유해물질에 의한 환경오염을 미연에 방지하고 노출 시 위해성을 감소시키기 위한 다양한 제도와 방안이 마련되어 시행되고 있다.

그 중에서도 특히 경제협력개발기구(OECD, organization for economic cooperation and development)가 제정한 규정은 가입 국가 간의 상호 협력과 공동의 평가

분석법을 마련하고 있다는 점에서 유해물질 관리에 관한 훌륭한 지침서의 역할을 하고 있다. 참고로 OECD는 회원제에 의한 선진국들의 모임으로써 회원국 간의 자유경쟁체제를 수호하며 환경, 교통, 에너지, 기술 등 광범위한 영역을 다루는 정부간 국제협력기구이다. 따라서 OECD의 활동은 분야별 전문위원회를 중심으로 회원국들에게 정책 방향을 제시하는데 목적을 두고 있으며 그러한 활동 중의 하나가 환경보호 활동이다. OECD 이사회는 환경정책이 경제 및 생활의 질에 미치는 막대한 영향을 고려하여 환경문제의 경우"오염자 부담원칙"을 제안하고 있다. 특히 OECD가 1970년에 설립한 환경위원회는 국제적 차원에서 유해물질로부터 인간 건강과 생태계의 위해성을 미연에 예방하고 감소시키기 위하여 유해물질 규제에 관한 법령을 제안하고 있다. 또한 경제정책을 입안할 경우, 초기에 환경정책을 예방적 차원에서 활용할 것을 권고하고 있다. 실제로 OECD에서 권장하는 관리체계를 수립하여 제반 사항을 성실히 준수한다면 각국의 국내 환경오염 관리 문제는 물론 국제적인 환경 규제 측면에서도 불이익을 당하는 경우가 없을 정도로 OECD의 환경관련 제반 규정은 대부분의 중요한 환경문제를 포함하고 있다. 참고로 OECD 국가 중 미국에서 시행하고 있는 유해물질의 규제에 관한 대표적인 법률을 살펴보면 표 6.3과 같다.

우리나라에서의 유해물질 관리를 위한 법규는 1990년까지 사용 용도에 따라서 약사법, 농약관리법, 산업안전보건법, 소방법 등 개별법에 의하여 관리되어 왔다. 그러나, 이러한 개별적인 법규에 의거한 관리 방식은 유해물질이 인간과 환경에 미치

표 6.3 유해물질 관련 법규 및 관리 대상(미국)

관련법규명	관리 대상
Clean Air Act (CAA)	대기 내 유해오염물질관리
Safe Drinking Water Act (SDWA)	음용수 내 유해물질관리
Resource Conservation and Recovery Act (RCRA)	유해 폐기물의 발생·취급·처리 관리
Comprehensive Environmental Response, Compensation and LiabilityAct (CERCLA or Superfund)	활성이 없는 유해 폐기물관리
Occupational Safety and Health Act (OSHA)	산업장 근로자의 위해성 관리
Toxic Substances Control Act (TSCA)	화학물질의 생산·사용·처리 관리
Hazardous Materials Transportation Act (HMTA)	유해물질의 운송 관리

는 악영향보다는 해당물질의 물리화학적 특성을 중심으로 분류하고 있기 때문에 유해물질로 인한 환경오염에 대한 종합적, 체계적인 관리체계와는 거리가 있었다. 따라서 정부는 유해물질로 인한 국민보건 및 환경에 대한 위해를 방지하기 위하여 1990년에 유해화학물질관리법(유해물질의 대부분이 화학물질인 관계로)을 제정공포하여 시행하였다. 2015년 제정된 화학물질의 등록 및 평가 등에 관한 법률(화평법) 이후 도적 보완과 법률 개정을 통하여 화할물질의 등록, 신고 및 유해성, 위해성에 관한 심사와 평가를 강화하고, 유해화학물질 지정에 대한 사항을 규정하여 화학물질에 대한 정보를 생활 활용함으로써 국민건강 및 환경을 보호하고 있다. 2023년에는 중점관리물질(162종)에 대한 화학물질정보처리시스템을 효율적이고 엄격하게 적용하는 근거를 마련한 바 있다.

6.6 위해성의 개념 및 표시법

일반적 의미에서의 위해성은 "어떤 사건으로 인하여 발생되는 위험 확률"로 정의되며 정량적으로는 0 (어떤 사건이 전혀 일어나지 않는 경우)부터 1(반드시 사건이 발생하는 경우)까지 표시할 수 있다. 일반적으로 인간이 직면할 수 있는 다양한 사건과 이로 인하여 예견되는 위해성의 정도(예를 들어, 사망확률)를 표 6.4에 나타내었다. 위해성에는 자발적인 위해성(흡연)이 있는가 하면 비자발적인 위해성(번개)도 있다.

그러나 위해성 수치의 크기와 인간이 실제적으로 느끼는 위해성의 정도는 다소 거리가 있을 수도 있다. 예를 들어, 자동차 운전이나 흡연으로 인한 위해성은 다른 사건으로 인한 위해성보다 상대적으로 높지만 일반적으로 수용되고 있다. 그러나 음식 중에 자연적으로 들어가는 미량의 발암물질의 경우에는 낮은 위해성에도 불구하고 쉽게 수용되지 못하고 있는 실정이다.

여기서 환경위해성평가는 위해성평가 가운데 환경오염 혹은 환경사고로 인하여 인간이나 생태계에 발생할 수 있는 위해성의 정도에 대한 평가인 만큼 주로 비자발적이다. 환경위해성평가 분야에서 자주 사용되는 용어들을 간단히 설명하면 다음과 같다.

표 6.4 인간활동과 관련하여 예상되는 위해도

활동 / 사건	연간 사망 확률	
제방 붕괴로 인한 익사	10^{-7}	1천만분의 1
유독성곤충에 쏘임	2×10^{-7}	5백만분의 1
번개에 맞음	5×10^{-7}	2백만분의 1
비행	1.23×10^{-6}	81만 4천분의 1
보행	1.85×10^{-5}	5만 4천분의 1
자전거	3.85×10^{-5}	2만 6천분의 1
자동차운전	1.75×10^{-4}	5천 7백분의 1
오토바이운전	2×10^{-4}	1천분의 1
흡연(하루에 한 갑)	5×10^{-3}	2백분의 1

(연간사망확률로 표시할 경우)

- 악영향(adverse effect)은 유해물질이 생체와 접촉하여 생체의 입장에서 바람직하지 않은 효과를 나타내는 현상으로서 환경위해성평가 분야의 유해성 혹은 환경독성학 분야의 독성과 거의 비슷한 의미로 사용된다.
- 위험성(hazard)은 인간과 생태계에 작용하여 악영향을 유발할 수 있는 물질의 고유한 능력을 말한다. 물질 자체가 갖는 본질적인 특성을 용어로서 노출여부 관계없이 결코 변하지 않는다.
- 위해성(risk)은 유해물질이 인간과 생태계에 노출될 경우 예상되는 악영향의 발생 가능성, 즉 발생 확률을 말한다. 위해성은 노출되는 빈도 혹은 농도에 따라 수시로 변한다. 즉, 유해성이 정성적 개념이라면 위해성은 정량적 개념이다.
- 독성(toxicity)은 유해물질이 실제적으로 생체와 접촉하였을 경우 발생되는 악영향을 표시하는 하나의 용어이다. 즉, 독성은 유해성을 표시하는 하나의 지표라 할 수 있다.
- 안전성(safety)은 유해물질의 독성이 발현되지 않은 상태, 혹은 독성이 전혀 없는 상태를 말한다.
- 노출(exposure)은 인간 혹은 생태계가 다양한 경로를 통하여 유해물질과 직접적으로 접촉되는 상태를 말한다.
- 용량(dose)은 환경매체에 있는 유해물질이 다양한 생체의 경로를 통하여 들어

온 총량을 말한다.

- 환경매체(environmental medium)는 환경 중으로 방출된 오염물질이 잔류하는 장소나 매질로서 대개 공기, 물, 토양, 생체 등을 들 수가 있다.
- 한계치(limit value)는 생체에 독성을 나타낼 수 있는 유해물질의 최소 농도나 용량으로서 역치라고도 한다.
- 환경호르몬(environmental hormone)은 생체 내에 흡수되어 정상적인 생체 호르몬의 작용에 영향을 주는 외부물질로서 일명 내분비계 교란물질이라고도 한다.

이상의 용어 외에도 많은 용어가 있으나 향후 환경독성학 혹은 환경위해성평가 과목에서 심도 있게 다루기로 한다.

환경위해성평가에서는 유해물질의 위해성을 분류·설명할 경우, 어떤 유해물질이 위해성을 나타내는데 있어서 한계치가 존재하는지 여부를 기준으로 삼는다.

첫 번째로 한계치가 존재하지 않는 유해물질의 경우 위해성은 노출에 따른 추가적 위해성이 발생할 확률로서 표시하고 있다. 예를 들면, 발암물질들에 대한 위해성(발암위해성)은 아무리 작은 농도일지라도 노출만 되면 암이 발생한다는 의미로 해석한다. 따라서 발암물질에 대한 위해성의 표시는 발암물질의 농도 증가에 따른 추가적 암 발생 확률로서 표시할 수가 있다. 즉, 자동차의 배기가스에 존재하는 발암물질인 benzo(α)pyrene의 경우(그림 6.3 참조), "대기 중 농도가 10^{-9} mg/m^3 경우 발암위해성은 10^{-6}이다"라는 의미는 다음과 같은 내용을 담고 있다. Benzo(α)pyrene에 10^{-9} mg/m^3 농도로 평생 동안 노출될 경우 암이 발생할 확률(즉, 위해성)은 10^{-6}이라는 의미, 즉 백만 명 중 한 명이라는 의미가 된다(여기서 노화에 따라 발생하는 자연적 암 발생 숫자를 제외하고 benzo(α)pyrene에 의하여 추가로 발생하는 비율). 아울러 유해성의 한 형태가 인체에 암을 유발하는 독성, 즉 발암독성이며, 그 농도 이하에서도 백만분의 일이하의 확률로 암이 발생할 수 있으며, 암이 발생하지 않는 농도, 즉 노출 시 절대적 안전성이 확보되는 농도는 존재하지 않는다는 의미가 된다.

두 번째는 한계치를 갖는 유해물질에 대한 위해성은 용량−반응곡선에 따라 다양하게 표시하고 있다. 한계치를 갖는 유해물질은 노출용량과 위해성 발생빈도(독성반응) 사이에는 그림 6.4와 같이 흔히 S자 모양의 상관성을 보인다.

물론 여기서 한계치를 정확하게 규정짓는 것은 생체마다 반응성에 차이가 있기

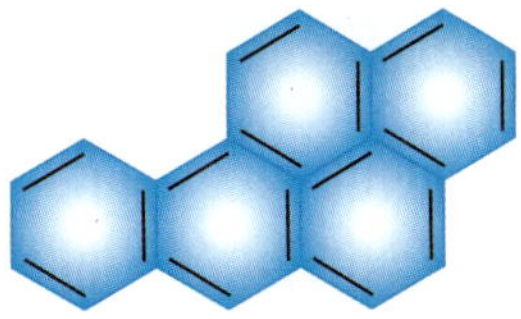

그림 6.3 Benzo(a)pyrene의 구조

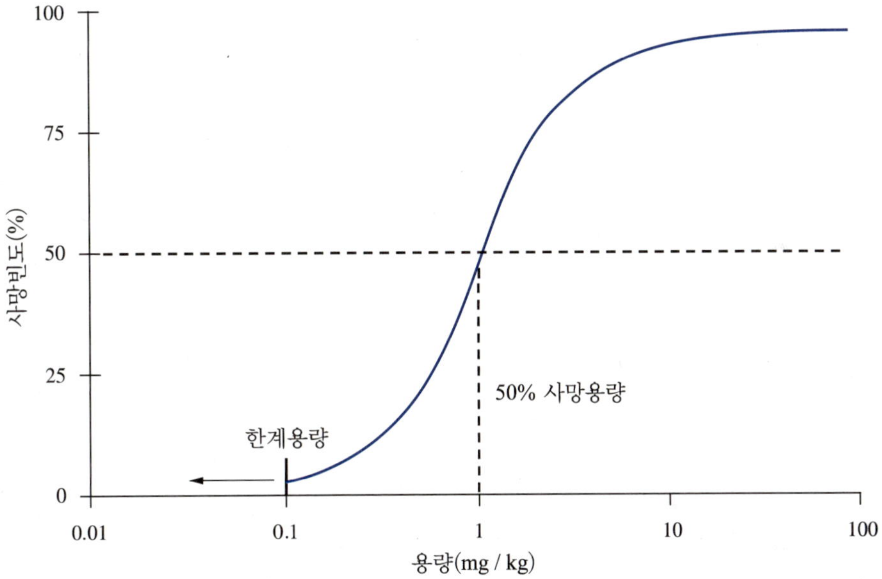

그림 6.4 유해물질의 노출용량에 따른 유해반응(사망빈도)과의 상관관계

때문에 어렵다. 또한 한계치가 없는 유해물질과의 차이점은 전혀 위해성을 나타내지 않는 한계치 이하의 농도도 있을 수 있다는 점이다. 바꾸어 말하면 한계치를 갖는 발암물질과는 달리 위해성은 모든 농도 혹은 용량에 걸쳐 나타나는 것으로 가정하지 않는다는 점이 차이이다. 일반적으로 한계치를 갖는 유해물질들에 대하여 위해성이 나타나지 않는 농도의 결정방법은 다음과 같다. 먼저 시험대상 생물종에 대한 단기간의 위해성이 전혀 나타나지 않는 최고 농도인 무영향수준(NEL, no effect level)을 결정한다. 다음으로 수학적 모델링 혹은 통계학적으로 미리 예측하여 계산해둔 불확실성계수(UF, uncertainty factor)를 대입하여 인간에 대한 일일허용량(ADI, acceptable daily intake) / 예상무영향수준(PNEL, predicted no effect level)을 혹은 생태계에 대한 예상무영향농도(PNEC, predicted no effect concentration)를 구한다.

$$\text{ADI 혹은 PNEL 혹은 PNEC} = \text{NEL/UF} \tag{6.1}$$

여기서 ADI 혹은 PNEL은 인간이 일생 동안 노출되어도 위해성을 일으키지 않는 농도에 대하여 하루를 기준으로 환산한 노출평가법이다. 따라서 값의 표시 방법도 mg/kg 또는 몸무게/일로 표시한다. 이와 마찬가지로 PNEC 역시 생태계를 대상으로 하기 때문에 mg/L 공기 혹은 물, mg/kg 토양 혹은 침전물로 표시한다.

6.7 | 유해물질의 환경위해성 평가

1980년대 후반 이후 선진 각국에서는 환경으로 유입되는 수많은 유해물질에 대한 과학적이면서 객관적인 위해성평가를 수행함으로써 유해물질로부터 인간과 생태계를 보호하기 위한 제도적 장치를 마련하고 있다. 환경위해성평가는 인간에 대한 건강위해성평가(HRA, human health risk assessment)와 생태계에 대한 생태위해성평가(ERA, ecological risk assessment)로 나뉜다.

HRA는 유해물질에 노출에 따른 인간의 건강에 미치는 위해 특성 분석과 위해 정도를 결정하기 위한 일련의 과정으로서 보통 4단계로 – 위험성확인(hazard identification)단계, 용량 – 반응평가(dose-response assessment)단계, 노출평가(exposure assessment)단계, 위해도결정(risk characterization)단계로 나뉜다.

ERA는 유해물질(여기서 유해물질은 인간의 필요에 의하여 만든 혹은 활동 결과 발생되는 인위적인 화학물질이 대부분임)에 의해 생태계에 미치는 위해특성과 위해 정도의 분석을 목적으로 수행하며 보통 3단계로 – 유해물질에 의한 문제의 공식화단계(problem formulation), 분석단계(analysis), 위해도결정(risk characterization)단계 – 로 나뉜다.

6.7.1 HRA

인간은 주로 공기, 물, 토양, 식품 등의 간접적인 경로를 통하여 유해물질에 노출되고 있다. 물론 사고로 인하여 유출되는 유해물질에 직접 접촉되는 경로도 있지만 대부분은 환경매체를 통한 간접 노출이다. 따라서 환경매체에 존재하는 유해물질이 인간에게 유입되어 체외로 배설되기까지의 일련의 과정을 몇 단계로 표시하면 그림 6.5와 같다.

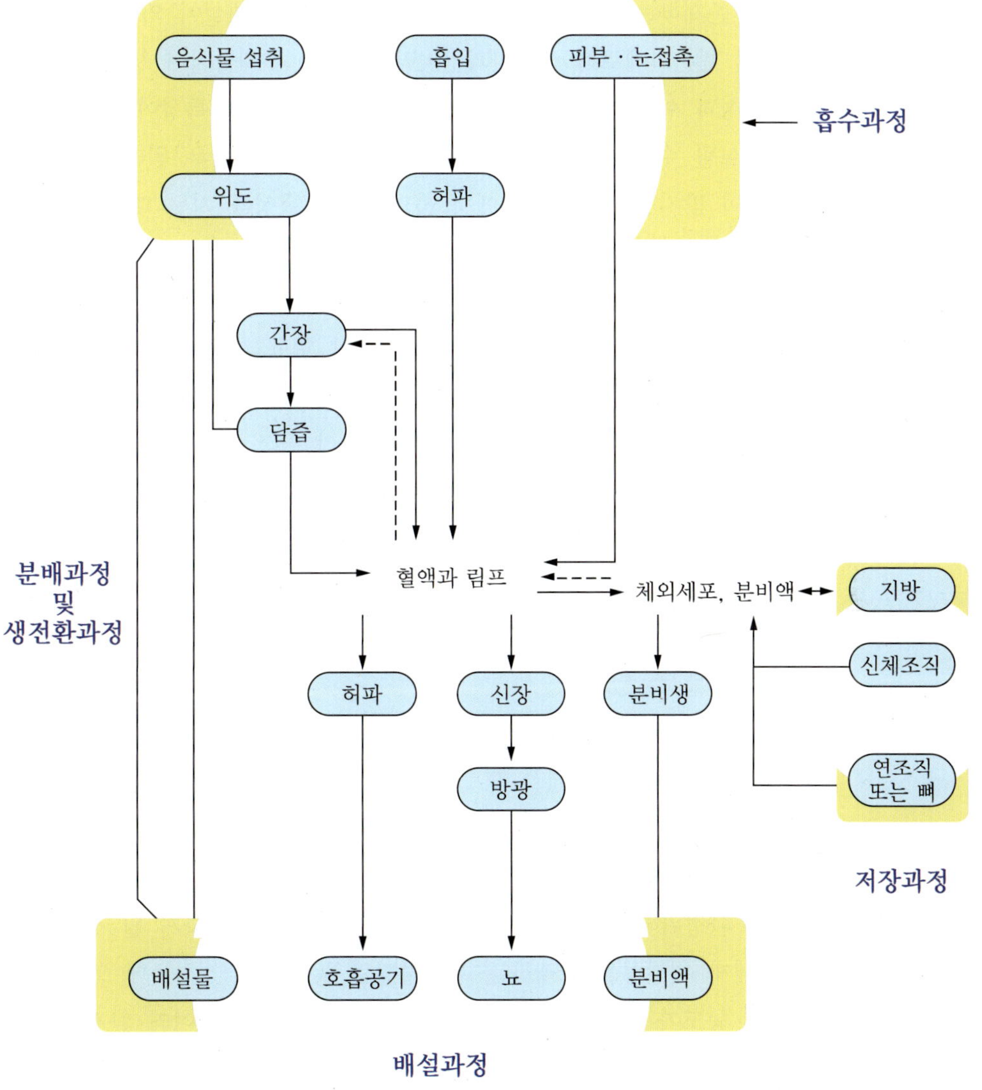

그림 6.5 유해물질이 생체에 유입되어 배설되기까지의 과정

제1단계는 유해물질이 체내로 유입되는 단계로서 여기에는 음식물 혹은 식수를 통하여 입으로 들어오는 경로와(경구경로 : 수질오염물질의 주 노출경로)와 폐를 통하여 들어오는 경로(호흡기 경로 : 대기오염물질의 주 노출경로) 그리고 피부접촉을 통하는 경로(피부경로)를 대표적으로 들 수 있다.

제2단계는 체내로 흡수된 대부분의 유해물질들이 혈액을 따라 간으로 이동한 다음 간에 존재하는 다양한 효소들에 의하여 체외로 배설이 되기 쉬운 형태로 변하는 생화학적 변환단계로서 생전환과정이라 부른다. 유해물질이 생전환과정을 거치게 되면 수용성과 이온성이 증가하는 방향으로 물리화학적 특성이 변하게 되어 쉽게 체외로 배설될 수 있게 된다. 일반적으로 유해물질의 경우 원래의 형태가 독성을 지닌 물질이 많지만 생전환과정에서 불가피하게 독성을 지닌 대사산물이 형성되는 경우가 대부분이다. 따라서 유해물질에 의한 독성 발현은 생체내로 유입된 유해물질을 제거하는 과정 중에 발생하는 불가피한 결과로 해석할 수 있다.

제3단계는 생전환과정을 거친 유해물질이 혈액과 림프 혹은 분비액등을 통하여 체외로 나가는 과정에서 체내에 산재한 다양한 조직과 장기에 걸쳐 분포 혹은 저장되는 단계이다. 이때 유해물질의 특성에 따라 특정 장기에 주로 분포 혹은 저장되는 경향을 보이기도 한다. 이러한 장기의 경우, 우리는 넓은 의미로 어떤 유해물질에 대한 표적장기라 부른다. 표적장기의 예로서는 납의 경우 주로 뼈에 축적되는 경향이 있기 때문에 뼈는 납에 대한 표적장기가 된다. 제2단계와 제3단계는 대부분 거의 동시에 일어나는 과정인 만큼 여기에서의 순서는 엄밀한 의미가 아닌 편의상의 분류라 볼 수 있다.

제4단계는 생전환과정을 거친 유해물질이 체외로 배설되는 단계로서 주요한 배설경로로는 소변을 통한 배설 경로와 담즙을 통한 배설 경로를 들 수 있다. 특히 일산화탄소와 같은 가스상의 대사물질은 폐를 통하여 배설되기도 하며 그 외에도 땀이나 모유 등을 통하여 배설되는 물질도 있다. 보다 상세한 내용은 향후 환경독성학 혹은 환경위해성평가 과목을 통하여 심도 있게 공부하게 될 것이다.

인간에게 위해성을 초래하는 유해물질의 농도를 결정하는데 있어서 다음과 같은 두 가지 농도가 일반적으로 통용되고 있다. 첫 번째는 여러 환경매체 내에 존재하는 유해물질의 양으로서 흔히 환경농도라 한다. 두 번째는 유해물질과의 접촉 빈도와 기간 그리고 노출된 집단의 크기 등을 고려하여 생체에 유입되는 유해물질의 양으로 생체농도라 한다. 관례상 환경농도와 생체농도는 다 같이 노출농도로 통용되고 있으나 엄격한 의미에서 HRA에서는 생체농도가 더 중요한 의미를 지닌다. HRA에서는 환경매체 내 유해물질의 농도와 인간이 생활하면서 마시는 물이나 흡입하는 공기의 양을 통하여 노출농도를 쉽게 계산할 수 있다.

예를 들어, 음용수 내 유해물질의 경우를 살펴보면 다음과 같다. 인간이 매일 마시는 물의 양은 활동 조건에 따라서 다소 차이는 있지만 대개 성인은 2 L, 어린이 1 L 정도이다. 만일 어떤 유해물질이 물에 10 mg/L로 오염되어 있다면 성인은 하루에 약 20 mg의 용량에 노출된다고 볼 수 있다. 참고로 모든 생물은 각각 체중이 다르므로 각 종별로 크기 차이를 감안하여 노출농도를 표시할 필요가 있다. 이 경우 성인 남자의 평균체중을 70 kg으로 가정하면 최종 노출농도는 0.29 mg/kg/일(유해물질의 농도/일 ÷ 체중)로 표시할 수 있다. 이 경우 만약 노출되는 환경농도가 같다면 크기가 작은 생물체일수록 노출되는 농도가 커진다는 사실을 알 수가 있다. 즉, 체중이 작은 생물체일수록 같은 노출농도에서도 독성의 발현 가능성이 커진다는 의미가 된다.

여기서 대기나, 토양과 같은 환경매체의 경우는 물의 경우보다 노출농도 결정이 다소 복잡하지만 보통 개인에게 유입되는 유해물질의 총량은 모든 노출경로를 통하여 들어온 유해물질 농도의 합으로 생각할 수 있다.

그러나 이런 방법이 모든 경우에 적용되는 것은 아니다. 왜냐하면 노출경로에 따라서 유해성이 달라지는 물질의 경우에는 모든 노출량의 합보다는 유해성이 발현되는 주된 노출경로를 통하여 들어오는 양의 비율이 중요하다. 예를 들어, 크롬의 경우, 호흡기경로를 통하여 흡입될 경우에는 폐암이 발생하지만 경구경로로 노출되면 암이 발생하지 않는다. 이 경우 유해물질의 총량보다는 호흡기를 통하여 얼마나 많은 양이 들어오는 지를 측정하는 것이 위해성평가의 신뢰도를 높일 수 있기 때문이다.

따라서 노출농도를 결정하는데 있어서 가장 중요한 사항 두 가지를 요약하면 다음과 같다.

첫째는 노출경로도 중요하지만 체내에 실제적으로 흡수되는 정도, 즉 흡수용량을 결정하는 일이다. 만일 유해물질이 음식 및 음료를 통하여 체내에 유입된다면 위장관으로 들어가게 되지만 공기 중에 존재한다면(가스상, 에어로졸, 입자상, 먼지, 연기 등) 상기도를 통하여 폐로 들어가게 된다. 또한 액체 및 고체상의 유해물질은 피부를 통하거나 신체의 기타 다른 부위와의 접촉을 통하여 체내로 유입되기도 한다. 실제로 유해물질이 고농도로 존재할 경우 피부접촉만으로도 자극을 일으키기도 하지만 대부분의 유해물질들의 경우는 피부, 위장관 등으로 유입된 후 혈액이나 임파관을 통하여 인체의 표적장기에 도달하여 독성을 나타내게 된다. 각종 신체기관에 도달한 물질들은 체내 분포과정과 배설을 통하여 체외로 제거되지만 지용성이 강한 물질들(예를 들면, DDT 등)은 체내에 산재한 지방조직에 장시간 머무르게 된다. 환경매체 내 존재하는 유해물질에 대한 노출용량을 계산하는 이상적인 방법은 노출되는 생체가 유해물질을 생체 내에서 얼마만큼 흡수하는 가를 정확히 아는 것이다. 그러나 인간의 경우에는 이러한 자료가 부족한 관계로 유해물질의 물리화학적 특성에 따른 일반적인 원칙에 준하여 흡수용량을 결정하거나 계산하게 된다. 표 6.5는 EPA에서 선정한 다양한 환경매체를 통한 흡수용량 결정시의 전제조건들이다.

둘째는 하나의 노출경로를 통하여 나타나는 유해성을 기초로 하여 다른 경로로 노출될 경우 예상되는 유해성을 구하는 기법인 외삽(extrapolation ; 일정 조건 하에서 얻은 독성자료를 활용하여 조건이 달라질 경우 발생하는 독성을 예측하는 기술로서 예를 들면, 시험동물의 자료를 인간 혹은 다른 생물종으로 변환하는 방법) 기법에 대한 문제점 역시 고려할 사항이다. 일반적으로 동물과 인간의 노출 경로가 동일한 경우에는 동물실험결과를 직접적으로 인간에게 적용할 수 있으나 그렇지 않을 경우에는 동물실험의 결과를 인간에게 적용시킬 때 여러 가지 외삽기법을 통한 보정이 필요하다.

표 6.5 EPA가 제시한 최대노출에 대한 합리적 가정

고려인자	가 정	
몸무게	성인 70 kg	어린이(1~6세) 16 kg
음용수	성인 2 L/하루	어린이 1 L/하루
호흡률(공기흡입량)	성인 20 m^3/하루	어린이 5 m^3/하루
식사량	어류 54 g/하루	육류 0.112 kg/식사
노출시간	목욕 시 12 분/하루	수영 시 2.6시간/하루
노출빈도	통상적으로 연간 350일	
노출기간	성인기준 30년	

1) 위험성확인(hazard identification)

위험성확인은 HRA의 첫 단계로서 어떤 유해물질이 갖는 고유의 악영향을 확인하는 단계이다. 여기에서는 유해물질에 의하여 발생 가능한 질병과 건강상 장애의 종류를 파악하는 것은 물론 노출 환경에 대한 정보와 자료를 수집하는 과정이 필요하다. 즉, 두 종류의 정보－건강 장애·질병과 관련된 자료와 노출조건－수집을 통하여 유해성과 위해성 여부를 보다 확실히 할 수 있기 때문이다. 왜냐하면 인체에 해로운 작용이 이미 알려진 유해물질일 경우라도 만약 전혀 노출되지 않는다면 위해성평가를 진행할 필요가 없기 때문이다. 그러나 현실적으로는 유해물질들의 경우 인간에게 치명적이라 할 수 있는 기형아 출산, 정신적 결함, 암, 돌연변이부터 일부 장기나 생리 기능을 일시적 혹은 국소적으로 저하시키는 덜 치명적인 독성인 장기독성, 피부자극, 효소 억제까지 다양한 독성작용을 관찰할 수 있다.

일반적으로 유해물질의 독성에 관한 자료는 동물실험이나 인간 집단에 대한 역학조사, 임상연구 및 인간에 대한 사례연구 등과 같은 생체 내 실험을 통하여 주로 이루어지고 있다. 이외에도 생체외적인 실험법으로써 유해물질의 구조와 유해성과의 상관관계 연구를 통해서도 얻을 수 있다. HRA에서는 주로 인간을 대상으로 하기 때문에 주로 임상 연구나 사례 연구를 통하여 유해성을 확인하고 있으나 결정적인 자료로 활용되기에는 미흡하다. 따라서 이를 보완하기 위하여 동물을 이용한 실험과 인간에 대한 역학조사를 병행하고 있다.

(1) 동물을 이용한 독성 실험

실험동물을 대상으로 할 경우 유해성을 확인하는 방법은 다양하지만 일반적으로 독성발현시간을 기준으로 설명하고 있다. 즉, 단 한 번의 유해물질을 실험동물에 투여하여 나타나는 독성을 관찰하는 것은 급성독성시험으로 이때는 주로 반치사용량(LD_{50}, median lethal dose)이 독성지표로 활용된다. 여기서 LD_{50}은 “유해물질을 투여한 전 실험동물 중 50%가 치사하는 농도 혹은 용량”을 말한다. LD_{50}이 갖는 독성학적 의미는 같은 농도의 유해물질에 노출될지라도 동물간 반응성이 다르다는 점이다. 즉, 같은 농도의 유해물질에 노출되었을 경우, 치사하는 동물이 있는가 하면, 초기에는 장기 혹은 조직의 손상을 보이지만 시간이 지나면 다시 회복되는 동물이 있으며, 일부 동물은 전혀 독성을 나타내지 않을 수도 있다는 것을 의미한다. 급성독성시험 자료는 유해물질간의 독성을 비교할 수 있을 뿐만 아니라 독성을 나타내는 표적장기를 파악하는데 필수적이다. 다음에는 치사량 이하의 용량을 장기간에 걸쳐 투여함으로써 실험동물에 나타나는 독성을 관찰하는 만성독성실험으로써 이는 일생에 걸쳐 노출되는 유해물질에 대한 치명적 독성들에 대한 정보를 얻는데 활용된다. 여기서 실험동물을 이용하여 독성 자료를 얻을 경우 신뢰성을 높이기 위하여 다음과 같은 사항을 염두에 두어야 한다.

① 실험동물종의 선택
동물 실험의 경우 주로 포유류가 많이 활용되고 있다. 이는 인간을 포함한 포유류의 경우, 종간 차이를 떠나서 해부학적, 생리학적, 생화학적으로 유사하기 때문에 독성반응 역시 비슷하다고 볼 수 있다. 물론 이러한 가정은 논리적이지만 예외도 있다. 예를 들면, 기니아픽의 경우, 다른 실험동물 보다 다이옥신에 훨씬 민감하게 반응한다. 이는 기니아픽이 다이옥신을 대사 및 분배하는 능력이 다른 동물종에 비하여 현저하게 떨어지기 때문이다. 따라서 동물실험에서 유용성이 높은 자료를 얻기 위해서 실험동물의 종, 계통, 성별 등에 대한 적절한 계획이 필요하다.

② 적절한 독성지표의 선정
어떤 유해물질의 독성실험 결과를 보면 다양한 장기에 걸쳐 서로 다른 반응이 나타나게 된다. 어떤 독성작용은 아주 고용량에서 나타나는가 하면 어떤 독성 작용은 아주 저용량에서 나타나는 수가 있다. 이러한 경우 위해성평가에서 효과적으로 활용할 수 있는 지표로서는 저용량에서 나타나는 독성작용을 선정한다.

③ 독성자료의 적절한 해석
동물실험을 통하여 얻은 독성자료를 위해성평가에 효율적으로 활용하기 위하여 유해물질의 용량증가에 따른 독성크기를 구분하여 해석할 필요성이 있다. 즉, 독성이 전혀 나타나지 않는 최대 용량인 최대무영향수준(NOAEL, no observed adverse effect level)과 독성이 나타나기 시작하는 최소 용량인 최저무영향수준(LOAEL, lowest observed adverse effect level)을 결정할 필요가 있다. 아울러 독성의 가역성 여부, 발현시간의 즉각성과 지연성 여부도 함께 분석해야 한다.

(2) 인간에 대한 역학조사

유해물질의 인간에 대한 독성정보를 얻을 수 있는 자료는 대개 다음과 같이 네 가지로 분류한다.

① 유해물질에 노출된 경험이 있는 사람에서 관찰되는 증상을 종합한 보고서이다.
② 의료인으로부터 보고된 임상사례집이다.
③ 환경조건과 연관하여 발생되는 각종 질병 등을 연구한 보고서이다.
④ 역학조사 보고서이다.

이들 중 역학조사는 기존에 밝혀지지 않았던 문제점이 나타날 경우 일반적인 가설을 세울 수 있다는 점에서 위해성평가에서 중요하게 다루고 있다. 역학조사는 다시 사례-대조연구(case-control study)와 코호트연구(cohort study)로 나눌 수 있다. 첫 번째의 사례-대조 연구는 특별한 질병을 갖는 개체의 집단을 파악한 후 과거에 어떤 유해물질에 노출되었던 집단과의 공통점을 찾아내는 방법이다. 두 번째의 코호트연구는 특정 유해물질에 공통적으로 노출된 개인의 건강상태를 정상적인 사람과 비교함으로써 어떤 특별한 증상이나 사망의 원인이 유해물질에 의한 것인지를 조사하는 방법이다.

역학조사는 동물실험에 비해서 실제적으로 어떤 유해물질에 노출된 인간의 악영향을 조사하는 것으로써 적절히 설계된 조사 연구라는 점에서 상당히 신뢰성이 높은 정보라는 장점과 결과를 해석함에 있어서 많은 불확실한 요인들로 인하여 지나치게 주관적이 될 수 있는 단점을 동시에 안고 있다. 따라서, 역학조사의 단점을 보완하기 위하여 동물실험을 병행하는 것은 물론 독성자료의 해석을 보다 정확하게 할 필요성이 있다.

특히 인간을 대상으로 한 독성자료를 해석할 경우 고려할 사항의 대표적인 예로서는 노출되는 유해물질간 상호작용을 들 수가 있다. 왜냐하면 인간의 경우 현실적으로 한 가지의 유해물질에만 노출되는 것은 아니다. 대부분의 인간 활동 자체(흡연과 음주 그리고 오염된 지역에 주거)가 여러 종류의 유해물질에 동시에 노출되기 때문이다. 따라서 위해성을 평가할 경우에는 다양한 유해물질들간의 상호작용에 대한 충분한 연구를 기초로 수행할 필요성이 있다. 향후 환경독성학 과목을 통하여 배우게 되겠지만 참고로 유해물질의 상호작용과 관련된 부분을 간단히 두 가지 경우로 분류할 수 있다. 첫 번째는 두 종류 이상의 유해물질에 동시에 노출될 경우,

개별적으로 노출될 때 예상되는 독성의 합보다 더 크게 나타나는 경우로써 이를 유해물질간 협동작용이라 한다. 협동작용을 응용한 실제적인 예로서는 2가지 농약을 함께 사용함으로써 살충능력을 증가시키는 경우를 들 수가 있다.

두 번째는 두 종류 이상의 유해물질에 동시에 노출될 경우, 개별적으로 노출될 때 예상되는 독성의 합보다 더 작게 나타나는 경우로서 이를 유해물질간 길항작용이라 한다. 길항작용을 응용한 실제적인 예로서는 일산화탄소에 중독되었을 때, 일산화탄소와 산소 모두가 혈액 내 헤모글로빈에 결합하는 원리를 응용하여 산소를 체내에 주입함으로써 일산화탄소의 독성을 감소시키는 경우이다.

2) 용량-반응평가(dose-response assessment)

HRA의 두 번째 단계는 동물실험을 통하여 유해물질의 노출용량과 독성반응과의 상관관계를 파악하는 용량-반응평가이다. 이 단계는 역학조사만을 통해서는 짧은 기간에 정확한 자료를 확보할 수 없기 때문에 대부분 동물실험에 의존하고 있다. 용량-반응평가는 한계치가 있는 물질과 한계치가 없는 물질로 구분하여 다음과 같이 실시한다.

(1) 한계치가 있는 유해물질의 용량-반응평가

이 경우 위해성평가에 사용되는 독성값은 일반적으로 NOAEL 근처의 용량을 선정하여 평가한다. 또한 동물실험에서 얻어진 NOAEL에는 불확실한 요인들이 포함된 관계로 신뢰성을 높이기 위하여 이를 보정할 필요가 있다. 이때 사용되는 계수가 안전계수로서 일반적으로 10, 100, 1,000, 10,000을 사용한다. 일반적으로 어떤 유해물질의 NOAEL을 안전계수로 나눈 값을 인간에 대한 참고용량(RfD : reference dose)으로 삼는다. RfD는 한계치가 있는 유해물질의 위해성을 평가하는 참고독성치로서 인간이 평생에 걸쳐 매일 노출되어도 안전한 용량을 말하며 ADI와 같은 의미로 볼 수 있다. 물론 RfD 이하의 경우일지라도 완전히 안전하다고 말할 수 없으며, 또한 RfD 이상의 용량일 경우라고 항상 독성이 나타난다고 보장할 수는 없다. 따라서 RfD는 참고용량 이하로 노출되면 독성이 나타날 가능성이 매우 낮기 때문에 허용될 수는 있다는 의미일 뿐이다.

$$\text{RfD} = \text{NOAEL} / \text{SF} \quad \text{단위(mg/kg · 일)} \tag{6.2}$$

여기서, NOAEL : 최대무영향농도
SF : 안전계수

(2) 한계치가 없는 유해물질의 용량-반응평가

한계치가 없는 유해물질(예를 들면, 발암물질)인 경우는 제로 용량에서만 위해성이 없다고 가정한다. 여기서 가장 일반적인 예로서 발암물질의 경우를 설명한다. 발암성을 갖는 유해물질의 경우 발암위해성을 평가하기 위하여 일정 농도에서 일생동안 노출됨으로써 증가되는 발암 정도를 나타내는 단위위해도를 사용한다. 대표적인 환경매체별 단위위해도는 다음과 같이 산출된다.

$$\text{대기유해물질의 단위위해도(위해도}/\mu g/m^3) = \text{기울기인자} / \text{평균체중(kg)} \times \text{평균호흡률}(m^3/\text{일}) \times 10^{-3} \tag{6.3}$$

$$\text{수중유해물질의 단위위해도(위해도}/\mu g/L) = \text{기울기인자} / \text{평균체중(kg)} \times \text{평균섭수량(L/일)} \times 10^{-3} \tag{6.4}$$

여기서 기울기인자는 어떤 유해물질의 발암능력을 나타내는 것으로 주로 고용량의 동물실험결과로부터 수학적 모델을 이용하여 저용량으로 외삽하여 산출한 용량-반응곡선의 기울기로서 잠재인자(potency factor)이라고도 한다.

발암물질의 경우 NOAEL치를 구한다는 것은 매우 어려운 작업이지만 대부분의 경우 다음 두 단계를 거쳐 구한다.

첫 단계는 고용량에서 저용량으로의 외삽 단계로서 발암물질을 고용량으로 실험동물에 투여한 다음 얻은 발암 독성자료를 발암기전을 근거로 설정한 수학적인 모델을 이용하여 평생에 걸쳐 암이 발생하지 않는 인간에 대한 노출농도를 구하는 방법이다. 현재 일반적으로 이용되고 있는 수학적모델은 한 점(one-hit)모델과 다단계(multistage)모델이 있으며 특히 미국 EPA에서는 주로 선형다단계(linearized multi-stage)모델을 주로 활용한다.

두 번째 단계는 실험동물종에서 인간으로 외삽하는 단계로서 실험에 사용된 동물의 특성과 인간과의 생물학적인 종 차이에 기인한 물질대사와 크기 등을 보정해주는 기법이다. 이 단계에서 항상 염두에 두어야 할 기본적인 사항은 다음과 같다.

① 동물실험을 통하여 구한 독성반응은 대부분 고농도를 기준한 결과로서 환경매

체를 통하여 실제적으로 인간에게 노출되는 농도보다 수십 배~수만 배나 높은 농도이다.

② 같은 유해물질이라도 동물과 인간의 반응성이 다르다.

③ 실험동물에 비하여 인간 집단은 유전적 동질성이 떨어진다.

3) 노출평가(exposure assessment)

노출평가는 인체에 노출된 유해물질의 양을 추정하는 과정으로서 유해물질의 정량, 노출경로 및 환경매체 내 거동 등에 관한 사항을 분석한다. 또한 노출평가는 과거의 노출, 현재의 노출뿐만 아니라 미래의 노출 가능성에 대해서도 평가해야 한다. 대부분의 경우 인간에 대한 노출평가를 위해서는 노출에 관련된 요인들에 대한 상세한 정보가 필요하다. 인간에 대한 노출평가 시 필요한 주요 정보들을 기술하면 다음과 같다.

① 유해물질 생산 관리와 환경으로의 배출 관리에 관한 정보

② 배출량과 배출지역 그리고 배출시점에 관한 정보

③ 환경으로의 배출 후 이동, 지속성, 분해와 관련되는 요인들에 관한 정보 (왜냐하면 분해되는 경우 원래의 독성에 변화가 발생하기 때문)

④ 인간의 유해물질 흡수도에 관한 정보

그러나 대부분의 경우 이들 자료를 완전히 확보한다는 것이 간단하지 않는 관계로 유해물질의 물리·화학적인 성질을 이용한 수학적 모델을 이용하여 평가하는 경향이 많다. 따라서 아직은 노출평가 단계가 과학적으로 완전성을 갖추지는 못하고 있는 실정이다. 향후 노출에 관련된 여러 가지 요인을 파악할 수 있는 제도적 장치가 마련된다면 정확한 노출평가가 수행될 수 있을 것이다.

4) 위해도결정(risk characterization)

이 단계는 HRA의 마지막 단계로서 유해물질의 노출에 의하여 인간에게 나타날 수 있는 악영향의 발생정도를 추정하는 과정이다. 즉, 지금까지의 각종 정보와 분석결과를 조합하여 어떤 물질의 노출과 관련되어 있을 수 있는 여러 가지 위해성을 평가하는 것이다. 유해물질에 대하여 일반적으로 수행되고 있는 위해도결정 방법은

다음과 같다.

(1) 비발암성물질 혹은 발암성은 있으나 비발암적으로 영향을 주는 물질의 경우

노출안전역(MOE, margin of exposure)을 구한다. 이는 NOAEL을 추산된 노출용량으로 나누어서 구한다.

(2) 발암물질의 경우

용량-반응평가에서 산출된 단위위해도에 실제 인간에 대한 노출 용량을 곱하여 구한다. 사실은 유해물질의 위해도결정은 이보다 훨씬 복잡하지만 최종적인 목적이 노출안전역과 발암위해성을 구하는 것이라고 볼 수 있다. 따라서 노출안전역을 위해성에 대한 안전역으로 대치한다. 즉, 노출안전역을 크게 하면 그만큼 위해성은 줄어들게 된다는 의미로써 사실상 노출안전역이 상당히 크면 그만큼 인간 건강이 위협받지 않는다는 의미이다. 그러나 물질에 따라서 노출안전역은 서로 차이가 있을 수 있으며 이는 참고용량 산출시의 안전계수의 설정방법과 같다고 볼 수 있다.

6.7.2 ERA

ERA란 인간 활동의 결과로 야기될 수 있는 바람직하지 않은 생태적 영향의 가능성을 추정하는 논리적인 과정이다. 인간의 활동 결과란 사고에 의한 유해물질의 환경방출을 포함하여 건축행위, 농업을 위한 지형을 변경하는 행위 등과 같은 정상적인 사회활동 등을 말한다. 이 경우 생태적 교란을 가져오는 다양한 상황에 대한 위해성을 평가할 수는 있지만 통상적으로 HRA에서와 마찬가지로 ERA에 있어서도 주가 되는 부분은 유해물질이 생태계에 미치는 영향을 평가하는 것이다. 다시 말하면 ERA는 유해물질이 생태계에 미치는 독성평가와 생태계에 독성을 발현할 만큼의 충분한 양이 존재하는지 여부를 판단하는 노출평가의 결합이라 할 수 있다. 그러나 최근까지도 공공의 인식 부족과 적절한 평가의 부재 그리고 생물종의 복잡성으로 인하여 보편화되지는 않았다. 일반적으로 ERA 과정은 다음과 같이 3단계로 나뉜다.

① 문제의 공식화 단계 : 문제의 정의, 필요한 정보 및 자료의 수집

② 분석 단계 : 유해성평가, 노출평가
③ 위해성결정 단계 : 유해성과 노출 평가의 종합, 결과의 종합 정리 및 제시

1) 문제의 공식화(problem formulation)

유해물질의 생태계에 대한 문제가 무엇인지를 파악한 다음 관련된 정보와 자료를 수집하는 단계이다. 이 단계의 목적은 크게 두 가지로 나눌 수 있다. 첫 번째는 인간활동 결과 야기되는 생태계의 교란을 적절하게 대변할 수 있는 지표를 찾아내는 일이다. 두 번째는 생태계에 가해지는 스트레스－다양한 인간활동 결과 혹은 부산물－와 생태계의 변화를 대표하는 지표와의 상관관계를 잘 표시할 수 있는 모델의 개발 혹은 선정하는 일이다. 또한 이 단계에서 얻은 평가의 종말점과 모델의 통합을 통하여 다음 단계의 위해성 분석에 활용할 수 있다. 여기서 평가의 종말점은 생태계 내 어떤 대상을 보호한 결과 나타날 수 있는 실제적 가치를 분명하게 보여주는 것인 만큼 다음과 같은 세 가지 관점에서 선정하여야 한다.

첫째, 생태학적인 관련성을 고려하여야 한다. 왜냐하면 생태계는 기능적, 구조적으로 서로 통합되어 다양성을 유지하고 있기 때문이다.

둘째, 생태계의 외부에서 가해지는 스트레스에 대한 민감성 정도를 고려하여야 한다. 여기서 민감성은 특정한 스트레스에 대한 반응성 정도로서 민감성이 크다는 것은 외부에서 가해지는 스트레스에 약하다는 의미가 된다. 민감성을 나타내는 지표로서는 치사율, 수정률 감소정도, 성장 감소 정도, 행동의 이상 유무 등을 들 수가 있다. 일반적으로 번식률이 낮을수록 수명이 긴 생물일수록 외부의 스트레스에 대하여 민감한 관계로 쉽게 번식률이 감소하거나 심할 경우에는 멸종에 이를 수 있다.

셋째, 어떤 모델을 적용할 것인가를 고려하여야 한다. 모델의 선정은 문제의 복잡성, 스트레스의 종류, 평가의 종말점, 생태계의 특성 등에 따라 단순 모델을 적용할 것인지 혹은 복잡한 모델을 적용할 것인지를 결정하게 된다.

2) 위해성분석(risk analysis)

이 단계는 유해물질에 대한 노출 및 독성에 대한 특성을 평가하는 단계이다. 따라서 노출특성과 독성특성을 분석하기 위해서는 유해물질의 생산, 분배, 사용, 폐기

등과 같은 물질순환의 일련의 과정은 물론 각 단계별에 필요한 정보를 확보하는 것 역시 중요하다.

(1) 유해물질의 생태계 노출에 대한 특성 분석

노출특성 평가는 물질의 환경매체로의 유입 및 그 양과 농도를 측정하고 물질에 노출된 생물상을 규명하는 과정이다. 노출평가 시 필요한 사항은 물질의 최초 배출 비율과 환경에서 생기는 생물학적·화학적 변화, 환경 내 지속성, 용해성, 휘발성 및 광분해성 등이다. 노출기간과 노출강도 역시 중요한 사항이다. 노출평가의 최종 결과는 산출된 환경 중 농도를 mg/L, g/m^3, g/ha, mg/kg 등으로 나타내며 노출크기와 기간 등을 종합한다.

노출평가에서 알 수 있는 것은 유해물질에 노출된 생물종에 대한 위해성의 정도이다. 즉, 농약과 같은 물질의 경우는 살포된 지리학적 위치, 노출된 생물종의 규명, 위협받는 생물종 등에 대한 평가가 가능하며 세제류의 노출은 어류, 수생 무척추생물, 식물성 플랑크톤 등에 대한 평가가 가능하다.

(2) 유해물질의 생태독성에 대한 특성 분석

독성특성을 분석하기 위해서는 다음과 같은 정보가 필요하다.

① 생태학적인 반응에 대한 정보
스트레스에 대한 노출과 생태학적인 독성 작용과의 상관관계, 노출 결과 발생될 수 있는 독성에 대한 가능성의 평가, 평가의 종말점과 연관 지어서 측정 가능한 독성지표를 선정하는 과정이 필요하다.

② 스트레스와 생태반응에 관한 일련의 정보
어떤 스트레스에 대하여 단일 생물종만이 영향을 받을 경우에는 치사율, 성장률, 번식률 등을 독성의 지표로 삼을 수 있다. 그러나 스트레스에 반응하는 것이 특정 생물집단 혹은 먹이사슬 중 일정 부분인 경우에는 그 집단의 생태계 내의 기능, 구조 이상 등이 지표가 된다.

일반적으로 생태계에 대한 화학물질의 독성을 평가할 경우 종말점의 선정은 생태학적으로 관련성이 높은 지표를 선택하는 것이 좋다. 생태학적으로 주로 활용되고 있는 대표적인 종말점 지표는 다음과 같다.

첫째, 어떤 생물종에 대하여 LC_{50}이나 LD_{50}으로 표시한 급성 혹은 만성 독성자료
둘째, 어떤 생물종에 대하여 NOEC로 표시한 만성 혹은 아만성 독성자료
셋째, 포유동물 또는 다른 동물에 대하여 LC_{50}, LD_{50} 혹은 NOAEL로 표시한 급성 혹은 만성 독성자료

여기서 만성독성시험 자료가 급성독성시험 자료보다 우선적으로 활용될 수 있다. 만성독성시험에 관한 신뢰도를 높이기 위한 측면에서는 PNECs를 구할 때 아만성독성시험 등 보다 단기간에 걸쳐 실시한 시험결과의 여러 인자들을 고려하는 것도 좋다. 다만 통계적 외삽기법에서는 일반적으로 장기간에 걸친 시험에서 얻은 NOECs만이 사용되고 있다. 이는 생태계에서 가장 독성물질에 민감한 종이 보호된다면 생태계 구조와 기능이 유지된다고 가정하기 때문이다. 따라서 평가에 관련된 인자들을 가장 민감한 종 혹은 가장 민감한 종말점 지표에 적용하는 것이 관례이다. 만약 어떤 생물종을 대상으로 실험한 종말점에 대한 독성치가 다를 경우에는 기하학적 평균값을 사용할 수 있다. 유해물질의 생태계 독성에 관한 정보는 환경매체에 따라 현저한 차이를 보이기도 한다. 환경매체 중 수계분야는 가장 많은 정보가 축적되어 있으며 토양과 침전물에 대한 정보는 상대적으로 빈약한 실정이다. 특히 대기오염을 통하여 노출된 생물종에 대한 독성 자료는 전무하다고 할 수 있다. 따라서 대부분의 화학물질에 대한 독성자료의 축적 정도가 차이가 난다. 만약 생태계에 대한 독성자료가 불충분하면 정량적구조활성관계(QSARs, quantitative structure-activity relationships ; 유해물질의 화학 구조적 특성에 따른 독성작용을 정량적으로 분석하여 상관성을 도출하는 기법)를 활용할 수 있으며, 특히 수계 환경일 경우 권장되고 있다.

화학물질의 생태계에 대한 독성평가는 일련의 자료 중 미흡한 점을 보완함은 물론 기존의 독성시험과 자료에 대한 평가나 PNECs를 구하기 위한 외삽기법 등에 활용된다. 유해물질로부터 생태계 전체가 안전한 농도를 구하기 위해서는 단일 생물종에서 얻은 자료를 다양한 생물들로 구성된 군집에 나아가서는 생태계 전체에 대하여 외삽할 필요가 있다.

3) 위해도결정(risk characterization)

위해도결정 단계는 노출평가를 바탕으로 노출에 따른 독성 발생 가능성을 확정하

는 과정으로써 다양한 방법이 제시되고 있다. 다음은 가장 보편적으로 활용되고 있는 방법들로써 원리는 다음 몇 가지의 독성학적 지표들에 대한 종말점 농도를 추산한 환경농도에 나눈 값(어떤 몫)을 비교하는 것이다.

$$\text{추산된 환경 농도} / \text{독성학적 종말점 농도} = \text{어떤 몫(quotient)} \tag{6.5}$$

여기서 어떤 몫(quotient)의 값이 1보다 작으면 위해성이 작다고 판단한다.

(1) 96시간반치사농도(96HLC$_{50}$)

예를 들어, 어떤 어류의 96HLC$_{50}$가 0.025 mg/L라고 하고 추산된 환경 중 노출농도를 0.05 mg/L라고 하면 몫은 다음과 같다.

$$0.05\ \text{mg/L} / 0.025\ \text{mg/L} = 2 \tag{6.6}$$

따라서 그 어류에 대한 반치사 위해성은 상당히 높다고 판단할 수 있다. 즉, 몫이 1이면 그 어류의 반치사 위해성을 나타내고 몫이 1보다 작으면 반치사 위해성보다 낮다는 것을 의미한다.

(2) 옥탄올/물 분배계수 (K_{ow})

K_{ow}는 생물권 내에서 유해물질의 이동 정도를 결정짓는 요소이다. 따라서 수서생물과 육상생물에 있어서는 유해물질이 축적되는 정도를 토양 및 퇴적물에 있어서는 흡착되는 정도를 나타내는 지표로 활용된다. 특히 물에 비해서 옥탄올에 잘 분배되는 성질을 갖는 유해물질은 지방조직에 잘 축적되는 관계로 노출된 생물체의 경우 죽거나 혹은 죽지는 않더라도 먹이사슬의 포식자에게 먹힐 경우에는 포식자가 유해물질에 노출되는 결과를 초래하게 된다.

(3) 생물농축계수(BF, bioconcentration factor)

BF는 환경매체 내 축적가능성이 있는 유해물질을 규명하는 계수이다.

(4) K_{ow}의 로그값 (log K_{ow})

K_{ow}의 로그값은 수많은 유해물질의 독성을 추산할 때 유용하다. 즉, K_{ow} 로그값

이 작으면 생물농축이 잘 일어나지 않고, 값이 크면 생물 농축이 잘 일어난다는 의미가 된다.

6.7.3 HRA와 ERA 차이

HRA와 ERA를 비교해 보면 방법적인 측면에서는 유사점이 상당히 많지만 몇 가지 중요한 차이점을 살펴보면 다음과 같다.

1) 평가 시험 생물종의 선정

HRA의 경우는 인간만을 대상으로 삼지만 ERA에서는 수백만 종의 생물을 대상으로 한다는 점이다. 현재 밝혀진 지구상의 생물종은 대략 일억 종에 이른다. 이 가운데 단지 백오십만 종만이 생물학적으로 분류되어 있는데 이 중에서 척추동물은 45,000종, 어류는 23,000종, 양서류는 2,500종, 파충류는 5,000종, 조류는 8,500종, 포유동물은 4,500종인 것으로 파악되고 있다. 따라서 이렇게 다양한 생물 가운데 ERA에 활용될 수 있는 대표적인 생물종을 선정한다는 것은 매우 어렵다. 따라서 최근에는 생태 기능학적인 측면(먹이사슬에서의 위치), 형태학적인 구조의 유사성, 노출경로의 유사성 등을 기준으로 시험 생물종을 선정하고 있다.

2) 보호대상의 다양성

HRA의 경우는 보호할 대상이 아주 분명하게 정해져 있다. 그러나 ERA의 경우에는 광범위 혹은 특정 하나의 생물종에서 특정 생물군 혹은 특정 영양단계 생물에 이르기까지 매우 광범위하다. 또한 HRA는 인간의 전 생애(태아기, 유아기, 청소년, 성인)를 몇 단계로 분류함으로써 간단히 할 수 있지만, ERA의 경우는 생물에 따른 일생의 주기가 매우 다양하기 때문에 보호대상에 대한 정확한 경계가 있을 수 없다. 따라서 ERA에서는 HRA에서와 같이 특정 생물종을 선정하기보다는 평가과정에서 나타나는 여러 가지 관련정보들을 분석한 다음 생태계의 통합적인 기능에 조화되는 방향으로 목표를 잡을 필요성이 있다.

3) 공간의 규모의 차이

대부분 HRA의 경우에는 유해물질의 노출 범위에 한정하여, 예를 들어 실내공기나 작업장 내부 혹은 오염지역 등에 한정하여 위해성평가를 실시하지만(물론 전 지구적 규모도 간혹 있기는 하지만) ERA에 있어서는 특정의 생물종, 집단 및 생태계가 요구하는 최소한의 공간으로부터 모든 생태계에 이르기까지 매우 다양하다.

4) 시간 범위의 차이

HRA에서는 일반적으로 전 생애에 걸친 노출(대략 70년을 기준)을 기준으로 실시하지만 ERA에서는 종에 따라 노출 생애기간이 매우 다르지만 대개 HRA보다 훨씬 짧다. 참고로 인간을 포함한 몇몇 생물종에 대한 세대기간을 표 6.6에 표시하였다.

표 6.6 대표적인 생물종의 한 세대기간

생물종		세대기간
세균류	녹조류(Chlorella종)	0.1일
	물벼룩(Daphnia종)	1일
	복족류(Lymnaea종)	10일
랫드		1년
인간		30년

5) 노출의 복잡성

HRA의 노출평가는 유해물질은 피부(피부 노출), 폐(흡입노출) 및 음용수와 음식의 섭취(구강 노출) 등 다양한 경로를 통해 체내로 들어올 경우의 외적인 노출 평가와, 체내 대사를 거쳐 각종 장기에 유해물질이 도달하게 되는 형태를 분석하는 내적 노출 평가를 동시에 실시한다. 그러나 ERA의 경우 노출평가는 종종 외적 노출(물, 토양, 침전물 및 공기와 같은 매체중의 농도)로 한정되는 수가 많다. 따라서 생태독성 시험은 외적농도의 용어로 주로 표현된다. 내적 용량은 독물동력학을 이용한 외적노출로부터 평가될 수 있지만 이 작업이 쉽지만은 않다. 이것은 ERA의 경우 매우 다양한 종과 실질적인 노출에 영향을 미치는 인자들을 다루기 때문에 인간 노출평가보다 복잡하기 때문이다.

6.8 환경위해성평가의 오차발생요인과 한계점

현실적으로 어떤 유해물질이 인간 혹은 생태계에 위해성을 초래할 가능성이 어느 정도인지를 정확하게 예측한다는 것은 대단히 어렵다. 왜냐하면 일반적으로 위해성 평가는 유해물질과 노출대상에 대한 다양한 정보를 바탕으로 수학적 모델을 활용하여 분석·평가하는 일련의 추론 과정이기 때문에 불가피하게 일정 부분의 오차가 발생할 수밖에 없기 때문이다. 유해물질에 대한 환경위해성평가 시 실제로 발생할 수 있는 오차에 대한 주된 요인들을 살펴보면 다음과 같다.

1) 유해물질에 관한 정보의 부족

대개의 경우 유해물질에 관한 기초적인 자료가 부족하여(제조업체의 업무상 비밀을 이유로, 혹은 국가의 관리 기능 부재 등으로 인하여) 정확한 위해성을 예견을 할 수가 없는 경우가 많다. 이 경우에는 전문가의 판단, 평가기법, 기본적인 값 등에 대한 검토가 필수적이다. 특히 유해물질의 노출농도, 배출량, 환경 내 잔류농도 등의 경우에는 자료 부족이 훨씬 심각한 만큼 이에 대한 자료의 축적이 필요하다. 유럽의 경우, 이 부분에 대한 불확실성을 배제하기 위하여 상업적으로 이용되고 있는 유해물질 100,000개에 대한 배출목록을 만들어 관리하고 있는 실정이다. 또한 식물 보호제나 살충제 등의 새로운 유해물질인 경우에는 기초 정보에 대한 고지·등록의 의무를 부여하고 있다.

2) 유해작용에 대한 관찰 조건의 차이에 따른 어려움

위해성 관찰 시 발생할 수 있는 불확실 인자로서는 공간적 혹은 온도에 의한 차이, 기후 차이, 토양의 종류, 민감도, 생태계 구조, 자연환경과 실험실내 조건의 차이, 위해성 평가 시 사용한 실험 동물종과 실제 유해물질에 노출되는 생물종의 차이 등이 있다.

3) 실험모델의 부적절성

실험모델과 관련하여 불확실성을 증가시키는 요인으로서는 위해성 발현 기전에 관련 지식의 부족, 다양한 외부 스트레스에 대한 미 정립, 모든 생물종에 있어서의 반응 여부, 관찰 농도를 넘어서는 부분에 대한 외삽 정도, 평가지표들의 안정성 여부 등에 대한 정보 부족을 들 수가 있다.

4) 불확실성 인자들 측정의 어려움

위해성평가에 있어서 불충분한 관찰, 측정방법을 결정하는데 있어서의 어려움, 부적절한 측정법, 사람에 의한 오차(부정확한 측정, 자료기록 시 오차, 컴퓨터에 의한 오차 등) 등으로 인하여 통계학적으로 유의성(신뢰도)이 낮아지는 어려움이 있다.

이상의 원인들로 인하여 발생할 수 있는 오차를 줄이기 위해서는 보다 과학적인 분석 기법과 논리적인 가정을 설정할 필요성이 있다. 또한 평가 시에 한 종류의 평가자료 보다는 다양한 종류의 평가자료를 활용하는 것 역시 오차를 줄이는데 중요하다. 아울러 현재 이용하고 있는 평가법이 얼마나 보편화 될 수 있는가에 대한 검증과 교정 역시 필요하다.

6.9 환경위해성평가 자료의 응용분야

환경위해성평가는 제한된 정보의 분석・평가를 통하여 인간 및 환경에 대한 위해성을 밝히는 가장 효과적인 방법인 동시에 환경문제를 해결하는데 있어 합리적인 수단을 제공한다. 물론 환경위해성평가가 환경문제를 완전히 해결할 수 있는 유일한 방법은 아니지만 적어도 인간 건강에 대한 안전성 확보와 환경규제 측면에 있어서 추측에 의한 정책 시행의 불합리성을 상당 부분 감소시킬 수 있다. 왜냐하면 대부분의 선진국에서는 환경위해성평가 결과는 곧바로 환경정책의 결정으로 이어지기 때문이다.

따라서 환경위해성평가의 결과는 각종 오염규제 기준치의 설정, 환경오염의 정량화, 오염문제 해결의 우선순위 결정, 위해성 감소 계획과 이로 인한 경제적 손익 관계의 분석 등에 이용된다. 환경위해성평가의 결과를 활용할 수 있는 분야들은 다음과 같다.

① 대기오염물질 배출기준 설정 시
② 하·폐수 오염물질 배출기준 설정 시
③ 각종 환경기준 설정 시
④ 유해물질에 대한 노출기준 설정 시
⑤ 음용수의 오염허용농도 설정 시
⑥ 유해물질에 대한 환경권고치 설정 시
⑦ 유해물질 노출에 따른 인체 위해성 감소계획 수립 시

6.10 환경오염물질에 의한 위해도 계산 사례

환경매체 내에 존재하는 유해물질에 의한 HRA 중 대표적으로 발암위해성에 대한 계산 사례를 들면 다음과 같다.

예제 6.1 일반적으로 어떤 발암물질의 평생위해도는 일일평균노출량에 용량-반응평가 곡선에서 얻은 기울기인자를 곱하여 구한다. 이 경우 음용수를 염소로 소독할 경우, 부산물로서 발암성을 갖는 chloroform ($CHCl_3$)이 생성된다. 체중 70 kg의 성인이 0.1 mg/L 농도의 chloroform이 들어있는 물을 하루에 2 L씩 평생(70년 기준) 동안 마실 경우를 가정하여 다음 사항을 계산하라.

풀이와 답

① 어떤 개인이 평생 동안 chloroform으로 인하여 직면할 수도 있는 발암위해성의 상한치를 도표들을 이용하여 계산하라.

우선 평생에 걸쳐 하루에 섭취(노출)되는 chloroform의 양(CDI, chronic daily intake)을 표 6.7로부터 계산하면 다음과 같다. 즉, 성인의 평균 몸무게는 70 kg, chloroform의 농도는 0.1 mg/L, 하루에 마시는 물의 양은 2L 이므로 다음과 같다.

$$CDI = \frac{0.10\,mg/L \times 2L/일}{70\,kg}$$

계속하여 표 6.8에서 chloroform 섭취로 인한 발암잠재인자는 6.1×10^{-3} $(mg/kg/일)^{-1}$ 이므로 평생발암위해도는 아래와 같다.

$$평생발암위해도 = CDI \times 잠재인자 = 0.002\ mg/kg/일 \times \frac{6.1 \times 10^{-3}}{mg/kg/일} = 12.2 \times 10^{-6}$$

계산결과 인간의 평생(70년으로 가정) 동안 이 수돗물을 마신 사람이 암에 걸릴 확률, 즉 발암위해성은 백만분의 12.2라는 것이다. 즉, 백만 명 중 12명이 수돗물로 인하여 암이 발생할 확률이 있다는 의미가 된다.

② 만약 그 도시의 500,000명이 이 물을 공급받고 있다면, 일 년에 몇 명이 chloroform으로 인해 암에 걸릴 것이라 예상되는가?
70년의 기간 동안 백만 명 중에서 12.2명이 암에 걸린다면, 어떤 특정 년도에 오십만 명 중에서 chloroform에 의해 암에 걸린 사람은 다음과 같이 계산된다.

$$\text{암환자/년} = 500{,}000\text{명} \times \frac{12.2}{10^6\text{명}} \times \frac{1}{70\text{년}} = 0.09\text{, 즉 약 } 0.1\text{명 암발생/년}$$

③ 수돗물에 포함된 chloroform에 의한 일 년의 추가 암 발생과 다른 이유로 인한 예상 사망자를 비교하라(한국에서 암에 의한 사망률은 매년 100,000명당 193명으로 가정한다).
대상 인원을 500,000명으로 기준을 통일하면 매년 암에 의한 총 사망자는 사망률이 년 100,000명 중에서 193이므로 다음과 같다.

$$\text{암에 의한 총 사망자/년} = \frac{193\text{사망자/년}}{100{,}000\text{명}} \times 500{,}000\text{명} = 965\text{사망자/년}$$

이것은 총 인구 중에서 매년 965명이 감지되지 않은 가운데 사망하며 매년 0.1명의 새로운 (치유가능한) 암발생자가 생긴다고 볼 수 있다.

이상의 예제에서 사용된 유해물질의 양은 예상되는 70년 수명 동안의 노출과 섭취율을 기준으로 하였으며 유해물질은 100% 다 흡수된다고 가정했다. 또한 일반적인 형식으로 만성적 일일 섭취량은 다음과 같이 구할 수 있다.

$$\text{CDI (mg/kg/일)} = \frac{\text{총투여량 (mg)}}{\text{몸무게 (kg)} \times \text{수명 (일)}}$$

(총투여량) = (오염물 농도) × (섭취율) × (노출기간) × (흡수율)

여기서, 위해도 평가의 결과에도 불확실성이 상당히 포함되어 있을 수 있다. 그러나 보다 중요한 것은 이런 과정을 통하여 많은 양의 자료를 확보함은 물론 이런 자료를 바탕으로 향후 보다 적합한 위해성 평가 기법이나 모델을 개발하는데 도움을 줄 수 있다는 사실이다.

예제 6.2 몸무게 60 kg의 근로자가 아래와 같은 조건에서 특정 발암물질에 노출되었을 때 암 발생률을 추정하라. 노출기간은 20년, 1년은 50주, 1주는 5일로 계산한다. 근로자는 근로 시간 중 2시간은 1.5 m^3/시간의 비율로 심하게 호흡을 하고 그 외 6시간은 정상적으로 1 m^3/시간의 비율로 호흡을 한다. 발암물질의 잠재인자는 0.02 $(mg/kg/일)^{-1}$이고 흡수율은 80%로 추정되며 발암물질의 공기 중 평균 농도는 0.05 mg/m^3으로 생각된다.

풀이와 답

먼저 근로시간 동안의 총 호흡량을 계산하면

일일 섭취율 = 1.5 m^3/시간×2시간 + 1 m^3/시간×6시간 = 9 m^3/일

그러면 총 투여량 = 9 m^3/일 × 5일/주 × 50주 × 20년 × 0.05 mg/m^3 × 0.8 = 1800 mg

70년을 평균수명으로 가정하면 CDI는 다음과 같다.

$$CDI = \frac{1800 \text{ mg}}{60 \text{ kg} \times 70\text{년} \times 365\text{일}/\text{년}} = 0.00117 \text{ mg/kg/일}$$

그러므로 암발생률은 다음과 같다.

발생률 = 0.00117 mg/kg/일 × 0.02 $(mg/kg/일)^{-1}$ = 2.3×10^{-5}

또는 백만 명 중에 23명이 발암 가능성이 있다.

표 6.7 일일 흡입량 계산에 대한 EPA 추천 표준값

인자	표준값	인자	표준값
평균체중, 성인	70 kg	일일 호흡량, 성인	20 m^3
평균체중, 어린이	10 kg	일일 호흡량, 어린이	5 m^3
일일 음용수섭취량, 성인	2 L	일일 어류 소비량, 성인	6.5 g
일일 음용수섭취량, 어린이	1 L	전 생애를 통한 노출, 생명년한	70년

표 6.8 잠재적 발암물질에 대한 독성자료(발암위해성)

화학물질	범주	섭취 시 위해노출상수 $(mg/kg/일)^{-1}$	호흡시 위해노출상수 $(mg/kg/일)^{-1}$
Arsenic	A	1.75	50
Benzene	A	2.9×10^{-2}	2.9×10^{-2}
Benzo(a)pyrene	B2	11.5	6.11
Chloroform	B2	6.1×10^{-3}	8.1×10^{-2}
Methylene chloride	B2	7.5×10^{-3}	1.4×10^{-2}
Tetrachloroethylene	B2	$5.1 \times \times 10^{-2}$	$1.0 \sim 3.3 \times 10^{-3}$
Trichloroethylene (TCE)	B2	1.1×10^{-2}	1.3×10^{-2}
Vinyl chloride	A	2.3	0.295

참고문헌

1. Ernest Hodgson, A Textbook of modern toxicology 4th Edition, 2010, Wiley
2. Marvin Rausand, Risk assessment: theory, methods, and applications, 2013, Wiley
3. Guidelines for human health risk assessment, 2023, U.S.EPA
4. Guidelines for ecological risk assessment, 2023, U.S. EPA
5. Guidelines for superfund Risk assessment, 2024, U.S. EPA
6. EPA non-regulatory health based drinkng water levels, 2023, U.S. EPA
7. Nicholas P. Cheremisinoff, Handbook of air pollution prevention and control, 2002, Butterworth-Heinemann.
8. John Timbrell, Frank A. Barile, Introduction to toxicology, 2023, CRC Press.
9. Curtis D. Klaassen, Casarett & Doull's Toxicology: The basic science of poisons 9th Edition, 2018, McGraw-Hill Education.
10. Ching-Hung Hsu and Todd Stedeford, Cancer Risk Assessment: Chemical Carcinogenesis, Hazard Evaluation, and Risk Quantification, 2010, Wiley.
11. Louis Anthony Cox Jr, Risk analysis: foundations, models, and methods 2012 Springer
12. 한국의 기술분류체계 : 최근 동향과 발전 방향, 2020, 과학기술정책연구원
13. OECD 2050 환경전망보고서, 2012, OECD
14. 지하수자원의 지속가능성을 위한 관리지표개발과 적용 I, 2023, 한국환경연구워
15. 대기환경보전법, 2024
16. 김익・허탁, 환경전과정평가, 2022, 동화기술
17. 심창석 외 10인, 미세먼지 정책 효과분석 개선방안 연구, 2022, 국가미세먼지정보센터
18. 탄소중립 전략 이행에 따른 2030 미세먼지 대기질 전망 및 동시 감축 정책방향연구, 2023, 한국환경연구원
19. 환경백서, 2023, 환경부
20. 환경유해인자 감시 저감 관리 대응기술 : 미세먼지/유해화학물질/미세플라스틱, 2022, 지식산업정보원
21. 박기영 외 1인 공역, 환경공학 개론, 2023, 동화기술
22. 등록화학물질 초기 위해성 평가 : 클로로메탄 등 10종, 2023, 국립환경과학원
23. 화학물질관리법, 2024

연습문제

1. 1970년도 환경문제와 최근 환경문제와의 차이점을 설명하라.

2. 환경위해성평가의 정의와 목적은 무엇인가?

3. 환경매체 내로 유해물질이 유입되는 경로에 대하여 설명하라.

4. 유해물질과 관련된 환경오염사건의 대표적인 예를 들라.

5. 선진국에서 유해물질 관리를 위한 대표적인 법률들과 목적에 대하여 설명하라.

6. 다음 용어들을 간단히 설명하라.
   가. 위해성
   나. 안전성
   다. 내분비계 교란물질
   라. 한계치
   마. 안전역
   바. LD_{50}

7. 유해물질이 인체에 유입되어서 배설될 때까지의 일련의 과정을 단계별로 설명하라.

8. 유해물질이 인체에 노출될 경우, 노출농도를 결정함에 있어서 고려할 사항들에 대하여 설명하라.

9. 외삽의 정의와 목적은 무엇인가?

10. HRA의 경우, 유해물질에 대한 독성자료의 확보가 쉽지 않다. 따라서 이를 보완하기 위한 방법을 설명하라.

11. 여러 가지의 유해물질에 동시 노출될 경우, 예상되는 독성현상에 대하여 설명하라.

12. 발암물질에 대한 NOEAL치의 계산은 어떻게 이루어지는가?

13. 유해물질에 대한 정확한 노출평가를 위하여 일반적으로 요구되는 자료는 무엇인가?

14. ERA의 기본 3단계는 무엇인가?

15. QSAR의 정의와 응용분야에 대하여 설명하라?

16. ERA에서 일반적으로 활용되고 있는 위해도결정 방법에 대하여 설명하라.

17. 환경위해성평가 분야에서 RfD가 갖는 의미는 무엇인가?

18. HRA와 ERA의 차이점에 대하여 설명하라.

19. 환경위해성평가 자료가 오차를 갖게 되는 요인들에 대하여 설명하라.

20. 환경위해성평가 자료의 응용분야에 대하여 설명하라.

제 7 장

수질오염

7.1 서론

세계 4대 문명의 발생지가 모두 강을 배경으로 시작한 것처럼 인간의 모든 문명 생활은 물을 떠나서는 생각하기가 어렵다. 물은 지구상에서 가장 풍부한 부존자원 중의 하나이며, 모든 생물체의 생명을 유지하는데 필수적인 물질이다. 인간에게 가장 필요한 물도 오염이 되면 인간에게 재앙과도 같은 피해를 주게 된다. 번창하던 로마제국의 말기에 티베르강의 오염으로 인한 말라리아의 유행은 제국의 멸망을 재촉하였고, 14세기 유럽을 공포로 떨게 했던 페스트도 처리되지 않은 하수가 하천으로 유입되어 일어난 수질오염의 결과이다. 1950년대 중반 미나마타만으로 유입된 메틸수은은 고농도로 어패류에 농축되어 이를 섭취한 인간에게 생물축적(bioaccumulation)을 통해 독성중추신경계 질환을 일으키게 되었음을 1964년에 확인하였는데, 결국 일본 및 세계를 경악하게 한 미나마타병도 수은으로 인한 수질오염의 결과인 것이고, 그 피해 배상 책임은 현재까지 이어지고 있다.

오염된 하천, 호수 또는 해양은 인간에게 많은 피해를 주었으며, 인간의 생활을 위협하는 큰 문제로 대두되고 있다. 인구의 증가와 도시집중으로 인한 오염의 증가는 수질오염을 더욱 가속화시킬 것이고, 결국 이용 수자원의 고갈이라는 최악의 상황도 예측될 수 있다. 이와 같은 수질오염을 최소화하고 효과적인 수질관리(water management)를 위해서는 수질오염의 특성을 정확하게 이해하고 환경적 영향을 정확히 파악하여야 할 것이다.

7.2 수자원

생물이나 인간의 생활에 이용하는 지구상의 모든 물을 수자원(water resource)이라 한다. 수자원은 형태별로 지표수와 지하수로 구분하고 지표수에는 해수, 하천수, 호수 등이 포함된다. 자연계의 존속에 중요한 물은 전체 지표면의 75%를 차지하고 있으며, 수자원의 총량은 1.4 × 1018 m^3이다. 지구상에 존재하는 물이 많지만 실제 인간이 사용할 수 있는 물의 양은 극히 제한적이다. 전체 수자원의 97.2% 이상은 해수이며, 해수는 담수화를 거치지 않으면 사용하지 못한다. 나머지 3% 중 70% 이상이 얼음과 빙하, 대기 중의 수분 및 토양 간극수로 되어 있으므로 수자원으로 활용하기에는 부적당하다. 따라서 인간이 생활하는데 사용할 수 있는 물은 표 7.1에 나타낸 것처럼 지하수를 포함하여 지구상에 존재하는 전체 수자원의 0.62%에 불과하다. 인간이 사용가능한 물의 양은 극히 제한되어 있으나 인류문명의 발달과 더불어 물의 사용량이 점차 증가하고 있는 반면 수질오염으로 인하여 사용 가능한 물의 양은 줄어들고 있어 수자원 보호와 확보를 위한 시급한 대책이 요구되고 있다.

표 7.1 지구상의 수자원 분포

저장형태	구분	수량(m^3)	백분율(%)
지표면	담수	1.3×10^{14}	0.0006
	염수호	1.0×10^{14}	0.008
	강	1.3×10^{12}	0.0001
지하	통기대	6.7×10^{13}	0.05
	천층지하수	4.2×10^{15}	0.31
	심층지하수	4.2×10^{15}	0.31
기타	빙하	2.9×10^{16}	2.15
	해면대기	1.3×10^{13}	0.001
	대양	1.3×10^{18}	97.2
계		1.4×10^{18}	100

7.2.1 물의 특성

1) 단위무게와 밀도

물은 대기압 1기압 하, 4°C에서 밀도가 가장 크며, 4°C를 벗어남에 따라 점점 감소한다. 단, 0°C 이하가 되어 얼게 되면 온도가 내려 갈수록 결빙이 심해지므로 밀도가 증가하는 것은 물만이 가지고 있는 특성이다. 물은 일정한 부피에 대하여 생각할 때, 온도와 압력의 변화에 따라서 부피가 변할 수 있으므로 밀도도 변하는 것이다. 부피가 V인 물의 무게를 W, 물의 질량을 M이라 하고, 중력장 내에서는 중력가속도를 g라 할 때 물의 밀도 ρ와 단위무게 w의 값은 다음 식과 같다.

$$W = Mg \tag{7.1}$$

$$w = W/V = \rho g \tag{7.2}$$

$$\rho = M/V = w/g \tag{7.3}$$

즉, 단위부피당 질량의 크기는 밀도이며, 중량의 크기는 단위무게이다.

2) 표면장력

액체 내부의 각 분자들은 분자인력에 의하여 힘의 평형을 이루게 되나 액면상의 분자들은 분자인력 이외에 표면을 팽창시키려는 장력과 더불어 힘의 평형이 이루어진다. 이와 같은 액면의 수축경향에 대하여 발생되는 장력을 표면장력이라 부르며 그 강도는 dyne/cm의 단위로 표시되고 그 값은 액체의 종류와 온도에 따라 다르다. 표면장력의 단위를 g/cm로 표시하려면 dyne/cm로 표시된 값을 980으로 나누면 얻어진다. 온도에 따른 물의 표면장력의 변화는 표 7.2와 같다.

표 7.2 물의 표면장력(단위 : dyne/cm)

온도(°C)	−5	0	5	10	15	20	25	30	40
표면장력(σ)	76.42	76.64	74.92	74.22	73.49	72.75	71.97	71.18	69.56

3) 끓는점과 어는점

만약 물이 다른 물질(H_2S, H_2Se, H_2Te)과 비슷하다면, 물은 정상온도에서 끓을 것이다. 따라서 물은 대개 기체상태로 존재해야 한다. 그러나 물은 다른 물질과 비교해 보면 녹는점과 끓는점의 큰 차이가 있으므로 일반적인 온도에서는 액체상태로 존재한다.

4) 모세관 현상

액면이 고체면과 접촉할 때는 이것들 사이에 접촉각도가 물질의 종류에 따라 대략 일정한 각도를 이루어 멈추어지게 된다. 이 각을 접촉각(angle of contact)이라 부르며, 이 접촉면의 내외부에서는 응집력(cohesive force)과 부착력(adhesive) 그리고 표면장력이 작용하게 되어 힘의 평형을 이루게 된다. 지름이 아주 작은 관을 수중에 세우게 되면 가는 관내의 물은 용기내의 수면보다 높이 상승하게 된다. 이 때 가는 관내의 액주의 높이를 모세관 높이(capillary height)라고 하고, 이와 같은 현상을 모세관 현상(capillary phenomenon)이라 부른다. 일반적으로 그림 7.1에서와 같이 모세관 높이 h는 가는 관의 지름 d에 반비례하고 표면장력 σ에 비례한다는 Jurin의 법칙은 다음과 같은 관계식으로 나타낼 수 있다.

$$h = 4\sigma \frac{\cos\theta}{\rho g d} \tag{7.4}$$

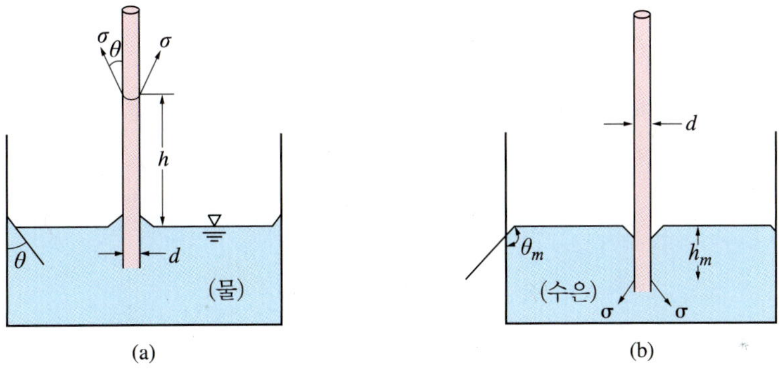

그림 7.1 모세관현상

5) 점성

액체 내부의 각 층에서 속도가 상이하여 상대운동을 하게 되면 내부마찰력이 발생하게 된다. 이와 같은 속도차로 인하여 유체 내부에서 발생되는 마찰력은 흐름방향의 전단력에 해당되고 그 강도를 τ (kg/cm^2)라 하면 τ는 상대속도에 비례하고 액층과의 거리에 반비례한다. 이때 유체 내부의 상대속도에 의하여 내부마찰력을 발생하게 하는 액체의 성질을 점성(viscosity)이라 부른다.

7.2.2 물의 순환

해양 이외의 물은 극지방의 빙하와 눈, 호수, 강, 지하수 및 수증기 상태로 존재하는데, 우리가 이용하는 담수는 극히 제한되어 있다는 것을 알 수 있다. 그러나 그림 7.2와 같이 물의 순환작용이 있기 때문에 사용되는 물은 계속 보충될 수 있다.

물의 순환이 계속되고 대기 중에서 계속적으로 물이 존재하도록 하는 주요인은 태양에너지이다. 대양과 육상의 물은 태양에너지에 의해 증발(evaporation)과 승화(sublimation)의 두 과정을 통하여 대기 중으로 이동하게 된다. 증발이란 액체상태의 물이 비등점 이하에서 수증기로 변하는 것이며, 승화란 고체상태의 눈이나 빙하가 직접 수증기로 변하는 것이다. 이 과정에서 에너지가 요구되는데 태양에너지로 공급된다. 대기 중의 수분이 바다나 육상으로 내리는 것은 응결(condensation)과 침강(deposition)과정에 의해 일어나는데, 응결이란 기체상태의 수증기가 액체상태인 물

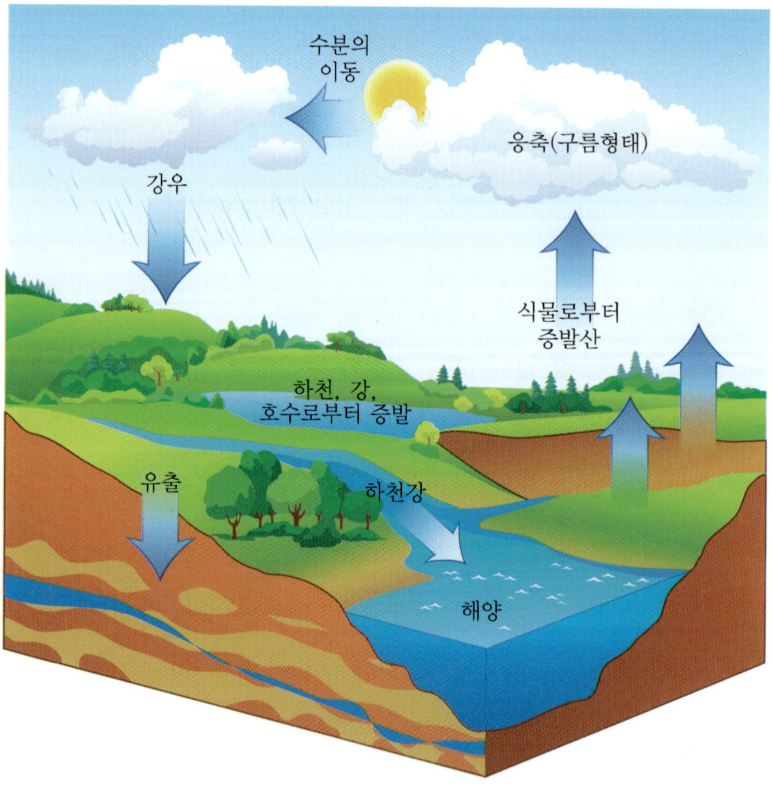

그림 7.2 물의 수문학적 순환

방울로 되는 것이고, 침강은 수증기가 얼음 상태로 고형화되는 것이다. 이 두 과정은 증발과 승화과정의 열에너지를 방출하게 된다.

강우(precipitation)란 대기 중의 수분이 비나 우박 및 눈의 형태로 변하여 지표면으로 이동하는 현상을 말한다. 물의 순환은 지구의 역사가 시작한 이래 지금까지 계속되면서 지구의 생명체를 유지하는 원동력이라 할 수 있다.

7.2.3 우리나라의 수자원

우리나라의 수자원의 현황을 강수, 댐, 강, 지하수로 구분하여 살펴보면 그림 7.3과 같다. 강우에 의한 연평균 수자원은 1,240억 톤으로 추산되며, 증발과 토양침식에 의한 손실량 517억 톤을 제외하면 723억 톤이 하천으로 유출된다. 이 중 522억 톤이 우기인 6~8월에 집중적으로 발생하여 홍수로 유실된다. 따라서 우기를 제외

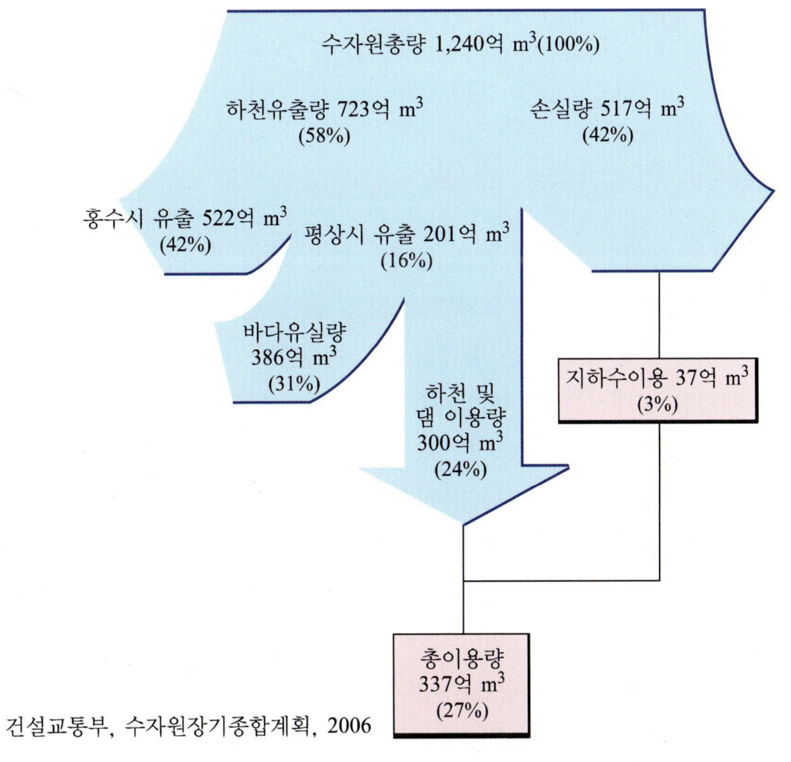

그림 7.3 국내의 수자원 부존량 현황(연평균 강우량 1,274mm)

한 연간 가용수량은 201억 톤(강수량의 약 16%)에 불과하며, 수계별 수자원의 분포가 불균등한 상태에 있다. 전국에는 물을 저장할 수 있는 저수지와 댐이 6,600개가 있으나 토사로 인한 부피의 감소와 관리부실로 저수량이 감소되고 있으며, 우기에 집중되는 강수 때문에 홍수 피해로 막대한 양이 바다로 유실되고 있다.

7.3 수질오염물질

인간의 활동, 산업활동 및 농경활동으로 인하여 자연수계에 배출되는 수질오염물질은 다양하게 많다. 이들 수질오염물질은 수중의 산소를 고갈시키는 물질, 수인성 전염병을 발생시키는 병원성 미생물, 부영양화의 원인이 되는 영양염류, 다양한 무기형태의 염, 잔류성이 많은 유해 중금속 및 농약을 포함한 휘발성 유기물 등으로 구분할 수 있다.

7.3.1 수중의 산소고갈 물질

오염물이 유입되지 않은 맑은 물에는 많은 양의 용존산소(DO, dissolved oxygen)가 녹아 있게 된다. 실제 오염되지 않은 맑은 물에는 염도의 농도에 따라 차이는 있지만 포화 농도에 가까운 용존산소가 존재한다. 대기 중의 산소가 물에 용해되는 양은 대기압 아래서는 온도에 의존하게 된다. 표 7.3에는 온도의 변화에 따른 수중의 이론적인 용존산소의 농도를 제시하였다.

수중의 산소를 고갈시키는 물질의 대부분은 생분해성 유기물이 주류를 이룬다. 생분해성 유기물이 수중에 유입이 되면 주로 호기성(aerobic) 미생물에 의해서 유기물이 분해되는 과정에서 수중의 산소를 소모하게 된다. 따라서 유입되는 오염물질의 양이 많으면 미생물에 의한 유기물의 분해가 활발하게 이루어져 수중의 산소를 빨리 고갈시키게 된다. 수중에 산소가 고갈되면 호기성 생물과 어류의 서식이 불가능해 지고, 물에서는 불쾌한 맛과 냄새가 나며 부패가 시작되며 수자원으로서 기능을 상실하게 된다. 수중의 산소를 고갈시키는 오염물질은 생화학적산소요구량(BOD, biochemical oxygen demand), 화학적산소요구량(COD, chemical oxygen demand) 또는 총유기탄소(TOC, total organic carbon) 등으로 표시된다.

표 7.3 수중의 용존산소농도(대기압 760 mmHg)

온도 (°C)	용존산소농도(mg/L)									
	염도(‰)									
	0	5	10	15	20	25	30	35	40	45
0	14.60	14.11	13.64	13.18	12.74	12.31	11.90	11.50	11.11	10.74
4	13.09	12.67	12.25	11.85	11.47	11.09	10.73	10.28	10.04	9.71
10	11.28	10.92	10.58	10.25	9.93	9.62	9.32	9.03	8.75	8.47
15	10.07	9.77	9.47	9.19	8.91	8.64	8.38	8.13	7.88	7.65
20	9.08	8.81	8.56	8.31	8.07	7.83	7.60	7.38	7.17	6.96
25	8.24	8.01	7.79	7.57	7.36	7.15	6.95	6.75	6.56	6.38
30	7.54	7.33	7.14	6.94	6.75	6.57	6.39	6.22	6.05	5.89
35	6.93	6.75	6.58	6.40	6.24	6.07	5.92	5.76	5.61	5.46
40	6.41	6.25	6.09	5.94	5.79	5.64	5.50	5.36	5.22	5.09

7.3.2 병원성 미생물

물속에서 발견되는 병원성 미생물은 병에 감염된 사람 혹은 특별한 병균 보균자에 의해서 배출될 수 있기 때문에 발생원은 주로 사람의 배설물이다. 수중에서 발견되는 주된 병원성 미생물은 박테리아, 바이러스, 원생동물 및 helminths 등이다. 사람에 의해 배설될 수 있는 박테리아성 병원미생물은 전염성이 높기 때문에 위생시설이 취약하고 병원성 세균의 서식에 충분한 조건을 갖춘 지역 특히 적도 부근에서 매년 수천 명이 이로 인하여 사망하고 있다.

7.3.3 영양염류(nutrients)

영양염류란 질소, 인, 황, 칼슘, 칼륨, 철, 망간 등의 유기물들이며 이들은 유기물과 더불어 생물체의 세포구성에 필요한 물질이다. 영양염류 중 질소와 인은 지표수의 부영양화(eutrophication)의 원인이 되는 물질이며 부영양화의 지표물질이다. 질소와 인의 중요한 배출원은 생활폐수, 동물의 배설물과 화학비료이다. 질소의 발생원은 비교적 다양하지만 인은 주로 세제가 수중으로 유입되면서 물속에 존재하게 된다. 인이 물속에 과다하게 존재할 경우 지표수에서는 대부분 부영양화현상이 발생하고 해수에서는 적조(red tide)현상이 발생하게 된다.

질소는 호수의 부영양화 문제를 일으킬 뿐만 아니라 공중위생을 위협하는 형태인 질산염(NO_3^-)이 음용수에 과다하게 존재하면 문제가 된다. 질산염은 그 자체로는 해롭지 않지만 태아의 몸 안에 있는 박테리아에 의해서 독성이 강한 아질산염(NO_2^-)으로 변하게 된다. 아질산염은 혈관에서 헤모글로빈과 강한 친화성이 있어 산소를 필요로 하는 곳에 아질산염이 결합하여 메트헤모글로빈(methemoglobin)이 생성된다. 혈관 내에서 산소의 부족은 신생아의 청색증을 유발하며, 이를 blue baby 증세라고 한다. 부영양화와 신생아에 타격을 주는 영양염류인 질소와 인을 제어하기 위해서는 폐수처리 과정에서 반드시 고도처리(advanced treatment)가 필요하다.

7.3.4 폐열

발전소는 많은 양의 냉각수를 필요로 한다. 냉각수가 자연수계로 배출되면 주변의 수온은 상승하게 되며, 주변 생태계에 영향을 주게 된다. 수온이 상승하면 물속의 용존산소 농도는 떨어지게 된다. 수온이 10°C 상승하면 미생물의 신진대사는 두 배로 증가하는 반면 수중의 용존산소는 저하되므로 산소의 고갈속도가 빠르게 된다.

7.3.5 중금속

중금속은 비중이 4~5 이상의 물질을 말한다. 중금속의 대부분은 수중에 존재하는 미량원소이다. 그러나 중금속의 양이 수중에 과다하면 종류에 따라 생물체에 치명상을 주기도 한다. 일반적으로 수중에서 분석되는 중금속은 알루미늄, 철, 니켈, 크롬, 납, 망간, 수은, 카드뮴, 철, 구리, 비소 등이다. 이들 중금속 중 카드뮴, 납, 수은은 신장에 유해한 것들이다. 중금속은 신경계통이나 신장, 악성종양을 일으키는 원인물질이기도 하다. 또한 중금속은 잔류성이 강해서 사람이 직접 유해 중금속류를 섭취하지 않고 중금속에 오염된 중간 숙주를 통하여 영향을 받기도 하고 후손에게도 잔류성은 지속될 수 있다. 일본의 미나마타병이 중금속오염으로 인한 피해가 대표적인 예이다.

7.3.6 살충제와 농약

살충제, 제초제 및 기타 농약과 같은 미량유기물질은 대부분의 생물에 독성을 나타내므로 지표수의 중요한 오염물질이 될 수 있다. 농약 중 살충제는 유기염소계, 유기인계 및 카바메이트계의 세 가지로 분류된다. 이 중 제초제는 유기염소 화합물로서 가장 독성이 높은 다이옥신을 불순물로 가진 2,4,5-T와 2,4-D 등으로 아주 유해한 수질오염물질이다. 농약이나 제초제 같은 화학약품은 생활하수에는 별로 들어있지 않은 성분이고, 주로 농경지, 공한지 및 공원에서의 지표 유출수(surface run-off)로 생기는 것이다. 이러한 유기물질이 수중으로 유입되면 수중 생태계를 파괴시키며, 오염된 물은 수자원의 기능을 상실하게 된다. 따라서 대부분의 농약이나 제초제는 특정오염물로 분류되어 관리되고 있다.

7.3.7 휘발성 유기물질(VOCs, volatile organic compounds)

100°C 이하의 비등점과 25°C에서 증기압이 1 mmHg보다 큰 유기물질을 일반적으로 휘발성 유기물질로 간주한다. 휘발성 유기물질은 지하수에서 가장 많이 발견되는 오염물질이다. 휘발성 유기물질은 주로 산업체에서 유기용매로 많이 사용되고 있으며, 대다수는 발암물질이거나 돌연변이를 일으키는 물질로 알려져 있다. 이들 물질은 휘발성 때문에 지표수에서는 몇 μg/L 이상 나타나지 않으나 지하수에서는 휘발이 되지 않으므로 수백 배의 높은 농도를 가질 수 있다.

휘발성 유기화합물은 ① 기체상태로 있게 되면 대기 중으로 방출되기 쉽고, ② 대기 중으로 방출된 유기화합물은 공중보건을 위협할 수 있고, ③ 대기 중에 반응성 탄화수소를 증가시켜 광화학 산화물의 형성을 초래하기 때문에 중요한 오염물질로 간주된다.

7.3.8 고형물(solid)

물속에 고형물이 많이 존재하게 되면 고형물이 바닥에 침전 퇴적되어 저층이 혐기성상태로 전환되어 이차적인 오염물질을 수중으로 용출시킬 수 있다. 물속의 고형물은 부유(suspended) 또는 용존(dissolved) 상태로 존재하게 된다. 따라서 고형물을 입자의 크기에 따라 분류하면 부유물질(SS, suspended solid)과 용존물질(DS, dissolved solid)로 나눌 수 있고, 입자의 성분에 따라 분류하면 유기성분인 휘발성(volatile)물질과 무기성분인 고착성(fixed)물질로 나눌 수 있다. 입자의 크기에 따른 고형물을 분석하기 위해서는 여과(filtration)와 건조(105 ± 1°C)를 통한 분석이 필요하며, 입자의 성분에 따른 분석을 위해서는 강열소각(550 ± 50°C)을 통하여 분석하게 된다. 고형물을 위에서 언급한 특성을 이용하여 분류하면 그림 7.4와 같으며, 분석방법은 공정시험방법과 표준시험법을 참조하면 된다.

TS	=	VS	+	FS	↑
‖		‖		‖	
TSS	=	VSS	+	FSS	입자의 크기
+		+		+	
TSS	=	VDS	+	FDS	↓

← 유기물　　무기물 →

- TS (총고형물) : Total Solid,
- VS (휘발성고형물) : Volatile Solid
- FS (고정성고형물) : Fixed Solid
- TSS (총부유성고형물) : Total Suspended Solid
- VSS (휘발성고형물) : Total Volatile Solid
- FSS (고정성고형물) : Total Fixed Solid
- TDS (총용존성고형물) : Total Dissolved Solid
- VDS (휘발성용존고형물) : Volatile Dissolved Solid
- FDS (고정성용존고형물) : Fixed Dissolved Solid

그림 7.4 수중의 고형물질의 분류

7.4 수질오염지표와 특성

지표수 수질의 정의는 물의 사용목적에 따라 달라지므로 물의 사용에 영향을 미치는 여러 가지 오염물질의 영향을 질적으로 표현할 수 있다.

7.4.1 탁도(turbidity)

탁도는 물속의 부유물질에 의해서 빛이 흡수되거나 산란되는 정도를 이용하여 측정한다. 일반적으로 고형물과 유사한 의미를 갖지만 분석방법이 빛의 투과성에 의존하므로 고형물의 분석결과와 일치하지는 않는다. 빛의 산란과 흡수는 부유입자의 크기와 표면 특성 및 색상에 따라 영향을 받으므로 탁도는 부유물질의 직접적인 정량방법이 될 수 없고, 간접측정방법은 될 수 있다. 따라서 탁도의 측정은 여러 형태의 부유물질 농도가 높은 폐수에 적용하기는 어렵고 부유물질의 농도가 비교적 낮은 하천수에는 간접측정 자료로 이용하기도 한다.

7.4.2 색도(color)

순수한 물은 색깔이 없으나, 지표수는 외부로부터 유입되는 이물질에 의해 색상을 띠게 된다. 물이 부분적으로 부유성 고형물에 의해 색을 나타낼 때 겉보기 색(apparent color)이라 하며, 부유성 고형물을 제거한 후 용존고형물에 의하여 나타나는 색을 진색(true color)이라고 한다. 진색은 일반적으로 비위생적이고 불안전하게 생각되지는 않으나 진색을 띠게 하는 물질의 대부분은 염소요구량을 가지게 되므로, 진색을 띤 지표수를 상수원수로 사용할 경우 염소의 살균효과를 감소시킬 수 있다. 또한 진색을 유발시키는 물질이 상수처리 시 염소와 반응하여 발암물질을 생성할 수도 있다. 색도를 측정하는 방법에는 여러 가지가 있으나 색도의 표준물질과 비교하는 비색법이 많이 사용된다.

7.4.3 맛과 냄새(taste and odor)

무기물질의 대부분은 맛을 내게 하지만 냄새를 동반하지는 않는다. 알칼리물질은 물의 쓴맛을 내게 하는 반면 금속염은 짠맛이나 쓴맛을 내게 한다. 또는 맛과 냄새를 내지 않는 두 개의 물질이 반응하여 냄새를 유발시킬 수도 있다. 냄새의 특성을 규명하기 위해서는 강도(intensity), 특성(character), 쾌락성(hedonics) 및 검출성(detectability) 등과 같은 4가지 요소를 고려하여야 한다(표 7.4 참조).

표 7.4 냄새의 규명을 위한 요소

인자	설 명
특성	냄새의 감지에 따르는 정신적 관련성, 주관성에 따라 다를 수 있다.
검출성	냄새를 최소 검출한계농도까지 낮추는데 필요한 희석배수
쾌락성	냄새를 감지할 때 상대적 쾌락 및 불쾌 정도
강도	냄새의 세기 감지는 보통 부탄올 후각 측정기 또는 D/T (dilutions to threshold)의 계산으로 추정

7.4.4 알칼리도(alkalinity)

알칼리도는 수소이온을 중화하기 위해 반응할 수 있는 물속의 이온의 양으로 정의되며 산을 중화할 수 있는 척도이다. 자연수계에서 알칼리도의 구성성분은 CO_3^{2-}, HCO_3^-, OH^-, $H_2BO_3^-$, HPO_4^{2-}, HS^- 등이다. 이러한 화합물은 토양 및 대기 중의 광물질이 용해되어 생긴다. 가장 보편적인 알칼리도의 구성성분은 탄산수소이온(HCO_3^-), 탄산이온(CO_3^{2-})과 수산화물(OH^-)을 들을 수 있다. 물속에 존재하는 알칼리도는 pH값의 변화에 따라 성분이 달라진다. 그림 7.5는 pH값에 대한 알칼리도 성분을 나타낸 것이다.

pH가 11~13인 물에 산(0.02 N H_2SO_4)을 천천히 가하면서 pH를 기록하면 그림 7.6과 같은 적정곡선이 얻어진다. 상을 가하면서 페놀프탈레인(phenolphthalein) 지시약을 가하면 분홍색에서 무색으로 변하는데 이 때 pH가 8.3이다. 여기서 다시 메틸오렌지(methyl orange)를 넣고 산을 계속 주입하면 pH 4.5 부근에서 주황색이 핑크빛 주황색으로 변한다. 이 경우 최초의 pH에서 pH 8.3까지 주입된 산의 양을

CaCO₃값으로 환산한 값을 페놀프탈레인 알칼리도라고 부르며, 최초의 pH에서 pH 4.5까지 주입된 산의 양을 $CaCO_3$값으로 환산한 값을 메틸오렌지 알칼리도라 부른다. 여기서 중요한 것은 pH 7 이하를 산성이라고 하는데 산성에서도 물은 알칼리도를 가질 수 있다는 것이다.

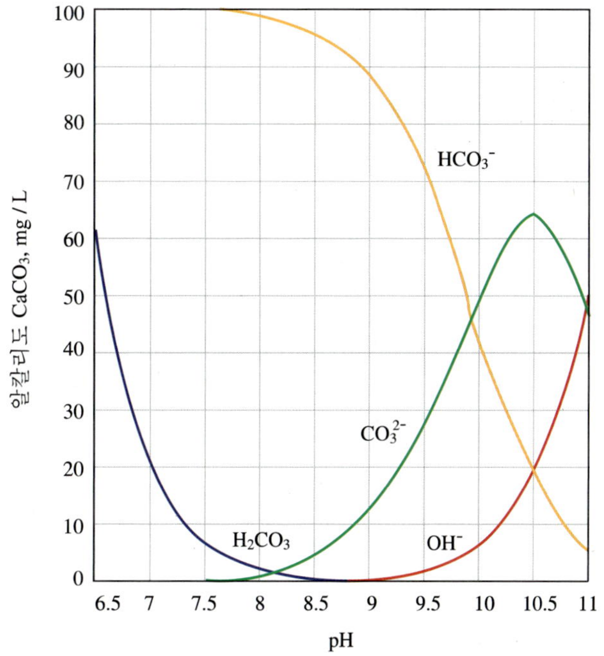

그림 7.5 pH와 알칼리도와의 관계

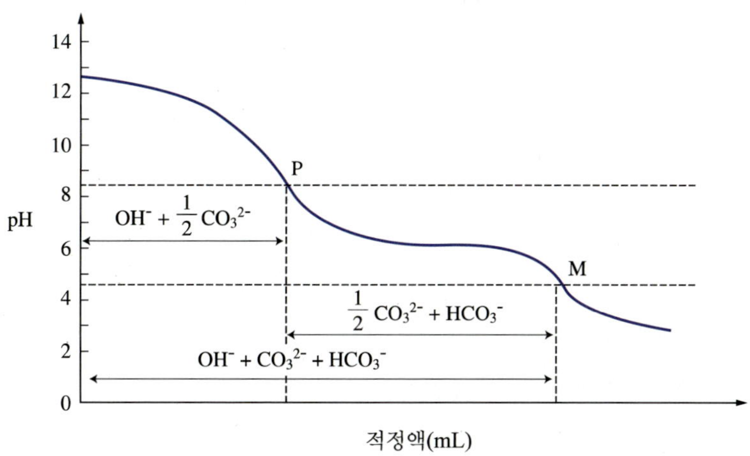

그림 7.6 알칼리도 적정곡선

7.4.5 경도(hardness)

일반적으로 경도는 물속의 2가 양이온의 농도로 정의되며, 과포화 상태에서 경도를 유발하는 양이온은 물속의 음이온과 반응하여 침전물을 형성한다. 경도는 탄산경도와 비탄산경도로 구분하는데 이것은 반응하는 음이온에 좌우되며, 알칼리도에 상당하는 경도는 탄산경도이고 나머지는 비탄산경도이다. 탄산경도는 열에 민감하여 끓이면 아래반응식과 같이 쉽게 수산화물로 침전된다. 이와 같이 열을 가하면 없어지는 경도를 일시경도(temporary hardness)라 하고, 열을 가해도 없어지지 않고 계속 존재하는 경도를 영구경도(permanent hardness)라 한다.

$$Ca(HCO_3)_2 \xrightarrow{\triangle} CaCO_3 + CO_2 + H_2O \tag{7.5}$$

$$Mg(HCO_3)_2 \xrightarrow{\triangle} Mg(OH)_2 + 2CO_2 \tag{7.6}$$

자연수 속에서 경도를 유발하는 주된 물질은 칼슘(Ca^{2+})과 마그네슘(Mg^{2+})이고 기타 철(Fe^{2+}), 스트론튬(Sr^{2+}), 망간(Mn^{2+}) 및 알루미늄(Al^{3+}) 등이다. 경도의 정도에 따라 물을 4가지로 구분하는데, 경도 50 mg/L ($CaCO_3$로서) 이하를 연수(soft water), 경도 50 ~ 150 mg/L를 약한 경수(moderate water), 경도 150 ~ 300 mg/L를 경수(hard water)라 하며, 경도 300 mg/L 이상을 초경수(very hard water)라고 표현한다.

7.4.6 용존산소(DO, dissolved oxygen)

DO는 호기성 미생물의 호흡을 비롯하여 모든 호기성 미생물에 필요한 요소이다. 물속에 용해되는 산소의 양은 제한되어 있고, 용존산소의 양은 기체의 용해도, 기체의 대기 중에서의 분압, 온도 및 물의 순도(유기물, 염도, 부유 고형물 등)에 따라 달라진다. 자연수에서 수중 DO의 농도는 위의 항목 이외에 물의 정체성과 흐름에 따라 달라진다.

1) 재포기(reaeration)

산소가 재포기되는 속도는 DO와 포화산소의 차이에 비례한다. 이 차이를 산소결핍(oxygen deficit)이라 하고, 다시 산소가 공급되는 재포기율은 다음과 같다.

$$r_R \text{ (재포기율)} = k_r D \tag{7.7}$$

여기서, k_r : 재포기 상수, 시간$^{-1}$

D : 용존산소 결핍량($DO_s - DO$), mg/L

DO_s : 포화용존산소량

DO : 임의시간에 용존산소량, mg/L

재포기 상수는 강의 상태에 따라 크게 다른데, 빠른 유속을 가지고 얕은 하천은 호수나 깊고 느린 유속을 가지는 하천에 비하여 큰 값을 가진다. 재포기 상수를 결정하는데 많이 쓰이는 식은 다음과 같다.

$$k_r = \frac{3.9\, u^{1/2}}{H^{3/2}} \tag{7.8}$$

여기서, k_r : 20°C에서 재포기 계수, day^{-1}

u : 평균유속, m/sec

H : 평균수심, m

지표수의 형태에 따른 k_r 의 전형적인 값을 표 7.5에 나타내었다.

표 7.5 지표수의 전형적인 재포기 상수

구분	20°C에서 k_r 의 범위(day^{-1})
작은 연못과 배수지	0.10～0.23
완만한 하천과 큰 호수	0.23～0.35
작은 유속의 큰 하천	0.35～0.46
일반 유속의 큰 하천	0.46～0.69
빠른 유속의 하천	0.69～1.15
급한 폭포수	> 1.15

하천으로 방류되는 하수나 하천수는 부족량의 차이는 있지만 초기 DO가 결핍되어 있다. 만약 하수와 하천수가 완전하게 혼합된다고 가정하면, 하수와 하천의 유량과 DO의 농도를 이용하여 초기 산소 결핍량을 간단한 물질수지식을 이용하여 계산할 수 있다.

$$DO = DO_s - \frac{Q_w DO_w + Q_r DO_r}{Q_w + Q_r} \tag{7.9}$$

여기서, DO : 하수와 합류한 하천의 초기 산소결핍량, mg/L

DO_s :임의 온도에서 포화 용존산소 농도, mg/L

DO_w : 하수 중의 용존산소 농도, mg/L

DO_r : 합류 전 하천수의 용존산소 농도, mg/L

Q_w, Q_r : 하수와 하천의 유량, m^3/day

7.4.7 생화학적 산소요구량(BOD, biological oxygen demand)

BOD는 물속의 오염물이 호기성 미생물에 의하여 분해되는 과정에서 수중의 용존산소를 소비하게 되는데 이 때 소비되는 용존산소의 양을 표현한 것이다. 일반적으로 알고 있는 BOD는 명확하게 BOD_5로 표현해야 한다. 이것은 5일 동안 미생물을 접종하여 배양했을 때 유기물을 분해하는 과정에서 미생물에 의해서 소비된 용존산소의 양을 말하는 것이다. 실제적으로 수중의 유기물이 미생물에 의해서 완전히 분해되는 데는 대략 20여 일이 소요된다. 따라서 정확한 의미의 BOD는 20일 동안 소비된 산소량을 의미한다. 그러나 결과 값을 얻는데 20일간이라는 장기간이 소요되고, 대부분의 오염물은 5일이면 분해가 되므로 일반적으로 5일간 소비된 산소량을 BOD_5라고 하며, 지표수의 오염 지표로 사용한다.

지표수의 오염지표로 가장 많이 사용하고 있는 BOD시험에도 몇 가지 한계성을 가진다. 시험이 갖는 한계성은 다음과 같다.

① 활성화된 미생물이 반드시 필요하다.
② 독성물질의 방해가 예상된다.
③ 생분해성 유기물만 측정이 가능하다.

④ 질산화(nitrification) 미생물에 의한 산소소비를 억제해야 한다.
⑤ 장기간이 소요된다.

이러한 문제점을 안고 있지만 BOD가 많이 쓰이는 이유는 생분해성 산소요구량의 측정과 생물학적 처리시설의 설계에 BOD 측정값이 직접 필요하기 때문이다.

BOD_5는 시료를 BOD병(300 mL)에 담아서 5일간 20°C의 배양기에서 배양한 후 산소의 소비량을 측정하면서 결과 값을 얻게 된다. 그러나 시료(하천수, 하수, 산업폐수)에 따라 분석하는 방법에는 약간의 차이가 있다. 이유는 20°C에서 포화 DO농도는 9.1 mg/L이므로 최대 소비량도 9.1 mg/L를 초과하지 못하기 때문이다. 아래에 시료의 오염도에 따른 BOD_5 실험의 실험 및 계산 방법을 제시하였다.

- 오염이 심하지 않은 하천수의 BOD_5

$$BOD_5\,(mg/L) = DO_i\ (\text{초기 DO농도}) - DO_f\ (\text{20°C에서 5일강 배양 후 DO농도}) \tag{7.10}$$

- 오염이 심한 하천수 또는 생활하수(활성화 미생물 존재) : 식종(seeding) 없음

$$BOD_5\,(mg/L) = n(DO_i - DO_f)/P \tag{7.11}$$

여기서, P : 희석배율$\left(P = \dfrac{\text{폐수의 부피}}{\text{폐수의 부피} + \text{희석수의 부피}}\right)$

- 산업폐수(활성화 미생물 존재하지 않음) : 식종(seeding)함

$$BOD_5(mg/L) = \frac{(DO_i - DO_f) - (B_i - B_f)(1-P)}{P} \tag{7.12}$$

여기서, B_i : 식종 희석수의 초기 DO 농도
B_f : 식종희석수의 5일 배양 후 DO농도

희석수(dilution water)는 주로 증류수를 사용하며, 증류수중의 용존산소가 포화될 때 까지 포기(aeration)를 시켜야 하고 과포화 상태를 방지하기 위하여 사용 전에 그대로 잠시 방치하여 과포화 된 산소를 대기 중으로 방출시켜야 한다. 또한 희석수는 증류수이므로 무기염류가 녹아있지 않으므로 미생물의 세포형성에 필요한 최소한의 영양염류를 넣어 주어야 한다. 시료 중에 활성화 미생물이 존재하지 않는

경우에 희석수에 식종(seeding)을 하는데, 식종물질은 일반적으로 하수를 침전시킨 후 부유물을 제거하고 상징수(上澄水)를 사용한다. 따라서 식종 자체가 오염물질을 제공하는 것이므로 식종에 의한 용존산소의 소비량을 전체의 소비량에서 감해주는 것이다[식(7.12) 참조]. 그림 7.7에 식종을 하지 않은 경우와 식종을 하는 경우의 시험방법을 제시하였다.

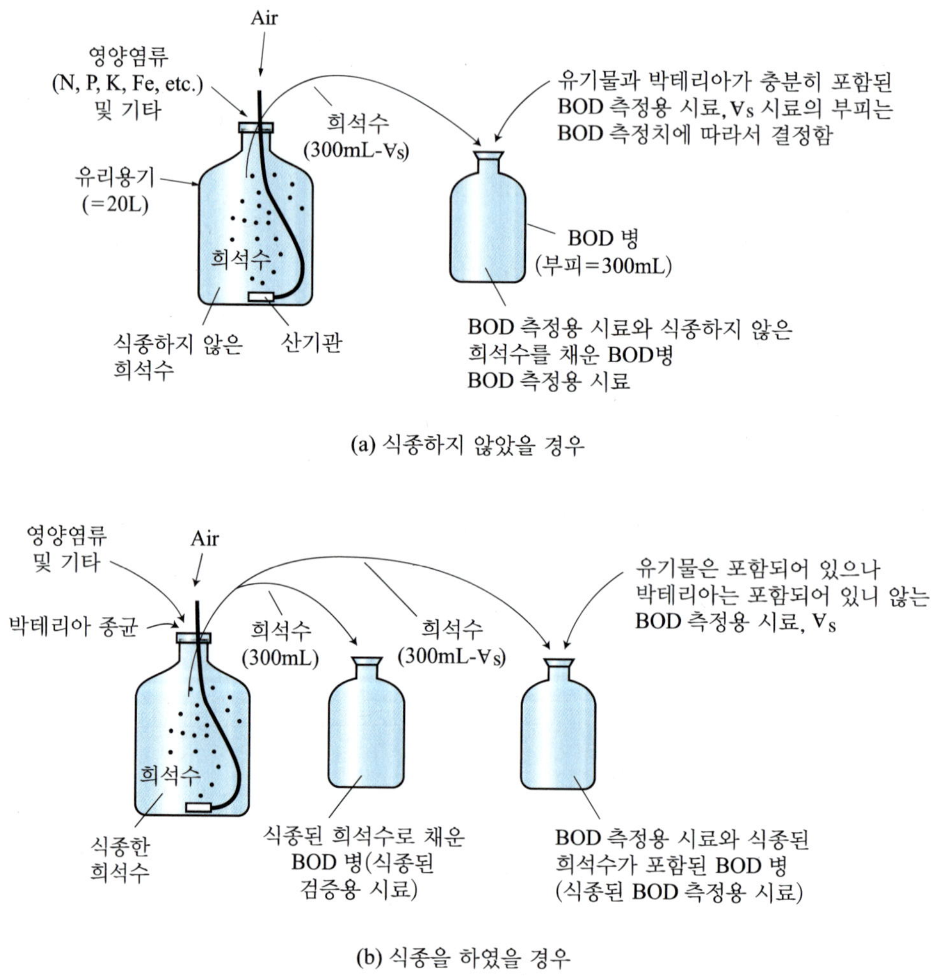

그림 7.7 BOD실험과정

1) BOD반응 동력학

수중의 미생물에 의한 유기물의 소비속도를 1차 반응으로 간주하면 BOD의 잔류량은 다음과 같은 식으로 표현할 수 있다(그림 7.8 참조).

$$\frac{dL_t}{dt} = -kL_t \tag{7.13}$$

여기서, L_t : t 시간이 경과한 후 잔류 BOD량, mg/L

k : 반응속도 상수, day^{-1}

식(7.13)을 시간과 BOD잔류량에 대하여 정리한 후 임의시간 t 까지 적분을 하면 다음과 같다.

$$\frac{dL_t}{L_t} = -kd_t \tag{7.14}$$

$$\ln L_t - \ln L_0 = -kt \tag{7.15}$$

$$\ln(L_t/L_0) = -kt \tag{7.16}$$

따라서 임의시간에 잔류하는 BOD량 L_t 는 다음과 같이 표현한다.

$$L_t = L_0 \cdot e^{-kt} \tag{7.17}$$

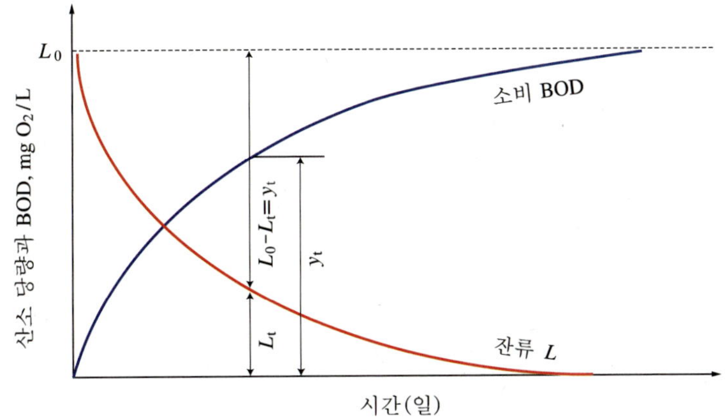

그림 7.8 BOD 반응동력학곡선

여기서, L_0 : 초기 BOD량

따라서 t 시간이 경과한 후 BOD소비량은 초기 BOD에서 t 시간이 경과한 후 잔류하는 BOD량을 감해주면 다음과 같은 식을 얻을 수 있다.

$$y_t\ (t\ \text{시간 경과 후 소비된 BOD}) = L_0 - L_t = L_0\,(1 - e^{-kt}) \tag{7.18}$$

2) BOD 반응속도 상수, k

반응속도 상수 k값에 따라 초기 BOD소비속도는 차이가 난다. 즉, k값이 크면 초기 반응량이 많아지고, k값이 작으면 초기 반응량은 적어진다. 그러나 최종적인 BOD소비량의 반응속도에 영향을 받지 않는다(그림 7.9). 대부분 반응속도는 온도의 영향을 받으므로 온도의 변화에 따라 보정해야 한다. 20°C를 기준으로 할 때 반응속도는 10°C 증가함에 따라 2배가 되고, 반대로 10°C 감소함에 따라 반으로 줄게 된다. 이 때 온도의 보정은 van't Hoff-Arrhenius에서 유도한 다음의 식을 이용한다.

$$k_T = k_{20}\,\theta^{(T-20)} \tag{7.19}$$

여기서, k_T : 임의 온도에서의 반응속도 상수

k_{20} : 20°C에서의 반응속도 상수

T : 임의 온도(°C)

θ : 상수(20～30°C : 1.056, 4～20°C : 1.135, 평균 1.047)

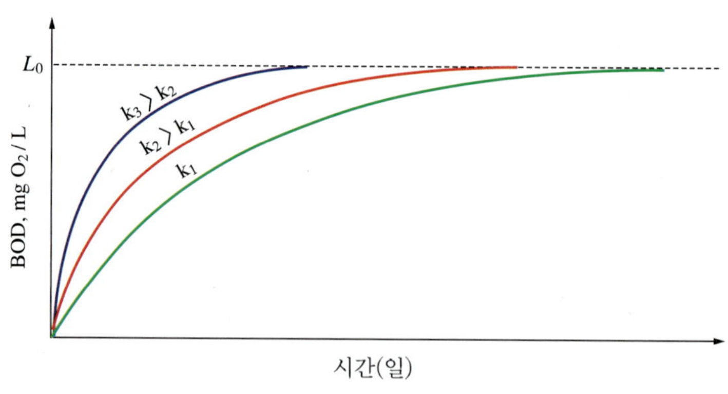

그림 7.9 반응속도 상수가 BOD에 미치는 영향

3) BOD실험에서의 질산화

BOD실험에서 질산화는 실제 BOD값에 영향을 미친다. 실제의 이론적인 BOD값에 비하여 큰 결과 값을 나타내게 된다(그림 7.10).

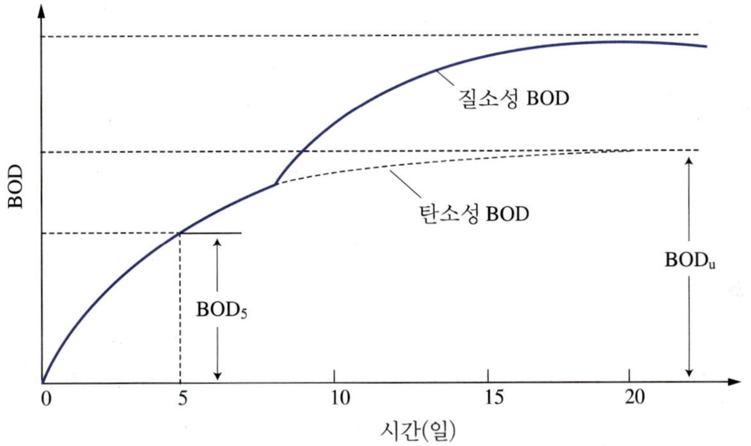

그림 7.10 탄소성과 질소성 생화학적 산소요구량

분석시료에 따라 차이는 있지만 BOD실험에서 질산화는 5~8일이 경과한 후부터 일어난다. 이는 유기물을 분해시키는 미생물과 질산화 미생물의 경쟁관계 때문이다. 질산화 미생물은 독립영양미생물로 일단 유기물이 제한되어야만 활동을 하게 된다. 따라서 BOD실험에서 유기물이 거의 소비된 후에 질산화가 발생하게 된다. 그러나 생물학적 폐수처리장치의 유출수는 처리과정에서 대부분의 유기물이 제거되므로 초기부터 질산화가 발생할 수도 있다. 따라서 정확한 BOD값을 얻기 위해서는 질산화의 억제가 필요하다. 질산화의 모든 과정은 호기성 상태에서 질산화미생물에 의하여 발생하므로 수중의 용존산소를 소비하게 된다. 질산화의 과정을 화학식으로 나타내면 다음과 같다(그림 7.11 참조).

$$2NH_3 + 3O \xrightarrow{Nitrosomonas} 2NO_2^- + 2H^+ + 2H_2O$$

$$2NO_2^- + O_2 \xrightarrow{Nitrobactor} 2NO_3^- \qquad (7.20)$$

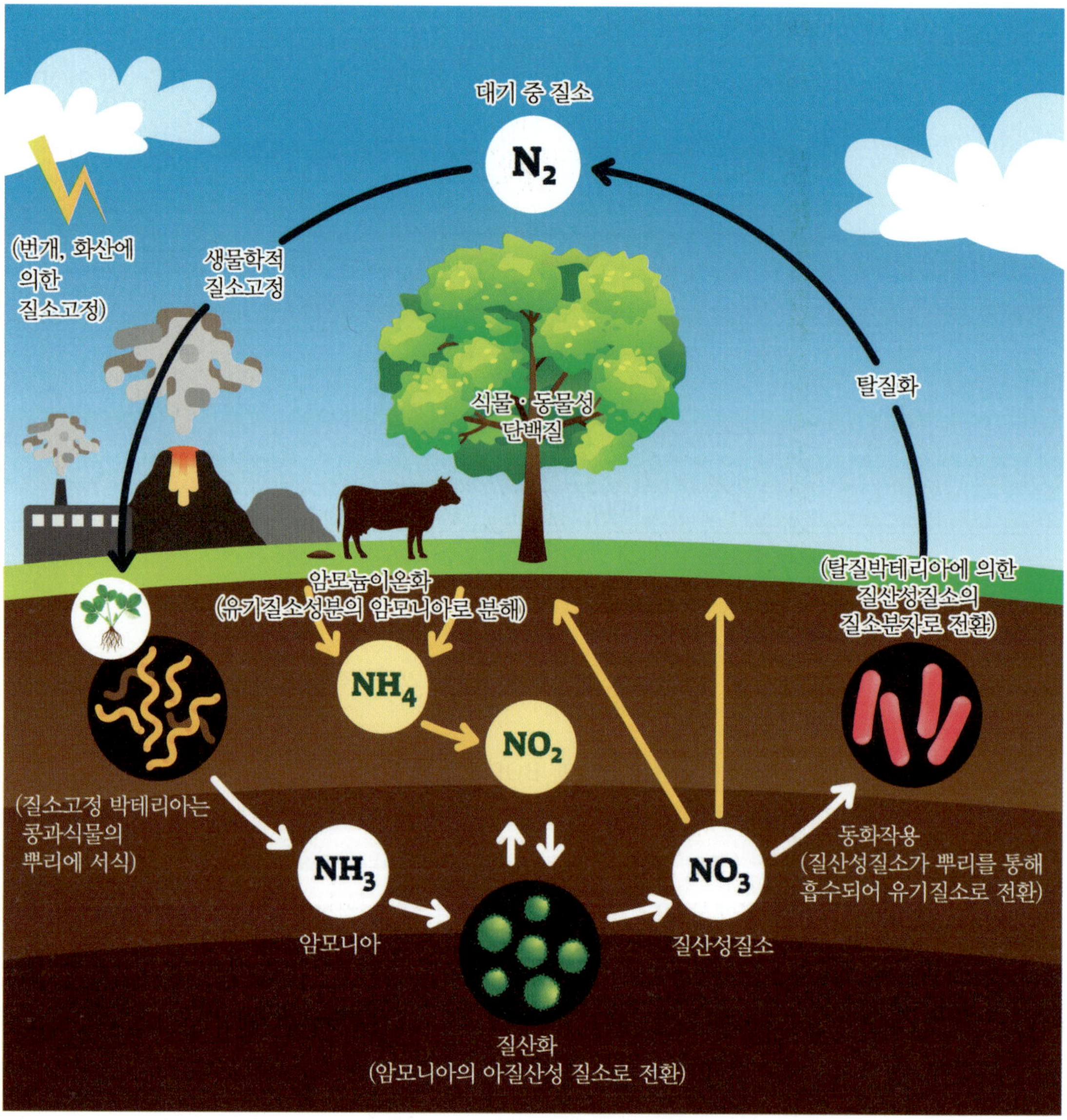

그림 7.11 질소의 생화학적 순환

7.4.8 화학적 산소요구량(COD, chemical oxygen demand)

COD는 자연수와 폐수 중의 유기물의 함유량을 측정하는데 사용한다. COD는 강한 산화제를 이용하여 시료 내에 산화가 가능한 유기물을 화학적으로 산화시킨 후에 이때 소모된 산소요구량을 의미한다. 주로 사용하는 산화제는 중크롬산칼륨 ($K_2Cr_2O_7$)이며, 주반응은 다음과 같다.

$$\text{유기물}(C_a H_b O_c) + Cr_2O_7^{2-} + H^+ \xrightarrow[\text{촉매}]{\text{열}} Cr^{3+} + CO_2 + H_2O \quad (7.21)$$

COD는 BOD에 비하여 실험시간이 적게 걸리고, 생물학적으로 분해가 어려운 유기물도 모두 산화시키므로 유기물 함량을 측정할 때 많이 쓰인다. 따라서 일반 자연수와 도시하수에서 동일 시료일 경우, 생분해성 유기물만 분해되는 BOD에 비하여 항시 큰 결과 값을 갖는다. 기타 물속의 유기물 측정방법으로 TOC와 이론적 산소요구량(ThOD, theoretical oxygen demand)이 있다.

7.5 대표적인 수질오염문제

7.5.1 호수와 저수지의 수질오염

1) 부영양화(eutrophication)

부영양화 현상은 대개의 모든 호수에서 일어날 수 있는데, 이 현상은 유기물과 침적토가 호수에 점차적으로 축적됨에 따라 발생한다. 청년기의 호수는 영양상태가 좋지 않으므로 식물 생산성도 적다. 그러한 빈영양화(oligotrophic) 상태의 호수는 차차 그들의 유역으로부터 많은 영양소를 얻게 되고 식물의 수도 늘어난다. 시간이 경과하면 생물학적 생산성이 증가하여 호수는 식물플랑크톤으로 흐려지고 유기물질이 부패하면서 산소를 고갈시키는데, 이 상태를 부영양화라 한다. 유기물질과 침적토들이 호수에 축적됨에 따라 호수의 수심은 점차 얕아지고 따뜻해진다. 따라서 많은 식물들이 호수의 얕은 바닥에 뿌리를 내리게 되면 호수는 늪지나 수렁으로 변하게 된다.

이러한 부영양화는 자연계 내에서 수 천년동안 진행되는 과정이지만, 인간에 의하여 그 속도가 크게 가속되는데 이러한 경우를 인위적인 부영양화라고 한다. 폐수, 산업폐수, 농지에서의 비료의 유출은 호수에 영양분을 공급하고 조류성장을 촉진하여 호수의 수질을 저하시킨다. 조류는 성장하다 죽으면 이들이 분해되면서 나쁜 냄새를 일으키고 호수의 산소를 결핍시킨다. 산소결핍은 물고기가 살 수 없게 되므로 물고기는 다른 곳으로 이동한다. 만약 혐기성 상태가 만들어진다면 H_2S가 생성되고, 호수의 바닥에 침전되어 있던 철, 망간 등의 금속이 용해되어 용출된다.

호수와 저수지 등의 지표수는 부영양화뿐만 아니라 다른 오염문제도 일어나기 쉽다. 하천은 오염물을 멀리 이동시켜 버릴 수 있지만, 호수에서는 분산되는 것이 느리므로 눈에 띌만한 도시나 산업시설의 점오염원의 영향을 적게 받을 수도 있다. 그러나 호수는 도시나 독성물질이 있는 농지에서의 유출과 같은 비점오염원에는 노출되기 쉽다. 또한 산성비에도 영향을 받기 쉽다.

2) 부영양화에 영향을 주는 인자

광합성에 영향을 주는 일사량과 성장을 위해 필요한 영양소 등 조류의 성장률에 영향을 주는 인자는 많이 있다.

빛의 양이 호수의 투과성에 많은 영향을 받으며, 호수의 투과성은 호수 중의 부영양화의 함수이다. Tahoe호 같은 빈영양화의 호수는 100 m 이상인 곳에서도 광합성이 일어날 수 있는 충분한 태양광을 얻을 수 있는 반면에 부영양화의 호수에서는 호수의 표층에서만 광합성이 일어날 수 있다. 호수 표층부분은 식물의 호흡에 의한 산소 소비보다 광합성에 의한 생산이 많은데 이것을 영양지역(euphotic zone)이라 한다. 그 아래 지역을 바닥지역(profundal zone)이라 한다. 이 두 지역이 변하는 곳은 빛 보상깊이(light compensation level)로 알 수 있는데, 빛 보상깊이란 대략 빛의 광도가 완전한 태양광의 1%에 해당하는 길이이다.

태양광이 조류 성장의 제한인자이지만 이것이 부영양화를 조절하는 것으로 생각하기는 어렵다. 먼저 인간의 활동에 따른 인위적인 부영양화가 많으므로 호수에의 영양소 공급을 제한해서 부영양화를 막는 것이 더 설득력 있을 것이다. 우리가 제한해야 할 영양소의 종류는 매우 많은데 탄소, 질소, 인, 황, 칼슘, 마그네슘, 칼륨, 나트륨, 철, 망간, 아연, 구리, 붕소 등이 있다. 다행히도 이 모든 영양소를 제한해야 하는 것이 아니라 인과 질소를 제한하는 것에 의해 이 문제를 해결할 수 있다.

1840년 Liebig는 "식물의 성장은 가장 부족한 영양소에 의존한다"라는 최소량의 법칙을 만들었다. 따라서 조류의 성장도 이 법칙에 따르며 부족한 영양소에 의해 제한받는다. 따라서 호수의 부영양화를 막는 방법은 이 영양분을 제한하거나 농도를 줄이는 것이다.

Liebig 법칙에 따르면 다량물질은 농도가 감소하기 전에는 다량으로 있어서 줄어들어도 조절에 영향을 끼치지 않는다. 예를 들면, 질소가 제한 영양소인데 인의 양을 줄이는 것은 의미가 없다. 또 호수의 부영양화에서 조류의 우점종은 대개 남조류이며 이들은 대기 중의 질소를 고정시킬 수 있다. 따라서 부영양화 방지의 유일한 방법은 인을 제거하는 것이다. 조류의 성장에 필요한 질소와 인의 양을 알기 위해 조류의 광합성 식을 살펴보면 다음과 같다.

$$10_6CO_2 + 16NO_3^- + HPO_4^{2-} + 122H_2O + 18H^+ \\ \rightarrow C_{106}H_{263}O_{110}N_{16}P + 138O_2 \qquad (7.22)$$

이 단순한 정량화를 통해 조류에서 질소와 인의 무게비는

$$\frac{N}{P} = \frac{16 \times 14}{1 \times 31} = 7.2$$

우선 조류에서 질소의 양은 인보다 7배 정도가 많다. 이 반응식과 실제와의 차이를 고려하더라도 N/P가 20 이상이면 인이 제한 영양소가 되고 N/P비가 5 이하이면 질소가 제한영양소가 된다.

3) 열 성층화

영양물질들은 조류의 성장을 자극하고, 그런 조류의 계속되는 사멸과 분해는 산소의 고갈을 야기할 수 있다. 이러한 산소 고갈의 문제는 앞으로 다룰 호수의 물리적 특성에 의해 악화된다.

그림 7.12는 물의 상대밀도를 온도의 함수로서 나타낸 것이다. 물의 특이한 성질 중의 하나는 밀도가 온도 증가에 따라 일정하게 감소하지 않는다는 점이다. 그림에서 보듯이 물은 섭씨 4°C에서 가장 큰 밀도를 나타낸다. 물이 다른 액체와 같다면 얼음은 가라앉아 밑에서부터 얼어 올라갈 것이다. 다행히도 물은 그렇지 않다. 약 4°C에서부터 물의 밀도는 온도 증가에 따라 감소한다. 결과적으로, 여름에 태양열에 의해 더워진 호수는 밀도가 높고 차가운 물 위에 따뜻한 물이 떠 있는 하나의 층을 형성하려 한다. 반대로 겨울에 호수의 표층이 4°C보다 낮아지면 차가워진 층이 그보다 밀도가 높은 물의 위에 떠 있게 된다. 이러한 표층과 바닥 근처의 물의

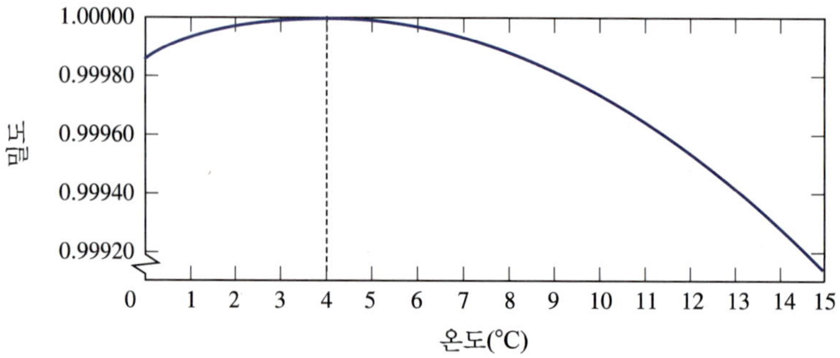

그림 7.12 온도에 따른 물의 밀도 변화

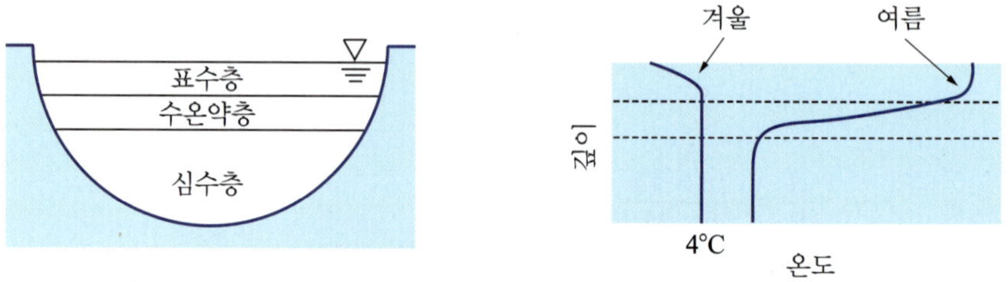

그림 7.13 호수의 성층현상과 깊이별 계절별 온도변화

밀도차는 호수의 수직적 혼합을 방해한다. 이것은 열성층이라고 하는 매우 안정된 성층 효과를 야기한다.

그림 7.13은 여름철 온대지방의 깊은 호수에서 전형적으로 일어나는 성층을 보여준다. 표수층(epilimnion)이라는 수표면에서는 따뜻한 물이 바람과 파도의 작용으로 완전히 혼합된다. 그 표수층 두께는 호수마다 그리고 매월마다 변한다. 작은 호수에서는 약 1 m 정도인 반면 큰 호수에서는 20 m 또는 그 이상에 달한다. 표수층 밑에는 수온약층(thermocline) 또는 변온층(metalimnion)이라고 하는 전이층이 있는데, 이곳은 온도가 급격히 떨어지는 곳이다. 대부분의 수영자가 호수에 들어갈 때 온도가 떨어진 것을 경험했다. 이 밑은 심수층(hypolimnion)이라고 하는 차가운 물이 있는 지역이다.

여름의 성층은 호수를 크게 표수층과 심수층의 둘로 나눈다. 두 층의 분리는 매우 안정하고 여름이 깊어질수록 그 안정도는 더욱 증가한다. 한번 여름 성층이 시작되면, 층사이의 혼합이 부족하여 태양에너지를 흡수하고 있는 표수층은 더욱 빨리 더워지고, 더욱 큰 밀도차가 일어나게 된다. 이러한 호수에서는 태양열 흡수의 대부분이 표수층에서 일어나므로 부영양화를 촉진시킨다.

계절이 바뀌어 겨울이 다가오면, 표수층의 온도는 떨어지고 현격한 여름 성층은 사라지게 된다. 때때로 가을에는 온도가 깊이 방향에 따라 일정하게 되고, 완전한 혼합이 일어난다. 이것을 가을 역전이라고 한다. 겨울에 표수층의 온도가 4°C 이하가 되면 겨울 성층이 나타나게 되고, 봄이 되면 표수층이 온도 상승으로 다시 완전 혼합이 일어나 봄 역전이 나타난다.

4) 성층화와 용존산소

가장 중요한 수질 매개변수 중의 하나인 용존산소는 부영양화와 열 성층에 의해 크게 영향을 받는다. 예를 들어, 두 개의 다른 호수 즉, 빈영양호와 부영양호를 생각해 보자. 둘 다 재폭기와 광합성에 의해 표수층에서의 용존산소는 풍부하다고 볼 수 있다. 반면에 심수층은 성층에 의해 산소가 풍부한 표수층과 차단되어 있다. 심수층에서의 유일한 산소원은 광합성에 의한 것인데, 이것은 물이 맑아 수온약층까지 태양광이 도달한 경우이다. 따라서 빈영양호수일 경우에만 가능하게 된다.

부영양호수에는 영양물질과 유기물이 풍부하다. 이러한 유기물들이 심수층으로 떨어져 심수층에서의 산소요구량을 증가시킨다. 따라서 본래부터 산소가 부족할 뿐만 아니라, 특히 부영양호수인 경우 분해로 인해 더욱 많은 산소가 요구된다. 한번 여름 성층이 되면, 심수층의 DO는 떨어지기 시작하여 물고기들은 온도는 높으나 산소가 많은 위쪽으로 올라오게 된다. 호수의 부영양화로 인하여, 생존을 위해 차가운 물이 요구되는 물고기가 첫 번째 희생물이 된다. 극단적인 경우, 부영양호수의 심수층은 그림 7.14에 보이듯이 여름 동안에 혐기상태가 될 수 있다.

몇 주간 지속되는 가을과 봄의 역전 기간 동안 호수는 완전히 혼합된다. 바닥으로부터 나오는 영양물질들은 호수 전체에 퍼지게 되고, 표수층의 산소는 산소가 부족한 심수층과 혼합된다. 호수는 결과적으로 깊은 곳까지 산소를 가질 수 있다.

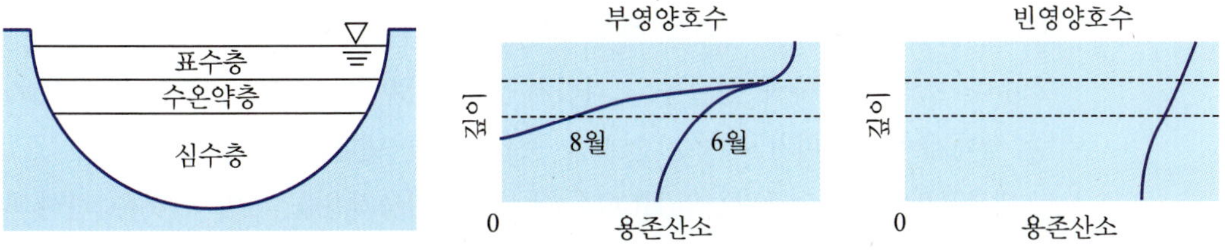

그림 7.14 성층현상 및 부영양화와 빈영양화 호수의 깊이별 DO변화

5) 호수의 산성화

대기 중의 이산화탄소와 평형을 이루고 있는 순수한 물은 pH가 약 5.6인 탄산(H_2CO_3)용액을 형성한다. 산성비는 일반적으로 pH가 5.6보다 낮은 강우로 정의된다. 미국 북동부에서 pH 4.0에서 5.0 사이의 강우가 내리는 것과 남부 캘리포니아에서 pH 3.0 이하의 산성 안개가 끼는 것은 이상한 일이 아니며 이러한 pH값이 화석연료의 연소과정에서 발생되는 황산화물과 질소산화물의 배출과 연관된다. 어떤 황산화물은 실제로 강우가 아닌 대기 중에서 침전할 수 있는 입자이기 때문에 일반적인 표현인 산성비는 산성강하(deposition)라고 하는 것이 더 옳을 것이다.

산성강하 물질이 육상 생태계, 수중 생태계에 미치는 영향은 아직 부분적으로만 알려져 있으나, 어떤 성질은 명백하게 나타나고 있다. 산은 건축자재, 특히 석회석, 대리석(석회석의 한 형태)그리고 양철과 같은 널리 사용되는 금속, 도료 등에 피해를 준다. 사실 빌딩 표면이나 기념비가 빠른 속도로 풍화와 부식을 하는 것은 산성비가 나타내는 악영향 중의 하나이다. 육상 생태계, 특히 숲은 산성강하로 인해 미국 동부, 캐나다, 북부유럽 등지에서 성장의 감소와 자연 사멸의 증가로 심각한 피해를 받았다. 그러나 우리가 산성비 문제의 초점을 맞추는 것은 수중 생태계의 산성화에 대한 영향이기 때문이다.

6) 중탄산염의 완충작용

수중 유기체들은 pH에 대해 매우 민감하다. 대부분이 pH가 5.5 이하로 떨어지면 심한 스트레스를 받고, 5.0 이하로 떨어지면 거의 살아남지 못한다. 더욱 pH가 떨어지면 보통 불용성으로 무해한 알루미늄, 납, 수은과 같은 독성 금속물질이 수중으로 녹아 들어가 물고기와 다른 유기체에 치명적인 영향을 주게 된다.

그러나 수중에 산을 첨가하더라도 완충작용의 여부에 따라 pH에 대한 영향이 변한다는 사실은 중요하다. 완충제란 첨가된 수소이온을 중화시키는 물질이다. 수중 생태계의 완충은 호수 자체의 화학적 성질이 갖는 기능일 뿐만 아니라 물이 토양에 호수나 토양의 화학적 성질을 고려하지 않은 강우 자체만의 pH에 대한 정보는 수중 생태계에 산성비가 미치는 영향을 충분히 나타낸다고 볼 수 없다.

대부분의 호수는 중탄산염(HCO_3^-)에 의해 완충작용을 하며 이것은 탄산과 다음과 같은 관계가 있다.

$$H_2CO_3 \rightleftarrows H^+ + HCO_3^- \tag{7.23}$$

어떤 중탄산염은 식(7.23)과 같이 탄산의 해리로부터 나오고 일부는 토양으로부터 나온다. 수소이온이 첨가될 때, 중탄산염을 함유한 호수에 어떤 일이 일어날지 생각해보자. 식(7.23)의 반응처럼 첨가된 수소이온의 일부는 중탄산염과 반응하여 중성의 탄산이 될 것이다. 이러한 반응이 일어날 때까지 수소이온의 첨가는 수소이온 농도의 증가로 나타나지 않는다. 따라서 pH는 수소이온 농도의 척도이므로 중탄산염을 포함한 용액에 산을 가하더라도 중탄산염이 완충역할을 하므로 pH에 거의 영향을 주지 않는다.

중탄산과 수소이온과의 반응은 용액으로부터 중탄산을 제거한다. 중탄산염을 대체해 줄 것이 없다면 산의 첨가에 따라 완충작용이 없어질 때까지 그 농도는 감소한다. 그림 7.15에서와 같이 완충작용이 없어지는 점에서 산의 첨가는 급격한 pH의 감소를 나타낸다. pH 6.3부근에서 중탄산염의 효과적인 완충작용은 급격히 고갈되고, 그림에서 보듯이 pH가 5.0에서 6.0 사이의 값을 갖는 호수는 산의 작은 변화에 매우 민감하다. pH 5.0 이하에서는 완충작용이 없고 만성적인 산성을 나타낸다. 그림 7.15의 함축된 의미는 강조할 만하다. 산성강우는 자연적인 완충작용이 고갈될 때까지 호수의 pH값에 별로 영향을 주지 않는다. 그러나 이 이하로 계속 산성 강우에 노출되면 pH의 급격한 하락으로 생태계에 재난을 가져다 줄 수도 있다.

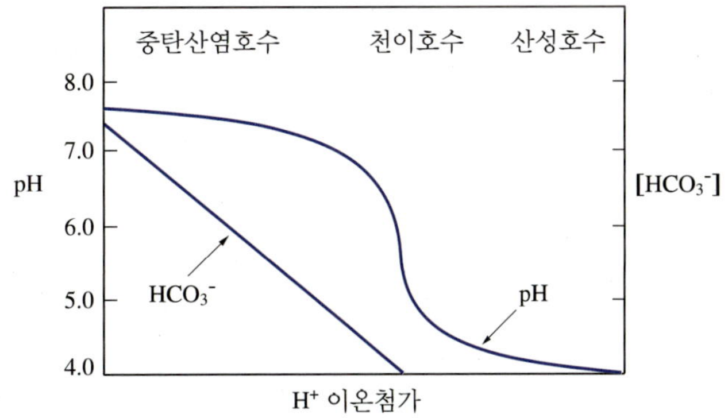

그림 7.15 호수의 산성화와 중탄산염의 완충작용

7.5.2 지하수의 수질오염

지하수는 미국의 음용수원의 약 1/3을 차지하며 미국의 서부지역에서는 전체 공공용수의거의 절반을 공급한다. 시골지역에서는 거의 대부분의 물을 지하수로부터 공급받으며, 100대 도시의 1/3 이상이 최소한도의 물 공급을 지하수에 의존한다. 역사적으로 지하수는 음용으로 안전하다고 생각되어 많은 물 공급업자들은 이것을 처리하지 않고 수요자들에게 공급해왔다. 그러나 우리는 지하수의 일부가 관리조차 되지 않는 유해폐기물 지역에서는 물론, 많은 합법적으로 만들어져서 운영되는 매립지, 복개지역, 부패 시스템으로부터 나오는 유해 폐기물로 오염되어 가고 있다. 지하수가 한 번 오염되면, 불가능하지는 않지만 회복하기가 매우 어렵다. 이미 전국에 걸쳐 많은 음용수로 사용하는 우물을 폐쇄할 필요가 생기게 되었다.

1) 대수층(aquifer)

지하수 또는 지표하부의 물은 두 지역에서 생기는데, 이것은 물이 흙과 바위의 공극이나 틈을 모두 채우느냐에 따라 구분된다. 지표 바로 밑에 있는 불포화된 지역은 공기와 물을 담고 있는 틈에 의해 규정된다. 순환수라 불리는 불포화된 지역에 있는 물은 이용할 수가 없다. 식물은 그것을 사용할 수 있어도 인위적으로 양수할 수는 없다. 포화된 지역에 있는 물을 지하수라 하고, 포화된 지역의 경계부분을 지하수면이라 한다. 이 두 지역 사이에는 모세관대라고 하는 전이지역이 있고, 물과 바위간의 친화에 의해 물은 좁은 틈으로 나온다.

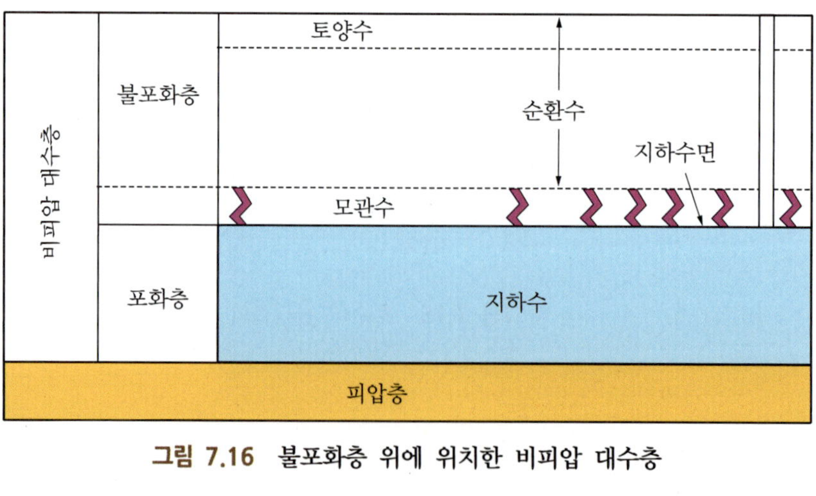

그림 7.16 불포화층 위에 위치한 비피압 대수층

그림 7.16은 불투수층 위에 위치한 비피압 대수층(unconfined aquifer)을 나타낸다. 대수층은 물이 쉽게 흐를 수 있는 투수성을 갖는 포화된 지질층이다. 반면에 불투수층이라고 불리는 곳은 비교적 불투수층으로 지하수의 흐름을 크게 제한한다. 이 두 가지는 명확히 정의된 것이 아니라 상대적인 의미로 쓰인다. 비피압 대수층의 포화된 구역을 파서 만든 우물은 대기압 하에서 수면 높이의 물을 갖게 될 것이다. 지하수면 위에 있는 불포화 지역의 중간에 국지적인 불투수층이 있을 수 있다.

지하수는 피압 대수층(confined aquifer)에도 존재하는데, 이것은 두 개의 불투수층 사이에 갇힌 대수층이다. 이곳에 있는 물은 압력을 받고 있어서 이곳에 우물을 파면 대수층의 위로 물이 솟아나오며 이러한 경우 자분정(artesian well)이라고 한다. 이 때 솟아나오는 물의 높이를 나타내는 선을 수압면(piezometric surface)이라고 정의한다. 어떤 경우에는 물을 지표면 위로 솟구치게 할 만큼의 압력이 존재하여 펌프에 의하지 않고도 양수가 가능할 때가 있는데, 이 경우를 분정(flowing artesian well)이라 한다. 그림 7.17에 이들의 구분을 보이고 있다.

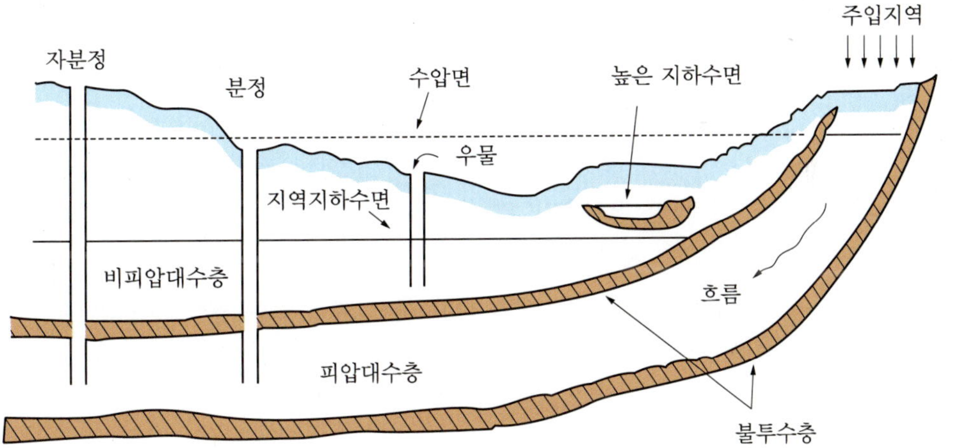

그림 7.17 피압 대수층과 자분정

포화 대수층에 저장될 수 있는 물의 양은 대수층을 이루고 있는 흙이나 바위의 공극률에 좌우된다. 공극률(η)은 총 부피에 대한 공극 부피의 비로 정의된다.

$$\text{공극률}(\eta) = \frac{\text{공극부피}}{\text{총부피}} \tag{7.24}$$

공극률은 지층의 수분함유능력을 나타내지만 공극률은 해당 지질층으로부터 제거될 수 있는 물의 총량 지표로서는 양호한 구실을 하지 못한다. 소량의 수분이 암반의 표면이나 틈 또는 개기공에 막의 형태로 존재한다. 단위 면적당 수면에서의 단위기울기당 비피압 대수층으로부터 배수할 수 있는 물의 부피를 비채수량(specific yield) 또는 유효공극률(effective porosity)이라고 부른다.

양수되는 동안의 대수층으로부터 제거되는 물의 부피중의 일부분은 압력의 감소로 인한 물의 팽창에 기인하고 또 물이 제거됨에 따라 대수층내의 압력 감소에 기인한다. 비피압 대수층의 경우 위에서 언급한 효과는 미미하므로 대수층으로부터 방출될 수 있는 물의 양은 실제로 비채수량과 같다. 그러나 피압 대수층의 경우에서 위의 효과는 다른 용어인 저장계수로 설명되고, 이는 수두에서 단위 기울기당, 대수층 면적당 배출할 수 있는 물의 척도로 사용된다.

2) 수리구배

비피압 대수층에서 수면의 기울기 또는 피압 대수층에서의 수압표면의 기울기를 수리구배라고 부른다. 이것은 경사 변화의 방향에 따라 측정된다. 이 구배는 지하수가 이 구배의 방향으로 구배에 비례하는 속도로 흐르기 때문에 매우 중요한 의미를 갖는다. 구배를 결정하기 위해 그림 7.18에 나타낸 수두라는 개념을 도입하면 유용한다. 가령 한 우물에서 위치 수두를 임의의 기준면(주로 해면)과 우물의 바닥과의 수직거리라고 정의한다. 압력 수두는 우물 바닥과 우물의 수면 사이의 거리이다. 이 두 거리의 합을 총수두라고 하고 물의 미터 혹은 물의 피트와 같은 길이의 단위를 갖는다. 가령 그림 7.18에서 지하수가 그림에 표시된 방향으로 흐른다고 가정하면 구배는 다음과 같이 나타난다.

$$\text{수리구배} = \frac{\text{수두변화}}{\text{수평거리}} = \frac{\Delta h}{L} \tag{7.25}$$

또는 미분학적 관점에서는

$$\text{수리구배} = \frac{dh}{dL} \tag{7.26}$$

그림 7.18에서는 2개의 우물의 수두를 아는 것으로 구배를 결정하는 것이 충분하지만 이 경우 지하수의 흐름 방향은 직접적으로 1개의 우물에서 다른 1개의 우물로

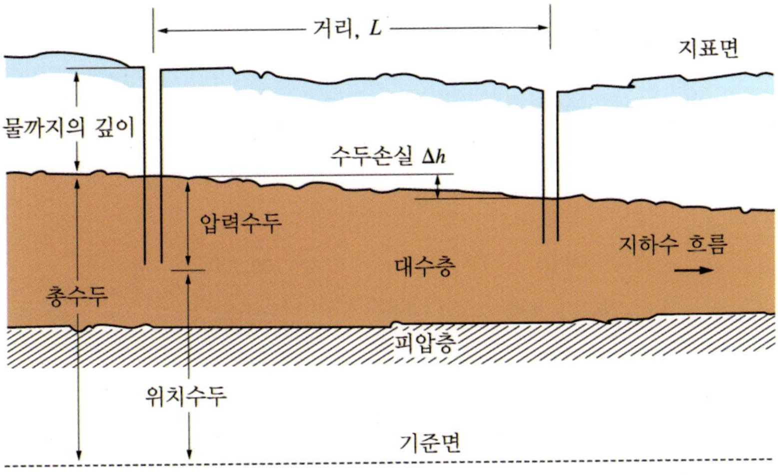

그림 7.18 비피압 대수층에서 수두

흐를 때에만 해당된다. 더욱 일반적인 경우에는 구배를 결정하는데 3개의 우물이 필요하고 이때 얻어지는 값은 우물들의 인접지역에서만 유효하다.

3) 지하수의 흐름(Darcy의 법칙)

지하수 흐름에 대한 기본적인 방정식은 프랑스의 수력학 기술자인 Darcy에 의해 1856년에 만들어졌다. 모래 여과층을 통과하는 물의 흐름에 대한 실험을 기본으로 하여 Darcy는 유량 Q는 단면적 A와 수리구배(dh/dL)의 곱에 비례한다는 결론을 내렸다.

$$Q = KA\frac{dh}{dL} \tag{7.27}$$

비례상수 K를 수리전도도 또는 투과성 계수라고 한다. 투과성 계수는 길이/시간의 단위를 갖는다. 미터의 단위에서는 m/day로 표기되며, 미국 단위에서는 예로부터 gal/day · ft^2으로 사용된다(이 단위는 meinzer 단위라고도 불린다). 투과성 계수의 평균값이 표 7.6에 나타나 있으나 이 값은 오차가 매우 크다. 이 값은 입자 배열방향과 모양 그리고 침적토와 점토의 상대적 함량의 차이 및 재료 종류에 따라 그 값이 크게 변화한다.

표 7.6 개략적인 수리학적 전도도값

물질	전도도	
	gpd/ft^2	m/day
점토	0.01	0.0004
모래	1,000	40
자갈	100,000	4000
자갈과 모래	10,000	400
사암	100	4
단단한 석회석과 혈암	1	0.04
석영, 화강암	0.01	0.0004

Darcy의 법칙은 유량과 수리구배 사이에 1차 함수관계로 가정했으나 모든 경우에 다 유효한 것은 아니다. 예로 양수된 우물의 바로 옆에 인접 지역에서 종종 일어나는 난류에 대해서는 적용되지 않는다. 또 극단적으로 콜로이드 점토와 같이 미립자의 물질을 통해 물이 흐를 때도 적용되지 않는다. 그리고 매개물에 물로 완전히 포화될 때까지 적용할 수 없다.

전체적으로 동일한 투과성계수를 갖는 대수층을 균질하다고 하고 위치에 따라 다른 투과성 계수를 갖는 대수층을 비균질하다고 한다. 대수층 내에서 투과성 계수는 위치에 따라 변화할 뿐만 아니라 흐름 방향에 따라서도 변화한다. 예를 들어, 일반적으로 수직방향보다는 수평방향이 더욱 큰 투과성 계수를 나타낸다. 모든 방향에 대하여 동일한 투과성 계수를 갖는 대수층을 불균등성(anisotropic)이라고 한다. 균질하고 균등성한 대수층을 가정하는 것이 수학적으로 편리하지만 그런 물질은 거의 존재하지 않는다.

4) 유속

지하수가 대수층을 통하여 흐를 때, 특히 오염된 플룸(plume)이 수원으로 사용되는 우물의 위쪽에 존재하는 경우, 지하수의 유속을 추정할 수 있다는 사실은 매우 중요하다. 유량(Q), 유속(v), 단면적(A)의 관계를 나타내면

$$Q = Av \tag{7.28}$$

Darcy 법칙과 결합하면 유속에 대한 해를 구할 수 있다.

$$v = \frac{Q}{A} = \frac{KA(dh/dL)}{A} = K\frac{dh}{dL} \tag{7.29}$$

식(7.29)에 주어진 유속을 Darcy 유속이라고 한다. 이는 물의 흐름이 전체 단면적 A에 흘러야 이루어지기 때문에, 흐름이 이루어지는 실질적인 면적은 이론 면적보다 훨씬 작아서 결과적으로 실제 지하수 유속은 Darcy 유속보다 큰 값을 나타낸다.

그림 7.19에 나타난 것처럼 대수층의 단면적이 공극과 고체로 이루어졌다고 하고 A를 총단면적으로 하고 A'를 물로 채워진 공극의 면적이라 가정하자.

$$Q = Av = Av' \tag{7.30}$$

v에 대해 풀고 대수층의 임의의 길이를 L이라고 하면

$$v' = A\frac{v}{A'} = AL\frac{v}{A'L} = \frac{\text{총부피} \times v}{\text{공극부피}} \tag{7.31}$$

그러나 식(7.24)에서 공극부피와 총부피의 비율을 공극률 η라고 정의했고 대수층을 통한 실질 평균선형유속은 Darcy유속을 공극률로 나눈 값이 된다.

$$v' = \frac{\text{Darcy 유속}}{\text{공극률}} = \frac{v}{\eta} \tag{7.32}$$

또는 식(7.32)를 적용하면

$$v = \frac{K(dh/dL)}{\eta} \tag{7.33}$$

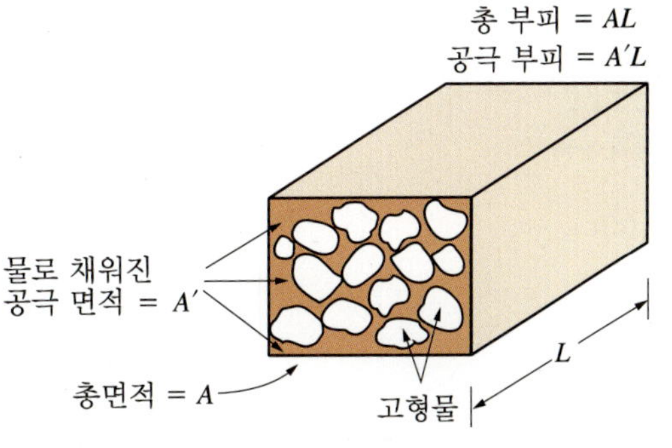

그림 7.19 대수층 전단면의 공극 단면적과 총 단면적

5) 확산과 지체

첫 번째 가정은 확산이 없는 상태로서, 오염은 소위 플러그 흐름형태로 정면을 향해 진행된다. 실제로 대수층을 통과하여 이동하는 오염은 위치 이동 시 다양한 경로를 갖는다. 오염은 하류에 위치한 어떤 지점부터 동시에 이루어지지 않는다. 이 효과는 동질의 입자상 재료로 채워진 컬럼에 정상상태 지역을 통한 실험으로 설명된다.

또한 그림 7.20(a)에 나타난 것과 같이 비반응성 추적자의 연속적인 흐름이 나타난다. 추적자가 확산이 없는 경우, 주어진 시간 t_1에서 컬럼의 길이와 농도의 관계를 살펴보면 $x_1 = v' t_1$인 거리에서 급격한 증가를 나타내야 한다. 여기서 v'는 평균선형유속이다. 대신 일부는 그림 7.20(b)에 나타난 것과 같이 먼저 스며 나온다. 그림 7.20(c)는 추적자가 컬럼을 통과할 때 각각 다른 시간($t_1 < t_2 < t_3$)에서의 확산 효과를 나타낸다.

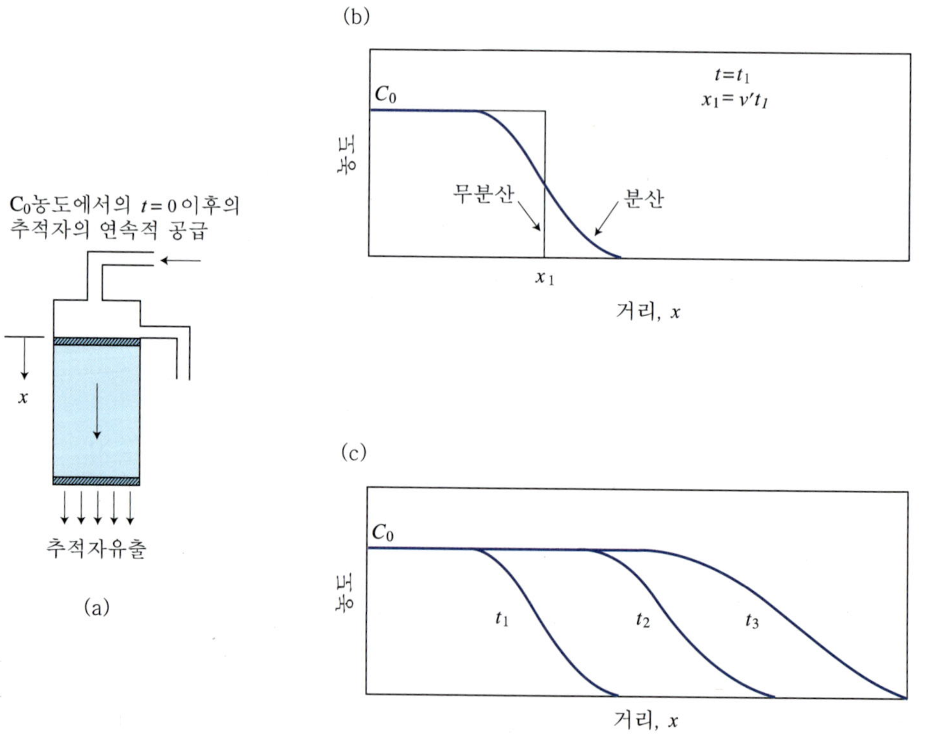

그림 7.20 컬럼을 통해 이동하는 추적자의 경선 살포

확산에는 그림 7.20의 컬럼실험에서 설명한 축방향의 확산과 주 흐름에 수직방향의 확산이 있다. 축방향의 확산은 수직방향의 확산보다 크며, 이로 인하여 타원형의 플룸이 생긴다. 지하의 오염물질은 흙 입자 위에 흡착되고, 이로 인해 지하수 자체의 유량에 비해 오염물질이 용매의 유량이 감소된다. 이런 속도의 감소를 지체인자라고 한다.

$$\text{지체인자} = R = \frac{v'}{v_s} \geq 1 \tag{7.34}$$

여기서, v_s : 지체 성분의 평균선형유속

v' : 지하수의 평균선형유속

지체 실험은 컬럼을 사용하여 수행하기는 쉬우나 실제의 대수층에서는 실험하기 힘들다.

참고문헌

1. Cecil Lue-Hing 외 2인, VOC emissions from wastewater treatment plants, 2003, CRC press
2. Standard Practice for Determination of Odor and Taste Thresholds By a Forced-Choice Ascending Concentration Series Method of Limits ASTM E679-04
3. Manual for safe use and disposal of wastewater greywater and excerta, 2015, World Health Organization
4. S. Jouanneau 외 9인, Methods for assessing biochemical oxygen demand (BOD) : A review, 2020, Water Research
5. Metcalf & Eddy, Wastewater Engineering: Treatment and Resource Recovery 5th Edition, 2014, McGraw-Hill.
6. Cindy H. Nakatsu 외 3인, Manual of environmental microbiology, 2020, Wiley
7. Herbert H. P. Fang, Tong Zhang, Anaerobic biotechnology, 2015, Imperial College Press.
8. R. Riffat, T. Husnain, Fundamentals of wastewater treatment and engineering 2nd edition, 2022, CRC press
9. Mark M. Benjamin, Water chemistry, 2014, Waveland Press
10. Lucerzia Songini 외 3인, Integrated reporting quality and BOD characteristics : an empirical analysis, 2022, Journal of Management and Governance vol. 26
11. Ronald L. Droste, Ronald Gehr, Theory and practice of water and wastewater treatment 2nd edition, 2019, Wiley

연습문제

1. 유엔에서 우리나라는 물 부족 국가로 분류되고 있다. 우리 주변의 물의 존재상황을 이 해하고 우리나라가 물 부족 국가로 분류되는 이유와 원인에 대하여 설명하라.

2. 우리나라에는 자연호수에 비하여 하천의 유로를 차단하여 건설된 댐에 의하여 생기는 인공호수가 많다. 따라서 자연호수에 비하여 유입되는 오염 부하량이 크기 때문에 쉽게 오염에 노출된다. 국내호수의 부영양화를 최소화하기 위하여 수행되어야 할 사항은 무엇인가 설명하라(방류수 수질기준 참조).

3. 자연 생태계에서 물의 순환과정을 그림으로 그려 보라.

4. 하천, 호수 또는 해양이 중금속에 의하여 오염되었을 때 오염의 심각성이 크다. 생분해성 유기물에 의한 오염에 비하여 중금속에 의한 오염이 피해가 큰 이유를 설명하라.

5. 수중에서 고형물의 농도가 높으면 탁도의 농도가 높은 것으로 인지된다. 그러나 항상 고형물의 농도가 높다고 해서 탁도가 높은 것은 아니다. 그 이유에 대하여 설명하라.

6. BOD측정에서 용존산소가 0인 하수 6 mL를 용존산소가 8.6mg/L가 들어 있는 희석수 294 mL와 섞었다. 20°C에서 5일동안 배양한 결과 이 혼합액의 용존산소농도는 5.4 mg/L가 되었다. 하수의 BOD5농도를 구하라.

7. 폐수의 2일과 4일의 배양결과 BOD값은 각각 125와 225 mg/L이다. 1차 반응이라는 가정하에 5일 배양한 BOD값을 구하라.

8. 호수, 조용히 흐르는 큰 강 및 와류를 일으키며 빨리 흐르는 급류하천이 있다고 할 때 동일 조건에서 용존산소의 양을 비교하고 이유에 대하여 설명하라.

9. BOD는 일반적으로 COD에 비하여 적은 값을 나타낸다.
   가. 그 이유를 설명하라,
   나. BOD의 농도가 COD에 비하여 큰 값을 가지는 폐수가 있다면 어떤 폐수인지 설명하라.

10. 호수의 성층 현상과 역전현상에 대하여 설명하고 두 현상이 생기는 원인에 대하여 설명하라.

제 8 장
수처리

8.1 서론

모든 물은 인간이 이용 목적에 맞게 사용한 후 자연수계로 배출된다. 자연수계로 배출된 물은 수체(water body)에 체류하다가 다시 이용목적에 적절하도록 처리된 후 여러 가지 용도로 사용한다. 이처럼 물의 이용과 배출에 관한 순환이 원활하게 이루어지기 위해서는 수자원과 폐수는 적절한 처리수준(level of treatment)에 따라 관리되어야 한다. 특히 인간이 마시는 물의 경우는 더욱 철저한 관리와 처리가 요구된다.

일반적으로 수처리는 처리하는 방법에 따라 크게 두 가지로 분류한다. 현재의 수처리 시스템은 단위 조작과 단위 공정의 두 가지의 처리방법이 적절하게 배분되어 구성되는데, 주로 물리적인 특성을 이용하여 처리하는 방법을 단위 조작(unit operation)이라 하고, 화학적 또는 생물학적 반응에 의하여 오염물질을 제거하는 방법을 단위 공정(unit process)이라 한다. 일반적으로 단위 조작에 해당하는 것이 수처리 과정 중 물리적 처리(physical treatment)이고, 단위 공정에는 화학적 처리(chemical treatment)와 생물학적 처리(biological treatment)가 포함된다. 또한 수처리는 처리목적에 따라 상수처리와 폐수처리로 구분되고, 처리대상 물질에 따라 1차 혹은 2차 및 고도처리로 나눌 수 있다. 1차 처리(primary treatment)는 주로 물리적 처리에 의하여 오염물질을 제거하는 것이고, 2차 처리(secondary treatment)는 화학약품 또는 미생물을 이용하여 유기물질의 제거에 목적을 둔 것이며, 고도처리(advanced treatment)인 3차 처리는 2차 처리까지 제거되지 않은 물속의 용존물질과 영양염류를 제거하는 것이다. 수처리시설은 목적에 따라 다소 차이는 있지만 대부분 단위조작과 공정이 다양하게 조합되어 있으므로 그 기본원리는 다르지 않기 때문에 이들의 기초에 대하여 알아두는 것이 필요하다.

8.2 물리적 처리

단위조작으로 구분되는 수처리 과정 중의 물리적 처리는 유량 측정스크린, 유량 조절, 교반, 침전, 부상, 분리, 여과 등이 있다.

8.2.1 유량측정(flow metering)

기존의 수처리 시설에 있어서 유량은 중요한 운전자료이다. 유량은 모든 처리 시설의 용적산정에 기초자료이다. 대부분의 수처리 시설에서 유량 측정은 유량계 센서를 이용하여 측정한다. 유량계가 설치되지 않은 소규모 처리 시설에서는 플룸(flume)이나 웨어(weir)같은 시설물을 이용하여 수두손실(headloss) 또는 수로의 단면적과 유속을 이용하여 아래의 식에 적용하여 유량을 측정한다.

$$Q\ (\text{유량, m}^3/\text{sec}) = A\ (\text{수로단면적, m}^2) \times v\ (\text{유속, m/sec})$$

8.2.2 스크린(screen)

스크린은 수처리 장치에서 제일 먼저 설치되는 장치이며, 주로 협잡물 등을 제거함으로서 후속 기계장치를 보호할 목적으로 설치한다. 스크린 장치는 평행한 철근, 막대기나 쇠줄 또는 와이어메쉬 등으로 만들어진다. 스크린에서 협잡물이 제거되는 원리는 스크린 간격보다 큰 물속의 협잡물이 스크린에 걸리면서 협잡물들이 제거된다. 스크린의 분류는 스크린을 구성하고 있는 봉의 간격에 따라 조목(coarse), 중목(medium) 및 세목(fine) 스크린으로 나눈다. 조목 스크린의 간격은 약 50 mm이고 중목 스크린은 25～50 mm이며 세목 스크린은 25 mm 이하이다. 배열을 물이 유입하는 부위로부터 조목, 중목, 세목의 순으로 된다. 스크린에 걸린 협잡물을 제거하는 방법에 따라 기계식과 수동식으로 분류하기도 한다.

8.2.3 유량조절(flow equalization)

유량조절은 수처리 장치의 충격부하를 최소화하고, 독성물질의 희석과 pH의 조절 및 공정의 신뢰성을 위하여 설치되는 장치이다. 하수처리에 있어서 유량조절장치는 그림 8.1과 같이 공정 내에 설치하는 방법과 공정 밖에 설치하는 방법이 있다. 공정 내에 유량조절장치를 설치하면 전체 유량이 조절조를 거치므로 수질과 유량의 균등화를 이룰 수 있다. 그러나 공정 밖에 유량조절조를 설치하면 미리 정해진 평균유량 이상의 유량만 조절조로 넘어가므로 평균 유량이하의 유량이 발생하면 펌프를 이용하여 조절조로부터 유량을 보충하게 된다. 이 때 펌프의 용량은 공정 내에 설치하는 것보다 작지만 수질의 균등화에는 문제가 따른다. 유량조절조의 용적 산정 방법에는 1일 누적유량을 이용한 자료를 도식화하여 얻을 수 있다. 더욱 자세한 자료는 수처리 공학에서 접하게 될 것이다.

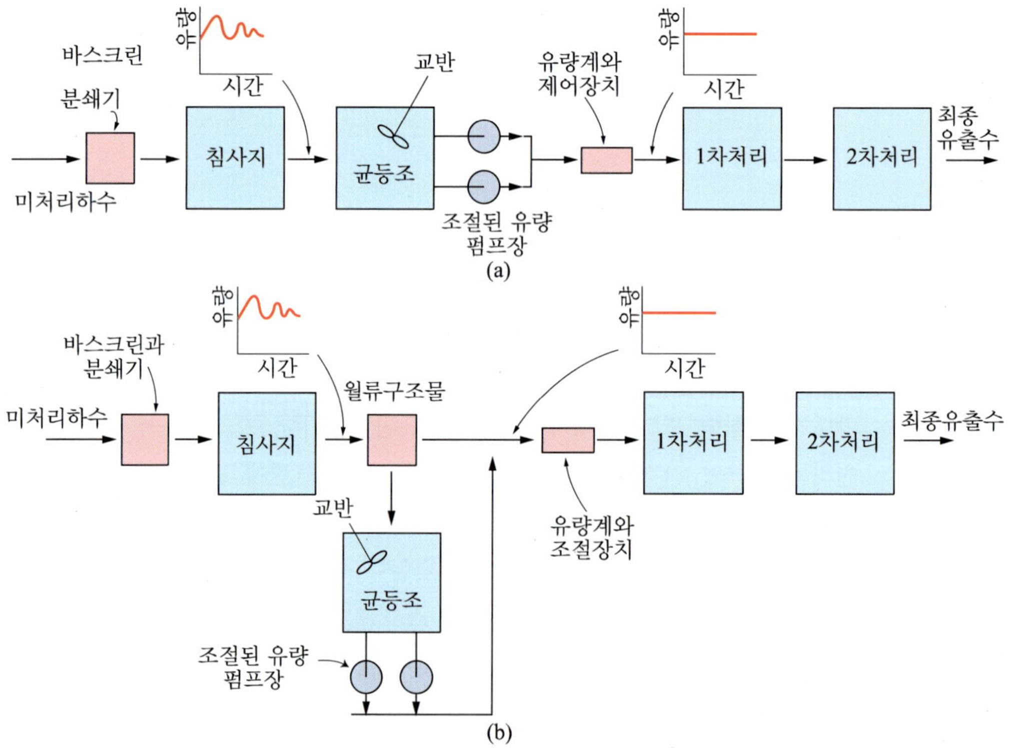

그림 8.1 유량조절조의 설치 위치

8.2.4 혼합(mixing)

혼합은 수처리 공정 여러 곳에서 사용되는 중요한 단위조작이다. 수처리 과정에서 혼합이 필요한 경우는 한 물질을 다른 물질과 완전하게 섞을 때, 액체와 부유물을 섞을 때, 혼화성 액체를 섞을 때, 응집시킬 때 그리고 열전달이 필요할 때 등이

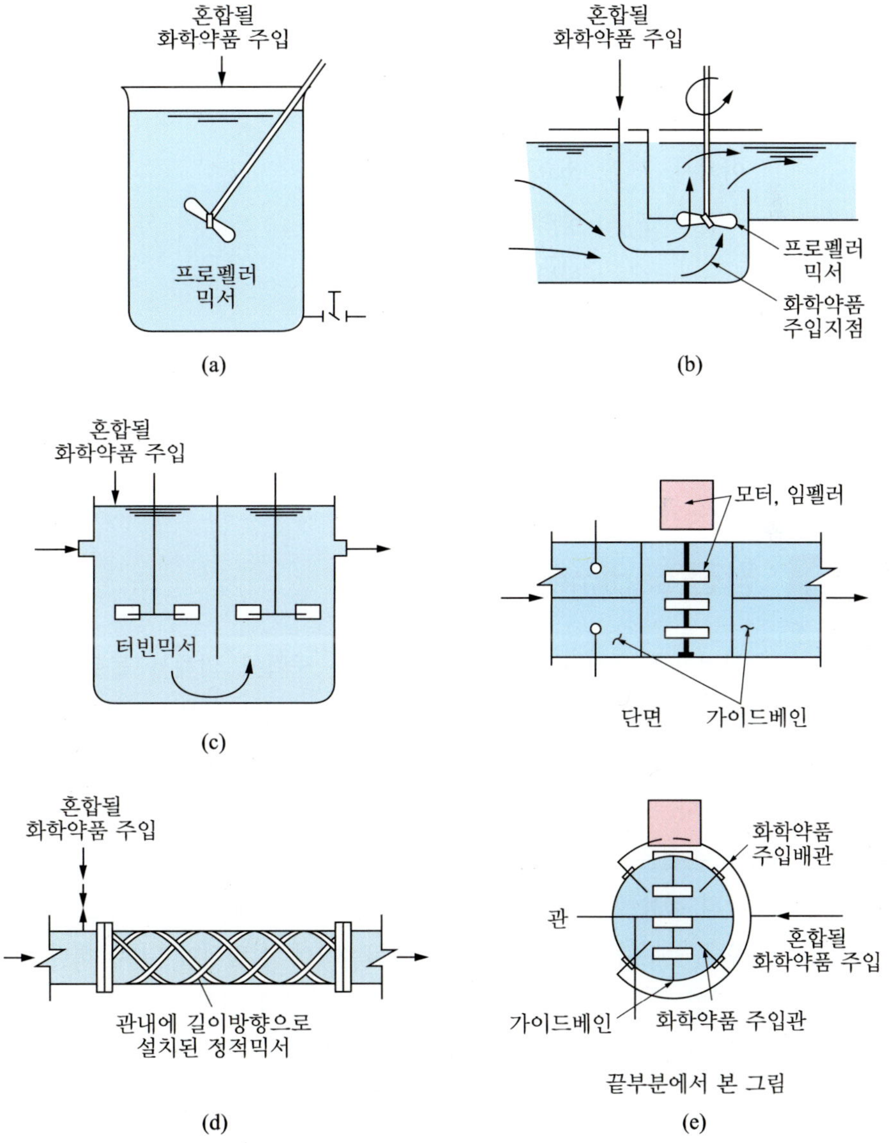

그림 8.2 수처리에 사용되는 일반적인 교반기

다. 혼합방법은 교반기(paddle)를 이용하거나 공기를 주입함으로써 섞어주는 방법이 있다. 특히 공기를 주입함으로써 혼합하는 것은 생물학적 처리장치인 활성슬러지(activated sludge) 공정에서 산소의 전달율을 높이고, 미생물의 활성도를 높이기 위해서 많이 쓰인다. 교반기를 이용한 혼합은 주로 화학적 처리에서 화학 약품과 오염물질의 반응속도를 증진시키는데 사용한다. 그림 8.2에는 일반적으로 수처리에 많이 쓰이는 교반기를 제시하였다.

교반기를 이용하여 혼합을 할 경우 소요 동력을 구하는 식은 다음과 같다.

$$P = F_D \cdot v_p = (C_D A \rho v_p^3) / 2 \tag{8.1}$$

여기서, P : 소요동력, W

F_D : 항력($C_D A v_p^2 / 2$), N

C_D : 항력계수

A : 교반기의 단면적, m^2

ρ : 유체의 단위중량, kg/m^3

v_p : 유체에 대한 교반기의 상대속도(일반 속도의 0.65~0.75배), m/sec

8.2.5 침전(sedimentation)

침전이란 물보다 무거운 부유입자를 중력에 의해서 물로부터 분리하는 것이다. 침전은 모래나 자갈제거, 최초 침전지에서 입자성 물질제거, 활성슬러지 공정인 2차 침전지에서 미생물 플록제거, 화학적 처리에서 화학적 플록제거를 목적으로 주로 사용된다. 또한 침전의 목적은 깨끗한 상징액을 분리해 내는 것이지만, 운반 및 처리에 손쉬운 슬러지를 만들기 위한 목적도 가지고 있다. 침전은 입자의 농도와 입자간의 작용에 따라 독립입자침전, 응집침전, 계면 또는 간섭침전과 압축침전의 4가지로 구분된다. 각 침전의 현상은 표 8.1에 설명되어 있다. 하나의 침전공정 중에서도 어떤 주어진 시간에 한 가지 이상 형태의 침전이 일어나는 것이 보통이며, 4가지 형태의 침전이 동시에 일어날 수도 있다.

표 8.1 침전현상의 종류

침전현상의 종류	설 명	적용처 / 발생처
독립입자침전 Type I	고형물의 농도가 낮은 부유액 중에서 입자의 침전을 말한다. 주로 침전 대상입자는 비중이 2.65 이상의 물질이다. 입자들은 다른 입자들의 영향을 받지 않고 독립적으로 침전하며 주위의 입자들 간의 작용은 없다.	수처리 장치에서 그릿(grit)과 모래를 제거한다. 주로 침사지에서 발생한다.
응집침전 Type II	침전 중에 입자들끼리 결합하고 응집하는 형태의 침전으로 비교적 부유입자의 농도가 적은 부유액에서 발생한다. 입자들끼리 결합에 의하여 입자들의 질량과 부피가 커지고 침전속도가 증대된다.	1차 침전지의 부유물제거에 주로 적용이 되고 일차침전지 또는 이차 침전지의 중상부에서 발생
간섭,계면침전 Type III	입자간 작용하는 힘에 의해서 주변입자들끼리 침전을 방해하는 중간 정도의 부유물 농도에서의 침전을 말한다. 입자들 간의 위치를 변경시키려 하지 않고 전체 입자들은 한 개의 단위로 침전한다. 침전하는 입자들의 상부에 고체인 부유물과 액상과의 경계면이 형성되어 이동한다.	생물학적 처리장치에 후속되는 2차 침전지에서 주로 발생한다.
압축침전 Type IV	침전하는 입자들의 농도가 너무 커서 입자들끼리 구조물을 형성하며, 침전물 자체의 하중에 의하여 중력방향으로 이동하는 침전이다. 압축침전은 상부 액체로부터 침전에 의하여 구조물에 연속적으로 가해지는 입자의 무게 때문에 일어난다.	2차 침전지의 하부와 슬러지 농축조에서 주로 발생한다.

수처리에 이용하는 침전지의 형태는 일반적으로 장방(rectangular)형과 원형(circular)침전지로 구분된다. 표 8.2에 일차 처리에 사용하는 장방형과 원형 침전지의 설계자료를 제시하였고 그림 8.3과 그림 8.4에는 장방형과 원형 침전지를 그림으로 제시하였다.

표 8.2 일차처리에 사용하는 장방형과 원형 침전지의 설계자료

구분	항목	설계값	
		범위	일반값
장방형	깊이, m	3.0～5.0	3.6
	길이, m	15～90	25～40
	폭, m	3～24	6～10
	스크레이퍼속도, m/min	0.6～1.4	1.0
원형	깊이, m	3.0～5.0	4.5
	지름, m	3.6～60.0	12～45
	바닥경사, mm/m	60～160	80
	스크레이퍼속도, r/min	0.02～0.05	0.03

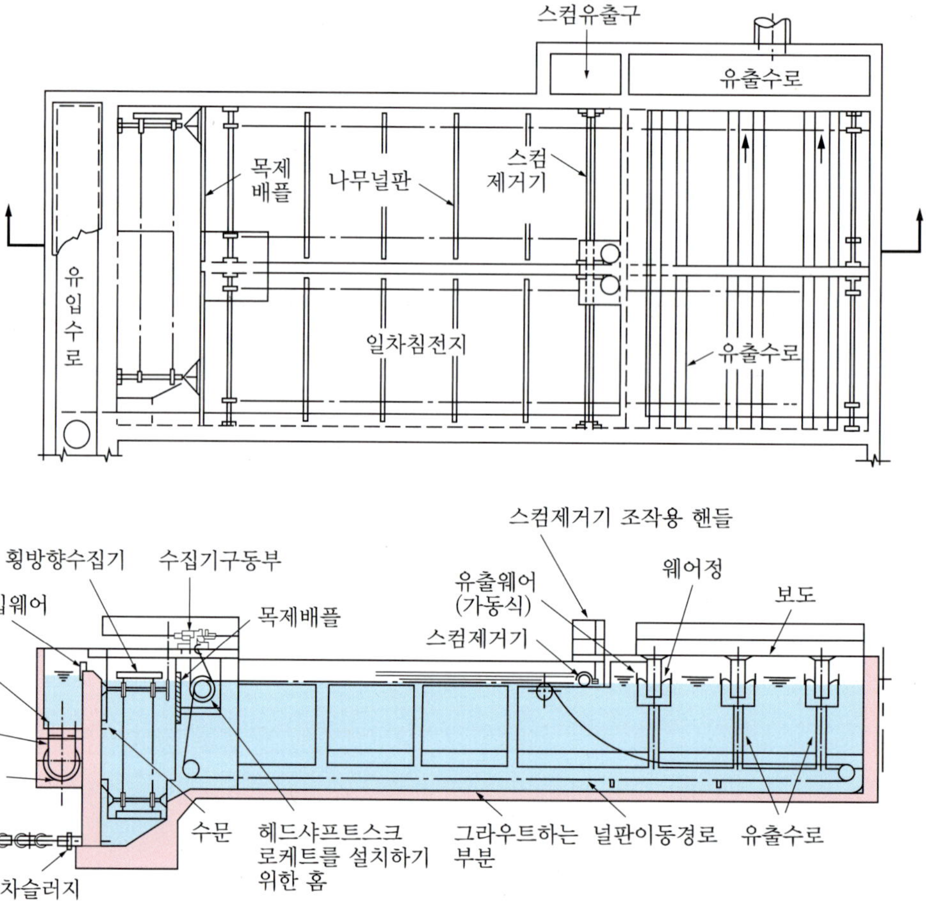

그림 8.3 일반적인 장방형 침전지

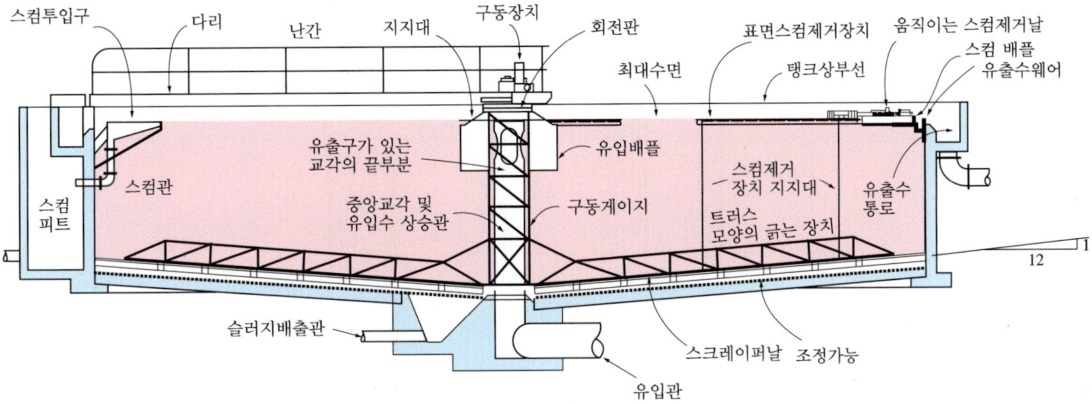

그림 8.4 일반적인 원형 침전지

8.2.6 부상분리(flotation)

부상 분리는 액체 상태로부터 고형물을 분리해 내는데 사용하는 공정이다. 방법은 아주 작은 가스 방울을 액체 속에 넣어줌으로써 고액 분리를 시킨다. 물속에 주입된 공기 방울은 입자성 물질에 달라붙어 입자와 공기방울이 합해져서 부력을 받아 입자가 수 표면으로 뜨게 된다. 따라서 액체보다도 밀도가 큰 입자도 뜨게 되는데 부상분리는 부유입자 중 비교적 비중이 액체보다 적은 입자가 많은 고액 혼합액에서 고형물을 제거하는데 주로 사용한다. 부상분리가 침전 공정에 비하여 장점은 단시간 내에 고형물을 제거할 수 있다는 것이나, 부유물 제거 과정에 동력이 든다는 점과 수 표면에 뜬 부유입자를 수시로 제거해 주어야 하는 단점이 있다. 용존공기를 주입함으로써 부유입자를 제거하는 방법에서 공기량의 산정에 쓰이는 식은 다음과 같고, 그림 8.5에 간략한 실험장치를 나타내었다.

$$A/S = 1.3\,P_a(f \cdot P - 1)/C_a \tag{8.2}$$

여기서, A/S : 고형물당 공기량비, mL (공기) / mg (고형물)

S_a : 공기의 용해도, mL/L

f : 압력 P에서 용존되는 공기의 비율, 보통 0.5

P : 압력, atm

C_a : 슬러지 고형물의 농도, mg/L

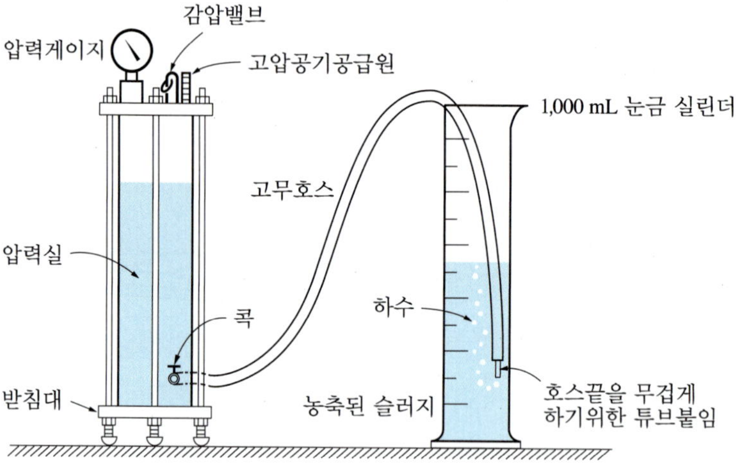

그림 8.5 용존공기 부상분리 실험장치

8.2.7 여과(filtration)

여과란 다공성 매개체나 다공성 물질에 액체를 통과시켜 미세한 부유 물질을 제거함으로서 고체, 액체를 분리시키는 과정을 말한다. 여과는 화학적으로 응집 침전시킨 물을 여과시켜 양질의 상수를 생산하는 상수 처리에 주로 사용하고, 폐수 처리 시 최종 유출수 중의 부유 물질을 제거하는데도 사용한다.

여과가 일어나는 장소인 여과상은 사용한 재료에 따라 단일 재료여과상, 이중 재료여과상 및 다중 재료여과상으로 분류한다. 용수 처리를 위해서는 세 가지 여과상 모두가 쓰이는 것이 일반적이나 최근에는 단일 재료여과상은 쓰이지 않고 있는 추세이다. 상수나 폐수처리에 사용하는 여과상의 원리는 동일하며, 여과상의 구조, 장치 및 주변장치도 동일하다.

단일 재료 여과상은 보통 폐수 처리에 사용하는 급속 모래 여과상이 대표적이며, 여과 방식은 주로 중력식이다. 부유 물질의 제거 원리는 물이 공극부를 통과할 때 일부 미세한 부유물은 모여서 응결되고, 응결된 부유물은 모래 표면과 충돌하여 모래 입자에 부착되게 된다. 두 종류 이상의 재료를 가지는 다중 재료 여과상은 개방형 중력여과이거나 가압 여과 형태이다. 모래 여과상이 여과가 대부분 상부의 일정한 높이에서 일어나는 것과 달리 다중 재료 여과상은 깊은 여과부를 갖는다. 그림 8.6은 각종 여과 장치의 입자의 크기 배열에 따른 공극의 변화를 나타낸다.

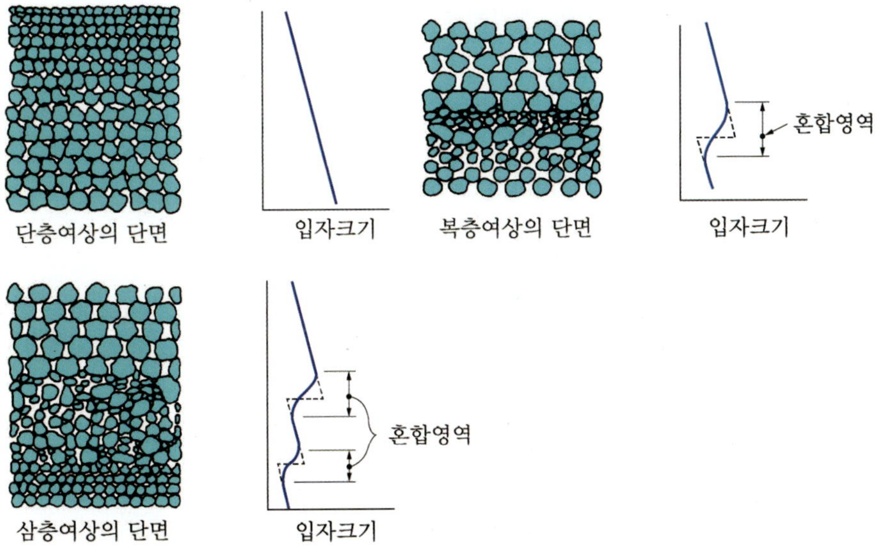

그림 8.6 각종 여과 장치의 입자의 크기 배열에 따른 공극의 변화

8.3 화학적 처리

화학적 수처리 공정에서는 대부분의 경우 어떤 성분을 제거하기 위하여 다른 어떤 성분을 첨가해야 하는 근본적인 단점이 있어, 결과적으로 폐수 내에 녹아 있는 성분의 양이 증가하게 된다. 침전 효율을 증대시키기 위하여 화학약품을 첨가한 폐수내의 총 용존 성분의 농도는 항상 증가하므로, 하수의 재사용 시에는 이것이 매우 심각한 문제가 될 수 있다. 화학적 공정의 또 다른 단점으로는 운전비가 많이 든다는 점이다.

8.3.1 화학적 침전

화학적 침전 방식은 1870년부터 영국에서 개발되어 사용되고 있는 폐수처리 방식이다. 화학적 처리는 1890년부터 1900년 사이에 미국에서 많이 사용되었지만, 생물학적 처리 방법이 개발됨에 따라 화학적 처리는 감소하고 있는 실정이다.

과거에 화학적 침전은

① 폐수의 농도가 계절적으로 변할 때
② 중간 정도의 처리가 필요할 때
③ 침전 공정의 보조 수단

등으로 SS와 BOD의 제거율을 높이기 위해 활용되어 왔다. 1970년경부터 하수에 있는 유기 화합물과 영양염류(인, 질소)를 완전히 제거해야 할 필요가 생겨 화학적 침전이 새롭게 각광을 받기 시작하였다.

최근에 화학적 침전은

① 일차 침전 시설의 효율을 높이기 위하여
② 폐수의 개별적 물리 화학적 처리의 기본 단계로서
② 인의 제거 효율을 높이기 위하여

사용되고 있다. 가장 많이 사용된 침전제는 표 8.3과 같으며, 제거 효율은 화학 약품의 사용량과 공정 조절 방법에 따라 달라진다.

표 8.3 폐수처리에서 사용되는 화학약품

화학약품	화학식	분자량	질량, kg / m^3	
			건조	액체
명반	$Al_2(SO_4)_3 \cdot 18H_2O_a$	666.7	961～1201	1121～1281 (49%)
	$Al_2(SO_4)_3 \cdot 14H_2O_a$	594.3	961～1201	1281～1362 (49%)
염화철(III)	$FeCl_3$	162.1		1346～1490
황산철(III)	$Fe_2(SO_4)_3$	400		
	$Fe_2(SO_4)_3 \cdot 3H_2O$	454		1121～1153
황산철(II)	$FeSO_4 \cdot 7H_2O$	278.0	993～1057	
55 석회	$Ca(OH)_2$	56 as CaO	561～801	

a : 결합된 물의 분자수는 13～18 사이에서 변함.

화학약품을 미처리 폐수에 첨가하여 현탁 상태나 콜로이드 상태의 물질이 많이 제거되어 유출수의 청정도는 사용된 화학약품의 양과 얼마나 공정을 잘 감시하고 조절하는가에 따라 달라진다. 화학적 침전에 의해서 전체 현탁 물질의 80~90%, BOD5의 40~70%, COD의 30~60%, 박테리아의 80~90%의 제거가 가능하다. 반면에 단순 침전만으로는 총 현탁 물질의 50~70%와 유기 물질의 30~40%만이 침전 제거된다. 하수 중에 첨가된 화학 약품은 폐수 중에 존재하거나, 또는 첨가된 물질과 반응한다. 명반(Alum), 석회, 황산철(II)과 석회 등에 관련된 화학반응은 다음과 같다.

1) 황산알루미늄(명반, alum)

명반을 칼슘이나 마그네슘, 중탄산 알칼리도가 있는 폐수에 가하게 되면 다음과 같은 반응이 일어나게 된다.

$$\underset{\text{황산알루미늄}}{\overset{666.7}{Al_2(SO_4)_3 \cdot 18H_2O}} + \underset{\text{중탄산칼슘}}{\overset{3\times100 \text{ as } CaCO_3}{3Ca(HCO_3)_2}} = \underset{\text{황산칼슘}}{\overset{3\times136}{3CaSO_4}} + \underset{\text{수산화알루미늄}}{\overset{2\times78}{2Al(OH)_3}} + \underset{\text{탄산가스}}{\overset{6\times44}{6CO_2}} + \overset{18\times18}{18H_2O} \quad (8.3)$$

식(8.3)에서 숫자는 각 물질끼리 결합되는 분자량을 나타내므로 각 화합물의 반응에서 사용되는 양을 나타낸다. 불용성의 수산화알루미늄은 폐수 속에서 천천히 가라앉는 젤라틴상의 플럭으로서 다른 부유 물질과 함께 침전되어 다른 변화를 가져온다. 칼슘염 대신에 마그네슘염이 사용되었을 때에도 반응은 거의 비슷하게 나타난다.

2) 석회(lime)

침전제로서 석회를 단독으로 가했을 경우, 원리를 설명하는 반응식은 다음과 같다.

$$\underset{\text{수산화칼슘}}{\overset{56 \text{ as } CaO}{Ca(OH)_2}} + \underset{\text{탄산}}{\overset{44 \text{ as } O_2}{H_2CO_3}} \Leftrightarrow \underset{\text{탄산칼슘}}{\overset{100}{CaCO_3}} + \overset{2\times18}{2H_2O} \quad (8.4)$$

여기서 황산철과 공동으로 사용했을 때보다 석회를 단독으로 사용할 경우에는 훨씬 더 많은 양의 석회가 필요하다. 만약 폐수에 광물산이나 산염이 포함된 공장 폐수가 섞일 경우에는, 침전이 일어나기 전에 이들을 중화시켜야만 한다.

3) 황산철과 석회

대부분의 경우 침전물을 형성하기 위해서는 석회를 동시에 첨가해야 하므로 황산철 단독으로는 침전제로 사용할 수는 없다. 황산철 단독으로 사용할 때 반응식은 다음과 같다.

$$\underset{\text{황산철}}{\overset{278}{FeSO_4 \cdot 7H_2O}} + \underset{\text{중탄산칼슘}}{\overset{100\ \text{as}\ CaCO_3}{Ca(HCO_3)_2}} \Leftrightarrow \underset{\text{중탄산제1철}}{\overset{178}{Fe(HCO_3)_2}} + \underset{\text{황산칼슘}}{\overset{136}{CaSO_4}} + \overset{7\times18}{7H_2O} \quad (8.5)$$

그 다음 석회가 $Ca(OH)_2$의 형태로 투입되면, 반응식은 다음과 같다.

$$\underset{\text{중탄산제1철}}{\overset{178}{Fe(HCO_3)_2}} + \underset{\text{석회}}{\overset{2\times56}{2Ca(OH)_2}} \Leftrightarrow \underset{\text{수산화제1철}}{\overset{89.9}{Fe(OH)_2}} + \underset{\text{탄산칼슘}}{\overset{2\times100}{2CaCO_3}} + \overset{2\times18}{2H_2O} \quad (8.6)$$

수산화제1철은 하수 중에 녹아있는 산소에 의하여 수산화제2철로 산화되어 필요한 최종형태가 된다.

$$\underset{\text{수산화제1철}}{\overset{4\times89.9}{4Fe(OH)_2}} + \underset{\text{산소}}{\overset{32}{O_2}} + \overset{2\times18}{2H_2O} \Leftrightarrow \underset{\text{수산화제2철}}{\overset{4\times106.9}{4Fe(OH)_3}} \quad (8.7)$$

수산화제2철은 용존 산소가 있을 때만 형성되므로, 식(8.6)에 주어진 반응은 산소가 없는 부패된 하수나 폐수에서는 이루어지지 않는다. 경우에 따라서 황산제1철(II) 대신 황산제2철(III)이 사용될 때가 있는데 이때에는 석회의 첨가나 용존 산소가 없어도 가능하다.

인을 제거하기 위하여 화학 약품을 폐수에 주입하면 인과 결합된 불용성 또는 용해도가 낮은 염이 생성된다. 인의 제거를 위해 사용해 온 화학 약품 중에는 금속염과 석회가 있으며, 가장 흔히 사용되어 온 금속염 중에는 염화제2철과 황산알루미늄이 있다. 황산제1철과 염화제1철도 사용되며 이들은 제철 공정의 부산물로서 얻을 수 있다. 고분자 응집제도 철염이나 황산알루미늄과 함께 사용되고 있다. 석회는 금속염 사용 시보다 발생하는 슬러지의 양이 많으며, 석회의 저장, 취급, 주입 시에 발생하는 문제점들이 있기 때문에 점점 덜 사용되고 있다. 인의 침전을 위하여 황산알루미늄, 철염, 또는 석회를 사용하는 경우 슬러지량 산정에 필요한 관련 반응식도 있다.

표 8.4 인을 침전시킬 경우 생성슬러지 양 계산식

반응	슬러지 내의 화합물 종류
석회	
• $5Ca^{2+} + 3PO_4^{3-} + OH^- \leftrightarrow Ca_5(PO_4)_3(OH)$ • $Mg^{2+} + 2OH^- \leftrightarrow Mg(OH)_2$ • $Ca^{2+} + CO_3^{2-} \leftrightarrow CaCO_3$	$Ca_5(PO_4)_3(OH)$ $Mg(OH)_2$ $CaCO_3$
명반	
• $Al^{3+} + PO_4^{3-} \leftrightarrow AlPO_4$ • $Al^{3+} + 3OH^- \leftrightarrow Al(OH)_3$	$AlPO_4$ $Al(OH)_3$
Fe(III)	
• $Fe^{3+} + PO_4^{3-} \leftrightarrow FePO_4$ • $Fe^{3+} + 3OH^- \leftrightarrow Fe(OH)_3$	$FePO_4$ $Fe(OH)_3$

인 제거에 관한 화학반응은 다가 금속이온의 염을 첨가할 때 잘 용해되지 않는 인산염을 형성하는 반응이다. 가장 많이 이용되는 다가 금속이온으로는 칼슘[Ca(II)], 알루미늄[Al(III)], 철[Fe(III)] 등이 있다. 칼슘이 인을 침전시키는 반응은 알루미늄, 철에 의한 반응과 전혀 다르므로 다음과 같이 두 종류의 침전을 각각 다루기로 한다.

칼슘은 보통 석회[$Ca(OH)_2$]의 형태로 첨가한다. 앞에서 나온 화학반응식에서 석회를 물에 투입하면 자연 상태의 중탄산염 알칼리도와 반응하여 탄산칼슘($CaCO_3$)을 침전시키는 것을 알 수 있다.

폐수의 pH가 10 이상으로 되면, 식(8.8)과 같이 남은 칼슘이온이 인과 반응하여 하이드록실 아파타이트 $Ca_{10}(PO_4)_6(OH)_2$를 침전시키게 된다.

$$10Ca^{2+} + 6PO_4^{3-} + 2OH^- \leftrightarrow \underset{\text{하이드록실아파타이트}}{Ca_{10}(PO_4)_6(OH)_2} \tag{8.8}$$

석회와 하수 중의 알칼리도와의 반응 때문에 일반적으로 필요한 석회의 양은 존재하는 인의 양과는 상관없이 주로 하수 중의 알칼리도에 의해 결정된다. 하수 중의 인을 침전시키기 위해 필요한 석회의 양은 보통 $CaCO_3$로 환산된 총 알칼리도의 1.4～1.5배가 된다. 인을 침전시키기 위해서는 pH가 높아야 되므로 공침은 보통 이루어지지 않는다. 석회를 하수의 유입 원수나 2차 침전지 유출수에 첨가할 때는 후속의 처리나 처분 공정 전에 pH의 조정이 필요하다. pH를 낮추기 위해 탄산가스(CO_2)에 의한 재탄산화 기법이 사용된다.

알루미늄이나 철에 의한 인의 침전에 관련된 기본 반응식은 다음과 같다.

- 알루미늄에 의한 인의 침전

$$Al^{3+} + HnPO_4^{3-n} \leftrightarrow AlPO_4 + nH^+ \tag{8.9}$$

- 철에 의한 인의 침전

$$Fe^{3+} + HnPO_4^{3-n} \leftrightarrow FePO_4 + nH^+ \tag{8.10}$$

초기에 같은 몰 수의 Al(III), Fe(III) 인이 있을 때 불용성인 $FePO_4$와 $AlPO_4$가 평형을 이루는 수용성의 인산염의 총 농도는 그림 8.7과 같다. 실선은 침전 후의 잔류 용존 인산염의 농도를 나타낸다. 순수한 금속 인산염은 검게 칠한 부분 안에서 침전되고, 혼합된 복잡한 침전물은 높은 pH값의 바깥쪽에서 침전된다.

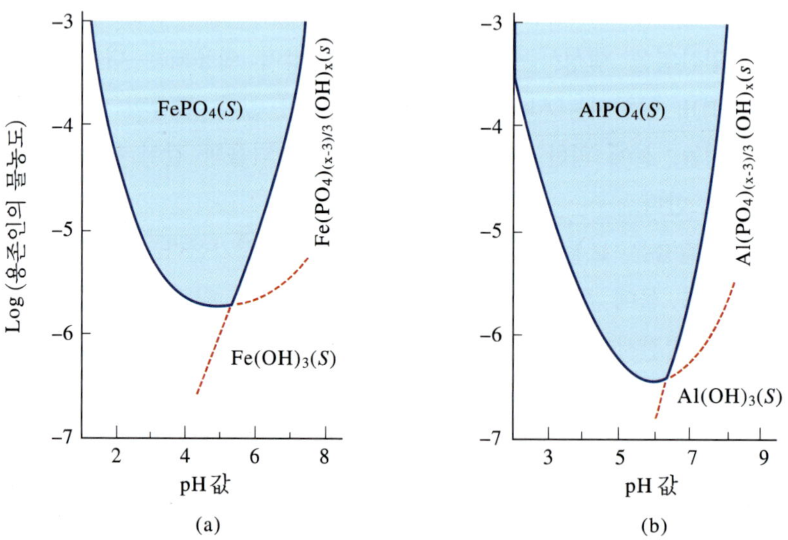

그림 8.7 용존 인과 평형을 이룰 때 인산철과 인산알루미늄의 농도

8.3.2 흡착(adsorption)

흡착이란 일반적으로 용액에 있는 용질을 적당한 경계면 위에 모이도록 하는 공정이다. 경계면은 액체와 기체사이, 액체와 고체사이, 액체와 또 다른 액체 사이에 생길 수 있다. 부상 분리법에서는 기・액계면에서의 흡착이 이용되기도 하지만, 여기에서는 고・액계면에서의 흡착만을 다루기로 한다. 과거에는 폐수처리의 분야에서는 흡착 공정이 그다지 많이 이용되지 않았으나, 처리된 폐수 유출수의 수질을 더 좋게 만들고자 하는 요구에 따라 활성탄 흡착에 대해 많은 연구가 진행되어 실제로 사용되고 있다. 폐수의 활성탄 처리는 대개 통상의 생물학적 처리(2차 처리)를 이미 거친 물을 3차 처리하는 것을 말한다. 이 경우에 활성탄은 남아 있는 용존 유기질의 일부를 제거하는데 쓰인다. 활성탄을 물과 접촉시키는 방법에 따라 물속에 존재하는 입자상 물질도 함께 제거되기도 한다.

활성탄 제조의 첫 번째 과정은 아몬드, 코코넛, 호두껍데기, 다른 나무 그리고 석탄과 같은 물질로부터 숯(char)을 만드는 것이다. 이 숯은 구부러진 관이 달린 용기에서 탄화수소를 제거하기 위하여 빨갛게 달구지만 연소에 불충분한 산소를 공급시켜 만든다. 그 다음에 숯 입자를 고온에서 산화 가스에 노출시켜 활성화시킨다. 이 가스는 숯 내부에 다공질의 주조를 만들어 주고 따라서 넓은 내부 표면적을 만들어 준다. 이렇게 만들어진 표면의 특성은 원료나 제조 공정에 따라 다르며, 따라서 여러 가지 특성의 제조가 가능하다. 활성탄 원료의 종류에 따라 공극 분포와 재생 시의 특성이 달라질 수도 있다. 활성화한 후, 활성탄은 입자의 크기별로 구분한다.

8.3.3 살균(disinfection)

살균이란 질병을 일으키는 미생물을 선택적으로 사멸시키는 것을 말한다. 이 공정에서는 모든 미생물을 다 죽이는 것은 아니다. 이 점이 모든 미생물을 다 죽이는 멸균(sterilization)과 다른 점이다. 폐수 처리의 분야에서 사람에게 질병을 유발시키는 중요한 인체 내의 미생물은 박테리아, 바이러스, 아메바 등이다.

가장 많이 쓰이는 살균법으로는

① 화학적인 방법　　② 물리적인 방법

③ 기계적인 방법 ④ 방사선 이용법

등이 있다.

살균제로 쓰이는 화학약품에는

① 염소와 염소화합물 ② 브롬
③ 요오드 ④ 오존
⑤ 페놀과 페놀화합물 ⑥ 알코올
⑦ 중금속과 관련화합물 ⑧ 염료
⑨ 비누와 합성세제 ⑩ 4가 암모니아 화합물
⑪ 이산화수소 ⑫ 산과 알칼리

등이 있다. 이 중에서 가장 보편적인 살균제는 산화 작용을 하는 염소이다. 브롬과 요오드도 폐수의 살균에 사용되어 왔다. 오존은 매우 효과적인 살균제로서 점점 더 많이 사용되고 있다.

물리적 방법으로는 열과 빛이 사용하고 있다. 물을 끓이면 대부분의 포자를 형성하지 않는 박테리아를 파괴할 수 있다. 가열은 양조나 유가공 산업에서는 보통 사용되는 방법이지만, 많은 양의 하수를 처리하는 데는 비경제적이다. 그러나 유럽에서는 슬러지를 저온으로 살균하는 방법(pasteurization)을 많이 사용하고 있다.

태양광선 특히 자외선은 좋은 살균 작용을 갖는다. 소량의 물을 살균하는 데는 자외선을 발생하는 특수 램프를 이용하고 있다. 이 공정은 광선이 물속으로 투과하는 정도에 따라 살균효율이 달라진다. 따라서 자외선 광원과 물과의 접촉의 형태가 매우 중요하가. 왜냐하면 물 자체 뿐만 아니라 부유물질, 용존 유기분자, 그리고 미생물 등이 광선을 흡수하기 때문이다. 수처리 시스템에서 특히 입자상 물질이 많이 들어 있는 경우에는 자외선 살균법을 사용하는 것은 바람직하지 않다.

수처리 과정에서 가장 보편적으로 사용되는 염소 화합물은 염소가스(Cl_2), 차아염소산칼슘[$Ca(OCl)_2$], 차아염소산나트륨($NaOCl$) 그리고 이산화염소(ClO_2)이다. 차아염소산칼슘과 차아염소산나트륨은 간단하고 안전성이 더 필요한 소규모 처리장에 많이 사용된다. 차아염소산나트륨은 가끔 대규모 처리장에서도 사용되는데 그 주요한 이유는 지역의 특수성에 따른 안전 때문이다. 가스 상태의 염소가 물에 들어가면 가수분해와 이온화 반응의 두 종류의 반응이 일어난다. 가수 분해는 다음과 같이 정의된다.

$$Cl_2 + H_2O \rightleftarrows HOCl + H^+ + Cl^- \tag{8.11}$$

$$HOCl \rightleftarrows H^+ + OCl^- \tag{8.12}$$

물에 존재하는 HOCl과 OCl^-의 양을 유리염소라 한다. HOCl의 살균효율이 OCl^-의 살균효율보다 40～80배 더 강하기 때문에 이 두 성분이 서로 어떻게 분포 되었는가는 매우 중요하다.

염소의 암모니아와 반응은 미처리 상태의 물에는 암모니아와 여러 가지 결합 유기물의 형태의 질소를 포함하고 있다. 대부분의 처리장에서의 유출수도 많은 양의 질소를 포함하고 있으며, 대개는 암모니아의 형태나 질산염의 형태로 존재한다. 차아염소산은 매우 활발한 산화제이므로, 폐수 중의 암모니아와 금방 결합하여 다음과 같은 연속반응에 의해서 세 가지 형태의 클로로아민(chloramine)을 형성한다.

$$NH_3 + HOCl \rightarrow NH_2Cl\ (\text{monochloramine}) + H_2O \tag{8.13}$$

$$NH_2Cl + HOCl \rightarrow NHCl_2\ (\text{dichloramine}) + H_2O \tag{8.14}$$

$$NHCl_2 + HOCl \rightarrow NCl_3\ (\text{trichloramine}) + H_2O \tag{8.15}$$

이 반응들은 pH, 온도, 접촉시간, 암모니아 대 염소와의 비율 등에 따라 매우 큰 영향을 받는다. 대부분의 경우 가장 많이 존재하는 물질은 모노클로로아민(NH_2Cl)과 다이클로로아민($NHCl_2$)이다. 이 두 화합물 안에 있는 염소를 결합염소(combined available chlorine)라고 한다. 이러한 여러 종류의 클로로아민들도 살균제의 역할을 하지만 그 반응 속도는 매우 느리다.

폐수의 살균을 목적으로 잔류염소(유리 또는 결합)의 농도를 일정하게 유지하는 것은 매우 복잡하다. 왜냐하면 앞에서 언급한 바와 같이 유리염소는 암모니아와 반응할 뿐만 아니라, 그 자체가 강력한 산화제이기 때문이다. 염소를 암모니아가 들어있는 하수에 첨가할 때 일어나는 단계적 현상은 그림 8.8을 통하여 설명될 수 있다.

염소가 첨가되면, Fe^{2+}, Mn^{2+}, H_2S, 유기물 등과 같이 쉽게 산화되는 물질들은 연소와 반응하여 대부분의 염소를 염소 이온으로 환원시킨다(그림 8.8의 A점). 이와 같이 즉각적인 소요량을 만족시킨 후에, 염소는 암모니아와 계속 반응하여 점 A와 B 사이에서 클로로아민을 형성한다. 염소 대 암모니아의 몰 비율이 1보다 작을 때

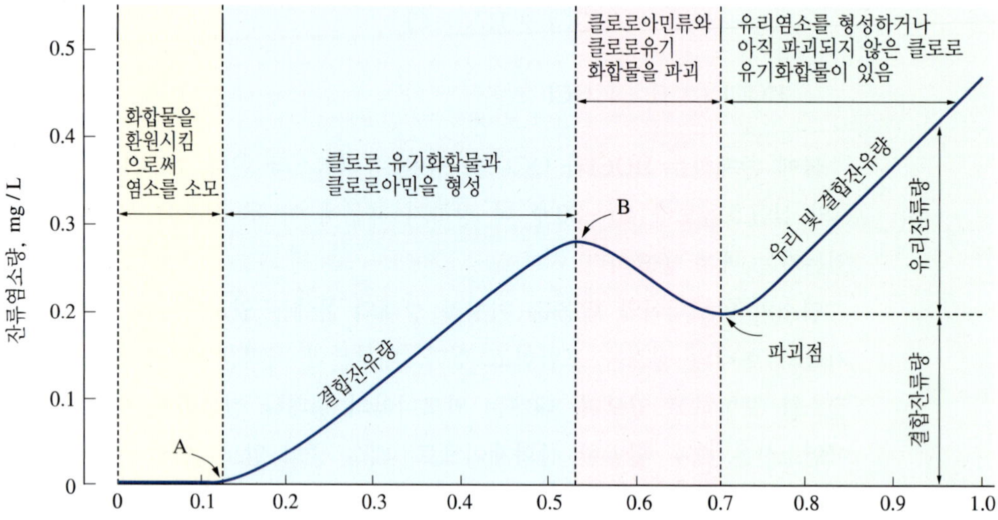

그림 8.8 분기점 염소처리 시 나타나는 일반적인 곡선

는 모노클로로아민과 다이클로로아민이 형성될 것이다. 이 두 물질의 생성량은 pH와 온도의 영향을 받는 생성속도에 의해 결정된다. B점과 불연속점(breakpoint) 사이에서는 클로로아민 중 일부는 NCl_3로 변환되고, 나머지 클로로아민들은 산화질소(N_2O)나 질소(N_2)로 산화되고 또한 염소는 염소이온으로 환원된다. 이때 염소를 계속 주입하면, 대부분의 클로로아민들은 불연속점에서 산화될 것이다. 불연속점을 지나 염소를 계속 주입하면 유리유효염소(반응하지 않은 차아염소산)가 비례적으로 증가할 것이다. 유리 잔류염소를 얻을 때까지 충분히 염소를 주입하는 주된 이유는 그 때에 가서야 살균 작용이 보장되기 때문이다. 어떤 경우에는 분기점 주입에 의한 염소 살균 시에 냄새가 발생하기도 하는데, 그 이유는 NCl_3와 그와 관련된 화합물이 생성되기 때문이다.

또한 살균에는 브롬화염소(bromine chloride)에 의한 살균, 자외선에 의한 살균 및 오존을 이용한 살균이 있는데, 현재 유럽에서는 오존 살균 시설이 상수처리에 많이 적용되고 있다. 오존을 사용하는 이유는 대개 맛, 냄새, 색도 제거이다. 처음에는 상수의 살균용으로 사용되었지만 최근의 오존 제조, 용해 기술의 발달로 인해 폐수의 소독에도 경제적인 경쟁력이 있게 되었다. 또한 오존은 폐수 처리에서도 활성탄 대신에 냄새 제거, 고도 정수 처리 시 용존유기물의 제거에 사용될 수 있다. 오존은 화학적으로 불안정하여 생성된 후 빨리 산소로 분해되기 때문에 현장에서 직접 생산되어야 한다.

8.4 생물학적 처리

생물학적 처리의 목적은 미생물을 이용하여 비침강성 콜로이드성 고형물을 응집 제거하고 유기물을 안정화시키는 데 있다. 도시 하수의 경우, 주요 목적은 유기물 함량을 감소시키는 것이며, 대부분의 경우 질소와 인 같은 영양염류를 다량 함유하고 있다. 따라서 이러한 영양염류는 수중에서 분해해야 하는 오염원으로서 BOD의 근원이 된다. 농업폐수의 처리목적은 영양염류, 특히 질소와 인을 제거하기 위한 것이다. 그러나 공장폐수의 경우는 유기 및 무기화합물을 제거하거나 농도를 감소시키는 데 목적이 있다. 이러한 공장폐수에 함유되어 있는 화합물들이 미생물에 독성을 미칠 경우에는 독성에 대한 전처리가 필요하기도 하다.

BOD의 제거나 비침강성 콜로이드성의 고형물의 응집과 유기물의 안정화는 여러 가지 미생물, 그 중에서도 특히 박테리아에 의하여 이루어진다. 미생물들은 콜로이드나 탄소성 유기물을 여러 가지 가스와 세포 조직으로 변환시킨다. 세포 조직의 비중은 물의 비중보다 약간 크기 때문에 처리된 물에서 중력 침전에 의하여 제거시킬 수 있다. 여기에서 주의할 점은 유기물에 의하여 생성된 세포를 처리수로부터 제거하지 않으면 완전한 처리가 이루어지지 않는데, 그 이유는 세포조직도 유기물이며 이 또한 처리수 내의 BOD로 나타나기 때문이다. 만약 처리수로부터 이러한 세포조직을 제거하지 않는다면, 이는 단지 최초 폐수내의 유기물의 일부를 미생물학적으로 여러 가지 고체상태의 최종 생성물로 변환시키는데 지나지 않는다. 생물학적 처리에 적용되는 미생물은 세포 구조와 기능에 따라 진핵미생물(eucaryotes), 진정박테리아(eubacteria), 그리고 archaebacteria로 분류된다. 진정박테리아와 archaebacteria가 생물학적 처리에서 가장 중요하며, 일반적으로 박테리아라 불린다. 진핵 미생물에는 식물, 동물 그리고 원생동물 등이 있다. 생물학적 처리에 중요한 진핵미생물로는

① 균류(fungi)
② 원생동물(protozoa)
③ 윤충류(rotifer)
④ 조류(algae)

등이 있다.

생물학적 처리과정에서 미생물이 계속하여 번식하고 대사 작용을 하기 위해서는

① 에너지원
② 새로운 세포조직 합성을 위한 탄소원
③ 질소, 인, 황, 칼륨, 칼슘, 마그네슘과 같은 무기물질

등이 필요하다.

생물학적 폐수처리공정의 설계에 있어서 환경 및 생물집단 제어가 필요하다. 환경 조건은 pH조정, 온도조정, 영양소 및 미량영양소의 주입, 산소의 주입 또는 제거, 그리고 적절한 혼합 등으로 조절할 수 있다. 환경조건의 조절을 통하여 미생물 성장을 위한 적절한 생활환경을 제공하여야 한다. 미생물의 성장을 위하여 미생물은 공정 내에서 번식하기 충분한 기간이상 잔류하여야 하며, 이 기간은 미생물 성장률에 좌우되는데 이는 폐수의 섭취율과 대사율에 직접 관련이 있다. 환경조건이 적절히 조절된다고 가정하면, 미생물 성장률을 조절함으로써 효율적인 폐수의 안정화를 꾀할 수 있다.

8.4.1 미생물의 기본 동력학

1) 미생물의 성장

회분 및 연속운전 공정에서 박테리아 세포의 성장률은 다음과 같은 관계로 정의될 수 있다.

$$r_g = \mu X \tag{8.16}$$

여기서, r_g : 미생물 성장률, 질량/단위부피・시간
μ : 비(specific)성장률, 시간$^{-1}$
X : 미생물 농도, 질량/단위부피

회분식 공정에서 $dX/dt = r_g$ 이므로 회분식 반응조에서 다음 관계도 성립한다.

$$\frac{dX}{dt} = \mu X \tag{8.17}$$

2) 기질 제한 상태의 성장

회분식 반응조의 미생물에게 성장에 필수적인 기질과 영양소 같은 요소 중의 하나가 제한된다면 이것이 먼저 부족하게 되고 성장도 멈추게 될 것이다(그림 8.9).

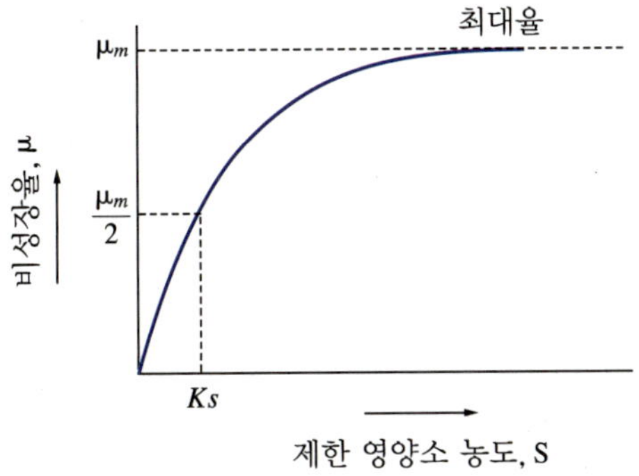

그림 8.9 비성장율에 대한 영양소 제한상태의 영향

연속 운전 반응조에서는 미생물의 성장이 제한된다. 실험에 의하여 기질이나 영양소 제한에 의한 영향은 Monod가 제안한 식으로 정의할 수 있다.

$$\mu = \mu_m \frac{S}{K_s + S} \tag{8.18}$$

여기서, μ : 비(specific)성장률, 시간$^{-1}$

μ_m : 최대 비(specific)성장률, 시간$^{-1}$

S : 성장제한 기질의 농도, 질량/단위부피

K_s : 반속도 상수, 최대성장률의 1/2일 때의 성장제한 기질의 농도 (질량/단위부피)

만약 식(8.18)의 μ값을 식(8.16)에 대입한다면 성장률의 식은 다음과 같다.

$$r_g = \frac{\mu_m SX}{K_s + S} \tag{8.19}$$

3) 미생물 성장과 기질의 소비

회분식 및 연속 운전식의 경우 기질의 일부는 새로운 미생물로 변환되고 일부는 무기물 및 유기물의 최종 생성물로 변환된다. 주어진 기질에서 생성되는 새로운 미생물의 양은 재현성이 있는 것으로 관찰되므로 기질 소비율과 성장률과의 사이에 다음과 같은 관계가 유도된다.

$$r_g = -Yr_{su} \tag{8.20}$$

여기서, r_g : 미생물 성장률, 질량/단위부피 · 시간

Y : 최대미생물 생산계수, mg/mg (단위 무게의 기질 소비량에 대한 단위 무게의 미생물 생산량에 대한 비로 정의되며 대수 성장 단계의 일정기간 중 측정한다)

r_{su} : 기질소비율, 질량/단위부피 · 시간

미생물 생산량은

① 탄산원 및 영양소의 산화정도
② 기질의 고분자화 정도
③ 대사 정도
④ 성장률
⑤ 배양에 따른 여러 물리적 요소

등에 의한다.

만약 식(8.19)의 r_g값을 식(8.20)에 대입한다면 기질 소비율은 다음과 같이 정의될 수 있다.

$$r_{su} = -\frac{\mu_m SX}{Y(K_s + S)} \tag{8.21}$$

식(8.21)에서 μ_m / Y항은 때때로 k로 대치되기도 하는데 k는 단위무게의 미생물당 최대기질 소비율로 정의된다.

$$k = \frac{\mu_m}{Y} \tag{8.22}$$

만약, k를 식 (8.21)의 μ_m / Y 항에 대입한다면 그 결과식은 다음과 같다.

$$r_{su} = -\frac{kSX}{K_s + S} \tag{8.23}$$

4) 내생 호흡대사의 영향

폐수처리에 활용되는 미생물의 경우, 공정 내에 있는 모든 세포가 대수성장기에 있는 것은 아니다. 따라서 성장률의 수식은 세포유지를 위한 에너지를 고려하여 보정하여야 한다. 또한 사멸과 타 미생물에 의한 포식관계(predation)도 고려하여야 한다. 대개 이러한 요소는 한데 묶어서 고려하며 이러한 이유로 인한 세포질량의 감소는 공정 내에 존재하는 미생물의 질량에 비례한다고 가정한다. 이를 흔히 내생감소율(endogenous decay)이라 한다. 내생감소율에 관한 항목은 다음과 같이 나타낼 수 있다.

$$r_d \text{ (내생감소율)} = -k_d X \tag{8.24}$$

여기서, k_d : 내생감소 계수, 시간$^{-1}$

X : 미생물 농도, 질량/단위부피

식(8.24)를 식(8.19) 및 식(8.20)과 결합하면 순성장률(net rate of growth)에 관한 다음 식을 얻을 수 있다.

$$r_g{}' = \frac{\mu_m SX}{K_s + S} - k_d X \tag{8.25}$$

$$r_g{}' = -Yr_{su} - k_d X \tag{8.26}$$

여기서, $r_g{}'$: 순성장률, 무게/단위부피·시간

이에 대응하는 순비(specific)성장률이 식(8.27)에 나타나 있는데 Van Uden에 의해 제안된 식과 같다.

$$\mu' = \mu_m \frac{S}{K_s + S} - k_d \tag{8.27}$$

여기서, μ' : 순비성장률, 시간$^{-1}$

또한 실제생산률(Y_{obs})을 다음과 같이 정의한다.

$$Y_{obs} = -\frac{r_g'}{r_{su}} \tag{8.28}$$

5) 온도의 영향

생물학적 반응률 상수에 온도가 미치는 영향은 생물학적 처리공정의 총괄적 효율을 평가하는데 아주 중요하다. 온도는 미생물의 대사활동에 영향을 미칠 뿐만 아니라 가스 전달률과 생물학적 슬러지의 침전 특성 등에 심각한 영향을 미친다. 생물학적 공정의 반응률에 대한 온도의 영향은 일반적으로 다음과 같이 표현된다.

$$r_T = r_{20}\theta^{(T-20)} \tag{8.29}$$

여기서, r_T : T°C에서 반응률

r_{20} : 20°C에서 반응률

θ : 온도 영향계수

T : 온도, °C

6) 미생물과 기질의 물질수지

완전혼합 반응조 내의 미생물의 양에 대한 물질수지는 다음과 같이 쓸 수 있다.

공정경계 내에서 미생물의 축적률	=	공정경계 내로 유입되는 미생물의 유입률	−	공정경계 밖으로 유출되는 미생물의 유출률	−	공정경계 내의 미생물의 순성장률	(8.29)

간단히 표현하면,

$$\text{축적률} = \text{유입률} - \text{유출률} + \text{순성장률} \tag{8.31}$$

기호로 표현하면,

$$\frac{dX}{dt}V_r = QX_0 - QX + V_r r_g' \tag{8.32}$$

여기서, $\frac{dX}{dt}$: 반응조 내 질량(휘발성 부유고형물, VSS, volatile suspended solid)으로 측정한 미생물 농도의 변화율

VSS : 질량/단위부피 · 시간

V_r : 반응조 부피

Q : 유량, 부피/시간

X_0 : 유입수 내 미생물의 농도, VSS질량 / 단위부피

X : 반응조 내 미생물의 농도, VSS질량 / 단위부피

r_g' : 미생물 순 성장률, VSS질량 / 단위부피 · 시간

만약 식(8.25)의 r_g'값을 식(8.32)에 대입하면 미생물의 물질수지는 다음과 같다.

$$\frac{dX}{dt}V_r = QX_0 - QX + V_r\left(\frac{\mu_m XS}{K_s + S} - k_d X\right) \tag{8.33}$$

여기서, S : 반응조로부터 나가는 유출수 내의 기질농도, mg/L

유입수 내의 미생물의 농도를 무시할 수 있고($X_0 = 0$) 정상상태 운전($dX/dt = 0$)이라고 가정한다면, 식(8.33)은 보다 간단히 정리할 수 있다.

$$\frac{q}{V_r} = \frac{1}{\theta} = \mu_m \frac{S}{K_s + S} - k_d \tag{8.34}$$

여기서, θ : 수리학적 체류시간, V/Q

식(8.34)에서 $1/\theta$항은 수 비성장률에 대응한다[식(7.12) 참조]. 또한 $1/\theta$는 $1/\theta_c$에 대응하는데, 여기서 θ_c는 미생물의 평균 체류시간(mean cell residence time)이다. 폐수처리 분야에서 θ_c는 반응조의 물의 양을 공정으로부터 제거되는 미생물 양으로 나눈 값으로 정의되기도 한다.

반송이 없는 완전혼합 반응조의 경우 θ_c는 다음과 같이 나타낼 수 있다.

$$\theta_c = \frac{V_r X}{QX} = \frac{V_r}{Q} \tag{8.35}$$

식(8.33)의 미생물 물질수지에 상응하는 기질의 물질수지를 취하면 다음과 같은 식이 된다. 기질의 소비속도인 식(8.23)을 고려하면,

$$\frac{dS}{dt}V_r = QS_0 - QS - V_r\frac{kXS}{K_s + S} \tag{8.36}$$

정상상태 $dS/dt = 0$에서는 다음과 같다.

$$(S_o - S) - \theta\left(\frac{kXS}{K_s + S}\right) = 0 \tag{8.37}$$

여기서, $\theta = V_r/Q$

7) 유출수 내 미생물과 기질의 농도

유출수 내 미생물과 기질의 농도는 다음과 같이 구할 수 있다. 만약 식(8.34)를 $S/(K_s + S)$에 대하여 풀어서 그 결과를 식(8.37)에 대입하고, 다시 식(8.22)를 이용하여 간단히 정리하면 정상상태에서 유출수 내의 미생물의 농도는 다음과 같이 된다.

$$X = \frac{\mu_m(S_0 - S)}{k(1 + k_{d\theta})} = Y\frac{(S_0 - S)}{(1 + k_d\theta)} \tag{8.38}$$

같은 방법으로 유출수의 기질농도는 다음과 같다.

$$S = \frac{K_s(1 + \theta k_d)}{\theta(Yk - k_d) - 1} \tag{8.39}$$

따라서 동력학 계수를 안다면 식(8.38) 및 식(8.39)를 유출수 내 미생물 및 기질의 농도를 추정하는데 사용할 수 있을 것이다. 주의할 점은 상기식으로 유출수의 농도를 추정하는 것은 용존 유기물을 기준으로 한 것으로 유입수 내에 있을 수 있는 부유고형물의 영향을 고려하지 않은 점이다. 실제 처리공정으로부터 배출되는 기질 및 부유물질의 농도는 침전지의 성능에 따른다.

실제 슬러지 생산율 Y_{obs}는 다음과 같이 나타낼 수 있다.

$$Y_{obs} = \frac{Y}{1 + k_d + \theta} \tag{8.40}$$

식(8.40)은 식(8.38)의 X값을 식(8.28)의 $r_g{}'$에 대입하고 $(S_0 - S)$로 나누어 이에 대응하는 r_{su}값을 농도의 값으로 나타낸 것이다.

대개 모든 생물학적 처리공정의 주요 목적은 폐수 내의 유기물의 함량, 즉 탄소성 BOD를 감소시키는 것이다. 이러한 처리를 위하여 화학 종속영양 미생물이 중요한데 그 이유는 이러한 미생물들이 탄소원 및 에너지원과 더불어 유기화합물을 필요로 하기 때문이다. 만약 처리목적이 암모니아를 질산염으로의 변화시키는 것이라면 화학 자가영양 질산화 박테리아가 중요하다. 수처리에 활용되는 주요 생물학적 공정들은 호기성 공정(aerobic processes), 준혐기성 공정(anoxic processes), 혐기성 공정(anaerobic processes), 호기성과 준혐기성 및 혐기성 혼합공정(combined aerobic, anoxic and anaerobic processes), 안정화지 공정(pond process) 등 크게 5개로 분류된다. 각각의 공정은 처리정도가 부유성장이냐 부착성장이냐 또는 혼합형이냐에 따라 더 세분화된다.

탄소성 유기물 제거에 쓰이는 주요한 호기성 부유(현탁)성장 생물학적 처리공정은

① 활성슬러지 공정
② 호기성 라군
③ 연속 회분식 반응조
④ 호기성 소화공정

등이다. 이 중 활성슬러지 공정은 도시하수의 2차 처리에 가장 흔히 쓰이는 것 중 하나이다.

8.4.2 활성슬러지공정(activated sludge process)

활성슬러지 공정은 1914년 영국의 Arden과 Lockett에 의해 개발되었는데, 폐수를 호기성 상태에서 안정화시키는 활성미생물과 연관하여 명명된 공정이며, 대표적인 부유증식 공정이다. 전 세계적으로 도시 하수처리에 가장 일반적으로 쓰이는 공정이고, 기존 국내 하수처리장의 90% 이상이 활성슬러지 공정으로 이루어져 있다. 그

림 8.10에는 완전혼합 활성슬러지 공정의 계통도를 보여주고 있다. 그림에서와 같이 활성슬러지 반응조는 포기조와 2차 침전지로 구성되고 포기조 내에 충분한 미생물을 확보하기 위하여 침전지로부터 슬러지의 반송이 이루어진다.

활성슬러지공정은 호기성 미생물이 부유상태로 유지되는 반응조로 주로 유기성 폐수가 유입된다. 반응조 내에 부유하는 미생물을 혼합부유물(MLSS, mixed liquor suspended solid)이라 하며, 반응조 내에서 식(8.41)과 식(8.42)의 일반적인 양론식에 따라 미생물의 변환이 이루어진다.

- 유기물산화(oxidation)와 세포합성(synthesis)

$$\text{CHONS} + O_2 + \text{영양염류} \xrightarrow{\text{미생물}} CO_2 + NH_3 + \underset{\text{(새로운 미생물)}}{\underline{C_5H_7O_2N}} + \text{기타 최종산물} \tag{8.41}$$

- 내생호흡(endogenous respiration)

$$\underset{\text{(미생물)}}{\underline{C_5H_7O_2N}} + 5O_2 \xrightarrow{\text{미생물}} 5CO_2 + 2H_2O + NH_3 + \text{에너지} \tag{8.42}$$

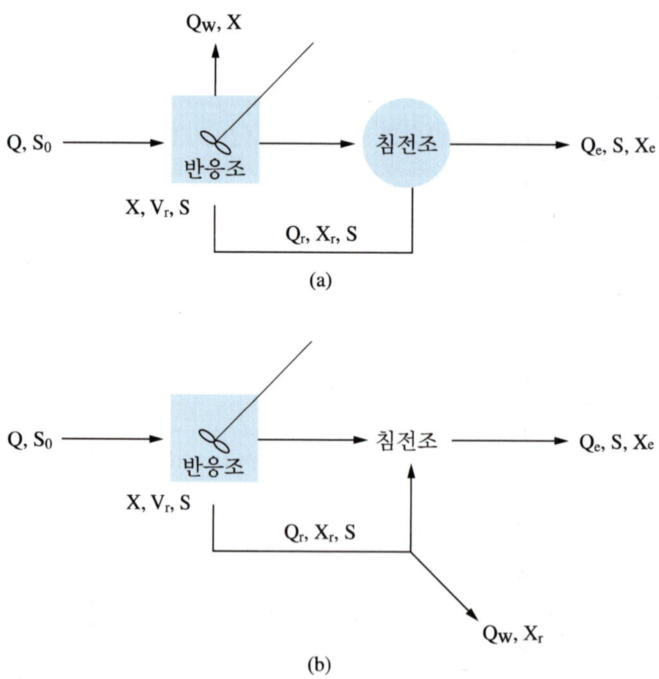

그림 8.10 완전 혼합 활성슬러지공정의 모식도

활성슬러지공정을 운전하거나 설계에 필요한 인자들은 유기물부하량, 수리학적 체류시간(HRT, hydraulic retention time), 유입유기물의 양에 대한 반응조 내부의 미생물량의 비로 표시되는 F/M (유입유기물의 양/반응조 내부의 미생물량), 반응조 내에 미생물의 체류시간을 의미하는 고형물 체류시간(SRT, solid retention time) 및 산소소모량 등이 있다. 공정을 운전하면서 발생하는 문제점은 슬러지 팽화(sludge bulking), 슬러지 부상(sludge rising) 및 거품현상(foaming) 등이 있다.

8.4.3 살수여상(trickling filter)

활성슬러지 공정과 달리 미생물부착증식공정인 살수여상은 1893년 영국에서 설치 운전되었다. 살수여상의 개념은 쇄석을 채운 수밀성 탱크로 된 접촉여과상(contact filter)의 활용에서 도출되었다. 접촉여과상의 한계점은 비교적 막힘이 자주 일어나고 긴 휴지기간이 소요되며 비 저부하로 운전되어야 하는 점이다. 현대식 살수여상은 미생물이 부착되는 아주 투수성이 좋은 여재(filter media)로 이루어져 있으며, 이를 통하여 폐수를 침투(percolation) 또는 살수(trickle)시키는 데서 그 이름이 유래되었다. 여상의 재료는 석재 또는 슬래그나 여러 가지 플라스틱 재질을 쓴다. 여상은 처리된 폐수와 적재에서 떨어져 나오는 생물학적 고형물을 모으기 위한 하부배수(underdrain)장치가 필요하다. 이 하부배수장치는 집수설비 및 공기순환을 위한 다공성 구조로서 상당히 중요하다. 집수된 물은 처리된 폐수에서 고형물을 분리하는 침전지로 보내진다. 실제적으로 하부배수 구조에서 집수된 물이나 침전지 유출수의 일부분은 재순환되는데, 대개 유입폐수의 강도를 희석하고 생물막층의 습기를 유지한다. 폐수내의 유기물은 여재에 부착된 미생물균에 의하여 분해되며 생물막 또는 점액질 층(slime layer)에 흡착된다. 미생물 점액질층(0.1～0.2 mm)의 바깥 부분에서 유기물은 호기성 미생물에 의하여 분해된다. 미생물이 증식함에 따라 생물막의 두께는 증가하고 산소가 생물막으로 깊이 침투하기 전에 소모된다. 따라서 여재의 표면 근처에서는 혐기성환경이 된다. 그림 8.11에 실수여상공정에서의 생물막의 특성에 대하여 그림으로 나타냈다.

생물막층의 두께가 증가함에 따라 흡착된 유기물은, 여재 표면 근처에 있는 미생물과 접촉하기 전에 대사된다. 세포형성을 위한 외부로부터의 유기물이 고갈된 결과, 여재 표면 근처의 미생물은 내생성장 단계에 들어가며, 여재 표면에의 부착력을

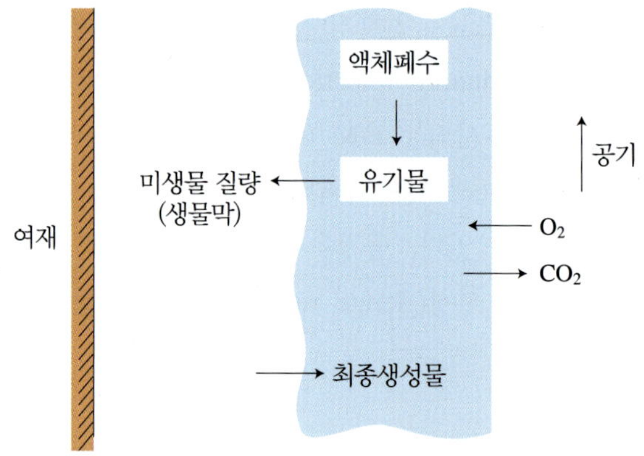

그림 8.11 살수여상에서 생물막의 특성

잃는다. 즉, 폐수가 생물막을 여재로부터 씻어내게 되며 새로운 생물막이 생성되게 된다. 생물막이 떨어지는 이러한 현상을 탈리(slouglung)라 하고 일차적으로 여상의 수리학적 부하와 유기물 부하의 함수이다. 수리학적 부하는 전단속도(shear velocity)와, 유기물 부하는 생물막의 대사율과 관련이 있다. 현대식 살수여상에서 수리학적 부하율은 생물막의 일정한 두께를 유지할 수 있도록 조절된다. 전형적인 살수여상공정을 그림 8.12에서 보여주고 있다.

살수여상의 설계식은 수리학적부하와 유기물부하의 변화에 따른 제거효율이 중요한 요소가 된다. 일반적으로 알려진 식은 Atkinson식, Eckenfelder식, Schultz식 등이 있으며, 석재여상의 설계식에 주로 쓰이는 경험식인 NRC식이 있다. 1단 및 2단의 살수여상공정에 쓰이는 NRC식은 다음과 같다.

$$E_1 = \frac{100}{1 + 0.432\,(W/VF)^{0.5}} \tag{8.43}$$

여기서, E_1 : 20°C 1단에서의 BOD제거효율, %

W : 여상의 BOD 부하, kg BOD/m^3 · day

V : 여상의 부피, m^3

F (재순환계수) : $\dfrac{1+R}{(1+R/10)^2}$

R : 재순환율(Q_r/Q)

(a)

(b)

그림 8.12 전형적인 살수여상공정

$$E_2 = \frac{100}{1 + \{0.432/(1-E_1)\}(W'/VF)^{0.5}} \tag{8.44}$$

여기서, E_2 : 20°C 2단에서의 BOD제거효율, %

E_1 : 1단에서의 제거율

W' : 2단여상의 BOD부하량, kg BOD/m^3 · day

8.4.4 혐기성 소화(anaerobic digestion)

혐기성 소화는 슬러지 안정화에 사용되는 가장 오래된 공법 중의 하나이다. 혐기성소화 시 분자상태의 산소가 존재하지 않는 상태에서 유기물 및 무기물의 분해가 이루어진다. 현재까지, 주된 용도는 폐수처리 및 일부 공장 폐수 처리 시 생산된 슬러지의 안정화이다. 보다 최근에 희석된 유기성 폐수도 혐기성으로 처리할 수 있음이 입증되었다. 혐기성 소화 공정에서는, 일차 침전 슬러지와 생물학적 슬러지의 혼합액의 유기물이 혐기성 상태에서 생물학적으로 메탄(CH_4) 및 탄산가스(CO_2)를 포함하는 다양한 최종생성물로 변환된다. 이 과정은 기밀성 반응조 내에서 일어난다. 연속적 또는 간헐적으로 주입된 슬러지는 반응조 내에 장기간 남아 있게 된다. 안정화된 슬러지는 반응조로부터 연속적 또는 간헐적으로 제거되며, 이 슬러지는 유기물 및 병원균의 함량이 낮고 더 이상 부패되지 않는다.

두 종류의 흔히 쓰이는 혐기성 소화조는 저율 및 고율 소화조이다. 저율소화공정[그림 8.13(a) 참조]에서는 소화조 내의 내용물을 흔히 가열하지 않고 혼합하지도 않는다. 저율공정의 체류시간은 30～60일이다. 고율 소화공정[그림 8.13(b) 참조]에서는 소화조 내용물을 가열하고 완전히 혼합한다. 고율 소화조의 요구 체류시간은 흔히 15일 또는 그 이하이다. 이러한 두 가지 기본 공정의 혼합형이 2단계공정으로 알려져 있다[그림 8.13(c) 참조]. 두 번째 단계의 일차적인 기능은 상징액을 소화된 고형물로부터 분리하는 것이지만 여분의 소화 및 가스 생산이 일어나기도 한다.

혐기성 소화조에 메탄형성에 관여하는 주요한 두 가지 대사경로(그림 8.14 참조)에는

① 수소와 탄산가스로부터 메탄과 물로의 변환
② 초산으로부터 메탄과 탄산가스로의 변환

이 있다.

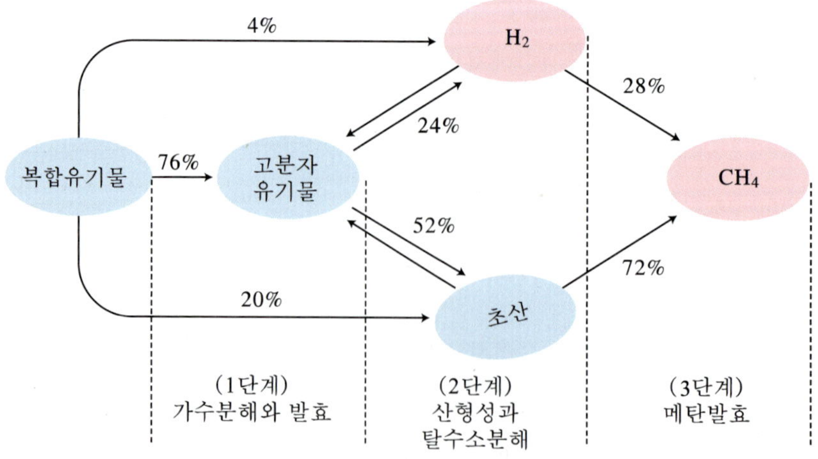

그림 8.14 혐기성소화에서 에너지흐름의 단계

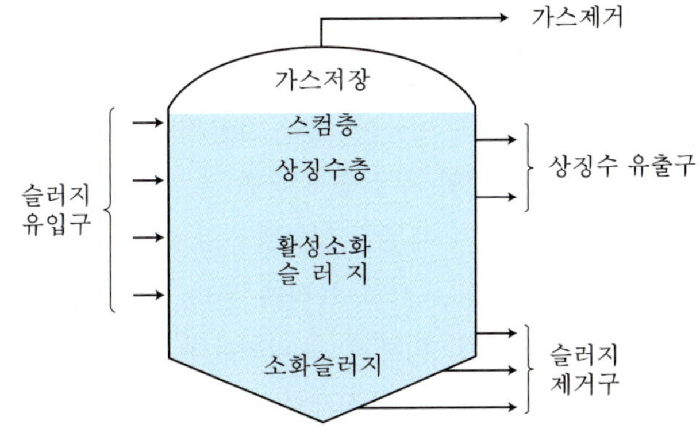

(a)

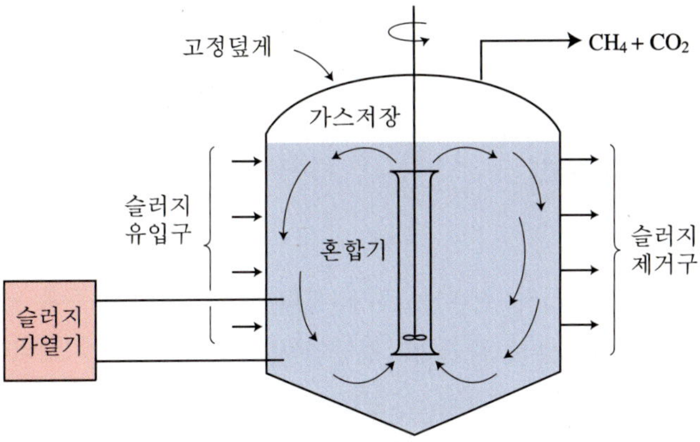

(b)

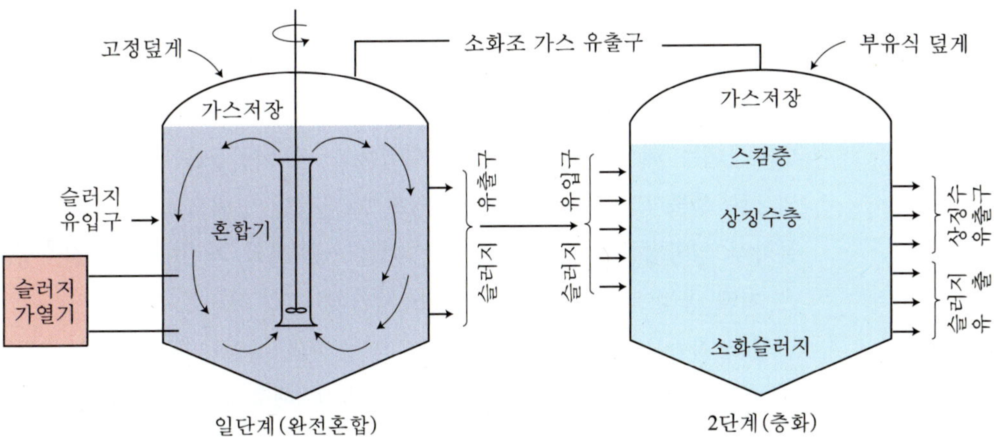

(c)

그림 8.13 전형적인 혐기성 소화조

메탄형성균과 산형성균은 공생(syntrophic)관계를 형성하고 여기서 메탄형성균은 수소, 개미산(formate), 초산과 같은 발효산물을 메탄가스와 탄산가스로 전환시킨다. 메탄형성균은 이들이 지닌 효율적인 수소분해효소(hydrogenase) 때문에 산형성균에 의하여 생성된 수소를 사용할 수 있다. 메탄균은 아주 낮은 수소의 분압상태를 유지할 수 있기 때문에 발효반응의 평형상태는 보다 산회된 최종생성물(즉, 개미산 및 초산)의 형성 쪽으로 몰리게 된다. 산형성균과 기타 혐기성균에 의하여 생산된 수소가 메탄균에 의하여 소비되는데 이를 생물종간 수소전달(interspecies hydrogen transfer)이라 한다. 실제로, 메탄균은 산형성균의 성장을 저해하는 화합물들을 제거한다.

8.5 고도처리

고도처리(3차 처리)는 3차 처리 후에도 폐수 중에 남아 있는 부유물, 용해성 유기물, 무기염류, 중금속, 영양염류(질소, 인) 등을 제거하고자 하는 공정이며, 극히 부영양화에 관련된 주요 영장물질인 질소화합물과 인 화합물 제거를 일차 목적으로 한다. 최근에는 중금속과 같은 다양한 독성물질을 제거하는 부가 목적도 가지고 있다. 영양염류 제거를 위한 고도처리 기법으로 여과, 활성탄에 의한 흡착, 화학약품에 의한 침전, 이온교환, 오존처리, 전기투석, 역삼투, 증발 등의 물리·화학적 처리 방법이 있다.

최근에는 폐수에 함유된 질소 화합물과 인 화합물을 제거하기 위한 고도처리 방법으로 생물학적 공정이 신뢰성 있고 효과적인 방법으로 알려져 있으며, 이러한 생물학적 영양염류제거 공정에 드는 비용도 비교적 저렴하다. 또한, 생물학적 공정들은 처리 공정에서 종합적인 영양소 제거에 많은 장점이 있다.

질소 화합물과 인 화합물 두 가지가 수질의 부영양화에 미치는 영향이 크기 때문에 이들 성분 중 하나 또는 두 가지 모두의 배출에 대한 규제가 강화되고 있으므로 이들 영양염류제거 방법에는 다음과 같은 고려가 필요하다. 그림 8.15에 전형적인 고도처리공정의 모식도를 예를 들어 제시하였다.

① 인제거 없는 질소제거

② 질소와 인제거

③ 질산화와 동시 또는 질산화 없는 인제거

④ 계절별 질소제거와 함께 연중 인제거

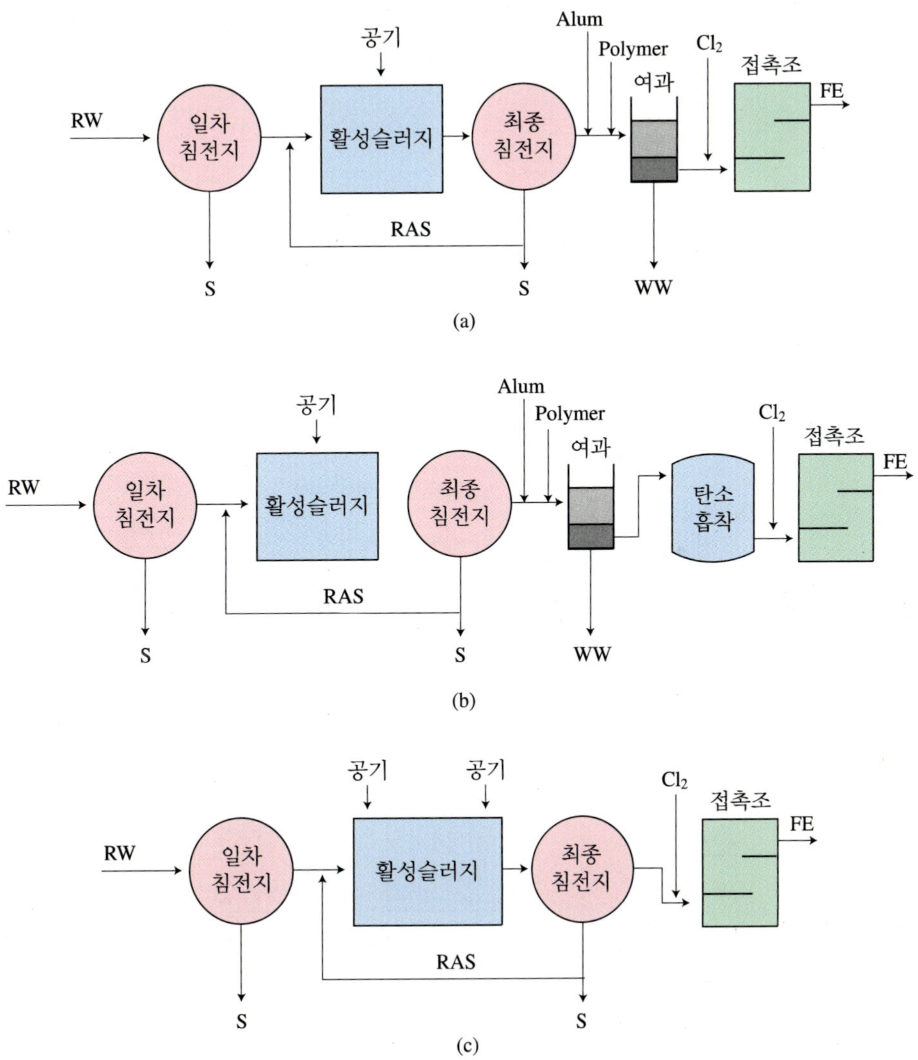

RW = 원폐수　　RAS = 반송활성슬러지　　FE = 최종처리수
S = 슬러지　　WW = 세척수(역세척에서)

그림 8.15 고도처리공정의 흐름도 (이후 계속)

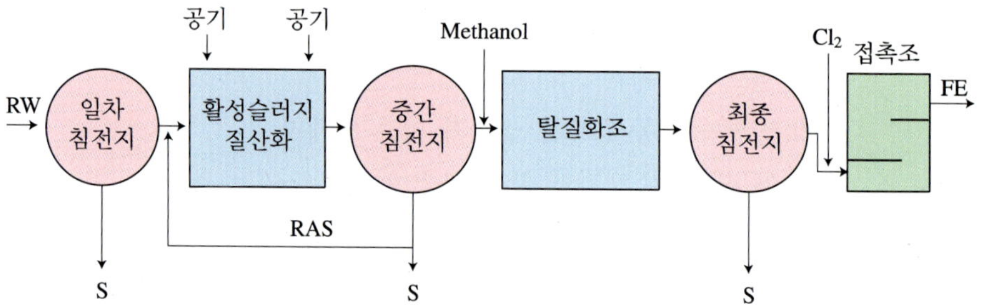

(d)

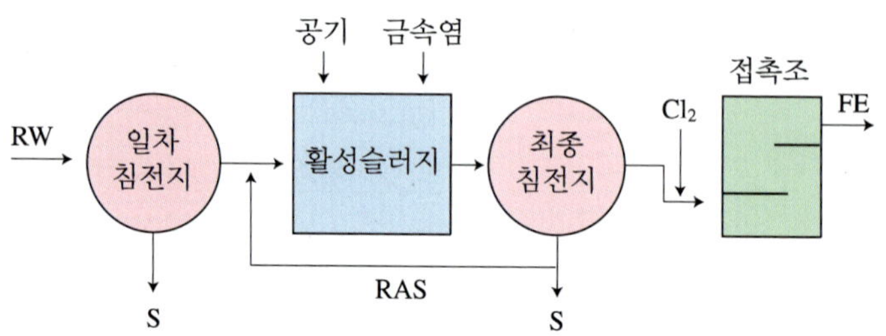

(e)

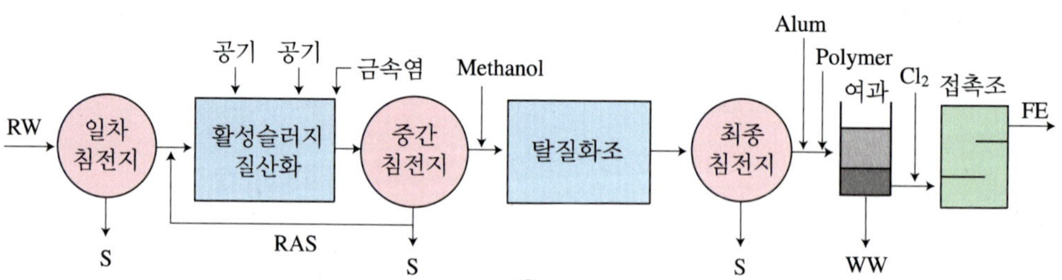

(f)

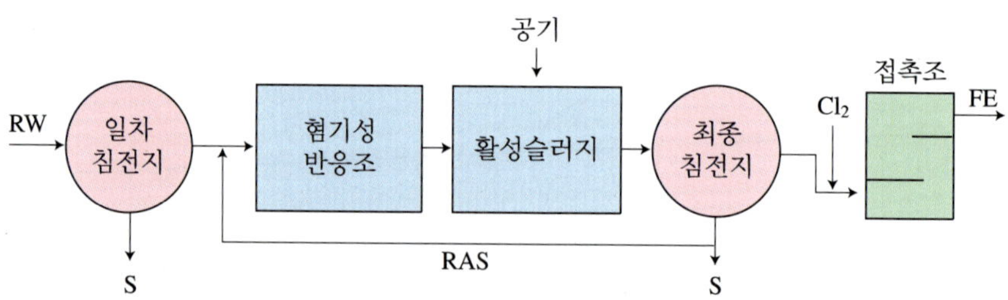

(g)

RW = 원폐수	RAS = 반송활성슬러지	FE = 최종처리수
S = 슬러지	WW = 세척수(역세척에서)	

그림 8.15 고도처리공정의 흐름도 (이후 계속)

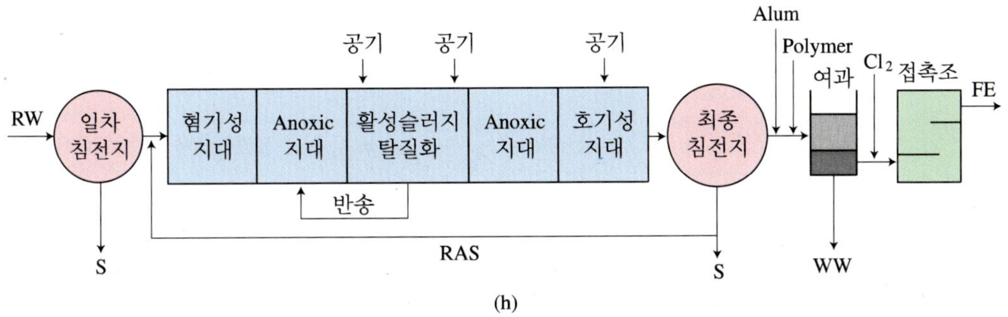

RW = 원폐수　　RAS = 반송활성슬러지　　FE = 최종처리수
S = 슬러지　　WW = 세척수(역세척에서)

그림 8.15 고도처리공정의 흐름도

8.5.1 생물학적 질산화/탈질화에 의한 질소제거

질소제거를 위한 여러 가지 방법 중에서 생물학적 질산화/탈질화가 다음과 같은 이유로 가장 선호하는 방법이다.

① 잠재적 처리 효율이 높다.
② 공정의 안정성과 신뢰도가 높다.
③ 공정운전이 비교적 쉽다.
④ 토지 소요 면적이 작다.
⑤ 비용이 적당하다.

생물학적 질산화/탈질화에 의한 질소제거는 2단계 공정이다. 첫 번째 질산화 단계에서는 암모니아가 호기성 상태에서 질산염(NO_3^-)으로 전환된다. 그러나 질소는 단순히 형태만 변하고 제거되지는 않는다. 두 번째 탈질화 단계에서 질산염은 가스 형태로 전환되어 제거된다.

생물학적 질산화는 질산화-탈질화 과정에 의한 질소제거의 첫 단계이다. 두 종의 미생물이 질산화에 관여하는데 이는 Nitrosomonas와 Nitrobacter이다. Nitrosomonas는 암모니아를 중간 생성물인 아질산(nitrite)으로 산화시킨다. 아질산은 Nitrobacter에 의하여 질산염(nitrate)으로 변환된다. 암모니아로부터 아질산으로의 변환에 대한 대략적인 반응식은 다음과 같다.

- Nitrosomonas 관련식

$$55NH_4^+ + 76O_2 + 109HCO_3^- \rightarrow C_5H_{7O_2}N + 54H_2O + 104H_2CO_3 \quad (8.45)$$

- Nitrobactor 관련식

$$400NO_2^- + NH_4^+ + 4H_2CO_3 + HCO_3^- + 195O_2$$
$$\rightarrow C_5H_7O_2N + 3H_2O + 400NO_3^- \quad (8.46)$$

두 단계를 다음과 같이 합칠 수 있다.

$$NH_4^+ + 2O_2 \xrightarrow{\text{박테리아}} NO_3^- + 2H^+ + H_2O \quad (8.47)$$

생물학적 탈질화는 질소제거를 위한 질산화–탈질화 공정의 두 번째 과정이다. 질산염을 질소가스로 변화시켜 질소를 제거하는 것은 생물학적으로 준혐기성 상태 하에서 일어난다. 이 과정이 탈질화(denitrification)로 알려져 있다. 쉽게 제거 가능한 형태로의 질산성 질소의 변환은 여러 종의 세균에 의하여 이루어진다. *Acbromobacter*, *Aerobacter*, *Alcaligenes*, *Bacillus*, *Brevibacterium*, *Flavobacteril*, *Lactobacillus*, *Micrococcus*, *Proteus*, *Pesudomonas* 그리고 *Spirillum* 등이다. 이들 세균은 자가영양으로 질산염 환원의 2단계 작용을 할 수 있다. 첫 번째 단계가 질산염의 아질산염으로의 변환이다. 이 과정에 뒤따라 산화질소(nitric oxide), 아산화질소(nitrous oxide) 그리고 질소가스가 생성된다. 질산염 환원반응은 다음과 같다.

$$NO_3^- \rightarrow NO_2^- \rightarrow NO \rightarrow N_2O \rightarrow N_2 \quad (8.48)$$

8.5.2 생물학적 인제거

인은 대개 제한 영양물이기 때문에, 부영향화가 문제가 될 때 그 제거가 대단히 중요하다. 인은 생물학적 처리에서 오쏘인산염(orthophosphate), 폴리인산염(polyphosphate) 그리고 미생물 세포 내에 유기물과 결합된 인으로써 제거된다. 총 제거량은 순미생물 생산량에 달려 있다. 미생물 세포 내의 인함량은 질소함량의 대략 1/5 정도이나, 실제 인의 함량은 특정한 환경조건에 따라 질소 값의 1.7에서 1.3까지 변화된다. 평균적으로 2차 처리 시 슬러지 폐기에 의하여 제거되는 인의 양은 유입수 내 인의 양의 10에서 30% 범위이다. 유출수내의 인농도를 낮추기 위하여, 정상적인 세포합성과 유지에 필요한 이상의 추가제거가 요구된다. 인은 무산소 조건하에서 미생물로부터 방출될 수 있다. 생물학적 인제거는 적절한 환경 조건을 갖춘 연속되는 반응조에서 이를 수 있다.

*Acinetobacter*는 인제거를 위한 가장 중요한 미생물의 하나이다. 이 미생물은 혐기성 조건하에서 유입폐수 내의 휘발성 지방산(VFAs, volatile fatty acids)과 반응하여 축적된 인을 방출한다. VFAs는 *Acinetobacter*가 유기영양 미생물과 경쟁하는데 있어 중요한 기질이 된다. 호기성 반응조 뒤의 혐기성 반응조에 오면 미생물들은 정상수준 이상의 인을 제거한다. 인은 미생물의 유지, 세포합성, 에너지 전달에 사용될 뿐만 아니라 미생물에 의하여 추후 사용되기 위하여 저장된다. 따라서 생물학적 인제거를 위해서는 반응조 내에 혐기성 및 호기성 두 가지 반응조가 필요하다. 과량의 인을 포함한 슬러지는 폐기되거나 또는 잉여분을 방출하기 위하여 제거된다.

참고문헌

1. Etienne Paul, Yu Liu, Biological sludge minimization and biomaterials/bioenergy recovery technologies 2012, Wiley
2. David Jenkins, Jiri Wanner, Activated sludge: 100 years and counting, 2014, IWA Publishing
3. Stefan Wuertz 외 2인, Biofilms in wastewater treatment: An interdisciplinary approach, 2003, IWA Publishing
4. Metcalf & Eddy, Wastewater Engineering: Treatment and Resource Recovery 5th Edition, 2014, McGraw-Hill
5. Guangao Chen 외 3인, Biological wastewater treatment: Principles, modeling, and design, 2020, IWA Publishing
6. M.Hanze 외 4인, Biological wasterwater treatment, 2008, IWA Publishing
7. Mikkel Stokholm-Bjerregaard 외 5인, A critical assessment of the microorganisms proposed to be important to enhanced biological phosphours removal in full-scale wastewater treatment systems, 2017, frontiers in Microbiology
8. Iffat Naz 외 4인, Assessment of biological trickling filter systems with various packing materials for improved wastewater treatment, 2014, Environmental Technology vol. 36
9. Larry L. Barton, Robert J.C.Mclean, Environmental microbiology and microbial ecology, 2019, Wiley
10. Herbert H. P. Fang, Tong Zhan, Anaerobic biotechnology: Environmental protection and resource recovery, 2015, Imperial College Press

연습문제

1. 하수처리시설 설계과정에서 유량조절조의 기능을 생략한다면 처리시설 운전과정에서 어떤 일이 발생할 것인지 조사하여 기술해 보라.

2. 일반적으로 일차 침전지는 장방형 침전지와 원형 침전지로 구분된다. 원형 침전지와 장방형 침전지의 특징에 대하여 조사하고 장단점을 기술하시오. 만약 귀하가 어떤 지역(실제 하수처리 시설이 위치하기는 부지면적이 적은 지역이나, 이 지역을 피하면 하수 처리시설은 위치가 불가능한 지역)에 하수처리시설을 설계한다고 가정할 때 귀하는 어떤 형태의 침전지를 선택해보라.

3. 활성슬러지 0.3% 혼합액을 농축시키기 위한 부상분리 농축조를 가압순환이 없는 방법으로 다음과 같은 조건하에 운전한다. A/S비는 0.008 mL/mg, 온도 20°C, 공기용해도 18.7 mL/L, 포화도는 0.5, 표면부하율은 8 L/m^2 · min이고 유입슬러지량은 400 m^3/일이다. 이때 소요압력은 얼마인가

4. 폐수 중의 무기 이온성 물질이나 영양염류 중의 인(phosphorus) 등을 제거할 때 화학적 침전공정(chemical precipitation)을 적용한다. 화학약품을 이용하여 화학적 침전공정을 수행할 때 무기 이온성물질이나 인이 제거되는 과정을 조사하여 설명하라.

5. 황산알루미늄[명반 : $Al_2(SO_4)_3 \cdot 18H_2O$]을 이용하여 오염물질을 화학적 침전을 이용하여 제거한 후 주철로 된 방류관을 통하여 방류 시 관의 부식이 우려된다. 주철관이 부식되는 원인은 무엇인가

6. 활성탄(activated carbon)을 입자의 크기별로 구분하고, 구분된 활성탄의 적용방법을 비교하여 설명하라.

7. 미생물의 회분식(batch)배양에서 미생물의 성장과 먹이의 소비관계 곡선을 그리고 각 상태별 미생물의 특징에 대하여 설명하라.

8. 국내에서 운전되고 있는 처리용량 100,000 m^3/일 이상의 하수처리시설은 모두 활성슬러지(activated sludge)공정으로 운전되고 있다. 활성슬러지 공정의 운전 인자 중 HRT와 SRT를 구분하여 설명하라.

9. 혐기성 소화조에서 유기물($C_6H_{12}O_6$)이 분해하는 과정을 화학식으로 표시하라.

10. 살수여상(trickling filter)공정에서 유기물이 제거되는 원리를 조사하여 기술하라.

11. 국내에서 하수처리를 위하여 생물학적 처리공정인 활성 슬러지공정과 살수여상공정이 고려된다고 가정할 때 어떤 공정이 타당한지 설명하라.

제 9 장

대기오염 및 제어

9.1 서론

최근, 대기관련 지구환경 문제들인 온난화, 산성비, 오존층파괴, 사막화 등이 전 세계적인 환경문제로 나타나고 있다. 그러나 대기오염은 현대사회의 새로운 현상이 아니며 이미 14세기 영국에서는 석탄 매연에 의한 대기오염이 문제가 되어 석탄 사용이 금지된 때가 있었다. 또한 1952년 런던에서는 아황산가스에 의한 대기오염으로 약 4,000명 이상이 사망하였으며, 1954년 로스앤젤레스에서는 자동차 광화학스모그 사건이 발생하여 주민에 많은 건강상의 피해를 주었다

일부 외국의 대기오염 사례를 위에 언급하였으나, 사실 대기오염은 화산폭발 및 산불 등 자연발생적 대기오염물질에 의해 예로부터 존재하여 왔으며, 일시적으로 인간에 피해를 주는 지역적 문제이었다. 그러나 산업혁명 이후부터는 인위적 대기오염물질에 의한 피해가 인간, 동물, 식물, 재산 등에 서서히 증가하기 시작하였고 최근 지구규모의 관심사가 되기 시작하였다.

한편, 우리나라에서도 대도시에서는 자동차 증가로 인한 먼지, 오존 등의 오염도가 점점 증가되고 있으며, 산업단지 주변에서는 휘발성 유기화합물 등에 의한 인근 주민의 피해사례가 나타나고 있다. 현대사회의 일련의 이러한 대기오염의 주요 원인은 수질오염이나 폐기물 문제 등의 경우와 같이, 인간의 욕구를 충족시키기 위해 사용되는 에너지와 자원의 사용에 따른 오염물질의 무분별한 배출에 있다고 볼 수 있다. 즉, 오늘날의 심각한 대기오염의 요인도 다른 환경오염 문제처럼 산업화, 도시화 및 인구증가에 따른 것으로 요약될 수 있다.

대기오염을 최소화하고 효과적으로 대기의 질을 관리하여 위해서는 대기 자체의 성질 뿐 만 아니라, 대기오염의 원인 및 특성, 대기오염의 사례, 대기오염 물질, 대기오염이 인간 및 주변 동식물과 재산에 미치는 영향, 기상상태와 대기오염과의 연관성, 효과적 방지대책 기술 등 에 대한 전반적인 이해가 필요할 것이다.

9.2 | 대기오염 및 사례

9.2.1 대기의 특성

대기는 지구 위에 존재하는 전체 기상 부분을 뜻하며, 일반적으로 대기라 함은 지구를 둘러싸고 있는 공기를 말한다. 공기로 구성된 대기권의 대기전체 질량은 약 5.2×10^{15} ton이며, 이 양은 대기권을 구성하는 4가지 기본층인 대류권, 성층권, 중간권, 열권에 분포되어 있다. 대기권 전체의 고도에 따른 온도 변화의 양상은 그림 9.1에 나타나 있다.

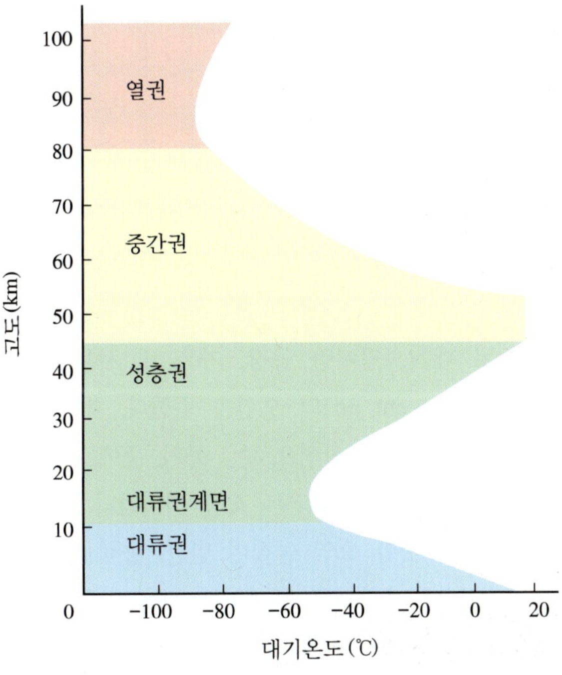

그림 9.1 대기의 구조 및 온도

우리의 관심사인 대기오염은 지구표면과 가장 가까운 대류권에서 주로 발생되며 (산성비, 온난화 등) 인간 및 대부분의 생물이 이 층과 밀접한 관계를 갖고 있다. 대기오염 방지 차원에서도 대류권에 우리의 관심이 가장 집중되고 있다. 한편, 대류권에서의 정상공기는 건조 부피기준으로 질소가 약 78.0%, 산소 20.95%, 아르곤 0.93%, 이산화탄소 0.03% 및 미량의 불활성기체 등으로 구성되어 있다(표 9.1).

표 9.1 대기의 조성

기체	부피농도, ppm	기체	부피농도, ppm
N_2	780000	N_2O	0.2
O_2	209500	CO	0.1
Ar	9300	Xe	0.08
CO_2	320	O_3	0.02
Ne	18	NH_3	0.006
He	5.2	NO_2	0.001
CH_4	1.5	NO	0.0006
Kr	1.0	SO_2	0.0002
H_2	0.5	H_2S	0.0002

9.2.2 대기오염 사례

일반적으로 대기오염이란 공장, 가옥 및 사무실 등의 실내 공기오염과는 구분되는 실외 공기(ambient air)의 오염을 뜻한다. 대기오염에 대한 정의는 학자 및 국가마다 조금씩 다르나, 정상적으로는 공기 중에 존재하지 않는 물질이 인위적이거나 자연적으로 대기 중에 배출되는 것을 의미한다. 즉, 대기 중에 먼지, 유해가스, 악취 등의 바람직하지 못한 오염 물질이 인간, 동식물, 재산 등에 유해한 영향을 끼칠 정도로 특정 지역에 다량으로 존재하는 것을 말한다. 여기서 유해한 영향을 끼친다는 것은 대기오염 물질이 어떤 지역에 일정 농도 및 일정 시간 이상으로 존재하여야 가능하다는 사실을 말한다.

참고로, 미국의 플로리다 주에서는 "대기오염은 사람의 건강이나 복지 및 재산과 동·식물 등에 나쁜 영향을 주거나 인간의 생활을 방해하는 많은 양의 오염물질, 또는 1개 이상의 오염물질이 실외 대기에 존재하는 것"이라고 정의하고 있다. 한편, 우리나라의 경우 대기오염의 정의에 대해서는 구체적으로 정의되어 있지 않고, 대기환경보존법에 다음과 같은 용어들에 대한 규정이 있다: 대기오염물질, 가스, 입자상 물질, 먼지, 매연, 악취, 특정 대기유해물질 등

대기오염의 사례는 자연적인 발생에 의한 것과 인위적 발생에 의한 것으로 구분할 수 있으며, 전자에는 예로부터 지금까지도 존재하는 화산폭발과 자연발화에 의한 산불에 의한 연기, 가스, 재 및 폭풍에 의한 먼지 등을 보기로 들 수 있다. 후자의 경우, 인간이 불을 사용하기 시작하면서 나타난 고대 동굴의 연기 자국, 중세 영국의 석탄 사용에 의한 주민 및 건물 등에 대한 피해, 18세기 말부터 시작된 산업혁명 이후의 대기오염에 의한 피해 및 특히 20세기 초 중반 중화학공업의 발달과 연관된 세계적으로 유명한 많은 대기오염 사건 등이 있다.

인위적 발생에 의한 대기오염의 사례를 시기적으로 구분하면, 중세까지는 사람들이 의식주를 해결하기 위해 불을 사용함으로써 발생한 연기가 그 지역의 기상조건과 결합하여 그 지역의 주민에 일시적 불편함을 주었으나 심각한 상태는 아니었다. 연기에 의한 불편함 때문에 1307년 영국의 에드워드 2세는 석탄의 매연을 법으로 규제하였으며, 1578년 엘리자베스 여왕은 궁전 주변에서 석탄사용을 못하도록 법으로 금지하였다. 한편, 산업혁명 이후 석탄의사용이 증가함에 따라 대기오염에 의한 피해도 나타나기 시작하였으며, 런던에서는 연기와 안개가 합쳐 주민에 피해를 입힌 기록이 남아 있다. 20세기에 들어서서 대기오염은 다양한 오염 물질과 이상 기온현상 등이 복합되어 주민에 다음과 같은 큰 피해를 주었다.

1930년 12월, 벨기에의 Meuse Valley에서는 화력발전소, 제련소, 황산공장 등의 굴뚝으로부터 나온 오염물질이 무풍상태 및 복사역전으로 정체, 축적되어 63명이 사망하였으며, 수천 명의 환자가 발생하였다. 이 스모그(smog : smoke와 fog의 합성어) 사건의 원인물질은 SO_2 및 분진 등이며, 호흡기 질환을 야기하였다.

1948년 10월, 미국의 펜실베이니아 주 공업도시인 도노라 시에서 고기압권 내에 형성된 역전층과 무풍에 의해서 발생한 사건으로, 17명이 사망하고 약 13,000명의 주민 중 6,000여명이 호흡기, 눈 등에 피해를 입었으며 호흡기 질환이 있는 노년층의 피해가 컸다. 이 사건의 원인 물질은 SO_2 및 황산미스트였으며 이 도시에 있는 황산공장과 제련소 등에서 배출되었다.

1950년, 멕시코의 포자리카의 천연가스 처리공장에서 황화수소가 인근 마을로 누출되어 난 사고로, 기온역전 상태였으며 약 300명이 중독되었고, 이 중 22명이 사망하였다.

1952년 12월, 런던 시에 안개가 지속되고 무풍 및 복사역전 상태 하에서 가정 및 공장의 석탄 연소로부터 배출된 SO_2와 매연에 의해 4,000명 이상이 호흡기 계통 질환으로 사망하였다. 이 사건이 그 유명한 런던 스모그 사건이며, 스모그란 합성어는 1905년 런던에서 개최된 공중위생회의에서부터 사용되기 시작하였다.

1954년 미국 LA시에서는 약 400만대의 자동차와 공장에서 배출한 질소산화물(NO_x)과 탄화수소(HC)가 태양으로부터 나오는 자외선의 존재 하에 대기 중에서 반응하여 오존 등을 포함한 광화학스모그를 발생시켜 인체의 눈, 코를 자극하고 호흡기계통에 피해를 주었다. 이러한 광화학 스모그는 가시도도 약화시켰고, 식물 및 고무제품에도 피해를 주었다. 즉, 화석연료의 연소 때 대기로 방출된 1차 오염물질이 태양빛 아래서 오존(O_3)과 같은 2차 오염물질을 생성하여 일으킨 사건이다. 이와 같은 형태의 스모그를 LA형 스모그라 한다.

한편, 비교적 최근의 유해물질의 방출사고 사례에는 다음과 같은 것들이 있다. 1976년 이탈리아의 세베소에 있는 화학공장에서는 다이옥신이 방출되어 인근 주민이 기형아를 출산하였으며, 1984년 인디아의 보팔에서는 농약공장에서 화학물질이 누출되어 수천 명이 사망하였다. 1986년 러시아 체르노빌에 있는 원자력발전소에서 방사성물질이 누출되어 28명이 사망하였고, 많은 인근 주민이 대피하였다.

9.2.3 오염물질의 농도 표시

대기오염물질은 입자상 오염물질(particulate pollutant)과 가스상 오염물질(gaseous pollutant)로 구별될 수 있으며 이들에 대한 농도 표시 방법은 각각 다르다. 일반적으로 입자상 오염물질은 단위 부피당의 질량(예 : mg/m^3 또는 $\mu g/m^3$)으로 표시되며, 가스상 오염물질은 부피 기준으로 다음처럼 표시된다.

ppm (part per million)	: 백만 분율, 10^{-6}
pphm (part per hundred million)	: 일억 분율, 10^{-8}
ppb (part per billion)	: 십억 분율, 10^{-9}
ppt (part per trillion)	: 일조 분율, 10^{-12}

위의 표현은 모두 무차원의 부피비율이며 이 중 ppm이 가장 많이 쓰인다. 예를 들어, 어떤 기상오염물질의 농도가 1 ppm이라는 것은 공기 $1\ m^3$ 중 1 mL (또는 1 L

중 1 μL)의 오염물질이 존재하는 것을 의미한다.

한편, 대기오염물질의 농도표시 방법이 국가마다 다른 단위계가 사용되거나 같은 종류의 대기오염물질이라도 이에 대한 농도단위의 표시 방법이 서로 달라 혼돈되어 왔으므로 이의 통일을 위해 미국의 EPA는 미터 단위계에 의한 표준단위를 전 세계가 공동으로 사용하도록 다음과 같이 권장하고 있다. 즉, 가스상 오염물질과 부유입자상(suspended particulate)오염물질은 단위 부피당의 질량(예 : mg/m^3 또는 μg/m^3)으로 나타내고, 입자상 낙하물(particulate fallout)은 단위 면적 및 단위 시간 당의 질량(예 : mg/cm^2 · day)으로 표시한다. 그러나 가스상 오염물질의 경우 아직도 부피비 ppm이 많이 사용되므로 ppm을 μg/m^{3}로 환산하는 다음과 같은 단위 환산식을 알아둘 필요가 있다.

$$\frac{\mu \mathrm{g}}{\mathrm{m}^3} = \frac{\mathrm{ppm} \times \mathrm{mol}\ 질량 \times 10^3}{\mathrm{L/mol}} \tag{9.1}$$

위 식에서 기체 1 mol이 차지하는 부피는 기체의 온도와 압력에 따라 변하므로 표준상태(0°C, 1 atm ; 22.4 L/mol)가 아닌 경우 이상기체법칙을 이용하여 해당 조건에서 기체 1 mol이 차지하는 부피를 구해야 한다. 일반적으로 대기질 관련 법규에서는 25°C, 1 atm을 기준으로 한다. 이상기체법칙은 다음과 같고,

$$PV = nRT \tag{9.2}$$

여기서, P : 절대압력(atm)
V : 부피(L)
n : 몰 수(mol)
R : 이상기체상수(0.08206 L · atm/mol · K)
T : 절대온도(K)

다른 온도 및 압력에서 기체의 부피를 구하려면 이상기체식으로부터 유도된 다음 식을 사용하면 된다.

$$\frac{P_a V_a}{T_a} = \frac{P_b V_b}{T_b} \tag{9.3}$$

위 식에서 P_a, T_a는 표준상태의 조건인 1 atm 및 273 K이며, V_a는 이상기체 1

mol이 이 조건에서 차지하는 부피인 22.4 L를 말한다. P_b, T_b, V_b는 실제 상태의 값을 의미한다.

예제 9.1 [가스상 오염물질의 농도단위 환산]

대도시에서 채취한 공기 시료 중의 SO_2 농도가 25°C, 1 atm에서 1.5 ppm이었다. 이를 μg/m^{3}의 농도 단위로 나타내어라.

풀이와 답

이상기체식의 응용식인 식(9.3)에 의해 25°C, 1 atm에서 이상기체 1 mol의 부피는,

$$\frac{(1\,\text{atm})(22.4\,\text{L})}{(273\,\text{K})} = \frac{(1\,\text{atm})(V_b)}{298\text{K}}$$

따라서, $V_b = 24.45\,\text{L}$

SO_2의 분자량은 32 + 2 × 16 = 64 g/mol

환산식 (9.1)에 의해,

$$\frac{\mu\text{g}}{\text{m}^3} = \frac{(1\times10^{-6})(64\,\text{g/mol})(10^3\,\text{L}/\text{m}^3)(10^6\mu\text{g/g})}{(24.45\,\text{L/mol})}$$

따라서, SO_2의 농도는 2,617.6 μg/m^{3}이다.

9.3 | 대기오염물질 배출

9.3.1 배출원

대기를 오염시키는 가스상 및 입자상 물질의 오염원은 다양하며, 자연오염원과 인공오염원으로 나눌 수 있다. 자연오염원의 예를 들면 다음과 같다.

① 화산폭발이며 이로부터 먼지, 이산화황, 황화수소, 메탄가스 등이 발생
② 산불로부터는 먼지, 매연, 탄화수소, 질소산화물 등이 발생
③ 해양에서는 해염입자
④ 식물로부터는 꽃가루, 탄화수소 등이 배출

이외에도 황사현상 및 유기물의 혐기성 분해(황화수소 및 메탄가스 발생)와 같은

다양한 자연오염원들이 있다.

오늘날의 대기오염은 자연오염원 보다는 주로 인공오염원에 기인하며, 인공오염원은 인간 활동과 관련된 여러 종류의 모든 오염원을 말한다. 이 오염원은 다음과 같이 분류할 수 있다.

① 수송(자동차, 항공기, 기차, 선박 등)
② 고정오염원으로부터 연료 연소(난방 및 전기용 : 주택, 상업, 및 산업단지)
③ 산업공정(화학산업 및 석유정제시설 등)
④ 고체 폐기물 처리(가정 및 산업 쓰레기 등)

이러한 인공오염원으로부터 배출되는 주요 대기오염물질들에는 총부유분진(TSP, total suspended particulates), 황산화물(SO_x, sulfur oxides), 질소산화물(NO_x, nitrogen oxides), 탄화수소(HC, hydrocarboms), 일산화탄소가 있다.

한편, 대기오염원은 고정오염원(stationary source)과 이동오염원(mobile source)로 크게 나눌 수 있으며, 고정된 위치에서 대기오염물질을 배출하는 고정오염원은 다시 점오염원(point source)과 면오염원(area source)으로 분류된다. 점오염원은 대형공장의 배출시설과 화력발전소 등을 말하며, 면오염원은 소규모 점오염원이 밀집되어 있는 곳(보일러나 소각로를 사용하는 주택단지와 상업단지 등)을 의미한다. 이동오염원은 선오염원(line source)이라고도 칭하며, 직선거리로 이동하면서 오염물질을 배출하는 자동차, 기차, 배, 비행기 등이 포함된다.

9.3.2 배출량

배출된 주요 오염물질을 총량적 관점에서 볼 때, 일반적으로 가장 큰 대기오염원은 수송이며, 다음은 연료연소, 산업공정, 고체폐기물 및 기타의 순서이다. 한편, 자연적 또는 인공적으로 발생된 질소산화물 등이 태양으로부터 나오는 자외선과 반응하여 생성된 오존과 같은 2차 오염물질은 대기오염물질의 발생량 산출에서는 일반적으로 제외된다. 표 9.2는 1990년 미국의 대기오염물질 배출 추정량을 오염원별로 나타내고 있다. 이동오염원인 수송부문에서 오염물질의 배출총량이 가장 많으며, 이 부문에서 미국 내 총 질소산화물 배출량의 약 38%와 총 일산화탄소 배출량의 63%가 배출되어 대기오염문제에서 자동차와 같은 이동오염원이 차지하는 비중이 높음

표 9.2 대기오염원 및 대기오염물질 배출추정량(미국, 단위 : 10^6 톤)

오염원	오 염 물 질			
	TSP	SO_x	NO_x	CO
수송	1.5	1.0	7.5	37.7
고정오염원	1.7	17.2	11.2	7.5
산업공정	2.8	3.1	0.6	4.7
고체폐기물처리	0.3	0.0	0.1	1.7
기타	1.2	0.0	0.3	8.7
합계	7.5	21.3	19.7	60.3

표 9.3 부문별 대기오염물질 배출량(한국, 단위 : 톤)

오염원	연 도		
	2019	2020	2021
에너지산업연소	205,188	164,610	168,478
비산업연소	157,015	142,027	139,548
제조업연소	430,200	195,215	191,013
생산공정	438,766	411,085	402,065
에너지수송 및 저장	29,062	22,632	24,107
유기용제 사용	545,244	537,042	544,279
도로이동오염원	615,347	507,843	465,431
비도로이동오염원	658,369	617,704	584,642
폐기물처리	77,222	68,719	69,766
농업	252,444	200,140	200,384
기타 면오염원	27,189	26,219	21,247
비산먼지	445,893	426,803	435,645
생물성 연소	366,368	362,173	369,242
합계	4,248,307	3,682,212	3,615,847

자료 : 국가미세먼지정보센터

을 알 수 있다. 우리나라도 산업의 발달 및 생활수준의 향상에 따른 소비증가로, 자동차 보유량이 2023년 말 기준 35,503만대에 이르렀으며, 대도시에 집중되어 있어 대도시 대기오염이 점점 심화되어가고 있는 실정이다. 2021년도 환경부 국가미세먼지정보센터 자료에 의하면 전국의 자동차로부터 발생되는 대기오염물질(먼지, 황산화물, 질소산화물, 탄화수소 및 일산화탄소)의 총 배출량은 약 465천 톤이며, 이 중 일산화탄소가 29%, 질소산화물이 약 62%를 차지하였다.

우리나라도 수송, 연료연소, 산업공정 등의 오염원으로부터 배출되는 대표적 대기오염물질에 대해서 연간 화석연료의 사용량 및 배출계수를 이용하여 배출량을 추정하고 있다. 대기오염물질의 총량은 청정연료의 사용 등으로 인하여 감소 추세에 있으나 질소산화물은 자동차의 보유 확대로 증가하고 있다. 오염원별 대기오염물질 (CO, NO_x, SO_x, TSP, PM_{10}, VOC) 총량에 대한 추정은 표 9.3에 나타나 있으며, 도로이동오염원과 비도로이동오염원, 즉 수송 분야에서 가장 많은 오염물질이 배출되고 있음을 알 수 있다.

9.4 대기오염물질의 분류

대기오염물질의 종류는 매우 다양하며, 모든 대기오염물질은 다음과 같이 분류할 수 있다. 분류의 첫째 방법은 대기오염물질을 그 생성원(origin)에 따라서 일차오염물질(primary pollutant)과 이차오염물질(secondary pollutant)로 나눌 수 있다. 일차 오염물질의 정의는 '오염원으로부터 곧바로 배출되어, 대기 중에 배출될 때의 상태 그대로 존재하는 물질'을 말하며, 먼지, 황산화물, 질소산화물, 탄화수소 등이 여기에 속한다. 이차 오염물질이란 일단 대기로 배출된 일차 오염물질 등이 대기 중에서 광화학반응, 산화반응 등에 의해서 새롭게 생성된 물질을 말하며, 오존(O_3 ; 질소산화물과 탄화수소가 자외선에 의한 광화학반응의 결과로 생성됨)과 PAN (peroxyacetyl nitrate) 등이 있다.

둘째, 분류방법은 대기오염물질을 기상오염물질(gaseous pollutant)와 입상오염물질(particulate pollutant)로 구분하는 것이다. 기상오염물질이란 일정한 온도 및 압력하(표준상태 : 0°C, 1 atm 또는 대기오염학에서의 기준상태 : 25°C, 1 atm)에서 가스 또는 증기로 존재하는 오염물질을 말하며, 황산화물, 질소산화물, 탄화수소, 옥시던트, 증기로 존재하는 휘발성 유기화합물 등이 여기에 속한다. 입자상 오염물질이란 매우 작은 크기의 액체 및 고체로서 먼지(dust), 연기(smoke), 액적(mist), 비산재(fly ash), 훈연(fume) 등이 있다.

셋째, 모든 오염물질을 화학 조성에 따라서 유기화합물과 무기화합물로 나눌 수 있다. 유기화합물에는 탄화수소, 알데하이드, 케톤 등이 있으며, 무기물에는 황산화물, 질소산화물, 탄소산화물(CO와 CO_2) 등이 있다.

9.4.1 기상오염물질

1) 황산화물

황산화물(SO_x)은 화산활동에 의해 자연적으로도 발생하나, 황을 포함하는 화석연료를 연소할 때 주로 발생되며, 종류에는 이산화황(SO_2), 삼산화황(SO_3), 아황산(H_2SO_3), 황산(H_2SO_4), 황산염 등이 있다. 이 중에서 이산화황은 대기환경 기준 물질로서, 연소과정에서 생성되는 황산화물의 대부분을 차지한다.

$$S + O_2 \rightarrow SO_2 \tag{9.4}$$

이산화황의 특성은 무색의 자극성이 강한 비가연성 기체이며, 환원성이 있으며 각종 색소를 표백시킨다. 또한 이산화황은 물에 잘 녹아 대기 중에서 쉽게 H_2SO_3로 생성되며, 대기 중의 광화학반응에 의해 이산화황으로부터 생성된 삼산화황은 물과 다시 반응하여 부식성이 강한 황산 액적을 생성시킨다. 이러한 이산화황은 지구환경 문제인 산성비의 원인 물질이다.

$$SO_2 + H_2O \rightarrow H_2SO_3 \tag{9.5}$$

$$SO_3 + H_2O \rightarrow H_2SO_4 \tag{9.6}$$

이산화황이 인체에 미치는 영향은, 정상인이 1 ppm 이상의 이산화황을 흡입하면 기관지가 수축되고 호흡수 및 맥박수가 증가할 수 있다. 10 ppm 이상에서는 눈, 코, 후두부가 자극되고 흉부의 압박감도 느낄 수 있다. 300～500 ppm의 농도에 단시간 폭로되면 호흡곤란, 두통, 의식불명 등을 일으키고 그이상의 농도에서는 치명적 일

표 9.4 SO_2의 농도변화와 인체에 미치는 영향

농도(ppm)	인체에 미치는 피해
0.03	만성 기관지염 환자증가
0.1	찬 공기 마실 때는 천식 증세 발생
0.25	운동 시 천식 증세 발생
1	그 지역 주인의 약 1% 정도 천식 증세 발생

수 있다. 이산화황의 농도가 낮은 경우에 대한 인체의 피해는 표 9.4에 나타나 있다. 이산화황의 만성적 영향으로는 만성기관지염 환자의 사망률을 높일 수 있다. 이산화황은 분진과 함께 대기 중에 존재할 때 인체에 치명적일 수 있으며 앞에서 소개한 세계적으로 유명한 대기오염 사건인 London 스모그 사건, Donora 사건, Meuse Valley 사건 등이 그 예이다.

이산화황이 녹색식물에 미치는 영향은 표피세포의 조직 및 엽록소를 파괴하여 황백화현상(Chlorosis)을 일으킨다. 0.05 ppm 이하의 농도에서는 식물의 피해가 없으며, 급성 피해는 연간 최대 농도가 0.3 ppm을 초과하여야 일어난다. 식물피해에 대한 임계치는 0.3~0.4 ppm의 농도에서 8시간 노출되었을 때로 알려져 있다. 이산화황에 약한 식물에는 소나무, 고구마, 코스모스, 알팔파(alfalfa) 등이 있으며, 알팔파는 이산화황의 지표식물로 사용된다. 여기서 지표식물이란 사람보다 오염은 빨리 감지하여 환경파괴정도를 알려주는 식물을 말한다. 감자, 옥수수, 글라디올러스 등은 이산화황에 비교적 강한 식물로 알려져 있다.

이산화황은 물질 및 재료에 대해서도 다음과 같은 피해를 입힌다. 철, 아연 및 구리 같은 금속을 부식시키며 가죽과 종이에도 손상을 입힌다. 또한 대기 중에서 이산화황으로부터 생성된 황산 액적은 대리석이나 석회석으로 만들어진 건물이나 조각품의 표면을 손상시킨다.

2) 질소산화물

질소산화물(NO_x)은 번개, 박테리아에 의한 유기물의 분해, 성층권에서의 일산화질소 생성과 같이 자연적으로 발생되기도 하며, 그 양은 인공배출원에서 발생되는 양보다 상당히 많으나 대기환경에 큰 영향을 미치지 않는다. 인공배출원에는 화석연료를 사용하는 고정배출원과 휘발유나 디젤 연료를 사용하는 자동차와 같은 이동배

출원이 있다. 질소산화물의 종류에는 NO, NO_2, N_2O, N_2O_3, NO_3 등이 있으며 대기 오염 측면에서 중요한 질소산화물은 일산화질소(NO)와 이산화질소(NO_2)이며 일반적으로 이들을 NO_x라 한다.

일산화질소는 무색 기체로서 물에 잘 용해되지 않으며 공기보다 약간 무겁다. 이 기체는 고온연소 시 주로 생성되며,

$$N_2 + O_2 \rightarrow 2NO \tag{9.7}$$

대기로 배출된 NO는 산소에 의해 산화되어 NO_2로 생성된다.

$$NO + 1/2O_2 \rightarrow NO_2 \tag{9.8}$$

이산화질소는 적갈색의 자극성 기체로서 물에 잘 용해되는 성질이 있고 대기 중에서 아질산이나 질산으로 변하여, 비와 함께 떨어지며, 산성비의 원인물질중의 하나이다.

$$2NO_2 + H_2O \rightarrow HNO_3 + HNO_2 \tag{9.9}$$

$$3NO_2 + H_2O \rightarrow 2HNO_3 + NO \tag{9.10}$$

이산화질소가 인체에 미치는 영향은 급성피해와 만성피해로 나뉜다. 급성피해에는 눈과 코에 대한 강한 자극, 폐출혈, 폐쇄성 기관지염, 폐렴 등이 있고, 만성피해에는 10～40 ppm의 이산화질소를 장기간 흡입하면 나타나는 폐섬유화와 폐수종 등이 있다. 이산화질소의 농도변화에 대한 인체의 영향은 표 9.5에 나타나 있다.

이산화질소의 농도가 2.5 ppm 정도가 되면 식물의 잎을 흰색 또는 갈색으로 변화시키며, 25 ppm 정도의 농도에서 급성영향을 받으면 식물이 고사할 수 있다. 또한 고농도의 이산화질소는 직물의 색을 변화시키며 금속을 산화시킨다.

표 9.5 NO_2의 농도변화와 인체에 미치는 영향

농도(ppm)	폭로시간	인체에 미치는 영향
0.08～0.1	7～8년	아동의 급성호흡기 질환발생률 증가
0.11	1시간	기도과민성 증가(기관지천식 환자)
1	40분	폐기능 검사상 폐환기 기능장애
100～150		사망

3) 광화학 산화물

대기로 배출된 1차 오염물질들인 질소산화물과 탄화수소는 햇빛 존재하에 대기 중에서 복잡한 반응을 거쳐 오존(O_3)과 PAN (peroxy-acetyl nitrate), PBN (peroxy-butyl nitrate) 등과 같은 광화학 산화물(2차 오염물질)로 생성된다. 이 중에서 오존은 광화학스모그로 생성된 산화물의 약 90%를 차지하며, LA 스모그 사건 때 처음으로 확인되었다. 광화학스모그의 생성은 다음과 같이 간단히 표현할 수 있다.

$$NO_x + HC + \text{태양광} \rightarrow \text{광화학 스모그} \tag{9.11}$$

다른 광화학산화물처럼 오존이 인체에 미치는 영향은 주로 호흡기 계통이며, 눈, 코, 목은 자극하기도 한다(표 9.6). 오존은 식물의 대사 작용을 방해하여 잎에 반점이 나타나며 농작물의 수확에 악영향을 미치기도 한다. 오존은 고무, 직물섬유, 페인트 등을 산화시켜 물질에 피해를 입힌다.

표 9.6 오존의 농도변화와 인체에 미치는 영향

농도(ppm)	폭로시간	인체에 미치는 영향
0.05~0.1	즉시	불쾌한 냄새
0.1~0.3	1시간	호흡기 자극증상 증가, 기침, 눈자극, 숨찬 증상, 기존 호흡기 질환 증상 악화
0.1~1	1시간	기도 저항 증가
0.25~0.75	2시간	운동 중 폐기능 감소
0.94	1시간 30분	기침, 호흡곤란

4) 일산화탄소

일산화탄소(CO)는 산불, 화산폭발, 메탄의 산화 등 자연적으로 발생되기도 하며, 탄소를 포함하는 화석연료나 탄소화합물의 불완전 연소과정에서 인공적으로 생성되기도 한다.

$$C + \frac{1}{2}O_2 \rightarrow CO \tag{9.12}$$

표 9.7 COHb의 농도와 인체에 미치는 영향

COHb 농도%	인체에 미치는 영향
1.0 이하	외견상 영향 없음
1.0～2.0	거동에 다소 영향
2.0～5.0	중추신경 영향 및 정신적 운동기능 장해
5.0 이상	심장 및 폐 기능 변화
10.0～80.0	두통, 혼수, 호흡곤란, 사망

인공적으로 생성되는 일산화탄소의 대부분은 수송 분야에서 배출되며, 특히 대도시에서 일산화탄소의 주배출원은 자동차이다.

일산화탄소는 물에 잘 녹지 않고, 대기 중에서 다른 물질과 화학반응도 잘 일으키지 않는 무색, 무취, 무미의 기체이다. 한편, 일산화탄소는 혈액 중의 헤모글로빈과의 결합력이 매우 강하며(산소와 결합력의 약 200배), 생성된 칼복시헤모글로빈(COHb, carboxy-hemoglobin)은 혈액의 산소 전달기능을 방해하여 일정 농도 이상에서는 인체 및 동물에 치명적이다(표 9.7). 일산화탄소의 식물에 대한 피해는 잘 알려져 있지 않다.

5) 탄화수소

탄화수소의 자연 발생원에는 식물, 토양, 습지 등이 있으며, 중요 탄화수소의 종류로는 식물에서 발생되는 테르펜과 습지에 있는 유기물이 분해되어 발생하는 메탄이 있다. 메탄은 대기 중에서 체류시간이 긴 온실가스의 한 종류이다. 인공발생원에는 정유시설, 자동차 연료의 연소, 고형폐기물 처리 등이 있으며, 여러 종류의 지방족(포화 및 불포화 탄화수소) 및 방향족 탄화수소가 있다. 배출량적인 관점에서 보면, 자연적 배출량이 인공적 배출량보다 매우 많다.

탄화수소는 탄소와 산소로 구성된 유기화합물을 말하며, 알켄(alkene)과 같은 불포화 지방족 탄화수소는 대기 중에서 질소산화물과 광화학반응을 잘 일으켜서 오존과 PAN과 같은 2차 오염물질을 생성한다. 벤조피렌은 발암성이 매우 강한 방향족 탄화수소로 알려져 있다.

지금까지 논의한 기상 오염물질에 대한 피해 및 발생원이 표 9.8에 요약되어 있고, 환경기준 측정법은 표 9.9에 나타나 있다.

표 9.8 기상오염물질의 발생원과 피해

항목	발생원	피해
이산화황(SO_2)	B-C유 또는 석탄의 연소과정	• 인체 호흡기질환 • 식물의 성장피해
이산화질소(NO_2)	자동차 배기가스, 질산을 사용하는 표면 처리공정	• 코와 인후 자극 • 호흡기에 악영향 • HC와 함께 광화학 스모그 생성
오존(O_3)	자동차 배출가스 중 이산화질소와 탄화수소가 햇빛과 반응하여 생성	• 눈 자극, 농작물 피해
일산화탄소(CO)	산소가 부족한 상태에서 연료가 연소할 때 발생	• 혈중의 헤모글로빈과 결합하여 산소공기저해, 두통, 현기증유발
탄화수소(HC)	휘발유가 연소되지 않은 상태에서 배출되거나 연소에 의하여 크랙킹을 일으킬 때 주로 발생	• NO_2와 혼합될 경우 강렬한 햇빛에 의하여 광화학스모그 생성

표 9.9 기상오염물질의 환경기준측정법

분석법 / 항목	환경기준 측정법	
	수동 및 반자동 측정법	자동연속 측정법
이산화황(SO_2)	파라로 잘린법 산정량 수동법 산정량 반자동법	용액전도율법 불꽃 광도법 자외선 형광법
이산화질소(NO_2)	흡광광도법(살츠만 시약)	흡광광도법(살츠만법) 화학발광법
일산화탄소(CO)	비분산 적외선법	비분산 적외선법
광화학 산화물	중성요오드화 칼륨법 알칼리성 요오드화 칼륨법	자외선광도법 화학발광법 자외선 광도법

9.4.2 입상오염물질

입상오염물질 또는 입상물질이란 대기 중에서 액상(liquid state)이나 고상(solid state)으로 분산되어 존재하는 물질로 정의되며, 액상물질에는 미스트, 분무가 있고 고상물질의 종류에는 먼지, 연기, 연무, 플라이애시 등이 있다.

입상물질의 일반적 크기는 0.002 ~ 500 μm 이며, 대기오염 측면에서 관심을 갖는 크기의 범위는 0.01 ~ 100 μm 이다. 앞에서 예를 든 6종류의 오염물질은 이 크기의 범위에 속한다.

입상물질은 그 크기에 따른 물리적 특성인 부유성 및 침강성에 따라 부유성 입자와 침강성 입자로 분류될 수 있다. 부유성입자의 크기는 보통 10 μm 미만이며 대기 중에서 비교적 장기간 부유한다. 침강성 입자는 10 μm 이상의 것을 말한다. 또한, 입상물질은 빛을 산란시키는 물리적 성질이 있어 일정 농도 이상으로 존재하면 시계를 감소시킨다.

표 9.10 입상물질의 발생원 및 인체에 미치는 피해

항목	발생원	피해
총부유분진(TSP)	• 연료연소, 시멘트공장, 도로 등에서 비산	• 아황산가스와 결합하여 호흡기 질환 유발
미세먼지(PM-10) 초미세먼지(PM-2.5)	• 산업시설, 자동차 배기가스	• 호흡기를 통해 폐에 침투 또는 혈관을 따라 체내 이동하여 호흡기계 및 심혈관계 질환 유발
납(Pb)	• 자동차 배기가스(유연휘발유 사용) 및 납 사용 용해시설	• 중독 시 신경염 및 두통, 현기증 등

표 9.11 부유입자상 물질의 환경기준측정법

항목 \ 분석법	환경기준 측정법	
	수동 및 반자동 측정법	자동연속 측정법
부유입자상 물질	고용량에어 샘플러법 저용량에어 샘플러법 광산란법에어 샘플러법 광투과법에어 샘플러법	베타선법

한편, 입상물질은 대기 중으로 직접 배출된 상태로 존재하는 1차 입자 및 광화학 반응 등으로 생성된 황산염, 질산염과 같은 2차 입자로 분류될 수도 있다. 입상물질은 발생원으로 분류될 수도 있으며, 인공배출물에는 화산재, 꽃가루, 박테리아 등이 있으며, 자연배출물에는 먼지, 연기, 플라이애시, 금속염, 연무 등이 있다.

입상물질이 인체에 미치는 영향으로 부유입상물질에 의한 호흡기 질병을 예로 들 수 있다. 이 질병은 부유입상물질의 농도, 동반물질의 존재, 노출시간에 좌우된다. 식물에는 큰 피해를 입히지 않으며, 물질에 대한 피해로 옷을 더럽히고 금속을 부식시킬 수 있다. 일부 입상물질의 발생원 및 인체에 미치는 피해가 표 9.10에 있고, 부유입자상 물질의 환경기준측정법은 표 9.11에 있다.

9.5 대기오염과 미기상

인간, 동·식물, 재산 및 물질 등에 대한 대기오염의 심각한 피해는

① 분산과 혼합을 제한하는 불리한 기상조건
② 오염물질의 존재
③ 특정 지형조건

등의 공동 영향으로 발생된다. 이러한 영향중에서 불리한 기상조건이 세계적으로 유명한 대기오염사건 피해의 결정적인 원인들 중의 하나임이 밝혀졌고, 효과적으로 대기오염을 제어하기 위해서 기상학에 대한 지식의 관심도가 높아졌다. 기상학은 종합관측기상학(sunoptic meteorology)과 미기상학(micro meteorology)으로 분류될 수 있으며, 소규모 특정 지역의 대기상태 및 공기의 흐름을 주로 연구하는 미기상학은 대기오염물질의 이동 및 분산 등의 원인을 규명하여 대기의 질을 판단하는데 도움을 주는 학문이다.

대기 중에 있는 기상 및 입상 오염물질의 분산에 영향을 미치는 기상요소에는 기온, 바람(풍향 및 풍속), 기압, 습도 등이 있으며, 이들이 대기의 질을 판단하는 주요 변수이다. 바람은 오염물질의 이동 및 분산에 직접적인 영향을 미친다. 즉, 오염물질에 대한 피해 예상지역을 알 수 있게 해주는 것은 풍향이며, 풍속은 배출된 오

염물질의 농도를 결정한다. 풍속이 빨라지면 오염물질의 분산속도가 커지고 오염물질 입자 사이의 간격이 멀어져 단위 부피당의 농도가 작아진다. 특정 지역에서 관측된 풍향, 풍속 및 발생빈도를 동심원상에 그래프로 나타낸 것을 풍배도(wind rose)라 하며, 특정 지역의 공해 배치도(예 : 오염물질의 등농도곡선)를 그릴 때 사용된다. 기압도 오염물질의 분산에 영향을 미치는데, 고기압계가 정체되어 있는 지역에서는 안정된 대기가 존재하므로 오염물질의 분산이 잘 일어나지 않아 오염물질의 농도가 높아진다. 저기압계는 보통 대기가 불안정하고 비와 바람을 동반하므로 오염물질의 분산이 잘 이루어진다. 습도가 높을 때는 비가 자주 동반되고, 대기 중에 있는 입상오염물질 및 용해성 기체가 잘 제거되어 대기의 질이 높아진다.

다음에는 대기오염에 의한 피해와 기상학적으로 관련이 있는 사항들 중에서 온도와 주로 관계된 대류권내 공기의 온도 분포인 체감율, 대기안정성, 기온역전에 대해서 논의한다.

9.5.1 체감율

대류권 내의 공기는 높이 올라 갈수록 기온이 낮아지는데, 이러한 고도에 따른 온도 변화율을 체감율이라 한다. 일반적으로, 고도에 따른 온도 변화율이 대기 중에 있는 오염물질의 수직분산을 좌우하는데, 찬 공기가 상층에 있으면 대기가 불안정하여 공기의 수직혼합이 일어나 오염물질이 잘 분산되며, 따뜻한 공기가 상층에 있는 안정된 공기는 오염물질의 분산이 잘 일어나지 않는다.

체감율은 환경체감율과 단열체감율로 분류될 수 있다. 환경체감율은 대기 중에서 수직상승하는 기상 관측용 기구가 측정한 고도에 따른 주변 공기의 온도 변화율을 말한다. 한편, 단열체감율은 대기 중에 있는 가상의 공기덩어리의 고도에 따른 이론적 온도 변화율을 말한다. 단열체감율은 이상기체의 법칙과 열역학 제1법칙으로부터 유도되었으며, 건조한 공기의 단열체감율은 9.76°C/km이고 포화 단열체감율은 6°C/km이다. 인공배출원에서 배출된 따뜻한 공기덩어리가 상승할 때의 온도 변화율은 이러한 이론 단열체감율과 구별되어야 한다.

9.5.2 대기 안정성

앞에서 설명한 것처럼, 오염물질의 분산은 대기의 안정성과 밀접한 관계가 있으며, 대기의 안정성은 환경 체감율 및 건조단열 체감율의 비교(그림 9.2)로 이해될 수 있다. 대기 중에서 임의의 공기 덩어리가 상승하면 이 공기 덩어리는 작은 대기 압력을 받아 팽창하게 되고 일을 하였으므로 덩어리내의 내부에너지가 감소하게 되어 온도가 낮아진다. 상승된 공기 덩어리의 온도가 주변의 온도 보다 낮으면 이 공기 덩어리는 다시 하강을 하게 된다. 이러한 대기를 안정한 대기라 한다. 한편, 상승한 공기 덩어리의 온도가 주변의 온도보다 높으면, 계속 상승하게 된다. 이러한 대기를 불안정한 대기라고 한다.

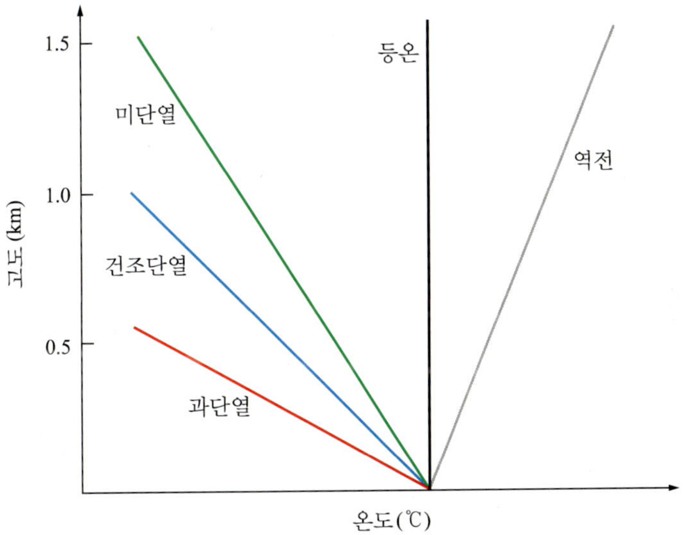

그림 9.2 대기안정성과 체감율

그림 9.2에서, 환경 체감율이 건조 단열 체감율과 같으면, 대기는 중성(neutral)이라 한다. 즉, 공기 덩어리의 온도가 주변의 온도와 같기 때문에 공기 덩어리는 위나 아래로 움직이려는 힘을 받지 않는다. 이 상태의 대기를 중립 안정이라 한다. 과단열(superadiabatic)인 경우에는 대기의 냉각속도가 건조 단열감율 보다 빠르므로 공기덩어리는 계속 상승하거나 하강하므로 불안정한 대기 상태가 된다. 미단열(subadiabatic)에서는 대기의 이러한 움직임이 없고 안정한 상태를 나타낸다. 대기의

온도가 고도에 따라 변하지 않거나 역전상태일 때도 대기는 안정하다.

굴뚝에서 배출되는 연기의 모양은 대기층의 안정도에 따라 다르다. 그림 9.4는 환경체감율과 건조단열체감율의 비교(대기 안정도의 척도임)에 의한 여러 종류의 연기 형태를 보여주고 있다.

9.5.3 기온역전

대류권에서 대기의 온도는 고도가 높아지면 일반적으로 감소한다. 그러나 때로는 높이 올라갈수록 대기의 온도가 증가하는 경우가 있는데 이러한 현상을 기온역전(temperature inversion)이라 한다. 기온역전이 일어난 대기층을 역전층(inversion layer)이라 부르며, 이 층에서는 밀도가 작은 따뜻한 공기가 밀도가 큰 찬 공기 위에 있으므로 대기의 수직운동과 난류가 거의 일어나지 않아서 대기는 매우 안정한 상태가 된다. 즉, 대기가 안정되면, 공장 굴뚝이나 자동차로부터 배출된 오염물질의 이동과 분산이 억제되어 이층에 그대로 있으면서 오염물질의 축적현상이 일어난다. 때로는 오염물질이 침강하여 지표부근에서 고농도가 되어 인체 등에 피해를 입힌다. 기온역전의 대표적인 종류에는 복사역전과 침강역전(그림 9.3)이 있는데, 복사역전은 지표부근(수백 m 이내)에서 생기며, 침강역전은 복사역전이 일어나는 층보다 높은 곳(1,000~2,000 m)에서 일어난다.

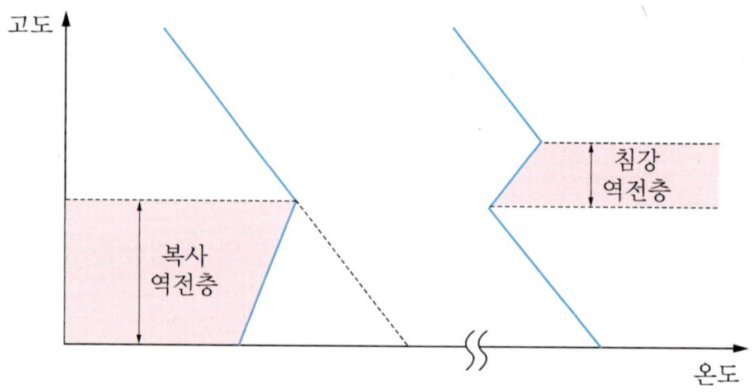

그림 9.3 복사 역전층 및 침강 역전층

1) 복사역전

해가 지면 지표면은 낮에 태양으로부터 받은 열을 복사하여 대기보다 빨리 냉각된다. 따라서 지표부근의 온도가 높은 고도의 대기온도보다 낮게 되어 고도에 따라 대기의 온도는 상승한다. 이러한 기온역전 현상을 복사역전이라 하고, 맑은 날 일몰 후 새벽까지 주로 발생되며, 해가 뜨면 없어진다. 복사역전이 일어나면 안개가 잘 형성되고 배출된 오염물질과의 상승 작용으로 인체 등에 피해를 입힌다.

2) 침강역전

맑은 날 고기압 중심부근에 있는 공기는 서서히 아래로 침강한다. 이때, 공기가 낮은 고도로 내려오면서 단열 압축되어 가열되고 대기의 온도는 고도에 따라 상승하는 기층을 형성한다. 이러한 현상을 침강역전이라 하며, 대기가 안정되어 배출된 오염물질의 수직분산이 잘 이루어지지 않는다.

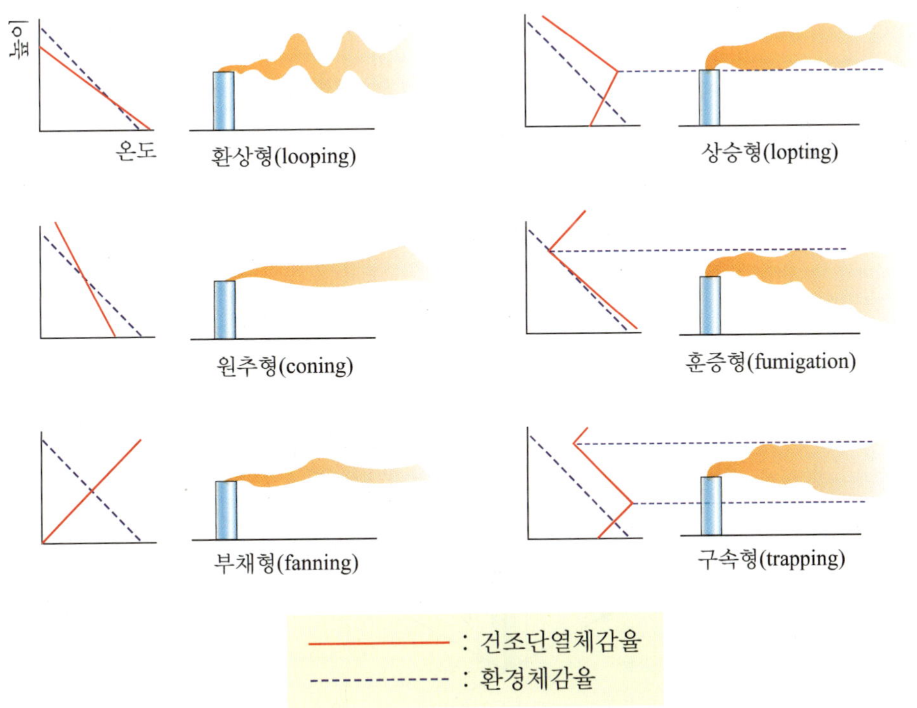

그림 9.4 체감율과 연기의 형태

9.6 대기오염 모델링

대기로 배출된 오염물질은 풍향, 풍속, 난류의 정도와 같은 기상 조건과 지형 및 지물에 따라 다르게 확산되므로 오염물질의 농도를 이론적으로 예측한다는 것은 상당히 어려운 일이다. 그동안 여러 종류의 모델들이 개발되어 왔으며, 여기서는 가장 간단한 점오염원 가우스 확산 모델을 소개한다. 이 모델은 굴뚝 연기와 같은 한 개의 점오염원에 적용되며 평탄한 지역에서의 농도 예측에 사용된다. 이 모델에 사용된 가정은 다음과 같다.

① 굴뚝에서 나온 연기는 유효 굴뚝 높이 H에서 연기가 진행되는 방향(예 : x축)의 중심선을 따라 이동한다.

② 풍하 방향으로 이동 및 확산되는 연기는 각 중심선에 대해 가우시안 정규분포를 따른다.

③ 오염물질의 배출속도는 일정하다.

④ 풍속은 일정하고 배출된 오염물질의 총량은 변하지 않는다.

그림 9.5는 가우시안 모델에 사용된 좌표계를 나타내며, 식(9.13)은 임의의 점(x, y)의 지표면 농도를 나타내는 식이다.

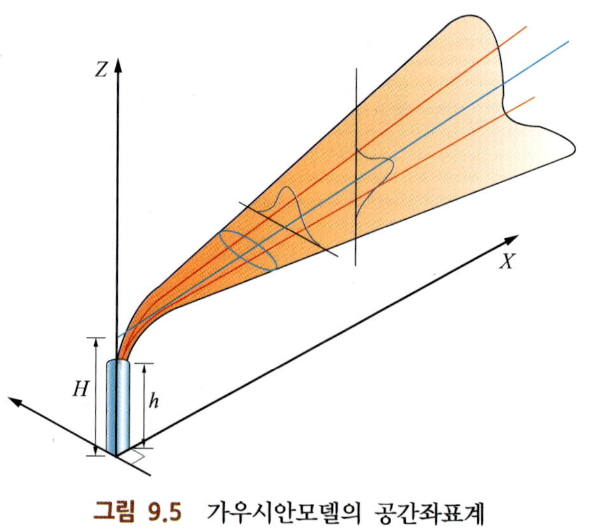

그림 9.5 가우시안모델의 공간좌표계

$$C_{x,y} = \frac{Q}{\pi\mu\sigma_z\sigma_y}\exp\left\{-\frac{1}{2}\left(\frac{H}{\sigma_z}\right)^2\right\}\exp\left\{-\frac{1}{2}\left(\frac{y}{\sigma_y}\right)^2\right\} \quad (9.13)$$

여기서, $C_{x,y}$: 지표면(x, y, 0)에서의 오염물질 농도(g/m³)

Q : 오염물질의 배출속도(g/s)

u : 유효 굴뚝 높이에서의 평균 풍속(m/s)

H : 유효 굴뚝 높이(m)

x : 굴뚝으로부터 연기가 중심선을 따라 x방향으로 이동한 거리(m)

y : 연기 중심선으로부터 y 방향 거리(m)

σ_y : y방향 연기 확산 계수(표준 편차, m)

σ_z : z방향 연기 확산 계수(표준편차, m)

한편, 연기 중심선($y=0$)에서의 지표면 농도는 다음 식으로 표현된다.

$$C_{x,0} = \frac{Q}{\pi\mu\sigma_z\sigma_y}\exp\left\{-\frac{1}{2}\left(\frac{H}{\sigma_z}\right)^2\right\} \quad (9.14)$$

가우시안 모델식에는 유효 굴뚝 높이(H)가 포함되어 있으며 이것은 굴뚝 자체의 높이(h)와 굴뚝 위의 연기 상승 높이(Δh)를 합한 것이다. 대기의 안정도가 중성일 때, Δh를 구하는 식은 식(9.15)에 나타나 있으며, 그림 9.6은 H와 Δh의 관계를 보여준다.

$$\Delta h = \frac{v_s d}{u}\left\{1.5 + \left(2.68 \times 10^3 P\frac{\Delta T d}{T_s}\right)\right\} \quad (9.15)$$

여기서, Δh : 굴뚝 위의 연기 상승 높이(m)

v_s : 굴뚝가스의 배출속도(m/s)

d : 굴뚝의 내경(m)

ΔT : 굴뚝가스 온도와 기온의 차이(K)

T_s : 굴뚝가스의 온도(K)

u : 굴뚝 주변의 평균 풍속(m/s)

P : 대기압(millibar)

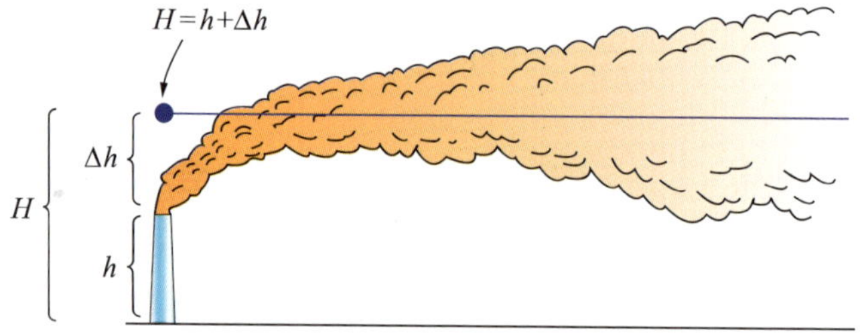

그림 9.6 유효 굴뚝 높이

9.7 대기오염 방지기술

모든 대기오염물질은 자연 및 인공 오염원으로부터 배출된다. 화산 및 산불 등으로부터 발생되는 먼지, 재, 유해가스와 같은 자연오염물질에 의한 피해를 방지하기 위해서 인간이 위와 같은 오염물질의 배출을 제어하기는 어려우며 중력침강, 분산, 흡수, 흡착 등과 같은 자연 제거 원리에 의해서 대기 중에서의 농도가 낮아지기를 기대 할 뿐이다. 한편, 인공 오염원으로부터 배출되는 여러 종류의 오염물질은 인간에 의해 통제가 가능하며, 자연 제거 원리를 응용하여 제작된 장치 및 기술에 의해 일정한 수준의 농도 또는 기준치까지 제어될 수 있다.

인공오염원으로부터 오염물질의 배출을 제어하는 가장 좋은 방법은 제로배출(zero emission)을 실시하는 것이며, 예를 들어 풍력, 수력, 태양에너지와 같은 대체 동력원을 사용하면 실현 가능하다. 그러나 수송, 산업공정 및 기타 인간 활동으로부터 오염물질의 발생은 필연적이므로 청정연료 사용, 공정의 변환, 오염물질 방지장치의 설치 등에 의한 오염물 배출의 최소화가 그 다음 방법이다.

여기서는 고정 오염원에서 배출되는 입상 및 기상 오염물질의 방지장치에 대해서 간략히 기술하나 실제 현장에 적용할 때에는 장치의 사용한계, 장단점, 효율, 설치비용, 운전비용 처리될 입상 및 기상물질의 특성 등에 대한 자세한 지식이 필요하다.

9.7.1 입상오염물질 방지장치

1) 중력침강기(gravity settler)

이 장치는 처리가스의 속도가 작을 때, 입자의 중력을 이용하여 가스내의 입자를 침강시키는 시설이다. Stokes 법칙이 이용되며, 중력가속도, 입자의 직경 및 밀도, 처리가스의 밀도와 점도를 고려하여 침강조의 높이와 길이를 설계한다. 이 때, 입자의 종말침강속도에 의해 입자가 침강조의 아래에 있는 호퍼에 이르기에 충분한 시간을 갖도록 해야 한다. 장치가 간단하고 압력손실, 설치비, 운전비가 적으나, 설치면적이 크고 집진효율이 좋지 않다. 주로 큰 입자를 취급하며, 다른 장치의 전처리 단계로 사용된다. 그림 9.7에 전형적인 중력침강기가 나타나 있다.

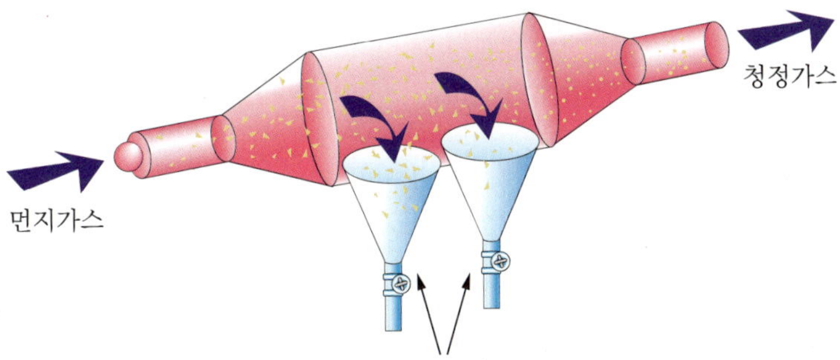

그림 9.7 중력침강기

2) 사이클론집진기(cyclone collector)

사이클론집진기는 원심력집진기의 일종이며, 입자에 작용되는 원심력을 이용하여 처리가스로부터 입자를 분리시키는 장치이다. 입구로 들어온 처리가스는 장치 내부에서 선회류(vortex)를 형성하고, 원심력을 얻은 입자는 선회류를 벗어나 장치의 내벽에 충돌하여 아래로 떨어져 제거된다. 비교적 큰 입자에는 중력도 작용된다. 사이클론은 가스유입 방식에 따라 접선유입식과 축상유입식으로 구별되며, 2~3개의 사이클론을 직렬로 연결하여 사용할 수도 있고, 여러 개의 지름이 작은 사이클론을 병렬로 연결하여 사용할 수도 있다. 직렬로 연결할 때에는 앞 장치에서 주로 큰 입자가 제거되고 뒤에서는 입경이 작은 입자가 제거된다. 사이클론은 설계 및 보수가 간단하고 설치비와 운전비가 적게 든다. 분진 부하가 높은 가스를 다량으로 연속 처리할 수 있어서 시멘트공장과 제분소 등에서 많이 사용된다. 단점으로는 작은 입자의 제거효율이 낮고, 유량 변동에 민감하다. 일반 사이클론의 구조가 그림 9.8에 나타나 있다.

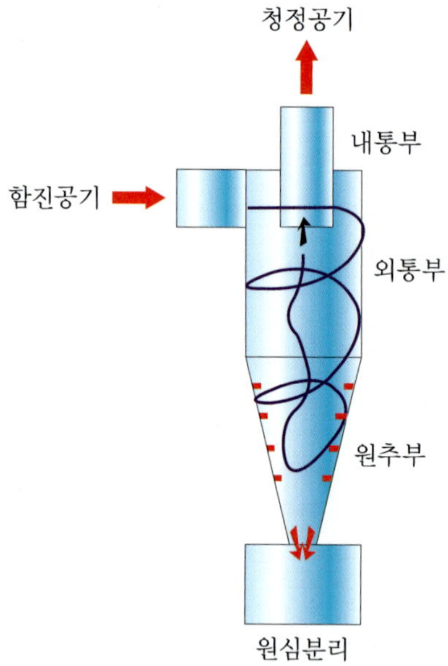

그림 9.8 사이클론집진기

3) 세정집진기(wet collector)

세정집진기는 입상물질을 액적과 접촉시켜 처리가스로부터 분리시키는 장치이며, 접촉시키는 방법에 따라 분무탑, 사이클론 스크러버, 벤튜리 스크러버 등으로 분류된다. 이 장치에서 사용되는 원리는 입자와 액적의 충돌, 입자의 확산과 액적의 접촉, 입자의 응집 등이다. 입자를 포함하여 더 크고 무겁게 된 액적은 청정가스와 쉽게 분리되어 중력에 의해 아래로 떨어진다. 세정액은 배출시키거나 재처리하여 사용된다.

이 장치는 고온 다습한 처리가스 안의 입자를 제거할 수 있고, 폭발의 위험이 없으며, 가스 오염물질도 동시에 제거할 수 있다. 단점으로는 장치의 부식과 폐수처리가 있으며, 액체 미립자가 청정가스와 함께 동반 배출되어 대기를 오염시키는 경우가 있다. 그림 9.9에 세정집진기의 일종인 벤튜리 스크러버가 나타나 있다.

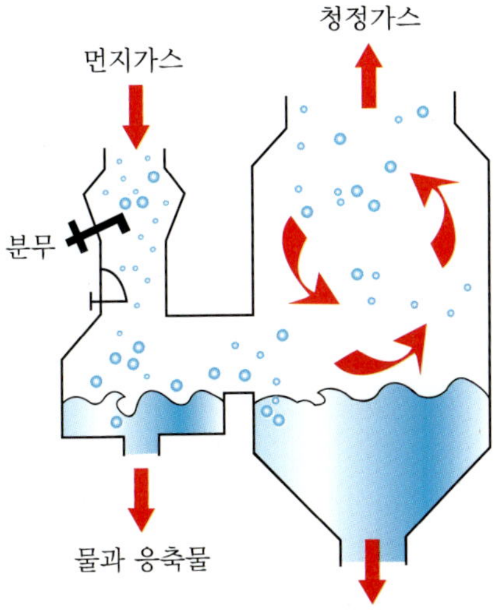

그림 9.9 벤튜리 스크러버

4) 여과집진기(bag house)

여과집진기는 입자를 포함한 가스가 직물여과재를 통과하게 하여 입자는 여재에 걸러지고 청정화된 가스만 빠져 나가게 하는 장치이며, 차단 및 관성 충돌 등의 원리가 이용된다. 이 장치의 집진 효율은 여과속도, 압력손실, 여과재의 물성에 영향을 받으며, 백(bag)에 쌓인 입자의 처리 방식에 따라 간헐식 여과집진기와 연속식 여과집진기로 분류할 수 있다. 간헐식은 입자가 많이 포집되어서 장치내의 압력손실이 일정한 수준에 도달하면 운전을 정지하고, 진동 및 역기류에 의해 입자를 제거하는 방식이며, 연속식은 처리 가스를 연속으로 여과시키면서 pulse-jet나 reverse-jet를 이용하여 순차적으로 쌓인 입자를 제거하는 방식이다.

건식집진과 미세입자의 집진에 유리하나 고온 가스의 처리가 불가능하고 폭발의 위험성이 있는 단점이 있다. 여과집진기의 대략적인 구조는 그림 9.10에 나타나 있다.

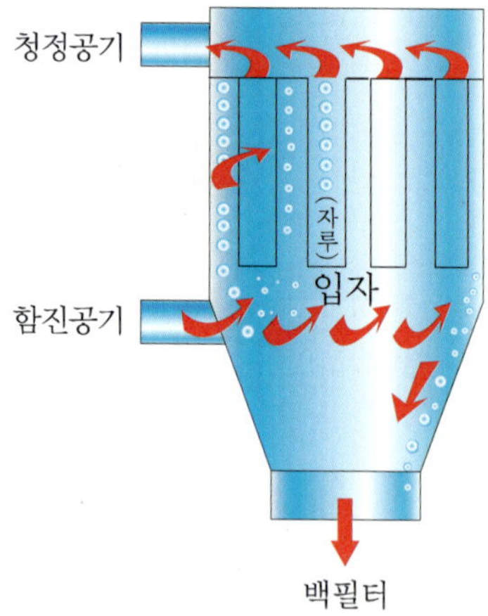

그림 9.10 여과집진기

5) 전기집진기(electrostatic precipitator)

전기집진기에서의 입자 포집 및 제거는 처리가스의 이온화, 입자의 대전과 이동, 집진판의 입자 포집, 충격이나 세정액에 의한 입자 제거의 단계로 이루어진다. 이 장치는 압력 손실이 적고 미세입자에도 고효율이며, 고온과 습식 및 건식 조작이 가능하다. 설치비가 많이 들고 산업용으로 사용되는 고전압 1단 전기집진기의 경우에는 안전장치가 필요하다. 가정용 및 소규모 공장에서 사용되는 저전압 2단 집진기는 비교적 저렴하다. 고전압 전기집진기의 간단한 원리가 그림 9.11에 나타나 있다.

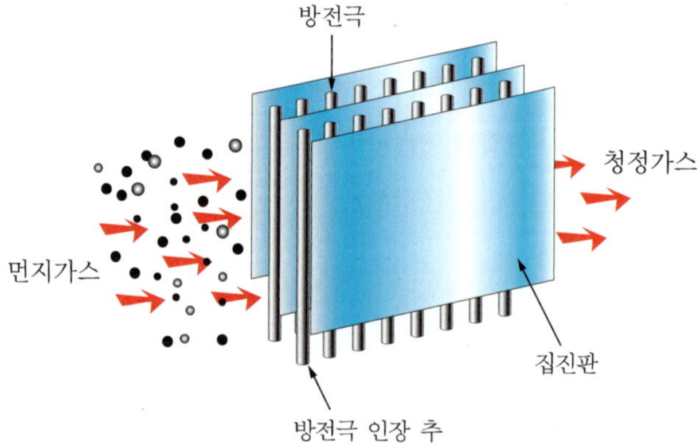

그림 9.11 전기집진기

9.7.2 기상오염물질 방지장치

기상오염물질을 제거하는 방지장치는 주로 다음과 같은 원리를 이용한다.

① 흡수(absorption) : 기상오염물질을 액상물질(흡수액)로 물질 이동시킨다.
② 흡착(adsorption) : 기상오염물질을 고상물질(흡착제)로 물질 이동시킨다.
③ 연소(combustion) : 기상오염물질을 산화에 의해 물과 이산화탄소로 전환시킨다.

1) 흡수장치

흡수장치는 액체(흡수액)분산형과 기체(오염가스)분산형이 있으며, 전자에는 분무탑, 충전탑, 젖은 벽탑, 벤튜리 스크러버, 사이클론 스크러버 등이 있으며, 후자에는 단탑, 포종단탑 등이 있다.

분무탑(그림 9.12)은 노즐을 이용하여 미세한 액적(순수한 물 또는 중화제 등이 첨가된 물)을 대개 아래로 분무하고, 오염가스는 위로 흐르게 하여 향류로 접촉시켜서 오염가스를 액적에 흡수시키는 원리를 이용하는 장치이다. 이 장치는 기상오염물질 뿐만 아니라 입상오염물질도 제거가 가능하며, 설치비 및 운전비가 저렴하고,

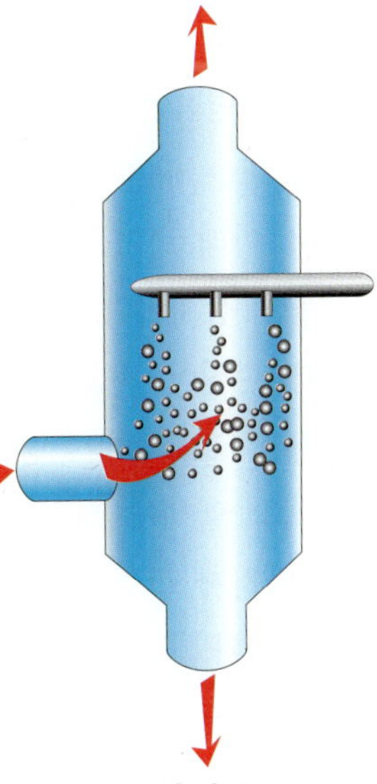

그림 9.12 분무탑

빈 공간에서 기체와 액체가 접촉하므로 압력손실도 적다. 그러나 기체와 액체의 접촉 계면이 적어서 효율이 떨어지고 분무에 많은 에너지가 소모되며, 노즐구멍이 잘 막히는 단점이 있다.

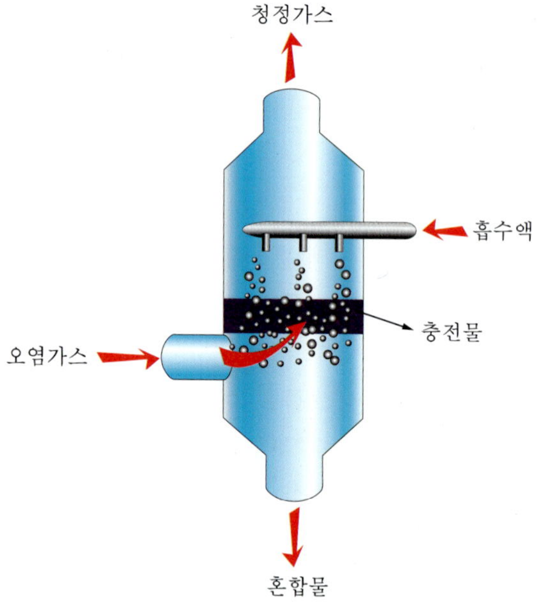

그림 9.13 충전탑

충전탑(그림 9.13)은 표면적이 큰 충전물(예 : Rasching ring, Berl saddle, Tellerette 등)을 탑 안에 무작위 또는 규칙적으로 설치하여, 액체는 충전물 표면 위에서 얇은 막을 형성하여 위에서 아래로 흐르게 하고, 오염가스는 아래에서 위로 올라가면서 액체에 흡수되게 설계한 장치이다. 충전물은 단위 부피당 표면적과 충전 밀도가 커야 하며, 가스의 압력 손실이 적고 내식성이어야 한다. 충전탑은 구조가 간단하고 제작이 용이하며, 액체 및 가스의 유량을 적절히 조절하면 흡수 효율이 좋다. 단점으로는 충전물이 비싸고, 액체에 침전물이 생기는 경우 충전층의 공극이 막히기 쉽고, 가스의 유속이 지나치게 크면 flooding현상이 일어나 이 장치의 조작(operation)을 멈추어야 한다는 것이다.

젖은 벽탑은 흡수액이 원통형으로 생긴 장치의 안쪽벽을 따라 비교적 얇은 막을 형성하면서 위에서 아래로 흐르게 하고, 오염가스는 장치의 중앙 부분을 액체와 반대 방향으로 흐르게 하면서 액체에 흡수되게 하는 장치이다. 이 장치는 가스가 흡수되면서 발열현상이 일어날 때 사용되며, 일반적으로 장치 외벽에 냉각수를 흐르게 하여 열을 제거한다.

벤튜리 스크러버와 사이클론 스크러버는 입상 오염물질 제거에도 사용된다. 벤튜리 스크러버는 오염가스가 벤튜리관의 내경이 가장 작은 부분(throat)을 지나면서 유속이 빨라지게 하고 액체는 노즐에 의해 가스와 같은 방향으로 분무되면서 흡수가 일어나게 하는 장치이다. 사이클론 스크러버는 장치 내부에서 나선형으로 선회하는 오염가스와 장치의 중심부에 설치된 노즐로부터 분무되는 액체를 접촉시키면서 흡수가 일어나게 하는 장치이다.

단탑은 증류장치처럼 여러 개의 다공판을 사용하여 액체와 가스의 접촉 계면을 크게 만든 장치이며, 판(plate)수를 증가시켜 고농도 가스를 처리할 수 있다. 가스의 유량을 잘 조절하여야 하며, 설치비가 비싸다. 포종(bubble cap)단탑은 단탑과 유사한 구조를 갖고, 흡수 효율이 좋으나 압력 손실이 크다. 포종은 판에 뚫린 구멍 위에 설치되며 가스의 분산이 잘 되게 하는 역할을 한다.

2) 흡착장치

흡착장치는 오염가스나 증기를 다공성 고체 표면에 물리 또는 화학 흡착시켜 순수한 가스나 증기로 분리시키는 장치이다. 흡착층의 설치 방법에 의해 고정층 흡착장치(그림 9.14), 유동층 흡착장치(그림 9.15), 이동층 흡착장치로 분류될 수 있다.

미세기공이 많아서 단위 질량당 표면적이 매우 크며 기체 분자들이 잘 부착되는 다공성 고체를 흡착제(adsorbent)라고 부르며, 고체표면에 부착되는 물질을 흡착질(adsorbate)이라 한다. 흡착제의 종류에는 실리카겔, 알루미나, 제올라이트, 활성탄과 같은 것들이 있다.

물리흡착은 기체분자와 고체표면 사이의 인력(van der Waals force)에 의해 일어나며 그 결합력은 약하다. 온도를 증가시키거나 압력을 갑자기 낮추면 흡착질은 쉽게 탈착되므로 흡착제를 재생하기 용이하며, 탈착된 흡착질은 폐기하거나 다른 용도로 사용할 수 있다. 화력발전소로부터 배출되는 혼합가스 중의 이산화탄소를 활성탄과 같은 흡착제에 의해 선택적으로 흡착 및 분리회수 하는 것은 물리흡착의 좋은 예이다.

그림 9.14 고정층 흡착장치

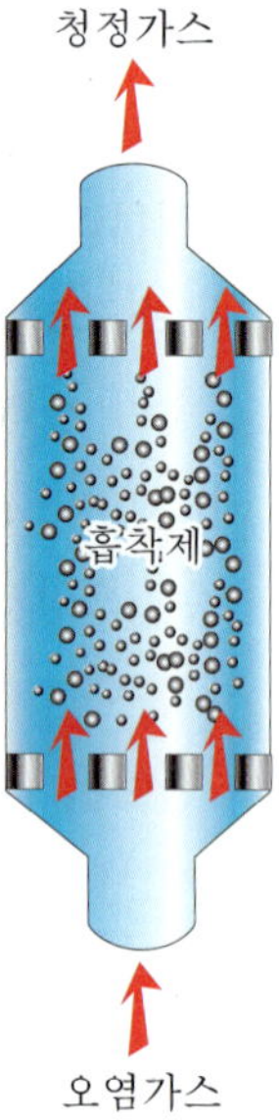

그림 9.15 유동층 흡착장치

화학흡착은 가스나 증기 분자와 고체 표면간의 화학반응에 의한 결합(valence force)으로 일어나며, 비가역적이고 물리흡착보다 분자 간 결합력이 강하여 흡착제의 재생이 어렵다. 또한 화학흡착이 일어나면 혼합 가스에 포함된 오염물질의 제거는 가능하나 흡착질의 회수는 어렵다. 이산화황이 활성탄의 표면에서 삼산화황으로 산화되는 것은 화학흡착의 좋은 예이다.

3) 연소장치

연소장치는 유해한 기상오염물질을 연소에 의해 무해한 이산화탄소와 물로 전환시키는 장치이며, 연소효율을 높이기 위해서 연소온도, 공급되는 산소의 양, 산소와 가연성 오염물질(및 연료)의 혼합 정도, 연소시간과 같은 변수를 잘 고려하여 장치를 설계하여야 한다. 연소 방법에는 직화연소(directflame combustion), 열연소(thermal combustion), 촉매연소(catalytic combustion) 등이 있으며, 오염물질의 농도가 높고 많은 양의 가스를 연속적으로 처리할 경우에는 직화연소법을 사용하며, 오염물질의 농도가 낮을 때는 열연소 또는 촉매 연소법을 사용한다. 자동차 배기가스에 포함된 일산화탄소를 이산화탄소로 전환시키는 촉매전환장치(catalytic convertor)는 촉매 연소법 사용의 한 예이다.

참고문헌

1. James R. Mihelcic, Julie B. Zimmerman, Environmental engineering: fundamentals, sustainability, design, 2021, Wiley
2. C. David Cooper, F. C. Alley, Air pollution control : A design approach 4th Edition 2010, Waveland Press
3. 김동술, 대기오염제어설계공학, 2023, 동화기술
4. 한국대기환경학회, 대기환경, 2022, 동화기술
5. 김경익, 대기역학에센스, 2023, 동화기술
6. 조용준, 공정시험기준에 따른 대기오염물질분석, 2018, 동화기술
7. 장구수, 대기오염 및 처리기술, 2019, 동화기술
8. 천만역 · 강병욱, 대기오염방지공학, 2021, 동화기술
9. 환경통계연감, 2023, 환경부

연습문제

1. 대기오염의 정의를 설명하라.

2. 대기권을 구성하는 4가지 기본층을 써라.

3. 런던스모그사건과 LA 광화학사건의 발생원인을 각각 설명하라.

4. 다음 물질에 대한 EPA의 권장농도 표시단위는?
   가. 가스상 오염물질
   나. 부유입자상 오염물질
   다. 입자상 낙하물

5. 대도시에서 채취한 공기 시료 중의 NO_2농도가 20°C, 1 atm에서 2.0 ppm이었다. 이것을 $\mu g/m^3$의 농도 단위로 나타내어라.

6. 대기오염물질의 대표적인 인공오염원 4종류는?

7. 인공오염원으로부터 배출되는 5가지의 대표적인 대기오염물질을 써라.

8. 1차 및 2차 오염물질의 정의와 그 예들을 각각 써라.

9. 기상오염물질 및 입상오염물질의 정의와 그 예들을 각각 써라.

10. 황산화물 및 질소산화물이 인체에 미치는 영향을 각각 설명하라.

11. 광화학 스모그 생성과정을 간단히 설명하라.

12. 부유 입상물질의 환경기준 측정법의 종류를 써라.

13. 대기의 안정성을 건조 단열체감율과 환경체감율을 비교하여 설명하라.

14. 복사역전과 침강역전을 각각 설명하라.

15. 인공오염물질 배출의 최소화 방법 3가지는 무엇인가?

16. 입상오염물질 방지장치의 5가지 종류를 쓰고, 각각의 원리 및 장 · 단점을 비교하라.

17. 기상오염물질 방지장치에 적용되는 대표적인 3가지 방법을 써라.

18. 흡수장치의 종류 및 장 · 단점을 각각 써라.

19. 물리흡착과 화학흡착을 설명하고, 흡착장치의 종류 3가지를 써라.

20. 연소장치의 연소효율을 높이기 위한 4가지 중요 변수를 써라.

제 10 장
폐기물관리

10.1 | 서론

최근 국민의 생활수준 향상 및 생활양식의 다양화, 산업구조의 급격한 변화에 따라 폐기물의 배출양은 증가하고 그 질도 급격히 변화하여 왔다. 이러한 폐기물은 적절하게 처리하여 생활환경을 청결하게 유지하는 것이 환경위생 향상 및 생활환경 보전을 도모하는데 가장 기본적인 요건이며, 사회의 유지발전에 불가결한 요건이기도 하다.

그러나 현재 적절한 처리가 곤란한 폐기물의 증대, 폐기물 처리시설의 부지 확보나 처리비용의 증대, 불법투기와 같은 부적절한 처리 등 수많은 문제에 직면해 있다. 자연계가 소화할 수 없는 폐기물은 매립이나 소각 등 인위적으로 처리할 수밖에 없으며 이러한 과정에서 NIMBY 문제, 엄청난 시설투자 등 사회경제적 문제가 수반되기 때문에 보다 효과적이고 적극적인 정책적 관리가 필요하게 된다.

따라서 폐기물 문제를 효과적으로 극복하기 위해서는 대량생산, 대량소비 체제를 지속 가능한 자원순환형 사회경제 체계로 시급히 전환하고, 기술개발을 통하여 저렴한 비용으로 폐기물을 안전하게 처리하는 종합적인 접근이 이루어져야 한다. 그리고 폐기물의 적정처리의 확립, 자원과 에너지 절약 측면에서 폐기물의 감량화 및 유효이용의 추진, 쾌적한 환경보전을 향한 구체적인 방안도 확립할 필요가 있다.

10.2 | 폐기물의 구분

폐기물은 우리들의 일상생활 및 사회경제 활동에 의해 발생하는 것으로서 폐기물의 정의는 각 나라의 관례, 개인별 이론 또는 특성에 따라 가연성 및 비가연성 폐기물로, 배출상태에 따라서는 폐기물을 고형물의 함량에 따라 고형폐기물(고형물의 함량이 15% 이상인 것), 반고형폐기물(고형물의 함량이 5% 이상 15% 미만인 것), 액상폐기물(고형물의 함량이 5% 미만인 것), 기상폐기물로 분류하여 정의하기도 한다.

우리나라의 폐기물관리법에서는 폐기물을 가정생활폐기물과 사업장폐기물로 분류하고 있다. 여기서 생활폐기물이라 함은 사업장폐기물 외의 가정 등에서 발생되는 폐기물과 사업장 비배출 시설계 폐기물을, 사업장폐기물이라 함은 대기환경보전법, 수질환경보전법 또는 소음·진동규제법의 규정에 의하여 배출시설을 설치·운영하는 사업장 기타 대통령령이 정하는 사업장에서 발생되는 폐기물을 말하며, 사업장 폐기물, 건설폐기물, 지정폐기물로 분류한다(그림 10.1 참조).

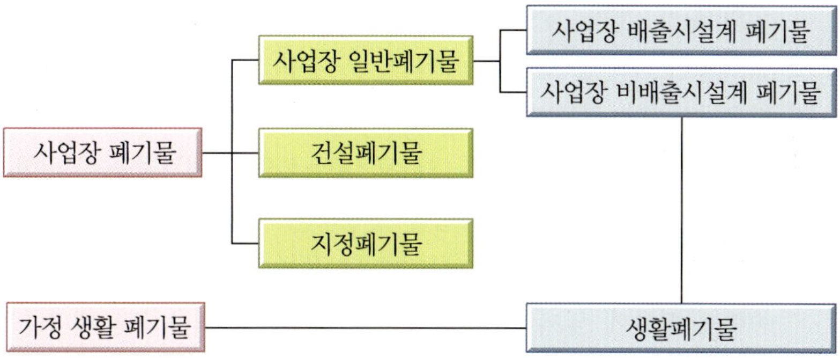

그림 10.1 폐기물 분류체계

사업장 배출시설계 폐기물은 배출시설의 설치 운영과 관련하여 배출되는 사업장 일반 폐기물을, 건설폐기물은 건설산업기본법에 의거 건설공사로 인하여 발생되는 5통 이상의 폐기물을, 그리고 "지정폐기물"이라 함은 사업장폐기물 중 폐유·폐산 등 주변 환경을 오염시킬 수 있는 유해한 물질로서 대통령령이 정하는 폐기물로 규정하고 있다.

한편 생활폐기물의 수거·운반 및 처리는 관할 시장·군수·구청장의 책무이며, 사업장폐기물은 폐기물배출자가 스스로 처리해야 한다. 국가는 폐기물관리전반에 대한 기본적 정책을 입안하고, 지방자치단체에 대한 재정지원 등을 담당하며, 시·도지사는 관할 기초자치단체간의 조정 및 재정지원 등을 담당하고 있다.

10.3 | 폐기물의 수집과 운반

폐기물의 수집과 운반은 보건위생의 향상, 생활환경의 정비, 쾌적한 생활을 영위하기 위해 필수 불가결한 공공서비스이다. 이 공공서비스를 제공하는 데는 무엇보다도 주민의 이해와 협조를 얻는 것이 매우 중요하다.

폐기물을 보관장소에서 수거차량에 실어 올리는 일련의 작업을 수집이라 하며, 수집된 폐기물을 중간처리 시설이나 최종 처분장까지 운반하는 작업을 폐기물의 운반이라 한다. 폐기물의 관리요소 중 가장 많은 비용을 차지하는 부분이 수거 및 운반으로, 차량 연료비와 인건비의 상승으로 총 처리비용의 60~80%를 차지한다. 따라서 가장 적은 비용으로 그리고 효과적으로 폐기물을 처리하기 위해서는 그 지역에 적합한 수거 및 운반방법을 선정하는 것이 매우 중요하다.

우리나라에서의 폐기물 수집방법은 1995년부터 실시된 쓰레기종량제로 인해 규격 종량제 봉투에 넣어 정해져 있는 수거지점에 배출하면 폐기물을 수집차량에 수집하여 수송하는 방법이 대부분이다. 일반적으로 생활폐기물의 수집방법에는 혼합방식과, 가연성과 비가연성, 자원화 폐기물 등으로 구분하여 분리 수집하는 분리수거방식이 있다.

10.3.1 혼합 방식

수집을 하는 측이나 주민 측 모두에 부담이 적으며 가장 간단한 방식이다. 자원회수는 수집후의 선별이 용이하지 않기 때문에 소각에 따른 폐열의 회수이용이나 소각 후 소각재중의 철 회수 정도에 그친다.

10.3.2 분리수거 방식

소각처리시설의 용량을 줄일 목적으로 가연성과 비가연성으로 분리, 자원화·처리처분을 용이하게 하기 위해 폐기물 물질별로 분리하는 방식이다. 그러나 분리의 종류는 많을수록 수거비용이 증가하고, 수집계통도 복잡해지는 결점을 가지고 있다.

우리나라에서는 현재 연탄을 연료로 사용하는 곳에서는 연탄재, 재활용성 폐기물, 음식물 및 기타 폐기물로, 그리고 연탄을 사용하지 않는 곳에서는 재활용성 폐기물, 음식물쓰레기, 기타 폐기물 등으로 분리하여 수거하고 있다. 그러나 장래에 소각시설이 많이 보급되면 유해물질, 재활용성 폐기물, 연탄재, 음식물쓰레기, 가연성 폐기물, 비가연성 폐기물 등의 6원 분리로 할 수 있을 것이다. 현재 아파트 단지에서는 종이, 의류, 병류, 플라스틱류, 캔류, 고철류 등 5종의 재활용 폐기물이 분리 수거되고 있다.

국내에서 수집에 사용되는 차량은 덤프 차량, 압축식 차량, 암롤(arm-roll)식 차량 등이 있는데, 그중 주로 사용되고 있는 것은 덤프 차량이다. 각 지방자치단체에서는 발생원 및 지역특성에 따라 적절한 수거차종을 선택 투입함으로써 수거작업의 극대화를 도모하고 있다.

한편 폐기물의 운반은 수집차량에서 직접 중간처리시설이나 최종처분지인 매립지로 수송하는 경우와 수집차량과 운반차량이 구별되어 적환장에서 수집차량으로부터 운반차량에 중계해서 운반하는 중계방식이 있다. 이는 수집운반의 효율화나 경제성의 유리, 통행 차량수를 적게 하는 이점이 있다.

10.3.3 적환장(transfer station)

최근 대도시지역에서는 교통체증의 만성화, 용지 취득난 등의 원인으로 폐기물 처리시설이 점점 원격화 되어 소형차량을 이용해 각 가정 등으로부터 수집한 폐기물을 일단 적환장으로 모아, 대형차량에 옮겨 실어 수송효율을 높이는 지방자치단체가 늘고 있다. 적환장은 용량에 따라 소형(100톤/일 이하), 중형(100～500톤/일), 대형(500톤/일 이상)으로 분류될 수 있다. 또한 소형차량에서 대형차량으로 폐기물을 적재하는데 사용되는 방법에 따라 직접하역 적환장, 저장하역 적환장, 직접하역과 저장하역이 결합된 적환장의 세 가지 형태로 분류될 수 있다.

적환장은 가능한 한 수거지역의 중심에 위치하여야 하고 주요 간선도로에 인접하여야 한다. 또한 적환작업에 의한 공중 및 환경 피해가 최소인 곳이어야 하고, 적환장의 설치 및 작업이 가장 경제적인 곳에 위치하여야 한다. 부가적으로 적환장이 물질회수와 에너지 생산에 사용되어 진다면 이들 운영에 대하여도 평가되어야만 한다.

10.3.4 새로운 수집 · 운반 기술

현재 폐기물의 배출, 보관은 대부분이 오픈방식으로 이루어지고 있어 위생면이나 악취문제, 도시의 미관을 해치고 있다. 또한 차량에 의한 수집방법으로는 대기오염이나 교통체증 외에 작업 환경면에서도 많은 문제를 안고 있다. 따라서 이러한 문제들을 해결하기 위해 최근에 관거(pipe-line), 모노레일, 컨베이어를 이용한 새로운 수집 · 운반 기술이 개발되고 있다. 이러한 수집 · 운반 기술은 대부분이 자동화, 무공해화가 가능하고 눈에 띄지 않는다는 장점으로 향후 발전 가능성이 매우 높다. 그림 10.2는 현재 해외에서 가장 많이 채택되고 있는 폐기물의 관거수집 · 운반 시스템의 개념도를 나타내고 있다.

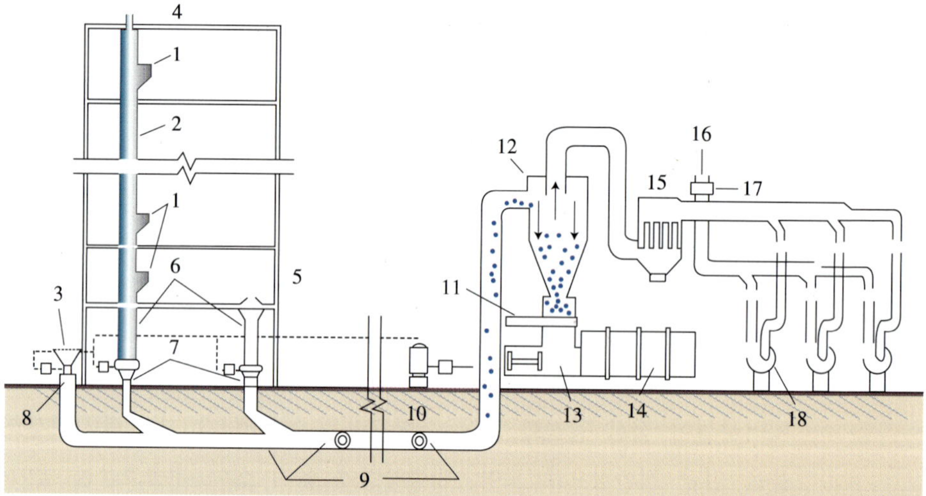

(1) 폐기물 주입 (2) 수거관리 (3) 공기입구
(4) 압력조절용 공기입구 (5) 바닥에 설치된 폐기물 주입구 (6) 폐기물 저장지역
(7) 폐기물 배출밸브 (8) 공기유입구 조절밸브 (9) 관거연결부분
(10) 공기압축기 (11) 개폐밸브 (12) 싸이크론분진제거
(13) 폐기물압축장치 (14) 운반용콘테이너 (15) 공기여과기
(16) 배기가스 (17) 소음방지기 (18) 배기송풍기

그림 10.2 폐기물의 관거수집 · 운반 시스템의 개념도

10.4 | 폐기물의 감량화 및 재활용

최근 폐기물 배출량은 증가하고 있는 반면 폐기물 처리시설의 건설은 지역주민들의 NIMBY의식 고조로 점차 곤란해져 가고 있다. 이를 이대로 방치할 경우 환경악화를 초래하여 쾌적한 생활수준을 유지하기 힘들어질 것이다. 따라서 하나밖에 없는 지구를 폐기물에 의한 환경악화를 막기 위해서는 유한한 자원을 소중하게 이용하고 폐기물이 되지 않도록 감량화, 재활용(재자원화)에 대응하는 사회시스템(리사이클 사회)을 구축하여 자원의 유효이용을 촉진함으로써 문제해결을 도모해야 한다.

10.4.1 주요 폐기물 감량화 정책

1) 생산단계

(1) 사업장폐기물 감량제도

생산 공정 폐기물에 대해 1995년에 처음으로 사업장폐기물 감량제도를 도입 하였다. 사업장폐기물 감량제도는 공정폐기물을 줄이기 위한 것으로 섬유, 화학, 전자 등 14개 업종의 사업장 중 연간 200톤 이상의 지정폐기물을 배출하는 사업장에 대해 기업 스스로가 감량의 목표를 세우고 이를 달성하도록 하는 것이다.

(2) 폐기물 부담금제도

폐기물 부담금제도는 제품에 유해한 물질을 함유하고 있거나 회수하여 재활용하는 것이 곤란한 제품과 용기 등에 대하여 여기에서 발생하는 폐기물의 처리비용에 상당하는 부담금을 제조업자 또는 수입업자에게 부과하여 환경투자비용도 확보하고 제품의 환경친화성을 높이도록 유도하기 위한 일종의 제품 부담금제도이다. 폐기물 처리 부담금 부과대상 품목은 살충제, 유독물 용기, 플라스틱 제품, 부동액, 껌, 1회용 기저귀, 담배, 아이스팩 등 8개 품목이다. 납부된 분담금은 재활용 가능 물품의 구입과 비축, 폐기물 재활용 산업육성, 지방자치단체에 대한 지원 등에 사용되고 있다.

2) 유통단계

유통단계에서는 상품의 과잉 또는 과대포장으로 인한 폐기물발생을 줄이기 위하여 포장공간 비율과 포장횟수를 규제하고 있다. 포장폐기물의 재활용을 용이하게 하기 위하여 모든 포장재에 PVC 코팅을 금지하고 발포스타이렌계 포장재 사용을 제한하고 있다. 또한 각종 제품에 사용되는 합성수지 포장재에 대해 재질의 대체, 부피와 무게의 감량 등 연차별 감량화 계획이 시행되고 있다. 포장폐기물은 생활폐기물의 약 32%를 차지하고 있고 과대포장 등으로 인해 포장재 사용량이 늘어나면서 포장폐기물이 연평균 약 8%씩 증가하고 있다. 따라서 '포장폐기물의 발생억제를 위한 상품의 포장방법 및 포장재 재질 등에 관한 규정'을 제정하여 이를 통해 사업자가 폐기물 감량화와 재활용 목표를 세우고 이를 시행해 나가도록 하고 있다.

3) 소비단계

(1) 쓰레기 종량제

쓰레기 수수료를 종전에는 건물 면적, 재산세 등을 기준으로 부과하는 방식에서 오염자 부담원칙에 따라 실제 배출하는 쓰레기량에 비례하여 부과하는 방식, 즉 쓰레기종량제로 전환되었다. 쓰레기 종량제는 환경친화적 소비패턴의 촉진, 분리수거의 효율화 등을 목적으로 채택된 제도로서 1995년 1월부터 전국적으로 실시되고 있다.

쓰레기 종량제가 처음 실시된 1995년의 폐기물 배출량은 전년도에 비해 29.4%가 줄었으며, 재활용량은 28.5%가 증가하는 등 쓰레기 종량제가 폐기물 발생량 감소 및 재활용촉진에 상당한 효과를 거둔 것으로 평가되었다.

(2) 음식물쓰레기 감량

유엔환경계획(UNEP)의 2021년 음식물 쓰레기 지수 보고서에 따르면, 2019년 기준 전 세계에서 발생한 음식물 쓰레기는 9억 3,100만 톤으로 이 중 61%는 가정에서 발생하는 것으로 나타났다. 우리나의 경우, 식품 폐기물은 21,065톤으로 이중 24.7%는 음식물 쓰레기이다(2019, 한국환경연구원). 음식물쓰레기 처리는 대부분 매립에 의존하고 있어 악취와 침출수로 인한 수질오염 등을 일으키며, 수분함량이 많아 소각처리도 적절치 않는 등 문제점을 안고 있다. 따라서 현재 1일 연급식인원

100명 이상인 집단급식소와, 객석바닥면적 100 m^2 이상의 음식점에 대해 음식물쓰레기 감량화 의무를 부과하고 있다. 또한 음식물쓰레기 퇴비화 기술개발에 정책적 지원과, 원천적감량화를 위한 국민 계도를 실시하고 있다.

(3) 1회용품 사용억제

폐기물 감량화의 다른 대상으로는 1회용품과 포장폐기물이 있다. 편리함을 추구하는 소비생활 관행으로 1회용품의 사용이 늘어나고, 이로 인해 폐기물의 발생량이 증가하게 되었다. 1990년부터 1회용품 사용을 억제하기 위한 노력을 기울였으며, 2022년 11월부터 시행된 자원의 절약과 재활용촉진에 관한 법률 시행 규칙에 의거, 식품접객업 및 집단급식소 매장 내 1회용품, 편의점 등 종합소매업 및 제과점내 비닐봉투, 대규모점포 내 1회용 우산비닐, 체육시설 내 합성수지재질의 응원용품의 사용을 제한하고 있다.

10.4.2 주요 폐기물 재활용 정책

1) 재활용 촉진 및 재활용이 가능한 제품 생산

폐기물의 재활용을 촉진하기 위해 제지, 제철, 플라스틱제품 제조업을 자원재활용 업종으로 지정하여 연차별로 제품생산에서 일정비율 이상의 폐기물을 사용하도록 의무화하고 있다. 1998년 이후부터 재활용 지정업자는 제지업의 경우 폐지를 55% 이상, 제철 및 제강업의 경우 고철을 40% 이상, 플라스틱 제품 제조업의 경우 폐플라스틱을 20% 이상 제품생산에 사용하여야 한다.

또한 제품의 재활용성을 높이기 위해 자동차, TV, 냉장고, 세탁기 등 가전제품은 제품의 설계 때부터 재활용이 용이하도록 제품을 생산하도록 의무화하고 있다. 또한 금속 캔이나 합성수지 용기의 경우에는 그림 10.3과 그림 10.4와 같이 포장용기에 포장 재질별로 재질분류 표시를 하여 재활용품의 수집 때에 그 구분이 쉽도록 하고 있다. 표 10.1에서는 합성수지용기의 재질별 표시 숫자 및 문자를 나타내고 있다.

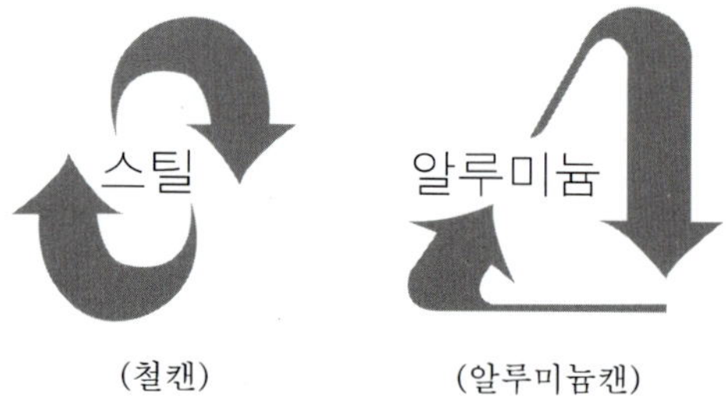

그림 10.3 금속 캔의 재질 분류 표시

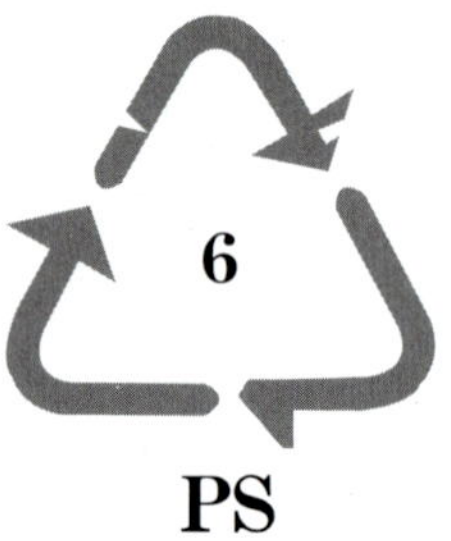

그림 10.4 합성수지용기의 재질 분류 표시(PS인 경우)

표 10.1 합성수지용기 재질별 표시숫자 및 표시문자

재 질	표시숫자	표시문자
polyethylene terephthalate (페트)	1	PETE
high-density polyethylene (고밀도 폴리에틸렌)	2	HDPE
polyvinyl chloride (피 · 브이 · 시)	3	V
low-density polyethylene (저밀도 폴리에틸렌)	4	LDPE
polypropylene (폴리프로필렌)	5	PP
polystyrene (폴리스타이렌)	6	PS
기타 제품	7	OTHER

2) 지정부산물의 재활용

철강 슬래그, 석탄재, 콘크리트 덩이, 아스팔트 콘크리트 등은 건축 · 토목공사용으로 재활용할 수 있기 때문에 이들 폐기물을 지정부산물로 지정하고 연차별 재활용목표를 정하여, 이를 달성하도록 의무화하고 있다.

3) 폐기물 예치금제도

폐기물 예치금제도는 폐기물의 회수 및 처리비용을 사전에 예치하도록 하고 폐기물 회수 및 처리 의무자가 이를 적정한 방법으로 회수, 처리할 경우에 예치금을 반환하여 주는 제도이다. 1992년부터 시행되었던 이 제도는 사업자가 스스로 재활용이 가능한 제품과 용기를 최대한 회수하여 재활용하도록 유도하는 데 그 목적을 두었다.

예치금제도 시행초기에는 음·식료품 용기와 살충제, 유독물 용기 등 7개 품목 17종을 대상으로 시행되다가 현재에는 일부품목은 부담금 대상품목으로 전환되고 냉장고 등을 추가하여 총 6개 품목 12종에 대하여 예치금을 부과하였다.

표 10.2는 이 제도가 활발하게 시행되었던 시기의 실적으로 반환율이 저조한데, 이는 예치금 효율이 실제 회수하여 처리하는 비용보다 낮아 제조업자들이 자발적으로 회수, 처리하게끔 하는 유인동기가 약하기 때문이다. 따라서 이 예치금제도가 실효를 거두기 위해서는 제조 및 수입업자로 하여금 폐기물을 재활용할 수 있는 의무를 갖도록 해야 한다는 판단으로 OECD국가들을 주축으로 시행되고 있는 확대생산자의무(EPR)제도를 도입, 우리나라의 실정에 맞도록 정비한 생산자책임 재활용제도를 2003년 1월 1일부터 시행하게 되었다.

표 10.2 연도별 폐기물 예치금 납부 및 반환실적(단위 : 백만원)

구분	1994	1995	1996
부과액	30,266	32,339	34,016
납부액	29,676	31,467	33,847
반환액	2,615	4,437	9,970
반환율	8.8%	13.7%	29.3%

(1) 생산자책임 재활용제도

생산자책임 재활용제도는 확장된 생산자책임(Extended Producer Responsibility : EPR)의 개념으로, 생산자들이 좋은 제품을 생산하는데 그치지 않고 사용후 발생되는 폐기물의 재활용단계까지 그 책임의 범위를 확대한다는 의미이다.

그 의무대상품목으로는 발생량이 많거나 회수체계의 개선을 통해 재활용을 추진할 수 있는 4대 포장재(종이팩, 금속 캔, 유리병, 합성수지재질 포장재)와 5개 제품군(타이어, 윤활유, 전지류, 전자제품, 형광등)이 지정되어 있는데, 그 대상의 범위를 점차 확대하게 될 것이다.

시행절차는 환경부장관의 기본계획수립(매 5년), 의무량공표, 출고량제출(생산자), 재활용의무총량고시(환경부장관), 재활용의무이행계획서 제출과 승인 (생산자, 자원공사), 재활용의무이행, 의무이행결과보고서제출, 재활용부과금부과및징수의 8개 단계로 되어 있다.

4) 재활용품의 소비 촉진

재활용품의 소비를 촉진하기 위해서는 재활용품 시장을 활성화하여야 한다. 그러나 원자재의 가격이 싼 경우에는 재활용제품은 일반상품과 가격경쟁을 할 수 없다. 따라서 이러한 경우에는 공공기관 우선구매제도 등을 통해 강제성을 가진 구매를 유도하고 있다. 또한 기업에게는 자발적으로 재활용제품의 사용을 장려하고, 환경친화적기업 이미지와 연계시켜 재활용제품의 구매를 유도하기도 한다.

10.5 | 중간처리기술

일반폐기물 처리의 기본은 배출된 폐기물을 자원화나 재이용에 의해 가능한 한 감량화한 다음, 환경보전상 지장이 생기지 않도록 위생적으로 처리하는 것이다. 배출된 폐기물은 직접 혹은 중간처리를 한 다음 최종처분(매립)되지만 중간처리의 목표는 감량(감용)화, 안정화, 무해화에 있다. 최근에 우리나라는 도시화, 사용연료의 전환, 화학비료의 보급, 매립지 부지 확보난 등으로 인해 처리 과정의 중심을 소각처리로 전환시키고 있는 추세이다.

일반적인 폐기물의 처리 프로세스는 그림 10.5에 제시한 것처럼 분류할 수 있는데, 이들 과정 중에서 파쇄, 압축, 선별, 소각이 차지하는 역할은 매우 커지고 있다고 볼 수 있다. 폐기물 처리조작으로는 물질회수(퇴비화 등), 에너지회수 등이 중요하다.

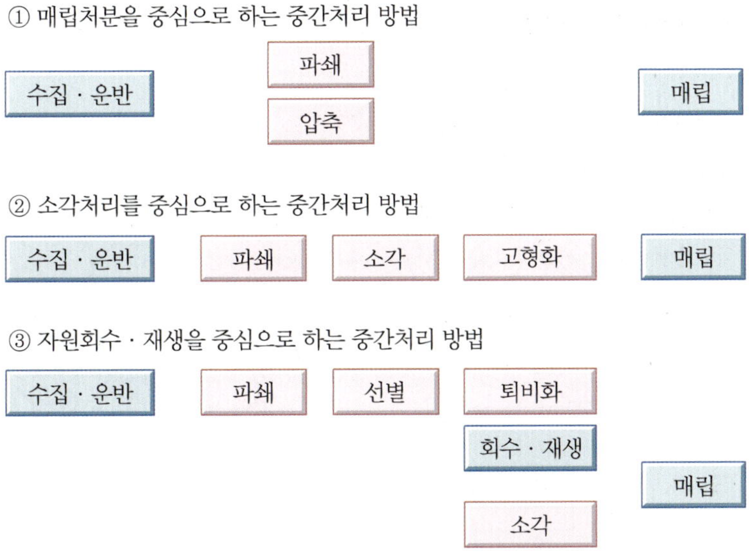

그림 10.5 폐기물처리 프로세스 및 처리시설의 구성

10.5.1 파쇄

도시폐기물의 파쇄조작은 미국에서 폐자동차로부터 철스크랩을 회수하는 것을 목적으로서, 유럽에서는 퇴비화를 위한 생쓰레기 분쇄나, 소각공장에서의 대형폐기물 소각을 위한 전처리로서 시작되었다. 폐기물 파쇄의 목적을 차후 공정에 미치는 효과면에서 보면 다음과 같이 열거할 수 있다.

(1) 분리 및 선별을 위한 파쇄(입경의 분포화)

폐기물을 소재별로 분리 및 선별하기 위해서 파쇄하는 경우에 분리 및 파쇄를 잘 하기 위해서는 소재별로 파쇄특성이 다르므로 파쇄할 때 소재에 따라 입경분포에 차이가 나는 것이 바람직하다.

(2) 운반, 저장 및 매립을 위한 파쇄(겉보기 밀도의 증가와 균질화)

대형 폐기물을 그대로 운반 및 저장하면 큰 공간을 차지하여 대단히 비경제적이므로 이를 파쇄하여 겉보기 밀도를 증가시키고 균질화시키는 것이다. 매립을 위한 파쇄는 위의 효과 외에 부등침하를 가능한 한 억제할 수 있는 효과도 기대된다.

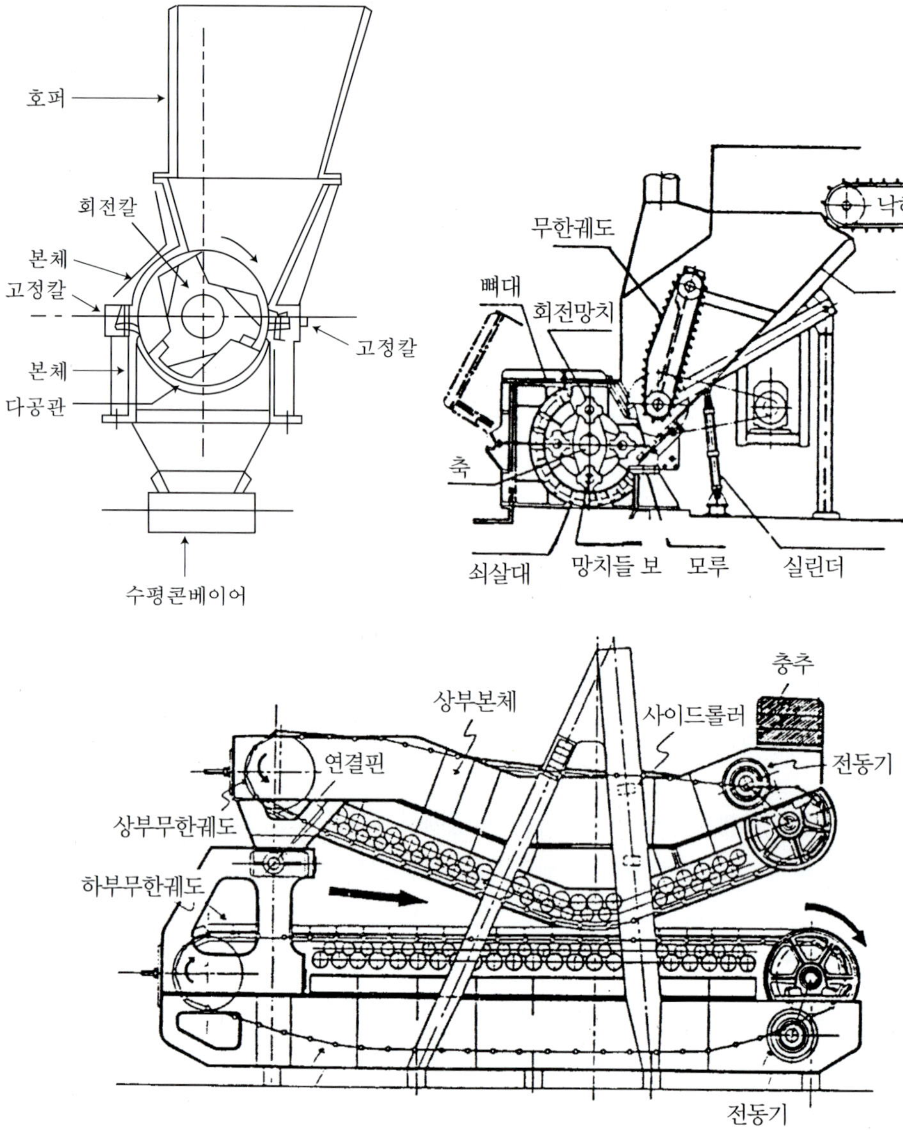

그림 10.6 파쇄기 종류

(3) 소각이나 퇴비화를 위한 파쇄(비표면적의 증가)

폐기물을 소각할 때 공급장치에서의 문제를 방지함은 물론, 파쇄함으로써 재료의 혼합과 균질화가 도모되어 연소효과가 촉진된다. 또한 비표면적의 증가로 인해 퇴비화의 경우 분해효과를 높일 수 있다. 기타 자원화 공정에서 처리 효율의 균일화와 안정된 성능유지를 위해서도 필요한 공정이다.

파쇄에 이용되는 작용력은 압축력, 전단력, 충격력으로, 파쇄 방법으로는 회전식, 왕복동식, 압축식이 있다. 회전식은 회전충격 전단에 의한 것이며, 왕복동식은 고정칼과 왕복 또는 회전칼을 이용하여 폐기물을 절단한다. 금속, 플라스틱, 고무, 목재 등의 압연특성이 큰 것은 전단력이나 충격작용이 유효하지만, 콘크리트나 암석 등과 같은 물질에는 압축 파쇄가 유효하다. 그림 10.6에는 각종 파쇄기의 단면도를 나타내고 있다.

10.5.2 압축

압축기술은 각종 생산공정에 사용되는 가압기와 성형기의 원리를 응용한 것으로, 폐기물에 압력을 가하여 폐기물 내부의 공간을 줄임으로써 폐기물의 부피를 감소시켜 매립지의 수명을 연장시키거나 수송 등을 용이하게 하는데 그 목적이 있다. 일반적으로는 비가연성 대형폐기물이나, 비가연성 폐기물을 대상으로 철, 알루미늄 등의 유가물의 감용화에도 이용되기도 한다.

압축장치는 압축강도에 따라 저압력 압축기와 고압력 압축기로 분류할 수 있다. 저압력 압축기는 압축강도가 7 kg/m^3 이하로 주로 주택가, 상가, 공장지대, 소규모 적환장에서 사용되며, 압축강도가 7 kg/m^3 이상인 고압력 압축기는 대규모 적환장에서 사용된다. 일반적으로 음료수용 캔이나 병들은 2.5 kg/m^3 정도에서 압축 또는 파쇄되므로 저압력 압축기로도 충분하다.

10.5.3 선별

폐기물의 선별은 혼합 폐기물 중에서 재사용 가능한 단일 성분, 예를 들어, 금속, 유리, 종이, 플라스틱 등을 분리하거나, 폐기물 소각의 전처리 공정으로서 가연물과 비가연물을 분리하는데 목적이 있다. 선별공정의 원리는 폐기물의 물리적 특성이나 화학적 특성을 이용해서 혹은 이들을 조합해서 사용하는 예가 많다. 종류로서는 예로부터 이용되어 온 체분리, 풍력선별, 비중차 선별, 자기선별 외에 와전류선별, 정전선별, 광학선별 등이 있다. 이들의 선정 시에는 회수물의 종류, 물성, 형상, 순도, 경제성은 물론 선별 과정 시 야기될 수 있는 2차 공해 등도 고려할 필요가 있다.

표 10.3 선별장치의 형식

형식	방법	형식	방법
체(screen)선별	진동체, 회전체	용제선별	크릴렌용해식
비중차선별	기계식, 습식비중차	세정선별	수류식, 물・체 병용식
풍력선별	수직형, 횡형, 경사형	강도차선별	반습식 파쇄식
자기선별	드럼형, 벨트형	부유선별	부유선광식
와전류선별	회전원판식, 경사판식	광학선별	반사광식
정전선별	스틸벨트・코로나 방전식	탄성선별	회전원판식, 벨트식
자장선별	자성유체식		

선별공정에 의해 혼합폐기물로부터 단일조성의 원료, 예를 들면, 금속, 유리, 종이, 플라스틱 등을 단독으로 분리하는 것으로 자원화 또는 재이용의 가장 중요한 공정의 하나이다. 선별의 효과는 선별물의 회수율 및 순도로부터 평가되어야 한다. 선별방법으로는 표 10.3과 같은 형식이 있으며, 목적에 따라 이들 방법을 조합해서 사용한다.

10.5.4 소각

폐기물의 소각처리는 폐기물중의 부패성 유기물질을 분해시켜 안정한 무기물질(소각재)로 변환시키는 것은 물론 중량면에서 약 20%로, 용적면에서 약 10%로 감량시킬 수 있는 점으로 유용한 중간처리 방법이다. 그리고 소각처리는 고온조작이기 때문에 병원균 등이 사멸한다는 점에서도 위생적인 처리일 뿐만 아니라 소각시에 발생되는 폐열을 에너지로 회수 이용할 수 있다는 이점이 있다.

소각을 폐기물처리에 최초로 도입한 것은 영국으로 1874년에 Nottingham에 설치되었다고 알려져 있다. 우리나라에서는 1980년대 중반부터 폐기물양의 증가와 신규 매립지의 확보난이 점차 가중되면서 도시폐기물 처리방법으로 도입하기 시작하였는데, 1996년 말 기준으로 우리나라의 소각공장은 10개소에, 처리용량은 3,000톤/일을 확보하고 있다. 그러나 폐기물을 소각하는 과정에서 유해한 연소가스의 발생으로 인한 대기오염, 수질오염, 그리고 소각재 처리 등 새로운 환경오염이 발생하며,

특히 최근 발암성 물질인 다이옥신이 심각한 사회적 문제로 대두되면서 향후 소각시설의 보급에 많은 애로가 예상된다. 또한 지구정상회의에서 합의한 「지속가능한 개발」의 실현을 향한 지구환경보전의 관점에서 대량생산, 대량소비, 대량폐기의 사회시스템의 변혁을 요구하고 있다. 또한 신규매립지의 부족난, 소각공장의 소각능력 부족 및 폐기물처리 비용의 증대 등 다양한 폐기물문제가 발생하여 그 대책이 시급한 실정이다.

1) 폐기물 소각시설의 분류

폐기물 소각 시설은 기능에 따라 크게 연속식과 회분식 소각로로 구분되며, 주요설비의 기계화 정도에 따라 각각 전연속식과 준연속식, 기계화 회분식 소각로로 세분된다. 로형식에 의한 가동 1일당 가동시간은 원칙적으로 전연속식은 24시간, 준연속식은 16시간이며, 회분식은 8시간이다.

(1) 전연속식 소각로

대용량의 폐기물을 처리할 수 있어 대도시와 같은 대량의 폐기물을 소각하는데 적합하며, 일정한 연소조건을 유지할 수 있어 거의 완전한 연소가 가능하며 폐열이용도 합리적으로 할 수 있다. 투입 설비에서 연소 잔재 처리 시설까지 기계화하여 완전 자동 운전을 할 수 있도록 한 소각 시설로서 최소의 인원으로 24시간 연속 운전이 가능하며, 공해 방지시설 등 각종 부대설비도 충분히 갖춘 시설을 말한다. 반면에 건설비가 높고 운전조작이 비교적 고도의 기술을 요한다.

(2) 회분식 소각로

가장 간단한 구조를 갖고 있는 설비로서, 소용량의 폐기물 소각에 적합하다. 건설비가 적게 들고 유지관리도 간단하다는 이점이 있다. 반면 로의 운전조작에 노력을 요하고 작업환경도 비위생적으로 되기 쉽고 공해방지대책, 효과적인 폐열이용 등이 충분하지 못하다는 결점이 있다.

2) 소각시스템의 구성

폐기물처리시설은 반입·공급설비, 연소설비, 연소가스 냉각설비, 배가스 처리 설비, 통풍설비, 소각재 반출설비, 급수설비, 배출수처리설비 등으로 구성되어 있다. 그림 10.7은 소각처리시설의 구성요소를, 그림 10.8은 폐기물 소각시설의 공정도를 나타내고 있다.

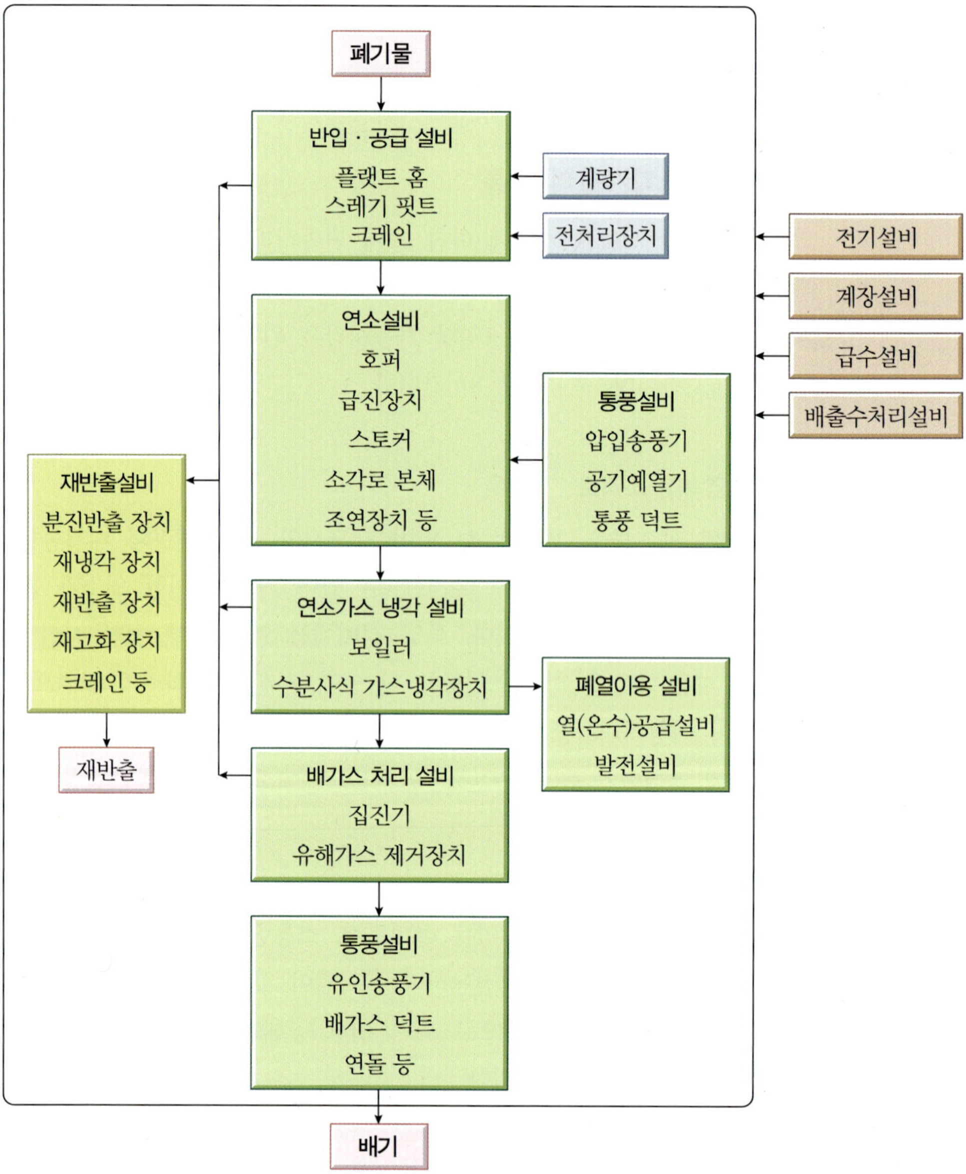

그림 10.7 소각처리시설의 주요 설비

(1) 반입 · 공급 설비

폐기물의 수집 · 운반차량 및 그 외의 운반방법에 의해 반입되는 폐기물을 계량해서 반입하여 이를 저류하고, 필요에 따라 파쇄 등의 전처리를 하여 소각로에 투입하기까지의 설비를 말한다. 계량기, 투입문, 쓰레기 핏트, 크레인, 파쇄기 등으로 되어 있다.

(2) 연소설비

크레인에 의해 공급된 폐기물을 받아들이는 폐기물 호퍼, 로 내로 폐기물을 원활히 보내주는 급진장치, 폐기물을 소정의 상태로 소각하는 스토커, 소각로 본체, 폐기물의 질 저하 시 혹은 소각로의 시동 또는 정지 시에 보조연료를 연소시키는 조연장치로 구성되어 있다. 소각로 본체는 다음과 같은 연소장치를 단독 혹은 조합해서 이용한다.

① 폐기물투입 ② 회전문 ③ 쓰레기 피트 ④ 파쇄쓰레기 컨베이어
⑤ 투입구 ⑥ 압입송풍기 ⑦ 크레인조작실 ⑧ 폐기물공급크레인
⑨ 호퍼 ⑩ 공급장치 ⑪ 연소화격자 ⑫ 유압장치
⑬ 재압출장치 ⑭ 재인출 컨베이어 ⑮ 재피트 ⑯ 재크레인 조작실
⑰ 재크레인 ⑱ 유인통풍기 ⑲ 가스냉각보일러 ⑳ 가스냉각실
㉑ 전기집진기 ㉒ 가스세정탑 ㉓ 가스재가열기 ㉔ 굴뚝
㉕ 폐수처리실 ㉖ 중앙제어실

그림 10.8 폐기물 소각시설의 공정도

① 스토커(화격자)식 연소장치

스토커식 연소장치는 연소하기 전에 폐기물을 충분히 건조시키는 건조대, 건조한 폐기물이 건류되면서 염을 발생시키고, 고온 하에서 활발한 산화반응이 진행되는 연소대, 및 소각재 중의 미연분을 완전연소시키는 후연소대로 구성되어 있다. 화격자는 손상이 적게 가도록 그 구조와 운동방식을 고려하여 내열, 내마모성이 우수한 재료를 사용한다. 그림 10.9에 스토커식 소각장치의 예를 나타내고 있다.

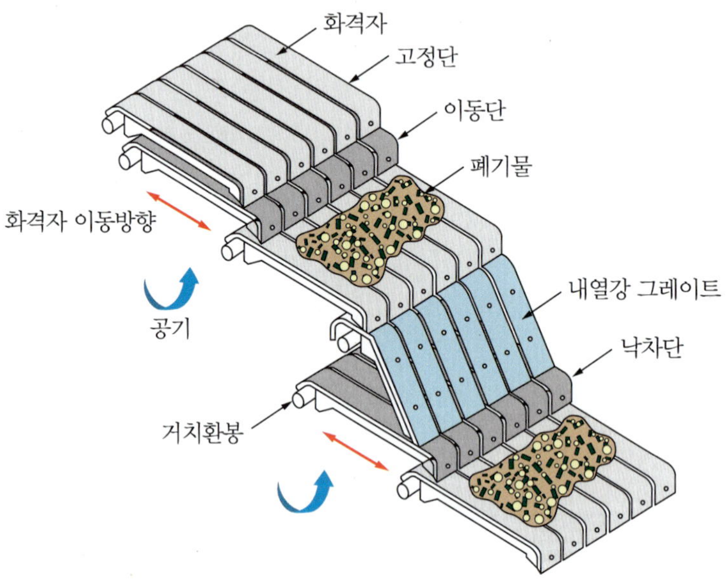

그림 10.9 스토커식 연소장치(계단식)

② 유동상식 연소장치

유동상식 연소장치는 그림 10.10에 나타낸 바와 같이 소각로의 바닥으로부터 뜨거운 공기 또는 상온의 공기를 소각로 내로 송입하고, 분산판 위에 있는 유동 매체(모래 또는 열용량이 큰 비가연성 물질)를 이용하여 유동층을 형성시켜 매체온도를 700～900°C로 유지하면서 소각 대상물을 연속적으로 균일하게 투입함으로써 유동상태에서 소각하는 방식이다.

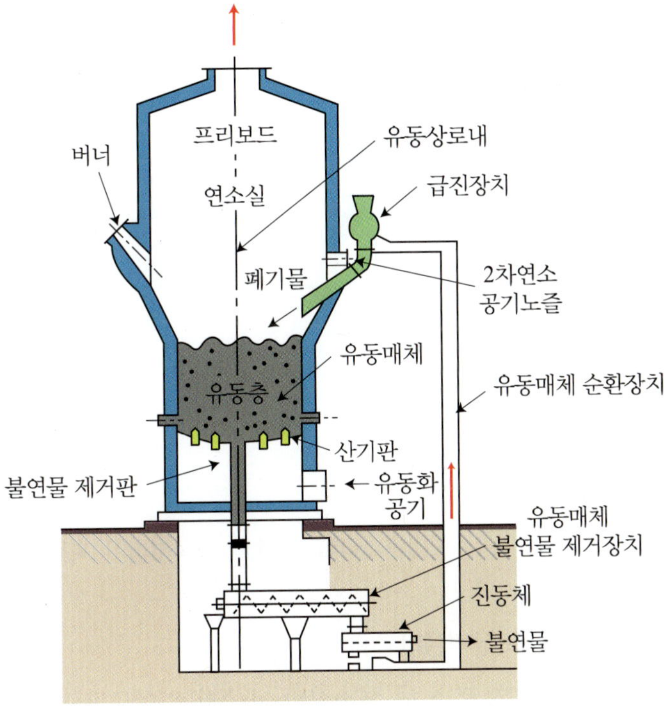

그림 10.10 유동상식 연소장치

③ 회전로식 연소장치

회전로식 연소장치는 그림 10.11에서 보는 바와 같이 원통형 소각로 본체를 약간의(약 0.005～0.08 정도) 구배를 주어 설치하고, 구동 장치에 의해 천천히 회전시키면 상부에 위치한 투입 호퍼로부터 투입된 폐기물이 회전 교반되는 구조로 되어 있다. 이때 고정 버너의 연소 가스와 접촉하여 폐기물이 건조 착화되어 소각 처리된다. 건조 효과가 대단히 좋고 착화 연소하기 쉬운 장점이 있으나, 점착성 물질이나 섬유상 물질 등이 회전 교반을 계속하는 동안 조립화되는 현상이 발생하여 표면만이 고온화되어 급속히 회화되면서 클링커를 형성함으로서 완전 연소가 일어나지 않는 경우가 있다.

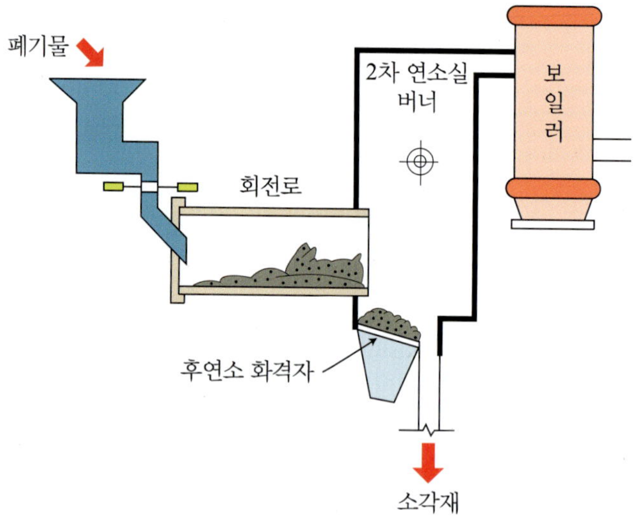

그림 10.11 건조연소식 회전로

(3) 연소가스 냉각설비

폐기물 소각으로 인해 연소설비 내에서 850°C 전후의 고온 연소가스가 다량으로 발생된다. 이 고온의 연소가스는 매우 높은 열에너지를 가지고 있으며, 또한 폐기물 중의 플라스틱, 고무 등의 연소에 의해 HCl, SO_x 등 부식성 가스를 함유하고 있다. 고온의 연소가스 중에 포함된 이러한 부식성 가스는 금속류와 접촉되면서 금속표면을 부식시키게 된다. 따라서 폐기물 소각시설에 있어서의 연소가스 냉각설비는 연소가스가 보유하고 있는 유효한 열에너지를 회수하는 것은 물론 연소가스 온도를 부식속도가 가장 느린 적절한 온도 범위(180～200°C)로 냉각시켜 소각로 이후의 연소가스 처리시설 관련설비를 부식으로부터 보호하기 위해 필요한 설비이다.

연소가스 냉각방식의 종류에는 폐열회수의 유무에 따라 폐열 보일러식, 수분사식 등이 있다. 폐열 보일러방식은 다량의 수관을 배기가스 통로에 설치하여 고온의 가스와 물이 간접 열교환하여 배기가스 온도를 냉각시킨다. 수분사식은 폐열회수의 이용면에서 경제성이 없을 경우 채택하는 방식으로 물의 증발 잠열을 이용하여 고압의 냉각수를 분무노즐을 통하여 배기가스 속으로 분무한다.

(4) 배가스 처리설비

폐기물을 소각하면, 소각재의 일부가 연소 가스에 실려 분진으로 배출되게 된다.

또한 폐기물 중 플라스틱 등에 함유된 염화물이 연소하여 염화수소를 발생하기도 하고, 고무 제품에 함유된 황이 황산화물(SO_x)이 되며, 연소 과정에서 폐기물 및 연소 공기 중의 질소가 질소산화물(NO_x)로 되어 가스 상태로 배출하게 된다.

폐기물 소각 처리 시설의 배출 가스 조성은 폐기물 성상 및 소각로의 형식에 따라서 차이가 있으나, 일반적으로 부피비로 수분 15~50%, 이산화탄소 5~8%, 산소 6~12%, 그리고 나머지는 대부분 질소 가스가 차지하게 된다. 특히 유해 가스 성분 중에서 황산화물은 20~100 ppm, 염화수소는 100~800 ppm 정도로 발생하고, 질소산화물은 통상 50~200 ppm 정도이다. 또한 분진량은 설비의 형식, 운전 방식에 따라서 다르나 통상 배출 가스 중에 2~5 g/Nm^3 정도 함유하게 된다. 따라서 폐기물 소각 처리 시설에는 분진 제거의 설비가 반드시 필요하고, 경우에 따라서는 유해가스 제거 설비를 설치할 필요가 있다.

① 분진제거

폐기물 소각로에서 발생하는 분진은 주로 비산재이며, 이 외에도 미연탄소분, 타르, 미스트 입자들이 포함되고 폐기물의 성상, 소각로의 구조, 배기가스 냉각장치의 구조, 운전조건 등에 따라 발생량 및 성상이 변화하게 된다.

이들 분진을 제거하기 위한 장치로는 전기집진기나 여과식 집진장치 등을 단독으로 또는 조합해서 사용한다. 과거에는 전기집진기를 많이 사용하여 왔으나 최근 기술의 진보와 함께 여과식 집진장치의 단점이 상당히 보완되어 이의 사용이 증가되고 있는 실정이다.

② 유해가스 제거

배가스 중의 유해가스를 제거하기 위한 방법으로는 연소제어법과 건식처리법, 습식 알칼리세정법 등이 있다. 연소제어법은 연소실 내에서의 폐기물 연소조건을 제어하여 NO_x 발생량을 저감하는 방법으로 저산소연소법, 수분사법, 배가스 재순환법 등이 있다. 건식처리법으로는 약제를 이용해 유해가스를 고체상 물질로 변환시켜 집진장치로 분진을 제거하는 방법, 또는 약제를 이용해 유해가스를 무해가스로 분해시키는 방법으로 칼슘계나 마그네슘계 흡수제가 사용된다. 습식 알칼리세정법은 알칼리용액 또는 알칼리 슬러리 등을 이용해 배가스를 그 단열 포화온도 영역까지 냉각시켜 유해가스를 흡수제거하는 방법으로 흡수액에는 수산화나트륨용액, 소석회 슬러리, 탄산칼슘 슬러리가 사용된다.

(5) 폐열 회수 및 이용설비

폐기물을 일종의 연료로 생각할 경우, 폐기물 소각 시설에 있어서의 폐열 이용은 이론적으로 폐기물 보유 열량의 70% 전후까지 가능하다. 최근에는 에너지 절약이나 지역환원의 견지에서 소각 폐열의 회수가 적극적으로 행해지고 있다. 그러나 회수된 열에너지의 용도는 시설의 규모나 지역의 상황에 많이 좌우되는데, 우선적으로는 소각공장 내의 필요한 에너지로 활용하게 된다. 그 외 폐열 이용 방법으로는 시설 외의 지역난방용으로 폐열을 이용하거나 폐열을 이용하여 발전한 후 인근 산업체나 지역에 공급하는 방식 등이 있다.

폐기물을 열에너지로 전환하기 위해서는 온수 발생기와 폐열 보일러가 사용된다. 폐열 보일러는 설비비가 고가이기 때문에 시설의 규모에 따라 설치해야 하나 시설 내에 필요한 열량을 조달할 수 없어도 수분사식 가스 냉각 설비에서 소비되는 대량의 용수를 절약하려는 목적으로 설치하는 경우도 있다.

3) 폐기물소각시설의 설계

(1) 소각시설의 규모 및 노수의 결정방법

폐기물 소각시설 계획은 계획처리량을 기초로

① 계획연간 일평균 처리량
② 계획 월변동계수
③ 로 형식
④ 매립지의 상황
⑤ 시설의 가동율
⑥ 예비로의 유무
⑦ 시설의 수

등을 고려하여 결정한다. 또한 로 수에 대해서는 건설비, 운전비 등을 종합적으로 고려해서 결정한다.

(2) 계획 폐기물질의 조건설정

폐기물의 질로는 폐기물의 조성, 단위용적중량 및 3성분(수분, 가연분, 회분)등의 물리적 성질 및 원소조성, 발열량 등의 화학적 성질로 나타낼 수 있다. 소각시설에서는 폐기물질로부터 연소의 난이를 판단하고 있다. 반입 폐기물질의 발열량이 낮은 경우에는 로의 온도가 저하되어 연소의 안정성이 떨어지게 된다. 한편 폐기물의 질이 양호한 경우 공급 공기량, 연소가스량은 같이 증대하고, 또한 열발생량이 커지면 연소가스 냉각시설, 가스계통설비 등이 능력한계에 도달하게 되어 소각능력은 제한된다. 따라서 소각시설의 계획에 있어서는 저질폐기물, 기본폐기물 및 고질폐기물 각각에 대한 계획치의 설정이 필요하다.

(3) 발열량

소각시설을 설계하는 경우 폐기물의 발열량을 조사할 필요가 있는데, 발열량은 폐기물 1 kg을 완전히 연소시킬 때 발생하는 열량(kcal)을 말한다. 열량계로 발열량을 측정할 경우는 폐기물 중의 수분 및 연소에 의해 생성된 수분의 응축열을 포함한 열량으로서 측정되는데, 이 값을 고위발열량이라 한다. 그러나 실제로는 연소 배가스 중의 수분은 통상 수증기 상태로 배출되어 응축열은 이용되지 않는 경우가 많으므로 고위발열량에서 응축열을 뺀 나머지의 열량이 유효하게 이용되는데, 이를 저위발열량이라 한다. 폐기물중의 가연분의 대부분은 종이류, 섬유류, 목재류와 같은 셀룰로오스계 물질과 플라스틱 등의 석유화학 제품이다.

(4) 강열감량

폐기물의 연소 상태를 비교하기 위해서 강열 감량이 사용되며, 강열 감량이 적을수록 소각재의 연소 상태가 좋은 것이며, 소각재의 양이 적을수록 잘 연소된 것이다.

폐기물의 연소에 있어서 강열 감량과 소각재의 배출, 그리고 배출수와는 직접적인 관계가 있으므로 원칙적으로 강열 감량을 가능한 작게 하여 소각제 배출 및 배출수 처리에 부담이 가지 않도록 해야 한다. 소각재의 강열 감량 기준치는 소각 시설의 규모에 따라 다음과 같은 값을 표준으로 하고 있다.

① 회분식 소각로 : 15% 이하
② 연속식 소각로 : (200 톤/일 규모 이하) : 10% 이하
③ 연속식 소각로 : (200 톤/일 규모 이상) : 7% 이하

(5) 시설의 기능

① 처리능력

폐기물 소각 시설의 처리 능력은 소각로 형식, 연소 장치의 구조 및 연소 방법 등에 따라 변화되지만 소각로의 형식, 구조, 연소 방법을 최적으로 조정하여도 공기예열온도, 폐기물의 발열량, 소각재의 강열 감량 등에 따라서도 변화한다. 특히 폐기물의 질적 특성(특히 발열량)에 따라 소각 처리 능력이 크게 변화하는데, 발열량이 어떤 범위 이하보다 낮거나 또는 높은 경우에는 처리 능력이 떨어지게 된다.

② 화격자 연소율

화격자 연소율이란 화격자 단위 면적당 폐기물의 연소속도를 말하며, 화격자 단위면적, 단위 시간당 소각가능한 폐기물량($kg/m^2 \cdot hr$)으로 나타낸다. 즉, 연소실 내의 화격자 면적에 대하여 1일 가동 시간 내에 폐기물을 투입하여 규정된 강열 감량 이하로 소각할 수 있는 양을 W(kg/day), 화격자 면적을 A (m^2), 가동시간을 h (hr/day)라 할 경우, 화격자의 연소율 G ($kg/m^2 \cdot hr$)은 다음 식으로 구할 수 있다.

$$G = \frac{W}{h \times A}$$

화격자 연소율은 안정연소를 유지하고 강열감량을 확보하는데 밀접한 관련이 있다.

③ 연소실 출구온도

폐기물 소각로의 연소실 용적이 충분하여도 연소실 출구 온도가 낮으면 악취 성분(시안, 암모니아 등을 포함)을 완전히 분해할 수 없다. 이들 악취 성분을 완전히 분해할 수 있는 최소한의 온도는 700°C로 알려져 있다. 그러나 연소실 출구의 연소 가스 온도가 너무 높으면 소각로의 재질을 상하게 할 뿐만 아니라 용융된 소각재가 연도 각 부위에 부착되어 문제를 일으키게 되는데, 이러한 문제를 일으키지 않는 상한 온도는 약 950°C로 알려져 있다.

④ 연소실 열부하

연소실 열부하란 연소실 단위 용적당 단위 시간당 연소시킬 수 있는 폐기물의 발생 열량을 말한다. 즉, 용적이 V (m^3)인 연소실에서 1시간에 Q (kcal)의 열이 발생할 경우, 연소실 열부하는 다음과 같이 계산한다.

$$연소실부하(kcal/m^3 \cdot hr) = \frac{Q}{V}$$

여기에서 연소실 용적이란 화격자 상부의 전체 용적을 말하며, 연소실 용적의 범위는 일반적으로 건조실, 1차 연소실, 2차 연소실 그리고 후연소실을 모두 포함하게 된다. 또한 폐기물의 발생 열량이란 폐기물의 저위 발열량에 폐기물 소각량을 곱한 값이다. 일반적으로 연소실 열부하가 너무 크면 화염이 소각로 벽에 부딪치면서 냉각되기 때문에 검댕이 발생하고, 불완전 연소가 되어 소각로 벽을 손상시키게 된다. 반면에 연소실 열부하가 너무 작으면 연소실 내의 일부분에만 화염이 존재하게 되어 연소 가스가 냉각되기 쉽다.

⑤ 연소공기량

연소는 빛과 열을 동반한 급격한 산화현상으로 일종의 화학반응이다. 폐기물의 연소에는 가연물을 구성하는 가연원소의 연소반응에 있어서 양적관계로부터 가연물의 연소에 필요한 공기량과 연소가스량을 구한다.

10.6 | 재자원화

인간의 생산활동이나 소비활동에서 배출되는 폐기물 중에는 회수하여 원료로 재사용하면 유용하게 사용될 수 있는 것도 있다. 이와 같이 폐기물의 재활용(자원화)은 자원으로써의 효율적인 이용과 폐기물의 발생 억제, 자원의 절약 및 재활용 촉진을 통한 환경 보전, 그리고 지속적인 경제발전과 국민복지의 향상에 그 의의가 있다.

폐기물의 자원화는 환경오염을 크게 줄이면서 폐기물을 자원으로서 무한한 유용가치가 있게 한다. 그리고 천연자원의 낭비를 줄일 수 있기 때문에 자연환경과 생태계에 미치는 영향을 최소화시켜 폐기물 처리비용을 보다 절감할 수 있어 환경보전적 측면에서뿐만 아니라 경제적인 측면에서도 가장 바람직한 방법이라 볼 수 있다.

폐기물을 자원화 시키기 위한 방법은 그림 10.12에 주어진 바와 같이 크게 물질회수 및 에너지회수로 구분할 수 있다. 물질회수에는 유기물의 분리수거와 선별기술에 의해 금속류, 폐지 및 폐합성수지, 폐플라스틱류 및 폐건전지 등을 회수하거나 미생물을 이용하여 퇴비화시키는 기술 등이 있다. 기타 물질회수로는 일종의 에너지 회수라 볼 수도 있는 열분해에 의한 유기물의 저분자화나 무기물의 고온 용융 및 소성 등에 의한 시멘트, 벽돌, 경량골재 제조 등이 있다.

에너지회수에는 소각에 의한 폐열 회수, 도시폐기물을 가공한 고체연료(RDF) 제조, 열분해에 의한 가스 및 액체 연료의 생산 등이 있다.

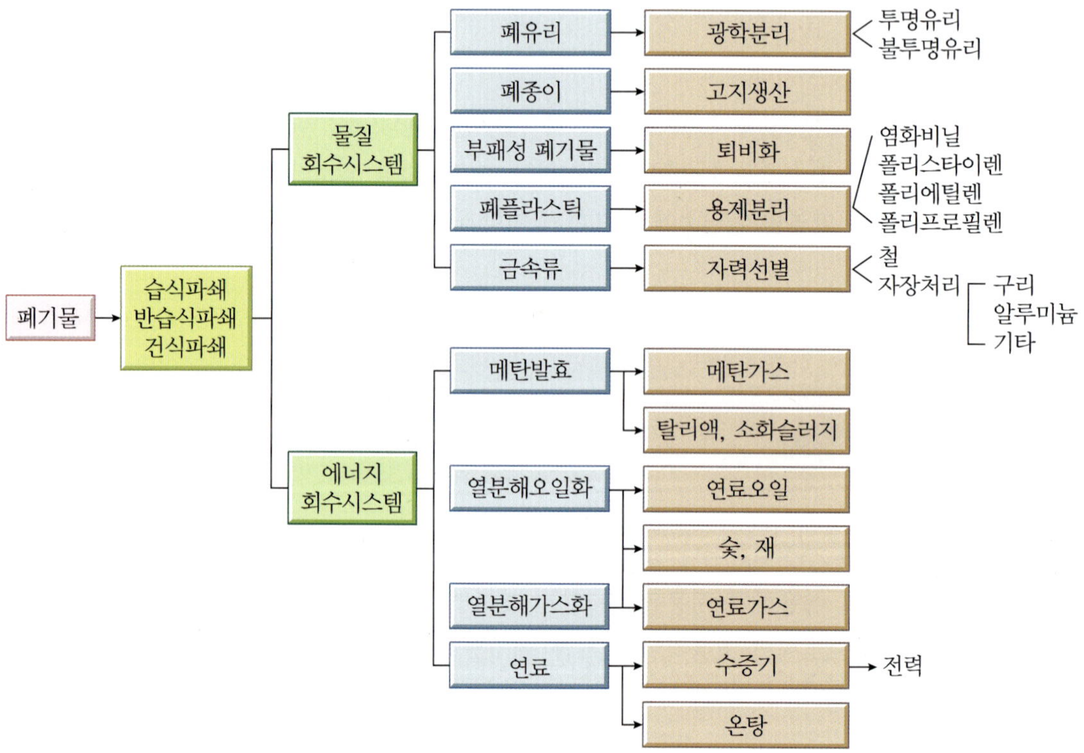

그림 10.12 폐기물의 자원화 방법

10.6.1 물질회수

1) 유리, 금속류 등 유기물 회수

철, 알루미늄, 종이, 유리병 등 제품으로서가 아닌 물질로서 회수해 그것을 원료로 다시 제품을 만드는 것으로 폐기물로서 배출될 때 어느 정도 배출자, 즉 주민의 협력을 얻어 분리배출되는가 하는 것이 중요한 포인트이다. 또한 동시에 지방자치단체에 있어서도 이것들을 분리배출한 회수물의 집적장소의 확보, 회수품의 회수가격의 안정화, 수집회수의 개선 등 적극적인 대응이 불가결하다.

주민에 의해 집단회수되어 직접 업자에 매각되는 것으로는 폐지, 금속(철, 알루미늄)캔, 유리병, 페트병, 우유팩 등이 있다. 지방자치단체에 의해 수집되는 폐기물의 분리방법은 그 지자체에 따라 다르지만 가연성폐기물, 대형폐기물, 음식물쓰레기, 자원폐기물(유리, 금속류, 플라스틱류)로 나누는 것이 일반적이다. 금속 캔, 색깔별 유리조각 등 자원별로 수집하는 장소와 자원화 시설에서는 손선별이나 기계선별에 의해 회수되는 경우가 있지만 대부분은 기계선별에 많이 의존하고 있다.

2) 퇴비화

퇴비화(composting)는 우리나라를 비롯한 동아시아 여러 나라에서 옛날부터 오랜 기간 동안 농작물의 재배를 위해 사용되어 왔던 방법으로, 현재도 농촌에서는 이용되고 있다. 1930년경 인도에서 생활폐기물, 가축분뇨, 하수찌꺼기, 짚과 흙을 층층이 쌓아 퇴비화하는 인도르 공정이 개발된 이후 서양에서도 지금까지 여러 가지 공정이 개발되어 왔으며, 실제 여러 도시에서 도시폐기물이나 하수슬러지를 처리하는 데 적용되고 있다.

퇴비화공정은 유기성 폐기물을 어떠한 처리과정 없이 토양에 바로 주입할 때 발생될 수 있는 악취, 침출수에 의한 지하수 오염, 병원균 전파 등의 문제를 상당히 감소시킬 수 있는 장점을 가지고 있다. 또한 폐기물의 소각처리 시 발생할 수 있는 대기오염 문제를 해결할 수 있다는 점에서 가장 환경오염이 적으며 효과적인 유기성 폐기물 처리방법으로 평가받고 있다.

폐기물의 퇴비화 공정은 대부분 전처리 공정과 유기물질이 분해되는 퇴비화 공정으로 구성된다. 양질의 퇴비를 생산하기 위해서는 플라스틱류나 유리 등 불연물을 가능한 한 분리하는 것이 중요하며, 이를 전부 기계선별에 의해 하면 코스트가 높아져 경제성이 떨어진다.

10.6.2 에너지 회수

1) 고체연료화

폐기물 고체연료(RDF, refuse derived fuel)는 폐기물 중의 가연성 물질만을 선별해 함수율, 불순물, 입경, 소각재 함량 등을 조절하여 연료화시킨 것이다. 일반적으로 함수율과 소각재 함량에 따라 차이는 있으나 폐기물 고체연료의 발열량은 3,500 kcal/kg 정도이다. 고체연료화는 제조방법에 따라 건식과 습식이 있으며, 건식에는 최종제품의 성상에 따라 가벼운 폐기물연료(fluff RDF), 미분연료(power 또는 dust RDF) 및 성형연료(densified RDF)의 3종이 있다. 건식의 고체연료 제조 프로세스의 개략은 그림 10.13에 나타내었다.

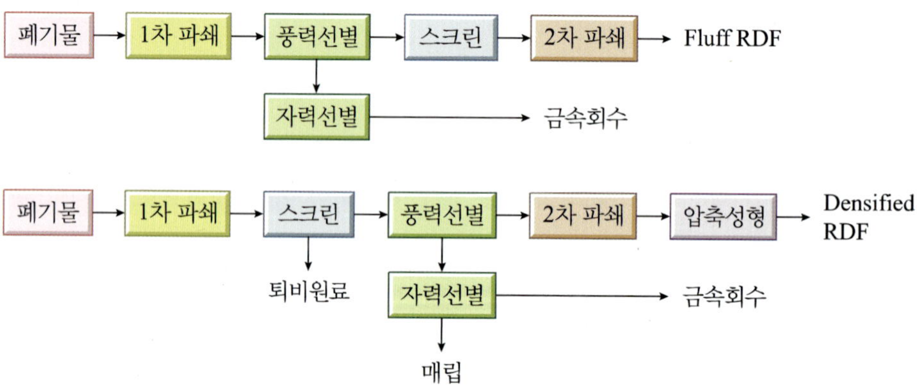

그림 10.13 고체연료 제조 프로세스

고체연료의 조건은 열량이 높을 것, 함수율이 낮을 것, 재 생성량이 적을 것, 대기오염이 적을 것, 그리고 고체연료 조성인 배합률이 균일할 것 등이다. 그리고 저장과 수송이 편리하여야 하며 기존 고체연료 소각로에도 사용이 가능하여야 한다.

폐기물 고체연료의 단점으로는 다음과 같은 사항을 들 수 있다.

① 부패하기 쉬운 유기물질로 구성되어 있어 수분함량이 증대되면 부패한다.
② 염분함량을 줄이기 위해 원료인 폐기물 중의 PVC 함량을 감소시켜야 한다.

③ 폐기물의 조성이 종이, 플라스틱 등 가연성 성분이 많아야 하며, 전처리에 상당한 동력 및 투자비가 소요된다.

2) 열분해

열분해는 공기가 부족한 상태에서 폐기물을 가열시켜 가스, 액체 및 고체 상태의 연료를 생산하는 공정을 말한다. 열분해 방법에는 저온법과 고온법이 있는데, 저온에서는 타르, 숯 및 액체상태의 연료가 보다 많이 생성되며, 고온에서는 가스상태의 연료가 더 많이 생성된다. 따라서 저온법을 열분해라고 부르고 고온법을 가스화라고 부르기도 하지만 저온이나 고온열분해 모두를 열분해 공정이라고 총칭하는 것이 상례이다. 여기서 저온이라 함은 500～900°C를 말하며, 고온은 1,100～1,500°C를 말한다. 만약 온도를 1,700°C까지 올려 열분해 장치를 운전하면 모든 재는 슬래그(slag)로 방출된다.

열분해 장치에는 고정상, 유동상, 부유상 등이 있는데, 열분해는 일반적으로 화학반응과 비교하면 처리비용이 비싸다는 단점이 있다. 또한 도시폐기물을 열분해시킬 경우에는 투입되는 원료가 물리적 및 화학적으로 복잡하고 더욱이 폐기물의 조성이 지역적, 계절적, 연도별로 변화하기 때문에 열분해 생성물의 질과 양을 안정하게 확보하는데 많은 어려움이 있다.

3) 폐열회수

폐기물을 소각시키면 열이 발생하여 배기가스의 온도가 올라가므로 가스를 냉각시켜 배출시켜야 한다. 배기가스 처리설비를 보호하고 외부로의 열오염을 줄이기 위해서 배기가스의 온도를 보통 250～350°C로 설정하고 있는데, 하한 온도는 배출가스에 의한 저온 부식이 발생하지 않는 온도이며, 상한 온도는 분진의 부착에 의한 고온 부식을 억제할 수 있는 온도이다.

냉각설비에는 폐열보일러식, 수분사식, 공기혼입식, 간접공냉식 등이 있으나 폐열보일러식은 폐열을 회수하여 이용할 수 있으므로 보다 바람직하다. 이외 폐열을 회수하는 장치로 각종 열교환기가 있으며 발생한 증기를 이용하여 증기터빈으로 발전도 할 수 있다.

10.7 매립

폐기물매립의 목적은 생활환경 보전상 지장이 생기지 않는 방법으로 폐기물을 적절히 저장해 자연계의 대사기능을 이용해 안정화, 무해화 하는 것이다. 이 목적을 달성하기 위해서는 매립처분의 실시방법이 중요하고 여기에는 지역의 특성, 청소사업체의 사정에 의해 결정되는데, 여기에는 폐기물의 종류, 매립지의 위치, 지역의 기후 등이 중요한 요인으로 작용한다.

매립된 폐기물은 장기적으로는 안정화, 무해화함으로써 주변환경에 악영향을 미치지 않음과 동시에 일반토양과 마찬가지의 안정화한 구조를 가지는 물질로 변한다. 폐기물의 매립이 진행하고 있는 단계에서는 침출수, 해충발생, 매립지반의 침하가 문제가 되고, 매립종료 후에는 침출수와 가스발생이 주문제가 된다.

10.7.1 폐기물 매립지의 분류

매립지의 종류는 위치하는 장소의 지형적 특성을 중심으로 분류하는 방법과 매립되는 폐기물의 종류에 의한 분류, 매립지내의 미생물환경을 중심으로 분류하는 방법이 있다.

1) 지형특성을 중심으로 한 분류

지형특성을 중심으로 한 분류로서는 육상매립과 수면매립으로 분류한다. 육상매립은 다시 구릉 및 낮은 산간의 골짜기에 폐기물을 매립하는 산간매립과 평지매립 등으로 나뉘며, 수면매립은 내수면매립과 해면매립으로 구분된다. 우리나라는 대부분이 산간이나 평지에 매립하고 있으며 해안의 간척지에 매립하는 것은 극히 일부분이다.

2) 매립되는 폐기물의 종류에 의한 분류

우리나라 「폐기물관리법」은 매립되는 폐기물의 종류에 따라 그림 10.14와 같이 차단형 매립지와 관리형 매립지로 분류하고 있다. 관리형 매립은 중금속 등 인간이나 자연생태계에 악영향을 미치는 유해한 물질이 거의 함유되어 있지 않고 주로 생물분해 가능한 폐기물을 대상으로 하는 매립지이다. 관리형 매립은 폐기물 매립 시 일일복토, 중간복토 및 최종복토가 필요하고, 매립시설에서 침출수가 유출되는 것을 방지하기 위하여 점토, 고밀도 폴리에틸렌 등의 차수재료를 이용하며, 침출수 집수 및 처리 시설, 강우시의 침출수 저장을 위한 유량조정조, 그리고 매립가스 처리 시설을 갖추어야 한다. 차단형 매립은 유해한 지정폐기물을 매립하기 위한 시설로서, 바닥, 외벽 및 내부칸막이를 철근콘크리트 구조물로 만들고 빗물을 차단하는 시설을 갖추며, 주로 용출시험 대상 폐기물을 매립한다.

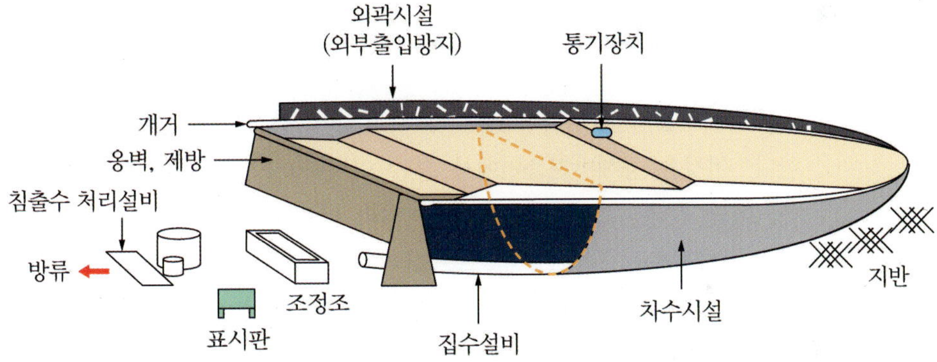

〈관리형 매립시설〉

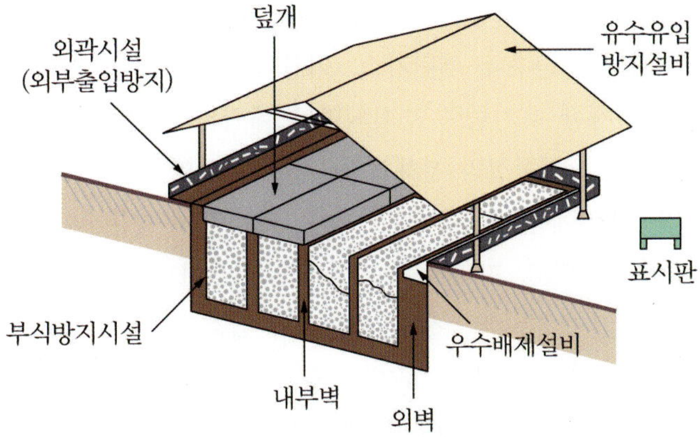

〈차단형 매립시설〉

그림 10.14 우리나라 폐기물매립지의 분류

3) 매립지 내의 미생물환경을 중심으로 분류하는 방법

매립폐기물층 내의 미생물 환경에 주목해서 매립구조를 혐기성 매립, 혐기성 위생매립, 개량형 혐기성 위생매립, 준호기성 매립, 호기성 매립으로 분류하기도 한다. 그 중 준호기성 매립공법은 매립지의 하층부에 유공관으로 된 침출수 집배수관을 설치하여 침출수를 가능한 한 신속히 매립지 밖으로 배제시키며, 동시에 집배수관을 통해 매립지 내부로 공기가 자연 유입되므로 매립지의 안정화가 촉진되는데, 경제성뿐만 아니라 유지관리도 용이한 것으로 평가되어 현재 일본에서 많이 채용하고 있다.

10.7.2 폐기물매립지의 안정화 과정

매립폐기물의 안정화작용은 여러 요인이 복잡하게 얽혀있으며 장시간을 필요로 한다. 이것은 공해방지측면에서 뿐만 아니라 사후토지이용의 면에서도 문제가 되는데, 이와 같은 문제를 개선하기 위해서 매립지의 구조, 매립방법, 전단계인 중간처리법(소각, 파쇄, 퇴비화, 유가물 회수)에 대해 충분히 검토한 후에 매립지를 계획하는 것이 중요하다. 그러나 이와 같이 하더라도 매립지가 완전히 안정화되기 위해서는 시간이 걸리며, 동시에 환경보전에 비용이 소요되는 것이 현 실정이다.

매립된 폐기물은 강우나 기온 등의 외부요인이나 매립층 내부의 물리화학적 작용 및 미생물의 작용을 받아 장기간에 걸쳐 생물분해 가능한 유기오염물질이 완만히 분해되어 침출수나 메탄가스, 이산화탄소와 같은 가스상태로 유출되거나 분해되지 않는 안정한 유기물로 변화되면서 매립지의 안정화가 이루어지게 된다. 폐기물 매립지에서 오염물질의 분해과정을 도식화하면 그림 10.15와 같다.

가용화기에는 가수분해에 의해 유기물이 저분자화되어 유기산의 생성으로 인해 pH가 저하되고, 따라서 무기성분의 일부가 용해하여 전기전도도가 상승하게 된다. 무기화 전기에는 유기산과 용해성의 질소화합물이 분해되어 저급지방산이나 암모니아 화합물이 생성된다. 무기화 후기에는 셀룰로오스 등의 난분해성 유기물이 그 다음으로 분해되어 BOD보다 COD가 높아지게 되고, 유기산 등이 이산화탄소나 메탄가스로 분해되어 pH는 상승하게 된다.

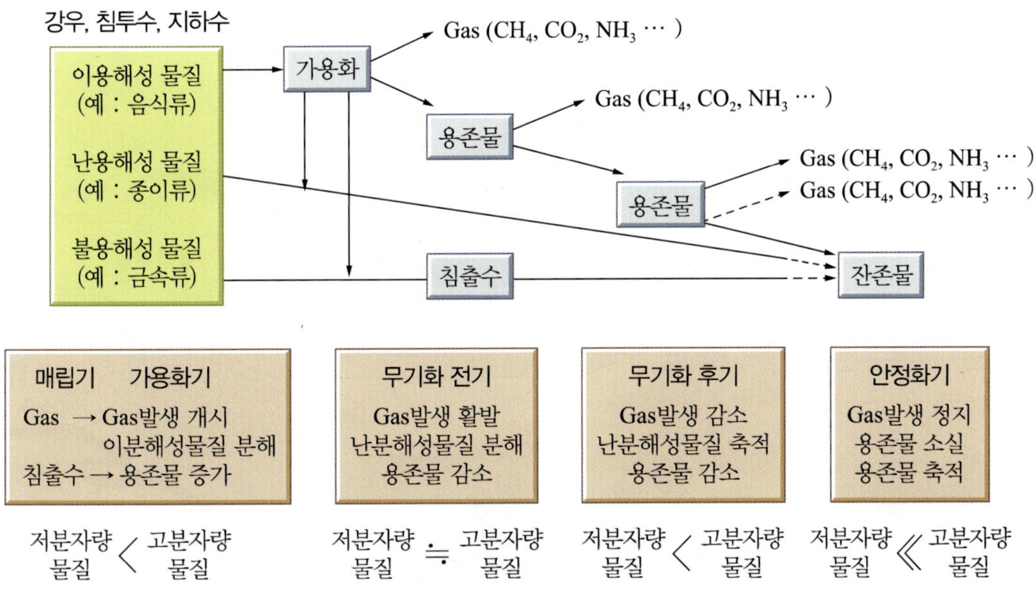

그림 10.15 매립폐기물의 분해 안정화 과정

10.7.3 매립지의 시설구성

폐기물 매립지는 폐기물의 안정화 및 무해화를 위한 최종처분 시설로 폐기물의 조기안정화 촉진 및 주변의 환경오염을 방지하기 위하여 여러 가지 시설로 구성되며, 이들 시설을 크게 구분하면 주요시설, 관리시설 및 부대시설로 나눌 수 있다. 한편 폐기물 매립지의 개념도를 그림 10.16에 나타내었다.

1) 주요 시설

주요 시설은 폐기물이나 침출수의 외부유출, 폐기물의 비산, 악취 등의 발생에 따라 생활환경의 보전상 지장이 생기지 않도록 폐기물의 매립처분을 적절히 행하기 위해 필요한 주된 시설을 말한다.

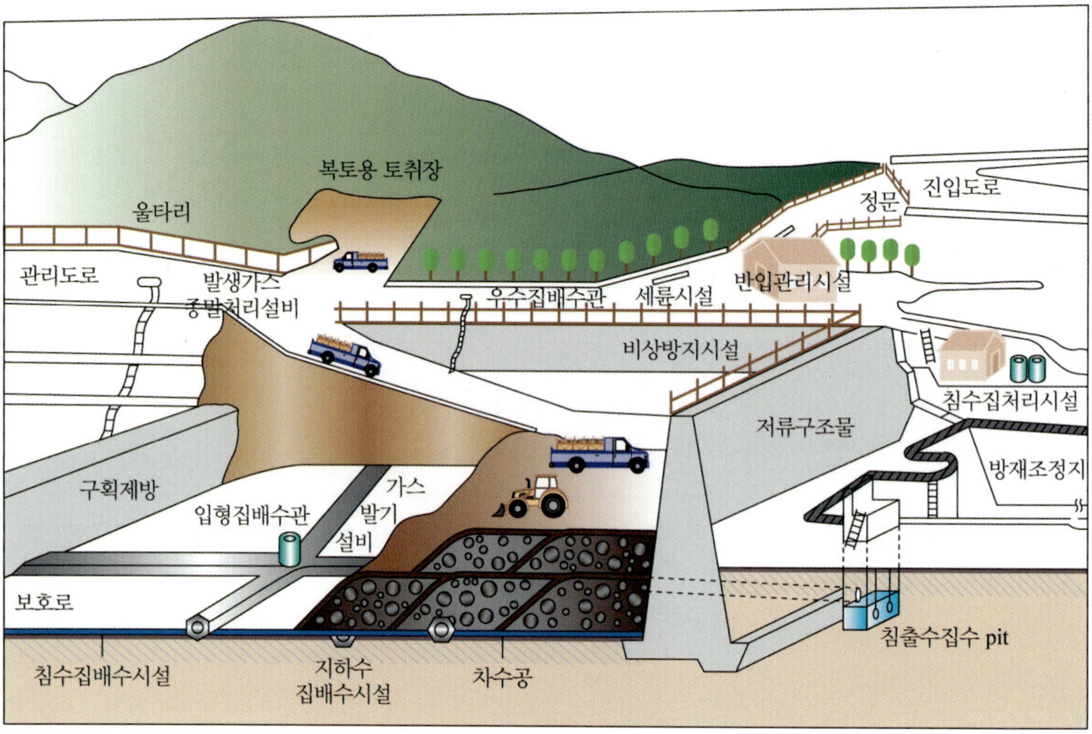

그림 10.16 일반폐기물 매립지 시설구성의 개념도

(1) 저류구조물

저류장, 옹벽, 연직벽 및 호안 등의 구조물로서 폐기물의 유출이나 붕괴방지, 처분용량의 확보 및 안전하게 폐기물을 저류 하는 목적으로 설치하는 구조물을 말한다. 강우량이 집중적으로 발생되는 우리나라의 경우에는 강우 시 매립지의 일시적인 침수도 예상 한 저수의 기능도 갖출 필요가 있다.

(2) 차수시설

차수시설은 폐기물의 보유수 또는 폐기물의 분해에 의하여 생긴 분해수 및 매립층에 유입된 우수 등에 의해 생긴 침출수가 매립지에서 유출되어 주변 환경을 악화시켜 생활환경의 보전상 지장이 생기지 않도록 침출수의 유출을 방지하기 위하여 설치하는 불투수성의 층 또는 벽을 말한다. 즉, 폐기물 매립지에 있어서 차수의 목적은 침출수 중에 오염물질이 공공 수역으로 유출되는 것과 지하수로 혼입되는 것을 방지하기 위한 것이다. 차수시설은 크게 바닥차수시설과 연직차수시설로 나뉘는데, 현재 우리나라의 차수시설기준은 그림 10.17과 같다.

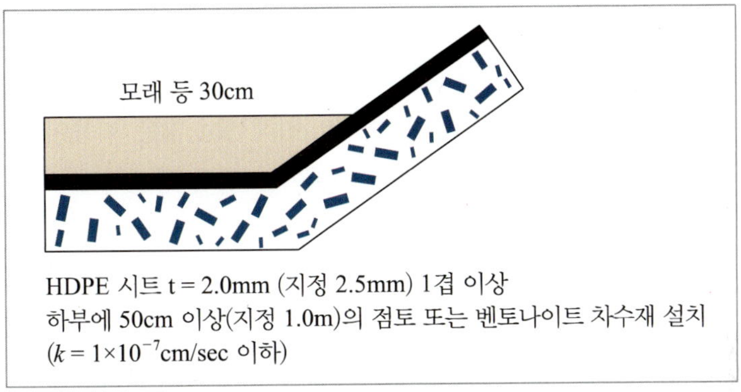

HDPE 시트 사용 시

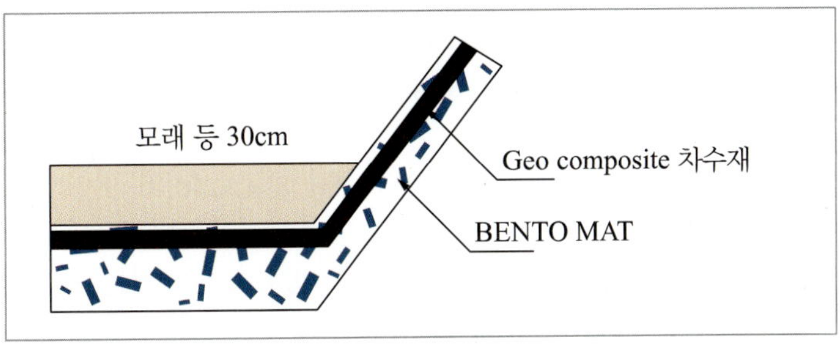

사면이 급한 경우

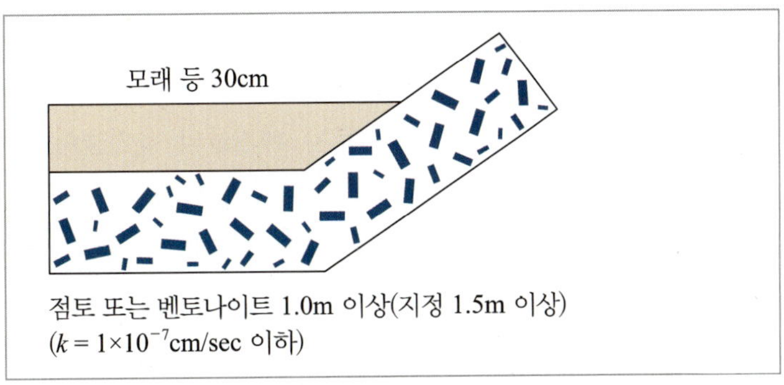

점토 또는 벤토나이트 차수재 사용 시

그림 10.17 현행 폐기물관리법에서 규정하고 있는 차수시설 개념도

(3) 우수 집배수시설

우수 배제시설은 매립지 주변에서 매립지로 유입될 수 있는 강우를 배제하고 매립지 내에서 강우로 발생하는 지표면 유출수를 신속히 배출함으로써 침출수량의 저감 및 매립지 관리를 목적으로 설치한다. 즉, 매립지 및 주변의 강우 또는 강설 등이 매립지에 유입되어 폐기물과 접촉하면 여러 가지 오탁 물질이 발생한다. 이로 인하여 발생된 침출수를 처리하기 위해서는 많은 비용이 소요되고 처리에 어려움이 있기 때문에 침출수의 발생량을 줄이는 것이 중요하다.

(4) 침출수 집배수시설

침출수 집배수시설은 매립폐기물 층을 통과하여 오염된 우수나 폐기물층의 보유수 및 분해수 등의 분해과정에서 발생되는 침출수를 집수하여 침출수 처리시설로 이송하는 것과, 집수관을 통해서 매립지 내로 공기를 공급함으로써 폐기물의 분해를 촉진함과 동시에 침출수의 수질악화를 방지하기 위한 것이다. 또 침출수의 수압에 의한 시트 및 저류구조물에의 구조적인 부하를 줄이는 것을 목적으로 한다.

(5) 침출수 처리시설

침출수를 공공수역 또는 해역으로 방류할 수 있는 수질까지 처리하기 위한 시설로서 침출수 집수설비, 배수설비, 유량 조정설비, 수처리 설비 및 처리수 방류설비 등의 시설로 구성된다.

(6) 매립가스 처리시설

매립가스 처리시설은 매립 처분된 폐기물의 유기물이 분해되어 무기화되는 과정에서 발생하는 가스에 의해 화재나 폭발의 발생, 주변 나무의 고사, 매립작업에 미치는 악영향 등을 방지하기 위하여 가스를 대기확산 또는 연소하기 위한 시설을 말한다.

10.7.4 폐기물의 매립방법

폐기물이 매립지에 반입되어 펼쳐 깔고, 다지고, 최종복토를 하기까지의 일련의 작업을 매립작업이라 한다. 매립폐기물은 매립지반의 안정화, 매립지의 수명연장을 위해 충분히 다짐작업을 실시하고 신속히 복토를 하여 계획적으로 매립을 실시한다. 매립방법은 매립지의 입지조건에 따라 내륙 및 해안매립으로 구별되는데, 육상매립에 있어서 매립방식은 다음과 같이 분류된다.

1) 샌드위치 방식

샌드위치 방식은 그림 10.18에 나타낸 바와 같이 폐기물을 수평으로 고르게 깔고 압축하여 폐기물층과 복토층을 교대로 쌓는 것으로 좁은 산간지 등의 매립지에서 이용되고 있다.

그림 10.18 샌드위치 방식

2) 셀 방식

셀 방식은 그림 10.19에서 나타낸 바와 같이 매립된 폐기물 및 사면에 복토를 실시하여 셀 모양으로 셀마다 매일복토를 해나가는 방식으로 현재 가장 많이 이용되고 있으며, 폐기물 사면의 경사는 15~25%의 구배로 하는 것이 좋다. 1일 작업하는 셀 크기는 매립처분량에 따라 결정되며 셀마다 독립된 폐기물 매립층이 완성되어 있기 때문에 화재의 발생 및 확산을 방지할 수 있고, 폐기물의 비산을 방지하며 악취 및 해충의 발생을 방지하는 효과가 있다.

그림 10.19 셀 방식

3) 투기방식

투기방식은 매립지로 폐기물을 투입만 하고 폐기물의 정지·압축 작업을 하지 않는 것이다. 때문에 역학특성이 우수한 지반의 형성을 기대할 수 없으며, 폐기물의 산란, 악취의 발산, 병충해 발생 등을 방지할 수도 없다. 폐기물을 위생적으로 또는 계획적으로 매립하기 위해서는 이런 방식은 좋지 않으며, 장래 토지이용에도 적합하지 않은 공법이다.

반입된 폐기물의 펼쳐깔기·다짐의 방법은 그림 10.20에 나타낸 바와 같이 차량으로부터 하역된 폐기물을 불도저나 로더 등으로 사면의 아랫방향으로 밀어 내리는 하향매립 방식과 사면을 따라 밀어 올리는 상향매립 방식이 있다. 하향매립 방식은 폐기물층 두께를 일정하게 하기 곤란하며, 다짐도 불충분해지기 쉽다. 반면에 상향매립 방식으로는 폐기물층 두께를 일정하게 조정할 수 있으며 다짐작업도 용이하다.

복토는 폐기물의 비산·유출방지, 악취의 발산방지, 위생해충의 발생방지, 화재의 발생·연소방지, 및 경관 등 환경보전상의 대책으로서 큰 효과를 갖는 것이다. 반면 매립처분량이 감소하거나 또 복토재에 따라서는 통기성이 악화되거나 하는 마이너스 측면도 생길 수 있으므로 복토의 목적, 폐기물의 성상 등을 고려하여 적절한 복토재, 복토의 두께 및 시공법을 선택할 필요가 있다.

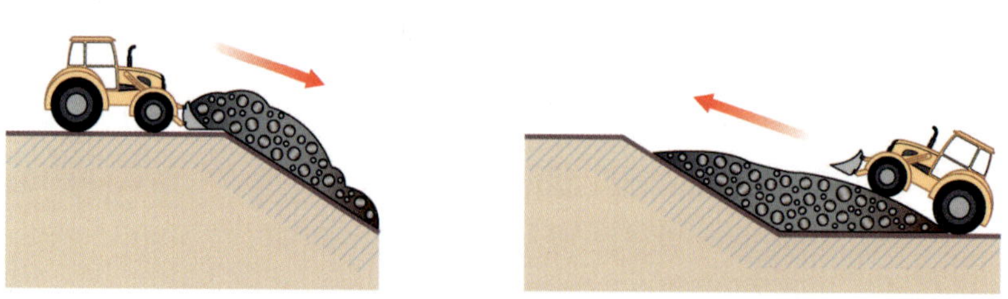

그림 10.20 폐기물의 펼쳐 깔기·다짐의 방법

10.8 유해폐기물의 처리 · 처분

폐기물이 실질적 또는 잠재적으로 사람의 건강이나 환경에 위험을 주는 것을 유해하다고 하는데, 유해폐기물의 정의에는 폐기물을 유해하다고 간주하는 특성들이 포함된다. 이들 특성들 중에서도 잠재적 독성, 특히 발암성은 사람들이 크게 관심을 갖는 독성으로서 특성들 중에서도 제일 중요하게 간주된다. 이외에 발화성, 인화성, 반응성, 폭발성, 부식성, 방사성, 병원성, 자극성 및 생체축적성 등도 폐기물을 유해폐기물로 분류할 수 있는 특성들이다. 우리나라에서 유해폐기물이라 함은 1999년 개정된 폐기물관리법에서의 지정폐기물을 말하며, 그 종류와 판정기준은 표 10.4와 같다.

표 10.4 지정폐기물의 종류와 판정기준(개정 2007. 12. 28)

구분	종류	판정기준
1. 특정 시설에서 발생되는 폐기물	가. 폐합성 고분자화합물	
	1) 폐합성 수지	• 고체상태의 것은 제외한다.
	2) 폐합성 고무	• 고체상태의 것은 제외한다.
	나. 오니류	• 수분함량이 95퍼센트 미만이거나 고형물함량이 5퍼센트 이상인 것으로 한정한다.
	1) 폐수처리 오니	• 환경부장관이 고시한 시설에서 발생되는 것으로 한정한다.
	2) 공정 오니	• 환경부장관이 고시한 시설에서 발생되는 것으로 한정한다.
	다. 폐농약	• 폐농약(농약의 제조 · 판매업소에서 발생되는 것으로 한정한다)
2. 부식성 폐기물	가. 폐산	• 액체상태의 폐기물로서 수소이온 농도지수가 2.0 이하인 것으로 한정한다.
	나. 폐알칼리	• 액체상태의 폐기물로서 수소이온 농도지수가 12.5 이상인 것으로 한정하며, 수산화칼륨 및 수산화나트륨을 포함한다.
3. 유해물질 함유 폐기물	가. 광재	• 환경부령으로 정하는 물질을 함유한 것으로 한정한다. • 철광 원석의 사용으로 인한 고로(高爐) 슬래그(slag)는 제외한다.
	나. 분진	• 대기오염 방지시설에서 포집된 것으로 한정하되, 소각시설에서 발생되는 것은 제외한다.

	다. 폐주물사 및 샌드블라스트폐사 라. 폐내화물(廢耐火物) 및 재벌구이 전에 유약을 바른 도자기 조각 마. 소각재 바. 안정화 또는 고형화처리물 사. 폐촉매 아. 폐흡착제 및 폐흡수제	• 광물유, 동물유 및 식물유의 정제에 사용된 폐토사(廢土砂)를 포함한다.
4. 폐유기용제	가. 할로겐족 나. 그 밖의 폐유기용제	• 환경부령으로 정하는 물질 또는 이를 함유한 물질로 한정한다. • 가목 외의 유기용제를 말한다.
5. 폐페인트 및 폐락카	가. 페인트 및 락카와 유기용제가 혼합된 것으로서 페인트 및 락카 제조업, 용적 5세제곱미터 이상 또는 동력 3마력 이상의 도장(塗裝)시설, 폐기물을 재활용하는 시설에서 발생되는 것 나. 페인트 보관용기에 남아 있는 페인트를 제거하기 위하여 유기용제와 혼합된 것 다. 폐페인트 용기(용기 안에 남아 있는 페인트가 건조되어 있고, 그 잔존량이 용기 바닥에서 6밀리미터를 넘지 아니하는 것은 제외한다)	
6. 폐유	기름성분을 5퍼센트 이상 함유한 것을 포함하며, 폴리클로리네이티드비페닐(PCBs) 함유 폐기물, 폐식용유, 폐흡착제 및 폐흡수제는 제외한다.	
7. 폐석면	가. 건조고형물의 함량을 기준으로 하여 석면이 1퍼센트 이상 함유된 제품·설비(뿜칠로 사용된 것은 포함한다) 등의 해체·제거 시 발생되는 것 나. 슬레이트 등 고형화된 석면 제품 등의 연마·절단·가공 공정에서 발생된 부스러기 및 연마·절단·가공 시설의 집진기에서 모아진 분진 다. 석면의 제거작업에 사용된 바닥비닐시트(뿜칠로 사용된 석면의 해체·제거작업에 사용된 경우에는 모든 비닐시트)·방진마스크·작업복 등	
8. 폴리클로리네이티드 비페닐 함유폐기물	가. 액체상태의 것 나. 액체상태 외의 것	• 1리터당 2밀리그램 이상 함유한 것으로 한정한다. • 용출액 1리터당 0.003밀리그램 이상 함유한 것으로 한정한다.
9. 폐유독물	「유해화학물질관리법」 제2조 제3호에 따른 유독물을 폐기하는 경우로 한정한다.	
10. 의료성 폐기물	환경부령으로 정하는 의료기관이나 시험·검사 기관 등에서 발생되는 것으로 한정한다.	
11. 그 밖에 주변 환경을 오염시킬 수 있는 유해한 물질로서 환경부장관이 정하여 고시하는 물질		

10.8.1 유해폐기물 처리체계

유해폐기물은 배출자 스스로 처리함이 원칙이다. 그러나 적은 양의 유해폐기물을 배출하는 사업자의 경우처럼 처리시설을 설치하여 자기 스스로 처리하는 것이 비경제적이고 비능률적인 경우가 있다. 따라서 이러한 경우에는 민간 처리업소 또는 공공 처리시설에 위탁하여 처리할 수 있도록 하고 있다. 또한 폐기물은 배출자 스스로 공정으로의 재투입 등을 통하여 재활용할 수 있으나 배출량을 줄이거나 재활용할 수 있는 시설이 없는 경우에는 재활용을 전문으로 하는 업체에 위탁하여 재활용할 수 있도록 하고 있다.

유해폐기물 배출자가 자기 스스로 처리하거나 재활용하지 않고 타인에게 처리를 위탁하는 경우에는 위탁하고자 하는 유해폐기물의 종류, 성상, 취급할 때의 주의사항, 처리방법, 기타 수집·운반 및 처리에 관하여 필요한 사항을 미리 수탁자에게 통보하고 위탁하고자 하는 폐기물의 성분 및 양을 참작하여 수탁자의 처리시설 용량, 성능, 시설의 종류 등을 확인한 후 위탁처리 하도록 하는 등의 폐기물 배출자에게도 위탁처리 과정에서 적정처리가 이루어질 수 있는지를 확인할 의무를 부과하고 있다.

10.8.2 유해폐기물의 처리 · 처분 기술

유해폐기물의 처리 · 처분에 있어서는 중간처리에 의해 무해한 물질로 변환시킬 필요가 있다. 중간처리의 목적은 크게 2가지로 나눌 수 있는데, 첫째는 폐기물을 물질 또는 열로 이용함으로써 폐기물에 대한 부가가치를 부여하고, 둘째는 제조공장에서 배출되는 물질 그대로 처분할 경우 환경오염의 우려가 크므로 유해물질을 무해화하기 위한 것이다. 이러한 중간처리 기술에는 유해폐기물이 최종처분되기 전에 자연이 자정기능을 유지할 수 있는 정도까지 인위적으로 분해속도를 촉진하는 것으로, 처리기술로는 활성탄 흡착 외에 화학침전, 증류, 탈기, 용매추출, 화학적 산화 · 환원, 습식산화, 열분해 등의 방법이 있다.

한편 중금속과 같이 원소 그 자체가 유해한 것이나 무해화가 곤란한 폐기물에 대해서는 봉쇄함으로써 환경 중에 확산시키지 않는 것이 중요하다. 이러한 기술로는 안정화와 고형화 방법이 널리 이용되고 있는데, 안정화는 폐기물에 첨가제를 섞어

폐기물에 있는 오염물질의 이동속도와 폐기물의 독성을 줄이는 방법이다. 한편, 고형화는 폐기물의 물리적인 특성인 강도, 압축성, 침투성 등의 공학적 특성이 첨가제에 의하여 변하는 기술로 대표적인 고형화처리 방법에는 시멘트기초법, 석회법, 열가소성 플라스틱법, 유기중합체법, 피막형성법, 자가시멘트화법 등이 있다.

10.9 전과정평가(LCA, Life Cycle Assessment)

10.9.1 LCA의 개념

최근까지 한 제품이 환경에 미치는 영향은 오염물질의 양에 따라 특정의 환경항목에 미치는 부(−)의 영향을 비교하거나 규제치와의 적합성으로 평가하여 왔다. 반면, 환율 및 가격 변동, 수익 등의 수치를 이용한 경제적인 효과를 종합적 또는 상대적으로 비교하거나 수치로서 표현하여 개선을 도모하려는 시도는 거의 이루어지지 않았다. 이와 같은 상황에서 환경에의 영향을 측정하는 척도로서 주목받고 있는 것이 LCA이다.

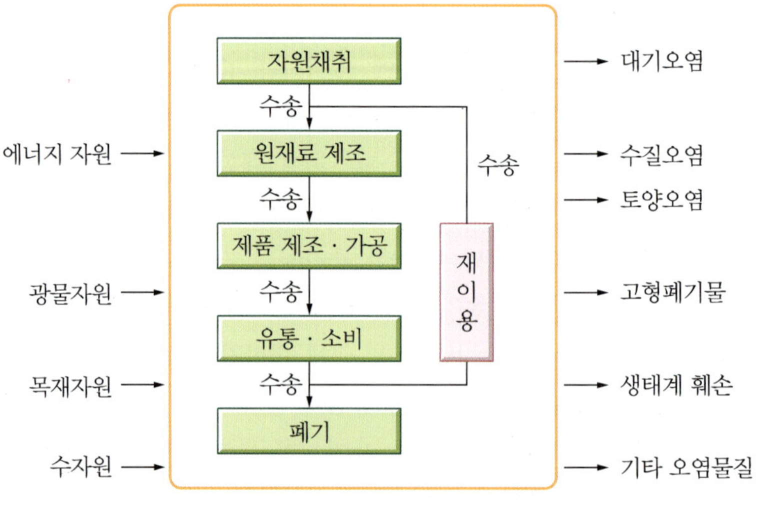

그림 10.21 제품 라이프 사이클의 일반적인 흐름도

LCA는 사용하는 자원, 에너지, 환경에 미치는 각종 부하(대기오염물질, 수질오염물질, 폐기물 등)를 그림 10.21에 주어진 바와 같이 원료·자원 채취 단계에서 폐기하기까지의 전 과정에 걸쳐 가능한 한 정량적으로 분석 및 평가하여 현재 인류가 직면하고 있는 자원의 고갈 및 생태계의 파괴현상과 지구환경문제 등을 근본적으로 해결하기 위한 개선방안을 모색하는 체계적인 과정이라 정의할 수 있다.

10.9.2 LCA의 목적

LCA의 궁극적인 목적은 환경적으로 건전하고 지속가능한 발전(ESSD, environmentally sound and sustainable development)을 실현하기 위해 제품, 재료 등의 원료·자원 채취－생산－유통－사용－재사용－폐기로 인한 자원 및 에너지의 소비 및 환경 부하를 최소화시키고 개선방안을 모색하는데 있다. LCA를 활용할 수 있는 실시주체는 제조업자, 소비자 및 행정기관 등으로, LCA는 이들 실시주체에 따라 약간씩 차이가 있으나 일반적으로 다음과 같은 목적으로 활용할 수 있다.

① 복수 제품 간의 환경오염부하의 비교
② 제품, 제법 등의 변경 및 개량에 따른 환경오염부하의 평가
③ 환경목표치 또는 기준치에 대한 달성도 평가
④ 환경부하 저감면에서의 제품, 제법 등의 개선점 도출
⑤ 유통, 처리, 재사용 등 사회 시스템의 검토 및 평가
⑥ 생활양식의 평가와 개선목표의 도출

이렇듯 LCA는 인간 활동의 다양한 국면에서 환경부하를 저감하는 방향으로 의사결정을 하기 위한 판단재료를 제공하는데 있으며, 이러한 측면에서의 평가방법이 지역환경문제와 동시에 지구환경문제를 억제하는 데 있어 유효하다.

10.9.3 LCA의 방법론

제품을 대상으로 실시되는 LCA를 특히 PLCA (products life cycle assessment)라 부르고 있으며, 통상적으로 그림 10.22와 같이 목적 및 범위의 설정, 목록분석, 영

향평가, 결과해석 순으로 실시된다. LCA의 구성요소를 세부적으로 보면 다음과 같다.

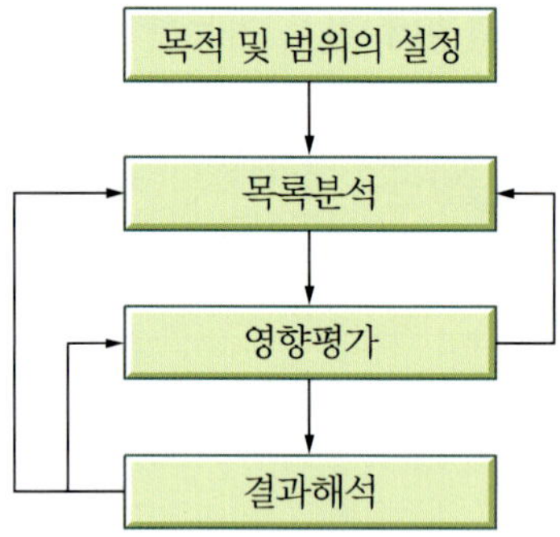

그림 10.22 LCA의 기본구조 모식도

(1) 목적 및 범위 설정(goal and scope definition)

목적 및 범위 설정은 평가의 목적에 맞는 범위 및 정도를 정하는 작업으로서, 영향분석을 위하여 자료를 수집하거나 목적을 조정하는 단계이다. LCA는 그 사용 목적에 따라 수집하는 자료, 분석방법 또는 결과가 다르기 때문에 우선 당해 LCA를 어떠한 목적으로 사용할 것인가를 명확히 해야 한다. 사용되는 목적으로는 복수제품의 비교선택, 제품 및 공정의 개선효과의 파악, 목표치를 달성하기 위한 제품의 점검, 개선점의 도출 및 우선순위의 결정 등이 있다. 통상적으로 LCA의 범위는 제품에 직접 영향을 주는 공정까지를 대상으로 설정한다.

(2) 목록분석(inventory analysis)

목록분석의 요소는 상품, 포장, 과정, 물질, 원료 및 활동에 의해 발생하는 에너지 및 천연원료 요구량, 대기오염 물질 및 수질오염 물질 배출, 고형폐기물의 발생과 기타에 대한 기술적 및 통계적 자료를 구축하는 단계이다. 광범위하게 보면 조사분석은 천연원료의 추출과정에서부터 시작하여 최종 상품이 소비되고 폐기되기까지를 추적하는 것으로, 이 과정에서 중요한 부분은 할당방법이라 할 수 있으나, 아직까지 통일된 방법은 설정되어 있지 않다.

(3) 영향평가(impact assessment)

영향평가는 목록분석에서 얻어진 데이터를 근거로 각 환경부하항목에 대한 목록

결과를 각 환경영향 범주로 분류하여 환경영향을 분석·평가하는 단계이다. 때로는 각 범주의 환경영향을 종합하여 전체로서 환경에 주는 영향을 분석, 평가하기도 한다.

(4) 결과해석(interpretation)

결과해석은 목록분석과 영향평가의 결과를 단독으로 또는 종합하여 평가, 해석하는 단계로서 생산 공정, 유통, 소비 등의 전 과정에서 이루어지는 에너지와 원료 사용 및 폐기물 배출과 관련된 환경오염부하를 줄이기 위한 대안과 대책 등을 체계적으로 해석하는 것이다. 해석결과는 LCA를 실시한 목적과 범위에 대한 결론이 되며, 환경개선을 도모할 경우 조치는 이 결과를 기초로 하여 이루어진다.

10.9.4 LCA 적용의 의의

LCA의 의의는 지금까지 경제성이 기본이 되어 온 인간 및 산업 활동에 대하여 환경영향면에서는 어떠할까라는 판단을 촉구하는 척도라는 점, 그리고 생활방식 전체에서 환경에의 영향을 과학적으로 그리고 객관적으로 수행하게 된다. 그러므로 폐기물 예치금제도나 부담금제도 같은 경제적인 방법은 단기적인 목표 폐기물 감량화에는 매우 효과적이지만 인류에게 부여된 최대의 과제인 지구환경문제에 대처하기 위해서는 물질 흐름의 마지막 출구에서 경제적 제어방법으로 통제하는데 그치지 않고 물질 흐름의 입구부터 처리의 용이성을 고려하여 환경에의 부하를 보다 저감화한 제품생산의 유도가 필요하다. 즉, 무작정 재사용을 촉진시키는 것에 그치지 않고 환경부하가 적은 사회시스템이나 기술을 구축하여야 한다는 것이다. 그런 의미에서 LCA의 역사가 짧아 아직 방법이 체계화되어 있지 않지만 지구환경에의 부하를 정량화하기 위한 유력한 방법이기 때문에 조속히 방법을 확립해 적용범위를 넓혀 갈 필요가 있다.

참고문헌

1. 환경백서, 2023, 환경부
2. 박창근, 한국의 산업화와 초기 환경사 연구, 2012, 환경부
3. 윤오섭, 유해폐기물, 2009, 동화기술
4. 황계영, 재활용 가능자원의 '폐기물' 해당 여부, 2016, 한국환경법학회
5. 주문솔 외 3인, 음식물쓰레기 자원화 현안 및 정책과제, 2022, 한국환경연구원
6. 조지혜 외 4인, 탄소 중립 이행을 위한 순환경제 정책 로드맵 연구, 2021, 한국환경연구원
7. 박성복, 폐기물 자원화 및 처리기술, 2019, 복성당
8. 폐기물 소각, 2009, 국립환경과학원
9. 신상철 외 2인, 농어촌 지역 생활계기물의 효율적 처리방안 연구, 2014, 한국환경정책평가연구원
10. 폐기물관리법, 2024

연습문제

1. 우리나라 폐기물관리법에서의 폐기물 분류체계에 대해 설명하라.
2. 우리나라의 폐기물 분리수거 체계와 분리수거의 효율향상을 위한 방안들에 대하여 설명하라.
3. 쓰레기종량제 실시에 따른 폐기물 감량효과와 문제점에 대해 설명하라.
4. 우리나라의 폐기물 재활용 관련 제도들에 대해 설명하라.
5. 폐기물 예치금제도와 부담금 제도간의 차이에 대하여 설명하라.
6. 폐기물로부터의 자원회수를 도모하기 위한 각종 선별 방법들의 원리와 목적에 대하여 설명하라.
7. 폐기물자원화로 인해 거둘 수 있는 효과에 대하여 설명하라.
8. 음식물쓰레기와 같은 유기성폐기물의 자원화의 의의와 기술에 대해 설명하라.
9. 음식물 쓰레기 퇴비화의 목적에 대해 설명하라.
10. 폐기물 소각시설을 분류하고 간단히 설명하라.
11. 소각시설의 구성요소에 대해 논하고, 각 요소의 역할에 대해 논하라.
12. 각종 연소기의 종류를 열거하고 각각의 장단점에 대해 논하라.
13. 폐기물 소각시설로부터 배출되는 배기가스 처리기술에 대해 설명하라.
14. 폐기물의 매립지에서의 안정화메커니즘에 대해 설명하라.
15. 폐기물 매립지의 주요시설에 대해 설명하라.
16. 우리나라의 유해폐기물의 분류기준 및 관리체계에 대하여 설명하라.
17. 유해폐기물의 처리하는 방법들에 대해 설명하라.
18. 전과정 평가의 목적과 적용분야에 대해 설명하라.

제 11 장
소음과 진동

11.1 서론

현대사회는 급속한 물질문명의 발달로 각종 편리함을 추구하고 있으나 그 부산물로 인한 환경상의 피해 역시 늘어나고 있다. 그 중 소음공해는 교육 및 문화 수준이 전반적으로 높아짐에 따라 중요한 피해원인으로 인식되고 있으며, 그와 관련된 민원은 전체 환경민원의 60% 이상을 차지하고 있다. 따라서 편안한 생활환경을 유지하는 것이 당면한 과제로 대두되고 있으며 이에 필요한 효과적인 소음진동저감기술의 발달이 요구되어지고 있다. 본 장에서는 이러한 소음진동저감기술의 연구에 필요한 기초지식과 응용원리에 대해 알아보고자 한다.

11.2 음향의 기초이론

음향(sound) 또는 소리는 어떠한 탄성매질을 통해 전파되어지는 파동(wave)현상의 일종이다. 이러한 음파(sound wave)를 전달하는 탄성매질로는 주로 공기를 예로 들 수 있으나 물과 같은 액체, 또는 고체도 포함된다. 이러한 음향은 인간의 귀에 의해 압력의 변동을 수반한 파동으로 인식된다. 소음은 음향의 일종이며 특히 인간이 원하지 않는 음향, 또는 인간을 괴롭히는 음향을 일컫는다.

11.2.1 음파의 특성

음파를 쉽게 이해하기 위해 그림 11.1과 같은 피스톤과 실린더 모양의 통을 생각할 수 있다. 그림 11.1(b)에서 볼 수 있는 것처럼 통의 한쪽 끝에 달려있는 피스톤이 오른쪽(양의 x-방향)으로 움직이면 피스톤과 접해 있는 부근의 공기입자들은 모이게 되고, 반대로 피스톤이 왼쪽(음의 x-방향)으로 움직이면 공기입자들은 퍼지게 된다. 이러한 현상은 왼쪽에서 오른쪽으로 전달되어지며 피스톤의 움직임을 시간당 일정한 횟수로 반복하면 이러한 전달 역시 일정하게 반복된다. 공기입자의 모임과

퍼짐의 일정한 반복은 압력변동의 일정한 반복, 또는 싸이클을 의미하며 인간의 귀에 의해 음향, 또는 소리로 인식된다. 이 경우 주파수 f는 1초당 싸이클의 수로 정의된다. 주파수의 단위는 Hz를 사용하며 인간이 들을 수 있는 소리의 주파수는 대략 20 Hz에서 16,000 Hz 사이에 있다. 한 싸이클 당 걸리는 시간인 주기 T는 주파수 f와 다음과 같은 관계에 있다

$$T = \frac{1}{f}\,\mathrm{sec} \tag{11.1}$$

파장 λ는 두 개의 인접한 파동 사이의 거리[그림 11.1(a)]를 의미하며 주파수 f와 전파속도(speed of propagation) c와 다음과 같은 관계가 있다.

$$\lambda = \frac{c}{f} = cT\ \mathrm{meter} \tag{11.2}$$

여기서 음의 전파속도 c는 매질에 따른 상수이며 다음 장에서 자세히 설명한다.

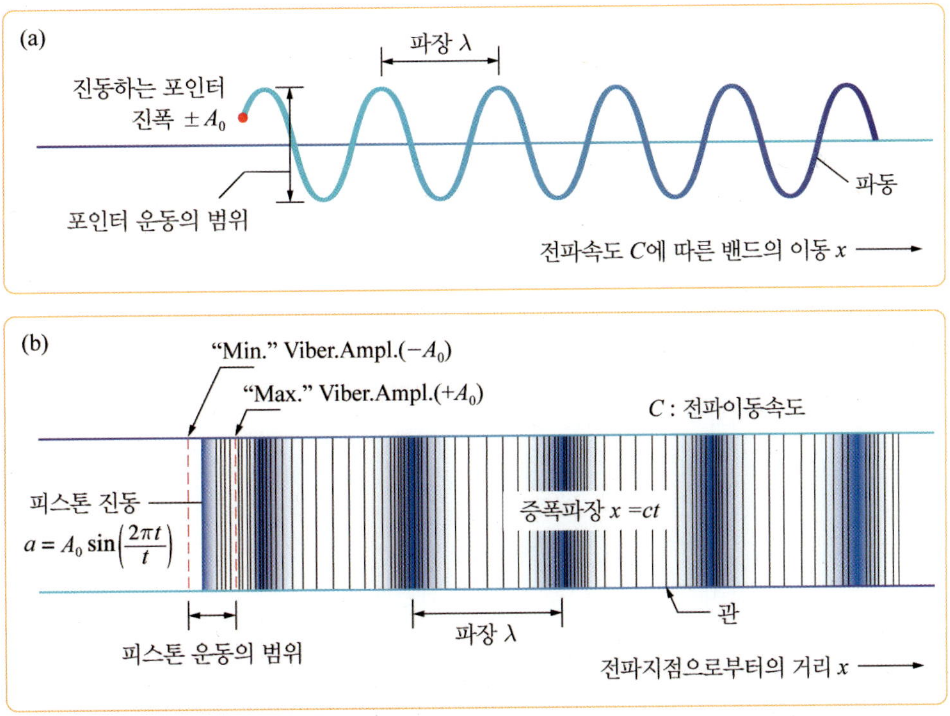

그림 11.1 음파의 전달

11.2.2 음속

공기 중에서의 음속, 또는 음의 전파속도 c는 절대온도 T와 다음과 같은 관계가 있다.

$$c = 20.05\sqrt{T}\ \text{m/s} \tag{11.3}$$

여기서, 절대온도 $T = 273.2 + ℃$

음속은 매질에 따라 다르며 표 11.1에 그 예를 보여주고 있다. 식(11.3)에 따르면 같은 주파수 성분의 음도 매질에 따라 전파속도가 다르기 때문에 파장의 차이를 갖게 됨을 알 수 있다.

표 11.1 실온(21° C)에서의 각 매질의 음속

매질	음속(m/s)	매질	음속(m/s)
공기	344	납	1,219
물	1,372	강철	5,182
콘크리트	3,048	나무	4,267
유리	3,658		

예제 11.1 강철과 공기 내에서 1,000 Hz 순음의 파장을 계산하고 비교하라.

풀이와 답

표 11.1에서 강철의 경우 $c = 5{,}182$ m/s이므로
$\lambda = 5182/1000 = 5.182\,\text{m}$
공기의 경우 $c = 344$ m/s이므로
$\lambda = 344/1000 = 0.344\,\text{m}$
두 파장을 비교해 보면,

$$\frac{\lambda(\text{강철})}{\lambda(\text{공기})} = \frac{5.182}{0.344} = 15.1$$

강철 내에서 파장은 공기보다 15.1배 더 길다.

11.2.3 레벨과 데시벨

음압(sound pressure)과 음향파워(sound power)는 일반적으로 데시벨 레벨(decibel level)로 표시한다. 데시벨 레벨은 로그를 이용한 표현법으로 어떠한 기준 값에 대한 상대적 크기를 나타내며 음향파워레벨(sound power level)의 경우 다음과 같이 정의한다.

$$L_w = 10\log\left(\frac{W}{W_{re}}\right)\text{dB} \tag{11.4}$$

여기서, W_{re}: 기준음향출력

W : 음향파워

음향파워레벨의 경우 기준음향파워를 10^{-12} W로 사용한다. 예를 들어, 0.1 W의 음향파워를 갖는 소형사이렌의 음향파워레벨의 값은 다음과 같이 계산할 수 있다.

$$L_w = 10\log\left(\frac{W}{W_{re}}\right) = 10\log\left(\frac{0.1}{10^{-12}}\right)$$

$$= 10\times 11 = 110\,\text{dB}$$

음향파워레벨이 주어진 경우 음향파워를 구하기 위해서는 식(11.4)로부터 다음과 같이 구할 수 있다.

$$W = W_{re}\times 10^{(L_W/10)}\ \text{W} \tag{11.5}$$

표 11.2는 대표적인 음원들의 음향파워와 해당하는 음향파워레벨을 보여주고 있다. 표 11.2에서 볼 수 있듯이 음향파워가 10^{-7} W에서 30×10^6 W까지 변하는 동안 음향파워레벨은 50 dB에서 195 dB까지 변하는 것을 볼 수 있다.

음압레벨의 경우 다음과 같이 정의된다.

$$L_p = 10\log_{10}\left(\frac{p^2}{p_{re}^2}\right)\text{dB} \tag{11.6}$$

여기서, p : 음압의 rms 값(Pa)

p_{re} : 기준음압(20×10^{-6} Pa 또는 0.0002 μbar)

참고로 20×10^{-6} Pa의 음압은 1 kHz의 음의 경우 평균성인이 감지할 수 있는 한계치(threshold of hearing)이다.

표 11.2 대표적인 음원들의 음향파워와 음향파워레벨

음원	음향파워(W)	음향파워레벨(dB)
휘파람	10E − 7	50
대화하는 목소리	10E − 5	70
고함치는 목소리	10E − 3	90
음향기기의 큰소리	10E − 2	100
트럭 경적	10E − 1	110
비행기 엔진(프로펠러)	1	120
파이프 오르간	10	130
비행기(4개의 프로펠러)	100	140
로케트	30E + 6	195

11.2.4 데시벨의 연산

일반적인 경우 소음원의 수는 2개 이상이며 따라서 각각의 소음원의 데시벨레벨을 합하거나 또는 전체소음레벨에서 특정소음원의 레벨을 감해야 할 필요가 있다. 데시벨레벨의 정의를 생각하면 단순한 계산으로 이러한 작업을 할 경우 오류가 생길 수 있다는 점을 알 수 있다. 음향파워레벨의 경우는 각 소음원의 음향파워를, 음압레벨의 경우는 각 소음원의 음압을 대상으로 계산해야 한다. 이것을 식으로 표현하면 다음과 같다.

$$L_{p_t} = 10\log_{10}\left[\sum_{i=1}^{n}\frac{p_i^2}{p_{re}^2}\right] \text{dB} \tag{11.7}$$

$$= 10\log_{10}\left[\sum_{i=1}^{n}10^{L_{p_i}/10}\right] \text{dB}$$

여기서, L_{p_t} : 전체 음압레벨(dB)

L_{p_i} : i번째 음압레벨(dB)

$$L_{W_t} = 10\log_{10}\left[\sum_{i=1}^{n} 10^{L_{W_i}/10}\right] \text{dB} \tag{11.8}$$

여기서, L_{W_t} : 전체 음향파워레벨(dB)

L_{W_i} : i번째 음향파워레벨(dB)

를 의미한다. 또한 많은 경우 특정소음원의 레벨을 알기 위해 전체소음도에서 암소음레벨을 제외해야 할 필요가 있으며 다음과 같이 정리할 수 있다.

$$L_{p_s} = 10\log\left(10^{L_{p_t}/10} - 10^{L_{p_B}/10}\right) \text{dB} \tag{11.9}$$

여기서, L_{p_s} : 대상 소음원의 음압레벨

L_{p_t} : 전체음압레벨

L_{p_B} : 소음원이 없는 상태의 음압레벨, 즉 암소음 레벨

여러 개의 소음원의 음압레벨의 평균값을 구하는 경우에도 마찬가지로 다음과 같이 정리할 수 있다.

$$\overline{L_p} = 10\log_{10}\left(\frac{1}{n}\sum_{i=1}^{n} 10^{L_{p_i}/10}\right) \text{dB} \tag{11.10}$$

예제 11.2 $L_{p_1} = 90$ dB, $L_{p_2} = 95$ dB, $L_{p_3} = 88$ dB일 때, 총 음압레벨을 결정하여라.

풀이와 답

식(11.7)에 의하면 $L_{p_t} = 10\log_{10}\left[\sum_{i=1}^{3} 10^{L_{p_i}/10}\right]$ dB이므로

$L_{p_t} = 10\log(10^{90/10} + 10^{95/10} + 10^{88/10})$ dB

위 식을 정리하면 $L_{p_t} = 10\log(4.79 \times 10^9)$ dB

결과적으로 $L_{p_t} = 96.8$ dB

예제 11.3 일정지점에서 음압레벨이 기계가 멈출 때는 85 dB, 기계가 작동될 때는 94 dB라면, 그 지점에서 기계에 의해서만 발생하는 음압레벨을 계산하여라.

풀이와 답

식(11.9)에 의해 $L_{p_s} = 10\log\left(10^{L_{p_t}/10} - 10^{L_{p_B}/10}\right)$ dB이고

$L_{p_t} = 94\,\text{dB}$, $L_{p_B} = 85\,\text{dB}$이므로

$L_{p_s} = 10\log(10^{94/10} - 10^{85/10})$ dB

계산하면 $L_{p_s} = 93.4\,\text{dB}$

예제 11.4 위의 예제 11.2의 3개의 음압레벨의 평균값을 구하라.

풀이와 답

식(11.10)에 의해 $\overline{L_p} = 10\log_{10}\left[\frac{1}{3}\left(10^{L_{p_1}/10} + 10^{L_{p_2}/10} + 10^{L_{p_3}/10}\right)\right]$dB이므로

$\overline{L_p} = 10\log_{10}\left[\frac{1}{3}(10^{90/10} + 10^{95/10} + 10^{88/10})\right]\text{dB} = 92.0\,\text{dB}$임을 알 수 있다.

11.2.5 귀의 구조와 음향특성

인간의 귀가 음향을 감지하는 과정은 매우 복잡한 과정으로서 음향의 주파수와 압력의 크기와 밀접한 관계가 있다. 이러한 관계를 이해하기 위해 귀의 구조를 간단히 살펴볼 필요가 있다. 그림 11.2에서 볼 수 있듯이 귀의 구조는 외이(outer ear), 중이(middle ear), 내이(inner ear) 등 크게 세 부분으로 나눌 수 있다. 외이는 귀바퀴, 외이도(ear canal), 고막(ear drum)으로 구성되어 있으며 귓바퀴는 음을 모으는 역할을, 외이도는 음을 증폭시키는 역할을 하고 고막은 음에 의한 에너지를 진동에너지로 변환시켜 중이로 전달하는 역할을 한다. 중이는 망치뼈(hammer), 다듬이뼈(anvil), 등자뼈(stirrup)로 이루어져 있으며 공기의 낮은 임피던스(impedance)와 내귀의 림프액의 높은 임피던스를 맞추어 주는 임피던스 변환기 역할을 한다. 내이는 달팽이관(cochlea)과 청각과는 관계없는 평형기관으로 이루어져 있으며 달팽이관 내부에는 청신경과 연결되어 있는 섬모 등이 있다. 이러한 복잡한 구조는 같은 세기의 음이라도 주파수 성분에 따라 인간이 느끼는 음의 세기가 다르게 하는

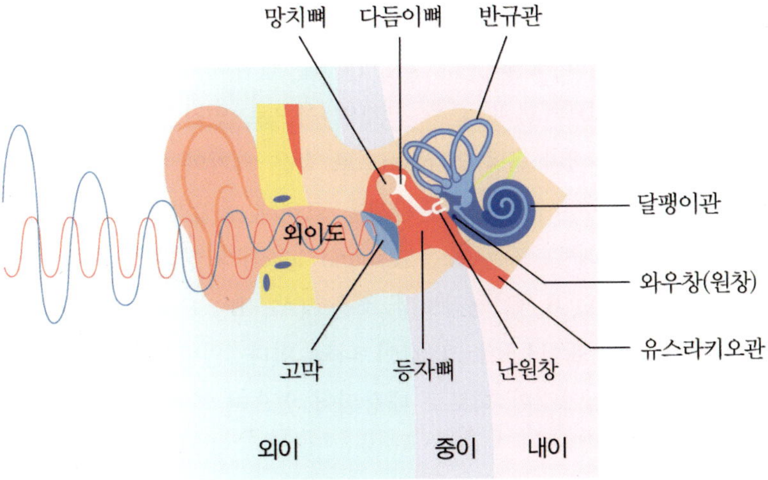

그림 11.2 귀의 구조

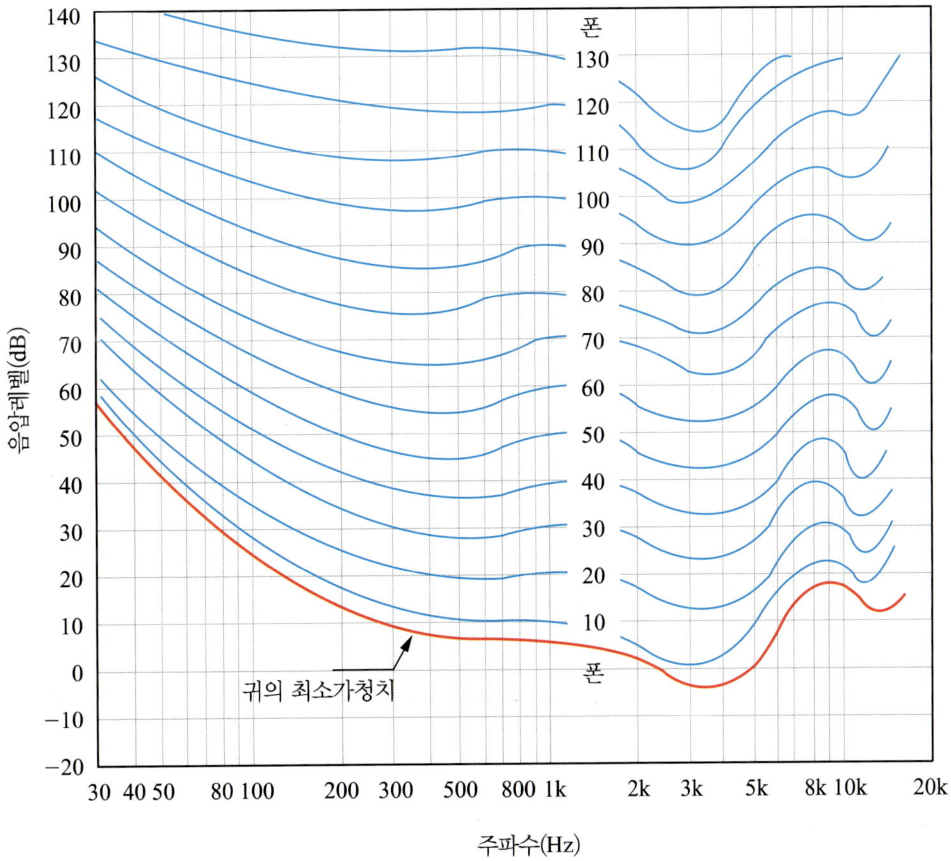

그림 11.3 등청감 곡선

원인이 된다. 이러한 관계를 그림 11.3에 수록했으며 등청감곡선(equal loudness contours)이라 명명한다. 그림 11.3을 간단히 설명하면 1 kHz의 20 dB의 음은 100 Hz의 50 dB의 음과 같은 크기의 음으로 인간은 느끼게 되며, phon이라는 단위를 사용해 두 개의 음을 20 phon으로 같은 크기의 음으로 간주한다.

이러한 주파수와의 상관관계를 고려해 음압레벨에 주파수 대역별로 보정값을 준 것을 소음레벨, 또는 소음도(sound level)라 한다. 주파수 대역별 주어진 보정값의 조합별로 A, B, C 청감보정 소음도(A-, B-, C-weighted sound level)라 부르며 그림 11.4와 표 11.3에 그 값이 나와 있다. 일반적인 소음측정에 사용되는 소음계는 이러한 청감보정이 회로로 내장되어 있으며 환경과 관련해서는 주로 A-보정을 이용한다.

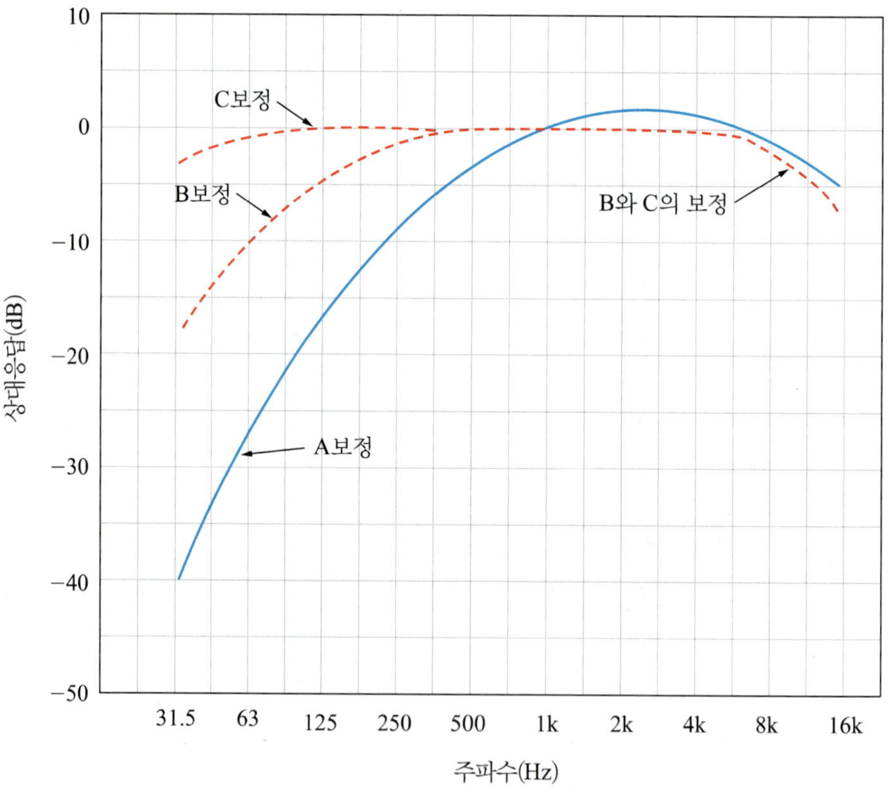

그림 11.4 청감보정곡선

표 11.3 청감보정값

주파수(Hz)	A 보정치(dB)	B 보정치(dB)	C 보정치(dB)
10	−70.4	−38.2	−14.3
12.5	−63.4	−33.2	−11.2
16	−56.7	−28.5	−8.5
20	−50.5	−24.2	−6.2
25	−44.7	−20.4	−4.4
31.5	−39.4	−17.1	−3.0
40	−34.6	−14.2	−2.0
50	−30.2	−11.6	−1.3
63	−26.2	−9.3	−0.8
80	−22.5	−7.4	−0.5
100	−19.1	−5.6	−0.3
125	−16.1	−4.2	−0.2
160	−13.4	−3.0	−0.1
200	−10.9	−2.0	0
250	−8.6	−1.3	0
315	−6.6	−0.8	0
400	−4.8	−0.5	0
500	−3.2	−0.3	0
630	−1.9	−0.1	0
800	−0.8	0	0
1,000	0	0	0
1,250	+0.6	0	0
1,600	+1.0	0	−0.1
2,000	+1.2	−0.1	−0.2
2,500	+1.3	−0.2	−0.3
3,150	+1.2	−0.4	−0.5
4,000	+1.0	−0.7	−0.8
5,000	+0.5	−1.2	−1.3
6,300	−0.1	−1.9	−2.0
8,000	−1.1	−2.9	−3.1
10,000	−2.5	−4.3	−4.4
12,500	−4.3	−6.1	−6.2
16,000	−6.6	−8.4	−8.5
20,000	−9.3	−11.1	−11.2

11.2.6 옥타브 밴드

소음을 공학적으로 분석할 때 주파수 대역을 여러 개의 구간으로 나누어 대역 별 소음도를 이용하는 경우가 많이 있으며, 이러한 구간은 일정한 법칙에 따라 나누는 데 가장 널리 쓰이는 것 중의 하나가 옥타브 밴드로서 다음과 같이 정의한다.

$$f_1 = \frac{f_0}{\sqrt{2}} \tag{11.11}$$

$$f_2 = \sqrt{2} f_0$$

$$f_2 = 2f_1$$

$$\mathrm{bw} = f_2 - f_1$$

여기서, f_1 : 하한주파수(lower cutoff frequency)

f_2 : 상한주파수(upper cutoff frequency)

f_0 : 중심주파수(center frequency)

bw : 대역폭 rm (band rm `width)

1/3-옥타브 밴드의 경우 위의 경우와 유사하며 상·하한 주파수의 관계는 다음에 따른다.

$$f_2 = 2^{1/3} f_1 \tag{11.12}$$

표 11.4에 옥타브 밴드와 1/3-옥타브 밴드에 해당하는 자료가 실려 있다.

예제 11.5 중심주파수 $f_o = 1000$ Hz인 옥타브 밴드의 하한주파수 f_1, 상한주파수 f_2와 대역폭을 계산하여라.

풀이와 답

식(11.11)에 의해 $f_o = 1{,}000$ Hz인 경우

$$f_1 = \frac{f_0}{\sqrt{2}} = \frac{1{,}000}{\sqrt{2}} = 707 \text{ Hz}$$

그리고 $f_2 = \sqrt{2} f_0 = \sqrt{2}(1{,}000) = 1{,}414$ Hz이고, 대역폭(band width)은 다음과 같다.

$\mathrm{bw} = f_2 - f_1 = 1{,}414 - 707 = 707$ Hz

표 11.4 옥타브 밴드와 1/3-옥타브 밴드

1-옥타브 밴드			1/3-옥타브 밴드		
하한주파수 (Hz)	중심주파수 (Hz)	상한주파수 (Hz)	하한주파수 (Hz)	중심주파수 (Hz)	상한주파수 (Hz)
11	16	22	14.1 17.8 22.4	16 20 25	17.8 22.4 28.2
22	31.5	44	28.2 35.5 44.7	31.5 40 50	35.5 44.7 56.2
44	63	88	56.2 70.8 89.1	63 80 100	70.8 89.1 112
88	125	177	112 141 178	125 160 200	141 178 224
177	250	355	224 282 355	250 315 400	282 355 447
355	500	710	447 562 708	500 630 800	562 708 891
710	1,000	1,420	891 1,122 1,413	1,000 1,250 1,600	1,122 1,413 1,778
1,420	2,000	2,840	1,778 2,239 2,818	2,000 2,500 3,150	2,239 2,818 3,548
2,840	4,000	5,680	3,548 4,467 5,623	4,000 5,000 6,300	4,467 5,623 7,079
5,680	8,000	11,360	7,079 8,913 11,220	8,000 10,000 12,220	8,913 11,220 14,130
11,360	16,000	22,720	14,130 17,780	16,000 20,000	17,780 22,390

11.3 환경소음의 측정 및 평가

환경소음의 측정 및 분석은 주로 소음계에 의해 이루어지며 주파수 대역상의 분석이 필요한 경우 별도의 주파수 분석기를 사용한다. 측정한 소음의 평가는 정해진 소음평가지수에 의해 이루어진다.

11.3.1 소음계

소음계는 정밀소음계(type 1)와 보통소음계(type 2)가 있으며 환경소음평가지수를 환산하기 위해서는 정밀소음계를 이용해야 한다. 그 구조는 마이크로폰, 전치증폭기, 청감보정회로, 동특성조절기, 교정장치, 지시계기 등이며 각각의 기능은 다음과 같다.

① 마이크로폰(microphone) : 기압의 물리적인 변화를 전기적인 신호로 변환시켜 주는 센서이다.
② 전치증폭기(pre-amplifier) : 마이크로폰으로부터 출력되는 미량의 전기적 신호를 분석하기에 충분한 양의 신호로 증폭시켜주는 장치이다.
③ 청감보정회로 : A, B, C의 청감보정을 선택할 수 있는 장치이다.
④ 동특성조절기 : 지시계기의 반응속도를 빠름(fast)과 느림(slow)의 특성으로 조절한다.
⑤ 교정장치 : 소음계의 감도를 점검 및 교정할 수 있는 장치로서 교정계(calibrator)의 신호를 이용한다.
⑥ 지시계기 : 다양한 환경지수의 양을 숫자로 보여준다.

그 외의 부속장치로 바람에 의한 영향을 막기 위한 방풍망(wind screen), 정해진 주파수와 정해진 음압레벨을 발생하는 교정기(calibrator), 또는 표준음 발생기 등이 있다.

11.3.2 환경소음평가지수

환경소음의 피해정도를 나타내기 위한 평가지수는 소음원의 종류별 또는 국가별로 매우 다양하다. 대표적으로 국내에서 주로 사용되어지는 것은 등가소음도(equivalent continuous sound level, L_{eq})이며 소음에너지를 A-보정레벨로 일정시간 동안 측정하여 시간상의 평균한 값으로서 다음과 같이 표현할 수 있다.

$$L_{eq} = 10\log\left[\sum_{j=1}^{N}(P_j)(10^{L_j/10})\right] \text{dBA} \tag{11.13}$$

여기서, N : 측정시간간격의 수

P_j : j 번째 측정시간간격의 전체측정시간에 대한 비율

L_j : j 번째 측정시간간격에서 A-보정으로 측정된 음압레벨

근래에 사용되는 대부분의 소음계는 주어진 시간동안의 등가소음도를 자동으로 계산해 주기 때문에 손쉽게 정해진 시간 동안의 등가소음도를 구할 수 있다.

11.3.3 주파수 분석기

위에서 기술한 소음계로서 얻은 결과는 환경영향을 평가하기 위한 자료, 즉 소음도를 알 수는 있지만 소음의 특성을 자세하게 파악할 수는 없다. 그러나 소음의 저감대책을 효과적으로 수립하기 위해서는 소음의 주파수 특성을 파악할 필요성이 있다. 이러한 소음의 주파수 특성을 파악하는 기구를 주파수 분석기라 하며 기본적인 원리는 전기적인 필터(filter)를 여러 개 내장하여 주파수 밴드별로 음을 분석하는 것이다. 이 주파수 밴드는 위에서 설명한 옥타브 밴드, 1/3-옥타브 밴드 등을 사용하며 경우에 따라 더 좁은 주파수 밴드를 사용하기도 한다. 이 주파수 밴드별로 나온 음압레벨에 위에서 기술한 가중치를 주고 합산한 총 레벨이 일반적인 소음계가 주는 소음도가 된다.

소음의 주파수 분석은 흡음 및 차음을 비롯한 소음저감 대책에 필수적이다. 예를 들면, 콤프레서와 같은 회전기기의 경우 특정주파수의 음을 방출하기 때문에 주파수 분석 후 그에 맞는 흡차음재를 선택해야 한다.

11.4 소음저감기술

소음저감기술은 그 원리에 따라 또는 재료에 따라 매우 다양하며, 상황에 따라 적합한 것을 선택해야 한다. 또한 주어진 환경에서 특정 소음원의 존재를 가정하고 소음도를 예측할 수 있어야 최적의 설계결과가 나올 수 있다. 여기서는 음의 흡수, 반사, 투과, 회절 등의 기본개념과 소음저감기술을 이해하는데 필요한 원리들에 대해 알아보도록 한다.

11.4.1 흡음률과 잔향시간

흡음률(absorption coefficient) α는 다음과 같이 정의한다.

$$\alpha = \frac{\text{재료표면에 의해 흡수된 음향에너지}}{\text{재료표면에 입사된 총 음향에너지}} \tag{11.14}$$

흡음률은 주파수의 함수이며 표 11.5에 일반적인 건축재의 흡음률이 옥타브 밴드별로 수록되어 있다. 예를 들어, 표 11.5의 콘크리트 위의 카펫과 바닥(딱딱한 나무)을 비교해보면 1 kHz 이하에서는 바닥(딱딱한 나무)의 경우가 흡음률이 더 높고 1 kHz 이상에서는 카펫의 경우가 흡음률이 더 높은 것을 알 수 있다. 따라서 특정 소음의 주파수 성분에 따라 적절한 흡음재를 선택해야 한다.

하나의 표면이 2개 이상의 재료로 구성되었을 경우 평균흡음률을 다음과 같이 정의할 수 있다.

$$\overline{\alpha} = \frac{\sum_{i=1}^{n} S_i \alpha_i}{\sum_{i=1}^{n} S_i} \tag{11.15}$$

여기서, S_i : i번째 표면의 면적

α_i : i번째 표면의 흡음률

표 11.5 건축재의 흡음률

재 료	옥타브 밴드 중심주파수					
	125	250	500	1000	2000	4000
벽돌(결이 거칠지 않음)	0.03	0.03	0.03	0.04	0.05	0.07
벽돌(결이 거칠지 않음, 페인트칠)	0.01	0.01	0.02	0.02	0.02	0.03
스펀지 고무 위의 카펫	0.08	0.24	0.57	0.69	0.71	0.73
콘크리트 위의 카펫	0.02	0.06	0.14	0.37	0.60	0.65
콘크리트 블록(결이 거침)	0.36	0.44	0.31	0.29	0.39	0.25
콘크리트 블록(페인트칠)	0.10	0.05	0.06	0.07	0.09	0.08
바닥(콘크리트 또는 콘크리트 인조석)	0.01	0.01	0.015	0.02	0.02	0.02
바닥(콘크리트 바닥 위에 탄력적인 마루)	0.02	0.03	0.03	0.03	0.03	0.02
바닥(딱딱한 나무)	0.15	0.11	0.10	0.07	0.06	0.07
두꺼운 유리	0.18	0.06	0.04	0.03	0.02	0.02
표준 유리	0.35	0.25	0.18	0.12	0.07	0.04
석고보드 1/2 in (13 mm)	0.29	0.10	0.05	0.04	0.07	0.09
판넬(유리섬유 1 1/2 in, 38 mm)	0.86	0.91	0.80	0.89	0.62	0.47
판넬(다공질재료 두께 4in 100 mm)	0.70	0.99	0.99	0.99	0.94	0.83
판넬(유리섬유로 절연한 다공질재료)두께 2 in, 50 mm)	0.21	0.87	1.52	1.37	1.34	1.22
판넬(광섬유로 절연한 다공질재료, 100 mm)	0.89	1.20	1.16	1.09	1.01	1.03
합판(두께 10 mm, 3/8 in)	0.28	0.22	0.17	0.09	0.10	0.11
plaster, 석고, 또는 석회(거친연마)	0.02	0.03	0.04	0.05	0.04	0.03
plaster, 석고, 또는 석회(절연마)	0.02	0.02	0.03	0.04	0.04	0.03
포리우레탄 폼(두께 25.4 mm)	0.16	0.25	0.45	0.84	0.97	0.87
타일(천정, 광섬유질)	0.18	0.45	0.81	0.97	0.93	0.82
타일(대리석 또는 인조대리석)	0.01	0.01	0.01	0.01	0.02	0.02
나무(고형, 두께 50 mm)	0.01	0.05	0.05	0.04	0.04	0.04

예제 11.6 천장 높이가 3.0 m, 바닥 면이 12.0 m × 21.0 m인 방에 대해 1,000 Hz에서 평균흡음률을 계산하여라.

풀이와 답

바닥, 벽 그리고 천장에 대한 흡음률은 각 각 0.1, 0.2 그리고 0.7이다. 각 면에 대한 면적을 구해보면

바닥 : $S_1 = 12.0 \times 21.0 = 252.0\,\mathrm{m}^2$, $\alpha_1 = 0.1$

벽 : $S_2 = 66.0 \times 3.0 = 198.0\,\mathrm{m}^2$, $\alpha_2 = 0.2$

천장 : $S_3 = 12.0 \times 21.0 = 252.0\,\mathrm{m}^2$, $\alpha_3 = 0.7$

식(11.15)를 이용하면 $\overline{\alpha} = \dfrac{S_1\alpha_1 + S_2\alpha_2 + S_3\alpha_3}{S_1 + S_2 + S_3}$

각 값을 대입하면 $\overline{\alpha} = \dfrac{(252.0 \times 0.1) + (198.0 \times 0.2) + (252.0 \times 0.7)}{252.0 + 198.0 + 252.0}$

$\overline{\alpha} = 0.34$

전술한 바와 같이 흡음률은 주파수 대역별로 다른 값을 갖기 때문에 흡음재 1종을 대표하는 값이 필요한 경우에는 다음과 같이 정의된 소음저감상수(NRC, noise reduction coefficient) 값을 사용한다.

$$\mathrm{NRC} = \frac{\alpha_{250} + \alpha_{500} + \alpha_{1000} + \alpha_{2000}}{4} \tag{11.16}$$

여기서, α_f : 옥타브 밴드 상의 f 주파수 대역에서의 흡음률

NRC 값은 실질적으로 유효하게 쓰이고 있으나 관심 주파수가 위의 4개의 주파수 대역에서 멀리 벗어나 있을 수도 있으므로 주의를 요한다.

예제 11.7 다음에 열거된 두 물질에 대한 흡음률을 고려하여 NRC 값을 구하라.

	옥타브 대역					
	125 Hz	250 Hz	500 Hz	1000 Hz	2000 Hz	4000 Hz
1. 섬유 판 흡음재료	0.60	0.75	0.82	0.80	0.62	0.38
2. 얇은 다공질 흡음재	0.32	0.39	0.78	0.99	0.82	0.88

풀이와 답

재료 1에 대한 $\mathrm{NRC} = \dfrac{0.75 + 0.82 + 0.80 + 0.62}{4} = 0.75$

재료 2에 대한 $\mathrm{NRC} = \dfrac{0.39 + 0.78 + 0.99 + 0.82}{4} = 0.75$

두 물질에 대한 NRC는 같지만, 저주파 부근에서(예를 들면, 250 Hz) 흡음률이 많은 차이를 보이는 것에 유의할 필요가 있다. 또한 4,000 Hz에서도 흡음률의 차이를 보이고 있다.

잔향시간(reverberation time)은 주어진 환경의 음향상태를 나타내는 또 하나의 척도이며 흡음률 α와 밀접한 관계에 있다. 그 정의를 말하자면 음향에너지가 정상상

태로부터 60 dB이 감소할 때까지 걸리는 시간을 의미하며 다음과 같이 Sabine의 식으로 예측할 수 있다.

$$T = 0.161\left(\frac{V}{A}\right)\text{sec} \tag{11.17}$$

여기서, V : 방의 체적

$$A = \sum_{i=1}^{n} \alpha_i \mathrm{S_i} \ (\mathrm{m^2, \ metric \ sabine})$$

잔향시간은 그 방의 부피와 목적에 따라 최적의 값이 있으며 그림 11.5는 한 예를 보여주고 있다. 흡음률 α가 높은 경우, 예를 들어 0.3 이상인 경우에는 Sabine의 식 대신 다음과 같은 Erying의 식을 사용한다.

$$T = 0.161\left[\frac{V}{S\{-\ln(1-\alpha)\}}\right]\text{sec} \tag{11.18}$$

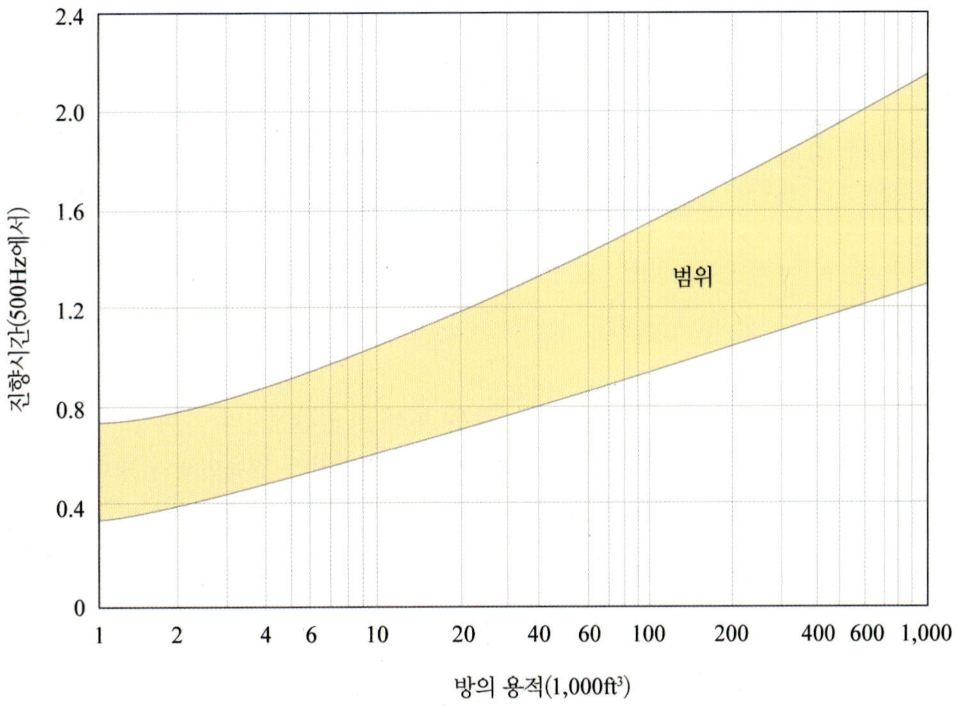

그림 11.5 최적 잔향시간

흡음률, 잔향시간과 함께 많이 쓰이는 것으로 실정수(room constant)가 있으며, 다음과 같이 정의한다.

$$R = \frac{\bar{\alpha} S}{1 - \bar{\alpha}} \text{ m}^2 \tag{11.19}$$

극단적인 예로 음의 반사가 없는 무향실 또는 옥외의 경우 $R \to \infty$ 이며 이상적인 잔향실의 경우 $R \to 0$ 임을 알 수 있다. 잔향시간 T와는 다음과 같은 관계에 있다.

$$R = \frac{S}{\dfrac{TS}{0.161\,V} - 1} \text{ m}^2 \tag{11.20}$$

예제 11.8 평균흡음률이 0.2일 때 가로, 세로, 높이가 6.0 m × 5.0 m × 3.0 m 크기인 방의 잔향시간을 구하면?

풀이와 답

식(11.17)을 적용하면 $T = 0.161(V/A)s$ 이므로 $V = 90.0\text{m}^3$

$S = (6.0 \times 5.0 \times 2) + (6.0 \times 3.0 \times 2) + (5.0 \times 3.0 \times 2) = 126.0\text{m}^3$

$A = S\bar{\alpha} = 126.0 \times 0.2 = 25.2\text{m}^2$

따라서 $T = 0.161 \times (90.0/25.2) = 0.60\,s$

11.4.2 소음도 예측

주어진 환경, 특히 방과 같은 폐쇄된 공간에서의 정확한 소음도의 예측은 매우 복잡하고 어려운 일이다. 여기에서는 일반적인 직육면체의 방에서의 소음예측에 대해 정리해보면 다음과 같다.

$$L_p = L_W + 10\log_{10}\left(\frac{1}{4\pi r^2} + \frac{4}{R}\right) \text{dB} \tag{11.21}$$

여기서, r : 소음원과 수음점까지의 거리

예제 11.9 20 dB의 음향파워레벨을 가진 음원이 실정수 R이 46.0 m^2인 방에 위치해 있다. 음원에서부터 3.0 m 떨어진 곳의 음압레벨 L_p를 구하여라.

풀이와 답

식(11.21)에 의해 $L_p = L_w + 10\log_{10}\left(\frac{1}{4\pi r^2} + \frac{4}{R}\right)$이므로

$L_p = 120 + 10\log_{10}\left(\frac{1}{4\pi \times 3.0^2} + \frac{4}{46.0}\right)$

따라서 $L_p = 109.8$ dB

11.4.3 차음벽 및 방음벽

소음과 관련된 환경문제 중 많은 경우가 소음원과 수음점을 분리시키는 차음벽에 의해 효과적으로 개선된다. 실외의 경우는 도로변의 방음벽, 실내의 경우는 공장 내부와 사무실의 칸막이 등이 그 예이다. 차음성능 역시 주파수의 함수이며, 일반적으로 흡음재와 병행되어 사용된다. 차음재는 기공이 많고 비교적 가벼운 흡음재와는 달리 기밀(air-tight)하고 무거우며, 이러한 점에서 우월한 재료가 좋은 차음성능을 발휘한다.

차음성능을 나타내는 지수로는 투과손실(TL, transmission loss)이 있으며 다음과 같이 정의한다.

$$\mathrm{TL} = 10\log\left(\frac{W_\alpha}{W_2}\right)\,\mathrm{dB} \tag{11.22}$$

여기서, W_α : 차음벽에 입사되는 음향의 출력(W)

W_2 : 차음벽을 투과하는 음향의 출력(W)

따라서 투과손실 TL이 클수록 우수한 차음재임을 의미한다. 투과계수(transmission coefficient) τ는 다음과 같이 정의한다.

$$\tau = \frac{W_2}{W_\alpha} \tag{11.23}$$

따라서 TL과는 다음과 같은 관계가 있다.

$$\mathrm{TL} = 10\log\left(\frac{1}{\tau}\right)\mathrm{dB} \tag{11.24}$$

예제 11.10 32 dB의 투과손실을 갖는 벽의 투과계수는 얼마인가?

풀이와 답

식(11.24)로부터 $\tau = 10^{(-TL/10)}$이므로 투과계수는 6.31×10-4

투과손실의 주파수에 대한 변화양상은 그림 11.6에 나타난 바와 같다. 설명된 바와 같이 저주파수 대역에서는 벽의 강성에 의해 차음성능이 좌우되고, 벽체의 공진현상에 의해 투과손실의 기복이 있게 된다.

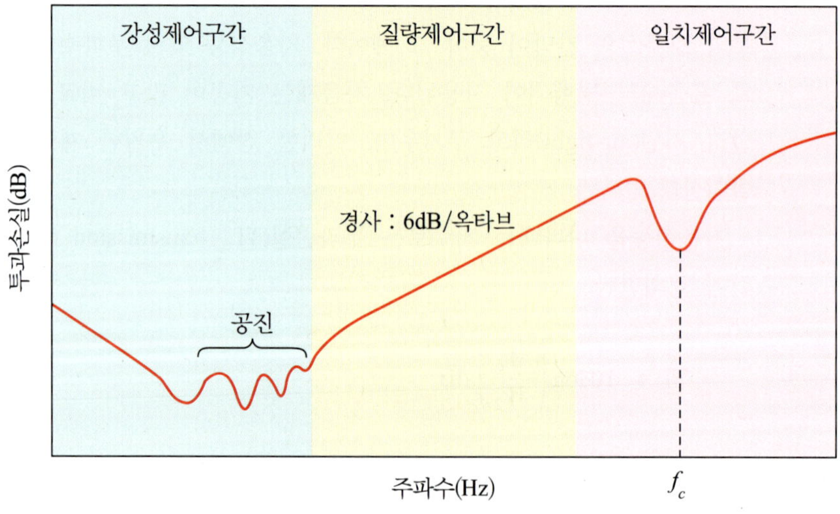

그림 11.6 투과손실의 주파수 변화 양상

중주파수 대역에서는 벽의 질량이 중요한 영향을 미친다. 이 대역에서는 다음과 같은 투과손실의 질량법칙에 따르며 질량이 2배가 되면 투과손실이 6 dB 증가하게 된다.

$$\mathrm{TL} = (20\log f) + (20\log W) - C\ \mathrm{dB} \tag{11.25}$$

여기서, f : 주파수(Hz)

W : 면밀도(kg/m^2)

C : 47 dB

식(11.25)에서 볼 수 있듯이 소음의 주파수가 1-옥타브 증가하면 투과손실은 6 dB 증가함을 알 수 있다. 표 11.6은 일반적인 건축자재의 면밀도의 예를 보여주고 있다.

표 11.6 건축자재의 면밀도

재료	면밀도 (kg/m^2/cm 두께)	재료	면밀도 (kg/m^2/cm 두께)
벽돌	19～23	유리	29
경량 콘크리트	15	납판	125
중량 콘크리트	23	석고보드	10
나무	4～8		

고주파수 대역에서는 투과손실이 급격히 감소하는 현상이 있을 수 있으며, 이는 음파장의 벽체의 길이 방향의 길이와 벽체의 굴곡진동파장의 길이가 일치하는 일치효과(coincidence effect)에 의한 것이다. 표 11.7은 일반적인 건축자재의 주파수 밴드별 투과손실을 보여주고 있으며 유리판 1/4 in.의 경우 일치효과에 의한 투과손실 강하를 보여주고 있다.

2개 이상의 재질로 구성된 복합벽체, 예를 들면 유리창이 있는 콘크리트벽 등의 평균투과손실은 각 재질의 투과계수로부터 다음과 같이 계산할 수 있다.

$$\bar{\tau} = \frac{1}{S}\sum_{i=1}^{n}\tau_i S_i \tag{11.26}$$

여기서, S_i : 각 재질의 면적

τ_i : 각 재질의 투과계수

S : 총 면적

표 11.7 일반적인 건축자재의 투과손실

재 료	투과손실(dB)					
	125Hz	250Hz	500Hz	1000Hz	3000Hz	4000Hz
벽돌	30	36	37	37	37	43
경량블록	33	33	33	39	45	51
콘크리트블록(경량, 페인트칠)	38	36	40	45	50	56
커튼, 납비닐	22	23	25	31	35	42
문, 딱딱한 나무	26	33	40	43	48	51
섬유타일	30	32	39	43	53	60
유리판	25	29	33	36	26	35
합판유리	23	31	38	40	47	52
판넬, 공섬유로 절연한 다공성 금속	28	34	40	48	56	62
합판	17	15	20	24	28	27
합판	24	22	27	28	25	27
스틸, 18구경	15	19	31	32	35	48
스틸, 16구경	21	30	34	37	40	47
합금	15	25	28	32	39	42

예제 11.11 공장 내의 두 방이 40 dB의 투과손실을 갖는 벽으로 분리되어 있다. 벽의 일부를 서로 볼 수 있도록 20 dB의 투과손실을 갖는 유리창으로 교체하려고 한다. 벽 면적의 50%를 교체하는 경우와 25%를 교체하는 경우, 복합벽의 투과손실은 어떻게 되겠는가?

풀이와 답

원래 벽의 투과계수는 $\tau_1 = 10^{(-\mathrm{TL}_1/10)} = 10^{(-40/10)} = 10^{-4}$ 이며

유리창의 투과계수는 $\tau_2 = 10^{(-\mathrm{TL}_2/10)} = 10^{(-20/10)} = 10^{-2}$ 이다.

평균투과계수 $\bar{\tau} = \dfrac{S_1\tau_1 + S_2\tau_2}{S_1 + S_2}$ 이므로

50%를 교체하는 경우

$$\bar{\tau} = \frac{0.5S\tau_1 + 0.5S\tau_2}{S} = 0.5\times 10^{-4} + 0.5\times 10^{-2} = 0.005 \text{ 이고}$$

$$\overline{\mathrm{TL}} = 10\log\left(\frac{1}{0.005}\right) = 23\,\mathrm{dB} \text{ 이며}$$

25%를 교체하는 경우

$$\bar{\tau} = \frac{0.75S\tau_1 + 0.25S\tau_2}{S} = 0.75\times 10^{-4} + 0.25\times 10^{-2} = 0.003$$

$$\overline{\mathrm{TL}} = 10\log\left(\frac{1}{0.003}\right) = 25\,\mathrm{dB} \text{ 가 된다.}$$

차음벽 또는 방음벽의 성능에 관한 또 하나의 지수로 삽입손실(IL, insertion loss)이 있으며 다음과 같이 정의한다.

$$\mathrm{IL} = L_{p_0} - L_{p_2}\ \mathrm{dB} \tag{11.27}$$

여기서, L_{p_0} : 차음벽이 없는 경우 지정된 위치에서의 음압레벨(dB)

L_{p_2} : 차음벽이 있는 경우 지정된 위치에서의 음압레벨(dB)

실내의 경우와 실외의 경우, 그 밖의 여러 조건에 따라 삽입손실을 예측하는 식이 있으나 여기서는 야외에서 방음벽이 설치된 경우만을 다음과 같이 정리한다.

$$\mathrm{IL} = 10\log\left(\frac{1}{D}\right) \tag{11.28}$$

여기서, $D = \sum_{i=1}^{n} \dfrac{\lambda}{3\lambda + 20\,\delta_i}$

λ : 파장(m)

δ_i : 경로차(m)

경로차는 그림 11.7에 설명에 따르면 다음과 같다.

$$\begin{aligned}\delta_1 &= [(r_1 + r_2) - (r_3 + r_4)]\ \mathrm{m}\\ \delta_2 &= [(r_5 + r_6) - (r_3 + r_4)]\ \mathrm{m}\\ \delta_3 &= [(r_7 + r_8) - (r_3 + r_4)]\ \mathrm{m}\end{aligned} \tag{11.29}$$

고속도로변에서 흔히 볼 수 있는 유한한 높이와 매우 긴 길이를 가진 방음벽의 경우 $\delta_2 = \delta_3 = \infty$로 생각할 수 있다.

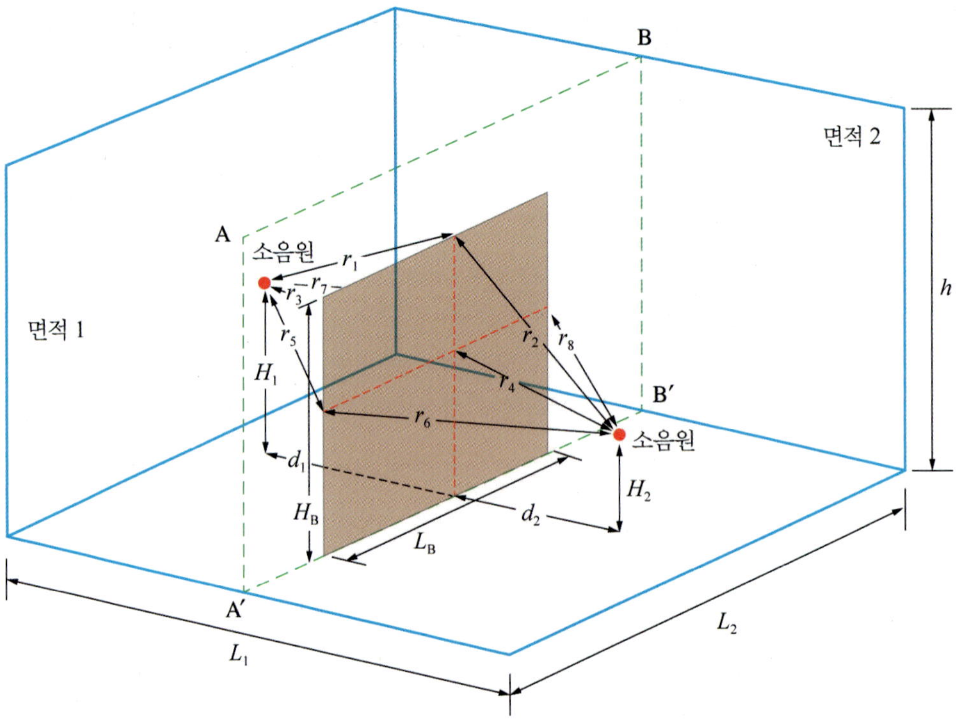

그림 11.7 경로차

11.5 진동의 기초이론

진동은 많은 경우에 소음을 유발시키는 원인으로 작용한다. 예를 들면 발파, 말뚝박기, 햄머링, 프레스 작업과 같은 충격성 작업, 모터, 팬, 콤프레서, 엔진, 펌프와 같은 지속적이고 주기적인 기계의 작동, 자동차, 기차의 주행 등이 주위환경에 진동을 유발시키고 그로 인해 소음을 발생시킨다. 따라서 어떠한 과정을 통해 이러한 진동이 발생되는지를 알아보기로 한다.

11.5.1 진동계

실제의 진동계는 매우 복잡한 경우가 대부분이나 여기서는 가장 단순한 형태의 1 자유도 진동계에 대해 설명하기로 한다. 그림 11.8은 질량체, 스프링, 댐퍼로 이루어진 질량계를 보여주고 있으며 이러한 경우 질량체의 움직임을 다음과 같은 상미분방정식으로 표현할 수 있다.

$$M\ddot{x} + C_e\dot{x} + kx = f(t) \tag{11.30}$$

여기서, $M\ddot{x}$: 관성력

$C_e\dot{x}$: 점성 감쇠력

kx : 복원력

$f(\mathrm{t})$: 외부 가진력

외부 가진력은 다양한 형태를 가질 수 있으며 임펄스 형태, 사인함수 형태 등이 그 예이다. 외부 가진력이 없는 경우를 자유진동이라 한다. 자유진동의 경우 식 (11.30)의 해는 다음과 같다.

$$x(t) = \frac{x_0}{\sqrt{1-\xi^2}}\, e^{-\xi\omega_n t}\sin\left(\omega_n\sqrt{1-\xi^2}\,t+\theta\right) \tag{11.31}$$

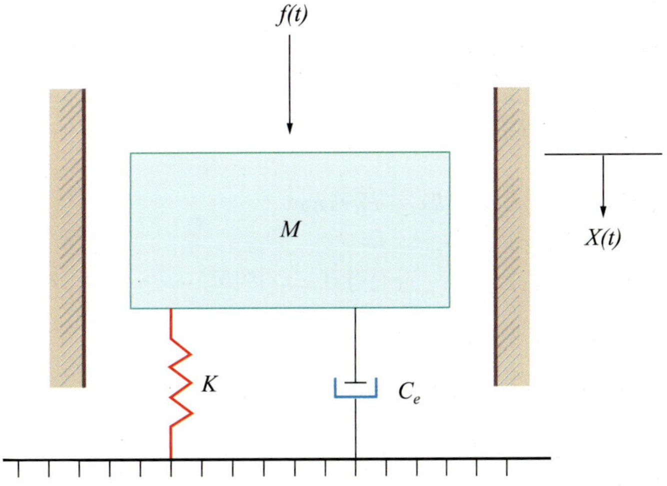

그림 11.8 1자유도 진동계

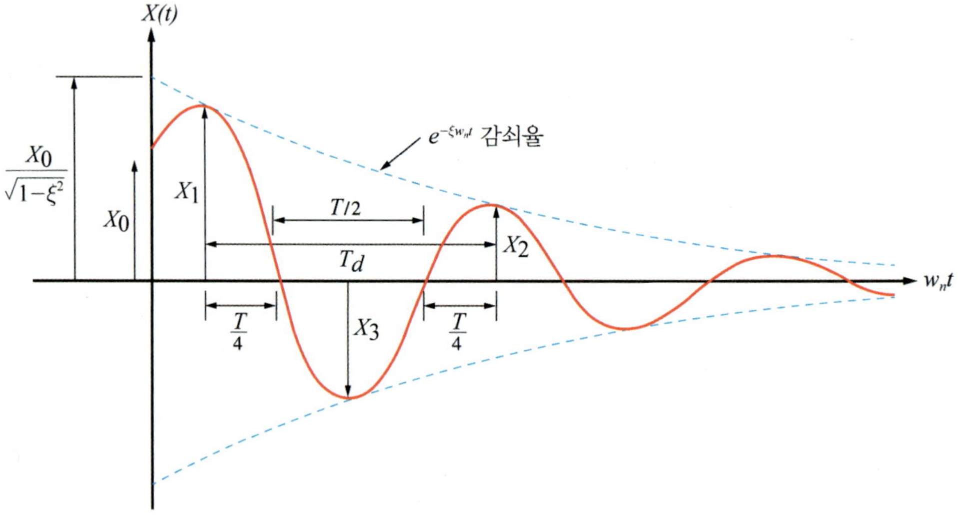

그림 11.9 부족감쇠 응답

여기서, $\omega_n = \sqrt{\dfrac{k}{m}}$

$$\xi = \frac{C_e}{2\sqrt{km}}$$

$$\theta = \cos^{-1}\xi$$

ξ가 1보다 큰 경우를 과감쇠(over-damped), 1보다 작은 경우를 부족감쇠(under-damped)의 경우라 한다. 그림 11.9는 부족감쇠의 경우의 응답을 보여주고 있다.

외부 가진력 $f(t)$가 사인 함수와 같은 하모닉 함수인 경우 질량체의 응답은 다음의 상미분 방정식의 해로 나타난다.

$$M\ddot{x} + C_e\dot{x} + kx = F_0\,\mathrm{sin}\omega\mathrm{t} \qquad (11.32)$$

여기서 F_0는 외부 가진력의 크기이고, ω는 외부 가진력의 주파수이며, 그 해는 $x(t) = X(\omega)\mathrm{sin}\{\omega\mathrm{t} - \phi(\omega)\}$의 형태를 가정할 때 다음과 같다.

$$X(\omega) = \frac{F_0}{\sqrt{(k - m\omega^2)^2 + (C_e\omega)^2}} \qquad (11.33)$$

11.5.2 진동 절연의 원리

진동계가 식(11.33)과 같은 응답을 가질 때 진동계로부터 지지구조물로 전달되어지는 힘 $f_T(t)$은 다음과 같다.

$$f_T(t) = kx + C_e \dot{x} \tag{11.34}$$

여기서 $f_T(t)$는 시간의 함수이며, 그 진폭을 F_T라 하면 전달률(T, transmissibility)는 다음과 같이 정의한다.

$$T = \frac{F_T}{F_0} = \frac{\sqrt{1+\left(2\xi\frac{\omega}{\omega_n}\right)^2}}{\sqrt{\left[1-\left(\frac{\omega}{\omega_n}\right)^2\right]^2+\left(2\xi\frac{\omega}{\omega_n}\right)^2}} \tag{11.35}$$

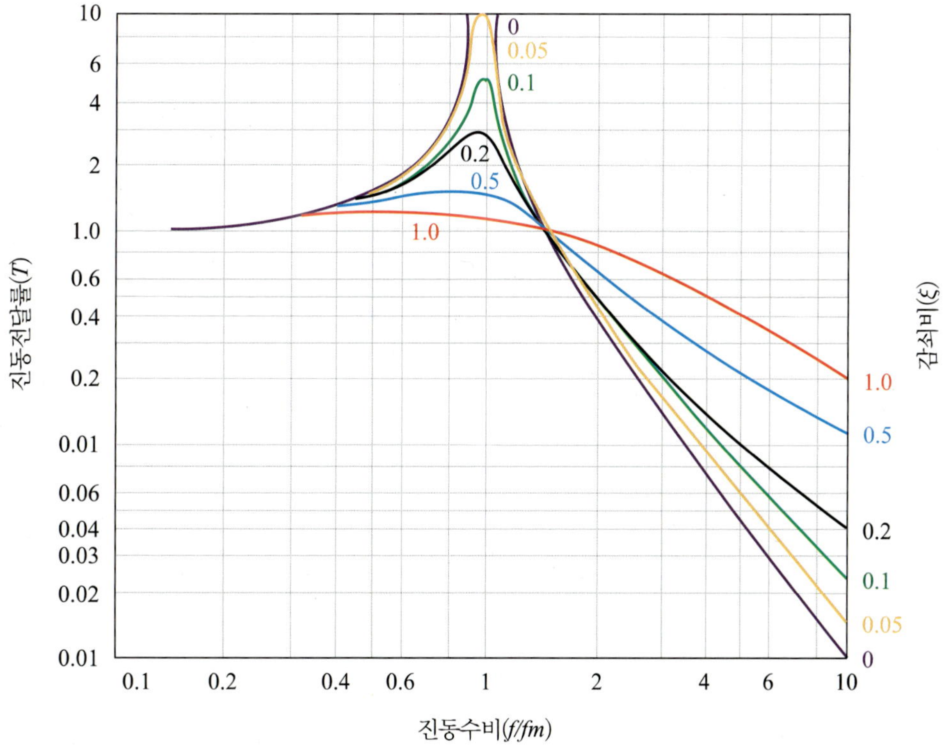

그림 11.10 전달률

그림 11.10은 전달률 T를 $\frac{\omega}{\omega_n}$의 함수로 보여주고 있다. 그림 11.10에서 볼 수 있듯이 $\frac{\omega}{\omega_n} < \sqrt{2}$ 이면 T는 1보다 크고 $\frac{\omega}{\omega_n} > \sqrt{2}$ 인 경우 T는 1보다 작다. 댐핑의 양, 즉 ξ의 변화에 따른 T의 변동을 살펴보면 $\frac{\omega}{\omega_n} > \sqrt{2}$ 인 경우 댐핑이 감소함에 따라 T가 감소함을 알 수 있다. 진동 절연을 목표로 하는 것은 적은 T를 지향하는 것이므로 $\frac{\omega}{\omega_n} > \sqrt{2}$ 인 조건과 적은 댐핑을 설계의 기본지침으로 삼아야 한다. 그러나 기계의 시동 시 또는 정지 시 $\frac{\omega}{\omega_n} = 1$ 부근, 즉 공진 부근을 지나가므로 최소한의 댐핑이 필요하며 $\frac{\omega}{\omega_n} > \sqrt{2}$ 인 조건을 만족시키기 위해서는 유연한 스프링을 사용하여야 한다.

11.5.3 진동레벨

진동량의 표기방법으로는 진동변위(displacement, x), 진동속도(velocity, v), 진동가속도(acceleration, a)를 사용할 수 있다. 진동변위는 실제로는 변위의 진폭을 의미하며 단위로는 mm, cm를 사용하며 진동속도는 진동 변위의 시간에 대한 변화로서 mm/s, cm/s (kine)를 단위로 사용한다. 진동가속도는 진동속도의 시간에 대한 변화로 mm/s^2, cm/s^2 (gal), G (980 cm/s^2)를 단위로 사용하며 정현진동(harmonic vibration)의 경우 다음과 같은 상호관계가 있다.

$$\begin{aligned} x_{\max} &= X \\ v_{\max} &= (2\pi f)X \\ a_{\max} &= (2\pi f)^2 X \end{aligned} \tag{11.36}$$

진동의 레벨은 음향의 경우와 비슷하게 어떠한 기준 값과 로그를 이용하여 정의하며 진동가속도레벨의 경우 다음과 같이 정의한다.

$$\mathrm{VAL} = 20\log\left(\frac{a}{a_r}\right) \mathrm{dB} \tag{11.37}$$

여기서, a : 진동의 가속도 실효치(rms)

a_r : 기준값으로 1 gal이나 10^{-5} m/s^{2}를 이용

진동레벨(vibration level)은 소음도(sound level)의 경우처럼 진동가속도레벨에 주파수대역별 인체의 진동감각특성을 보정한 것으로 다음과 같이 표현할 수 있다.

$$VL = VAL + W_n \ \text{dB(V) 또는 dB(H)} \tag{11.38}$$

여기서 W_n은 보정치이며 표 11.8에 주파수밴드별로 수록되어 있고, dB(V)와 dB(H)는 각각 수직보정과 수평보정을 의미한다.

진동의 경우도 음향의 등청감곡선처럼 등감각곡선(equal perceived acceleration contour)을 그림 11.11과 같이 구성할 수 있다. 그림 11.11에서 보듯이 수직진동은 4~8 Hz 범위에서, 수평진동은 1~2 Hz 범위에서 가장 민감하다.

표 11.8 1/3–옥타브밴드 진동감각 보정치

1/3 옥타브 밴드중심 주파수(Hz)	보정특성	
	수직보정	수평보정
1.0	0.50 = −6 dB	1.00 = 0 dB
1.25	0.56 = −5 dB	1.00 = 0 dB
1.6	0.63 = −4 dB	1.00 = 0 dB
2.0	0.71 = −3 dB	1.00 = 0 dB
2.5	0.80 = −2 dB	1.80 = −2 dB
3.15	0.90 = −1 dB	0.63 = −4 dB
4.0	1.00 = 0 dB	0.50 = −6 dB
5.0	1.00 = 0 dB	0.40 = −8 dB
6.3	1.00 = 0 dB	0.315 = −10 dB
8.0	1.00 = 0 dB	0.25 = −12 dB
10.0	0.80 = −2 dB	0.20 = −14 dB
12.5	0.63 = −4 dB	0.16 = −16 dB
16.0	0.50 = −6 dB	0.125 = −18 dB
20.0	0.40 = −8 dB	0.10 = −20 dB
25.0	0.315 = −10 dB	0.08 = −22 dB
31.5	0.50 = −12 dB	0.063 = −24 dB
40.0	0.50 = −14 dB	0.05 = −26 dB
50.0	0.50 = −16 dB	0.04 = −28 dB
63.0	0.50 = −18 dB	0.0315 = −30 dB
80.0	0.50 = −20 dB	0.025 = −32 dB

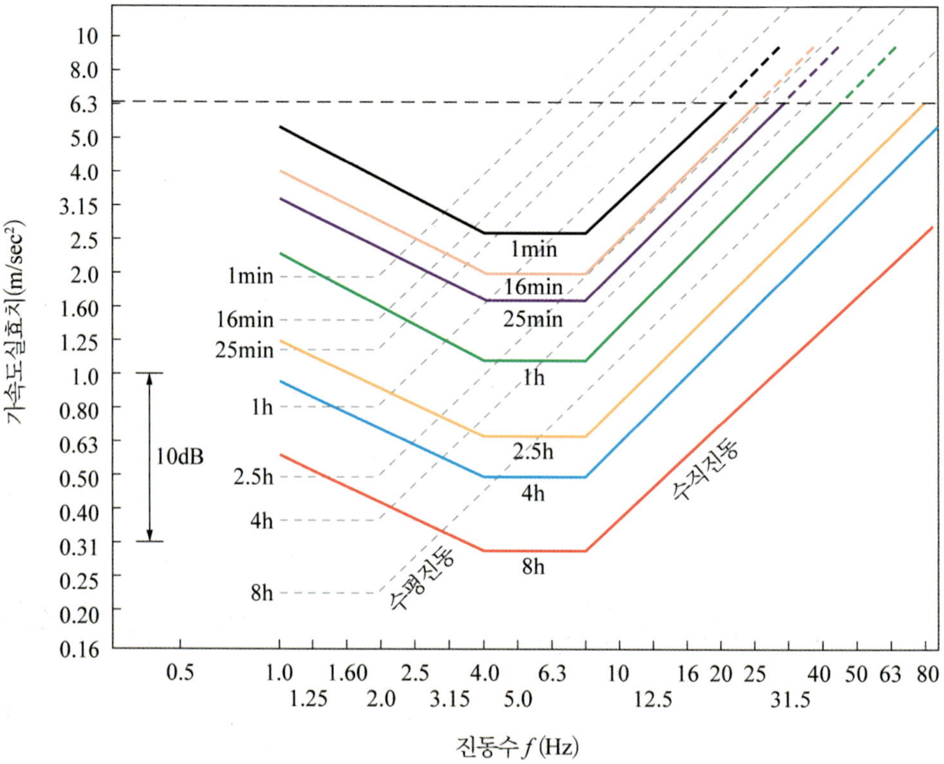

그림 11.11 진동의 등감각곡선

표 11.9 진도계외 진동가속도라벨에 따른 물적피해

진도계	지진의 명칭	진동가속도 (cm/s^2) 피이크値	가속도레벨 (dB) (re.10^{-5} m/s^2)	비고
0	무감(no feeling)	0.8 이하	55 이하	인체로 느끼지 못함.
I	미진(slight)	0.8～2.5	60 ± 5	약간 느낌.
II	경진(weak)	2.5～8.0	70 ± 5	크게 느낌.
III	약진(rather strong)	8.0～25	80 ± 5	창문, 미닫이가 흔들리고 진동음 발생
IV	중진(strong)	75～80	90 ± 5	기물이 넘어지고 물이 넘침.
V	강진(very strong)	80～250	100 ± 5	집의 벽이나 비석이 넘어짐.
VI	열진(disastrous)	250～400	105 ± 110	가옥 파괴 30% 이하
VII	격진(very disastrous)	400 이상	110 이상	가옥파괴 30% 이상, 단층, 산사태 발생

진동의 크기와 피해정도의 관계는 지진진도를 기준으로 하면 표 11.9와 같이 정리할 수 있다. 표 11.9에 의하면 인간이 느낄 수 있는 한계는 진도 0 또는 0.8 gal이고, 피해가 발생하기 시작하는 것은 진도 5, 또는 최대 가속도 80 gal 이상임을 알 수 있다.

11.5.4 지반 진동

진동이 지반을 통해 전파되는 형태로 분류하면 종파(P파), 횡파(S파), 표면파(Rayleigh파)의 세 가지가 있으며 그림 11.12에 개략적으로 설명되어 있다. 종파는 전파의 방향과 지반입자의 진동방향이 일치하는 것으로 전파속도가 가장 빠르다. 횡파는 전파의 방향과 지반입자의 진동방향이 수직인 파이며 Rayleigh파는 종파와 횡파의 혼합형으로 생각할 수 있으며 일반적으로 인체가 주로 느끼는 파이다.

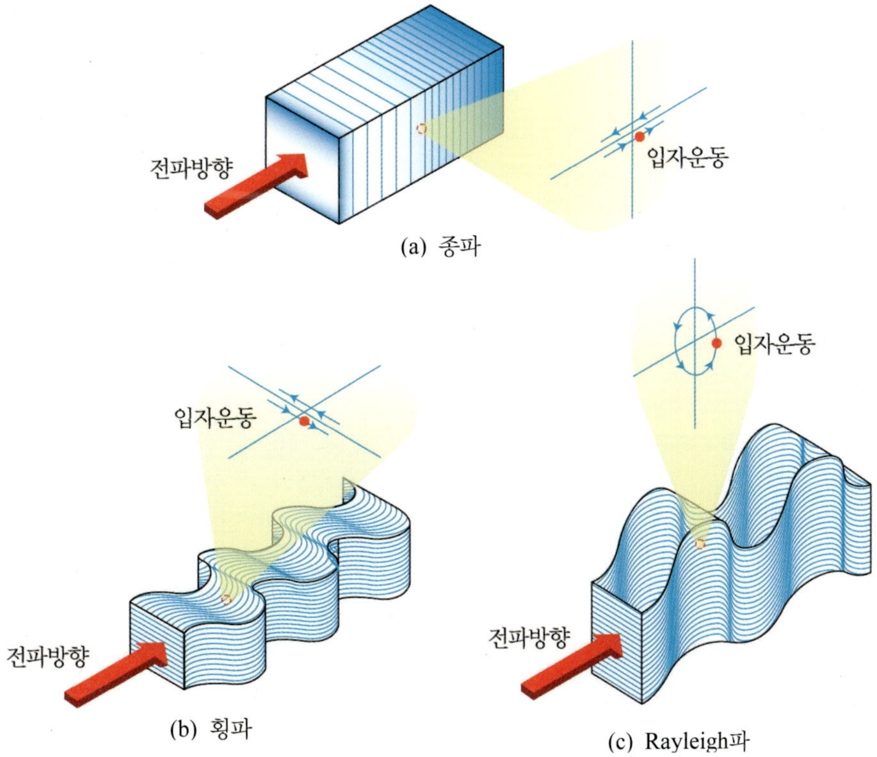

그림 11.12 지반파동의 종류

참고문헌

1. Z. Maekawa, P. Lord, Environmental and architectural acoustics, 2019, Taylor & Francis group
2. 정일록, 소음진동 이론과 실무, 2009, 신광문화사
3. Selma Kurra, Environmental noise and management : Overview from past to present, 2020, Wiley
4. David A. Bies 외 2인, Engineering noise control 5th Edition, 2017, CRC Press
5. Randal F. Barre, Industrial Noise Control and Acoustics, 2001, CRC Press

연습문제

1. 공장의 한 지점에서 음압레벨을 측정했을 때 기계가 작동하는 경우 음압레벨이 102 dB이고 정지상태인 경우 96 dB이다. 이 기계만에 의한 음압레벨은 얼마인가?

2. 가로, 세로, 높이가 20 m, 30 m, 3 m인 방의 벽, 바닥, 천장의 1 kHz 밴드에서의 흡음률이 각각 0.1, 0.2, 0.5이다. 소음원으로부터 8 m 떨어진 곳에서의 1 kHz 밴드에서의 음압레벨이 90 dB일 때 소음원의 음향파워레벨은?

3. 가로, 세로, 높이가 15 m, 20 m, 3 m인 방의 잔향시간이 2초일 때 그 방의 실정수는?

4. 가로, 세로, 높이가 15 m, 20 m, 3 m인 방의 평균흡음률이 0.2일 때 잔향시간은?

제 12 장

환경영향평가 및 환경법규

12.1 서론

인류가 지구상에 출현한 이후 끊임없는 문명의 변천을 가져오게 되었다. 이제까지 농경에 의존하던 생활양상이 근본적으로 바뀌게 된 계기가 바로 산업혁명이었다. 산업혁명 이후 인류의 당면 과제는 기계화를 통한 대량생산과 대량소비를 위주로 한 삶의 질 개선이었다. 이러한 개선이 이루어질 수 있었던 것은 노동력과 자원, 자본의 보다 효율적 결합을 가능케 한 비약적인 기술개발 덕분이었다. 그 결과 인류는 역사상 경험하지 못한 가장 윤택한 생활을 영위할 수 있었다. 그러나 이러한 발전은 자원 등의 투입요소를 대량으로 소비하는 것에 기반한 것이었다. 자원, 노동, 자본 등의 투입요소는 시장가격을 기초로 거래되기 때문에 어느 정도 적절한 소비수준이 유지되지만, 환경 등 그렇지 못한 요소들은 필연적으로 사회적 최적수준 이상으로 남용되었다. 이러한 남용의 문제는 산업혁명 이후 주목을 받아 오지 못했으나 20세기 후반부터 전 세계적인 환경변화에 두려움을 갖기 시작한 인류에 의해 재조명되기 시작하였다.

이제 환경은 대량생산과 대량소비를 위한 단순한 투입요소가 아니라 21세기 인류의 생존을 좌우하는 절대절명의 과제가 되고 있다. 우리는 지속적인 경제발전과 지구 환경보존·기후변화 방지라는 상호 모순된 문제를 동시에 해결하여야 하는 어려운 처지에 놓이게 되었다. 이러한 문제를 배경으로 개발행위에 따른 환경파괴를 최소화하여 개발과 보전의 균형을 유지할 수 있는 사전 예방조치의 일환으로 환경영향평가제도를 도입하게 되었다.

환경영향평가제도가 최초로 법제화 된 것은 1969년 미국의 국가환경정책법(NEPA : national environmental policy act)이었다. 개발행위가 환경에 미칠 영향을 사전에 예측하여 이를 방지하거나 최소화하기 위한 수단으로서 환경영향평가제도(EIA : environmental impact assessment)를 도입하게 되었다. 그 후 1973년에 캐나다, 1974년에 호주, 독일, 말레이시아 등의 국가들이 환경영향평가제도를 도입하게 되었으며 현재에는 선진국들은 물론 대다수의 개발도상국들도 환경영향평가제도를 도입하여 실시하고 있다.

환경영향평가제도가 세계 각국에 널리 보급되게 된 배경에는 환경에 대한 전반적 인식의 향상과 더불어 환경정책 수단으로서의 환경영향평가제도에 대한 공감대 형성, 그리고 유엔환경계획(UNEP : united nations environmental program), OECD,

세계은행 등 국제기구의 노력 때문이라 할 수 있다. 세계은행은 1970년대 말부터 차관협정에서 환경영향평가 실시를 조건으로 명시함으로써 개발도상국들이 이 제도를 채택하는데 결정적 동기를 제공하였다.

UNEP 이사회는 1987년에 "환경영향평가의 목적과 원칙"을 명문화하고 여기에 국제적, 지역적, 국가적 차원에서의 환경영향평가 실시를 위한 행동강령을 포함시켰다. 또한 OECD는 환경영향평가제도를 지속가능한 개발의 실현을 위한 주요 정책수단으로 권장하고, 환경규정에서의 공공 및 민간의 주요 사업에 대한 환경영향 분석, 관광개발시의 환경영향평가, 개발원조 사업에서의 환경영향평가의 실시 등을 강조하고 있다. 따라서 OECD 회원국은 자국에서 환경영향평가제도를 시행함은 물론, 개발도상국에 대한 원조사업에서도 환경영향평가를 실시함으로써 원조를 받는 국가도 이러한 제도를 갖추도록 하는 간접적인 압력을 행사하고 있다.

12.2 | 환경영향평가의 개요

12.2.1 환경영향평가의 목적

환경영향평가제도란 대규모의 개발사업이나 중요한 시책 프로그램을 시행하는 과정에서 나타날 수 있는 환경에 미치는 영향을 미리 예측·분석하여 이를 최소화하는 방안을 강구하는 계획기법으로 환경목적과 사회·경제적 목적간의 적절한 통합을 이루기 위한 사업계획에 수반된 일종의 계획과정이다. 환경영향평가는 각종 개발계획을 수립·시행함에 있어 예상되는 환경파괴와 환경오염을 사전에 방지하기 위한 정책수단으로서 환경적으로 건전하고 지속가능한 개발을 유도하여 쾌적한 환경을 유지·조성하는 것을 궁극적인 목적으로 하고 있다. 환경영향평가제도가 갖고 있는 일반적인 형태는 합리적 의사 결정과정형과 환경관리형의 두 가지로 구분할 수 있다. 전자는 미국의 제도가 대표적이고 후자는 일본의 것이 대표적이라 할 수 있으며, 우리나라는 후자에 해당된다.

우리나라의 환경영향평가제도는 개발사업 뿐만 아니라 정책, 계획 그리고 프로그램을 수립할 때 환경에 미칠 영향을 미리 예측·분석하고 그 대응 방안을 제시함으로써 정책 또는 의사 결정자가 이 정보를 토대로 최적의 대안을 선택할 수 있게 하는 사업승인 과정에 수반된 일련의 절차로 인식하여 의사결정을 돕는 예방적인 환경정책 도구로 이용되고 있다. 그동안 물질적인 풍요 속에서 인구의 증가, 자원의 고갈, 자연 생태계의 파괴와 환경오염문제는 지구의 온난화, 오존층 파괴, 지구의 사막화를 가속화 시키는 등 범지구적인 환경문제로 확대되고 있는 실정이다. 이와 같이 점차 복잡・다양해지고 있는 환경문제를 사전에 예방할 수 있는 효과적인 수단으로 각종 개발계획의 수립과정과 정책의 구상단계에서부터 환경적인 측면을 충분히 검토・배려할 수 있도록 하기 위한 환경영향평가의 필요성은 더욱 크다고 할 수 있다.

12.2.2 환경영향평가의 정의

환경영향평가란 이 제도를 도입하여 시행하고 있는 나라별로 여건에 따라 다소의 차는 있지만 기본적인 의미는 별다른 차이가 없다. 이 제도를 처음으로 도입한 미국에서는 "법적 제안, 정책, 사업계획 및 운용절차 등이 생물학적 환경 및 보건과 안녕에 대하여 주는 영향을 확인하고 예상하며, 그 영향에 관한 정보를 해석하고 전달하기 위하여 계획된 하나의 활동"으로 정의하고 있고, UNEP는 환경영향평가를, "인간 활동이 환경변화를 유발할 염려가 있는 경우, 이에 대해서 어떻게 하는 것이 좋은가를 평가하고 결정하기 위한 행동"이라고 정의하고 있다. 그리고 독일연방공화국의 환경조화심사법 제2조 제1항에서는 환경영향평가를, "사업계획의 허가・인가・동의・승인에 대한 결정을 돕는 행정 절차로서 비독립적인 것이며 사업시행으로 인하여 미치게 될 각종 환경상 영향을 조사・기술・평가하는 것으로 공공의 참여 하에 실시되는 것"이라고 정의하고 있다.

우리나라의 환경영향평가법 제2조 2호에 의하면 "환경영향평가"란 환경에 영향을 미치는 실시계획, 시행계획 등의 허가, 인가, 승인, 면호 또는 결정 등을 할 때에 해당 사업이 환경에 미치는 영향을 미리 조사, 예측, 평가하여 환경보전방안을 마련하는 것을 말하는 것"이라고 규정하였다. 따라서 환경영향평가란 일반적으로 말해서 환경에 중대한 영향을 미치게 될 계획 등에 대한 환경영향을 미리 검토・분석하고 평가하여 개발과 보전적 조화차원에서 그 부정적 영향을 제거하거나 감소시킬 수 있는 방법을 모색하는 제도라고 할 수 있다.

12.2.3 나라별 환경영향평가의 법제화 형태

환경영향평가는 법률에서 정하는 절차와 규정에 의해 실시하고 있으며, 각 국가가 환경영향평가제도를 법제화하는 형태는 대개 세 가지로 나누어 볼 수 있다. 미국의 예와 같이 '국가환경정책법'의 한 부분으로 규정하는 경우와 네덜란드, 독일, 우리나라 등과 같이 독립된 '환경영향평가법'을 제정하여 운용하는 경우, 그리고 대통령 또는 내각의 '규정, 명령, 방침' 등의 형태로 시행되는 경우이다. 첫 번째와 세 번째의 경우는 대부분 독립법을 제정하기 이전의 잠정적 단계로 볼 수도 있다. 1973년에 내각 훈령으로 이 제도를 도입한 일본은 1997년 4월에 와서야 비로소 법제화를 완료하였다. 환경영향평가제도를 도입, 운영하고 있는 주요 국가들의 운영실태를 살펴보면 표 12.1과 같다.

표 12.1 외국의 영향평가제도

구분	한국	미국	일본	독일
최초 도입시기	1981년 (1977년도 도입)	1969년	1973년(복강현)	1975년
근거법	환경영향평가법 (1993)	연방 : 국가환경정책법(1969) 주 : 주법(작은환경정책법)	국가 : 환경영향평가실시요강(1984) 기타개별법 지방 : 조례, 요강 ※ 환경영향평가법 제정(1997)	연방 : 환경조화심사법(1990) 주 : 평가조례
대상사업	17개 분야 63사업	인간환경질에 심각한 영향을 미치는 모든 행위 중 Screening으로 선정	국가 : 11개 분야 22사업 동경 : 26개 분야 46사업	16개 분야 42사업 및 11개 개별법에 규정한 사업
평가항목	3개 분야 23항목	소코핑과정에 의하여 선정	국가 : 2개 분야 12항목 동경 : 23개 지역개항 조사항목	인간, 동·식물, 땅, 물, 대기, 기후, 경관, 문화재 혹은 다른 물적재산(상세평가항목은 스코핑으로 설정)
평가서 작성	사업자	연방정부	사업자	주정부, 사업자

주민의견 수렴	평가서초안의 공고·공람, 설명회 또는 공청회	환경성평가, 스코핑, 평가서의 공고·공람, 임의공청회	평가서안의 공고·공람, 설명회 또는 공청회	행정절차법에 따른 스코핑, 평가준비서의 공람
평가서 심사주체	환경부(승인기관 협의요청)	인·허가 행정기관 (EPA 의견진술)	인·허가 행정기간 (환경청 의견진술)	인·허가 승인기관 (환경청 의견수렴)
심의시기	일반적으로 실시계획 등의 승인 전	사업제안서 접수 시	입지선정 후 사업계획수립 전	사업의 사전결정 등 각 단계
사후관리	사후환경영향조사 등 사업자의 의무사항, 승인기관에 의한 공사중지명령	없음	동경 : 사후조사보고, 공표제도	없음
실적	연간 약 150건	FONSI : 약 1~2만건 EIS : 약 400여건	국가 : 연간 약 20만건	연간 약 1000건

12.3 우리나라 환경영향평가제도의 발전

12.3.1 환경영향평가제도의 도입과 발전

우리나라는 1977년 12월 제정된 환경보전법 제5조(사전협의)의 규정에 의해 도시의 개발, 산업단지 조성, 에너지 개발 등 3개 분야에 대한 협의 근거를 최초로 마련, 사전협의 형식으로 환경영향평가제도를 도입·시행하게 되었다. 그러나 이에 대한 시행지침이 마련되지 않아 실질적인 환경영향평가가 이루어지지 못하였으며 1981년 환경보전법의 개정과 1981년 2월 28일 "환경영향평가서 작성에 관한 규정(환경청고시 제81-4호)"을 제정·고시함으로써 비로소 본격적인 환경영향평가를 실시하게 되었다. 이후 점차 평가대상사업 범위도 확대함과 아울러 행정기관 외에 공공단체, 정부투자기관 및 민간이 시행하는 사업까지도 포함하여 실행하게 되었다.

1990년에는 환경정책기본법을 제정하여 환경영향평가제도의 기본틀을 확립하였으며, 1993년 단일법으로 환경영향평가법이 제정·시행되면서 주요 제도의 절차를 변경하고 대상사업의 사후관리제도를 강화하는 등 환경영향평가제도를 보완하였다. 그

후 지방자치제도의 실시, OECD 가입 등 환경영향평가를 둘러싼 국내외 여건이 크게 변화함에 따라 1997년 3월 환경영향평가법을 개정하였는데 주요 개정내용은 시·도 조례로 환경영향평가 대상을 확대할 수 있도록 하였다. 궁극적으로 우리나라의 평가제도가 발전하게 된 것은 1990년 환경부의 승격과 함께 환경관련 법령의 체계를 전면 개편함으로써 평가제도를 정착 발전시킬 수 있었다. 동시에 주민의견수렴제도를 도입, 지역주민의 이해관계를 사전 조정함으로써 개발과정의 합리성을 도입함과 아울러 지역단위의 개발사업에 대한 환경영향평가 협의업무를 지방환경관서로 위임함에 따라 현지성 있는 실질적인 검토가 가능토록 하였다. 이후 2023년 3월 환경영향평가 합리화를 골자로 하는 환경영향평가법 시행령 개정안을 포함하여 우리나라에 도입되어 운영되고 있는 평가제도의 주요 발전과정을 살펴보면 표 12.2에서와 같이 3단계로 구분해 볼 수 있다.

표 12.2 우리나라 환경영향평가제도의 단계별 주요내용

단계별	주 요 내 용
제도의 도입단계	• 1977.12 환경보전법 제정 시 최초도입 「사전협의」라는 표제 하에 도시개발, 산업입지조성, 에너지개발 등 3개 분야에 대한 환경영향평가가 실시 근거 최초 마련 • 1979.12 환경보전법 개정 시 대상사업을 3개 분야에서 6개 분야로 확대 「환경영향평가 및 협의」라는 표제 하에 공업항, 도로건설, 수자원개발 등 3개 분야 추가 ※ 구체적인 시행지침이 마련되지 못하여 시행하지는 못함.
제도의 시행단계	• 1981.8 환경보전법 개정 시 공공단체, 정부투자기관사업 포함, 대상사업 확대 철도, 공항, 매립 및 개간사업, 아파트지구 개발사업 등 4개 분야 추가 • 1981.2 "환경영향평가서 작성에 관한 규정"을 제정 고시 1982년부터 본격시행 • 1986.12 환경보전법 개정 시 민간부문 개발사업추가 관광단지 개발 사업 추가하여 11개 분야 33개 단위사업으로 확대
제도의 발전단계	• 1991.2 환경정책기본법 제정으로 환경영향평가 대폭 보완 강화 대상사업 15개 분야 47개 단위사업으로 확대 ※ 하천의 이용 및 개발, 체육시설, 산지개발, 특정지역개발, 폐기물처리시설 설치 등 5개 분야 추가(종전 아파트개발은 도시개발에 포함) 평가서 초안 및 주민의견 수렴제도 도입 평가협의내용에 대한 사후관리제도 도입 • 1992.8 환경정책기본법 개정 시 평가협의 업무 중 일부를 지방환경청으로 위임 사업시행자가 특별지방행정기관 또는 시장, 군수, 구청장인 사업 경유기관이 특별지방행정기관 또는 시장, 군수, 구청장인 사업

전원개발사업 중 송전선로, 옥외변전소 건설사업

- 1993.6 환경영향평가법 제정으로 평가제도 개선 보완
  환경영향이 큰 국방, 군사시설 및 청소년수련시설 등을 추가하여 평가 대상사업을 16개 분야 59개 단위사업으로 확대
  평가서 초안 공람기간 중 설명회 개최 의무화 및 필요시 공청회를 개최하여 실질적인 주민의견 수렴절차 도입
  사업승인기관이 환경부에 협의토록 하여 협의내용을 사업승인시 반영하도록 의무화
  환경영향평가 협의 없이 사전공사 또는 협의내용 미이행 시 공사중지를 명령하고, 이를 위반 시 5년 이하 징역 또는 5천만원 이하 벌금을 부과토록 하는 등 협의내용 이행관리 강화
- 1997.3.7 환경영향평가법을 개정하여 검토의 전문성과 협의기준 준수방안 확보
  대상사업을 17개 분야 74개 단위사업으로 확대
  협의기준 초과부담금 부과징수 방안마련
  전문검토기관인 한국환경정책·평가연구원 설립
  평가서 허위작성자 처벌조항신설, 협의내용 관리책임자 미지정, 관리대장 미작성시 과태료 처분조항신설
  시·도 환경영향평가조례 제정 ; 실시토록 함
- 2001 환경·교통·재해 등에 관한 영향평가법 제정
  환경·교통·재해·인구 등 각각의 다른 법률에 근거를 두고 시행되어 절차의 중복과 비용의 과다지출부담을 줄이도록 통합
- 2003 스코핑(scoping)제도 도입
  한국환경정책·평가연구원(KEI)전문가, 사업자, 이해관계자 등이 참여하는 평가항목·범위획정위원회에서 평가항목·범위를 결정
  평가대행계약을 설계 등 다른 계약과 별도로 체결
  주민 등의 공고·공람 및 의견제출기회 확대
- 2012.7 '전략환경영향 평가', '환경영향평가', '소규모환경영향평가'로 나누어 진행
- 2023.3 대상사업의 범위 및 변경협의, 재협의 기준을 상향 조정

12.3.2 환경영향평가법의 주요내용

1) 환경영향평가법 체계

현행의 환경영향평가법은 제7장 41조문과 부칙으로 구성되어 있다. 동법에서는 "환경적으로 건전하고 지속가능한 개발을 통한 쾌적한 환경의 유지 및 조성"하는 것을 환경영향평가의 실시목적으로 하고 있다. 협의기관인 환경부와 당해 사업을 인·허가하는 승인기관 및 사업시행자가 하여야 할 사항을 각각 구분하여 규정하고 있다. 이와 같은 환경영향평가서의 구성에 대해 그림 12.1에 정리하였다.

- 환경영향평가서
  - I. 요약문
  - II. 사업의 개요
    - 1. 사업의 배경 및 목적
    - 2. 환경영향평가실시근거 등
    - 3. 사업의 추진경위
    - 4. 사업내용
  - III. 환경영향평가 대상지역의 설정(과학적예측, 분석, 사용기법 등)
  - IV. 지역개황
    - 1. 토지이용현황 및 계획
    - 2. 환경관련지역지정현황
    - 3. 해당지역환경기준, 녹지자연도, 생태자연도 등
    - 4. 생태현황
    - 5. 주용보호대상시설물
    - 6. 환경기초시설등
  - V. 평가항목의 설정
    - 1. 환경영향요수추출
    - 2. 중점평가항목의 설정
    - 3. 환경영향요소와 평가항목간 행렬식 대조표
  - VI. 평가항목범위획정
    - 1. 평가항목범위획정개요
    - 2. 평가항목범위획정결과
  - VII. 주민의견수렴
    - 1. 주민의결수렴개요
    - 2. 주민의견수렴결과
  - VIII. 환경현황조사, 예측평가, 저감방안 및 사후환경영향조사
    - 1. 자연환경(기상, 지형지질, 동식물상, 해양환경, 수리수문)
    - 2. 생활환경(토지이용, 대기질, 수질, 토양, 폐기물, 소음, 진동, 악취, 전파장해, 일조장해, 위락, 경관, 위생공중보건)
    - 3. 사회경제환경(인구, 주거, 산업, 공공시설, 교육, 교통, 문화재 또는 역사문화적으로 보전가치가 있는 건조물유적)
  - IX. 환경영향에 미치는 영향의 저감방안(총괄)
  - X. 불가피한 환경영향
  - XI. 사후환경영향조사계획
  - XII. 대안설정 및 평가
  - XIII. 종합평가 및 결론
  - XIV. 부록
    - 1. 평가대행자 등의 인적사항
    - 2. 사업관련상위계획 및 관계법령
    - 3. 용어해설
    - 4. 인용문헌 및 참고자료
    - 5. 기타

그림 12.1 환경영향평가서의 구성

2) 환경영향평가 대상사업

모든 종류의 개발사업은 그 규모의 크기에 관계없이 사업을 시행하는 과정에서 환경에 나쁜 영향을 미칠 수밖에 없으므로 환경보전을 위해서는 모든 개발사업에 대하여 환경영향평가를 실시하는 것이 바람직 할 것이다. 그러나 환경영향평가의 실시에 따른 사회적 비용과 시간 등을 고려할 때 그 실익이 없는 사업은 평가대상에서 제외하고 지역의 특수성, 환경에 미치는 영향정도에 따라 평가를 실시토록 하는 것이 타당할 것으로 판단된다. 이와 관련하여 일반적으로 평가대상사업은 다음과 같은 선정기준에 따라 산정할 수 있다.

첫째, 골프장 건설 등 사업특성상 자연환경·생태계를 훼손할 우려가 큰 사업
둘째, 자연공원 집단시설지구 등 환경적으로 민감한 지역에서 시행되는 사업

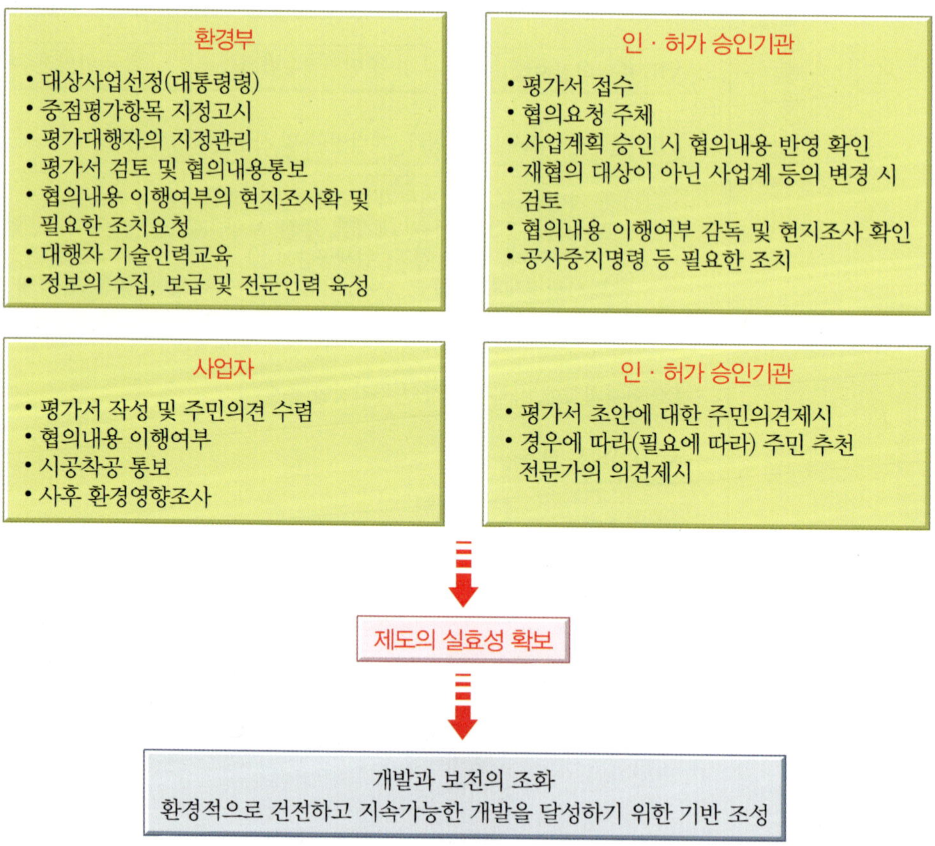

그림 12.2 환경영향평가법의 체계

셋째, 매립사업, 댐 건설 등 환경영향이 장기적·복합적으로 발생하여 변화 예측이 곤란한 사업

넷째, 택지·공단조성 등 대기·수질오염 등 복합적 환경오염이 발생될 것으로 우려되는 사업

이와 같은 사항들을 고려하여 현재 우리나라에서는 환경영향평가법에 도시의 개발, 산업입지 및 공업단지의 조성, 에너지 개발 등 모두 17개 분야 63개 단위사업을 평가대상사업으로 정하고 있다. 그 세부내용은 다음은 그림 12.2와 같다. 이는 평가대상사업을 미리 정하여 놓는 평가대상행위 열거(positive list)방식을 적용하는 것으로서 미국 등이 채택하는 평가대상여부 사전심사 방식과는 차이가 있다.

또한 환경영향평가법 제4조 제3항의 규정에 의거 환경영향평가 대상사업 범위에 해당하지 않는 사업이라도 지역의 특수성을 고려하여 시·도지사가 조례로 별도의 대상사업범위를 정하여 환경영향평가를 실시할 수 있도록 하였으며 현재 시·도에서 별도의 조례를 제정하고 있다.

표 12.3 환경영향평가 대상사업

구분	대 상 사 업
도시의 개발	택지개발사업(30만 m^2 이상), 도시개발사업(25만 m^2 이상), 학교, 하수처리시설 등 13개 사업
산업입지 및 산업단지의 조성	산업단지개발사업(15만 m^2 이상), 공업용지조성사업(15만 m^2 이상) 등 7개 사업
에너지개발	에너지개발 목적의 광업, 전원개발사업, 원자력발전소건설사업 등 8개 사업
항만건설	어항개발사업, 항만시설 등 6개 사업
도로건설	도로신설(4 km 이상), 도로확장(2차로 10 km 이상) 등
수자원개발	댐(면적 200만 m^2 또는 용량 2000만 m^2 이상) 등 2개 사업
철도건설(도시철도포함)	철도(4 km 이상 또는 10만 m^2 이상), 삭도·궤도(4 km 이상 또는 10만 m^2 이상) 건설사업 등 4개 사업
공항건설	비행장신설, 활주로(500 m 이상), 기타(20만 m^2 이상)
하천의 이용 및 개발	하천공사(10 km 이상)
개간 및 공유수면의 매립	공유수면매립(30만 m^2 이상), 개간(100만㎡ 이상)사업 등 2개 사업

관광단지개발	관관단지조성, 온천개발(30만 m^2 이상) 등 6개 사업
체육시설설치	체육시설(25만 m^2 이상), 청소년수련시설(30만 m^2 이상) 등 5개 사업
특정지역개발	지역균형개발 및 지방중소기업육성에 관한 법률에 의하여 시행되는 사업 등 8개 사업
폐기물・분뇨처리시설 및 축산폐수공공처리시설 설치	폐기물처리시설(매립 : 30만 m^2 이상, 소각 100톤/일 이상) 분뇨처리시설(100 kL 이상) 등 2개 사업
국방・군사시설설치	국방・군사시설(33만 m^2 이상) 등 4개 사업
토석・모래・자갈・광물 등의 채취	산림 안에서의 토석채취(10만 m^2 이상) 등 7개 사업
총 17개 분야	총 74개 사업

3) 환경영향평가 항목

환경영향평가의 대상사업 선정이 환경영향평가의 심사와 검토를 위한 근거가 된다면 환경영향평가 항목설정은 환경영향평가를 실시하고 평가서를 작성하기 위한 제일보라고 할 수 있다. 현행법에서의 환경영향평가 항목은 아래와 같이 자연환경, 생활환경, 사회・경제 환경 등의 3개 분야에서 총 21개 항목을 실시토록 하고 있으며 환경정책기본법에서 규정하고 있는 각종 환경기준 등을 고려하여 각 항목별로 평가를 하고 있다. 다만 도시교통정비촉진법에 의한 교통영향평가 대상사업인 환경영향평가의 경우 교통항목은 동법이 정하는 바에 따르도록 하고 있다.

표 12.4 분야별 환경영향평가 항목

분야	대기환경 (4)	물환경 (3)	토지환경 (3)	자연생태 환경(2)	생활환경 (6)	사회경제 환경(3)
평가 항목	기상 대기질 악취 온실가스	수질 (지표・지하) 수리・수문 해양환경	토지이용 토양 지형・지질	동・식물상 자연환경 자산	친환경적자원순환 소음・진동 위락・경관 공중보건 전파장해 일조장해	인구 주거 산업

국가법령정보센터, 2022

평가항목을 선정하는 일반적인 과정으로는 사업 유형별로 환경에 영향을 주게 되는 환경인자(대기오염원, 수질오염원, 소음・진동 발생원, 폐기물 발생량 등)와 환경영향을 받는 환경항목을 비교・분석하고 환경영향항목을 세분화한다. 이와 같이 세분화된 환경 항목별로 평가되어야 할 평가항목을 설정하고 어느 항목을 중점적으로 평가할 것인지를 구분하여 평가서를 작성하게 되며 그 절차를 살펴보면 그림 12.3과 같이 구분할 수 있다.

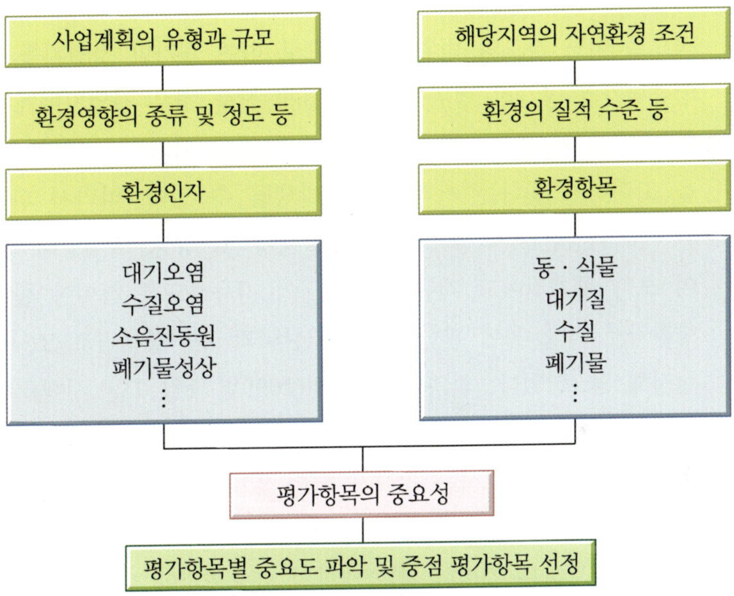

그림 12.3 환경영향평가법의 체계

환경영향평가서 작성 시 6개 분야의 21개 항목에 대하여 환경영향을 일괄적으로 평가할 경우 평가서의 분량만 많아지게 되고, 실질적인 내용에서는 부실하게 작성되어 평가서의 수준을 낮게 하는 요인으로 작용할 수 있다. 그러므로 현행 환경영향평가법에서는 대상사업의 특성, 입지여건 등을 고려하여 환경부장관이 지정고시하는 항목에 대하여 중점적으로 집중평가토록 하는 중점평가제도를 도입・시행하고 있다. 이와 같이 중점평가제도를 도입・실시함으로써 일부 항목에 대하여는 환경영향을 중점적으로 평가하고 기타의 항목에 대하여는 제외하거나 현황조사만 실시하는 것에 그치도록 하여 평가의 내실화 및 간소화를 도모할 수 있을 것으로 판단된다.

주요항목에 대하여만 중점평가를 실시토록 하고 있는 중점평가제도의 효율적 운영은 환경영향평가서를 작성하기 전에 평가의 범위, 주요대안 및 문제점과 각 참여자의 역할 등을 사전에 관련자의 참여 하에 공개적으로 결정하는 제도인 scoping제도의 장점을 상당부분 수용할 수 있을 것으로 보인다.

4) 평가의 범위 및 평가기준

환경영향평가를 실시하기 위해서는 평가항목의 선정과 동시에 공간적으로나 시간적으로 어느 정도의 범위를 대상으로 하여 평가할 것인지를 결정하여야 한다. 환경영향평가의 공간적 범위를 너무 넓게 잡을 경우 사업자에게 필요 이상의 시간낭비와 경비를 과다하게 지출하는 부담을 주게 되고, 그 범위를 작게 잡으면 환경영향을 고려하지 못하는 사각지대가 발생될 수 있다. 따라서 환경영향평가의 범위선정은 지역환경현황, 각종 오염원의 발생량 및 성상, 발생양태 등을 종합적으로 고려하여 보다 체계적이고 객관적인 접근이 가능하도록 하여야 할 것이다. 현행 "환경영향평가서 작성 등에 관한 규정"에서는 각 평가항목별로 조사범위와 영향예측범위를 설정해 놓고 있다. 환경영향평가법(2009년 1월 1일 시행) 제10조에서는 사업자가 환경영향평가계획서를 작성하고, 환경영향평가계획서 심의위원회에서 평가항목범위 등을 결정하여 통보하는 것으로 되어 있다.

평가는 장래 환경변화가 될 것으로 예측된 결과를 가지고 적정기준에 부합하는지 여부를 검토하는 것이다. 환경영향의 예측결과에 대한 평가 시 중요한 것은 과학적 근거가 명확한 일정한 평가기준을 설정하고 가능한 한 주관적 사고가 개입되지 않도록 하여 평가활동의 객관성이 유지되도록 하는 일이다. 이때에 환경영향평가 대상지역 특유의 지역특성이나 특수사정 등을 모두 고려하여 평가하는 것이 가장 바람직하다. 환경영향평가 과정에서 얻어진 결과에 대하여 왜곡하거나 과소평가될 소지를 마련할 수 있는 평가기준이 되어서는 안 된다. 이와 같은 의미에서 평가기준의 설정과 그 기준을 이용한 예측결과의 평가 등에 관한 일련의 작업은 신중히 하지 않으면 안 되는 매우 중요한 작업이라고 말할 수 있다. 이러한 평가기준은 NEPA 목적조항 및 제101조의 각 규정내용에 비추어 볼 때 "인간의 건강보호와 쾌적한 생활수준의 달성, 자연자원의 질의 회복 내지 향상" 등이라고 할 것이다.

우리나라에서는 이와 같은 평가기준에 대하여 환경・교통・재해 등에 관한 영향평가법(2009년 1월 1일 환경영향평가법으로 개편) 제30조에서 환경영향평가의 기준으로서 환경정책기본법 제10조의 규정에 의한 환경기준, 자연환경보전법 제2조 제16호의 규정에 의한 생태·자연도, 지역별오염총량기준 등으로 규정하고 있다. 또한 환경영향평가서 작성 등에 관한 규정에서는 평가방법을 다음과 같이 규정하고 있다.

① 사업자는 평가항목별로 예측·분석한 결과에 대하여 사람의 건강과 생활환경 및 자연환경보전의 관점에서 평가를 실시하여야 한다.

② 환경기준이 설정되지 아니한 예측·분석 항목에 대하여는 현재의 과학적 지식, 경험 및 외국에서 사용되고 있는 기준 등을 고려하여 잠정적인 환경보전 목표를 설정하고 이를 토대로 평가를 행한다.

③ 평가항목 중 학술적 가치, 경관적 가치 또는 휴식공간으로서의 가치 등을 갖는 자연환경에 대하여는 전국적인 가치를 갖는 것과 지역적인 가치를 갖는 것으로 구분하여 그 희소성·고유성·특이성 등을 고려하여 평가를 행한다.

그러나 아직 평가기준을 설정할 수 없는 환경요소나 환경현상에 대하여도 현재의 과학 및 기술수준에서 최선이라고 생각되는 보다 안전한 평가기준을 설정하도록 하여야 할 필요가 있다. 환경영향평가에 준용될 평가기준의 설정을 위하여 환경기준치, 환경목표치, 환경인자 및 환경현상에 관한 조사, 연구사례, 과거의 피해사례 등에 대한 사전조사를 충실히 하여 평가기준이 과학적 근거가 있는 타당한 것이 될 수 있도록 하여야 한다. 이렇게 하기 위하여 사전 조사된 결과를 다음과 같이 정리하는 것이 바람직하다.

① 국가 또는 지방자치단체가 법령, 조례 등에 의해 정하고 있는 환경기준치
② 국가 또는 지방자치단체에서 정하고 있는 환경목표치
③ 전문가, 환경단체, 지역주민들이 요구하고 있는 환경보전목표치
④ 보전가치여부 및 보전목표치 설정여부
⑤ 기존의 연구사례 및 과거 환경피해 사례
⑥ 외국의 평가기준과 환경기준 사례 등

5) 환경영향평가서의 구성

환경영향평가서(EIS : environmental impact statement)는 사업계획을 수립하는 과정에서 활용된 환경관련 사항에 대하여 기본양식에 맞추어 문서화한 것으로 일종

의 종합보고서 형식을 띠고 있다. 이와 같이 보고서의 형식을 띠게 된 것은 환경적으로 조사되고 예측평가·분석된 환경관련 사항들 중 영향이 있을 것으로 예상되는 부분에 대하여 사업계획 수립과정에서 어떠한 분석기준과 분석결과를 가지고 입안하게 되었는지를 확인할 수 있도록 하고 있다.

또한 환경영향평가서는 사업계획의 인·허가 또는 승인을 하는 과정에서 필요한 서류의 일부분으로서 주된 대상인 사업계획의 수립내용에 부가되는 첨부 서류로서의 역할도 하게 된다.

환경영향평가서는 해당지역의 주민과 이해관계인들의 의견수렴을 위하여 작성하게 되는 환경영향평가서 초안과 주민의견 수렴결과를 반영하여 작성된 최종 환경영향평가서로 구분할 수 있으며 그 내용적 범위는 표 12.5와 같다.

표 12.5 평가법상 평가서 초안과 최종평가서의 내용적 범위

구분	평가서초안	최종평가서
내용	• 사업의 개요 • 환경영향평가 대상지역의 설정 • 환경현황의 조사내용 • 사업계획의 대안이 있는 경우 그에 관한 분석 및 평가 • 환경영향에 관한 분석 및 저감방안의 강구내용	• 평가서 초안의 내용에 관한 구체적인 분석 및 평가 • 지역주민 및 관계행정기관이 제출한 의견 • 주민의견 수렴결과를 반영하여 수립한 사업계획안의 내용 • 사후환경영향조사에 관한 계획
구성	• 사업의 개요 • 대상지역의 설정 • 지역개황 • 평가항목의 설정 • 환경현황조사, 영향예측분석, 저감방안 • 불가피한 환경영향 • 주민의 생활환경, 재산상의 환경오염 피해 및 대책 • 대안설정 및 평가 • 종합평가 및 결론	• 요약문 • 사업개요 • 환경영향대상지역의 설정 • 지역개황 • 평가항목의 설정 • 주민의견 수렴 • 환경현황조사예측평가, 저감방안 및 사후환경영향조사 • 환경에 미치는 영향의 저감방안(총괄) • 불가피한 환경영향 • 사후환경영향조사계획 • 대한설정 및 평가 • 종합평가 및 결론
분량	• 본문 : 100면 이내 • 전체 : 부록 포함 200면 이내	• 본문 : 300면 이내 • 부록 : 본문 분량 1/2 이내

12.3.3 환경영향평가 절차

환경영향평가의 절차는 평가서 초안을 작성하여 공람 공고 또는 설명회 개최 등을 통한 주민의견을 수렴하는 초기단계와 주민의견이 수렴되어 작성된 최종평가서를 사업승인기관에 제출하여 환경부와 협의하는 단계, 협의 내용에 대한 이행여부 확인 및 사후 환경영향을 조사하는 3단계로 구분해 볼 수 있다. 이들 각 단계별 주요내용과 절차들에 대하여는 환경영향평가법, 환경영향평가서 작성 등에 관한 규정, 환경영향평가서 검토 및 협의 등에 관한 업무처리규정 등에서 상세히 정하고 있다.

1) 평가항목 · 범위획정(스코핑)

평가서초안을 작성하기에 앞서 한국환경정책 · 평가연구원 전문가, 사업자, 이해관계자 등이 참여하는 평가항목 · 범위획정위원회에서 평가항목과 평가범위를 결정함으로써 적정한 평가업무가 수행될 수 있도록 한다.

2) 평가서 초안의 작성

평가서 초안은 최종적인 환경영향평가서의 작성에 앞서 사업자가 지역주민들의 의견을 수렴하기 위한 설명회나 공청회 또는 공람 등을 위해 만들어지는 개략적인 환경영향평가서의 초안이다. 평가서 초안에는 사업의 개요, 평가대상지역의 설정 및 환경현황조사, 대안의 분석평가, 환경영향에 관한 분석 및 저감방안의 강구내용, 환경에 미치는 불가피한 영향의 분석 등을 기술하게 된다.

3) 주민의견수렴

평가서 초안은 신문 등에 공고하여 30일 이상의 기간 동안 공람할 수 있도록 하고 주민들의 요구가 있을 때에는 관련 전문가, 이해 당사자 등이 참여하는 공청회를 개최하도록 되어 있다. 이와 같이 환경영향평가 과정에 주민의견 수렴제도를 도입한 것은 개발사업의 시행에서 발생하는 환경문제에 대하여 사업자와 지역 주민들 간의 이해관계를 사전에 조정하고 사회적 합의를 도출하여 환경영향평가의 신뢰성과 구속력을 높이려는 데에 그 뜻이 있다. 평가서 초안에 대한 주민의견 수렴은 다음 그림 12.4와 같은 절차에 따라 실시하고 있다.

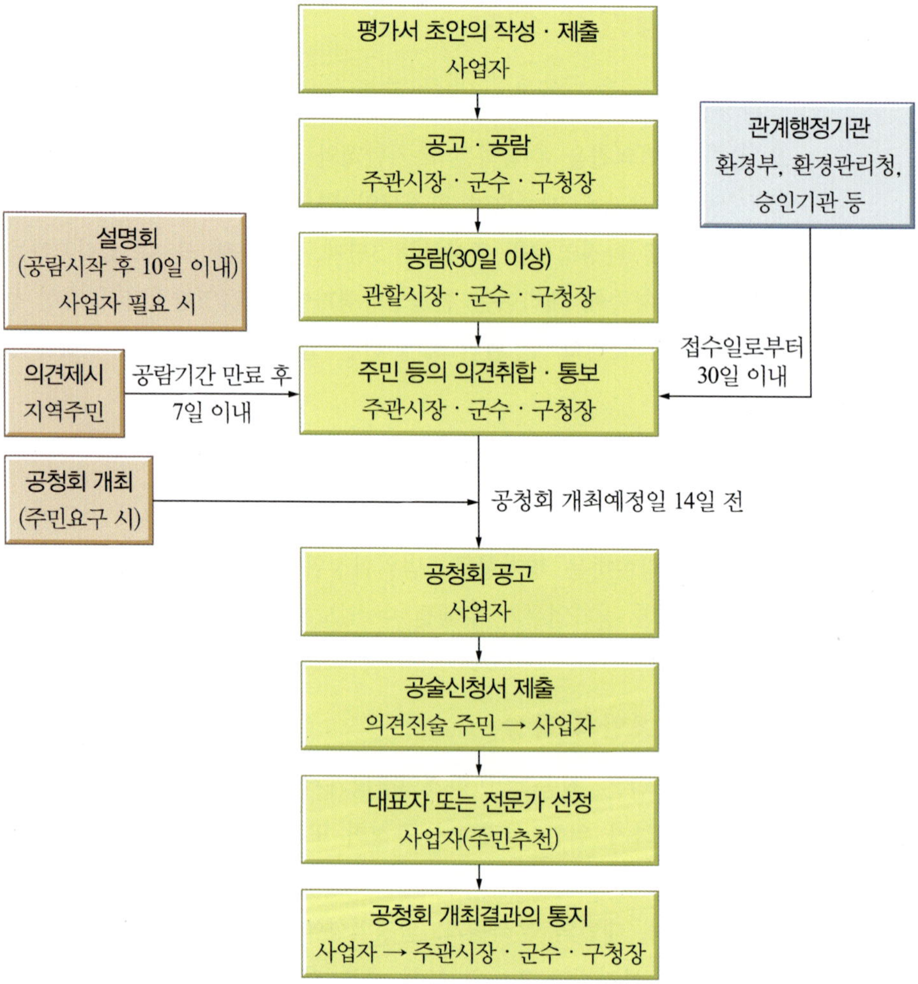

그림 12.4 주민의견수렴 절차도

결국 주민의견 수렴이란 개발사업의 시행에 따른 환경영향의 직접적 피해자이자 당해 지역실정에 밝은 주민(환경영향평가 대상지역내의 주민으로서 주민등록법 제6조의 규정에 의한 주민을 말한다)의 의견을 듣는 절차를 말하며, 당해 사업의 시행으로 인한 지역주민의 생활 및 재산상의 환경피해를 파악하여 이해관계를 사전 조정함은 평가서 작성의 내실화에 기여하게 된다.

- 사업자는 평가서 초안을 작성하여 주관 시장 · 군수 · 구청장 등 관계행정기관의 장에게 제출

- 주관 시장・군수・구청장은 10일 이내에 사업개요, 공람 장소 및 기간 등을 1개 이상의 중앙일간신문과 지방일간신문에 각각 1회 이상 공고하고, 평가서 초안을 50일 이내 30일 이상 공람
- 지역주민 등은 공람 만료일로부터 7일 이내에 의견 제출
- 사업자는 공람 시작 후 10일 이내에 설명회 또는 공청회 개최
- 주관시장・군수・구청장은 주민의견을 취합하여 사업자에게 통보하고, 이 경우 공청회개최요건에 해당하는 경우 공청회의 개최통지
- 사업자는 지역주민 및 관계행정기관이 제시한 의견을 검토하여 평가서에 반영하도록 하고, 미반영 시에는 평가서에 그 사유를 기재

4) 평가서의 작성

환경영향평가서는 환경영향평가제도의 주된 문서로서 평가서 초안을 기초로 작성하게 된다. 환경영향평가서는 본문과 부록으로 구성되며 본문에는 요약문, 사업의 개요, 평가대상지역의 설정, 지역 개황, 평가항목의 설정, 주민의견 수렴내용 및 반영여부, 환경현황조사, 예측・평가, 저감방안 및 사후환경영향조사, 환경에 미치는 영향의 저감방안(총괄), 불가피한 환경영향, 사후환경영향 조사계획, 대안설정 및 평가, 종합평가 및 결론 등이다. 부록에는 평가대행자, 관련 상위계획 및 법령, 용어해설, 인용・참고문헌 등이 포함된다.

환경영향평가에서 평가항목이라 함은 대상사업의 시행으로 인하여 영향을 받게 되는 주요 환경항목이라 말할 수 있다. 환경영향에 대한 평가항목의 구체적인 내용은 "환경영향평가서 작성 등에 관한 규정"에서 대기환경, 물환경, 토지환경, 자연생태환경, 생활환경, 사회・경제 환경의 6개 분야에서 20개 항목으로 세분하여 제시하고 있으며, 각 항목별 주요 평가내용은 다음의 표 12.6과 같다. 그러나 모든 평가대상사업에 대하여 일괄적으로 전 항목을 평가토록 하는 것은 사업의 특성, 입지여건 등을 고려할 때 불필요한 부분이 있으며 많은 인력과 시간을 낭비할 소지가 있다. 그러므로 일부 항목에 대하여만 환경영향을 중점적으로 평가하고 기타 항목은 제외하거나 현황조사에 그치도록 하고 있다. 이와 같이 중점평가를 실시토록 하는 것은 실제 피해가 예상되는 사항들에 국한하여 관계 행정기관과 지역주민들이 제기하는 문제를 최대한 수용하고 사업의 실시로 인하여 환경에 미치는 영향을 사전에 최소화할 수 있을 것으로 판단된다.

평가서는 당해 사업의 내용을 가장 잘 알고 있는 사업자가 작성하는 것을 원칙으로 하며 평가서의 내용에 대하여도 사업자가 최종적인 책임을 지도록 하고 있다. 그러나 사업자가 전문인력과 시설을 갖추고 있지 못하여 스스로 환경영향평가를 수행할 능력이 없는 경우에는 환경영향평가법의 규정에 의하여 평가전문기관으로 지정된 평가대행자로 하여금 대신 작성하게 할 수 있다.

표 12.6 환경영향평가의 항목 및 주요내용

평가분야	평가항목	주요평가내용
대기환경	기상	기온, 일조시간 등 기상변화 예측 및 대책
	대기질	배출원별 오염물질 저감방안, 연료사용계획, 비산먼지 저감대책 등
	악취	발생원, 영향범위 및 저감대책
	온실가스	배출현황, 흡수현황 영향 예측 및 저감목표 설정 등
물환경	수질(지표 · 지하)	오 · 폐수 처리계획, 용수공급계획, 하천 및 지하수 오염방지대책 등
	수리 · 수문	수량변화 및 급수계획, 유지용수량, 유출계수 변화
	해양환경	해양수질 오염도, 해저지형 및 수심변화
토지환경	토지이용	주변 토지이용 상황을 고려한 입지분석, 완충녹지 설치계획
	토양	오염물질에 의한 토양오염 발생 및 방지대책
	지형 · 지질	지형변화, 토지 · 사면의 안전성, 지반침하 여부
자연생태환경	동 · 식물상	동 · 식물상의 변화, 주요 동 · 식물 서식지 · 자생지 훼손, 온배수에 의한 해양 동 · 식물상 변화 대책
	자연환경자산	
생활환경	친환경적자원순환	폐기물의 재활용처리 및 자원화
	소음 · 진동	소음 · 진동발생원 및 완충녹지, 방음벽 등 저감대책
	위락 · 경관	지역경관특성, 주요 조망점에서의 경관변화 및 대책
	공중보건	공중위생시설, 질병유발요인 및 보건위생대책
	전파장해	전파장해요인, 전파장해 정도 및 저감대책
	일조장해	일조영향을 고려한 시설물 배치계획
사회 · 경제환경	인구	인구밀집에 따른 환경영향 및 대책
	주거	주거지역에 미치는 환경영향 및 대책
	산업	산업구조변화, 피해예측 및 대책

5) 환경영향평가 협의

환경영향평가의 협의요청 시기는 대상사업에 대한 사업계획의 승인, 인·허가, 또는 결정전으로 하고 있다. 개발행위 이전에 협의하여 사전에 환경피해를 최소화 할 수 있도록 하고 있다. 그러나 개발사업의 입지선정, 기본계획 및 실시계획이 수립된 이후 환경영향평가 협의가 이루어지게 됨으로써 입지선정이나 개발사업의 실시여부에 대하여는 실질적인 영향을 미치지 못한다는 비판이 있다.

이와 같은 비판들이 최소화 될 수 있도록 하기 위해서는 환경영향평가 협의 이전 단계에서 용도지역의 변경이 필요한 경우, 반드시 거쳐야 하는 "국토이용계획변경협의"시 개발계획의 입안내용에 따른 토지이용계획 등에 관하여 환경적인 측면이 사전에 충분히 검토되어야 한다. 환경영향평가서 초안정도의 수준으로 환경영향검토서가 작성되어야 하며 이렇게 작성된 서류를 첨부하여 국토이용계획입안 또는 변경권자가 환경부 또는 지방환경관리청에 협의요청하게 된다. 이때 입지가능여부와 토지이용계획내용이 사실상 확정·수립되므로 사전에 보다 면밀한 계획과 검토가 이루어져야 한다. 이러한 일련의 과정이 완료된 후 비로소 환경영향평가 협의를 시작할 수 있게 된다.

환경영향평가 협의과정을 살펴보면 사업자는 작성된 환경영향평가서를 사업승인기관에 제출하고, 사업승인관은 이를 사업자와 사업승인기관의 성격에 따라 환경부 또는 지방환경관서에 협의를 요청하게 된다. 협의요청된 환경영향평가서에 대하여 환경부는 내부적 검토와 한국환경정책평가연구원 및 전문가의 의견을 들은 후 평가서를 수정·보완하도록 조치하고 이것이 완료되면 이를 승인기관에 통보하여 사업자로 하여금 필요한 행위를 하도록 하고 있다. 환경부장관으로부터 통보된 협의내용에 대하여 사업자 또는 사업승인기관이 이의가 있는 때에는 협의내용 통보일로부터 90일 이내에 처리결과를 통보토록하고 있다. 이와 관련된 세부적인 협의절차는 그림 12.5와 같다.

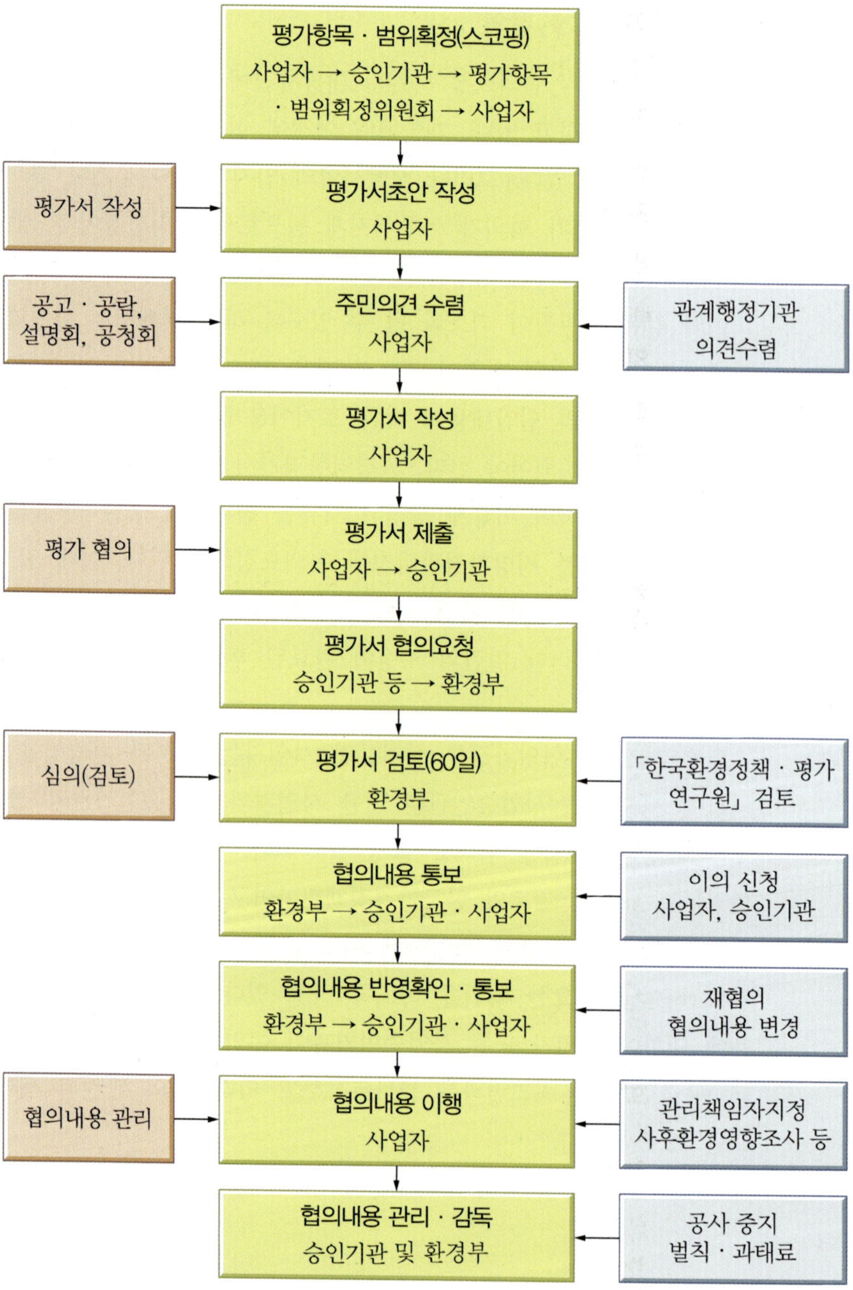

그림 12.5 우리나라의 환경영향평가 실시절차

6) 협의내용 등의 사후관리

환경·교통·재해 등에 관한 환경영향평가법(2009년 1월 1일 이후 환경영향평가법) 제24조 내지 제19조에서 협의내용의 이행의무, 관리감독, 사후환경영향조사, 사업의 착공·준공·중지의 통보, 사전공사시행의 금지 및 환경영향에 대한 재평가 등을 규정하고 있다. 이것은 환경영향평가 제도를 도입시행하고 있는 국가 중 우리나라만이 채택하고 있는 특유한 제도로서 협의내용에 대한 실효성을 확보하기 위한 이행확보 수단으로서 도입·운영되고 있다. 그러나 협의내용은 사업승인 내용에 포함되어, 즉 협의내용이 사업승인(인·허가) 조건에 반영되어 사업이 시행되기 때문에 승인부서에서 그 승인조건을 이행하는지의 여부를 확인 감독하는 것이 타당한 사항으로서 환경영향평가법에 근거하여 협의내용을 관리하는 것이 적절한지의 여부에 대하여는 이견이 있을 수 있다.

이와 같이 운영되고 있는 사후관리는 환경영향평가 협의내용의 이행여부에 대한 관리·감독과 사후환경영향조사의 두 가지로 나눌 수 있다.

(1) 협의내용의 이행의무

환경영향평가 협의내용의 이행의무는 사업자가 지게 되며 이와 같은 사항은 환경영향평가법 제3장과 제4장에서 사업자는 대상사업을 시행함에 있어서 사업계획에 반영된 협의내용을 이행하도록 규정하고 있다. 또한 사업자는 공사현장에 협의내용 등을 기재한 관리대장을 비치하고 협의내용관리 책임자를 지정하여야 한다. 이를 위반하게 될 경우에는 100만원 이하의 과태료에 처할 수 있다.

(2) 협의내용의 관리·감독

승인기관의 장은 협의내용이 이행될 수 있도록 승인을 얻어야 하는 사업자를 관리·감독하여야 하고, 환경부장관은 협의내용의 이행관리를 위하여 필요하다고 인정하는 경우에는 사업자 또는 승인기관의 장에게 협의내용의 이행을 위하여 필요한 조치를 하거나 공사 중지 등의 필요한 조치를 할 것을 요청할 수 있다. 이 경우 특별한 사유가 없는 한 승인기관의 장은 이에 응하도록 하고 있다. 앞에서 본 바와 같이 협의내용관리의 1차적인 감독기관은 승인기관의 장이 되며 환경부장관은 필요시 협의내용 이행여부 등을 조사할 수 있는 2차적인 관리·감독기관에 해당된다고 볼 수 있다. 이와 관련하여 사업자가 협의내용을 이행하지 않아 주변 환경에 미치는 영향이 중대하다고 판단될 때에는 승인기관에서 공사중지를 명하도록 하고 있다.

(3) 사업착공 등의 통보

사업자는 대상사업을 착공, 준공하거나 3개월 이상 공사를 중지하고자 할 때에는 환경부장관 및 승인기관의 장에게 그 내용을 통보하여야 하며 이를 위반할 경우 100만원 이하의 과태료를 처할 수 있다.

(4) 사후환경영향조사

사업자는 대상사업의 착공 후에 발생될 수 있는 환경영향으로 인한 주변지역의 피해를 방지하기 위하여 평가항목별 환경영향을 조사하고 그 결과를 환경부장관 및 승인기관의 장에게 통보토록 하고 있으며 사후환경영향조사 결과를 통보하지 않을 경우 100만원 이하의 과태료를 처하게 된다. 사후환경영향조사 대상 평가항목 및 조사기간, 기타 필요한 사항들에 대하여는 환경부령으로 정하고 있다.

(5) 환경영향재평가

환경부장관은 국가·지방자치단체 또는 공공단체가 시행하는 사업으로서 환경영향평가 및 협의 당시 또는 개발사업의 시행당시에 예측하지 못한 환경영향이 발생하여 주변 환경에 중대한 영향을 미칠 것으로 인정하는 사업에 대하여는 한국환경정책평가연구원의 장에게 그 사업에 대한 환경영향재평가를 실시토록 하고 있다. 재평가 결과에 따라 사업승인기관의 장은 환경오염저감을 위하여 필요한 조치를 취하도록 하고 있다.

(6) 사전공사시행 금지에 관한 사항

사업자는 평가서의 협의 또는 변경협의 대상사업계획 등의 변경절차 등이 완료되기 전에는 공사를 시행하여서는 아니된다. 다만, 재협의 또는 변경협의대상이 아닌 사업계획 등의 변경의 경우 협의내용의 변경을 가져오지 아니하는 부분에 대한 공사의 경우에는 공사의 시행이 가능하다.

만약에 사업자가 협의내용변경 등의 절차를 거치지 않고 공사를 시행한 때에는 승인기관의 장은 당해 사업에 대한 공사중지를 명하여야 한다. 환경부장관은 승인기관의 장 등에게 공사중지를 요청할 수 있고 이 경우 승인기관의 장은 특별한 사유가 없는 한 이에 응하도록 하고 있다. 이와 같은 공사중지 명령을 위반하여 계속 공사를 한 자에 대하여는 5년 이하의 징역 또는 5천만 원 이하의 벌금에 처할 수 있도록 하고 있다.

12.3.4 사전환경성검토제도

우리나라 환경정책기본법(2024년 개정)에서는 각종 개발계획이나 개발사업을 수립・시행함에 있어 관계행정기관의 장은 환경기준의 적정성 유지 및 자연환경의 보전을 위하여 환경에 영향을 미치는 행정계획 및 개발사업이 환경적으로 지속가능하게 수립・시행될 수 있도록 사전환경성검토를 실시하도록 하고 있다.

1) 사전환경성 검토의 필요성

(1) 현행 환경영향평가제도는 대부분의 사업이 타당성조사와 병행하여 실시하지 않고 계획이 확정된 후 사업실시단계에서 주로 오염의 저감방안을 검토하고 있어 입지의 타당성 등 근본적인 친환경적인 개발의 유도에는 한계가 있음.

- 타당성 조사 때 환경측면이 고려되지 않아 계획이 확정된 이후의 사업실시단계에서 환경영향평가 시 사업의 취소 등 사회문제와 손실 초래(동강댐, 시화호 등)

(2) 최근 국토의 난개발로 인한 국토훼손, 수질오염, 교통난 등이 사회문제로 대두되고 있어 개발사업에 대한 사전환경성검토의 필요성이 더욱 증대

- 지방자치제 실시 후 세수확보 및 유권자를 의식한 개발사업 확대로 환경훼손이 가속화
- 민간이 시행하는 개발사업에 대해서도 환경성 검토를 통하여 녹지지역, 개발제한구역, 준농림지역 등에서의 친환경적 개발도모 필요

2) 사전환경성검토제도의 기능

(1) 지속가능한 개발 이념의 실현

환경에 영향을 미치는 행정계획 또는 개발사업이 확정・시행되기 전에 환경적

영향을 고려토록 함으로써 지속가능한 계획의 수립 또는 사업이 추진될 수 있도록 함.

(2) 사전 입지의 타당성 검토로 합리적 대안의 제시
주로 실시계획단계에서 이루어지는 환경영향평가 시 사실상 배제되거나 간과되어 온 상위 기본계획에 대하여 입지의 타당성, 주변 환경과의 조화여부 등을 검토함으로써 환경친화적인 합리적 대안을 모색할 수 있도록 함.

3) 사전환경성 검토의 대상

사전환경성 검토는「환경 · 교통 · 재해 등에 관한 영향평가법」제4조 제1항의 규정에 의한 환경영향평가대상사업을 내용으로 하는 행정계획과 보전이 필요한 지역안에서 시행되는 개발사업을 대상으로 실시하도록 하고 있으며, 사전환경성검토의 대상이 되는 행정계획 · 개발사업의 종류 · 규모 및 보전이 필요한 지역의 범위 등 필요한 사항은 대통령령으로 정하고 있는데 표 12.7과 같다.

4) 사전환경성 검토의 협의절차

관계행정기관의 장, 시 · 도시사 및 시장 · 군수 · 구청장은 환경에 영향을 미치는 행정계획을 수립 · 확정(지역 · 지구 · 단지의 지정 포함)하거나 개발사업을 승인 · 인가 · 허가 등을 하고자 할 경우에는 환경성검토서 등 관련서류를 구비하여 환경부장관 또는 지방환경관서의 장에게 미리 협의를 요청해야 하며, 협의요청을 받은 환경부장관 또는 비장환경관서의 장은 동 계획 또는 사업에 대한 환경성을 검토하여 30~40일 이내의 협의결과를 협의요청기관에 통보하도록 되어 있다. 사전환경성검토의 절차 흐름도를 그림 12.6에 나타내었다. 한편 사전환경성검토의 작성에 관하여는 환경부장관이 고시하고, 그에 준하여 작성하게 되어 있는데, 그 내용은 환경영향평가의 작성내용이나 방법에 준하여 하고 있으므로 앞 절을 참고하면 될 것이며, 그렇기 때문에 사전환경성검절차가 완료된 후에 환경영향평가(일명 '본평가'라고도 함)를 실시할 경우 사전환경성검토 내용이 상당 부분 참고되며, 같은 부분에 대하여는 그대로 인정함으로써 업무의 중복을 피할 수 있도록 관리하고 있다.

표 12.7 사전환경성검토대상(2012.1.25 개정)

구분	항목	행정계획의 종류
행정계획	가. 도시의 개발	• 도시관리계획, 도시개발구역의 지정 및 개발계획, 정비계획 및 정비구역의 지정 등 18개 계획
	나. 산업입지 및 산업단지의 조성	• 국가산업단지의 지정, 일반지방산업단지의 지정, 도시첨단산업단지의 지정, 농공단지의 지정 등 10개 계획
	다. 에너지개발	• 전원개발사업예정구역의 지정(1)
	라. 항만의 건설	• 항만기본계획, 어항의 지정 등 7개 계획
	마. 도로의 건설	• 도로정비기본계획 등 2개 계획
	바. 수자원의 개발	• 댐건설장기계획 등 5개 계획
	사. 철도의 건설	• 국가철도망구축계획 등 4개 계획
	아. 공항의 건설	• 신공항건설에 관한 기본계획 등 2개 계획
	자. 하천의 이용 및 개발	• 소하천정비종합계획 등 4개 계획
	차. 개간 및 공유수면의 매립	• 공유수면매립기본계획
	카. 관광단지의 개발	• 관광개발기본계획 등 7개 계획
	타. 특정지역의 개발	• 광역개발권역의 지정 등 22개 계획
	파. 체육시설의 설치	• 청소년수련지구의 지정 등 2개 계획
	하. 폐기물처리시설 및 축산폐수공공처리시설의 설치	• 폐기물처리기본계획 등 3개 계획
	거. 국방·군사시설의 설치	• 국방·군산시설사업의실시계획 등 3개 계획
	너. 토석·모래·자갈·광물 등의 채취	• 골재채취예정지의 지정
보전이 필요한 지역 내의 개발사업	가. 「국토의계획및이용에관한법률」 적용지역	3개 사업
	나. 「개발제한구역의지정및관리에관한특별조치법」 적용지역	1개 사업
	다. 「자연환경보전법」 및 「야생동식물보호법」 적용지역	3개 사업
	라. 「산지관리법」 적용지역	2개 사업
	마. 「자연공원법」 적용지역	3개 사업
	바. 「습지보전법」 적용지역	3개 사업
	사. 「수도법」, 「하천법」 「소하천정비법」 및 「지하수법」	4개 사업
	아. 기타 개발사업 적용지역	2개 사업

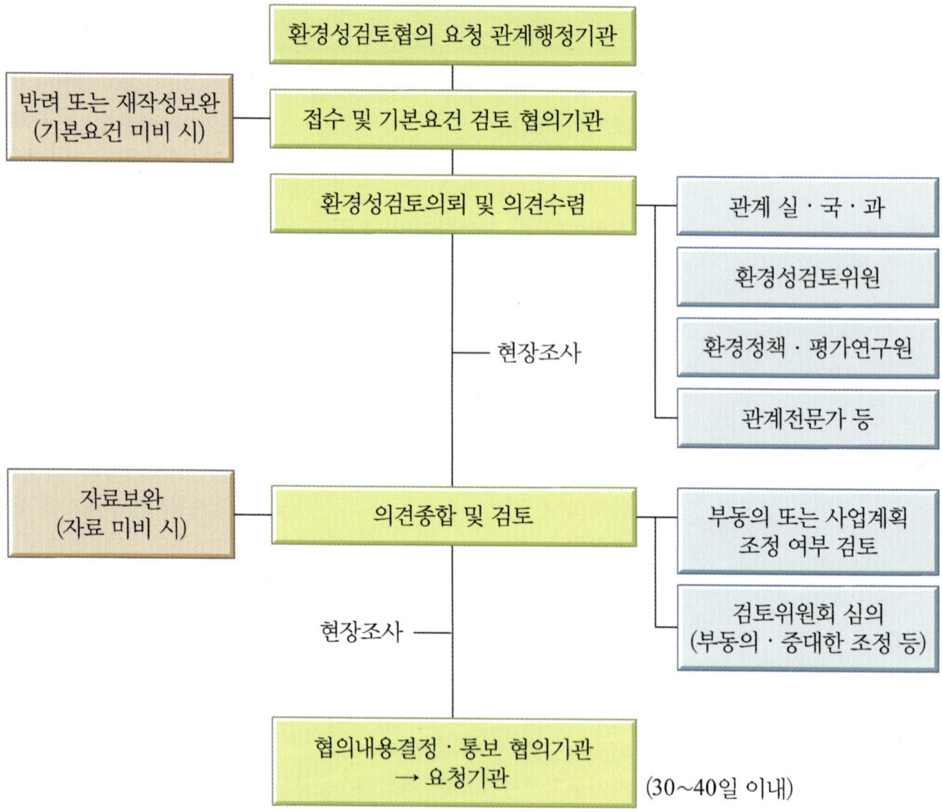

그림 12.6 사전환경성 검토 절차 흐름도

12.4 | 평가의 한계 및 발전방향

12.4.1 환경영향평가의 한계

환경영향평가제도는 각종 개발사업의 시행에 따른 환경상의 부정적 영향을 줄이고 개선하는데 많은 공헌을 하였다는 긍정적인 평가에도 불구하고 여러 가지 문제점과 한계성을 드러내고 있다. 이와 같은 환경영향평가의 주요 한계점을 살펴보면 다음과 같다.

첫째, 환경의 변화에 대한 예측이 매우 어렵다는 점이다. 환경영향의 조사와 평가는 현재의 시점을 토대로 하여 불확실한 미래에 대한 장·단기간의 환경변화 정도를 예측하는 것으로서 많은 불확실성이 내재되어 있다.

둘째, 환경가치의 객관화, 계량화가 어렵다는 점이다. 환경영향평가의 제도가 도입 시행된 이래 선진국에서는 환경의 가치를 객관화시키려는 노력을 진행하여 왔다, 그러나 환경에 대한 가치기준이 여러 가지 요인과 여건에 따라 각기 차이가 있을 수 있고 그 가치 또한 금액으로 계량화시키는데 많은 어려움을 안고 있다.

셋째, 환경영향평가의 기본목표인 개발과 보전의 조화를 유지하는 수준과 이에 대한 판단기준이 모호하다는 점이다. 환경질에 대한 가치기준의 객관화가 어렵다는 점에서 결국 사업계획의 방향을 어떻게 조율하느냐의 기준 제시 또한 어렵다.

이러한 이유로 환경영향평가에 대하여 '개발을 무조건 반대한다', '비용이 많이 든다', '일종의 요식행위로서 개발사업의 면죄부 역할만 제공한다' 등의 비판이 일고 있는 것도 사실이다. 이와 같은 한계점을 극복하기 위해서는 많은 시간과 노력이 필요하며 현재 우리나라에서 운영되고 있는 환경영향평가의 주요 문제점을 살펴보면 다음과 같이 요약할 수 있다.

- 환경영향평가의 이념과 원칙
- 개발주체의 환경영향평가 결과에 따른 정책의지 부족
- 정책 및 계획의 의사결정 수단으로 이용하기 위한 인식 부족
- 주민참여기관 개설의 소홀
- 통합적인 광역적인 환경영향평가제도 미실시
- 사업자가 평가서 작성을 하는 대행자를 지정함으로써 독립성 결여
- 평가서 작성의 전문성 결여
- 환경영향평가와 관련된 각종 자료은행의 부재

12.4.2 발전방향

1) 장기적으로 개선되어야 할 과제

우리나라에서 실시하고 있는 환경영향평가제도의 조기정착과 내실화를 위하여 앞에서와 같이 파악된 한계점들에 대하여 장기적으로 다음과 같은 개선방안들이 충분히 연구·검토되어야 할 것으로 판단된다.

(1) 전략 환경영향평가의 도입

환경에 영향을 미칠 수 있는 정책의 결정시에도 해당 프로그램이나 계획으로 인한 환경영향평가를 실시하는 예방적 환경정책 수단의 도입이 필요하다. 이렇게 하기 위해서는 현재 사업종류와 규모로 설정되어 있는 평가대상사업을 미국, 캐나다 등에서 실시하고 있는 바와 같이 대상사업을 선별하는 screening 제도의 도입이 필요하며 평가범위와 평가항목이 합리적으로 설정될 수 있도록 하는 scoping 제도를 함께 도입하여 평가서의 객관성과 신뢰성이 확보될 수 있도록 하여야 할 것이다.

(2) 통합환경영향평가의 도입

현재 개별적으로 난립하여 실시되고 있는 인구영향평가, 교통영향평가, 경관영향평가, 재해영향평가 등 유사한 영향평가를 통합하여 실시함으로써 인력과 예산의 절감효과를 기함과 동시에 거시적 관점에서 국가적인 목표와 환경보전을 함께 가져올 수 있는 평가를 얻을 수 있도록 하는 노력이 필요하다.

(3) 환경영향평가 목적의 재정립

우리나라의 환경영향평가제도를 '의사결정수단'으로 재정립하여야 할 것이다. 환경영향평가가 제안된 개발사업의 실시여부 민 기본계획의 수정 등 정책결정과정의 중요한 기초 자료로서의 역할을 담당하게 하여야 한다. 또한, 환경영향평가의 문서적 기록은 의사결정단계에서 중요한 자료가 되므로 과학적 사실에 근거를 두고 객관적이고 체계적으로 작성되어야 하며, 환경영향평가서의 내용은 환경영향평가의 핵심적 부분이 되므로 사업으로 인해 영향 받는 모든 환경매개체를 조사하여 서술분석될 수 있도록 하여야 할 것이다.

(4) 주민참여제도의 개선방안

환경영향평가에 대한 주민참여제도를 개선하기 위해서는 기본계획수립 단계에서부터 지역주민들이 참여하는 방안을 강구하여 조기에 사업에 대한 주민의 이해도와 수용성을 높임으로써 주민들과의 갈등을 사전에 해소하고, 주민참여 범위에 사업실시지역의 주민들뿐만 아니라 사업으로 인해서 긍정적·부정적 영향을 받는 모든 지역주민들도 포함시켜야 한다. 또한 환경영향평가법상의 설명회와 공청회에 대한 목적을 명확히 하고, 주민들이 사업 및 환경관련정보를 필요로 할 경우 모든 정보를 공개함으로써 주민의견수렴내용의 질을 향상시키도록 하는 등의 방안이 마련되어야 할 것이다.

(5) 환경영향평가의 독립성 제고

현재 사업자가 평가대행기관을 선정하여 평가서를 작성토록 하게 됨으로써 객관적인 평가가 되지 못하고 대부분 사업자의 입장에서 모든 계획을 수립하고 평가하게 되어 평가결과의 독립성을 저해하게 된다. 이와 같은 문제점을 해결하기 위해 사업시행 주체는 당해 사업의 시행에 따른 평가서의 작성에 소요되는 비용을 정부에 기탁하고 정부가 평가대행자를 선정하여 평가서를 작성토록 하고 이를 감리하여 평가된 내용들을 사업자가 사업과정에서 모두 반영할 수 있도록 하는 등의 독립성 확보방안이 필요하다.

(6) 환경영향평가의 전문성 확보

현재 환경영향평가서를 작성하는 주된 기술분야는 환경분야, 토목분야, 국토개발분야들로서 이들 분야의 기술인력들이 전담하여 평가서를 작성하고 있으나, 환경영향평가는 어느 특정한 학문분야에 속하는 것이 아니며 단순하게 학술용역이나 기술용역으로 양분화 할 수 없는 사회과학과 자연과학이 포함된 종합적인 학문분야의 용역으로서 이를 총괄조정 검토 작성할 수 있는 환경영향평가사 제도의 도입이 필요하다. 또한 환경영향을 예측평가 하는 과정과 적절한 저감대책을 수립하는 과정에서 평가내용의 신뢰성 향상과 전문성을 제고하기 위해서는 각 평가항목별로 예측에 필요한 각종 원단위의 적절한 산정과정과 적용근거 및 컴퓨터 시뮬레이션 등을 이용한 예측기법의 개발이 필요하다. 장래의 환경목표를 어느 기준에 두고 평가하여야 할지에 대한 평가기준도 조속히 설정되어야 할 것이다.

2) 환경영향평가의 전망

환경영향평가는 지나 1981년부터 시행된 이래 그동안 환경오염의 사전예방을 통한 환경적으로 건전하고 지속가능한 개발을 유도하기 위하여 실시하고 있는 이념을 실현하는데 크게 기여하여 왔다. 그러나 일부에서는 환경영향평가가 개발사업을 합리화하는 수단으로 이용되고 있다는 비판의 목소리 또한 높은 것도 사실이다. 이는 환경영향평가제도와 그 운영실태에 대한 불신과 환경영향평가가 모든 것을 완벽하게 해결할 수 있다는 잘못된 인식에 의한 것이라 판단된다. 이와 같은 문제점들을 개선하고 환경영향평가가 갖고 있는 근본 목적인 환경오염의 사전예방기능을 보다 충실히 하기 위해서는 환경영향평가 과정에 참여하는 사업시행자, 평가대행자. 사업승인기관 및 지역주민 등 각 행위주체들의 자발적인 환경보전에 대한 인식전환과 노력이 무엇보다도 중요한 것이라 할 수 있다.

환경영향평가의 실시목적과 이념을 정착시키기 위해서는 우리 인간이 공유하고 있는 자연 및 자원이 효율적인 이용과 개발에 따른 환경보전의 조화를 유지하는데 필요한 사전예방적수단인 환경영향평가제도를 여러 분야에서 더욱 연구·검토 발전시켜야 할 것이다. 이렇게 함으로써 우리가 후손들에게서 잠시 빌려 쓰고 있는 자연환경을 보다 쾌적하고 아름답게 가꾸어지고 보전된 상태에서 우리 후손들에게 물려줄 수 있을 것으로 판단된다.

12.5 환경관련법규

12.5.1 환경법의 의의 및 성격

환경법은 국가, 지방자치단체 등 행정주체가 지켜야 할 의무와 책임, 규제와 지원 등에 관한 폭넓은 사항들을 규정한 법이라 할 수 있다. 따라서 환경관련법들은 사람뿐만 아니라 이제껏 이용의 대상으로만 생각했던 동·식물 및 무생물적 요소에 이르기까지 우리의 삶의 터전을 쾌적하게 보전해 나가기 위한 최소한의 규범이라 할 수 있다.

환경문제는 날이 갈수록 더욱 다양화하고 복잡화하는 경향을 보여준다. 따라서 이를 대상으로 하는 환경법의 내용 역시 복잡화, 다양화 될 수밖에 없다. 특히 환경법은 아직 형성도상의 법영역으로서 환경문제를 취급하는 제법규를 모자이크적으로 집합한 것이라는 측면이 있다. 이러한 특질은 노동법, 경제법 등보다도 더욱 현저하다. 그렇기 때문에 환경법의 확립을 위해서는 관련법학은 물론 관련되는 타학문과의 협동이 불가결하게 된다.

환경법은 환경을 적정하게 보전, 관리, 이용하게 하여 사람으로 하여금 쾌적한 환경을 향유하게 하려는 것을 그 근본목적으로 한다. 환경문제의 심각화, 다양화 현상에 적절히 대처하여 환경법의 목적을 달성하기 위해서는 그 자체가 합목적적이고도 기술적인 특질을 지닐 수밖에 없다. 따라서 환경법은 윤리적 성격은 적고 극도로 기술성을 띠게 된다.

환경오염현상은 기술발전과 함께 더욱 다양하고 심화되는 경향이 있고, 환경오염발생현상은 그 방지 내지 제거, 저감기술보다 항상 앞서기 마련이다. 따라서 오염현상을 더욱 효율적으로 방지 내지 저감하고 제거하기 위하여서나, 오염으로 인한 피해구제의 확보를 위해서는 환경관계의 과학기술의 발달을 그 토대로 하고 있다. 환경관계의 과학기술성 없이는 환경법의 목적을 달성하기 어렵다 할 것이다. 환경법은 제과학분야와 합동하여야 할뿐만 아니라, 환경법은 제과학분야를 종합적으로 다뤄야하는 필요성이 요구된다. 정부는 물론 민간기업에서도 환경기술개발에 21세기의 유망업종으로 판단하고 전력을 다하고 있다.

민법이나 행정법 등은 각 국가에 따라 특유한 내용과 특질을 가지고 발달해 왔다. 따라서 환경법도 역시 국가적 특수성을 지니게 됨은 당연하다 할 것이다. 그러나 환경문제가 오늘날 공통화, 국제화하는 경향과 함께 지구환경보전이라는 대명제를 다뤄야 하는 실정에 와있다. 특히, 환경문제가 국제문제로 대두되면서 UN이 활동에 나서고, 환경문제를 경제와 연계하여 규제하고 있기 때문에 국제환경법의 발달이 가속화되고 있는 실정이다. 우리나라 환경법의 변천은 표 12.8과 같다.

표 12.8 우리나라 환경법의 변천과정

1960 (6개 법률)	1970~1980 (9개 법률)	1990~2023(44개 법률)		
		현 황	제정일	최종개정일
공해방지법 (1963.11.5 제정)	환경보전법 (1977.12.31 제정)	환경정책기본법	1990.8.1	2022.12.31
		지속가능발전기본법	2007.8.3	2022.1.4
		대기환경보전법	1990.8.1	2.23.8.16
		다중이용시설등의실내공기질관리법	1996.12.30	2023.8.16
		소음・진동규제법	1990.8.1	2024.1.30
		악취방지법	2004.2.9	2023.3.28
		물환경보전법	2013.7.30	2024.1.30
		한강수계상수원수질개선및주민지원등에관한법률	1999.2.8	2024.1.30
		낙동강수계물관리및주민지원등에관한법률	2002.1.14	2023.8.16
		금강수계물관리및주민지원등에관한법률	2002.1.14	2023.8.16
		영산강,섬진강수계물관리및주민지원등에관한법률	2002.1.14	2023.8.16
		자연환경보전법	1991.12.31	2022.10.18
		환경범죄의단속에관한특별조치법	1991.5.31	2022.12.31
		환경분쟁조정법	1990.8.1	2021.4.1
		남극환동및환경보호에관한법률	2004.3.22	2020.3.31
		친환경상품구매촉진에관한법률	2004.12.31	2021.9.24
		환경분야시험・검사등에관한법률	2006.10.4	2021.8.17
	자연공원법 (1980.1.4 제정)	환경개선비용부담법	1991.12.31	2023.7.18
		자연공원법	1980.1.4	2024.1.30
		독도등도서지역의생태계보전에관한특별법	1997.12.31	2020.5.26
		습지보전법	1999.2.8	2021.1.5
		토양환경보전법	1995.1.5	2022.12.13
		백두대간보호에관한법률	2003.12.31	2020.5.26
		문화유산과자연환경자산에관한국민신탁법	2006.3.24	2021.5.18
조수보호 및 수렵에 관한 법률 (1967.3.30 제정)		야생동식물보호법	2004.2.9	2024.1.23
	환경오염방지 사업단법 (1983.5.1 제정)	환경관리공단법	1983.5.21	2024.1.30
		환경기술및환경산업지원법	2021.9.24	2021.9.24
독물 및 극물에 관한 법 (1963.12.13 제정)		유해화학물질관리법	1990.8.1	2024.2.6
		잔류성유기오염물질관리법	2007.1.26	2022.6.10

오물청소법 (1961.12.30 제정)	폐기물관리법 (1986.12.31 제정)	폐기물관리법	1986.12.31	2022.12.27
		가축분뇨의관리및이용에관한법률	2006.9.27	2023.8.16
		자원의절약과재활용촉진에관한법률	1992.12.8	2023.3.28
		전기・전자제품및자동차의자원순환에관한법률	2007.4.27	2023.8.16
		폐기물의국가간이동및그처리에관한법률	1992.12.8	2021.4.1
		건설폐기물의재활용촉진에관한법률	2003.12.31	2023.3.28
		폐기물처리시설설치촉진및주변지역지원등에관한법률	1995.1.5	2024.1.30
		수도권매립지관리공사의설립및운영등에관한법률	2000.1.21	2017.12.12
하수도법 (1966.8.3 제정)		하수도법	1966.8.3	2024.1.30
수도법 (1961.12.31 제정)		수도법	1961.12.31	2024.1.30
		먹는물관리법	1995.1.5	2024.2.20

12.5.2 우리나라 환경법의 변천

환경법의 생성 및 발전은 환경문제에 대한 인식의 정도와 밀접한 관계가 있다. 우리나라에서 본격적인 환경문제는 제3공화국 정부가 경제개발 5개년 계획을 수립하여 공업화를 추진하기 시작한 1960년대에 들어와서 시작되었다. 경제개발에 수반하여 발생하는 환경오염 등에 대처하기 위한 대응방안으로 1963년 우리나라 최초의 환경법인 공해방지법이 제정되었다. 동법은 "공장이나 사업장 또는 기계・기구의 조업으로 인해 야기되는 대기오염・하천오염・소음・진동으로 인한 보건위생상의 피해를 방지하여 국민보건의 향상을 기하는데" 그 구체적인 목적이 있었다. 그러나 공해방지법은 전문이 21개조에 불과하여 규제내용이 크게 미흡하였을 뿐 아니라, 동법 시행규칙이 1969년 7월에야 제정되는 등 후속입법이 미비하였고, 경제개발을 최우선적으로 추진하는 당시의 사회분위기 등으로 인하여 실효성을 거둘 수도 없었다.

1960년대 후반부터 환경문제에 대한 관심이 언론매체를 중심으로 국민적인 관심을 불러일으키기 시작하면서 1971년 1월, 그동안 사문화 되다시피 한 공해방지법을 대폭 수정・강화하여 배출허용기준, 배출시설설치허가제도, 이전명령제도 등을 도입하였다. 급속한 산업화・도시화가 이루어지던 1970년대에는 환경문제가 더욱 심각하게 인식되었다. 때문에 소극적인 공해의 규제를 목적으로 하는 종래의 공해방지법 체계로는 다양하고 광역적인 환경문제에 효과적으로 대처하는데 한계가 있어, 이를 대체하는 환경보전법을 1977년 12월 31일 제정·공포하게 되었다. 환경보전법에서는 환경파괴 또는 환경오염의 사전예방 뿐 아니라 오염된 환경을 개선함으로써 보다 적극적·종합적으로 환경문제에 대응하기 위한 환경영향평가제도, 환경기준, 오염물질의 총량규제제도 등을 새로이 도입하였다.

종래의 공해방지법이 대기오염, 수질오염 등의 공해적 측면만을 대상으로 한데 비하여 환경보전법에서는 그 대상을 자연환경을 포함하는 전반적인 환경문제와 사전예방적 기능으로까지 확대하였다. 또한 공해방지법이 현재의 국민보건의 향상만을 목적으로 하였다면 환경보전법은 현재의 국민은 물론 장래의 세대까지 건강하고 쾌적한 환경에서 생활할 환경권을 보장하고 있다. 1980년에 개정된 헌법에 환경권에 관한 규정이 처음으로 신설된 이후 산업화의 진전으로 인한 경제구조의 고도화로 환경문제가 심각화·다양화되자, 오염분야별 대책법의 제정이 불가피하다는 인식하에 우리나라의 환경법은 복수법 체계로 이행하게 되었다. 즉, 1990년 8월 1일에 환경보전법이 환경정책기본법·대기환경보전법·수질환경보전법·소음·진동규제법·유해화학물질관리법·환경분쟁조정법 등 6개 법으로 분법화되었던 것이다.

1990년대에는 독도를 비롯한 도서지역의 생물다양성과 수려한 경관을 보전하기 위한 독도 등 도서지역의 생태계 보전에 관한 특별법, 한강수계 수질개선을 위한 한강수계 상수원 수질개선 및 주민지원 등에 관한 법률, 습지를 효율적으로 보전·관리하기 위한 습지보전법이 제정되었으며, 정부조직 개편에 의하여 자연공원법, 조수보호 및 수렵에 관한 법률이 환경부로 이관되었다.

2000년대 이후 현재까지는 환경정책기본법 정점으로 약 300여개의 환경관련법률이 제개정 되었다. 주요 골자는 환경권의 재규정함과 동시에 환경과 개발의 조화를 유도하여 환경법 기초 법률을 공고히 하여 정책의 법적 토대를 마련하여 환경문제에 능독적이고 신축적으로 대처하고 체계적인 대처 방안을 제시하였다. 대기, 수질, 소음지동 등 오염매체별로 개별 환경대책법을 제정함과 아울러 헌법상의 환경권과 환경보전의무를 구현하기 위한 각종의 개별대책법의 기본방향과 이념을 명확히 함으로써, 헌법과 개별대책법을 연계하였다. 이를 통하여 통합화년리의 시대가 열리게 되어 환경문제의 대상범위를 광범위화 하고, 총량관리의 개념을 도입하였을 뿐 아니라, 사전예방적 기능을 강화하였다(표 12.8 참조).

12.5.3 환경정책기본법의 개요

1990년 8월 1일 제정된 환경정책기본법은 환경권에 대한 헌법이념을 구현하기 위하여 환경보전에 관한 국민의 권리·의무와 국가의 책무를 명확히 하고 있다. 또한 환경보전정책의 기본이념과 방향을 정함으로써 환경오염으로 인한 위해를 예방하고 자연환경 및 생활환경을 적정하게 관리·보전하기 위한 법으로 환경분야 개별법에 공통된 사항을 규정하고 있다.

기본법이기 때문에 그 규정도 타 환경관계법령의 기본이 될 선언적인 내용이며 구체적인 규제조항은 없다. 이 법에서 정하고 있는 환경기준은 대기환경보전법, 수질환경보전법, 소음·진동 규제법에서 정하고 있는 각종 규제를 통하여 달성하려는 환경행정목표로서의 기준, 즉 모든 기준의 상위에 놓여 있는 기준이다. 미국에는 국가환경정책법, 일본의 환경기본법 등이 이에 속한다.

이 법의 기본이념은 환경의 질적인 향상과 그 보전을 통한 쾌적한 환경의 조성에 있다. 인간과 환경간의 조화와 균형의 유지는 국민의 건강과 문화적인 생활의 향유 및 국토의 보전과 항구적인 국가발전에 필수불가결한 요소이다. 국가·지방자치단체·사업자 및 국민은 환경을 보다 양호한 상태로 유지·조성하도록 노력하여야 한다. 이용하는 모든 행위를 할 때에는 환경보전을 우선적으로 고려함으로써 국민으로 하여금 그 혜택을 널리 향유할 수 있게 함과 동시에 미래의 세대에게 계승될 수 있도록 하는 것이다. 소위 지속가능한 개발을 기본이념으로 하고 있다.

환경정책기본법에서 정하고 있는 환경기준은 환경의 질을 표시하는 지표이며 환경행정이 달성하고자 하는 목표가 되기도 한다. 정부는 국민의 건강을 보호하고 쾌적한 환경을 조성하기 위하여 환경기준을 설정하여야 하며, 환경여건의 변화에 따라 더 높은 수준의 환경기준이 설정·유지되도록 하여야 한다. 한편, 서울특별시장·광역시장 또는 도지사는 지역 환경의 특수성을 고려하여 필요하다고 인정하는 때에는 환경부장관의 승인을 얻어 당해 지방자치단체의 조례로 별도의 환경기준을 설정할 수 있다. 대통령령으로 정해진 환경기준(2006년 12월 4일 개정)은 표 12.9, 표 12.10, 표 12.11과 같다.

표 12.9 환경기준(대기) (평균치 : 이하)

항목	기준				측정방법
	연간	24시간	8시간	1시간	
아황산가스(ppm)	0.02	0.05	–	0.15	자외선형광법
일산화탄소(ppm)	–	–	9	25	비분산적외선분석법
이산화질소(ppm)	0.03	0.06	–	0.10	화학발광법
미세먼지(PM-10, $\mu g/m^3$)	50	100	–	–	배타선흡수법
미세먼지(PM-2.5, $\mu g/m^3$)	15	35	–	–	배타선흡수법
오존(ppm)	–	–	0.06	0.1	자외선광도법
납($\mu g/m^3$)	0.5	–	–	–	원자흡광광도법
벤젠($\mu g/m^3$)	5	–	–	–	가스크로마토그래프법

표 12.10 환경기준(소음) [단위 : Leq dB(A)]

구분		적용대상지역별 기준			
		"가" 지역	"나" 지역	"다" 지역	"라" 지역
일반지역	낮	50	55	65	70
	밤	40	45	55	65
도로변지역	낮	65		70	75
	밤	55		60	70

※ 시간대 구분 - 낮 : 06:00～22:00, 밤 : 22:00～06:00

도로 - 2차선 이상의 도로

지역별 구분

- "가"지역 : 주거지구, 녹지, 전용주거지역, 종합병원·공공도서관 및 학교 50 m 이내지역
- "나"지역 : 취락지역 중 주거지구외 지역, 일반 및 준주거지역
- "다"지역 : 상업, 준공업지역
- "라"지역 : 공업, 일반 및 전용공업지역

표 12.11 환경기준(수질 및 수생태계)

가. 하천
(1) 사람의 건강보호 기준

항목	기준값(mg/L)
카드뮴(Cd)	0.005 이하

비소(As)	0.05 이하
시안(CN)	검출되어서는 안 됨(검출한계 0.01)
수은(Hg)	검출되어서는 안 됨(검출한계 0.001)
유기인	검출되어서는 안 됨(검출한계 0.0005)
폴리클로리네이티드비페닐(PCB)	검출되어서는 안 됨(검출한계 0.0005)
납(Pb)	0.05 이하
6가크롬(Cr6+)	0.05 이하
음이온계면활성제(ABS)	0.5 이하
사염화탄소	0.004 이하
1,2-다이클로로에탄	0.03 이하
테트라클로로에틸렌(PCE)	0.04 이하
다이클로로메탄	0.02 이하
벤젠	0.01 이하
클로로포름	0.08 이하
다이에틸헥실프탈레이트(DEHP)	0.008 이하
안티몬	0.02 이하

(2) 생활환경기준

등급		상태 (캐릭터)	기준					
			수소이온농도 (pH)	생물화학적 산소요구량 (BOD)(mg/L)	부유물질량 (mg/L)	용존산소량 (mg/L)	대장균군 (군수/100 mL) 총 대장균군	분원성 대장균군
매우 좋음	Ia		6.5～8.5	1 이하	25 이하	7.5 이상	50 이하	10 이하
좋음	Ib		6.5～8.5	2 이하	25 이하	5.0 이상	500 이하	100 이하
약간 좋음	II		6.5～8.5	3 이하	25 이하	5.0 이상	1,000 이하	200 이하
보통	III		6.5～8.5	5 이하	25 이하	5.0 이상	5,000 이하	1,000 이하
약간 나쁨	IV		6.0～8.5	8 이하	100 이하	2.0 이상	–	–

나쁨	V		6.0∼8.5	10 이하	쓰레기 등이 떠있지 아니할 것	2.0 이상	–	–
매우 나쁨	VI		–	10 초과	–	2.0 미만	–	–

비고

1. 등급별 수질 및 수생태계 상태
   가. 매우 좋음 : 용존산소가 풍부하고 오염물질이 없는 청정상태의 생태계로 여과·살균 등 간단한 정수처리 후 생활용수로 사용할 수 있음.
   나. 좋음 : 용존산소가 많은 편이고 오염물질이 거의 없는 청정상태에 근접한 생태계로 여과·침전·살균 등 일반적인 정수처리 후 생활용수로 사용할 수 있음.
   다. 약간 좋음 : 약간의 오염물질은 있으나 용존산소가 많은 상태의 다소 좋은 생태계로 여과·침전·살균 등 일반적인 정수처리 후 생활용수 또는 수영용수로 사용할 수 있음.
   라. 보통 : 보통의 오염물질로 인하여 용존산소가 소모되는 일반 생태계로 여과, 침전, 활성탄 투입, 살균 등 고도의 정수처리 후 생활용수로 이용하거나 일반적 정수처리 후 공업용수로 사용할 수 있음.
   마. 약간 나쁨 : 상당량의 오염물질로 인하여 용존산소가 소모되는 생태계로 농업용수로 사용하거나, 여과, 침전, 활성탄 투입, 살균 등 고도의 정수처리 후 공업용수로 사용할 수 있음.
   바. 나쁨 : 다량의 오염물질로 인하여 용존산소가 소모되는 생태계로 산책 등 국민의 일상생활에 불쾌감을 유발하지 아니하며, 활성탄 투입, 역삼투압 공법 등 특수한 정수처리 후 공업용수로 사용할 수 있음.
   사. 매우 나쁨 : 용존산소가 거의 없는 오염된 물로 물고기가 살기 어려움.
   아. 용수는 당해 등급보다 낮은 등급의 용도로 사용할 수 있음.
   자. 수소이온농도(pH) 등 각 기준항목에 대한 오염도현황, 용수처리방법 등을 종합적으로 검토하여 그에 맞는 처리방법에 따라 용수를 처리하는 경우에는 당해 등급보다 높은 등급의 용도로도 사용할 수 있음.
2. 수질 및 수생태계 생태별 생물학적 특성 이해표

생물 등급	생물지표종		서식지 및 생물 특성
	저서(底棲)생물	어류	
매우좋음 ~ 좋음	옆새우, 가재, 뿔하루살이, 민하루살이, 강도래, 물날도래, 광택날도래, 띠무늬우묵날도래, 바수염날도래	산천어, 금강모치, 열목어, 버들치 등 서식	• 물이 매우 맑으며, 유속은 빠른 편임. • 바닥은 주로 바위와 자갈로 구성됨. • 부착조류가 매우 적음.
좋음 ~ 보통	다슬기, 넓적거머리, 강하루살이, 동양하루살이, 등줄하루살이, 등딱지하루살이, 물삿갓벌레, 큰줄날도래	쉬리, 갈겨니, 은어, 쏘가리 등 서식	• 물이 맑으며, 유속은 약간 빠르거나 보통임. • 바닥은 주로 자갈과 모래로 구성됨. • 부착조류가 약간 있음.
보통 ~ 약간나쁨	물달팽이, 턱거머리, 물벌레, 밀잠자리	피라미, 끄리, 모래무지, 참붕어 등 서식	• 물이 약간 혼탁하며, 유속은 약간 느린 편임. • 바닥은 주로 잔자갈과 모래로 구성됨. • 부착조류가 녹색을 띠며 많음.
약간나쁨 ~ 매우나쁨	왼돌이물달팽이, 실지렁이, 붉은깔다구, 나방파리, 꽃등에	붕어, 잉어, 미꾸라지, 메기 등 서식	• 물이 매우 혼탁하며, 유속은 느린 편임. • 바닥은 주로 모래와 실트로 구성되며, 대체로 검은색을 띰. • 부착조류가 갈색 혹은 회색을 띠며 매우 많음.

나. 호소
(1) 사람의 건강보호 기준

가. 하천항목의

(1) 사람의 건강보호 기준과 같다.

(2) 생활환경기준

등급		상태 (캐릭터)	기준								
			수소이온농도 (pH)	화학적 산소요구량 (COD) (mg/L)	부유물질량 (mg/L)	용존산소량 (mg/L)	총인 (T-P) (mg/L)	총질소 (T-N) (mg/L)	클로로필-a (mg/m^3)	대장균군 (군수/100 mL)	
										총대장균군	분원성대장균군
매우 좋음	Ia		6.5~8.5	2 이하	1 이하	7.5 이상	0.02 이하	0.3 이하	9 이하	50 이하	10 이하
좋음	Ib		6.5~8.5	3 이하	5 이하	5.0 이상	0.03 이하	0.4 이하	14 이하	500 이하	100 이하

약간 좋음	II		6.5~8.5	4 이하	5 이하	5.0 이상	0.05 이하	0.6 이하	20 이하	1,000 이하	200 이하
보통	III		6.5~8.5	5 이하	15 이하	5.0 이상	0.10 이하	1.0 이하	35 이하	5,000 이하	1,000 이하
약간 나쁨	IV		6.0~8.5	8 이하	15 이하	2.0 이상	0.15 이하	1.5 이하	70 이하	–	–
나쁨	V		6.0~8.5	10 이하	쓰레기 등이 떠있지 아니할 것	2.0 이상	0.15 초과	1.5 초과	70 초과	–	–
매우 나쁨	VI		–	10 초과	–	2.0 미만				–	–

비고

1. 총인, 총질소의 경우 총인에 대한 총질소의 농도비율이 7미만일 경우에는 총인의 기준을 적용하지 아니하며, 그 비율이 16이상일 경우에는 총질소의 기준을 적용하지 아니한다.
2. 등급별 수질 및 수생태계 상태는 가목(2) 비고란 제1호와 같다.
3. 상태(캐릭터) 도안 모형 및 도안 요령은 가목(2) 비고란 제2호와 같다.

다. 지하수

지하수환경기준항목 및 수질기준은 「먹는물관리법」제5조 및 「수도법」 제18조의 규정에 의하여 환경부령이 정하는 수질기준을 적용한다. 다만, 환경부장관이 고시하는 지역 및 항목은 적용하지 아니한다.

참고문헌

1. 환경백서, 2023, 환경부
2. 환경관계법규, 2021, 한국환경기술인협회
3. 홍준형, 환경법 입문, 2023, 박영사
4. 대한실무법률편찬연구회, 환경 공해 법규 정보지식 총람, 2019, 법문북스
5. 손부순 외 5인, 환경영향평가, 2015, 화수목
6. 정용훈, 환경영향평가의 이론과 실제, 2024, 작가와
7. 김학훈, 개발과 환경의 이해, 2022, 동화기술
8. 김지태 외 4인, 환경정책의 이론과 실제, 2014, 동화기술
9. 자연환경보전법, 2024
10. Anji Reddy Mereddy, Environmental Impact Assessment: Theory and Practice, 2017, BS Publication
11. Sander Chan 외 6인, Assessing the effectiveness for orchestrated climate action from five years of summits, 2022, Nature Climate Change 12
12. Pamela Chasek, David L, Downie, Global Environmental politics, 2020, Routledge
13. World Development Report 2022: Development and Climate Change" by World Bank, 2022, Oxford University Press

연습문제

1. 환경영향평가제도를 도입하게 된 동기는 무엇이며 각국의 영향평가제도를 비교·설명하라.

2. 환경영향평가의 의의 및 목적을 해설하라.

3. 우리나라 환경영향평가제도의 변천과정을 환경정책기본법, 환경영향평가법을 중심으로 설명하라.

4. 환경영향평가의 대상사업 및 그 범위는 어떠한지 설명하라.

5. 환경영향평가 체계를 환경부 및 사업자로 구분하여 해설하라.

6. 환경영향평가 항목은 크게 자연환경분야, 생활환경분야, 사회·경제분야로 구분하는데 각각에 대한 세부평가항목은 무엇인지 기술하라.

7. 환경영향평가 작성 등에 관한 규정에서 제시하고 있는 평가방법에 대하여 기술하라.

8. 환경영향평가 절차 중에서 평가서 초안작성에 포함할 구체적 내용과 주민의견 수렴절차에 대하여 설명하라.

9. 환경성 검토란 무엇이며 검토대상이 되는 사업에 관하여 설명하라.

10. 환경영향 검토서 작성요령과 검토방법을 설명하라.

11. 우리나라의 환경영향평가제도 중 중점평가제도를 도입하는 이유를 설명하라.

12. 현재 시행하고 있는 우리나라 환경영향평가제도의 현실적 한계성은 무엇인지 설명하라.

13. 우리나라 환경영향평가제도의 발전방향에 대하여 설명하라.

14. 우리나라 환경관련법규의 변천과정을 외국의 예와 비교하여 설명하라.

15. 우리나라 각종 환경법규 및 이와 유사한 법률은 어떤 것이 있는지 조사해 보아라.

16. 환경정책기본법의 기본이념과 환경기준에 대하여 설명하라.

찾아보기

ㅇ

ㅈ

A

• 정명규 선문대학교 환경공학과
• 이찬기 강원대학교 삼척캠퍼스 환경공학전공
• 오광중 부산대학교 환경공학전공
• 장서일 서울시립대학교 환경공학부
• 공인철 영남대학교 환경공학과
• 권재혁 강원대학교 삼척캠퍼스 지구환경시스템공학과
• 권영호 서남대학교 환경화학공학과
• 유홍진 순천향대학교 에너지환경공학과
• 김동욱 국립공주대학교 천안캠퍼스 환경공학과
• 이남훈 안양대학교 환경에너지공학과
• 이철규 청주대학교 환경공학과
• 조용진 충주대학교 환경공학부
• 서용찬 상지대학교 환경공학과

환경공학개론 정가 30,000원

발 행 2025년 3월 10일 4판 1쇄
저 자 정명규 · 이찬기 · 오광중 · 장서일 · 공인철 · 권재혁 · 권영호
유홍진 · 김동욱 · 이남훈 · 이철규 · 조용진 · 서용찬
발행인 정우용
발행처 도서출판 동화기술
경기도 파주시 광인사길 201 (문발동, 파주출판도시)
Tel (031)955-4211~6 donghwapub@nate.com
Fax (031)955-4217 www.donghwapub.co.kr
(등록) 1977년 12월 19일/9-16호

Printed in Korea
ISBN 978-89-425-9645-4